中 国 国 家 标 准 汇 编

2010 年修订-10

中国标准出版社　编

中国质检出版社
中国标准出版社
北　京

图书在版编目（CIP）数据

中国国家标准汇编：2010年修订. 10/中国标准出版社编. —北京：中国标准出版社，2012
ISBN 978-7-5066-6512-4

Ⅰ. ①中…　Ⅱ. ①中…　Ⅲ. ①国家标准-汇编-中国-2010　Ⅳ. ①T-652.1

中国版本图书馆CIP数据核字(2011)第187935号

中国质检出版社
中国标准出版社 出版发行
北京市朝阳区和平里西街甲2号(100013)
北京市西城区三里河北街16号(100045)
网址:www.spc.net.cn
总编室:(010)64275323　发行中心:(010)51780235
读者服务部:(010)68523946
中国标准出版社秦皇岛印刷厂印刷
各地新华书店经销
*
开本 880×1230 1/16　印张 38.25　字数 1 018 千字
2012年1月第一版　2012年1月第一次印刷
*
定价 220.00 元

出 版 说 明

1.《中国国家标准汇编》是一部大型综合性国家标准全集。自1983年起，按国家标准顺序号以精装本、平装本两种装帧形式陆续分册汇编出版。它在一定程度上反映了我国建国以来标准化事业发展的基本情况和主要成就，是各级标准化管理机构，工矿企事业单位，农林牧副渔系统，科研、设计、教学等部门必不可少的工具书。

2.《中国国家标准汇编》收入我国每年正式发布的全部国家标准，分为"制定"卷和"修订"卷两种编辑版本。

"制定"卷收入上一年度我国发布的、新制定的国家标准，顺延前年度标准编号分成若干分册，封面和书脊上注明"20××年制定"字样及分册号，分册号一直连续。各分册中的标准是按照标准编号顺序连续排列的，如有标准顺序号缺号的，除特殊情况注明外，暂为空号。

"修订"卷收入上一年度我国发布的、修订的国家标准，视篇幅分设若干分册，但与"制定"卷分册号无关联，仅在封面和书脊上注明"20××年修订-1，-2，-3，……"字样。"修订"卷各分册中的标准，仍按标准编号顺序排列(但不连续)；如有遗漏的，均在当年最后一分册中补齐。需提请读者注意的是，个别非顺延前年度标准编号的新制定的国家标准没有收入在"制定"卷中，而是收入在"修订"卷中。

读者配套购买《中国国家标准汇编》"制定"卷和"修订"卷则可收齐上一年度我国制定和修订的全部国家标准。

3.由于读者需求的变化，自1996年起，《中国国家标准汇编》仅出版精装本。

4.2010年我国制修订国家标准共2846项。本分册为"2010年修订-10"，收入新制修订的国家标准37项。

中国标准出版社

2011年8月

目　　录

GB/T 9117—2010　带颈承插焊钢制管法兰 …… 1
GB/T 9118—2010　对焊环带颈松套钢制管法兰 …… 15
GB/T 9119—2010　板式平焊钢制管法兰 …… 27
GB/T 9120—2010　对焊环板式松套钢制管法兰 …… 39
GB/T 9121—2010　平焊环板式松套钢制管法兰 …… 57
GB/T 9122—2010　翻边环板式松套钢制管法兰 …… 69
GB/T 9123—2010　钢制管法兰盖 …… 77
GB/T 9124—2010　钢制管法兰　技术条件 …… 102
GB/T 9125—2010　管法兰连接用紧固件 …… 225
GB/T 9169—2010　喷气燃料热氧化安定性的测定　JFTOT 法 …… 242
GB/T 9238—2010　平衡机及其仪器仪表用图形符号 …… 270
GB/T 9289—2010　制糖工业术语 …… 301
GB/T 9336—2010　直接黑 L-3BG(C.I.直接黑 19) …… 371
GB/T 9345.5—2010　塑料　灰分的测定　第 5 部分:聚氯乙烯 …… 377
GB/T 9439—2010　灰铸铁件 …… 383
GB/T 9440—2010　可锻铸铁件 …… 405
GB/T 9442—2010　铸造用硅砂 …… 415
GB/T 9505—2010　蒸散型钡吸气剂 …… 425
GB/T 9707—2010　密闭式炼胶机炼塑机 …… 445
GB 9774—2010　水泥包装袋 …… 455
GB/T 9967—2010　金属铵 …… 471
GB/T 10029—2010　团头鲂 …… 477
GB/T 10051.1—2010　起重吊钩　第 1 部分:力学性能、起重量、应力及材料 …… 485
GB/T 10051.2—2010　起重吊钩　第 2 部分:锻造吊钩技术条件 …… 499
GB/T 10051.3—2010　起重吊钩　第 3 部分:锻造吊钩使用检查 …… 507
GB/T 10051.4—2010　起重吊钩　第 4 部分:直柄单钩毛坯件 …… 513
GB/T 10051.5—2010　起重吊钩　第 5 部分:直柄单钩 …… 523
GB/T 10051.6—2010　起重吊钩　第 6 部分:直柄双钩毛坯件 …… 533
GB/T 10051.7—2010　起重吊钩　第 7 部分:直柄双钩 …… 541
GB/T 10051.8—2010　起重吊钩　第 8 部分:吊钩横梁毛坯件 …… 549
GB/T 10051.9—2010　起重吊钩　第 9 部分:吊钩横梁 …… 557
GB/T 10051.10—2010　起重吊钩　第 10 部分:吊钩螺母 …… 567
GB/T 10051.11—2010　起重吊钩　第 11 部分:吊钩螺母防松板 …… 577
GB/T 10051.12—2010　起重吊钩　第 12 部分:吊钩闭锁装置 …… 583
GB/T 10051.13—2010　起重吊钩　第 13 部分:叠片式吊钩技术条件 …… 591
GB/T 10051.14—2010　起重吊钩　第 14 部分:叠片式吊钩使用检查 …… 595
GB/T 10051.15—2010　起重吊钩　第 15 部分:叠片式单钩 …… 599

ICS 23.040.60
J 15

中华人民共和国国家标准

GB/T 9117—2010
代替 GB/T 9117.1～9117.4—2000

带颈承插焊钢制管法兰

Hubbed socket welding steel pipe flanges

2011-01-14 发布　　2011-10-01 实施

中华人民共和国国家质量监督检验检疫总局
中国国家标准化管理委员会　发布

前　言

GB/T 9112～9124—2010《钢制管法兰》系列标准修改采用 ASME B16.5—2009《管法兰和法兰管件(NPS ½～NPS 24)》及 EN 1092-1:2007《法兰及其连接　管道、阀门、管配件及附件用圆形法兰，PN 标识　第 1 部分：钢制法兰》。ASME B16.5—2009 是关于 Class 标记法兰的一个完整的标准，EN 1092-1:2007 是关于 PN 标记法兰的一个完整的标准。本系列标准综合采用了上述两个标准，包括了 Class 标记法兰和 PN 标记法兰的相关技术内容。本系列标准共有 13 项标准，本标准是其中的 1 项标准。

本标准与 ASME B16.5—2009 及 EN 1092-1:2007 标准的主要区别如下：

——本标准的编写格式与 ASME B16.5—2009 和 EN 1092-1:2007 标准不同；

——ASME B16.5—2009 标准包括了公称压力为 Class 400 的法兰数据，本标准没有纳入 Class 400 的法兰数据；

——ASME B16.5—2009 标准包括了公称尺寸为 NPS 3½的法兰数据，本标准没有 NPS 3½的法兰数据；

——ASME B16.5—2009 标准采用英制螺栓，螺栓孔径也采用英制尺寸，本标准改为公制螺栓，螺纹孔径也采用公制尺寸；

——EN 1092-1:2007 标准没有包括环连接面法兰，根据我国用户的使用要求，本标准增加了 PN 标记的环连接面法兰；

——EN 1092-1:2007 标准没有带颈承插焊钢制管法兰，本标准根据国内用户的实际需求，增加了 PN 系列带劲承插焊钢制管法兰。

本标准代替 GB/T 9117.1—2000《突面带颈承插焊钢制管法兰》、GB/T 9117.2—2000《凹凸面带颈承插焊钢制管法兰》、GB/T 9117.3—2000《榫槽面带颈承插焊钢制管法兰》及 GB/T 9117.4—2000《环连接面带颈承插焊钢制管法兰》，与原标准相比主要变化如下：

——将原来的 4 项带颈承插焊钢制管法兰标准整合为 1 项标准；

——根据国内用户的实际需求，增加了 PN 系列带颈承插焊钢制管法兰，法兰的公称压力范围为 PN 10～PN 160，公称尺寸范围为 DN 10～DN 50；

——根据 ASME B16.5—2009 标准，对 Class 法兰的尺寸数据进行了全面的修改；

——增加了各种密封面型式的适用范围表格；

——对标记进行了修订；

——根据 ASME B16.5—2009，将原标准中属于美洲体系的法兰公称压力标记按下表进行了修改。PN 20 改为 Class 150，PN 50 改为 Class 300，PN 110 改为 Class 600，PN 150 改为 Class 900，PN 260 改为 Class 1500。

本标准由中国机械工业联合会提出。

本标准由全国管路附件标准化技术委员会归口。

本标准起草单位：中机生产力促进中心、浙江超达阀门股份有限公司、江苏海达管件有限公司、河北圣天集团宝银高压法兰管件有限公司、保一集团有限公司。

本标准主要起草人：李俊英、邱晓来、李建、冯峰、李宝银、张晓忠、林洁。

本标准所代替标准的历次版本发布情况为：

——GB/T 9117.1～9117.8—1988、GB/T 9117.1～9117.4—2000。

带颈承插焊钢制管法兰

1 范围

本标准规定了公称压力用PN标记和用Class标记的带颈承插焊钢制管法兰的型式、尺寸、技术要求和标记。

本标准适用于公称压力为PN 10～PN 100以及Class 150～Class 1500的带颈承插焊钢制管法兰。

2 规范性引用文件

下列文件中的条款通过本标准的引用而成为本标准的条款。凡是注日期的引用文件，其随后所有的修改单(不包括勘误的内容)或修订版均不适用于本标准，然而，鼓励根据本标准达成协议的各方研究是否可使用这些文件的最新版本。凡是不注日期的引用文件，其最新版本适用于本标准。

GB/T 9112 钢制管法兰 类型与参数

GB/T 9124 钢制管法兰 技术条件

3 型式与尺寸

3.1 用PN标记的带颈承插焊钢制管法兰的型式与尺寸

3.1.1 用PN标记的带颈承插焊钢制管法兰的密封面型式及适用的公称压力和公称尺寸范围按表1的规定。

表1 用PN标记的带颈承插焊钢制管法兰的密封面型式及适用的公称压力和公称尺寸范围

密封面型式	公称压力					
	PN 10	PN 16	PN 25	PN 40	PN 63	PN 100
平面(FF)	DN 10～DN 50				—	
突面(RF)	DN 10～DN 50					
凹凸面(MF)	DN 10～DN 50					
榫槽面(TG)	DN 10～DN 50					
O形圈面(OSG)	DN 10～DN 50				—	
环连接面(RJ)	—				DN 15～DN 50	

3.1.2 用PN标记的带颈承插焊钢制管法兰的型式应符合图1～图6的规定，法兰密封面尺寸应符合表2和表3的规定，法兰其他尺寸应符合表4～表7的规定。

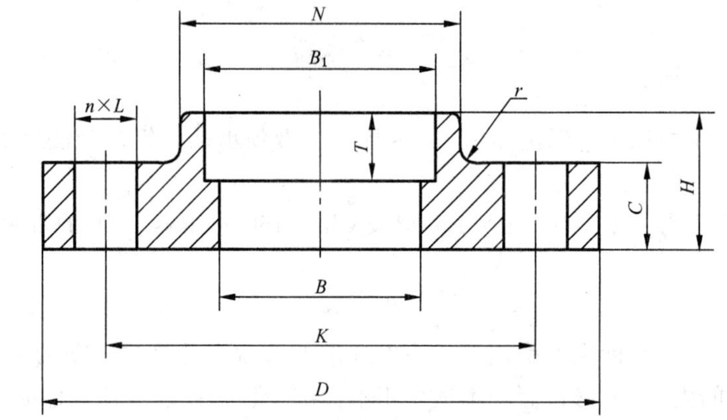

图 1 平面(FF)带颈承插焊钢制管法兰
(适用于 PN 10、PN 16、PN 25 和 PN 40)

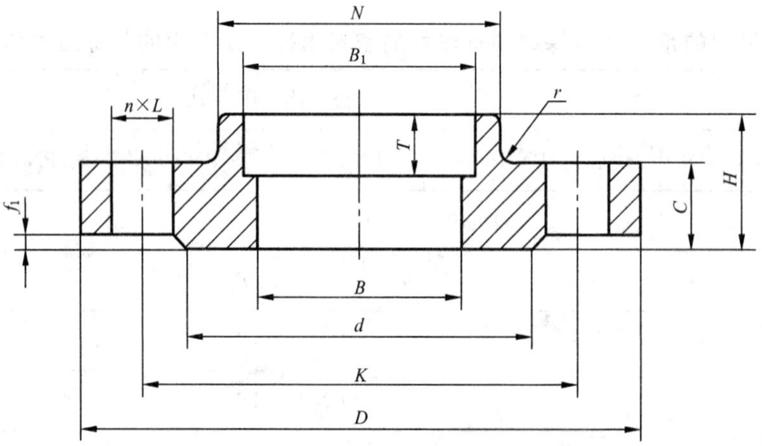

图 2 突面(RF)带颈承插焊钢制管法兰
(适用于 PN 10、PN 16、PN 25、PN 40、PN 63 和 PN 100)

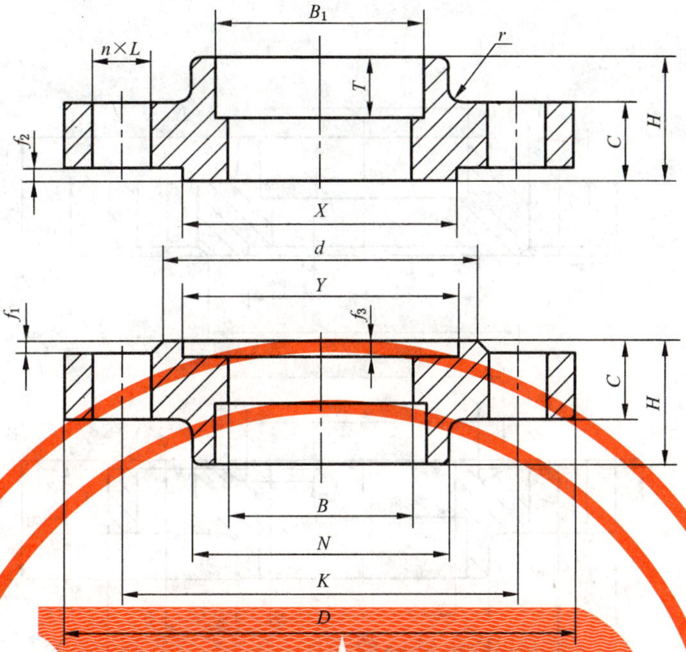

图 3　凹凸面(MF)带颈承插焊钢制管法兰
(适用于 PN 10、PN 16、PN 25、PN 40、PN 63 和 PN 100)

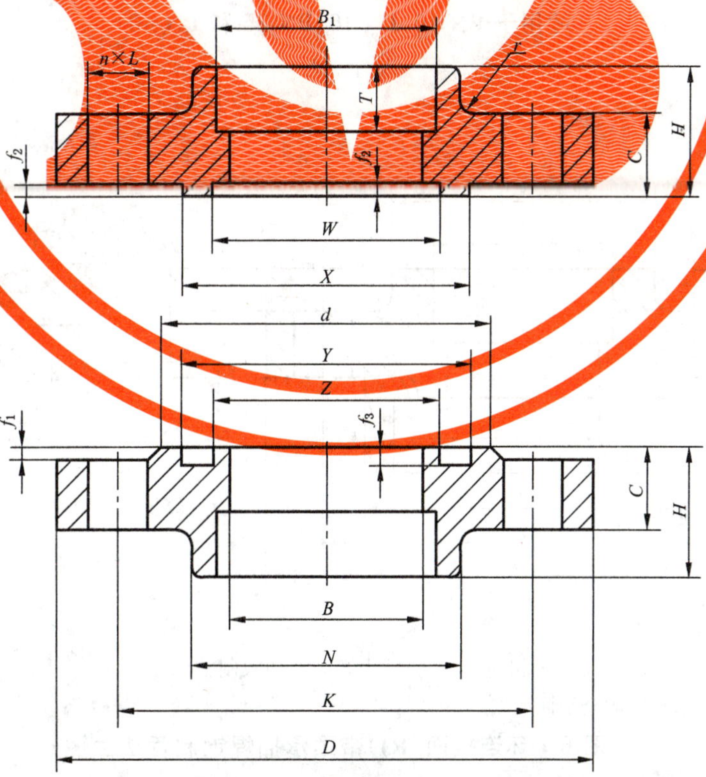

图 4　榫槽面(TG)带颈承插焊钢制管法兰
(适用于 PN 10、PN 16、PN 25、PN 40、PN 63 和 PN 100)

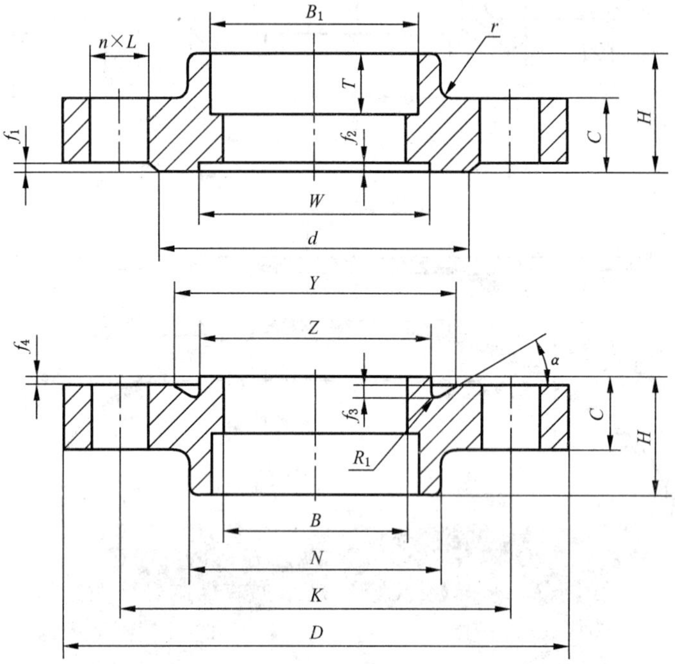

图 5 O 形圈面(OSG)带颈承插焊钢制管法兰
(适用于 PN 10、PN 16、PN 25 和 PN 40)

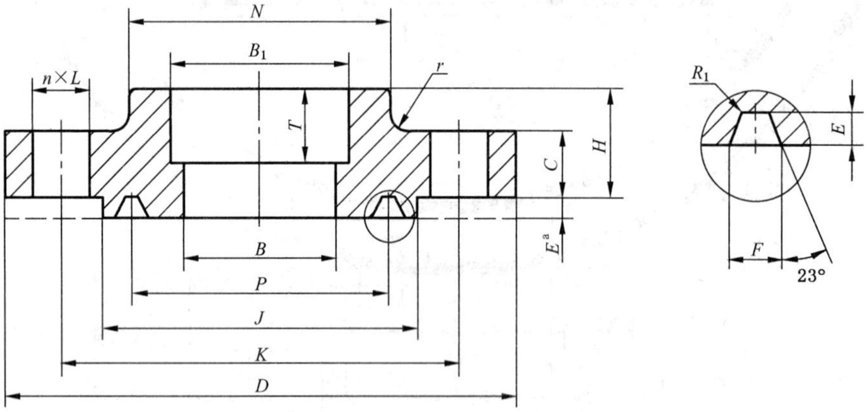

[a] 凸出部分高度与梯形槽深度尺寸 E 相同,但不受尺寸 E 公差的限制。

允许采用如虚线所示轮廓的全平面型式。

图 6 环连接面(RJ)带颈承插焊钢制管法兰
(适用于 PN 63 和 PN 100)

表 2　用 PN 标记的法兰密封面尺寸

<table>
<tr><th rowspan="3">公称尺寸
DN</th><th colspan="4">公　称　压　力</th><th rowspan="3">f_1/
mm</th><th rowspan="3">f_2/
mm</th><th rowspan="3">f_3/
mm</th><th rowspan="3">f_4/
mm</th><th rowspan="3">W/
mm</th><th rowspan="3">X/
mm</th><th rowspan="3">Y/
mm</th><th rowspan="3">Z/
mm</th><th rowspan="3">α
≈</th><th rowspan="3">R_1/
mm</th></tr>
<tr><th>PN 10</th><th>PN 16</th><th>PN 25</th><th>PN 40、PN 63、PN 100</th></tr>
<tr><th colspan="4">d/mm</th></tr>
<tr><td>10</td><td>40</td><td>40</td><td>40</td><td>40</td><td rowspan="5">2</td><td rowspan="7">4.5</td><td rowspan="7">4.0</td><td rowspan="7">2.0</td><td>24</td><td>34</td><td>35</td><td>23</td><td>—</td><td rowspan="7">2.5</td></tr>
<tr><td>15</td><td>45</td><td>45</td><td>45</td><td>45</td><td>29</td><td>39</td><td>40</td><td>28</td><td>—</td></tr>
<tr><td>20</td><td>58</td><td>58</td><td>58</td><td>58</td><td>36</td><td>50</td><td>51</td><td>35</td><td rowspan="5">41°</td></tr>
<tr><td>25</td><td>68</td><td>68</td><td>68</td><td>68</td><td>43</td><td>57</td><td>58</td><td>42</td></tr>
<tr><td>32</td><td>78</td><td>78</td><td>78</td><td>78</td><td>51</td><td>65</td><td>66</td><td>50</td></tr>
<tr><td>40</td><td>88</td><td>88</td><td>88</td><td>88</td><td rowspan="2">3</td><td>61</td><td>75</td><td>76</td><td>60</td></tr>
<tr><td>50</td><td>102</td><td>102</td><td>102</td><td>102</td><td>73</td><td>87</td><td>88</td><td>72</td></tr>
</table>

表 3　用 PN 标记的法兰环连接面尺寸　　　单位为毫米

公称尺寸 DN	PN 63					PN 100				
	J_{min}	P	E	F	$R_{1\,max}$	J_{min}	P	E	F	R_{1max}
15	55	35	6.5	9	0.8	55	35	6.5	9	0.8
20	68	45	6.5	9	0.8	68	45	6.5	9	0.8
25	78	50	6.5	9	0.8	78	50	6.5	9	0.8
32	86	65	6.5	9	0.8	86	65	6.5	9	0.8
40	102	75	6.5	9	0.8	102	75	6.5	9	0.8
50	112	85	8	12	0.8	116	85	8	12	0.8

表 4　PN 10、PN 16 带颈承插焊钢制管法兰

<table>
<tr><th rowspan="3">公称
尺寸
DN</th><th colspan="2" rowspan="2">钢管外径
A/mm</th><th colspan="5">连 接 尺 寸</th><th rowspan="3">法兰
厚度
C/
mm</th><th rowspan="3">法兰
高度
H/
mm</th><th colspan="2" rowspan="2">法兰颈</th><th colspan="2" rowspan="2">法兰内径
B/mm</th><th colspan="3">承插孔</th></tr>
<tr><th rowspan="2">法兰
外径
D/
mm</th><th rowspan="2">螺栓孔
中心圆
直径
K/mm</th><th rowspan="2">螺栓孔
直径
L/
mm</th><th colspan="2">螺栓</th><th colspan="2">B_1/mm</th><th rowspan="2">T/
mm</th></tr>
<tr><th>系列Ⅰ</th><th>系列Ⅱ</th><th>数量
n/个</th><th>螺纹
规格</th><th>N/
mm</th><th>r/
mm</th><th>系列Ⅰ</th><th>系列Ⅱ</th><th>系列Ⅰ</th><th>系列Ⅱ</th></tr>
<tr><td>10</td><td>17.2</td><td>14</td><td>90</td><td>60</td><td>14</td><td>4</td><td>M12</td><td>16</td><td>22</td><td>30</td><td>4</td><td>11.5</td><td>9</td><td>18</td><td>15</td><td>9</td></tr>
<tr><td>15</td><td>21.3</td><td>18</td><td>95</td><td>65</td><td>14</td><td>4</td><td>M12</td><td>16</td><td>22</td><td>35</td><td>4</td><td>15</td><td>12</td><td>22</td><td>19</td><td>10</td></tr>
<tr><td>20</td><td>26.9</td><td>25</td><td>105</td><td>75</td><td>14</td><td>4</td><td>M12</td><td>18</td><td>26</td><td>45</td><td>4</td><td>21</td><td>19</td><td>27.5</td><td>26</td><td>11</td></tr>
<tr><td>25</td><td>33.7</td><td>32</td><td>115</td><td>85</td><td>14</td><td>4</td><td>M12</td><td>18</td><td>28</td><td>52</td><td>4</td><td>27</td><td>26</td><td>34.5</td><td>33</td><td>13</td></tr>
<tr><td>32</td><td>42.4</td><td>38</td><td>140</td><td>100</td><td>18</td><td>4</td><td>M16</td><td>18</td><td>30</td><td>60</td><td>6</td><td>35</td><td>30</td><td>43.5</td><td>39</td><td>14</td></tr>
<tr><td>40</td><td>48.3</td><td>45</td><td>150</td><td>110</td><td>18</td><td>4</td><td>M16</td><td>18</td><td>32</td><td>70</td><td>6</td><td>41</td><td>37</td><td>49.5</td><td>46</td><td>16</td></tr>
<tr><td>50</td><td>60.3</td><td>57</td><td>165</td><td>125</td><td>18</td><td>4</td><td>M16</td><td>18</td><td>28</td><td>84</td><td>6</td><td>52</td><td>49</td><td>61.5</td><td>59</td><td>17</td></tr>
<tr><td colspan="17">注：公称尺寸 DN 10～DN 40 的法兰使用 PN 40 法兰的尺寸。</td></tr>
</table>

表 5 PN 25、PN 40 带颈承插焊钢制管法兰

公称尺寸 DN	钢管外径 A/mm		连接尺寸					法兰厚度 C/mm	法兰高度 H/mm	法兰颈		法兰内径 B/mm		承插孔		
	系列Ⅰ	系列Ⅱ	法兰外径 D/mm	螺栓孔中心圆直径 K/mm	螺栓孔直径 L/mm	螺栓 数量 n/个	螺栓 螺纹规格			N/mm	r/mm	系列Ⅰ	系列Ⅱ	B_1/mm 系列Ⅰ	B_1/mm 系列Ⅱ	T/mm
10	17.2	14	90	60	14	4	M12	16	22	30	4	11.5	9	18	15	9
15	21.3	18	95	65	14	4	M12	16	22	35	4	15	12	22	19	10
20	26.9	25	105	75	14	4	M12	18	26	45	4	21	19	27.5	26	11
25	33.7	32	115	85	14	4	M12	18	28	52	4	27	26	34.5	33	13
32	42.4	38	140	100	18	4	M16	18	30	60	6	35	30	43.5	39	14
40	48.3	45	150	110	18	4	M16	18	32	70	6	41	37	49.5	46	16
50	60.3	57	165	125	18	4	M16	20	34	84	6	52	49	61.5	59	17

表 6 PN 63 带颈承插焊钢制管法兰

公称尺寸 DN	钢管外径 A/mm		连接尺寸					法兰厚度 C/mm	法兰高度 H/mm	法兰颈		法兰内径 B/mm		承插孔		
	系列Ⅰ	系列Ⅱ	法兰外径 D/mm	螺栓孔中心圆直径 K/mm	螺栓孔直径 L/mm	螺栓 数量 n/个	螺栓 螺纹规格			N/mm	r/mm	系列Ⅰ	系列Ⅱ	B_1/mm 系列Ⅰ	B_1/mm 系列Ⅱ	T/mm
10	17.2	14	100	70	14	4	M12	20	28	40	4	11.5	9	18	15	9
15	21.3	18	105	75	14	4	M12	20	28	43	4	15	12	22	19	10
20	26.9	25	130	90	18	4	M16	22	30	52	4	21	19	27.5	26	11
25	33.7	32	140	100	18	4	M16	24	32	60	4	27	26	34.5	33	13
32	42.4	38	155	110	22	4	M20	24	32	68	6	35	30	43.5	39	14
40	48.3	45	170	125	22	4	M20	26	34	80	6	41	37	49.5	46	16
50	60.3	57	180	135	22	4	M20	26	36	90	6	52	49	61.5	59	17
注：公称尺寸 DN 10～DN 40 的法兰使用 PN 100 法兰的尺寸。																

表 7 PN 100 带颈承插焊钢制管法兰

公称尺寸 DN	钢管外径 A/mm		连接尺寸					法兰厚度 C/mm	法兰高度 H/mm	法兰颈		法兰内径 B/mm		承插孔		
	系列Ⅰ	系列Ⅱ	法兰外径 D/mm	螺栓孔中心圆直径 K/mm	螺栓孔直径 L/mm	螺栓 数量 n/个	螺栓 螺纹规格			N/mm	r/mm	系列Ⅰ	系列Ⅱ	B_1/mm 系列Ⅰ	B_1/mm 系列Ⅱ	T/mm
10	17.2	14	100	70	14	4	M12	20	28	40	4	11.5	9	18	15	9
15	21.3	18	105	75	14	4	M12	20	28	43	4	15	12	22	19	10
20	26.9	25	130	90	18	4	M16	22	30	52	4	21	19	27.5	26	11
25	33.7	32	140	100	18	4	M16	24	32	60	4	27	26	34.5	33	13
32	42.4	38	155	110	22	4	M20	24	32	68	6	35	30	43.5	39	14
40	48.3	45	170	125	22	4	M20	26	34	80	6	41	37	49.5	46	16
50	60.3	57	195	145	26	4	M24	28	36	95	6	52	49	61.5	59	17

3.2 用 Class 标记的带颈承插焊钢制管法兰的型式与尺寸

3.2.1 用 Class 标记的带颈承插焊钢制管法兰的密封面型式及适用的公称压力和公称尺寸范围按表 8 的规定。

表 8 用 Class 标记的带颈平焊钢制管法兰的密封面型式及适用的公称压力和公称尺寸范围

密封面型式	公称压力				
	Class 150	Class 300	Class 600	Class 900	Class 1500
平面(FF)	NPS ½(DN 15)～NPS 3(DN 80)	—			
突面(RF)	NPS ½(DN 15)～NPS 3(DN 80)			NPS ½(DN 15)～NPS 2½(DN 65)	
凹凸面(MF)	—	NPS ½(DN 15)～NPS 3(DN 80)		NPS ½(DN 15)～NPS 2½(DN 65)	
榫槽面(TG)	—	NPS ½(DN 15)～NPS 3(DN 80)		NPS ½(DN 15)～NPS 2½(DN 65)	
环连接面(RJ)	NPS 1(DN 25)～NPS 3(DN 80)	NPS ½(DN 15)～NPS 3(DN 80)		NPS ½(DN 15)～NPS 2½(DN 65)	

3.2.2 用 Class 标记的带颈承插焊钢制管法兰的型式应符合图 7～图 11 的规定，法兰密封面尺寸应符合表 9 和表 10 的规定，法兰其他尺寸应符合表 11～表 14 的规定。

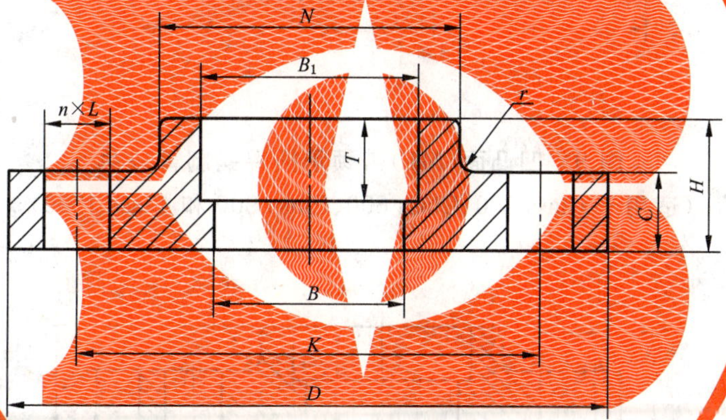

图 7 平面(FF)带颈承插焊钢制管法兰
(适用于 Class 150)

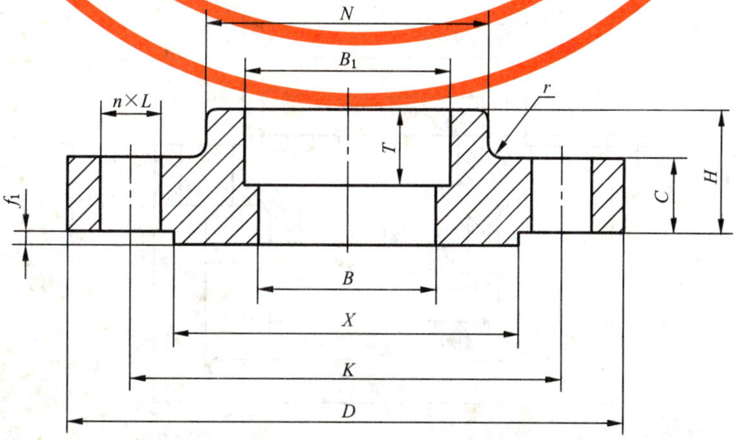

图 8 突面(RF)带颈承插焊钢制管法兰
(适用于 Class 150、Class 300、Class 600、Class 900 和 Class 1500)

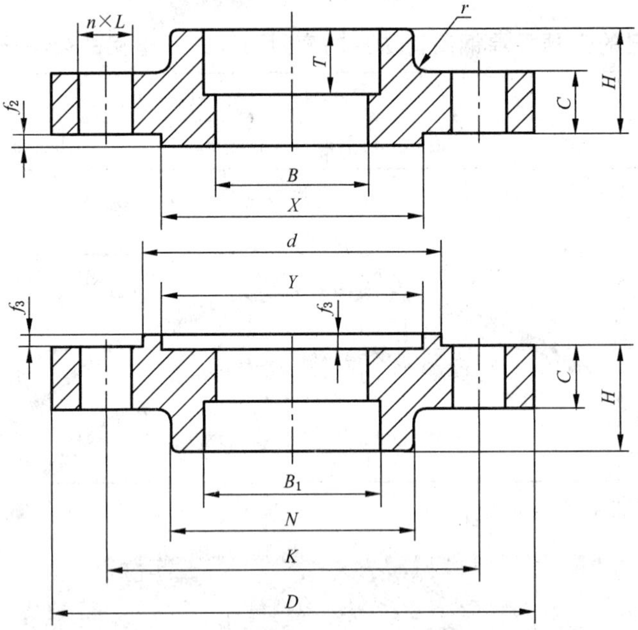

图 9　凹凸面(MF)带颈承插焊钢制管法兰
(适用于 Class 300、Class 600、Class 900 和 Class 1500)

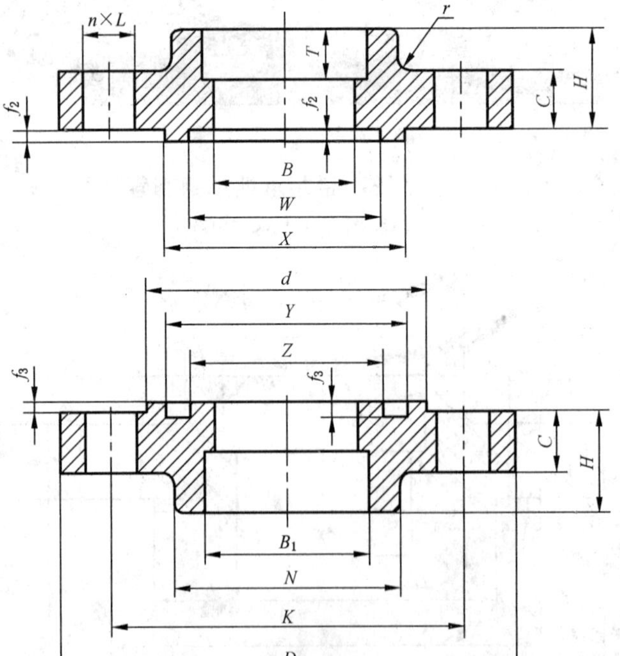

图 10　榫槽面(TG)带颈承插焊钢制管法兰
(适用于 Class 300、Class 600、Class 900 和 Class 1500)

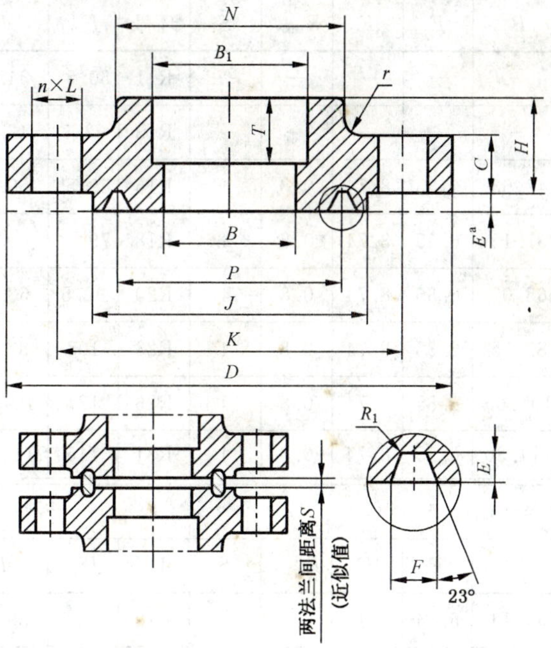

^a 凸出部分高度与梯形槽深度尺寸 E 相同，但不受尺寸 E 公差的限制。

允许采用如虚线所示轮廓的全平面型式。

图 11 环连接面(RJ)带颈承插焊钢制管法兰

(适用于 Class 150、Class 300、Class 600、Class 900 和 Class 1500)

表 9 用 Class 标记的突面、凹凸面、榫槽面的法兰密封面尺寸

单位为毫米

公称尺寸		X	f_1		f_2	f_3	d	W	Y	Z
NPS	DN									
½	15	34.9	2[a]	7[b]	7	5	46	25.4	36.5	23.8
¾	20	42.9					54	33.3	44.4	31.8
1	25	50.8					62	38.1	52.4	36.5
1¼	32	63.5					75	47.6	65.1	46.0
1½	40	73.0					84	54.0	74.6	52.4
2	50	92.1					103	73.0	93.7	71.4
2½	65	104.8					116	85.7	106.4	84.1
3	80	127.0					138	108.0	128.6	106.4

^a 为 Class 150 和 Class 300 法兰的尺寸。

^b 为 Class 600、Class 900、Class 1500 和 Class 2500 法兰的尺寸。

表 10　用 Class 标记的环连接面的法兰密封面尺寸

单位为毫米

公称尺寸		Class 150							Class 300						
NPS	DN	环号	J_{min}	P	E	F	R_{1max}	S	环号	J_{min}	P	E	F	R_{1max}	S
½	15	—	—	—	—	—	—	—	R11	50.5[a]	34.14	5.54	7.14	0.8	3
¾	20	—	—	—	—	—	—	—	R13	63.5	42.88	6.35	8.74	0.8	4
1	25	R15	63.0[a]	47.63	6.35	8.74	0.8	4	R16	69.5[a]	50.80	6.35	8.74	0.8	4
1¼	32	R17	72.5[a]	57.15	6.35	8.74	0.8	4	R18	79.0[a]	60.33	6.35	8.74	0.8	4
1½	40	R19	82.0[a]	65.07	6.35	8.74	0.8	4	R20	90.5	68.27	6.35	8.74	0.8	4
2	50	R22	101[a]	82.55	6.35	8.74	0.8	4	R23	108	82.55	7.92	11.91	0.8	6
2½	65	R25	120[a]	101.60	6.35	8.74	0.8	4	R26	127	101.60	7.92	11.91	0.8	6
3	80	R29	133	114.30	6.35	8.74	0.8	4	R31	146	123.83	7.92	11.91	0.8	6
公称尺寸		Class 600							Class 900						
NPS	DN	环号	J_{min}	P	E	F	R_{1max}	S	环号	J_{min}	P	E	F	R_{1max}	S
½	15	R11	50.5[a]	34.14	5.54	7.14	0.8	3	R12	60.5	39.67	6.35	8.74	0.8	4
¾	20	R13	63.5	42.88	6.35	8.74	0.8	4	R14	66.5	44.45	6.35	8.74	0.8	4
1	25	R16	69.5[a]	50.80	6.35	8.74	0.8	4	R16	71.5	50.80	6.35	8.74	0.8	4
1¼	32	R18	79.0[a]	60.33	6.35	8.74	0.8	4	R18	81.0	60.33	6.35	8.74	0.8	4
1½	40	R20	90.5	68.27	6.35	8.74	0.8	4	R20	92.0	68.27	6.35	8.74	0.8	4
2	50	R23	108	82.55	7.92	11.91	0.8	5	R24	124	95.25	7.92	11.91	0.8	3
2½	65	R26	127	101.60	7.92	11.91	0.8	5	R27	137	107.95	7.92	11.91	0.8	3
3	80	R31	146	123.83	7.92	11.91	0.8	5	R31	156	123.83	7.92	11.91	0.8	4
公称尺寸		Class 1500													
NPS	DN	环号	J_{min}	P	E	F	R_{1max}	S							
½	15	R12	60.5	39.67	6.35	8.74	0.8	4							
¾	20	R14	66.5	44.45	6.35	8.74	0.8	4							
1	25	R16	71.5	50.80	6.35	8.74	0.8	4							
1¼	32	R18	81.0	60.33	6.35	8.74	0.8	4							
1½	40	R20	92.0	68.27	6.35	8.74	0.8	4							
2	50	R24	124	95.25	7.92	11.91	0.8	3							
2½	65	R27	137	107.95	7.92	11.91	0.8	3							

[a] 本标准从 ASME B16.5—2009 标准的英制螺栓孔径转换成公制螺栓孔径，导致 J 尺寸与螺栓孔径有干涉，为了避免干涉，对 J 尺寸数据做了适当的调整，调整后的 J 尺寸与 ASME B16.5—2009 标准略有差异。

表 11　Class 150 带颈承插焊钢制管法兰

公称尺寸		钢管外径 A/mm	连接尺寸					法兰厚度 C^a/mm	法兰高度 H/mm	法兰颈		法兰内径 B/mm	承插孔	
			法兰外径 D/mm	螺栓孔中心圆直径 K/mm	螺栓孔直径 L/mm	螺栓								
NPS	DN					数量 n/个	螺纹规格			N/mm	r/mm		B_1/mm	T/mm
½	15	21.3	90	60.3	16	4	M14	9.6	14	30	≥4	15.8	22.0	10
¾	20	26.9	100	69.9	16	4	M14	11.2	14	38		20.9	27.5	11
1	25	33.7	110	79.4	16	4	M14	12.7	16	49		26.6	34.5	13
1¼	32	42.2	115	88.9	16	4	M14	14.3	19	59		35.1	43.5	14
1½	40	48.3	125	98.4	16	4	M14	15.9	21	65		40.9	49.5	16
2	50	60.3	150	120.7	19	4	M16	17.5	24	78		52.5	61.5	17
2½	65	76.1	180	139.7	19	4	M16	20.7	27	90		62.7	77.5	19
3	80	88.9	190	152.4	19	4	M16	22.3	29	108		77.9	90.5	21

[a] 对于平面法兰，法兰厚度可以按本表规定，也可以在本表的法兰厚度数据值上加上 2 mm。

表 12　Class 300 带颈承插焊钢制管法兰

公称尺寸		钢管外径 A/mm	连接尺寸					法兰厚度 C/mm	法兰高度 H/mm	法兰颈		法兰内径 B/mm	承插孔	
			法兰外径 D/mm	螺栓孔中心圆直径 K/mm	螺栓孔直径 L/mm	螺栓								
NPS	DN					数量 n/个	螺纹规格			N/mm	r/mm		B_1/mm	T/mm
½	15	21.3	95	66.7	16	4	M14	12.7	21	38	≥4	15.8	22.0	10
¾	20	26.9	115	82.6	19	4	M16	14.3	24	48		20.9	27.5	11
1	25	33.7	125	88.9	19	4	M16	15.9	25	54		26.6	34.5	13
1¼	32	42.2	135	98.4	19	4	M16	17.5	25	64		35.1	43.5	14
1½	40	48.3	155	114.3	22	4	M20	19.1	29	70		40.9	49.5	16
2	50	60.3	165	127.0	19	8	M16	20.7	32	84		52.5	61.5	17
2½	65	76.1	190	149.2	22	8	M20	23.9	37	100		62.7	77.5	19
3	80	88.9	210	168.3	22	8	M20	27.0	41	117		77.9	90.5	21

表 13　Class 600 带颈承插焊钢制管法兰

公称尺寸		钢管外径 A/mm	连接尺寸					法兰厚度 C/mm	法兰高度 H/mm	法兰颈		法兰内径 B/mm	承插孔	
			法兰外径 D/mm	螺栓孔中心圆直径 K/mm	螺栓孔直径 L/mm	螺栓								
NPS	DN					数量 n/个	螺纹规格			N/mm	r/mm		B_1/mm	T/mm
½	15	21.3	95	66.7	16	4	M14	14.3	22	38	≥4	由用户规定	22.0	10
¾	20	26.9	115	82.6	19	4	M16	15.9	25	48			27.5	11
1	25	33.7	125	88.9	19	4	M16	17.9	27	54			34.5	13
1¼	32	42.2	135	98.4	19	4	M16	20.7	29	64			43.5	14
1½	40	48.3	155	114.3	22	4	M20	22.3	32	70			49.5	16
2	50	60.3	165	127.0	19	8	M16	25.4	37	84			61.5	17
2½	65	76.1	190	149.2	22	8	M20	28.6	41	100			77.5	19
3	80	88.9	210	168.3	22	8	M20	31.8	46	117			90.5	21

表 14　Class 900 和 Class 1500 带颈承插焊钢制管法兰

公称尺寸		钢管外径 A/mm	连接尺寸					法兰厚度 C/mm	法兰高度 H/mm	法兰颈		法兰内径 B/mm	承插孔	
			法兰外径 D/mm	螺栓孔中心圆直径 K/mm	螺栓孔直径 L/mm	螺栓								
NPS	DN					数量 n/个	螺纹规格			N/mm	r/mm		B_1/mm	T/mm
½	15	21.3	120	82.6	22	4	M20	22.3	32	38	≥4	由用户规定	22.0	10
¾	20	26.9	130	88.9	22	4	M20	25.4	35	44			27.5	11
1	25	33.7	150	101.6	26	4	M24	28.6	41	52			34.5	13
1¼	32	42.2	160	111.1	26	4	M24	28.6	41	64			43.5	14
1½	40	48.3	180	123.8	29	4	M27	31.8	44	70			49.5	16
2	50	60.3	215	165.1	26	8	M24	38.1	57	105			61.5	17
2½	65	76.1	245	190.50	29	8	M27	41.3	64	124			77.5	19

4　技术要求

法兰的类型与参数应符合 GB/T 9112 的规定，法兰的技术要求应符合 GB/T 9124 的规定。

5　标记及标记示例

5.1　标记

带颈承插焊钢制管法兰应按下列规定进行标记：

公称尺寸	-	公称压力	法兰型式代号(SW)	密封面型式代号	管表号(可省略)	材料代号	标准编号

5.2　标记示例

示例 1：公称尺寸 DN 50、公称压力 PN 25、突面(RF)带颈承插焊钢制管法兰(SW)、材料为 0Cr18Ni9，其标记为：

法兰　DN 50-PN 25　SW　RF　06Cr19Ni10　GB/T 9117

示例 2：公称尺寸 NPS 3(DN 80)、公称压力 Class 600、环连接面(RJ)带颈承插焊钢制管法兰(SW)、管表号 Sch80、材料为 06Cr17Ni12Mo2，其标记为：

法兰　NPS 3(或 DN 80)-Class 600　SW　RJ　Sch80　06Cr17Ni12Mo2　GB/T 9117

ICS 23.040.60
J 15

GB

中华人民共和国国家标准

GB/T 9118—2010
代替 GB/T 9118.1～9118.2—2000

对焊环带颈松套钢制管法兰

Loose hubbed steel pipe flanges with welding neck collor

2011-01-14 发布 2011-10-01 实施

中华人民共和国国家质量监督检验检疫总局
中国国家标准化管理委员会 发布

前　言

GB/T 9112～9124—2010《钢制管法兰》系列标准修改采用 ASME B16.5—2009《管法兰和法兰管件(NPS ½～NPS 24)》及 EN 1092-1:2007《法兰及其连接　管道、阀门、管配件及附件用圆形法兰，PN 标识第 1 部分：钢制法兰》。ASME B 16.5—2009 是关于 Class 标记法兰的一个完整的标准，EN 1092-1:2007 是关于 PN 标记法兰的一个完整的标准。本系列标准综合采用了上述两个标准，包括了 Class 标记法兰和 PN 标记法兰的相关技术内容。本系列标准共有 13 项标准，本标准是其中的 1 项标准。

本标准与 ASME B16.5—2009 标准的主要区别如下：

——本标准的编写格式与 ASME B16.5—2009 标准不同；

——ASME B16.5—2009 标准包括了公称压力为 Class 400 的法兰数据，本标准没有纳入 Class 400 的法兰数据；

——ASME B16.5—2009 标准包括了公称尺寸为 NPS 3½的法兰数据，本标准没有 NPS 3½的法兰数据；

——ASME B16.5—2009 标准采用英制螺栓，螺栓孔径也采用英制尺寸，本系列标准改为公制螺栓，螺纹孔径也采用公制尺寸。

本标准代替 GB/T 9118.1—2000《突面对焊环带颈松套钢制管法兰》、GB/T 9118.2—2000《环连接面对焊环带颈松套钢制管法兰》，与原标准相比主要变化如下：

——将原来的 2 项对焊环带颈松套钢制管法兰标准整合为 1 项标准；

——根据 ASME B16.5—2009 标准，对 Class 标记的法兰尺寸数据进行了全面的修改；

——增加了各种密封面型式的适用范围表格；

——对标记进行了修订；

——根据 ASME B16.5—2009，将原标准中属于美洲体系的法兰公称压力标记进行了修改；PN 20 改为 Class 150，PN 50 改为 Class 300，PN 110 改为 Class 600，PN 150 改为 Class 900，PN 260 改为 Class 1500，PN 420 改为 Class 2500。

本标准由中国机械工业联合会提出。

本标准由全国管路附件标准化技术委员会归口。

本标准起草单位：浙江超达阀门股份有限公司、中机生产力促进中心。

本标准主要起草人：邱晓来、李俊英、冯峰、王汉洲、闫景文。

本标准所代替标准的历次版本发布情况为：

——GB/T 9118.1～9118.8—1988、GB/T 9118.1～ 9118.2—2000。

对焊环带颈松套钢制管法兰

1 范围

本标准规定了公称压力用Class标记的对焊环带颈松套钢制管法兰的型式、尺寸、技术要求和标记。

本标准适用于公称压力Class 150～Class 2500的对焊环带颈松套钢制管法兰。

2 规范性引用文件

下列文件中的条款通过本标准的引用而成为本标准的条款。凡是注日期的引用文件，其随后所有的修改单(不包括勘误的内容)或修订版均不适用于本标准，然而，鼓励根据本标准达成协议的各方研究是否可使用这些文件的最新版本。凡是不注日期的引用文件，其最新版本适用于本标准。

GB/T 9112　钢制管法兰　类型与参数

GB/T 9124　钢制管法兰　技术条件

3 型式与尺寸

3.1 用Class标记的对焊环带颈松套钢制管法兰的密封面型式及适用的公称压力和公称尺寸范围按表1的规定。

表1　用Class标记的对焊环带颈松套钢制管法兰的密封面型式及适用的公称压力和公称尺寸范围

密封面型式	公称压力					
	Class 150	Class 300	Class 600	Class 900	Class 1500	Class 2500
突面(RF)	NPS ½(DN 15)～NPS 24(DN 600)					NPS ½(DN 15)～NPS 12(DN 300)
环连接面(RJ)	NPS 1(DN 25)～NPS 24(DN 600)	NPS ½(DN 15)～NPS 24(DN 600)				NPS ½(DN 15)～NPS 12(DN 300)

3.2 用Class标记的对焊环带颈松套钢制管法兰的型式应符合图1和图2的规定，法兰密封面尺寸应符合表2的规定，法兰其他尺寸应符合表3～表8的规定。

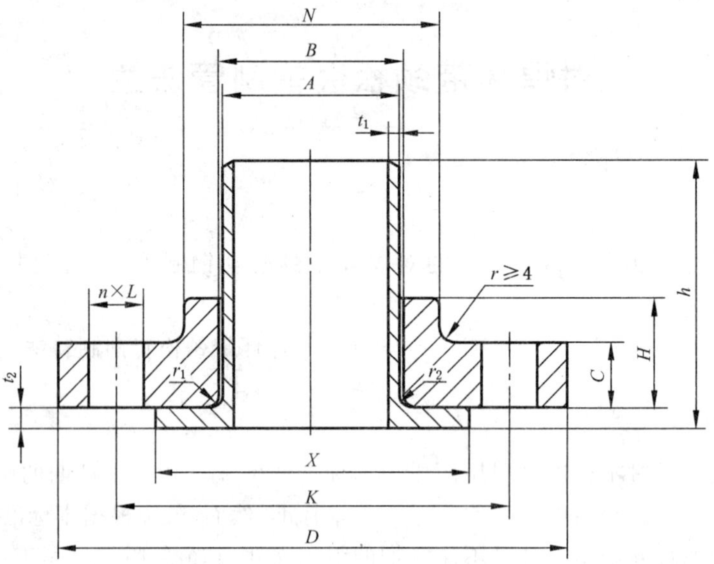

注：t_1 为短节壁厚，一般为钢管壁厚；t_2 应不小于钢管公称壁厚。

图 1 突面(RF)对焊环带颈松套钢制管法兰

(适用于 Class 150、Class 300、Class 600、Class 900、Class 1500 和 Class 2500)

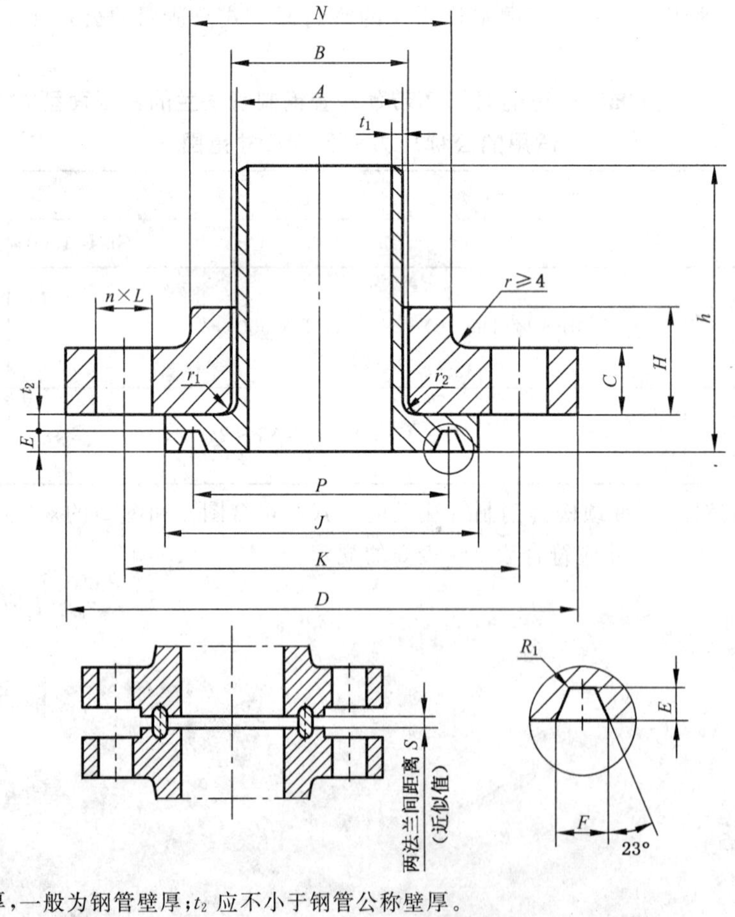

注：t_1 为短节壁厚，一般为钢管壁厚；t_2 应不小于钢管公称壁厚。

图 2 环连接面(RJ)对焊环带颈松套钢制管法兰

(适用于 Class 150、Class 300、Class 600、Class 900、Class 1500 和 Class 2500)

表 2 用 Class 标记的环连接面的法兰密封面尺寸

单位为毫米

公称尺寸		Class 150							Class 300						
NPS	DN	环号	J_{min}	P	E	F	R_{1max}	S	环号	J_{min}	P	E	F	R_{1max}	S
½	15	—	—	—	—	—	—	—	R11	50.5[a]	34.14	5.54	7.14	0.8	3
¾	20	—	—	—	—	—	—	—	R13	63.5	42.88	6.35	8.74	0.8	4
1	25	R15	63.0[a]	47.63	6.35	8.74	0.8	4	R16	69.5[a]	50.80	6.35	8.74	0.8	4
1¼	32	R17	72.5[a]	57.15	6.35	8.74	0.8	4	R18	79.0[a]	60.33	6.35	8.74	0.8	4
1½	40	R19	82.0[a]	65.07	6.35	8.74	0.8	4	R20	90.5	68.27	6.35	8.74	0.8	4
2	50	R22	101[a]	82.55	6.35	8.74	0.8	4	R23	108	82.55	7.92	11.91	0.8	6
2½	65	R25	120[a]	101.60	6.35	8.74	0.8	4	R26	127	101.60	7.92	11.91	0.8	6
3	80	R29	133	114.30	6.35	8.74	0.8	4	R31	146	123.83	7.92	11.91	0.8	6
4	100	R36	171	149.23	6.35	8.74	0.8	4	R37	175	149.23	7.92	11.91	0.8	6
5	125	R40	193[a]	171.45	6.35	8.74	0.8	4	R41	210	180.98	7.92	11.91	0.8	6
6	150	R43	219	193.68	6.35	8.74	0.8	4	R45	241	211.12	7.92	11.91	0.8	6
8	200	R48	273	247.65	6.35	8.74	0.8	4	R49	302	269.88	7.92	11.91	0.8	6
10	250	R52	330	304.80	6.35	8.74	0.8	4	R53	356	323.85	7.92	11.91	0.8	6
12	300	R56	405[a]	381.00	6.35	8.74	0.8	4	R57	413	381.00	7.92	11.91	0.8	6
14	350	R59	425	396.88	6.35	8.74	0.8	3	R61	457	419.10	7.92	11.91	0.8	6
16	400	R64	483	454.03	6.35	8.74	0.8	3	R65	508	469.90	7.92	11.91	0.8	6
18	450	R68	546	517.53	6.35	8.74	0.8	3	R69	575	533.40	7.92	11.91	0.8	6
20	500	R72	597	558.80	6.35	8.74	0.8	3	R73	635	584.20	9.53	13.49	1.5	6
24	600	R76	711	673.10	6.35	8.74	0.8	3	R77	749	692.15	11.13	16.66	1.5	6
公称尺寸		Class 600							Class 900						
NPS	DN	环号	J_{min}	P	E	F	R_{1max}	S	环号	J_{min}	P	E	F	R_{1max}	S
½	15	R11	50.5[a]	34.14	5.54	7.14	0.8	3	R12	60.5	39.67	6.35	8.74	0.8	4
¾	20	R13	63.5	42.88	6.35	8.74	0.8	4	R14	66.5	44.45	6.35	8.74	0.8	4
1	25	R16	69.5[a]	50.80	6.35	8.74	0.8	4	R16	71.5	50.80	6.35	8.74	0.8	4
1¼	32	R18	79.0[a]	60.33	6.35	8.74	0.8	4	R18	81.0	60.33	6.35	8.74	0.8	4
1½	40	R20	90.5	68.27	6.35	8.74	0.8	4	R20	92.0	68.27	6.35	8.74	0.8	4
2	50	R23	108	82.55	7.92	11.91	0.8	5	R24	124	95.25	7.92	11.91	0.8	3
2½	65	R26	127	101.60	7.92	11.91	0.8	5	R27	137	107.95	7.92	11.91	0.8	3
3	80	R31	146	123.83	7.92	11.91	0.8	5	R31	156	123.83	7.92	11.91	0.8	4
4	100	R37	175	149.23	7.92	11.91	0.8	5	R37	181	149.23	7.92	11.91	0.8	4
5	125	R41	210	180.98	7.92	11.91	0.8	5	R41	216	180.98	7.92	11.91	0.8	4
6	150	R45	241	211.12	7.92	11.91	0.8	5	R45	241	211.12	7.92	11.91	0.8	4
8	200	R49	302	269.88	7.92	11.91	0.8	5	R49	308	269.88	7.92	11.91	0.8	4
10	250	R53	356	323.85	7.92	11.91	0.8	5	R53	362	323.85	7.92	11.91	0.8	4
12	300	R57	413	381.00	7.92	11.91	0.8	5	R57	419	381.00	7.92	11.91	0.8	4
14	350	R61	457	419.10	7.92	11.91	0.8	5	R62	467	419.10	11.13	16.66	1.5	4
16	400	R65	508	469.90	7.92	11.91	0.8	5	R66	524	469.90	11.13	16.66	1.5	4
18	450	R69	575	533.40	7.92	11.91	0.8	5	R70	594	533.40	12.70	19.84	1.5	5
20	500	R73	635	584.20	9.53	13.49	1.5	5	R74	648	584.20	12.70	19.84	1.5	5
24	600	R77	749	692.15	11.13	16.66	1.5	6	R78	772	692.15	15.88	26.97	2.4	6

表 2（续） 单位为毫米

公称尺寸		Class 1500							Class 2500						
NPS	DN	环号	J_{min}	P	E	F	R_{1max}	S	环号	J_{min}	P	E	F	R_{1max}	S
½	15	R12	60.5	39.67	6.35	8.74	0.8	4	R13	65.0	42.88	6.35	8.74	0.8	4
¾	20	R14	66.5	44.45	6.35	8.74	0.8	4	R16	73.0	50.80	6.35	8.74	0.8	4
1	25	R16	71.5	50.80	6.35	8.74	0.8	4	R18	82.5	60.33	6.35	8.74	0.8	4
1¼	32	R18	81.0	60.33	6.35	8.74	0.8	4	R21	101[a]	72.23	7.92	11.91	0.8	3
1½	40	R20	92.0	68.27	6.35	8.74	0.8	4	R23	114	82.55	7.92	11.91	0.8	3
2	50	R24	124	95.25	7.92	11.91	0.8	3	R26	133	101.6	7.92	11.91	0.8	3
2½	65	R27	137	107.95	7.92	11.91	0.8	3	R28	149	111.13	9.53	13.49	1.5	3
3	80	R35	168	136.53	7.92	11.91	0.8	3	R32	168	127.00	9.53	13.49	1.5	3
4	100	R39	194	161.93	7.92	11.91	0.8	3	R38	203	157.18	11.13	16.66	1.5	4
5	125	R44	229	193.68	7.92	11.91	0.8	3	R42	241	190.50	12.70	19.84	1.5	4
6	150	R46	248	211.14	9.53	13.49	1.5	3	R47	279	228.60	12.70	19.84	1.5	4
8	200	R50	318	269.88	11.13	16.66	1.5	4	R51	340	279.40	14.27	23.01	1.5	5
10	250	R54	371	323.85	11.13	16.66	1.5	4	R55	425	342.90	17.48	30.18	2.4	6
12	300	R58	438	381.00	14.27	23.01	1.5	5	R60	495	406.40	17.48	33.32	2.4	8
14	350	R63	489	419.10	15.88	26.97	2.4	6	—	—	—	—	—	—	—
16	400	R67	546	469.90	17.48	30.18	2.4	8	—	—	—	—	—	—	—
18	450	R71	613	533.40	17.48	30.18	2.4	8	—	—	—	—	—	—	—
20	500	R75	673	584.20	17.48	33.32	2.4	10	—	—	—	—	—	—	—
24	600	R79	794	692.15	20.62	36.53	2.4	11	—	—	—	—	—	—	—

[a] 本标准从 ASME B16.5—2009 标准的英制螺栓孔径转换成公制螺栓孔径，导致 J 尺寸与螺栓孔径有干涉，为了避免干涉，对 J 尺寸数据做了适当的调整，调整后的 J 尺寸与 ASME B16.5—2009 标准略有差异。

表 3 Class 150 对焊环带颈松套钢制管法兰

公称尺寸		钢管外径 A/mm	连接尺寸					密封面直径 X/mm	法兰厚度 C/mm	法兰高度 H/mm	法兰颈部直径 N/mm	法兰内径 B_{min}/mm	r_1/mm	r_2/mm	对焊环高度 h/mm
			法兰外径 D/mm	螺栓孔中心圆直径 K/mm	螺栓孔直径 L/mm	螺栓									
NPS	DN					数量 n/个	螺纹规格								
½	15	21.3	90	60.3	16	4	M14	34.9	11.2	16	30	22.9	3	3	50
¾	20	26.9	100	69.9	16	4	M14	42.9	12.7	16	38	28.2	3	3	50
1	25	33.7	110	79.4	16	4	M14	50.8	14.3	17	49	34.9	3	3	50
1¼	32	42.4	115	88.9	16	4	M14	63.5	15.9	21	59	43.7	5	5	50
1½	40	48.3	125	98.4	16	4	M14	73.0	17.5	22	65	50.0	6	6	50
2	50	60.3	150	120.7	19	4	M16	92.1	19.1	25	78	62.5	8	8	65
2½	65	76.1	180	139.7	19	4	M16	104.8	22.3	29	90	78.5	8	8	65

表 3（续）

公称尺寸		钢管外径 A/mm	连接尺寸					密封面直径 X/mm	法兰厚度 C/mm	法兰高度 H/mm	法兰颈部直径 N/mm	法兰内径 B_{min}/mm	r_1/mm	r_2/mm	对焊环高度 h/mm
			法兰外径 D/mm	螺栓孔中心圆直径 K/mm	螺栓孔直径 L/mm	螺栓									
NPS	DN					数量 n/个	螺纹规格								
3	80	88.9	190	152.4	19	4	M16	127.0	23.9	30	108	91.4	10	10	65
4	100	114.3	230	190.5	19	8	M16	157.2	23.9	33	135	116.8	11	11	75
5	125	139.7	255	215.9	22	8	M20	185.7	23.9	36	164	144.4	11	11	75
6	150	168.3	280	241.3	22	8	M20	215.9	25.4	40	192	171.4	13	13	90
8	200	219.1	345	298.5	22	8	M20	269.9	28.6	44	246	222.2	13	13	100
10	250	273.0	405	362.0	26	12	M24	323.8	30.2	49	305	277.4	13	13	125
12	300	323.9	485	431.8	26	12	M24	381.0	31.8	56	365	328.2	13	13	150
14	350	355.6	535	476.3	29	12	M27	412.8	35.0	79	400	360.2	13	13	150
16	400	406.4	595	539.8	29	16	M27	469.9	36.6	87	457	411.2	13	13	150
18	450	457	635	577.9	32	16	M30	533.4	39.7	97	505	462.3	13	13	150
20	500	508	700	635.0	32	20	M30	584.2	42.9	103	559	514.4	13	13	150
24	600	610	815	749.3	35	20	M33	692.2	47.7	111	663	616.0	13	13	150

表 4 Class 300 对焊环带颈松套钢制管法兰

公称尺寸		钢管外径 A/mm	连接尺寸					密封面直径 X/mm	法兰厚度 C/mm	法兰高度 H/mm	法兰颈部直径 N/mm	法兰内径 B_{min}/mm	r_1/mm	r_2/mm	对焊环高度 h/mm
			法兰外径 D/mm	螺栓孔中心圆直径 K/mm	螺栓孔直径 L/mm	螺栓									
NPS	DN					数量 n/个	螺纹规格								
½	15	21.3	95	66.7	16	4	M14	34.9	14.3	22	38	22.9	3	3	50
¾	20	26.9	115	82.6	19	4	M16	42.9	15.9	25	48	28.2	3	3	50
1	25	33.7	125	88.9	19	4	M16	50.8	17.5	27	54	34.9	3	3	50
1¼	32	42.4	135	98.4	19	4	M16	63.5	19.1	27	64	43.7	5	5	50
1½	40	48.3	155	114.3	22	4	M20	73.0	20.7	30	70	50.0	6	6	50
2	50	60.3	165	127.0	19	8	M16	92.1	22.3	33	84	62.5	8	8	65
2½	65	76.1	190	149.2	22	8	M20	104.8	25.4	38	100	78.5	8	8	65
3	80	88.9	210	168.3	22	8	M20	127.0	28.6	43	117	91.4	10	10	65
4	100	114.3	255	200.0	22	8	M20	157.2	31.8	48	146	116.8	11	11	75
5	125	139.7	280	235.0	22	8	M20	185.7	35.0	51	178	144.4	11	11	75
6	150	168.3	320	269.9	22	12	M20	215.9	36.6	52	206	171.4	13	13	90
8	200	219.1	380	330.2	26	12	M24	269.9	41.3	62	260	222.2	13	13	100
10	250	273.0	445	387.4	29	16	M27	323.8	47.7	95	321	277.4	13	13	250
12	300	323.9	520	450.8	32	16	M30	381.0	50.8	102	375	328.2	13	13	250

表 4（续）

公称尺寸 NPS	公称尺寸 DN	钢管外径 A/mm	连接尺寸 法兰外径 D/mm	连接尺寸 螺栓孔中心圆直径 K/mm	连接尺寸 螺栓孔直径 L/mm	螺栓 数量 n/个	螺栓 螺纹规格	密封面直径 X/mm	法兰厚度 C/mm	法兰高度 H/mm	法兰颈部直径 N/mm	法兰内径 B_{min}/mm	r_1/mm	r_2/mm	对焊环高度 h/mm
14	350	355.6	585	514.4	32	20	M30	412.8	54.0	111	425	360.2	13	13	300
16	400	406.4	650	571.5	35	20	M33	469.9	57.2	121	483	411.2	13	13	300
18	450	457	710	628.6	35	24	M33	533.4	60.4	130	533	462.3	13	13	300
20	500	508	775	685.8	35	24	M33	584.2	63.5	140	587	514.4	13	13	300
24	600	610	915	812.8	42	24	M39	692.2	69.9	152	702	616.0	13	13	300

表 5　Class 600 对焊环带颈松套钢制管法兰

公称尺寸 NPS	公称尺寸 DN	钢管外径 A/mm	连接尺寸 法兰外径 D/mm	连接尺寸 螺栓孔中心圆直径 K/mm	连接尺寸 螺栓孔直径 L/mm	螺栓 数量 n/个	螺栓 螺纹规格	密封面直径 X/mm	法兰厚度 C/mm	法兰高度 H/mm	法兰颈部直径 N/mm	法兰内径 B_{min}/mm	r_1/mm	r_2/mm	对焊环高度 h/mm
½	15	21.3	95	66.7	16	4	M14	34.9	14.3	22	38	22.9	3	3	50
¾	20	26.9	115	82.6	19	4	M16	42.9	15.9	25	48	28.2	3	3	65
1	25	33.7	125	88.9	19	4	M16	50.8	17.5	27	54	34.9	3	3	65
1¼	32	42.4	135	98.4	19	4	M16	63.5	20.7	29	64	43.7	5	5	65
1½	40	48.3	155	114.3	22	4	M20	73.0	22.3	32	70	50.0	6	6	75
2	50	60.3	165	127.0	19	8	M16	92.1	25.4	37	84	62.5	8	8	75
2½	65	76.1	190	149.2	22	8	M20	104.8	28.6	41	100	78.5	8	8	90
3	80	88.9	210	168.3	22	8	M20	127.0	31.8	46	117	91.4	10	10	100
4	100	114.3	275	215.9	26	8	M24	157.2	38.1	54	152	116.8	11	11	125
5	125	139.7	330	266.7	29	8	M27	185.7	44.5	60	189	144.4	11	11	150
6	150	168.3	355	292.1	29	12	M27	215.9	47.7	67	222	171.4	13	13	175
8	200	219.1	420	349.2	32	12	M30	269.9	55.6	76	273	222.2	13	13	190
10	250	273.0	510	431.8	35	16	M33	323.8	63.5	111	343	277.4	13	13	200
12	300	323.9	560	489.0	35	20	M33	381.0	66.7	117	400	328.2	13	13	250
14	350	355.6	605	527.0	39	20	M36	412.8	69.9	127	432	360.2	13	13	300
16	400	406.4	685	603.2	42	20	M39	469.9	76.2	140	495	411.2	13	13	300
18	450	457	745	654.0	45	20	M42	533.4	82.6	152	546	462.3	13	13	300
20	500	508	815	723.9	45	24	M42	584.2	88.9	165	610	514.4	13	13	300
24	600	610	940	838.2	51	24	M48	692.2	101.6	184	718	616.0	13	13	300

表 6　Class 900 对焊环带颈松套钢制管法兰

公称尺寸		钢管外径 A/mm	连接尺寸					密封面直径 X/mm	法兰厚度 C/mm	法兰高度 H/mm	法兰颈部直径 N/mm	法兰内径 B_{min}/mm	r_1/mm	r_2/mm	对焊环高度 h/mm
			法兰外径 D/mm	螺栓孔中心圆直径 K/mm	螺栓孔直径 L/mm	螺栓									
NPS	DN					数量 n/个	螺纹规格								
½	15	21.3	120	82.6	22	4	M20	34.9	22.3	32	38	22.9	3	3	75
¾	20	26.9	130	88.9	22	4	M20	42.9	25.4	35	44	28.2	3	3	75
1	25	33.7	150	101.6	26	4	M24	50.8	28.6	41	52	34.9	3	3	90
1¼	32	42.4	160	111.1	26	4	M24	63.5	28.6	41	64	43.7	5	5	90
1½	40	48.3	180	123.8	29	4	M27	73.0	31.8	44	70	50.0	6	6	90
2	50	60.3	215	165.1	26	8	M24	92.1	38.1	57	105	62.5	8	8	125
2½	65	76.1	245	190.5	29	8	M27	104.8	41.3	64	124	78.5	8	8	150
3	80	88.9	240	190.5	26	8	M24	127.0	38.1	54	127	91.4	10	10	125
4	100	114.3	290	235.0	32	8	M30	157.2	44.5	70	159	116.8	11	11	175
5	125	139.7	350	279.4	35	8	M33	185.7	50.8	79	190	144.4	11	11	200
6	150	168.3	380	317.5	32	12	M30	215.9	55.6	86	235	171.4	13	13	200
8	200	219.1	470	393.7	39	12	M36	269.9	63.5	114	298	222.2	13	13	200
10	250	273.0	545	469.9	39	16	M36	323.8	69.9	127	368	277.4	13	13	250
12	300	323.9	610	533.4	39	20	M36	381.0	79.4	143	419	328.2	13	13	250
14	350	355.6	640	558.8	42	20	M39	412.8	85.8	156	451	360.2	13	13	300
16	400	406.4	705	616.0	45	20	M42	469.9	88.9	165	508	411.2	13	13	300
18	450	457	785	685.8	51	20	M48	533.4	101.6	190	565	462.3	13	13	300
20	500	508	855	749.3	55	20	M52	584.2	108.0	210	622	514.4	13	13	300
24	600	610	1 040	901.7	67	20	M64	692.2	139.7	267	749	616.0	13	13	350

注：NPS ½(DN 15)～NPS 2½(DN 65)的法兰使用 Class 1500 法兰的尺寸。

表 7　Class 1500 对焊环带颈松套钢制管法兰

公称尺寸		钢管外径 A/mm	连接尺寸					密封面直径 X/mm	法兰厚度 C/mm	法兰高度 H/mm	法兰颈部直径 N/mm	法兰内径 B_{min}/mm	r_1/mm	r_2/mm	对焊环高度 h/mm
			法兰外径 D/mm	螺栓孔中心圆直径 K/mm	螺栓孔直径 L/mm	螺栓									
NPS	DN					数量 n/个	螺纹规格								
½	15	21.3	120	82.6	22	4	M20	34.9	22.3	32	38	22.9	3	3	75
¾	20	26.9	130	88.9	22	4	M20	42.9	25.4	35	44	28.2	3	3	75
1	25	33.7	150	101.6	26	4	M24	50.8	28.6	41	52	34.9	3	3	90
1¼	32	42.4	160	111.1	26	4	M24	63.5	28.6	41	64	43.7	5	5	90
1½	40	48.3	180	123.8	29	4	M27	73.0	31.8	44	70	50.0	6	6	90

表 7（续）

公称尺寸		钢管外径 A/mm	连接尺寸					密封面直径 X/mm	法兰厚度 C/mm	法兰高度 H/mm	法兰颈部直径 N/mm	法兰内径 B_{min}/mm	r_1/mm	r_2/mm	对焊环高度 h/mm
NPS	DN		法兰外径 D/mm	螺栓孔中心圆直径 K/mm	螺栓孔直径 L/mm	螺栓 数量 n/个	螺栓 螺纹规格								
2	50	60.3	215	165.1	26	8	M24	92.1	38.1	57	105	62.5	8	8	125
2½	65	76.1	245	190.5	29	8	M27	104.8	41.3	64	124	78.5	8	8	150
3	80	88.9	265	203.2	32	8	M30	127.0	47.7	73	133	91.4	10	10	150
4	100	114.3	310	241.3	35	8	M33	157.2	54.0	90	162	116.8	11	11	200
5	125	139.7	375	292.1	42	8	M39	185.7	73.1	105	197	144.4	11	11	200
6	150	168.3	395	317.5	39	12	M36	215.9	82.6	119	229	171.4	13	13	250
8	200	219.1	485	393.7	45	12	M42	269.9	92.1	143	292	222.2	13	13	250
10	250	273.0	585	482.6	51	12	M48	323.8	108.0	178	368	277.4	13	13	300
12	300	323.9	675	571.5	55	16	M52	381.0	123.9	219	451	328.2	13	13	300
14	350	355.6	750	635.0	60	16	M56	412.8	133.4	241	495	360.2	13	13	350
16	400	406.4	825	704.8	67	16	M64	469.9	146.1	260	552	411.2	13	13	350
18	450	457	915	774.7	73	16	M70	533.4	162.0	276	597	462.3	13	13	350
20	500	508	985	831.8	79	16	M76	584.2	177.8	292	641	514.4	13	13	400
24	600	610	1 170	990.6	93	16	M90	692.2	203.2	330	762	616.0	13	13	400

表 8 Class 2500 对焊环带颈松套钢制管法兰

公称尺寸		钢管外径 A/mm	连接尺寸					密封面直径 X/mm	法兰厚度 C/mm	法兰高度 H/mm	法兰颈部直径 N/mm	法兰内径 B_{min}/mm	r_1/mm	r_2/mm	对焊环高度 h/mm
NPS	DN		法兰外径 D/mm	螺栓孔中心圆直径 K/mm	螺栓孔直径 L/mm	螺栓 数量 n/个	螺栓 螺纹规格								
½	15	21.3	135	88.9	22	4	M20	34.9	30.2	40	43	22.9	3	3	90
¾	20	26.9	140	95.2	22	4	M20	42.9	31.8	43	51	28.2	3	3	90
1	25	33.7	160	108.0	26	4	M24	50.8	35.0	48	57	34.9	3	3	90
1¼	32	42.4	185	130.2	29	4	M27	63.5	38.1	52	73	43.7	5	5	125
1½	40	48.3	205	146.0	32	4	M30	73.0	44.5	60	79	50.0	6	6	150
2	50	60.3	235	171.4	29	8	M27	92.1	50.9	70	95	62.5	8	8	150
2½	65	76.1	265	196.8	32	8	M30	104.8	57.2	79	114	78.5	8	8	200
3	80	88.9	305	228.6	35	8	M33	127.0	66.7	92	133	91.4	10	10	200
4	100	114.3	355	273.0	42	8	M39	157.2	76.2	108	165	116.8	11	11	250
5	125	139.7	420	323.8	48	8	M45	185.7	92.1	130	203	144.4	11	11	300
6	150	168.3	485	368.3	55	8	M52	215.9	108.0	152	235	171.4	13	13	350
8	200	219.1	550	438.2	55	12	M52	269.9	127.0	178	305	222.2	13	13	400
10	250	273.0	675	539.8	67	12	M64	323.8	165.1	229	375	277.4	13	13	450
12	300	323.9	760	619.1	73	12	M70	381.0	184.2	254	441	328.2	13	13	550

4 技术要求

法兰的类型与参数应符合 GB/T 9112 的规定,法兰的技术要求应符合 GB/T 9124 的规定。

5 标记及标记示例

5.1 标记

对焊环带颈松套钢制管法兰应按下列规定进行标记:

公称尺寸	-	公称压力	法兰型式代号(HL/W)	密封面型式代号	管表号	材料代号	标准编号

5.2 标记示例

示例 1:公称尺寸 NPS 20(DN 500)、公称压力 Class 150、突面(RF)对焊环带颈松套钢制管法兰(HL/W)、管表号 Sch40、材料为 06Cr19Ni10,其标记为:

法兰 NPS 20(或 DN 500)-Class 150 HL/W RF Sch40 06Cr19Ni10 GB/T 9118

示例 2:公称尺寸 NPS 10(DN 250)、公称压力 Class 2500、环连接面(RJ)对焊环带颈松套焊钢制管法兰(HL/W)、管表号 Sch160、材料:松套法兰 20、对焊环 06Cr17Ni12Mo2,其标记为:

法兰 NPS 10(或 DN 250)-Class 2500 HL/W RJ Sch160 20/06Cr17Ni12Mo2 GB/T 9118

ICS 23.040.60
J 15

中华人民共和国国家标准

GB/T 9119—2010
代替 GB/T 9119—2000,GB/T 2506—2005

板式平焊钢制管法兰

Slip-on-welding plate steel pipe flanges

2011-01-14 发布

2011-10-01 实施

中华人民共和国国家质量监督检验检疫总局
中国国家标准化管理委员会 发布

前　言

GB/T 9112～9124—2010《钢制管法兰》系列标准修改采用 ASME B16.5—2009《管法兰和法兰管件(NPS ½～NPS 24)》及 EN 1092-1:2007《法兰及其连接　管道、阀门、管配件及附件用圆形法兰，PN 标识第 1 部分:钢制法兰》。ASME B16.5—2009 是关于 Class 标记法兰的一个完整的标准，EN 1092-1:2007 是关于 PN 标记法兰的一个完整的标准。本系列标准综合采用了上述两个标准，包括了 Class 标记法兰和 PN 标记法兰的相关技术内容。本系列标准共有 13 项标准，本标准是其中的 1 项标准。

本标准与 EN 1092-1:2007 标准的主要区别如下：

——本标准的编写格式与 EN 1092-1:2007 标准不同；

——EN 1092-1:2007 标准没有包括 DN 175 和 DN 225 两个公称尺寸，根据我国船用法兰用户的使用要求，本系列标准的 PN 标记法兰增加了仅用于船用法兰的 DN 175 和 DN 225 两个公称尺寸。

本标准代替 GB/T 9119—2000《平面、突面板式平焊钢制管法兰》、GB/T 2506—2005《船用搭焊钢法兰(四进位)》，与原标准相比主要变化如下：

——将原来的 GB/T 9119—2000 与 GB/T 2506—2005 整合为 1 项标准；

——根据 EN 1092-1:2007 标准，将 PN 标记的公称压力范围从原来的 PN 2.5～PN 40 扩大到 PN 2.5～PN 100；

——PN 标记的法兰增加了仅用于船用法兰的 DN 175 和 DN 225 两个公称尺寸；

——根据 EN 1092-1:2007 标准，对 PN 标记的法兰尺寸数据进行了全面的修改；

——增加了各种密封面型式的适用范围表格。

本标准由中国机械工业联合会提出。

本标准由全国管路附件标准化技术委员会归口。

本标准起草单位:中机生产力促进中心、江苏海达管件集团有限公司、蚌埠市中元管道配件制造有限公司、河北圣天集团宝银高压法兰管件有限公司、中国船舶工业综合技术经济研究院、浙江超达阀门股份有限公司、保一集团有限公司。

本标准主要起草人:李俊英、邱晓来、李建、王清尧、李宝银、冯峰、闫景文、罗发元、陈佑军。

本标准所代替标准的历次版本发布情况为：

——GB/T 9119.1～9119.10—1988、GB/T 9119—2000；

——GB/T 2506—1989、GB/T 2506—2005。

板式平焊钢制管法兰

1 范围

本标准规定了公称压力用 PN 标记的板式平焊钢制管法兰的型式、尺寸、技术要求和标记。

本标准适用于公称压力 PN 2.5～PN 100 的板式平焊钢制管法兰。

2 规范性引用文件

下列文件中的条款通过本标准的引用而成为本标准的条款。凡是注日期的引用文件，其随后所有的修改单(不包括勘误的内容)或修订版均不适用于本标准，然而，鼓励根据本标准达成协议的各方研究是否可使用这些文件的最新版本。凡是不注日期的引用文件，其最新版本适用于本标准。

GB/T 9112 钢制管法兰 类型与参数

GB/T 9124 钢制管法兰 技术条件

3 型式与尺寸

3.1 用 PN 标记的板式平焊钢制管法兰的密封面型式及适用的公称压力和公称尺寸范围按表 1 的规定。

表 1 用 PN 标记的板式平焊钢制管法兰的密封面型式及适用的公称压力和公称尺寸范围

密封面型式	公称压力							
	PN 2.5	PN 6	PN 10	PN 16	PN 25	PN 40	PN 63	PN 100
平面(FF)	DN 10～DN 2000	DN 10～DN 2000	DN 10～DN 2000	DN 10～DN 2000	DN 10～DN 800	DN 10～DN 600	—	
突面(RF)	DN 10～DN 2000	DN 10～DN 2000	DN 10～DN 2000	DN 10～DN 2000	DN 10～DN 800	DN 10～DN 600	DN 10～DN 400	DN 10～DN 350

3.2 板式平焊钢制管法兰的型式应符合图 1 和图 2 的规定，法兰尺寸应符合表 2～表 9 的规定。

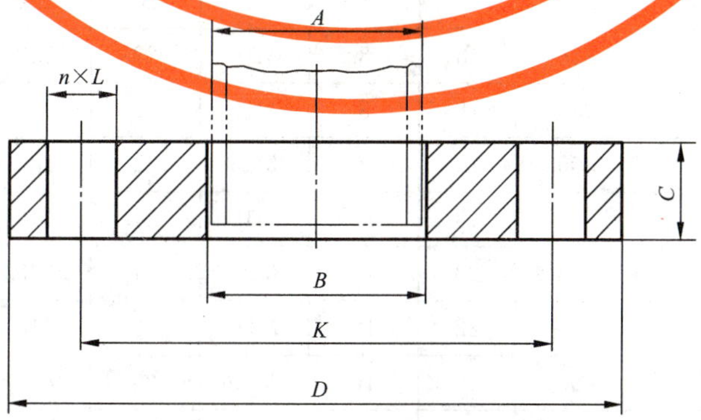

图 1 平面(FF)板式平焊钢制管法兰

(适用于 PN 2.5、PN 6、PN 10、PN 16、PN 25 和 PN 40)

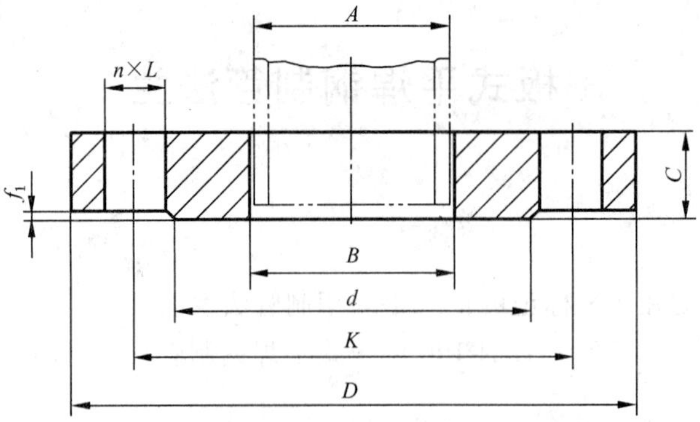

图 2　突面(RF)板式平焊钢制管法兰

(适用于 PN 2.5、PN 6、PN 10、PN 16、PN 25、PN 40、PN 63 和 PN 100)

表 2　PN 2.5 板式平焊钢制管法兰

公称尺寸 DN	钢管外径 A/mm		连接尺寸					法兰厚度 C/mm	密封面		法兰内径 B/mm	
			法兰外径 D/mm	螺栓孔中心圆直径 K/mm	螺栓孔直径 L/mm	螺栓						
	系列Ⅰ	系列Ⅱ				数量 n/个	螺纹规格		d/mm	f_1/mm	系列Ⅰ	系列Ⅱ
10	17.2	14	75	50	11	4	M10	12	35	2	18.0	15
15	21.3	18	80	55	11	4	M10	12	40	2	22.0	19
20	26.9	25	90	65	11	4	M10	14	50	2	27.5	26
25	33.7	32	100	75	11	4	M10	14	60	2	34.5	33
32	42.4	38	120	90	14	4	M12	16	70	2	43.5	39
40	48.3	45	130	100	14	4	M12	16	80	3	49.5	46
50	60.3	57	140	110	14	4	M12	16	90	3	61.5	59
65	76.1	76	160	130	14	4	M12	16	110	3	77.5	78
80	88.9	89	190	150	18	4	M16	18	128	3	90.5	91
100	114.3	108	210	170	18	4	M16	18	148	3	116.0	110
125	139.7	133	240	200	18	8	M16	20	178	3	141.5	135
150	168.3	159	265	225	18	8	M16	20	202	3	170.5	161
(175)[a]	193.7	—	295	255	18	8	M16	22	232	3	196	—
200	219.1	219	320	280	18	8	M16	22	258	3	221.5	222
(225)[a]	245	—	345	305	18	8	M16	22	282	3	248	—
250	273.0	273	375	335	18	12	M16	24	312	3	276.5	276
300	323.9	325	440	395	22	12	M20	24	365	4	327.5	328
350	355.6	377	490	445	22	12	M20	26	415	4	359.5	380
400	406.4	426	540	495	22	16	M20	28	465	4	411.0	430
450	457.0	480	595	550	22	16	M20	30	520	4	462.0	484
500	508.0	530	645	600	22	20	M20	30	570	4	513.5	534
600	610.0	630	755	705	26	20	M24	32	670	5	616.5	634
700	711.0	720	860	810	26	24	M24	40(36)[b]	775	5	715	724

表 2（续）

公称尺寸 DN	钢管外径 A/mm		连接尺寸					法兰厚度 C/mm	密封面		法兰内径 B/mm	
	系列Ⅰ	系列Ⅱ	法兰外径 D/mm	螺栓孔中心圆直径 K/mm	螺栓孔直径 L/mm	螺栓 数量 n/个	螺栓 螺纹规格		d/mm	f_1/mm	系列Ⅰ	系列Ⅱ
800	813.0	820	975	920	30	24	M27	44(38)[b]	880	5	817	824
900	914.0	920	1 075	1 020	30	24	M27	48(40)[b]	980	5	918	924
1 000	1 016	1 020	1 175	1 120	30	28	M27	52(42)[b]	1 080	5	1 020	1 024
1 200	1 219	1 220	1 375	1 320	30	32	M27	60(44)[b]	1 280	5	1 223	1 224
1 400	1 422	1 420	1 575	1 520	30	36	M27	65(48)[b]	1 480	5	1 426	1 424
1 600	1 626	1 620	1 790	1 730	30	40	M27	72(51)[b]	1 690	5	1 630	1 624
1 800	1 829	1 820	1 990	1 930	30	44	M27	79(54)[b]	1 890	5	1 833	1 824
2 000	2 032	2 020	2 190	2 130	30	48	M27	86(58)[b]	2 090	5	2 036	2 024

注：公称尺寸 DN 10～DN 1 000 的法兰使用 PN 6 法兰的尺寸。

[a] 带括号尺寸不推荐使用，并且仅适用于船用法兰。

[b] 括号内尺寸为原标准法兰厚度，对于现有设备或供需双方认可仍可采用括号内的法兰厚度尺寸。

表 3 **PN 6 板式平焊钢制管法兰**

公称尺寸 DN	钢管外径 A/mm		连接尺寸					法兰厚度 C/mm	密封面		法兰内径 B/mm	
	系列Ⅰ	系列Ⅱ	法兰外径 D/mm	螺栓孔中心圆直径 K/mm	螺栓孔直径 L/mm	螺栓 数量 n/个	螺栓 螺纹规格		d/mm	f_1/mm	系列Ⅰ	系列Ⅱ
10	17.2	14	75	50	11	4	M10	12	35	2	18.0	15
15	21.3	18	80	55	11	4	M10	12	40	2	22.0	19
20	26.9	25	90	65	11	4	M10	14	50	2	27.5	26
25	33.7	32	100	75	11	4	M10	14	60	2	34.5	33
32	42.4	38	120	90	14	4	M12	16	70	2	43.5	39
40	48.3	45	130	100	14	4	M12	16	80	3	49.5	46
50	60.3	57	140	110	14	4	M12	16	90	3	61.5	59
65	76.1	76	160	130	14	4	M12	16	110	3	77.5	78
80	88.9	89	190	150	18	4	M16	18	128	3	90.5	91
100	114.3	108	210	170	18	4	M16	18	148	3	116.0	110
125	139.7	133	240	200	18	8	M16	20	178	3	141.5	135
150	168.3	159	265	225	18	8	M16	20	202	3	170.5	161
(175)[a]	193.7	—	295	255	18	8	M16	22	232	3	196	—
200	219.1	219	320	280	18	8	M16	22	258	3	221.5	222
(225)[a]	245	—	345	305	18	8	M16	22	282	3	248	—
250	273.0	273	375	335	18	12	M16	24	312	3	276.5	276
300	323.9	325	440	395	22	12	M20	24	365	4	327.5	328

表 3（续）

公称尺寸 DN	钢管外径 A/mm		连接尺寸					法兰厚度 C/mm	密封面		法兰内径 B/mm	
			法兰外径 D/mm	螺栓孔中心圆直径 K/mm	螺栓孔直径 L/mm	螺栓						
	系列Ⅰ	系列Ⅱ				数量 n/个	螺纹规格		d/mm	f_1/mm	系列Ⅰ	系列Ⅱ
350	355.6	377	490	445	22	12	M20	26	415	4	359.5	380
400	406.4	426	540	495	22	16	M20	28	465	4	411.0	430
450	457.0	480	595	550	22	16	M20	30	520	4	462.0	484
500	508.0	530	645	600	22	20	M20	30	570	4	513.5	534
600	610.0	630	755	705	26	20	M24	32	670	5	616.5	634
700	711.0	720	860	810	26	24	M24	40	775	5	715	724
800	813.0	820	975	920	30	24	M27	44	880	5	817	824
900	914.0	920	1 075	1 020	30	24	M27	48	980	5	918	924
1 000	1 016	1 020	1 175	1 120	30	28	M27	52	1 080	5	1 020	1 024
1 200	1 219	1 220	1 405	1 340	33	32	M30	60	1 295	5	1 223	1 224
1 400	1 422	1 420	1 630	1 560	36	36	M33	72(68)[b]	1 510	5	1 426	1 424
1 600	1 626	1 620	1 830	1 760	36	40	M33	80(76)[b]	1 710	5	1 630	1 624
1 800	1 829	1 820	2 045	1 970	39	44	M36	88(84)[b]	1 920	5	1 833	1 824
2 000	2 032	2 020	2 265	2 180	42	48	M39	96(92)[b]	2 125	5	2 036	2 024

[a] 带括号尺寸不推荐使用，并且仅适用于船用法兰。

[b] 括号内尺寸为原标准法兰厚度，对于现有设备或供需双方认可仍可采用括号内的法兰厚度尺寸。

表 4 PN 10 板式平焊钢制管法兰

公称尺寸 DN	钢管外径 A/mm		连接尺寸					法兰厚度 C/mm	密封面		法兰内径 B/mm	
			法兰外径 D/mm	螺栓孔中心圆直径 K/mm	螺栓孔直径 L/mm	螺栓						
	系列Ⅰ	系列Ⅱ				数量 n/个	螺纹规格		d/mm	f_1/mm	系列Ⅰ	系列Ⅱ
10	17.2	14	90	60	14	4	M12	14	40	2	18.0	15
15	21.3	18	95	65	14	4	M12	14	45	2	22.0	19
20	26.9	25	105	75	14	4	M12	16	58	2	27.5	26
25	33.7	32	115	85	14	4	M12	16	68	2	34.5	33
32	42.4	38	140	100	18	4	M16	18	78	2	43.5	39
40	48.3	45	150	110	18	4	M16	18	88	3	49.5	46
50	60.3	57	165	125	18	4	M16	20	102	3	61.5	59
65	76.1	76	185	145	18	8[a]	M16	20	122	3	77.5	78
80	88.9	89	200	160	18	8	M16	20	138	3	90.5	91

表 4（续）

公称尺寸 DN	钢管外径 A/mm		连接尺寸					法兰厚度 C/mm	密封面		法兰内径 B/mm	
	系列Ⅰ	系列Ⅱ	法兰外径 D/mm	螺栓孔中心圆直径 K/mm	螺栓孔直径 L/mm	螺栓 数量 n/个	螺栓 螺纹规格		d/mm	f_1/mm	系列Ⅰ	系列Ⅱ
100	114.3	108	220	180	18	8	M16	22	158	3	116.0	110
125	139.7	133	250	210	18	8	M16	22	188	3	141.5	135
150	168.3	159	285	240	22	8	M20	24	212	3	170.5	161
(175)[c]	193.7	—	315	270	22	8	M20	24	242	3	196	—
200	219.1	219	340	295	22	8	M20	24	268	3	221.5	222
(225)[c]	245	—	370	325	22	8	M20	24	295	3	248	—
250	273.0	273	395	350	22	12	M20	26	320	3	276.5	276
300	323.9	325	445	400	22	12	M20	26	370	4	327.5	328
350	355.6	377	505	460	22	16	M20	30	430	4	359.5	381
400	406.4	426	565	515	26	16	M24	32	482	4	411.0	430
450	457.0	480	615	565	26	20	M24	36	532	4	462.0	485
500	508.0	530	670	620	26	20	M24	38	585	4	513.5	535
600	610.0	630	780	725	30	20	M27	42	685	5	616.5	636
700	711.0	720	895	840	30	24	M27	50	800	5	715	724
800	813.0	820	1 015	950	33	24	M30	56	905	5	817	824
900	914.0	920	1 115	1 050	33	28	M30	62	1 005	5	918	924
1 000	1 016	1 020	1 230	1 160	36	28	M33	70	1 110	5	1 020	1 024
1 200	1 219	1 220	1 455	1 380	39	32	M36	83	1 330	5	1 223	1 224
1 400	1 422	1 420	1 675	1 590	42	36	M39	90[b]	1 535	5	1 426	1 424
1 600	1 626	1 620	1 915	1 820	48	40	M45	100[b]	1 760	5	1 630	1 624
1 800	1 829	1 820	2 115	2 020	48	44	M45	110[b]	1 960	5	1 833	1 824
2 000	2 032	2 020	2 325	2 230	48	48	M45	120[b]	2 170	5	2 036	2 024

注：公称尺寸 DN 10～DN 40 的法兰使用 PN 40 法兰的尺寸；公称尺寸 DN 50～DN 150 的法兰使用 PN 16 法兰的尺寸。

[a] 对于铸铁法兰和铜合金法兰，该规格的法兰可能是 4 个螺栓孔的，因此，当制造厂和用户协商同意后，与铸铁法兰和铜合金法兰配对使用的钢制法兰可以采用 4 个螺栓孔。

[b] 用户可以根据计算确定法兰厚度。

[c] 带括号尺寸不推荐使用，并且仅适用于船用法兰。

表 5 PN 16 板式平焊钢制管法兰

公称尺寸 DN	钢管外径 A/mm		连接尺寸					法兰厚度 C/mm	密封面		法兰内径 B/mm	
			法兰外径 D/mm	螺栓孔中心圆直径 K/mm	螺栓孔直径 L/mm	螺栓						
	系列Ⅰ	系列Ⅱ				数量 n/个	螺纹规格		d/mm	f_1/mm	系列Ⅰ	系列Ⅱ
10	17.2	14	90	60	14	4	M12	14	40	2	18.0	15
15	21.3	18	95	65	14	4	M12	14	45	2	22.0	19
20	26.9	25	105	75	14	4	M12	16	58	2	27.5	26
25	33.7	32	115	85	14	4	M12	16	68	2	34.5	33
32	42.4	38	140	100	18	4	M16	18	78	2	43.5	39
40	48.3	45	150	110	18	4	M16	18	88	3	49.5	46
50	60.3	57	165	125	18	4	M16	20	102	3	61.5	59
65	76.1	76	185	145	18	8[a]	M16	20	122	3	77.5	78
80	88.9	89	200	160	18	8	M16	20	138	3	90.5	91
100	114.3	108	220	180	18	8	M16	22	158	3	116.0	110
125	139.7	133	250	210	18	8	M16	22	188	3	141.5	135
150	168.3	159	285	240	22	8	M20	24	212	3	170.5	161
(175)[c]	193.7	—	315	270	22	8	M20	24	242	3	196	—
200	219.1	219	340	295	22	12	M20	26	268	3	221.5	222
(225)[c]	245	—	370	325	22	12	M20	27	295	3	248	—
250	273.0	273	405	355	26	12	M24	29	320	3	276.5	276
300	323.9	325	460	410	26	12	M24	32	378	4	327.5	328
350	355.6	377	520	470	26	16	M24	35	438	4	359.5	381
400	406.4	426	580	525	30	16	M27	38	490	4	411.0	430
450	457.0	480	640	585	30	20	M27	42	550	4	462.0	485
500	508.0	530	715	650	33	20	M30	46	610	4	513.5	535
600	610.0	630	840	770	36	20	M33	55	725	5	616.5	636
700	711.0	720	910	840	36	24	M33	63	795	5	715	724
800	813.0	820	1 025	950	39	24	M36	74	900	5	817	824
900	914.0	920	1 125	1 050	39	28	M36	82	1 000	5	918	924
1 000	1 016	1 020	1 255	1 170	42	28	M39	90	1 115	5	1 020	1 024
1 200	1 219	1 220	1 485	1 390	48	32	M45	95[b]	1 330	5	1 223	1 224
1 400	1 422	1 420	1 685	1 590	48	36	M45	103[b]	1 530	5	1 426	1 424
1 600	1 626	1 620	1 930	1 820	56	40	M52	115[b]	1 750	5	1 630	1 624
1 800	1 829	1 820	2 130	2 020	56	44	M52	126[b]	1 950	5	1 833	1 824
2 000	2 032	2 020	2 345	2 230	62	48	M56	138[b]	2 150	5	2 036	2 024

注：公称尺寸 DN 10～DN 40 的法兰使用 PN 40 法兰的尺寸。

[a] 对于铸铁法兰和铜合金法兰，该规格的法兰可能是 4 个螺栓孔的，因此，当制造厂和用户协商同意后，与铸铁法兰和铜合金法兰配对使用的钢制法兰可以采用 4 个螺栓孔。

[b] 用户可以根据计算确定法兰厚度。

[c] 带括号尺寸不推荐使用，并且仅适用于船用法兰。

表 6　PN 25 板式平焊钢制管法兰

公称尺寸 DN	钢管外径 A/mm		连接尺寸					法兰厚度 C/mm	密封面		法兰内径 B/mm	
	系列Ⅰ	系列Ⅱ	法兰外径 D/mm	螺栓孔中心圆直径 K/mm	螺栓孔直径 L/mm	螺栓 数量 n/个	螺栓 螺纹规格		d/mm	f_1/mm	系列Ⅰ	系列Ⅱ
10	17.2	14	90	60	14	4	M12	14	40	2	18.0	15
15	21.3	18	95	65	14	4	M12	14	45	2	22.0	19
20	26.9	25	105	75	14	4	M12	16	58	2	27.5	26
25	33.7	32	115	85	14	4	M12	16	68	2	34.5	33
32	42.4	38	140	100	18	4	M16	18	78	2	43.5	39
40	48.3	45	150	110	18	4	M16	18	88	3	49.5	46
50	60.3	57	165	125	18	4	M16	20	102	3	61.5	59
65	76.1	76	185	145	18	8	M16	22	122	3	77.5	78
80	88.9	89	200	160	18	8	M16	24	138	3	90.5	91
100	114.3	108	235	190	22	8	M20	26	162	3	116.0	110
125	139.7	133	270	220	26	8	M24	28	188	3	141.5	135
150	168.3	159	300	250	26	8	M24	30	218	3	170.5	161
200	219.1	219	360	310	26	12	M24	32	278	3	221.5	222
250	273.0	273	425	370	30	12	M27	35	335	3	276.5	276
300	323.9	325	485	430	30	16	M27	38	395	4	327.5	328
350	355.6	377	555	490	33	16	M30	42	450	4	359.5	381
400	406.4	426	620	550	36	16	M33	48	505	4	411.0	430
450	457.0	480	670	600	36	20	M33	54	555	4	462.0	485
500	508.0	530	730	660	36	20	M33	58	615	4	513.5	535
600	610.0	630	845	770	39	20	M36	68	720	5	616.5	636
700	711.0	720	960	875	42	24	M39	85	820	5	715	724
800	813.0	820	1 085	990	48	24	M45	95	930	5	817	824

注：公称尺寸 DN 10～DN 150 的法兰使用 PN 40 法兰的尺寸。

表 7　PN 40 板式平焊钢制管法兰

公称尺寸 DN	钢管外径 A/mm		连接尺寸					法兰厚度 C/mm	密封面		法兰内径 B/mm	
	系列Ⅰ	系列Ⅱ	法兰外径 D/mm	螺栓孔中心圆直径 K/mm	螺栓孔直径 L/mm	螺栓 数量 n/个	螺栓 螺纹规格		d/mm	f_1/mm	系列Ⅰ	系列Ⅱ
10	17.2	14	90	60	14	4	M12	14	40	2	18.0	15
15	21.3	18	95	65	14	4	M12	14	45	2	22.0	19
20	26.9	25	105	75	14	4	M12	16	58	2	27.5	26
25	33.7	32	115	85	14	4	M12	16	68	2	34.5	33
32	42.4	38	140	100	18	4	M16	18	78	2	43.5	39
40	48.3	45	150	110	18	4	M16	18	88	3	49.5	46
50	60.3	57	165	125	18	4	M16	20	102	3	61.5	59
65	76.1	76	185	145	18	8	M16	22	122	3	77.5	78
80	88.9	89	200	160	18	8	M16	24	138	3	90.5	91
100	114.3	108	235	190	22	8	M20	26	162	3	116.0	110
125	139.7	133	270	220	26	8	M24	28	188	3	141.5	135
150	168.3	159	300	250	26	8	M24	30	218	3	170.5	161
200	219.1	219	375	320	30	12	M27	36	285	3	221.5	222
250	273.0	273	450	385	33	12	M30	42	345	3	276.5	276
300	323.9	325	515	450	33	16	M30	52	410	4	327.5	328
350	355.6	377	580	510	36	16	M33	58	465	4	359.5	381
400	406.4	426	660	585	39	16	M36	65	535	4	411.0	430
450	457.0	480	685	610	39	20	M36	66	560	4	462.0	485
500	508.0	530	755	670	42	20	M39	72	615	4	513.5	535
600	610.0	630	890	795	48	20	M45	84	735	5	616.5	636

表 8　PN 63 板式平焊钢制管法兰

公称尺寸 DN	钢管外径 A/mm		连接尺寸					法兰厚度 C/mm	密封面		法兰内径 B/mm	
	系列Ⅰ	系列Ⅱ	法兰外径 D/mm	螺栓孔中心圆直径 K/mm	螺栓孔直径 L/mm	螺栓 数量 n/个	螺栓 螺纹规格		d/mm	f_1/mm	系列Ⅰ	系列Ⅱ
10	17.2	14	100	70	14	4	M12	20	40	2	18.0	15
15	21.3	18	105	75	14	4	M12	20	45	2	22.0	19
20	26.9	25	130	90	18	4	M16	22	58	2	27.5	26
25	33.7	32	140	100	18	4	M16	24	68	2	34.5	33
32	42.4	38	155	110	22	4	M20	24	78	2	43.5	39
40	48.3	45	170	125	22	4	M20	26	88	3	49.5	46
50	60.3	57	180	135	22	4	M20	26	102	3	61.5	59
65	76.1	76	205	160	22	8	M20	26	122	3	77.5	78
80	88.9	89	215	170	22	8	M20	30	138	3	90.5	91

表 8（续）

公称尺寸 DN	钢管外径 A/mm		连接尺寸					法兰厚度 C/mm	密封面		法兰内径 B/mm	
	系列Ⅰ	系列Ⅱ	法兰外径 D/mm	螺栓孔中心圆直径 K/mm	螺栓孔直径 L/mm	螺栓 数量 n/个	螺栓 螺纹规格		d/mm	f_1/mm	系列Ⅰ	系列Ⅱ
100	114.3	108	250	200	26	8	M24	32	162	3	116.0	110
125	139.7	133	295	240	30	8	M27	34	188	3	141.5	135
150	168.3	159	345	280	33	8	M30	36	218	3	170.5	161
200	219.1	219	415	345	36	12	M33	48	285	3	221.5	222
250	273.0	273	470	400	36	12	M33	55	345	3	276.5	276
300	323.9	325	530	460	36	16	M33	65	410	4	327.5	328
350	355.6	377	600	525	39	16	M36	72	465	4	359.5	381
400	406.4	426	670	585	42	16	M39	80	535	4	411.0	430
注：公称尺寸 DN 10～DN 40 的法兰使用 PN 100 法兰的尺寸。												

表 9　PN 100 带颈平焊钢制管法兰

公称尺寸 DN	钢管外径 A/mm		连接尺寸					法兰厚度 C/mm	密封面		法兰内径 B/mm	
	系列Ⅰ	系列Ⅱ	法兰外径 D/mm	螺栓孔中心圆直径 K/mm	螺栓孔直径 L/mm	螺栓 数量 n/个	螺栓 螺纹规格		d/mm	f_1/mm	系列Ⅰ	系列Ⅱ
10	17.2	14	100	70	14	4	M12	20	40	2	18.0	15
15	21.3	18	105	75	14	4	M12	20	45	2	22.0	19
20	26.9	25	130	90	18	4	M16	22	58	2	27.5	26
25	33.7	32	140	100	18	4	M16	24	68	2	34.5	33
32	42.4	38	155	110	22	4	M20	24	78	2	43.5	39
40	48.3	45	170	125	22	4	M20	26	88	3	49.5	46
50	60.3	57	195	145	26	4	M24	28	102	3	61.5	59
65	76.1	76	220	170	26	8	M24	30	122	3	77.5	78
80	88.9	89	230	180	26	8	M24	34	138	3	90.5	91
100	114.3	108	265	210	30	8	M27	36	162	3	116.5	110
125	139.7	133	315	250	33	8	M30	42	188	3	141.5	135
150	168.3	159	355	290	33	12	M30	48	218	3	170.5	161
200	219.1	219	430	360	36	12	M33	60	285	3	221.5	222
250	273.0	273	505	430	39	12	M36	72	345	3	276.5	276
300	323.9	325	585	500	42	16	M39	84	410	4	327.5	328
350	355.6	377	655	560	48	16	M45	95	465	4	359.5	381

4 技术要求

法兰的类型与参数应符合 GB/T 9112 的规定,法兰的技术要求应符合 GB/T 9124 的规定。

5 标记及标记示例

5.1 标记

板式平焊钢制管法兰应按下列规定进行标记:

[公称尺寸]-[公称压力] [法兰型式代号(PL)] [密封面型式代号] [配管系列] [材料代号] [标准编号]

5.2 标记示例

示例 1:公称尺寸 DN 600、公称压力 PN 16、平面(FF)板式平焊钢制管法兰(PL)、配用米制管(系列Ⅱ)、材料为 Q235A,其标记为:

法兰 DN 600-PN 16 PL FF Ⅱ Q235A GB/T 9119

示例 2:公称尺寸 DN 150、公称压力 PN 100、突面(RF)板式平焊钢制管法兰(PL)、配用英制管(系列Ⅰ)、材料为 06Cr19Ni10,其标记为:

法兰 DN 150-PN 100 PL RF 06Cr19Ni10 GB/T 9119

ICS 23.040.60
J 15

中华人民共和国国家标准

GB/T 9120—2010
代替 GB/T 9120.1～9120.3—2000，GB/T 10747—1989

对焊环板式松套钢制管法兰

Loose plate steel pipe flanges with weld-neck collar and with weld ring neck

2011-01-14 发布 2011-10-01 实施

中华人民共和国国家质量监督检验检疫总局
中国国家标准化管理委员会 发布

前　言

GB/T 9112～9124—2010《钢制管法兰》系列标准修改采用 ASME B16.5—2009《管法兰和法兰管件(NPS ½～NPS 24)》及 EN 1092-1:2007《法兰及其连接　管道、阀门、管配件及附件用圆形法兰，PN 标识　第 1 部分:钢制法兰》。ASME B16.5—2009 是关于 Class 标记法兰的一个完整的标准，EN 1092-1:2007是关于 PN 标记法兰的一个完整的标准。本系列标准综合采用了上述两个标准，包括了 Class 标记法兰和 PN 标记法兰的相关技术内容。本系列标准共有 13 项标准，本标准是其中的 1 项标准。

本标准与 EN 1092-1:2007 标准的主要区别如下:

——本标准的编写格式与 EN 1092-1:2007 标准不同;

——EN 1092-1:2007 标准没有包括 DN 175 和 DN 225 两个公称尺寸，根据我国船用法兰用户的使用要求，本系列标准的 PN 标记法兰增加了仅用于船用法兰的 DN 175 和 DN 225 两个公称尺寸。

本标准代替 GB/T 9120.1—2000《突面对焊环板式松套钢制管法兰》、GB/T 9120.2—2000《凹凸面对焊环板式松套钢制管法兰》、GB/T 9120.3—2000《榫槽面对焊环板式松套钢制管法兰》及 GB/T 10747—1989《船用对焊钢环松套钢法兰(四进位)》，与原标准相比主要变化如下:

——将原来的 3 项对焊环板式松套钢制管法兰与 GB/T 10747—1989 整合为 1 项标准;

——根据 EN 1092-1:2007 标准，增加了一种对焊环板式松套钢制管法兰的型式，并将对焊环板式松套钢制管法兰分为 A 型和 B 型两种;

——根据 EN 1092-1:2007 标准，增加了 O 形圈密封面型式;

——根据 EN 1092-1:2007 标准，对 PN 标记的法兰尺寸数据进行了全面的修改;

——PN 标记的法兰增加了仅用于船用法兰的 DN 175 和 DN 225 两个公称尺寸;

——增加了各种密封面型式的适用范围表格。

本标准由中国机械工业联合会提出。

本标准由全国管路附件标准化技术委员会归口。

本标准起草单位:中机生产力促进中心、浙江超达阀门股份有限公司。

本标准主要起草人:邱晓来、李俊英、冯峰、林洁。

本标准所代替标准的历次版本发布情况为:

——GB/T 9120.1～9121.6—1988、GB/T 9120.1～9120.3—2000;

——GB/T 10747—1989。

对焊环板式松套钢制管法兰

1 范围

本标准规定了公称压力用 PN 标记的对焊环板式松套钢制管法兰的型式、尺寸、技术要求和标记。

本标准适用于公称压力 PN 2.5～PN 40 的对焊环板式松套钢制管法兰。

2 规范性引用文件

下列文件中的条款通过本标准的引用而成为本标准的条款。凡是注日期的引用文件，其随后所有的修改单(不包括勘误的内容)或修订版均不适用于本标准，然而，鼓励根据本标准达成协议的各方研究是否可使用这些文件的最新版本。凡是不注日期的引用文件，其最新版本适用于本标准。

GB/T 9112 钢制管法兰 类型与参数

GB/T 9124 钢制管法兰 技术条件

3 型式与尺寸

3.1 用 PN 标记的对焊环板式松套钢制管法兰分为 A 型和 B 型两种结构型式，密封面型式及适用的公称压力和公称尺寸范围按表 1 的规定。

表 1 对焊环板式钢制管法兰的密封面型式及适用的公称压力和公称尺寸范围

法兰型式	密封面型式	公称压力					
		PN 2.5	PN 6	PN 10	PN 16	PN 25	PN 40
A 型对焊环板式松套钢制管法兰(PL/W-A)	突面(RF)	—	—	DN 10～DN 600			
	凹凸面(MF)	—	—	DN 10～DN 600			
	榫槽面(TG)	—	—	DN 10～DN 600			
	O 形圈面(OSG)	—	—	DN 10～DN 600			
B 型对焊环板式松套钢制管法兰(PL/W-B)	突面(RF)	DN 10～DN 1000	DN 10～DN 1200		DN 10～DN 1000	DN 10～DN 800	DN 10～DN 400

3.2 用 PN 标记的 A 型对焊环板式松套钢制管法兰的型式应符合图 1～图 4 的规定，法兰密封面尺寸应符合表 2 的规定，法兰的其他尺寸应符合表 3～表 6 的规定，当用户选用的 S 值不同于表中数值时，应在订货时注明。

3.3 用 PN 标记的 B 型对焊环板式松套钢制管法兰的型式应符合图 5 的规定，法兰密封面尺寸应符合表 2 的规定，法兰的其他尺寸应符合表 7～表 12 的规定，当用户选用的 S 值不同于表中数值时，应在订货时注明。

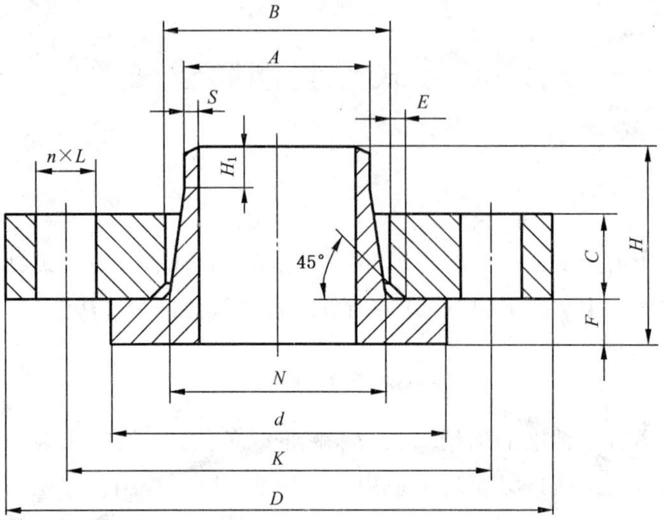

图 1　A 型突面(RF)对焊环板式松套钢制管法兰
(适用于 PN 10、PN 16、PN 25 和 PN 40)

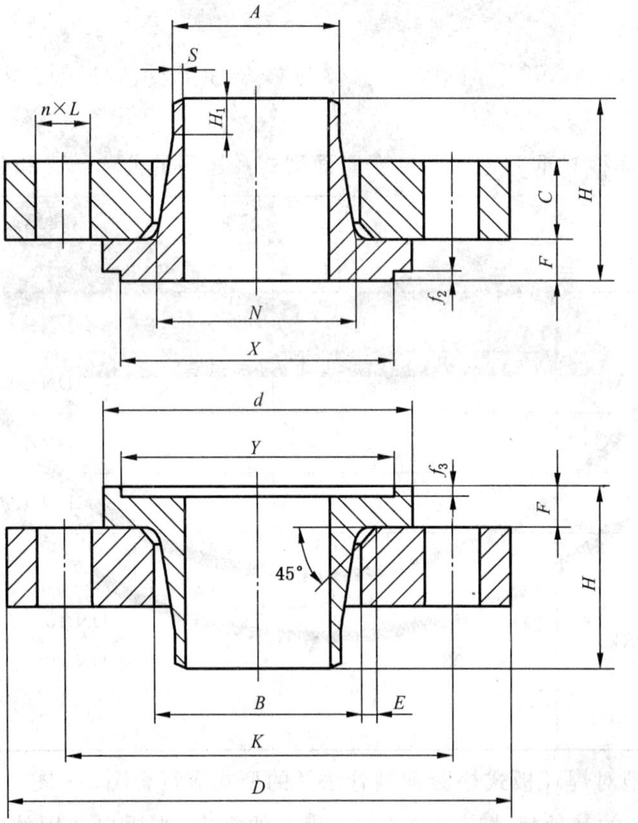

图 2　A 型凹凸面(MFM)对焊环板式松套钢制管法兰
(适用于 PN 10、PN 16、PN 25 和 PN 40)

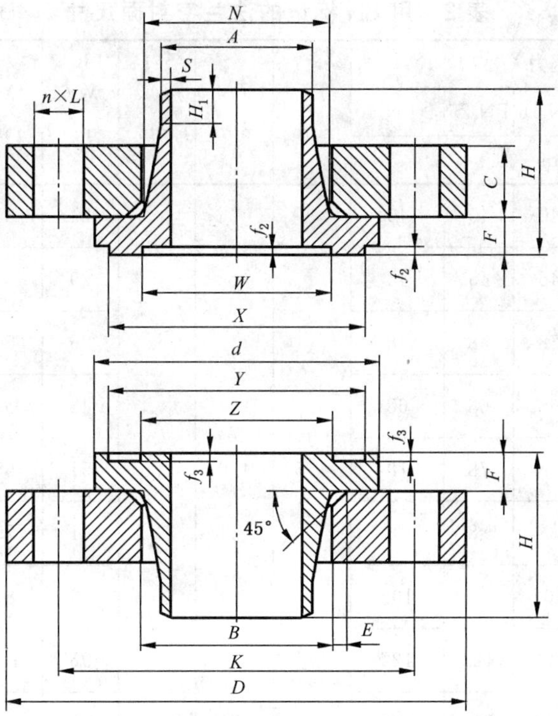

图 3　A 型榫槽面(TG)对焊环板式松套钢制管法兰

(适用于 PN 10、PN 16、PN 25 和 PN 40)

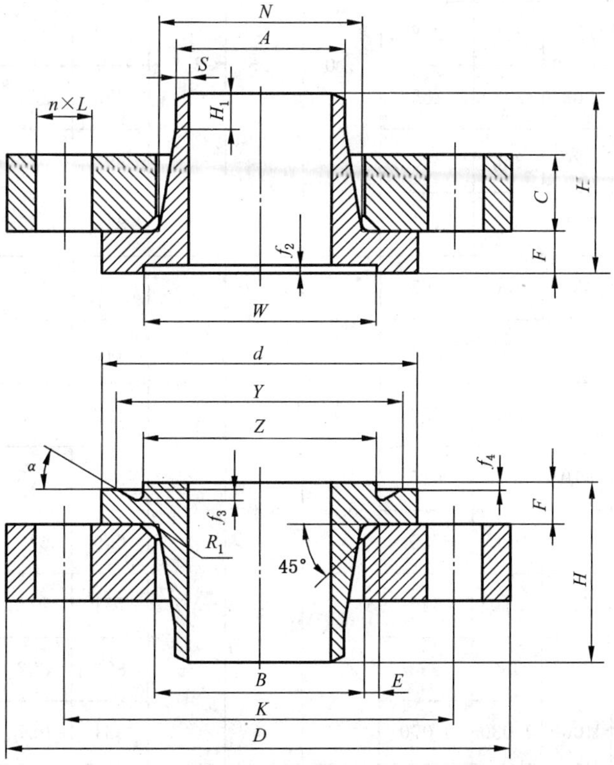

图 4　A 型 O 形圈面(OSG)对焊环板式松套钢制管法兰

(适用于 PN 10、PN 16、PN 25 和 PN 40)

表 2　用 PN 标记的法兰密封面尺寸

<table>
<tr><th rowspan="3">公称尺寸 DN</th><th colspan="6">公称压力</th><th rowspan="3">f_2/mm</th><th rowspan="3">f_3/mm</th><th rowspan="3">f_4/mm</th><th rowspan="3">W/mm</th><th rowspan="3">X/mm</th><th rowspan="3">Y/mm</th><th rowspan="3">Z/mm</th><th rowspan="3">α ≈</th><th rowspan="3">R_1/mm</th></tr>
<tr><th>PN 2.5</th><th>PN 6</th><th>PN 10</th><th>PN 16</th><th>PN 25</th><th>≥PN 40</th></tr>
<tr><th colspan="6">d/mm</th></tr>
<tr><td>10</td><td>35</td><td>35</td><td>40</td><td>40</td><td>40</td><td>40</td><td rowspan="9">4.5</td><td rowspan="9">4.0</td><td rowspan="9">2.0</td><td>24</td><td>34</td><td>35</td><td>23</td><td>—</td><td rowspan="9">2.5</td></tr>
<tr><td>15</td><td>40</td><td>40</td><td>45</td><td>45</td><td>45</td><td>45</td><td>29</td><td>39</td><td>40</td><td>28</td><td>—</td></tr>
<tr><td>20</td><td>50</td><td>50</td><td>58</td><td>58</td><td>58</td><td>58</td><td>36</td><td>50</td><td>51</td><td>35</td><td rowspan="7">41°</td></tr>
<tr><td>25</td><td>60</td><td>60</td><td>68</td><td>68</td><td>68</td><td>68</td><td>43</td><td>57</td><td>58</td><td>42</td></tr>
<tr><td>32</td><td>70</td><td>70</td><td>78</td><td>78</td><td>78</td><td>78</td><td>51</td><td>65</td><td>66</td><td>50</td></tr>
<tr><td>40</td><td>80</td><td>80</td><td>88</td><td>88</td><td>88</td><td>88</td><td>61</td><td>75</td><td>76</td><td>60</td></tr>
<tr><td>50</td><td>90</td><td>90</td><td>102</td><td>102</td><td>102</td><td>102</td><td>73</td><td>87</td><td>88</td><td>72</td></tr>
<tr><td>65</td><td>110</td><td>110</td><td>122</td><td>122</td><td>122</td><td>122</td><td>95</td><td>109</td><td>110</td><td>94</td></tr>
<tr><td>80</td><td>128</td><td>128</td><td>138</td><td>138</td><td>138</td><td>138</td><td>106</td><td>120</td><td>121</td><td>105</td></tr>
<tr><td>100</td><td>148</td><td>148</td><td>158</td><td>158</td><td>162</td><td>162</td><td rowspan="6">5.0</td><td rowspan="6">4.5</td><td rowspan="6">2.5</td><td>129</td><td>149</td><td>150</td><td>128</td><td rowspan="6">32°</td><td rowspan="6">3</td></tr>
<tr><td>125</td><td>178</td><td>178</td><td>188</td><td>188</td><td>188</td><td>188</td><td>155</td><td>175</td><td>176</td><td>154</td></tr>
<tr><td>150</td><td>202</td><td>202</td><td>212</td><td>212</td><td>218</td><td>218</td><td>183</td><td>203</td><td>204</td><td>182</td></tr>
<tr><td>200</td><td>258</td><td>258</td><td>268</td><td>268</td><td>278</td><td>285</td><td>239</td><td>259</td><td>260</td><td>238</td></tr>
<tr><td>250</td><td>312</td><td>312</td><td>320</td><td>320</td><td>335</td><td>345</td><td>292</td><td>312</td><td>313</td><td>291</td></tr>
<tr><td>300</td><td>365</td><td>365</td><td>370</td><td>378</td><td>395</td><td>410</td><td>343</td><td>363</td><td>364</td><td>342</td></tr>
<tr><td>350</td><td>415</td><td>415</td><td>430</td><td>438</td><td>450</td><td>465</td><td rowspan="8">5.5</td><td rowspan="8">5.0</td><td rowspan="8">3.0</td><td>395</td><td>421</td><td>422</td><td>394</td><td rowspan="8">27°</td><td rowspan="8">3.5</td></tr>
<tr><td>400</td><td>465</td><td>465</td><td>482</td><td>490</td><td>505</td><td>535</td><td>447</td><td>473</td><td>474</td><td>446</td></tr>
<tr><td>450</td><td>520</td><td>520</td><td>532</td><td>550</td><td>555</td><td>560</td><td>497</td><td>523</td><td>524</td><td>496</td></tr>
<tr><td>500</td><td>570</td><td>570</td><td>585</td><td>610</td><td>615</td><td>615</td><td>549</td><td>575</td><td>576</td><td>548</td></tr>
<tr><td>600</td><td>670</td><td>670</td><td>685</td><td>725</td><td>720</td><td>735</td><td>649</td><td>675</td><td>676</td><td>648</td></tr>
<tr><td>700</td><td>775</td><td>775</td><td>800</td><td>795</td><td>820</td><td>840</td><td>751</td><td>777</td><td>778</td><td>750</td></tr>
<tr><td>800</td><td>880</td><td>880</td><td>905</td><td>900</td><td>930</td><td>960</td><td>856</td><td>882</td><td>883</td><td>855</td></tr>
<tr><td>900</td><td>980</td><td>980</td><td>1 005</td><td>1 000</td><td>1 030</td><td>1 070</td><td>961</td><td>987</td><td>988</td><td>960</td></tr>
<tr><td>1 000</td><td>1 080</td><td>1 080</td><td>1 110</td><td>1 115</td><td>1 140</td><td>1 180</td><td rowspan="2">6.5</td><td rowspan="2">6.0</td><td rowspan="2">4.0</td><td>1 062</td><td>1 092</td><td>1 094</td><td>1 060</td><td rowspan="2">28°</td><td rowspan="2">4</td></tr>
<tr><td>1 200</td><td>1 280</td><td>1 295</td><td>1 330</td><td>1 330</td><td>1 350</td><td>1 380</td><td>1 262</td><td>1 292</td><td>1 294</td><td>1 260</td></tr>
</table>

表 3　PN 10 A 型对焊环板式松套钢制管法兰

公称尺寸 DN	法兰焊端外径（钢管外径）A/mm		连接尺寸					法兰厚度 C/mm	法兰内径			对焊环						
	系列Ⅰ	系列Ⅱ	法兰外径 D/mm	螺栓孔中心圆直径 K/mm	螺栓孔直径 L/mm	螺栓 数量 n/个	螺栓 螺纹规格		B/mm 系列Ⅰ	B/mm 系列Ⅱ	E/mm	外径 d/mm	N/mm 系列Ⅰ	N/mm 系列Ⅱ	F/mm	H_1/mm	H/mm	S/mm
10	17.2	14	90	60	14	4	M12	14	31	31	3	40	28	28	12	6	35	1.8
15	21.3	18	95	65	14	4	M12	14	35	35	3	45	32	32	12	6	38	2.0
20	26.9	25	105	75	14	4	M12	16	42	42	4	58	40	40	14	6	40	2.3
25	33.7	32	115	85	14	4	M12	16	49	49	4	68	46	46	14	6	40	2.6
32	42.4	38	140	100	18	4	M16	18	59	59	5	78	56	56	14	6	42	2.6
40	48.3	45	150	110	18	4	M16	18	67	67	5	88	64	64	14	7	45	2.6
50	60.3	57	165	125	18	4	M16	20	77	77	5	102	74	74	16	8	45	2.9
65	76.1	76	185	145	18	8[a]	M16	20	96	96	6	122	92	92	16	10	45	2.9
80	88.9	89	200	160	18	8	M16	20	108	114	6	138	105	110	16	10	50	3.2
100	114.3	108	220	180	18	8	M16	22	134	134	6	162	131	130	18	12	52	3.6
125	139.7	133	250	210	18	8	M16	22	162	162	6	188	156	158	18	12	55	4.0
150	168.3	159	285	240	22	8	M20	24	188	188	6	212	184	184	20	12	55	4.5
200	219.1	219	340	295	22	8	M20	24	240	240	6	268	234	234	20	16	62	6.3
250	273.0	273	395	350	22	12	M20	26	294	294	8	320	292	288	22	16	68	6.3
300	323.9	325	445	400	22	12	M20	26	348	348	8	370	342	342	22	16	68	7.1
350	355.6	377	505	460	22	16	M20	30	400	410	8	430	385	400	22	16	68	7.1
400	406.4	426	565	515	26	16	M24	32	450	455	8	482	440	445	24	16	72	7.1
450	457.0	480	615	565	26	20	M24	36	498	510	8	532	488	500	24	16	72	7.1
500	508.0	530	670	620	26	20	M24	38	550	560	8	585	542	550	26	16	75	7.1
600	610.0	630	780	725	30	20	M27	42	650	660	8	685	642	650	26	18	82	—

注：公称尺寸 DN 10～DN 40 的法兰使用 PN 40 法兰的尺寸；公称尺寸 DN 50～DN 150 的法兰使用 PN 16 法兰的尺寸。

[a] 对于铸铁法兰和铜合金法兰，该规格的法兰可能是 4 个螺栓孔的，因此，当制造厂和用户协商同意后，与铸铁法兰和铜合金法兰配对使用的钢制法兰可以采用 4 个螺栓孔。

表 4　PN 16 A 型对焊环板式松套钢制管法兰

公称尺寸 DN	法兰焊端外径（钢管外径）A/mm		连接尺寸			螺栓		法兰厚度 C/mm	法兰内径			对焊环						
	系列Ⅰ	系列Ⅱ	法兰外径 D/mm	螺栓孔中心圆直径 K/mm	螺栓孔直径 L/mm	数量 n/个	螺纹规格		B/mm 系列Ⅰ	B/mm 系列Ⅱ	E/mm	外径 d/mm	N/mm 系列Ⅰ	N/mm 系列Ⅱ	F/mm	H_1/mm	H/mm	S/mm
10	17.2	14	90	60	14	4	M12	14	31	31	3	40	28	28	12	6	35	1.8
15	21.3	18	95	65	14	4	M12	14	35	35	3	45	32	32	12	6	38	2.0
20	26.9	25	105	75	14	4	M12	16	42	42	4	58	40	40	14	6	40	2.3
25	33.7	32	115	85	14	4	M12	16	49	49	4	68	46	46	14	6	40	2.6
32	42.4	38	140	100	18	4	M16	18	59	59	5	78	56	56	14	6	42	2.6
40	48.3	45	150	110	18	4	M16	18	67	67	5	88	64	64	14	7	45	2.6
50	60.3	57	165	125	18	4	M16	20	77	77	5	102	74	74	16	8	45	2.9
65	76.1	76	185	145	18	8[a]	M16	20	96	96	6	122	92	92	16	10	45	2.9
80	88.9	89	200	160	18	8	M16	20	108	114	6	138	105	110	16	10	50	3.2
100	114.3	108	220	180	18	8	M16	22	134	134	6	158	131	130	18	12	52	3.6
125	139.7	133	250	210	18	8	M16	22	162	162	6	188	156	158	18	12	55	4.0
150	168.3	159	285	240	22	8	M20	24	188	188	6	212	184	184	20	12	55	4.5
200	219.1	219	340	295	22	12	M20	26	240	240	6	268	235	234	20	16	62	6.3
250	273.0	273	405	355	26	12	M24	29	294	294	8	320	292	288	22	16	70	6.3
300	323.9	325	460	410	26	12	M24	32	348	348	8	378	344	342	24	16	78	7.1
350	355.6	377	520	470	26	16	M24	35	400	410	8	438	390	400	26	16	82	8.0
400	406.4	426	580	525	30	16	M27	38	454	460	8	490	445	450	28	16	85	8.0
450	457.0	480	640	585	30	20	M27	42	500	516	8	550	490	506	30	16	83	8.0
500	508.0	530	715	650	33	20	M30	46	556	569	8	610	548	559	32	16	84	8.0
600	610.0	630	840	770	36	20	M33	55	660	670	8	725	670	660	32	18	88	8.8

注：公称尺寸 DN 10～DN 40 的法兰使用 PN 40 法兰的尺寸。

[a] 对于铸铁法兰和铜合金法兰，该规格的法兰可能是 4 个螺栓孔的，因此，当制造厂和用户协商同意后，与铸铁法兰和铜合金法兰配对使用的钢制法兰可以采用 4 个螺栓孔。

表 5　PN 25 A 型对焊环板式松套钢制管法兰

公称尺寸 DN	法兰焊端外径（钢管外径）A/mm		连接尺寸					法兰厚度 C/mm	法兰内径			对焊环						
			法兰外径 D/mm	螺栓孔中心圆直径 K/mm	螺栓孔直径 L/mm	螺栓			B/mm		E/mm	外径 d/mm	N/mm		F/mm	H_1/mm	H/mm	S/mm
	系列Ⅰ	系列Ⅱ				数量 n/个	螺纹规格		系列Ⅰ	系列Ⅱ			系列Ⅰ	系列Ⅱ				
10	17.2	14	90	60	14	4	M12	14	31	31	3	40	28	28	12	6	35	1.8
15	21.3	18	95	65	14	4	M12	14	35	35	3	45	32	32	12	6	38	2.0
20	26.9	25	105	75	14	4	M12	16	42	42	4	58	40	40	14	6	40	2.3
25	33.7	32	115	85	14	4	M12	16	49	49	4	68	46	46	14	6	40	2.6
32	42.4	38	140	100	18	4	M16	18	59	59	5	78	56	56	14	6	42	2.6
40	48.3	45	150	110	18	4	M16	18	67	67	5	88	64	64	14	7	45	2.6
50	60.3	57	165	125	18	4	M16	20	77	77	5	102	75	74	16	8	48	2.9
65	76.1	76	185	145	18	8	M16	22	96	96	6	122	90	92	16	10	52	2.9
80	88.9	89	200	160	18	8	M16	24	114	114	6	138	105	110	18	12	58	3.2
100	114.3	108	235	190	22	8	M20	26	138	138	6	162	134	134	20	12	65	3.6
125	139.7	133	270	220	26	8	M24	28	166	166	6	188	162	162	22	12	68	4.0
150	168.3	159	300	250	26	8	M24	30	194	194	6	218	192	190	24	12	75	4.5
(175)[a]	193.7	—	330	280	26	12	M24	30	222	—	6	242	217	—	24	14	78	5.6
200	219.1	219	360	310	26	12	M24	32	250	250	6	278	244	244	26	16	80	6.3
(225)[a]	245	—	395	340	30	12	M27	34	276	—	6	305	270	—	26	17	84	7.1
250	273.0	273	425	370	30	12	M27	35	302	302	8	335	298	296	26	18	88	7.1
300	323.9	325	485	430	30	16	M27	38	356	356	8	395	352	350	28	18	92	8.0
350	355.6	377	555	490	33	16	M30	42	408	416	8	450	398	406	32	20	100	8.0
400	406.4	426	620	550	36	16	M33	48	462	474	8	505	452	464	34	20	110	8.8
450	457.0	480	670	600	36	20	M33	54	510	524	8	555	500	514	36	20	110	8.8
500	508.0	530	730	660	36	20	M33	58	568	580	8	615	558	570	38	20	125	10.0
600	610.0	630	845	770	39	20	M36	68	670	680	8	720	660	670	40	20	125	11.0

注：公称尺寸 DN 10～DN 150 的法兰使用 PN 40 法兰的尺寸。

[a] 带括号尺寸不推荐使用，并且仅适用于船用法兰。

表 6 PN 40 A 型对焊环板式松套钢制管法兰

公称尺寸 DN	法兰焊端外径（钢管外径）A/mm		连接尺寸					法兰厚度 C/mm	法兰内径			对焊环						
			法兰外径 D/mm	螺栓孔中心圆直径 K/mm	螺栓孔直径 L/mm	螺栓			B/mm		E/mm	外径 d/mm	N/mm		F/mm	H_1/mm	H/mm	S/mm
	系列Ⅰ	系列Ⅱ				数量 n/个	螺纹规格		系列Ⅰ	系列Ⅱ			系列Ⅰ	系列Ⅱ				
10	17.2	14	90	60	14	4	M12	14	31	31	3	40	28	28	12	6	35	1.8
15	21.3	18	95	65	14	4	M12	14	35	35	3	45	32	32	12	6	38	2.0
20	26.9	25	105	75	14	4	M12	16	42	42	4	58	40	40	14	6	40	2.3
25	33.7	32	115	85	14	4	M12	16	49	49	4	68	46	46	14	6	40	2.6
32	42.4	38	140	100	18	4	M16	18	59	59	5	78	56	56	14	6	42	2.6
40	48.3	45	150	110	18	4	M16	18	67	67	5	88	64	64	14	7	45	2.6
50	60.3	57	165	125	18	4	M16	20	77	77	5	102	75	74	16	8	48	2.9
65	76.1	76	185	145	18	8	M16	22	96	96	6	122	90	92	16	10	52	2.9
80	88.9	89	200	160	18	8	M16	24	114	114	6	138	105	110	18	12	58	3.2
100	114.3	108	235	190	22	8	M20	26	138	138	6	162	134	134	20	12	65	3.6
125	139.7	133	270	220	26	8	M24	28	166	166	6	188	162	162	22	12	68	4.0
150	168.3	159	300	250	26	8	M24	30	194	194	6	218	192	190	24	12	75	4.5
(175)[a]	193.7	—	350	295	30	12	M27	32	222	—	6	242	217	—	26	14	82	5.6
200	219.1	219	375	320	30	12	M27	36	250	250	6	285	244	244	28	16	88	6.3
(225)[a]	245	—	420	355	33	12	M30	38	281	—	6	315	275	—	28	16	96	7.1
250	273.0	273	450	385	33	12	M30	42	312	312	8	345	306	306	30	18	105	7.1
300	323.9	325	515	450	33	16	M30	52	368	368	8	410	362	362	34	18	115	8.0
350	355.6	377	580	510	36	16	M33	58	418	428	8	465	408	418	36	20	125	8.8
400	406.4	426	660	585	39	16	M36	65	472	490	8	535	462	480	42	20	135	11.0
450	457.0	480	685	610	39	20	M36	70[b] (66)	510	540	8	560	500	530	46	20	135	12.5
500	508.0	530	755	670	42	20	M39	76[b] (72)	572	590	8	615	562	580	50	20	140	14.2
600	610.0	630	890	795	48	20	M45	88[b] (84)	676	696	8	735	666	686	54	20	150	16.0

[a] 带括号尺寸不推荐使用，并且仅适用于船用法兰。

[b] 括号内为原标准尺寸，用户也可以根据计算确定法兰厚度。

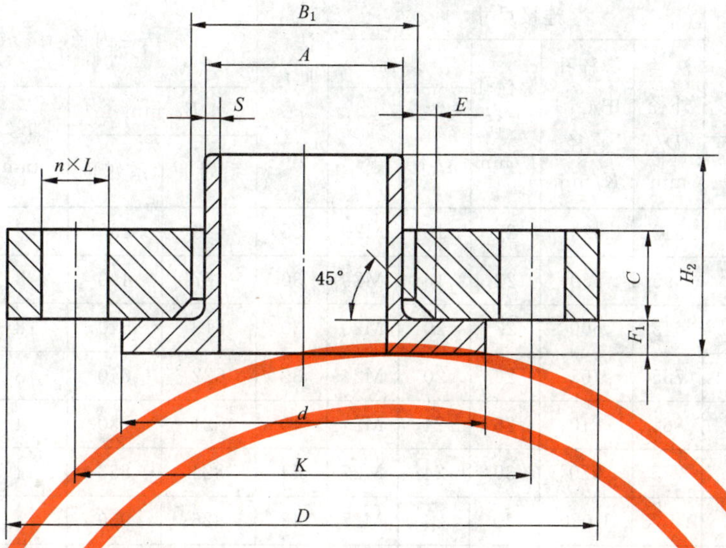

图 5　B 型突面(RF)对焊环板式松套钢制管法兰
(适用于 PN 2.5、PN 6、PN 10、PN 16、PN 25 和 PN 40)

表 7　PN 2.5 B 型对焊环板式松套钢制管法兰

公称尺寸 DN	法兰焊端外径(钢管外径) A/mm		连接尺寸					法兰厚度 C/mm	法兰内径		对焊环			
			法兰外径 D/mm	螺栓孔中心圆直径 K/mm	螺栓孔直径 L/mm	螺栓			B_1/mm		E/mm	F_1/mm	H_2/mm	S/mm
	系列Ⅰ	系列Ⅱ				数量 n/个	螺纹规格		系列Ⅰ	系列Ⅱ				
10	17.2	14	75	50	11	4	M10	12	21	18	3	5	28	3
15	21.3	18	80	55	11	4	M10	12	25	22	3	5	30	3
20	26.9	25	90	65	11	4	M10	14	31	29	4	6	32	3
25	33.7	32	100	75	11	4	M10	14	38	36	4	7	35	3
32	42.4	38	120	90	14	4	M12	16	46	42	5	8	35	3
40	48.3	45	130	100	14	4	M12	16	53	49	5	8	38	3
50	60.3	57	140	110	14	4	M12	16	65	61	5	8	38	3
65	76.1	76	160	130	14	4	M12	16	81	81	6	8	38	4
80	88.9	89	190	150	18	4	M16	18	94	94	6	10	42	4
100	114.3	108	210	170	18	4	M16	18	120	113	6	10	45	4
125	139.7	133	240	200	18	8	M16	20	145	138	6	10	48	5
150	168.3	159	265	225	18	8	M16	20	174	164	6	10	48	6
200	219.1	219	320	280	18	8	M16	22	226	226	6	11	55	6
250	273.0	273	375	335	18	12	M16	24	281	281	8	12	60	8
300	323.9	325	440	395	22	12	M20	24	333	333	8	12	62	8
350	355.6	377	490	445	22	12	M20	26	365	386	8	13	62	8

表 7（续）

公称尺寸 DN	法兰焊端外径（钢管外径）A/mm		连接尺寸					法兰厚度 C/mm	法兰内径			对焊环		
			法兰外径 D/mm	螺栓孔中心圆直径 K/mm	螺栓孔直径 L/mm	螺栓			B_1/mm		E/mm	F_1/mm	H_2/mm	S/mm
	系列Ⅰ	系列Ⅱ				数量 n/个	螺纹规格		系列Ⅰ	系列Ⅱ				
400	406.4	426	540	495	22	16	M20	28	416	435	8	14	65	8
450	457.0	480	595	550	22	16	M20	30	467	490	8	15	65	8
500	508.0	530	645	600	22	20	M20	30	519	540	8	16	68	8
600	610.0	630	755	705	26	20	M24	32	622	640	8	16	70	8
700	711.0	720	860	810	26	24	M24	40	721	730	4	16	70	8
800	813.0	820	975	920	30	24	M27	44	824	830	4	16	70	10
900	914.0	920	1 075	1 020	30	24	M27	48	926	930	4	16	70	10
1 000	1 016	1 020	1 175	1 120	30	28	M27	52	1 028	1 030	4	18	70	12
注：公称尺寸 DN 10～DN 1000 的法兰使用 PN 6 法兰的尺寸。														

表 8　PN 6 B 型对焊环板式松套钢制管法兰

公称尺寸 DN	法兰焊端外径（钢管外径）A/mm		连接尺寸					法兰厚度 C/mm	法兰内径			对焊环		
			法兰外径 D/mm	螺栓孔中心圆直径 K/mm	螺栓孔直径 L/mm	螺栓			B_1/mm		E/mm	F_1/mm	H_2/mm	S/mm
	系列Ⅰ	系列Ⅱ				数量 n/个	螺纹规格		系列Ⅰ	系列Ⅱ				
10	17.2	14	75	50	11	4	M10	12	21	18	3	5	28	3
15	21.3	18	80	55	11	4	M10	12	25	22	3	5	30	3
20	26.9	25	90	65	11	4	M10	14	31	29	4	6	32	3
25	33.7	32	100	75	11	4	M10	14	38	36	4	7	35	3
32	42.4	38	120	90	14	4	M12	16	46	42	5	8	35	3
40	48.3	45	130	100	14	4	M12	16	53	49	5	8	38	3
50	60.3	57	140	110	14	4	M12	16	65	61	5	8	38	3
65	76.1	76	160	130	14	4	M12	16	81	81	6	8	38	4
80	88.9	89	190	150	18	4	M16	18	94	94	6	10	42	4
100	114.3	108	210	170	18	4	M16	18	120	113	6	10	45	4
125	139.7	133	240	200	18	8	M16	20	145	138	6	10	48	5
150	168.3	159	265	225	18	8	M16	20	174	164	6	10	48	6
200	219.1	219	320	280	18	8	M16	22	226	226	6	11	55	6
250	273.0	273	375	335	18	12	M16	24	281	281	8	12	60	8
300	323.9	325	440	395	22	12	M20	24	333	333	8	12	62	8
350	355.6	377	490	445	22	12	M20	26	365	386	8	13	62	8
400	406.4	426	540	495	22	16	M20	28	416	435	8	14	65	8

表 8（续）

公称尺寸 DN	法兰焊端外径（钢管外径）A/mm		连接尺寸					法兰厚度 C/mm	法兰内径			对焊环		
	系列Ⅰ	系列Ⅱ	法兰外径 D/mm	螺栓孔中心圆直径 K/mm	螺栓孔直径 L/mm	螺栓 数量 n/个	螺栓 螺纹规格		B_1/mm 系列Ⅰ	B_1/mm 系列Ⅱ	E/mm	F_1/mm	H_2/mm	S/mm
450	457.0	480	595	550	22	16	M20	30	467	490	8	15	65	8
500	508.0	530	645	600	22	20	M20	30	519	540	8	16	68	8
600	610.0	630	755	705	26	20	M24	32	622	640	8	16	70	8
700	711.0	720	860	810	26	24	M24	40	721	730	4	16	70	8
800	813.0	820	975	920	30	24	M27	44	824	830	4	16	70	10
900	914.0	920	1 075	1 020	30	24	M27	48	926	930	4	16	70	10
1 000	1 016	1 020	1 175	1 120	30	28	M27	52	1 028	1 030	4	18	70	12
1 200	1 219	1 220	1 405	1 340	33	32	M30	60	1 234	1 234	5	20	90	14

表 9　PN10 B 型对焊环板式松套钢制管法兰

公称尺寸 DN	法兰焊端外径（钢管外径）A/mm		连接尺寸					法兰厚度 C/mm	法兰内径			对焊环		
	系列Ⅰ	系列Ⅱ	法兰外径 D/mm	螺栓孔中心圆直径 K/mm	螺栓孔直径 L/mm	螺栓 数量 n/个	螺栓 螺纹规格		B_1/mm 系列Ⅰ	B_1/mm 系列Ⅱ	E/mm	F_1/mm	H_2/mm	S/mm
10	17.2	14	90	60	14	4	M12	14	21	18	3	5	35	3
15	21.3	18	95	65	14	4	M12	14	25	22	3	5	38	3
20	26.9	25	105	75	14	4	M12	16	31	29	4	6	40	3
25	33.7	32	115	85	14	4	M12	16	38	36	4	7	40	3
32	42.4	38	140	100	18	4	M16	18	47	42	5	8	42	3
40	48.3	45	150	110	18	4	M16	18	53	49	5	8	45	3
50	60.3	57	165	125	18	4	M16	20	65	61	5	8	45	3
65	76.1	76	185	145	18	8[a]	M16	20	81	81	6	8	45	4
80	88.9	89	200	160	18	8	M16	20	94	94	6	10	50	4
100	114.3	108	220	180	18	8	M16	22	120	113	6	10	52	4
125	139.7	133	250	210	18	8	M16	22	145	138	6	10	55	5
150	168.3	159	285	240	22	8	M20	24	174	164	6	10	55	6
200	219.1	219	340	295	22	8	M20	24	226	226	6	11	62	6
250	273.0	273	395	350	22	12	M20	26	281	281	8	12	68	8
300	323.9	325	445	400	22	12	M20	26	333	333	8	12	68	8
350	355.6	377	505	460	22	16	M20	30	365	386	8	13	68	8
400	406.4	426	565	515	26	16	M24	32	416	435	8	14	72	8

表 9（续）

公称尺寸 DN	法兰焊端外径（钢管外径）A/mm		连接尺寸					法兰厚度 C/mm	法兰内径			对焊环		
	系列Ⅰ	系列Ⅱ	法兰外径 D/mm	螺栓孔中心圆直径 K/mm	螺栓孔直径 L/mm	螺栓 数量 n/个	螺栓 螺纹规格		B_1/mm 系列Ⅰ	B_1/mm 系列Ⅱ	E/mm	F_1/mm	H_2/mm	S/mm
450	457.0	480	615	565	26	20	M24	36	467	490	8	15	72	8
500	508.0	530	670	620	26	20	M24	38	519	540	8	16	75	8
600	610.0	630	780	725	30	20	M27	42	622	640	8	18	80	10
700	711.0	720	895	840	30	24	M27	50	721	730	8	20	80	10
800	813.0	820	1 015	950	33	24	M30	56	824	830	8	20	90	12
900	914.0	920	1 115	1 050	33	28	M30	62	926	930	8	22	95	12
1 000	1 016	1 020	1 230	1 160	36	28	M33	70	1 028	1 030	8	24	95	12
1 200	1 219	1 220	1 455	1 380	39	32	M36	83	1 234	1 234	8	26	115	16

注：公称尺寸 DN 10～DN 40 的法兰使用 PN 40 法兰的尺寸；公称尺寸 DN 50～DN 150 的法兰使用 PN 16 法兰的尺寸。

[a] 对于铸铁法兰和铜合金法兰，该规格的法兰可能是 4 个螺栓孔的，因此，当制造厂和用户协商同意后，与铸铁法兰和铜合金法兰配对使用的钢制法兰可以采用 4 个螺栓孔。

表 10　PN 16 B 型对焊环板式松套钢制管法兰

公称尺寸 DN	法兰焊端外径（钢管外径）A/mm		连接尺寸					法兰厚度 C/mm	法兰内径			对焊环		
	系列Ⅰ	系列Ⅱ	法兰外径 D/mm	螺栓孔中心圆直径 K/mm	螺栓孔直径 L/mm	螺栓 数量 n/个	螺栓 螺纹规格		B_1/mm 系列Ⅰ	B_1/mm 系列Ⅱ	E/mm	F_1/mm	H_2/mm	S/mm
10	17.2	14	90	60	14	4	M12	14	21	18	3	5	35	3
15	21.3	18	95	65	14	4	M12	14	25	22	3	5	38	3
20	26.9	25	105	75	14	4	M12	16	31	29	4	6	40	3
25	33.7	32	115	85	14	4	M12	16	38	36	4	7	40	3
32	42.4	38	140	100	18	4	M16	18	47	42	5	8	42	3
40	48.3	45	150	110	18	4	M16	18	53	49	5	8	45	3
50	60.3	57	165	125	18	4	M16	20	65	61	5	8	45	3
65	76.1	76	185	145	18	8[a]	M16	20	81	81	6	8	45	4
80	88.9	89	200	160	18	8	M16	20	94	94	6	10	50	4
100	114.3	108	220	180	18	8	M16	22	120	113	6	10	52	4
125	139.7	133	250	210	18	8	M16	22	145	138	6	10	55	5
150	168.3	159	285	240	22	8	M20	24	174	164	6	10	55	6
200	219.1	219	340	295	22	12	M20	26	226	226	6	11	62	6
250	273.0	273	405	355	26	12	M24	29	281	281	8	12	70	8

表 10（续）

公称尺寸 DN	法兰焊端外径（钢管外径）A/mm		连接尺寸					法兰厚度 C/mm	法兰内径			对焊环		
			法兰外径 D/mm	螺栓孔中心圆直径 K/mm	螺栓孔直径 L/mm	螺栓			B_1/mm		E/mm	F_1/mm	H_2/mm	S/mm
	系列Ⅰ	系列Ⅱ				数量 n/个	螺纹规格		系列Ⅰ	系列Ⅱ				
300	323.9	325	460	410	26	12	M24	32	333	333	8	14	78	10
350	355.6	377	520	470	26	16	M24	35	365	386	8	18	82	10
400	406.4	426	580	525	30	16	M27	38	416	435	8	20	85	12
450	457.0	480	640	585	30	20	M27	42	467	490	8	22	87	12
500	508.0	530	715	650	33	20	M30	46	519	540	8	22	90	12
600	610.0	630	840	770	36	20	M33	55	622	640	8	24	95	12
700	711.0	720	910	840	36	24	M33	63	721	730	8	26	100	14
800	813.0	820	1 025	950	39	24	M36	74	824	830	8	28	105	16
900	914.0	920	1 125	1 050	39	28	M36	82	926	930	8	30	110	18
1 000	1 016	1 020	1 255	1 170	42	28	M39	90	1 030	1 030	8	35	120	18

注：公称尺寸 DN 10～DN 40 的法兰使用 PN 40 法兰的尺寸。

[a] 对于铸铁法兰和铜合金法兰，该规格的法兰可能是 4 个螺栓孔的，因此，当制造厂和用户协商同意后，与铸铁法兰和铜合金法兰配对使用的钢制法兰可以采用 4 个螺栓孔。

表 11　PN 25 B 型对焊环板式松套钢制管法兰

公称尺寸 DN	法兰焊端外径（钢管外径）A/mm		连接尺寸					法兰厚度 C/mm	法兰内径			对焊环		
			法兰外径 D/mm	螺栓孔中心圆直径 K/mm	螺栓孔直径 L/mm	螺栓			B_1/mm		E/mm	F_1/mm	H_2/mm	S/mm
	系列Ⅰ	系列Ⅱ				数量 n/个	螺纹规格		系列Ⅰ	系列Ⅱ				
10	17.2	14	90	60	14	4	M12	14	21	18	3	5	35	3
15	21.3	18	95	65	14	4	M12	14	25	22	3	5	38	3
20	26.9	25	105	75	14	4	M12	16	31	29	4	6	40	3
25	33.7	32	115	85	14	4	M12	16	38	36	4	7	40	3
32	42.4	38	140	100	18	4	M16	18	47	42	5	8	42	3
40	48.3	45	150	110	18	4	M16	18	53	49	5	8	45	3
50	60.3	57	165	125	18	4	M16	20	65	61	5	10	48	4
65	76.1	76	185	145	18	8	M16	22	81	81	6	11	52	5
80	88.9	89	200	160	18	8	M16	24	94	94	6	12	58	6
100	114.3	108	235	190	22	8	M20	26	120	113	6	14	65	6
125	139.7	133	270	220	26	8	M24	28	145	138	6	16	68	6
150	168.3	159	300	250	26	8	M24	30	174	164	6	18	75	8
200	219.1	219	360	310	26	12	M24	32	226	226	6	18	80	8

表 11（续）

公称尺寸 DN	法兰焊端外径（钢管外径）A/mm		连接尺寸					法兰厚度 C/mm	法兰内径			对焊环		
			法兰外径 D/mm	螺栓孔中心圆直径 K/mm	螺栓孔直径 L/mm	螺栓			B_1/mm		E/mm	F_1/mm	H_2/mm	S/mm
	系列Ⅰ	系列Ⅱ				数量 n/个	螺纹规格		系列Ⅰ	系列Ⅱ				
250	273.0	273	425	370	30	12	M27	35	281	281	8	18	88	10
300	323.9	325	485	430	30	16	M27	38	333	333	8	20	92	10
350	355.6	377	555	490	33	16	M30	42	365	386	8	22	100	12
400	406.4	426	620	550	36	16	M33	48	416	435	8	24	110	14
450	457.0	480	670	600	36	20	M33	54	467	490	8	26	110	15
500	508.0	530	730	660	36	20	M33	58	519	540	8	28	125	16
600	610.0	630	845	770	39	20	M36	68	622	640	8	30	115	18
700	711.0	720	960	875	42	24	M39	85	721	730	8	30	125	20
800	813.0	820	1 085	990	48	24	M45	95	824	830	8	35	135	20
注：公称尺寸 DN 10～DN 40 的法兰使用 PN 40 法兰的尺寸。														

表 12　PN 40 B 型对焊环板式松套钢制管法兰

公称尺寸 DN	法兰焊端外径（钢管外径）A/mm		连接尺寸					法兰厚度 C/mm	法兰内径			对焊环		
			法兰外径 D/mm	螺栓孔中心圆直径 K/mm	螺栓孔直径 L/mm	螺栓			B_1/mm		E/mm	F_1/mm	H_2/mm	S/mm
	系列Ⅰ	系列Ⅱ				数量 n/个	螺纹规格		系列Ⅰ	系列Ⅱ				
10	17.2	14	90	60	14	4	M12	14	21	18	3	5	35	3
15	21.3	18	95	65	14	4	M12	14	25	22	3	5	38	3
20	26.9	25	105	75	14	4	M12	16	31	29	4	6	40	3
25	33.7	32	115	85	14	4	M12	16	38	36	4	7	40	3
32	42.4	38	140	100	18	4	M16	18	47	42	5	8	42	3
40	48.3	45	150	110	18	4	M16	18	53	49	5	8	45	3
50	60.3	57	165	125	18	4	M16	20	65	61	5	10	48	4
65	76.1	76	185	145	18	8	M16	22	81	81	6	11	52	5
80	88.9	89	200	160	18	8	M16	24	94	94	6	12	58	6
100	114.3	108	235	190	22	8	M20	26	120	113	6	14	65	6
125	139.7	133	270	220	26	8	M24	28	145	138	6	16	68	6
150	168.3	159	300	250	26	8	M24	30	174	164	6	18	75	8
200	219.1	219	375	320	30	12	M27	36	226	226	6	20	88	10
250	273.0	273	450	385	33	12	M30	42	281	281	8	22	105	12
300	323.9	325	515	450	33	16	M30	52	333	333	8	25	115	12
350	355.6	377	580	510	36	16	M33	58	365	386	8	28	125	14
400	406.4	426	660	585	39	16	M36	65	416	435	8	32	135	16

4 技术要求

法兰的类型与参数应符合 GB/T 9112 的规定，法兰的技术要求应符合 GB/T 9124 的规定。

5 标记及标记示例

5.1 标记

对焊环板式松套钢制管法兰应按下列规定进行标记：

公称尺寸	-	公称压力	法兰型式代号(PL/W)	密封面型式代号	配管系列	材料代号	标准编号

5.2 标记示例

示例 1：公称尺寸 DN 300、公称压力 PN 16、突面(RF)A 型对焊环板式松套钢制管法兰(PL/W)、配用米制管(系列Ⅱ)、材料为 Q235A，其标记为：

法兰　DN 300-PN 16　PL/W-A　RF　Ⅱ　Q235A　GB/T 9120

示例 2：公称尺寸 DN 600、公称压力 PN 25、榫槽面(TG)B 型对焊环板式松套钢制管法兰(PL/W)、配用英制管(系列Ⅰ)、材料为 06Cr17Ni12Mo2，其标记为：

法兰　DN 600-PN 25　PL/W-B　TG　Ⅰ　06Cr17Ni12Mo2　GB/T 9120

ICS 23.040.60
J 15

中华人民共和国国家标准

GB/T 9121—2010
代替 GB/T 9121.1～9121.3—2000，GB/T 2508—1989

平焊环板式松套钢制管法兰

Loose plate steel pipe flanges with weld-on collar

2011-01-14 发布 2011-10-01 实施

中华人民共和国国家质量监督检验检疫总局
中国国家标准化管理委员会 发布

前　言

GB/T 9112～9124—2010《钢制管法兰》系列标准修改采用 ASME B16.5—2009《管法兰和法兰管件(NPS ½～NPS 24)》及 EN 1092-1:2007《法兰及其连接　管道、阀门、管配件及附件用圆形法兰，PN 标识　第 1 部分:钢制法兰》。ASME B16.5—2009 是关于 Class 标记法兰的一个完整的标准，EN 1092-1:2007 是关于 PN 标记法兰的一个完整的标准。本系列标准综合采用了上述两个标准，包括了 Class 标记法兰和 PN 标记法兰的相关技术内容。本系列标准共有 13 项标准，本标准是其中的 1 项标准。

本标准与 EN 1092-1:2007 标准的主要区别如下：

——本标准的编写格式与 ASME B16.5—2009 和 EN 1092-1:2007 标准不同；

——EN 1092-1:2007 标准没有包括 DN 175 和 DN 225 两个公称尺寸，根据我国船用法兰用户的使用要求，本标准的 PN 标记法兰增加了仅用于船用法兰的 DN 175 和 DN 225 两个公称尺寸。

本标准代替 GB/T 9121.1—2000《突面平焊环板式松套钢制管法兰》、GB/T 9121.2—2000《凹凸面平焊环板式松套钢制管法兰》、GB/T 9121.3—2000《榫槽面平焊环板式松套钢制管法兰》及 GB/T 2508—1989《船用搭焊钢环松套钢法兰(四进位)》，与原标准相比主要变化如下：

——将原来的 3 项平焊环板式松套钢制管法兰与 GB/T 2508—1989 整合为 1 项标准；

——根据 EN 1092-1:2007 标准，增加了 O 形圈密封面型式；

——根据 EN 1092-1:2007 标准，对法兰尺寸数据进行了全面的修改；

——增加了仅用于船用法兰的 DN 175 和 DN 225 两个公称尺寸；

——增加了各种密封面型式的适用范围表格。

本标准由中国机械工业联合会提出。

本标准由全国管路附件标准化技术委员会归口。

本标准起草单位：中机生产力促进中心、浙江超达阀门股份有限公司、中国船舶工业综合技术经济研究院、江苏海达管件有限公司、河北圣天集团宝银高压法兰管件有限公司、蚌埠市管道配件厂。

本标准主要起草人：李俊英、邱晓来、冯峰、罗发元、李建、李宝银、王清尧。

本标准所代替标准的历次版本发布情况为：

——GB/T 9121.1～9121.6—1988、GB/T 9121.1～9121.3—2000；

——GB/T 2508—1989。

平焊环板式松套钢制管法兰

1 范围

本标准规定了公称压力用PN标记的平焊环板式松套钢制管法兰的型式、尺寸、技术要求和标记。

本标准适用于公称压力PN 2.5～PN 40的平焊环板式松套钢制管法兰。

2 规范性引用文件

下列文件中的条款通过本标准的引用而成为本标准的条款。凡是注日期的引用文件，其随后所有的修改单(不包括勘误的内容)或修订版均不适用于本标准，然而，鼓励根据本标准达成协议的各方研究是否可使用这些文件的最新版本。凡是不注日期的引用文件，其最新版本适用于本标准。

GB/T 9112 钢制管法兰 类型与参数

GB/T 9124 钢制管法兰 技术条件

3 型式与尺寸

3.1 用PN标记的平焊环板式松套钢制管法兰的密封面型式及适用的公称压力和公称尺寸范围按表1的规定。

表1 用PN标记的平焊环板式松套钢制管法兰的密封面型式及适用的公称压力和公称尺寸范围

密封面型式	公称压力					
	PN 2.5	PN 6	PN 10	PN 16	PN 25	PN 40
突面(RF)	DN 10～DN 600					
凹凸面(MF)	—		DN 10～DN 600			
榫槽面(TG)	—		DN 10～DN 600			
O形圈面(OSG)	—		DN 10～DN 600			

3.2 用PN标记的平焊环板式松套钢制管法兰的型式应符合图1～图4的规定，法兰密封面尺寸应符合表2的规定，法兰其他尺寸应符合表3～表8的规定。

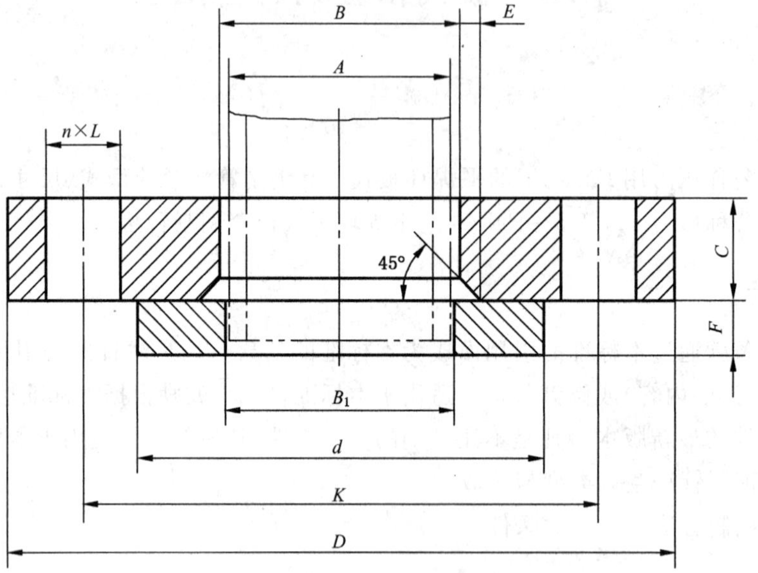

图 1　突面(RF)平焊环板式松套钢制管法兰
（适用于 PN 2.5、PN 6、PN 10、PN 16、PN 25 和 PN 40）

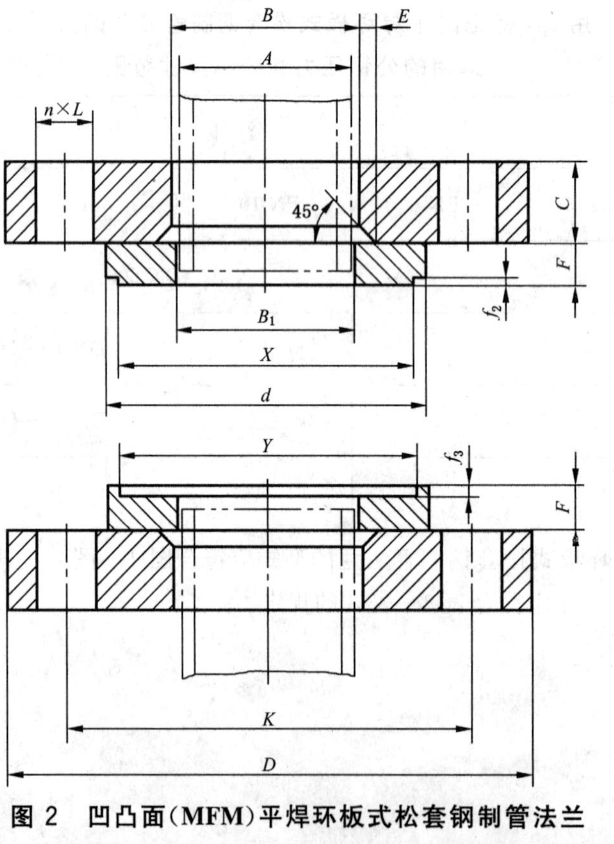

图 2　凹凸面(MFM)平焊环板式松套钢制管法兰
（适用于 PN 10、PN 16、PN 25 和 PN 40）

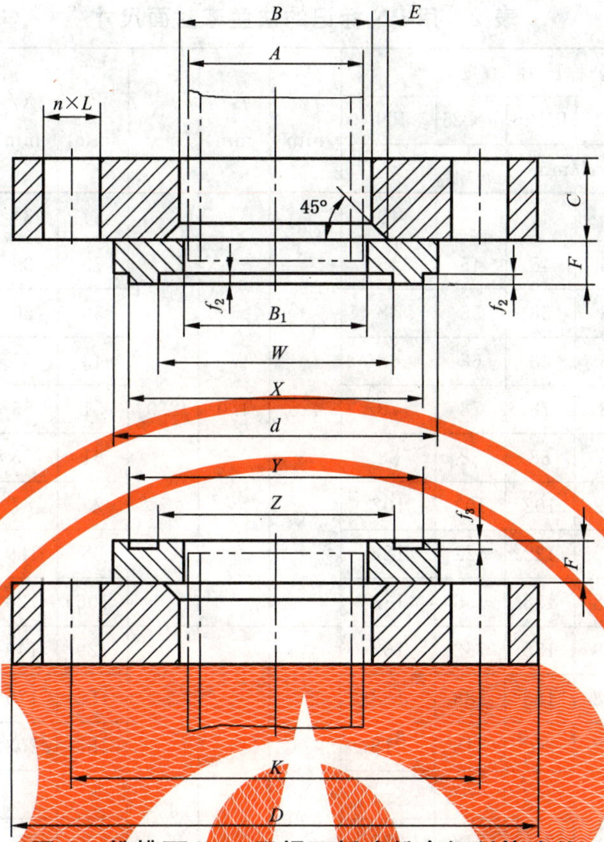

图 3　榫槽面(TG)平焊环板式松套钢制管法兰
(适用于 PN 10、PN 16、PN 25 和 PN 40)

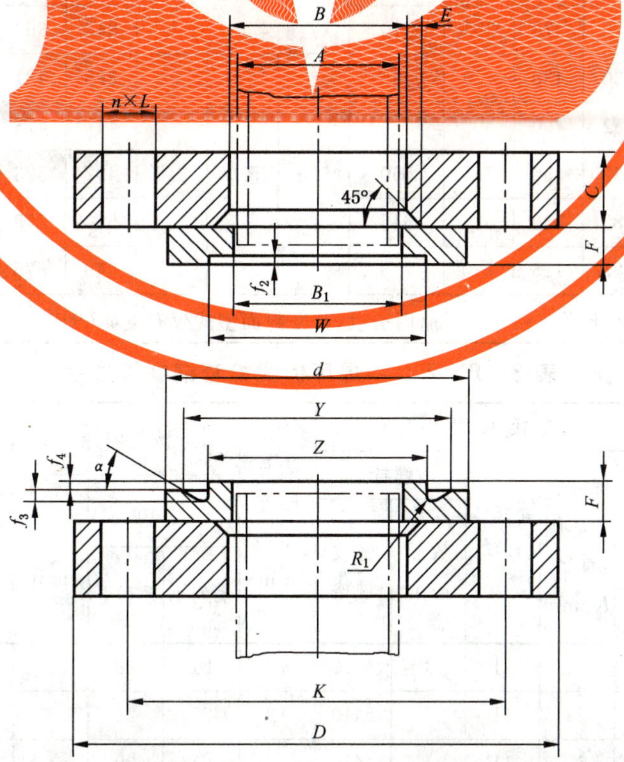

图 4　O 形圈面(OSG)平焊环板式松套钢制管法兰
(适用于 PN 10、PN 16、PN 25 和 PN 40)

表 2 用 PN 标记的法兰密封面尺寸

公称尺寸 DN	公称压力						f_2/mm	f_3/mm	f_4/mm	W/mm	X/mm	Y/mm	Z/mm	α ≈	R_1/mm
	PN 2.5	PN 6	PN 10	PN 16	PN 25	≥PN 40									
	d/mm														
10	35	35	40	40	40	40				24	34	35	23	—	
15	40	40	45	45	45	45				29	39	40	28	—	
20	50	50	58	58	58	58				36	50	51	35		
25	60	60	68	68	68	68				43	57	58	42		
32	70	70	78	78	78	78	4.5	4.0	2.0	51	65	66	50		2.5
40	80	80	88	88	88	88				61	75	76	60	41°	
50	90	90	102	102	102	102				73	87	88	72		
65	110	110	122	122	122	122				95	109	110	94		
80	128	128	138	138	138	138				106	120	121	105		
100	148	148	158	158	162	162				129	149	150	128		
125	178	178	188	188	188	188				155	175	176	154		
150	202	202	212	212	218	218				183	203	204	182		
(175)[a]	—	232	242	242	—	—				—	—	—	—		
200	258	258	268	268	278	285	5.0	4.5	2.5	239	259	260	238	32°	3
(225)[a]	—	282	295	295	—	—				—	—	—	—		
250	312	312	320	320	335	345				292	312	313	291		
300	365	365	370	378	395	410				343	363	364	342		
350	415	415	430	438	450	465				395	421	422	394		
400	465	465	482	490	505	535				447	473	474	446		
450	520	520	532	550	555	560	5.5	5.0	3.0	497	523	524	496	27°	3.5
500	570	570	585	610	615	615				549	575	576	548		
600	670	670	685	725	720	735				649	675	676	648		

[a] 带括号尺寸不推荐使用，并且仅适用于船用法兰，其密封面型式仅有突面(RF)。

表 3 PN 2.5 平焊环板式松套钢制管法兰

公称尺寸 DN	法兰焊端外径(钢管外径) A/mm		连接尺寸					法兰厚度 C/mm	法兰内径			平焊环			
			法兰外径 D/mm	螺栓孔中心圆直径 K/mm	螺栓孔直径 L/mm	螺栓			B/mm		E/mm	外径 d/mm	内径 B_1/mm		厚度 F/mm
	系列Ⅰ	系列Ⅱ				数量 n/个	螺纹规格		系列Ⅰ	系列Ⅱ			系列Ⅰ	系列Ⅱ	
10	17.2	14	75	50	11	4	M10	12	21	18	3	35	18.0	15	10
15	21.3	18	80	55	11	4	M10	12	25	22	3	40	22.0	19	10
20	26.9	25	90	65	11	4	M10	14	31	29	4	50	27.5	26	10
25	33.7	32	100	75	11	4	M10	14	38	36	4	60	34.5	33	10

表 3（续）

公称尺寸 DN	法兰焊端外径（钢管外径）A/mm		连接尺寸					法兰厚度 C/mm	法兰内径			平焊环			
			法兰外径 D/mm	螺栓孔中心圆直径 K/mm	螺栓孔直径 L/mm	螺栓			B/mm		E/mm	外径 d/mm	内径 B_1/mm		厚度 F/mm
	系列Ⅰ	系列Ⅱ				数量 n/个	螺纹规格		系列Ⅰ	系列Ⅱ			系列Ⅰ	系列Ⅱ	
32	42.4	38	120	90	14	4	M12	16	46	42	5	70	43.5	39	10
40	48.3	45	130	100	14	4	M12	16	53	50	5	80	49.5	46	10
50	60.3	57	140	110	14	4	M12	16	65	62	5	90	61.5	59	12
65	76.1	76	160	130	14	4	M12	16	81	81	6	110	77.5	78	12
80	88.9	89	190	150	18	4	M16	18	94	94	6	128	90.5	91	12
100	114.3	108	210	170	18	4	M16	18	120	114	6	148	116.0	110	14
125	139.7	133	240	200	18	8	M16	20	145	139	6	178	141.5	135	14
150	168.3	159	265	225	18	8	M16	20	174	165	6	202	170.5	161	14
200	219.1	219	320	280	18	8	M16	22	226	226	6	258	221.5	222	16
250	273.0	273	375	335	18	12	M16	24	281	281	8	312	276.5	276	18
300	323.9	325	440	395	22	12	M20	24	333	334	8	365	327.5	328	18
350	355.6	377	490	445	22	12	M20	26	365	386	8	415	359.5	381	18
400	406.4	426	540	495	22	16	M20	28	416	435	8	465	411.0	430	20
450	457.0	480	595	550	22	16	M20	30	467	490	8	520	462.0	485	20
500	508.0	530	645	600	22	20	M20	30	519	541	8	570	513.5	535	22
600	610.0	630	755	705	26	20	M24	32	622	642	8	670	616.5	636	22

表 4　PN 6 平焊环板式松套钢制管法兰

公称尺寸 DN	法兰焊端外径（钢管外径）A/mm		连接尺寸					法兰厚度 C/mm	法兰内径			平焊环			
			法兰外径 D/mm	螺栓孔中心圆直径 K/mm	螺栓孔直径 L/mm	螺栓			B/mm		E/mm	外径 d/mm	内径 B_1/mm		厚度 F/mm
	系列Ⅰ	系列Ⅱ				数量 n/个	螺纹规格		系列Ⅰ	系列Ⅱ			系列Ⅰ	系列Ⅱ	
10	17.2	14	75	50	11	4	M10	12	21	18	3	35	18.0	15	10
15	21.3	18	80	55	11	4	M10	12	25	22	3	40	22.0	19	10
20	26.9	25	90	65	11	4	M10	14	31	29	4	50	27.5	26	10
25	33.7	32	100	75	11	4	M10	14	38	36	4	60	34.5	33	10
32	42.4	38	120	90	14	4	M12	16	46	42	5	70	43.5	39	10
40	48.3	45	130	100	14	4	M12	16	53	50	5	80	49.5	46	10
50	60.3	57	140	110	14	4	M12	16	65	62	5	90	61.5	59	12
65	76.1	76	160	130	14	4	M12	16	81	81	6	110	77.5	78	12
80	88.9	89	190	150	18	4	M16	18	94	94	6	128	90.5	91	12

表 4（续）

公称尺寸 DN	法兰焊端外径（钢管外径）A/mm		连接尺寸					法兰厚度 C/mm	法兰内径			平焊环			
			法兰外径 D/mm	螺栓孔中心圆直径 K/mm	螺栓孔直径 L/mm	螺栓			B/mm		E/mm	外径 d/mm	内径 B_1/mm		厚度 F/mm
	系列Ⅰ	系列Ⅱ				数量 n/个	螺纹规格		系列Ⅰ	系列Ⅱ			系列Ⅰ	系列Ⅱ	
100	114.3	108	210	170	18	4	M16	18	120	114	6	148	116.0	110	14
125	139.7	133	240	200	18	8	M16	20	145	139	6	178	141.5	135	14
150	168.3	159	265	225	18	8	M16	20	174	165	6	202	170.5	161	14
(175)[a]	193.7	—	295	255	18	8	M16	20	200	—	6	232	196.0	—	14
200	219.1	219	320	280	18	8	M16	22	226	226	6	258	221.5	222	16
(225)[a]	245	—	345	305	18	8	M16	23	252	—	6	282	247.5	—	18
250	273.0	273	375	335	18	12	M16	24	281	281	8	312	276.5	276	18
300	323.9	325	440	395	22	12	M20	24	333	334	8	365	327.5	328	18
350	355.6	377	490	445	22	12	M20	26	365	386	8	415	359.5	381	18
400	406.4	426	540	495	22	16	M20	28	416	435	8	465	411.0	430	20
450	457.0	480	595	550	22	16	M20	30	467	490	8	520	462.0	485	20
500	508.0	530	645	600	22	20	M20	30	519	541	8	570	513.5	535	22
600	610.0	630	755	705	26	20	M24	32	622	642	8	670	616.5	636	22

[a] 带括号尺寸不推荐使用，并且仅适用于船用法兰。

表 5 PN 10 平焊环板式松套钢制管法兰

公称尺寸 DN	法兰焊端外径（钢管外径）A/mm		连接尺寸					法兰厚度 C/mm	法兰内径			平焊环			
			法兰外径 D/mm	螺栓孔中心圆直径 K/mm	螺栓孔直径 L/mm	螺栓			B/mm		E/mm	外径 d/mm	内径 B_1/mm		厚度 F/mm
	系列Ⅰ	系列Ⅱ				数量 n/个	螺纹规格		系列Ⅰ	系列Ⅱ			系列Ⅰ	系列Ⅱ	
10	17.2	14	90	60	14	4	M12	14	21	18	3	40	18.0	15	12
15	21.3	18	95	65	14	4	M12	14	25	22	3	45	22.0	19	12
20	26.9	25	105	75	14	4	M12	16	31	29	4	58	27.5	26	14
25	33.7	32	115	85	14	4	M12	16	38	36	4	68	34.5	33	14
32	42.4	38	140	100	18	4	M16	18	47	42	5	78	43.5	39	14
40	48.3	45	150	110	18	4	M16	18	53	50	5	88	49.5	46	14
50	60.3	57	165	125	18	4	M16	20	65	62	5	102	61.5	59	16
65	76.1	76	185	145	18	8[a]	M16	20	81	81	6	122	77.5	78	16
80	88.9	89	200	160	18	8	M16	20	94	94	6	138	90.5	91	16
100	114.3	108	220	180	18	8	M16	22	120	114	6	158	116.0	110	18
125	139.7	133	250	210	18	8	M16	22	145	139	6	188	141.5	135	18

表 5（续）

公称尺寸 DN	法兰焊端外径（钢管外径）A/mm		连接尺寸					法兰厚度 C/mm	法兰内径			平焊环			
			法兰外径 D/mm	螺栓孔中心圆直径 K/mm	螺栓孔直径 L/mm	螺栓			B/mm		E/mm	外径 d/mm	内径 B_1/mm		厚度 F/mm
	系列Ⅰ	系列Ⅱ				数量 n/个	螺纹规格		系列Ⅰ	系列Ⅱ			系列Ⅰ	系列Ⅱ	
150	168.3	159	285	240	22	8	M20	24	174	165	6	212	170.5	161	20
(175)[b]	193.7	—	315	270	22	8	M20	24	200	—	6	242	196.0	—	20
200	219.1	219	340	295	22	8	M20	24	226	226	6	268	221.5	222	20
(225)[b]	245	—	370	325	22	8	M20	25	252	—	6	295	247.5	—	21
250	273.0	273	395	350	22	12	M20	26	281	281	8	320	276.5	276	22
300	323.9	325	445	400	22	12	M20	26	333	334	8	370	327.5	328	22
350	355.6	377	505	460	22	16	M20	30	365	386	8	430	359.5	381	22
400	406.4	426	565	515	26	16	M24	32	416	435	8	482	411.0	430	24
450	457.0	480	615	565	26	20	M24	36	467	490	8	532	462.0	485	24
500	508.0	530	670	620	26	20	M24	38	519	541	8	585	513.5	535	26
600	610.0	630	780	725	30	20	M27	42	622	642	8	685	616.5	636	26

注：公称尺寸 DN 10～DN 40 的法兰使用 PN 40 法兰的尺寸；公称尺寸 DN 50～DN 150 的法兰使用 PN 16 法兰的尺寸。

[a] 对于铸铁法兰和铜合金法兰，该规格的法兰可能是 4 个螺栓孔的，因此，当制造厂和用户协商同意后，与铸铁法兰和铜合金法兰配对使用的钢制法兰可以采用 4 个螺栓孔。

[b] 带括号尺寸不推荐使用，并且仅适用于船用法兰。

表 6　PN 16 平焊环板式松套钢制管法兰

公称尺寸 DN	法兰焊端外径（钢管外径）A/mm		连接尺寸					法兰厚度 C/mm	法兰内径			平焊环			
			法兰外径 D/mm	螺栓孔中心圆直径 K/mm	螺栓孔直径 L/mm	螺栓			B/mm		E/mm	外径 d/mm	内径 B_1/mm		厚度 F/mm
	系列Ⅰ	系列Ⅱ				数量 n/个	螺纹规格		系列Ⅰ	系列Ⅱ			系列Ⅰ	系列Ⅱ	
10	17.2	14	90	60	14	4	M12	14	21	18	3	40	18.0	15	12
15	21.3	18	95	65	14	4	M12	14	25	22	3	45	22.0	19	12
20	26.9	25	105	75	14	4	M12	16	31	29	4	58	27.5	26	14
25	33.7	32	115	85	14	4	M12	16	38	36	4	68	34.5	33	14
32	42.4	38	140	100	18	4	M16	18	47	42	5	78	43.5	39	14
40	48.3	45	150	110	18	4	M16	18	53	50	5	88	49.5	46	14
50	60.3	57	165	125	18	4	M16	20	65	62	5	102	61.5	59	16
65	76.1	76	185	145	18	8[a]	M16	20	81	81	6	122	77.5	78	16
80	88.9	89	200	160	18	8	M16	20	94	94	6	138	90.5	91	16

表 6（续）

公称尺寸 DN	法兰焊端外径（钢管外径）A/mm		连接尺寸					法兰厚度 C/mm	法兰内径			平焊环			
			法兰外径 D/mm	螺栓孔中心圆直径 K/mm	螺栓孔直径 L/mm	螺栓			B/mm		E/mm	外径 d/mm	内径 B_1/mm		厚度 F/mm
	系列Ⅰ	系列Ⅱ				数量 n/个	螺纹规格		系列Ⅰ	系列Ⅱ			系列Ⅰ	系列Ⅱ	
100	114.3	108	220	180	18	8	M16	22	120	114	6	158	116.0	110	18
125	139.7	133	250	210	18	8	M16	22	145	139	6	188	141.5	135	18
150	168.3	159	285	240	22	8	M20	24	174	165	6	212	170.5	161	20
(175)[b]	193.7	—	315	270	22	8	M20	24	200	—	6	242	196.0	—	20
200	219.1	219	340	295	22	12	M20	26	226	226	6	268	221.5	222	20
(225)[b]	245	—	370	325	22	12	M20	26	252	—	7	295	247.5	—	21
250	273.0	273	405	355	26	12	M24	29	281	281	8	320	276.5	276	22
300	323.9	325	460	410	26	12	M24	32	333	334	8	378	327.5	328	24
350	355.6	377	520	470	26	16	M24	35	365	386	8	438	359.0	381	26
400	406.4	426	580	525	30	16	M27	38	416	435	8	490	411.0	430	28
450	457.0	480	640	585	30	20	M27	42	467	490	8	550	462.0	485	30
500	508.0	530	715	650	33	20	M30	46	519	541	8	610	513.5	535	32
600	610.0	630	840	770	36	20	M33	55	622	642	8	725	616.5	636	32

注：公称尺寸 DN 10～DN 40 的法兰使用 PN 40 法兰的尺寸。

[a] 对于铸铁法兰和铜合金法兰，该规格的法兰可能是 4 个螺栓孔的，因此，当制造厂和用户协商同意后，与铸铁法兰和铜合金法兰配对使用的钢制法兰可以采用 4 个螺栓孔。

[b] 带括号尺寸不推荐使用，并且仅适用于船用法兰。

表 7　PN 25 平焊环板式松套钢制管法兰

公称尺寸 DN	法兰焊端外径（钢管外径）A/mm		连接尺寸					法兰厚度 C/mm	法兰内径			平焊环			
			法兰外径 D/mm	螺栓孔中心圆直径 K/mm	螺栓孔直径 L/mm	螺栓			B/mm		E/mm	外径 d/mm	内径 B_1/mm		厚度 F/mm
	系列Ⅰ	系列Ⅱ				数量 n/个	螺纹规格		系列Ⅰ	系列Ⅱ			系列Ⅰ	系列Ⅱ	
10	17.2	14	90	60	14	4	M12	14	21	18	3	40	18.0	15	12
15	21.3	18	95	65	14	4	M12	14	25	22	3	45	22.0	19	12
20	26.9	25	105	75	14	4	M12	16	31	29	4	58	27.5	26	14
25	33.7	32	115	85	14	4	M12	16	38	36	4	68	34.5	33	14
32	42.4	38	140	100	18	4	M16	18	47	42	5	78	43.5	39	14
40	48.3	45	150	110	18	4	M16	18	53	50	5	88	49.5	46	14
50	60.3	57	165	125	18	4	M16	20	65	62	5	102	61.5	59	16
65	76.1	76	185	145	18	8	M16	22	81	81	6	122	77.5	78	16

表 7（续）

公称尺寸 DN	法兰焊端外径（钢管外径）A/mm		连接尺寸					法兰厚度 C/mm	法兰内径			平焊环			
			法兰外径 D/mm	螺栓孔中心圆直径 K/mm	螺栓孔直径 L/mm	螺栓			B/mm		E/mm	外径 d/mm	内径 B_1/mm		厚度 F/mm
	系列Ⅰ	系列Ⅱ				数量 n/个	螺纹规格		系列Ⅰ	系列Ⅱ			系列Ⅰ	系列Ⅱ	
80	88.9	89	200	160	18	8	M16	24	94	94	6	138	90.5	91	18
100	114.3	108	235	190	22	8	M20	26	120	114	6	162	116.0	110	20
125	139.7	133	270	220	26	8	M24	28	145	139	6	188	141.5	135	22
150	168.3	159	300	250	26	8	M24	30	174	165	6	218	170.5	161	24
200	219.1	219	360	310	26	12	M24	32	226	226	6	278	221.5	222	26
250	273.0	273	425	370	30	12	M27	35	281	281	8	335	276.5	276	26
300	323.9	325	485	430	30	16	M27	38	333	334	8	395	327.5	328	28
350	355.6	377	555	490	33	16	M30	42	365	386	8	450	359.5	381	32
400	406.4	426	620	550	36	16	M33	48	416	435	8	505	411.0	430	34
450	457.0	480	670	600	36	20	M33	54	467	490	8	555	462.0	485	36
500	508.0	530	730	660	36	20	M33	58	519	541	8	615	513.5	535	38
600	610.0	630	845	770	39	20	M36	68	622	642	8	720	616.5	636	40
注：公称尺寸 DN 10～DN 150 的法兰使用 PN 40 法兰的尺寸。															

表 8　PN 40 平焊环板式松套钢制管法兰

公称尺寸 DN	法兰焊端外径（钢管外径）A/mm		连接尺寸					法兰厚度 C/mm	法兰内径			平焊环			
			法兰外径 D/mm	螺栓孔中心圆直径 K/mm	螺栓孔直径 L/mm	螺栓			B/mm		E/mm	外径 d/mm	内径 B_1/mm		厚度 F/mm
	系列Ⅰ	系列Ⅱ				数量 n/个	螺纹规格		系列Ⅰ	系列Ⅱ			系列Ⅰ	系列Ⅱ	
10	17.2	14	90	60	14	4	M12	14	21	18	3	40	18.0	15	12
15	21.3	18	95	65	14	4	M12	14	25	22	3	45	22.0	19	12
20	26.9	25	105	75	14	4	M12	16	31	29	4	58	27.5	26	14
25	33.7	32	115	85	14	4	M12	16	38	36	4	68	34.5	33	14
32	42.4	38	140	100	18	4	M16	18	47	42	5	78	43.5	39	14
40	48.3	45	150	110	18	4	M16	18	53	50	5	88	49.5	46	14
50	60.3	57	165	125	18	4	M16	20	65	62	5	102	61.5	59	16
65	76.1	76	185	145	18	8	M16	22	81	81	6	122	77.5	78	16
80	88.9	89	200	160	18	8	M16	24	94	94	6	138	90.5	91	18
100	114.3	108	235	190	22	8	M20	26	120	114	6	162	116.0	110	20
125	139.7	133	270	220	26	8	M24	28	145	139	6	188	141.5	135	22
150	168.3	159	300	250	26	8	M24	30	174	165	6	218	170.5	161	24
200	219.1	219	375	320	30	12	M27	36	226	226	6	285	221.5	222	28

表 8（续）

公称尺寸 DN	法兰焊端外径（钢管外径）A/mm		连接尺寸					法兰厚度 C/mm	法兰内径			平焊环			
			法兰外径 D/mm	螺栓孔中心圆直径 K/mm	螺栓孔直径 L/mm	螺栓			B/mm		E/mm	外径 d/mm	内径 B_1/mm		厚度 F/mm
	系列Ⅰ	系列Ⅱ				数量 n/个	螺纹规格		系列Ⅰ	系列Ⅱ			系列Ⅰ	系列Ⅱ	
250	273.0	273	450	385	33	12	M30	42	281	281	8	345	276.5	276	30
300	323.9	325	515	450	33	16	M30	52	333	334	8	410	327.5	328	34
350	355.6	377	580	510	36	16	M33	58	365	386	8	465	359.5	381	36
400	406.4	426	660	585	39	16	M36	65	416	435	8	535	411.0	430	42
450	457.0	480	685	610	39	20	M36	66[a]	467	490	8	560	462.0	485	46
500	508.0	530	755	670	42	20	M39	72[a]	519	541	8	615	513.5	535	50
600	610.0	630	890	795	48	20	M45	84[a]	622	642	8	735	616.5	636	54

[a] 用户可以根据计算确定法兰厚度。

4 技术要求

法兰的类型与参数应符合 GB/T 9112 的规定，法兰的技术要求应符合 GB/T 9124 的规定。

5 标记及标记示例

5.1 标记

平焊环板式松套钢制管法兰应按下列规定进行标记：

[公称尺寸]-[公称压力] [法兰型式代号(PL/C)] [密封面型式代号] [配管系列] [材料代号] [标准编号]

5.2 标记示例

示例 1：公称尺寸 DN 250、公称压力 PN 16、突面(RF)平焊环板式松套钢制管法兰(PL/C)、配用米制管(系列Ⅱ)、材料为 Q235A，其标记为：

法兰　DN 250-PN 16　PL/C　RF　Ⅱ　Q235A　GB/T 9121

示例 2：公称尺寸 DN 400、公称压力 PN 40、凹凸面(MF)平焊环板式松套钢制管法兰(PL/C)、配用英制管(系列Ⅰ)、材料为 06Cr19Ni10，其标记为：

法兰　DN 400-PN 40　PL/C　MF　Ⅰ　06Cr19Ni10　GB/T 9121

ICS 23.040.60
J 15

中华人民共和国国家标准

GB/T 9122—2010
代替 GB/T 9122—2000

翻边环板式松套钢制管法兰

Loose plate steel pipe flanges with lapped pipe end and pressed collar with long neck

2011-01-14 发布 2011-10-01 实施

中华人民共和国国家质量监督检验检疫总局
中国国家标准化管理委员会 发布

前　言

GB/T 9112～9124—2010《钢制管法兰》系列标准修改采用 ASME B16.5—2009《管法兰和法兰管件(NPS ½～NPS 24)》及 EN 1092-1:2007《法兰及其连接　管道、阀门、管配件及附件用圆形法兰，PN 标识第 1 部分：钢制法兰》。ASME B16.5—2009 是关于 Class 标记法兰的一个完整的标准，EN 1092-1:2007是关于 PN 标记法兰的一个完整的标准。本系列标准综合采用了上述两个标准，包括了 Class 标记法兰和 PN 标记法兰的相关技术内容。本系列标准共有 13 项标准，本标准是其中的 1 项标准。

本标准代替 GB/T 9122—2000《翻边环板式松套钢制管法兰》，与原标准相比主要变化如下：

——根据 EN 1092-1:2007 标准，本标准增加了两种法兰型式，即翻边短节板式松套钢制管法兰和长颈翻边短节板式松套钢制管法兰；

——根据 EN 1092-1:2007 标准，将 PN 标记的法兰公称压力范围从原来的 PN 6～PN 10 扩大到 PN 2.5～PN 16；

——根据 EN 1092-1:2007 标准，将 PN 标记的法兰公称尺寸范围从原来的 DN 10～DN 300 扩大到 DN 10～DN 500；

——根据 EN 1092-1:2007 标准，对 PN 标记的法兰尺寸数据进行了全面的修改；

——增加了各种密封面型式及适用的公称压力和公称尺寸范围表格。

本标准由中国机械工业联合会提出。

本标准由全国管路附件标准化技术委员会归口。

本标准起草单位：浙江超达阀门股份有限公司、中机生产力促进中心、保一集团有限公司、江苏海达管件集团有限公司、河北圣天集团宝银高压法兰管件有限公司。

本标准主要起草人：邱晓来、李俊英、张晓忠、李建、李宝银、林洁、冯峰。

本标准所代替标准的历次版本发布情况为：

——GB/T 9122.1～9122.2—1988、GB/T 9122—2000。

翻边环板式松套钢制管法兰

1 范围

本标准规定了公称压力用PN标记的翻边环板式松套钢制管法兰的型式、尺寸、技术要求和标记。

本标准适用于公称压力PN 2.5～PN 16的管端翻边板式松套钢制管法兰、翻边短节板式松套钢制管法兰和长颈翻边短节板式松套钢制管法兰。

2 规范性引用文件

下列文件中的条款通过本标准的引用而成为本标准的条款。凡是注日期的引用文件，其随后所有的修改单(不包括勘误的内容)或修订版均不适用于本标准，然而，鼓励根据本标准达成协议的各方研究是否可使用这些文件的最新版本。凡是不注日期的引用文件，其最新版本适用于本标准。

GB/T 9112 钢制管法兰 类型与参数

GB/T 9124 钢制管法兰 技术条件

3 型式与尺寸

3.1 用PN标记的管端翻边板式松套钢制管法兰、翻边短节板式松套钢制管法兰和长颈翻边短节板式松套钢制管法兰的密封面型式及适用的公称压力和公称尺寸范围按表1的规定。

表1 用PN标记的翻边环板式松套钢制管法兰的密封面型式及适用的公称压力和公称尺寸范围

法兰型式	密封面型式	公称压力			
		PN 2.5	PN 6	PN 10	PN 16
管端翻边板式松套钢制管法兰(A型)	突面(RF)	DN 10～DN 200			
翻边短节板式松套钢制管法兰(B型)	突面(RF)	DN 10～DN 500		DN 10～DN 400	

3.2 用PN标记的翻边环板式松套钢制管法兰的型式应符合图1～图2的规定，法兰尺寸应符合表2～表4的规定。

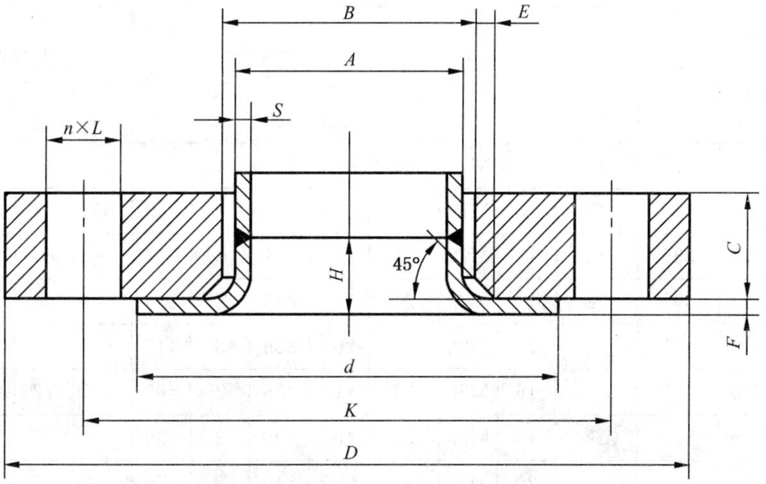

图1 管端翻边板式松套钢制管法兰(A型)

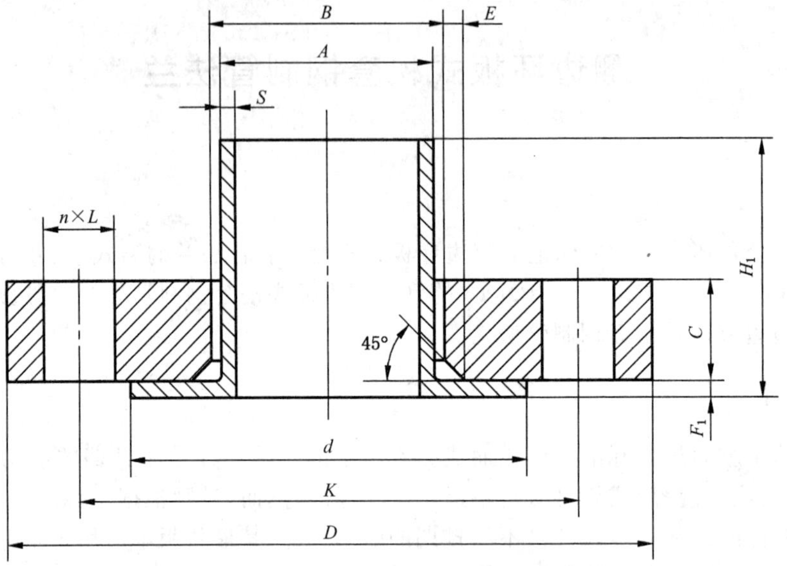

图 2　翻边短节板式松套钢制管法兰(B 型)

表 2　PN 2.5 和 PN 6 翻边环板式松套钢制管法兰

公称尺寸 DN	法兰焊端外径(钢管外径) A/mm		连接尺寸					法兰厚度 C/mm	B/mm		E/mm	d/mm	翻边短节				
	系列 Ⅰ	系列 Ⅱ	法兰外径 D/mm	螺栓孔中心圆直径 K/mm	螺栓孔直径 L/mm	螺栓 数量 n/个	螺栓 螺纹规格		系列 Ⅰ	系列 Ⅱ			H/mm	H_1/mm	F/mm	F_1/mm	S/mm
10	17.2	14	75	50	11	4	M10	12	21	18	3	35	7	35	2.5	2	见 GB/T 9124 附录 A
15	21.3	18	80	55	11	4	M10	12	25	22	3	40	7	38	2.5	2	
20	26.9	25	90	65	11	4	M10	14	31	29	4	50	8	40	3	2.5	
25	33.7	32	100	75	11	4	M10	14	38	36	4	60	10	40	3	2.5	
32	42.4	38	120	90	14	4	M12	16	46	42	5	70	12	42	3	3	
40	48.3	45	130	100	14	4	M12	16	53	50	5	80	15	45	3	3	
50	60.3	57	140	110	14	4	M12	16	65	62	5	90	20	45	4	3	
65	76.1	76	160	130	14	4	M12	16	81	81	6	110	20	45	4	3	
80	88.9	89	190	150	18	4	M16	18	94	94	6	128	25	50	4	3	
100	114.3	108	210	170	18	4	M16	18	120	114	6	148	25	52	4	4	
125	139.7	133	240	200	18	8	M16	20	145	139	6	178	25	55	4	4	
150	168.3	159	265	225	18	8	M16	20	174	165	6	202	25	55	4	4	
200	219.1	219	320	280	18	8	M16	22	226	226	6	258	30	62	4	5	
250	273.0	273	375	335	18	12	M16	24	281	281	8	312	—	68	—	8	
300	323.9	325	440	395	22	12	M20	24	333	333	8	365	—	68	—	8	
350	355.6	377	490	445	22	12	M20	26	365	386	8	415	—	68	—	8	
400	406.4	426	540	495	22	16	M20	28	416	436	8	465	—	72	—	8	
450	457.0	480	595	550	22	16	M20	30	467	490	8	520	—	72	—	8	
500	508.0	530	645	600	22	20	M20	30	519	540	8	570	—	75	—	8	

表 3　PN 10 翻边环板式松套钢制管法兰

公称尺寸 DN	法兰焊端外径（钢管外径）A/mm		连接尺寸					法兰厚度 C/mm	B/mm		E/mm	d/mm	翻边短节				
	系列 Ⅰ	系列 Ⅱ	法兰外径 D/mm	螺栓孔中心圆直径 K/mm	螺栓孔直径 L/mm	螺栓 数量 n/个	螺栓 螺纹规格		系列 Ⅰ	系列 Ⅱ			H/mm	H_1/mm	F/mm	F_1/mm	S/mm
10	17.2	14	90	60	14	4	M12	14	21	18	3	40	7	35	2.5	2	
15	21.3	18	95	65	14	4	M12	14	25	22	3	45	7	38	2.5	2	
20	26.9	25	105	75	14	4	M12	16	31	29	4	58	8	40	3	2.5	
25	33.7	32	115	85	14	4	M12	16	38	36	4	68	10	40	3	2.5	
32	42.4	38	140	100	18	4	M16	18	46	42	5	78	12	42	3	3	
40	48.3	45	150	110	18	4	M16	18	53	50	5	88	15	45	3	3	
50	60.3	57	165	125	18	4	M16	20	65	62	5	102	20	45	4	3	
65	76.1	76	185	145	18	8[a]	M16	20	81	81	6	122	20	45	4	3	
80	88.9	89	200	160	18	8	M16	20	94	94	6	138	25	50	4	3	见 GB/T 9124 附录 A
100	114.3	108	220	180	18	8	M16	22	120	114	6	158	25	52	4	4	
125	139.7	133	250	210	18	8	M16	22	145	139	6	188	25	55	4	4	
150	168.3	159	285	240	22	8	M20	24	174	165	6	212	25	55	4	4	
200	219.1	219	340	295	22	8	M20	24	226	226	6	268	30	62	4	5	
250	273.0	273	395	350	22	12	M20	26	281	281	8	320	—	68	—	8	
300	323.9	325	445	400	22	12	M20	26	333	333	8	370	—	68	—	8	
350	355.6	377	505	460	22	16	M20	30	365	386	8	430	—	68	—	8	
400	406.4	426	565	515	26	16	M24	32	416	436	8	482	—	72	—	8	

[a] 对于铸铁法兰和铜合金法兰，该规格的法兰可能是 4 个螺栓孔，因此，当制造厂和用户协商同意后，与铸铁法兰和铜合金法兰配对使用的钢制法兰可以采用 4 个螺栓孔。

表 4 PN 16 翻边环板式松套钢制管法兰

公称尺寸 DN	法兰焊端外径（钢管外径）A/mm 系列Ⅰ	系列Ⅱ	连接尺寸 法兰外径 D/mm	螺栓孔中心圆直径 K/mm	螺栓孔直径 L/mm	螺栓 数量 n/个	螺纹规格	法兰厚度 C/mm	B/mm 系列Ⅰ	系列Ⅱ	E/mm	d/mm	翻边短节 H/mm	H_1/mm	F/mm	F_1/mm	S/mm
10	17.2	14	90	60	14	4	M12	14	21	18	3	40	7	35	2.5	2	见 GB/T 9124 附录 A
15	21.3	18	95	65	14	4	M12	14	25	22	3	45	7	38	2.5	2	
20	26.9	25	105	75	14	4	M12	16	31	29	4	58	8	40	3	2.5	
25	33.7	32	115	85	14	4	M12	16	38	36	4	68	10	40	3	2.5	
32	42.4	38	140	100	18	4	M16	18	46	42	5	78	12	42	3	3	
40	48.3	45	150	110	18	4	M16	18	53	50	5	88	15	45	3	3	
50	60.3	57	165	125	18	4	M16	20	65	62	5	102	20	45	4	3	
65	76.1	76	185	145	18	8[a]	M16	20	81	81	6	122	20	45	4	3	
80	88.9	89	200	160	18	8	M16	20	94	94	6	138	25	50	4	3	
100	114.3	108	220	180	18	8	M16	22	120	114	6	158	25	52	4	4	
125	139.7	133	250	210	18	8	M16	22	145	139	6	188	25	55	4	4	
150	168.3	159	285	240	22	8	M20	24	174	165	6	212	25	55	5	5	
200	219.1	219	340	295	22	12	M20	26	226	226	6	268	30	62	6	6	
250	273.0	273	405	355	26	12	M24	29	281	281	8	320	—	68	—	10	
300	323.9	325	460	410	26	12	M24	32	333	333	8	378	—	68	—	10	
350	355.6	377	520	470	26	16	M24	35	365	386	8	438	—	68	—	10	
400	406.4	426	580	525	30	16	M27	38	416	436	8	490	—	72	—	10	

[a] 对于铸铁法兰和铜合金法兰，该规格的法兰可能是 4 个螺栓孔，因此，当制造厂和用户协商同意后，与铸铁法兰和铜合金法兰配对使用的钢制法兰可以采用 4 个螺栓孔。

4 技术要求

法兰的类型与参数应符合 GB/T 9112 的规定，法兰的技术要求应符合 GB/T 9124 的规定。

5 标记及标记示例

5.1 标记

翻边环板式松套钢制管法兰应按下列规定进行标记：

公称尺寸 -	公称压力	法兰型式代号(PL/P)	密封面型式代号	配管系列	材料代号	标准编号

5.2 标记示例

示例1:公称尺寸DN 150、公称压力PN 10、A型管端翻边板式松套钢制管法兰(PL/P-A)、配用米制管(系列Ⅱ)、法兰材料为Q235A,其标记为:

法兰　DN 150-PN 10　PL/P-A　RF　Ⅱ　Q235A　GB/T 9122

示例2:公称尺寸DN 100、公称压力PN 6、B型翻边短节板式松套钢制管法兰、配用英制管(系列Ⅰ)、法兰材料为Q235A,翻边短节材料为06Cr19Ni10,其标记为:

法兰　DN 100-PN 6　PL/P-B　RF　Q235A/06Cr19Ni10　GB/T 9122

ICS 23.040.60
J 15

中华人民共和国国家标准

GB/T 9123—2010
代替 GB/T 9123.1～9123.4—2000

钢制管法兰盖

Steel pipe blank flanges

2011-01-14 发布　　2011-10-01 实施

中华人民共和国国家质量监督检验检疫总局
中国国家标准化管理委员会　发布

前　言

GB/T 9112～9124—2010《钢制管法兰》系列标准修改采用 ASME B16.5—2009《管法兰和法兰管件(NPS ½～NPS 24)》及 EN 1092-1:2007《法兰及其连接　管道、阀门、管配件及附件用圆形法兰，PN 标识第 1 部分:钢制法兰》。ASME B16.5—2009 是关于 Class 标记法兰的一个完整的标准，EN 1092-1:2007 是关于 PN 标记法兰的一个完整的标准。本系列标准综合采用了上述两个标准，包括了 Class 标记法兰和 PN 标记法兰的相关技术内容。本系列标准共有 13 项标准，本标准是其中的 1 项标准。

本标准与 ASME B16.5—2009 及 EN 1092-1:2007 标准的主要区别如下：

——本标准的编写格式与 ASME B16.5—2009 和 EN 1092-1:2007 标准不同；

——ASME B16.5—2009 标准包括了公称压力为 Class 400 的法兰数据，本标准没有纳入 Class 400 的法兰数据；

——ASME B16.5—2009 标准包括了公称尺寸为 NPS 3½ 的法兰数据，本标准没有 NPS 3½ 的法兰数据；

——ASME B16.5—2009 标准采用英制螺栓，螺栓孔径也采用英制尺寸，本标准改为公制螺栓，螺纹孔径也采用公制尺寸；

——根据我国用户的使用要求，本系列标准的 PN 标记法兰的公称尺寸范围在 EN 1092-1:2007 标准的基础上做了适当的扩充，包括增加了公称压力范围为 PN 160 的 DN 20 和 DN 32 两个公称尺寸；

——EN 1092-1:2007 标准没有包括环连接面法兰，根据我国用户的使用要求，本系列标准增加了 PN 标记的环连接面法兰。

本标准代替 GB/T 9123.1—2000《平面、突面钢制管法兰盖》、GB/T 9123.2—2000《凹凸面钢制管法兰盖》、GB/T 9123.3—2000《榫槽面钢制管法兰盖》及 GB/T 9123.4—2000《环连接面钢制管法兰盖》，与原标准相比主要变化如下：

——将原来的 4 项钢制管法兰盖标准整合为 1 项标准；

——根据 EN 1092-1:2007 标准，PN 标记的法兰盖增加了 O 形圈密封面型式；

——根据用户的使用要求，PN 系列法兰增加了环连接面(RJ)；

——根据 EN 1092-1:2007 标准，对 PN 标记的法兰盖尺寸数据进行了全面的修改；

——增加了各种密封面型式的适用范围表格；

——对标记进行了修订；

——根据 ASME B16.5—2009，将原标准中属于美洲体系的法兰公称压力标记进行了修改，PN 20 改为 Class 150，PN 50 改为 Class 300，PN 110 改为 Class 600，PN 150 改为 Class 900，PN 260 改为 Class 1500，PN 420 改为 Class 2500。

本标准由中国机械工业联合会提出。

本标准由全国管路附件标准化技术委员会归口。

本标准起草单位：保一集团有限公司、浙江超达阀门股份有限公司、中机生产力促进中心、江苏海达管件有限公司、河北圣天集团宝银高压法兰管件有限公司、蚌埠市管道配件厂。

本标准主要起草人：邱晓来、张晓忠、李俊英、李建、王汉洲、陈佑军、王清尧、李宝银、冯峰。

本标准所代替标准的历次版本发布情况为：

——GB/T 9123.1～9123.16—1988、GB/T 9123.1～9123.4—2000。

钢制管法兰盖

1 范围

本标准规定了公称压力用PN标记和用Class标记的钢制管法兰盖的型式、尺寸、技术要求和标记。

本标准适用于公称压力PN 2.5～PN 160以及Class 150～Class 2500的钢制管法兰盖。

2 规范性引用文件

下列文件中的条款通过本标准的引用而成为本标准的条款。凡是注日期的引用文件，其随后所有的修改单(不包括勘误的内容)或修订版均不适用于本标准，然而，鼓励根据本标准达成协议的各方研究是否可使用这些文件的最新版本。凡是不注日期的引用文件，其最新版本适用于本标准。

GB/T 9112 钢制管法兰 类型与参数

GB/T 9124 钢制管法兰 技术条件

3 型式与尺寸

3.1 用PN标记的钢制管法兰盖的型式与尺寸

3.1.1 用PN标记的钢制管法兰盖的密封面型式及适用的公称压力和公称尺寸范围按表1的规定。

表1 用PN标记的钢制管法兰盖的密封面型式及适用的公称压力和公称尺寸范围

密封面型式	公称压力PN								
	2.5	6	10	16	25	40	63	100	160
平面(FF)	DN 10～DN 1200	DN 10～DN 2000	DN 10～DN 2000	DN 10～DN 2000	DN 10～DN 600		—		
突面(RF)	DN 10～DN 1200	DN 10～DN 2000	DN 10～DN 2000	DN 10～DN 2000	DN 10～DN 600		DN 10～DN 400	DN 10～DN 350	DN 10～DN 300
凹凸面(MF)	—		DN 10～DN 1200	DN 10～DN 1000	DN 10～DN 600		DN 10～DN 400	DN 10 DN 350	DN 10～DN 300
榫槽面(TG)	—		DN 10～DN 1200	DN 10～DN 1000	DN 10～DN 600		DN 10～DN 400	DN 10～DN 350	DN 10～DN 300
O形圈面(OSG)	—		DN 10～DN 1200	DN 10～DN 1000	DN 10～DN 600		—		
环连接面(RJ)	—						DN 15～DN 400	DN 15～DN 350	DN 15～DN 300

3.1.2 用PN标记的钢制管法兰盖的型式应符合图1～图6的规定，密封面尺寸应符合表2和表3的规定，其他尺寸应符合表4～表12的规定。

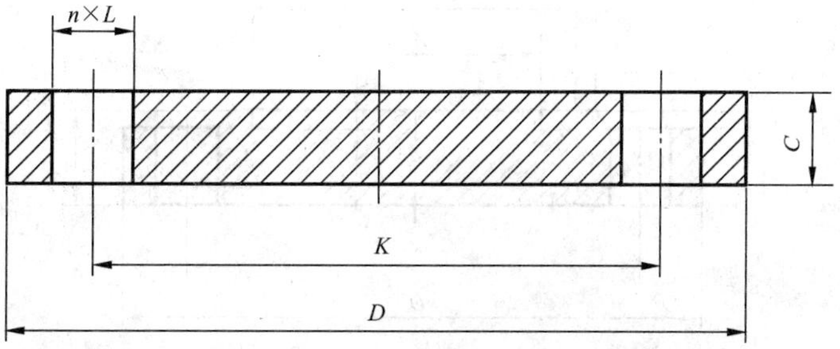

图1 平面(FF)钢制管法兰盖

(适用于PN 2.5、PN 6、PN 10、PN 16、PN 25和PN 40)

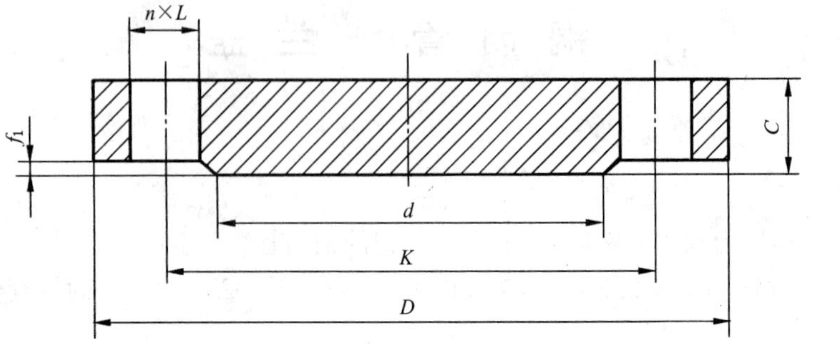

图 2　突面(RF)钢制管法兰盖

(适用于 PN 2.5、PN 6、PN 10、PN 16、PN 25、PN 40、PN 63 和 PN 100)

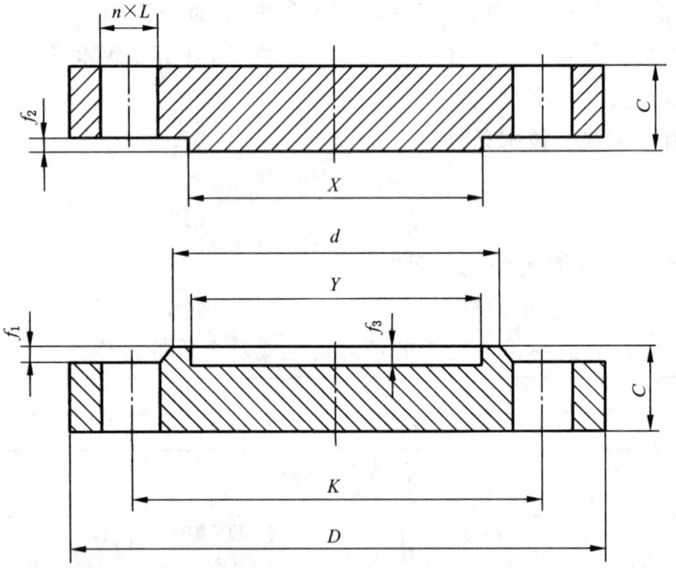

图 3　凹凸面(MF)钢制管法兰盖

(适用于 PN 10、PN 16、PN 25、PN 40、PN 63 和 PN 100)

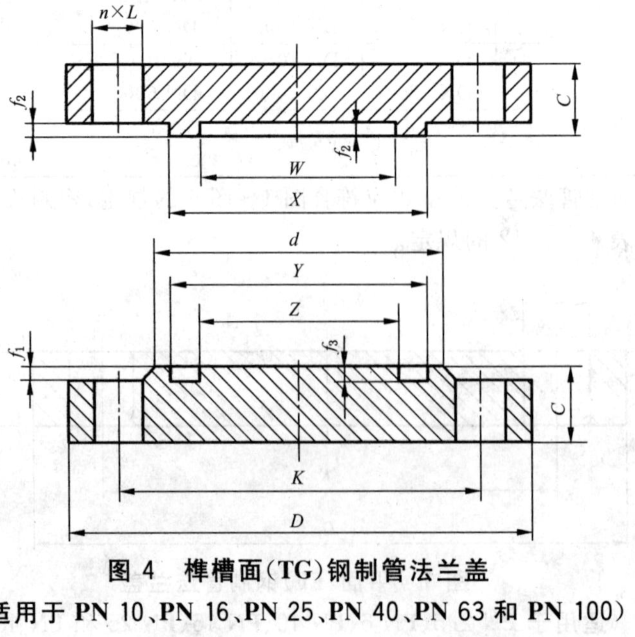

图 4　榫槽面(TG)钢制管法兰盖

(适用于 PN 10、PN 16、PN 25、PN 40、PN 63 和 PN 100)

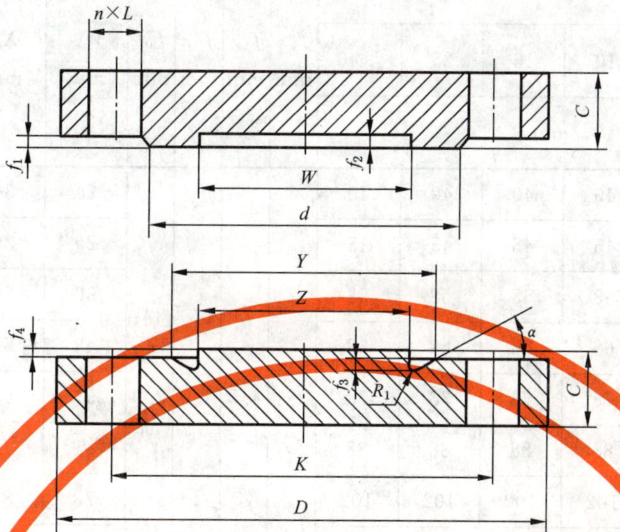

图 5　O 形圈面(OSG)钢制管法兰盖
(适用于 PN 10、PN 16、PN 25 和 PN 40)

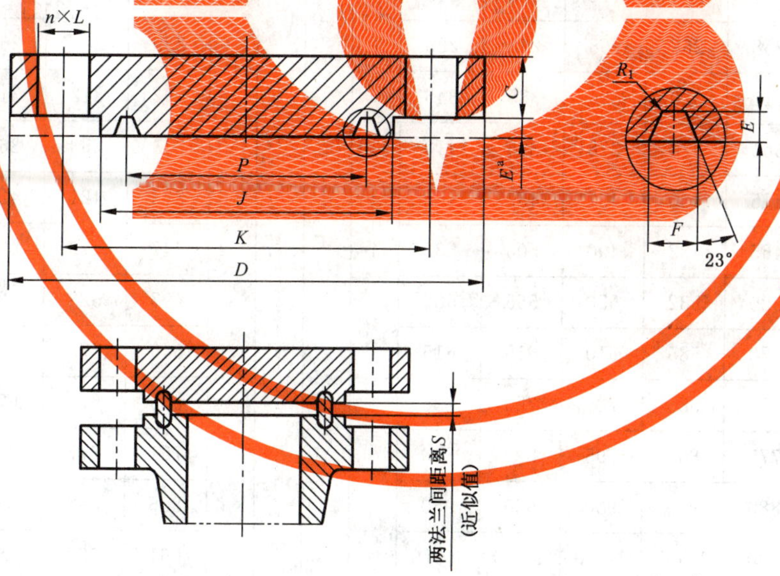

[a] 法兰盖凸出部分高度与梯形槽深度尺寸 E 相同,但不受梯形槽深度尺寸 E 公差的限制。允许采用如虚线所示轮廓的全平面型式。

图 6　环连接面(RJ)钢制管法兰盖
(适用于 PN 63、PN 100 和 PN 160)

表 2 用 PN 标记的法兰盖密封面尺寸

公称尺寸 DN	PN 2.5	PN 6	PN 10	PN 16	PN 25	PN ≥40	f_1/mm	f_2/mm	f_3/mm	f_4/mm	W/mm	X/mm	Y/mm	Z/mm	α ≈	R_1/mm
	d/mm															
10	35	35	40	40	40	40	2	4.5	4.0	2.0	24	34	35	23	—	
15	40	40	45	45	45	45					29	39	40	28	—	
20	50	50	58	58	58	58					36	50	51	35	41°	2.5
25	60	60	68	68	68	68					43	57	58	42		
32	70	70	78	78	78	78					51	65	66	50		
40	80	80	88	88	88	88	3				61	75	76	60		
50	90	90	102	102	102	102					73	87	88	72		
65	110	110	122	122	122	122					95	109	110	94		
80	128	128	138	138	138	138					106	120	121	105		
100	148	148	158	158	162	162		5.0	4.5	2.5	129	149	150	128	32°	3
125	178	178	188	188	188	188					155	175	176	154		
150	202	202	212	212	218	218					183	203	204	182		
200	258	258	268	268	278	285					239	259	260	238		
250	312	312	320	320	335	345					292	312	313	291		
300	365	365	370	378	395	410					343	363	364	342		
350	415	415	430	438	450	465	4	5.5	5.0	3.0	395	421	422	394	27°	3.5
400	465	465	482	490	505	535					447	473	474	446		
450	520	520	532	550	555	560					497	523	524	496		
500	570	570	585	610	615	615					549	575	576	548		
600	670	670	685	725	720	735	5				649	675	676	648		
700	775	775	800	795	820	840					751	777	778	750		
800	880	880	905	900	930	960					856	882	883	855		
900	980	980	1 005	1 000	1 030	1 070					961	987	988	960		
1 000	1 080	1 080	1 110	1 115	1 140	1 180		6.5	6.0	4.0	1 062	1 092	1 094	1 060	28°	4
1 200	1 280	1 295	1 330	1 330	1 350	1 380					1 262	1 292	1 294	1 260		
1 400	1 480	1 510	1 535	1 530	1 560	1 600					1 462	1 492	1 494	1 460		
1 600	1 690	1 710	1 760	1 750	1 780	1 815					1 662	1 692	1 694	1 660		
1 800	1 890	1 920	1 960	1 950	1 985	—					1 860	1 892	1 894	1 860		
2 000	2 090	2 125	2 170	2 150	2 210	—					2 062	2 092	2 094	2 060		

表 3　用 PN 标记的法兰盖环连接面尺寸

单位为毫米

公称尺寸 DN	PN 63						PN 100						PN 160					
	J_{min}	P	E	F	R_{1max}	S	J_{min}	P	E	F	R_{1max}	S	J_{min}	P	E	F	R_{1max}	S
15	55	35	6.5	9	0.8	5	55	35	6.5	9	0.8	5	58	35	6.5	9	0.8	5
20	68	45	6.5	9	0.8	5	68	45	6.5	9	0.8	5	70	45	6.5	9	0.8	5
25	78	50	6.5	9	0.8	5	78	50	6.5	9	0.8	5	80	50	6.5	9	0.8	5
32	86	65	6.5	9	0.8	5	86	65	6.5	9	0.8	5	86	65	6.5	9	0.8	5
40	102	75	6.5	9	0.8	5	102	75	6.5	9	0.8	5	102	75	6.5	9	0.8	5
50	112	85	8	12	0.8	7	116	85	8	12	0.8	7	118	95	8	12	0.8	7
65	136	110	8	12	0.8	7	140	110	8	12	0.8	7	142	110	8	12	0.8	7
80	146	115	8	12	0.8	7	150	115	8	12	0.8	7	152	130	8	12	0.8	7
100	172	145	8	12	0.8	7	176	145	8	12	0.8	7	178	160	8	12	0.8	7
125	208	175	8	12	0.8	7	212	175	8	12	0.8	7	215	190	8	12	0.8	7
150	245	205	8	12	0.8	7	250	205	8	12	0.8	7	255	205	10	14	0.8	9
200	306	265	8	12	0.8	7	312	265	8	12	0.8	7	322	275	11	17	0.8	8
250	362	320	8	12	0.8	7	376	320	8	12	0.8	7	388	330	11	17	0.8	8
300	422	375	8	12	0.8	7	448	375	8	12	0.8	7	456	380	14	23	0.8	9
350	475	420	8	12	0.8	7	505	420	11	17	0.8	8	—	—	—	—	—	
400	540	480	8	12	0.8	7	—	—	—	—	—	—	—	—	—	—	—	

表 4　PN 2.5 钢制管法兰盖

公称尺寸 DN	连接尺寸					法兰盖厚度 C/mm
	法兰外径 D/mm	螺栓孔中心圆直径 K/mm	螺栓孔直径 L/mm	螺栓 数量 n/个	螺栓 螺纹规格	
10	75	50	11	4	M10	12
15	80	55	11	4	M10	12
20	90	65	11	4	M10	14
25	100	75	11	4	M10	14
32	120	90	14	4	M12	14
40	130	100	14	4	M12	14
50	140	110	14	4	M12	14
65	160	130	14	4	M12	14
80	190	150	18	4	M16	16
100	210	170	18	4	M16	16
125	240	200	18	8	M16	18
150	265	225	18	8	M16	18
200	320	280	18	8	M16	20

表 4(续)

公称尺寸 DN	连接尺寸					法兰盖厚度 C/mm
	法兰外径 D/mm	螺栓孔中心圆直径 K/mm	螺栓孔直径 L/mm	螺栓		
				数量 n/个	螺纹规格	
250	375	335	18	12	M16	22
300	440	395	22	12	M20	22
350	490	445	22	12	M20	22
400	540	495	22	16	M20	22
450	595	550	22	16	M20	24
500	645	600	22	20	M20	24
600	755	705	26	20	M24	30
700	860	810	26	24	M24	40(36)[a]
800	975	920	30	24	M27	44(38)[a]
900	1 075	1 020	30	24	M27	48(40)[a]
1 000	1 175	1 120	30	28	M27	52(42)[a]
1 200	1 375	1 320	30	32	M27	50(44)[a]
1 400	1 575	1 520	30	36	M27	57(48)[a]
1 600	1 790	1 730	30	40	M27	64(51)[a]
1 800	1 990	1 930	30	44	M27	70(54)[a]
2 000	2 190	2 130	30	48	M27	78(58)[a]
注：公称尺寸 DN 10～DN 1000 的法兰使用 PN 6 法兰的尺寸。						
[a] 括号内尺寸为原标准法兰厚度，对于现有设备或供需双方认可仍可采用括号内的法兰厚度尺寸。						

表 5 PN 6 钢制管法兰盖

公称尺寸 DN	连接尺寸					法兰盖厚度 C/mm
	法兰外径 D/mm	螺栓孔中心圆直径 K/mm	螺栓孔直径 L/mm	螺栓		
				数量 n/个	螺纹规格	
10	75	50	11	4	M10	12
15	80	55	11	4	M10	12
20	90	65	11	4	M10	14
25	100	75	11	4	M10	14
32	120	90	14	4	M12	14
40	130	100	14	4	M12	14
50	140	110	14	4	M12	14
65	160	130	14	4	M12	14
80	190	150	18	4	M16	16

表 5（续）

公称尺寸 DN	连接尺寸					法兰盖厚度 C/mm
	法兰外径 D/mm	螺栓孔中心圆直径 K/mm	螺栓孔直径 L/mm	螺栓		
				数量 n/个	螺纹规格	
100	210	170	18	4	M16	16
125	240	200	18	8	M16	18
150	265	225	18	8	M16	18
200	320	280	18	8	M16	20
250	375	335	18	12	M16	22
300	440	395	22	12	M20	22
350	490	445	22	12	M20	22
400	540	495	22	16	M20	22
450	595	550	22	16	M20	24
500	645	600	22	20	M20	24
600	755	705	26	20	M24	30
700	860	810	26	24	M24	40
800	975	920	30	24	M27	44
900	1 075	1 020	30	24	M27	48
1 000	1 175	1 120	30	28	M27	52
1 200	1 405	1 340	33	32	M30	60
1 400	1 630	1 560	36	36	M33	68
1 600	1 830	1 760	36	40	M33	76
1 800	2 045	1 970	39	44	M36	84
2 000	2 265	2 180	42	48	M39	92

表 6　PN 10 钢制管法兰盖

公称尺寸 DN	连接尺寸					法兰盖厚度 C/mm
	法兰外径 D/mm	螺栓孔中心圆直径 K/mm	螺栓孔直径 L/mm	螺栓		
				数量 n/个	螺纹规格	
10	90	60	14	4	M12	16
15	95	65	14	4	M12	16
20	105	75	14	4	M12	18
25	115	85	14	4	M12	18
32	140	100	18	4	M16	18
40	150	110	18	4	M16	18

表 6（续）

公称尺寸 DN	连接尺寸					法兰盖厚度 C/mm
	法兰外径 D/mm	螺栓孔中心圆直径 K/mm	螺栓孔直径 L/mm	螺栓		
				数量 n/个	螺纹规格	
50	165	125	18	4	M16	18
65	185	145	18	8[a]	M16	18
80	200	160	18	8	M16	20
100	220	180	18	8	M16	20
125	250	210	18	8	M16	22
150	285	240	22	8	M20	22
200	340	295	22	8	M20	24
250	395	350	22	12	M20	26
300	445	400	22	12	M20	26
350	505	460	22	16	M20	26
400	565	515	26	16	M24	26
450	615	565	26	20	M24	28
500	670	620	26	20	M24	28
600	780	725	30	20	M27	34
700	895	840	30	24	M27	38
800	1 015	950	33	24	M30	48(42)[b]
900	1 115	1 050	33	28	M30	50(46)[b]
1 000	1 230	1 160	36	28	M33	54(52)[b]
1 200	1 455	1 380	39	32	M36	66(60)[b]
1 400	1 675	1 590	42	36	M39	72
1 600	1 915	1 820	48	40	M45	82
1 800	2 115	2 020	48	44	M45	92
2 000	2 325	2 230	48	48	M45	100

注：公称尺寸 DN 10～DN 40 的法兰使用 PN 40 法兰的尺寸；公称尺寸 DN 50～DN 150 的法兰使用 PN 16 法兰的尺寸。

[a] 对于铸铁法兰和铜合金法兰，该规格的法兰可能是 4 个螺栓孔的，因此，当制造厂和用户协商同意后，与铸铁法兰和铜合金法兰配对使用的钢制法兰可以采用 4 个螺栓孔。

[b] 括号内尺寸为原标准法兰厚度，对于现有设备或供需双方认可仍可采用括号内的法兰厚度尺寸。

表 7 PN 16 钢制管法兰盖

公称尺寸 DN	连接尺寸					法兰盖厚度 C/mm
	法兰外径 D/mm	螺栓孔中心圆直径 K/mm	螺栓孔直径 L/mm	螺栓		
				数量 n/个	螺纹规格	
10	90	60	14	4	M12	16
15	95	65	14	4	M12	16
20	105	75	14	4	M12	18
25	115	85	14	4	M12	18
32	140	100	18	4	M16	18
40	150	110	18	4	M16	18
50	165	125	18	4	M16	18
65	185	145	18	8[a]	M16	18
80	200	160	18	8	M16	20
100	220	180	18	8	M16	20
125	250	210	18	8	M16	22
150	285	240	22	8	M20	22
200	340	295	22	12	M20	24
250	405	355	26	12	M24	26
300	460	410	26	12	M24	28
350	520	470	26	16	M24	30
400	580	525	30	16	M27	32
450	640	585	30	20	M27	40
500	715	650	33	20	M30	44
600	840	770	36	20	M33	54
700	910	840	36	24	M33	58(48)[b]
800	1 025	950	39	24	M36	62(52)[b]
900	1 125	1 050	39	28	M36	64(58)[b]
1 000	1 255	1 170	42	28	M39	68(64)[b]
1 200	1 485	1 390	48	32	M45	86(76)[b]
1 400	1 685	1 590	48	36	M45	94
1 600	1 930	1 820	56	40	M52	112
1 800	2 130	2 020	56	44	M52	121
2 000	2 345	2 230	62	48	M56	136

注：公称尺寸 DN 10～DN 40 的法兰使用 PN 40 法兰的尺寸。

[a] 对于铸铁法兰和铜合金法兰，该规格的法兰可能是 4 个螺栓孔的，因此，当制造厂和用户协商同意后，与铸铁法兰和铜合金法兰配对使用的钢制法兰可以采用 4 个螺栓孔。

[b] 括号内尺寸为原标准法兰厚度，对于现有设备或供需双方认可仍可采用括号内的法兰厚度尺寸。

表 8　PN 25 钢制管法兰盖

公称尺寸 DN	连接尺寸					法兰盖厚度 C/mm
	法兰外径 D/mm	螺栓孔中心圆直径 K/mm	螺栓孔直径 L/mm	螺栓		
				数量 n/个	螺纹规格	
10	90	60	14	4	M12	16
15	95	65	14	4	M12	16
20	105	75	14	4	M12	18
25	115	85	14	4	M12	18
32	140	100	18	4	M16	18
40	150	110	18	4	M16	18
50	165	125	18	4	M16	20
65	185	145	18	8	M16	22
80	200	160	18	8	M16	24
100	235	190	22	8	M20	24
125	270	220	26	8	M24	26
150	300	250	26	8	M24	28
200	360	310	26	12	M24	30
250	425	370	30	12	M27	32
300	485	430	30	16	M27	34
350	555	490	33	16	M30	38
400	620	550	36	16	M33	40
450	670	600	36	20	M33	50
500	730	660	36	20	M33	51
600	845	770	39	20	M36	66
注：公称尺寸 DN 10～DN 150 的法兰使用 PN 40 法兰的尺寸。						

表 9　PN 40 钢制管法兰盖

公称尺寸 DN	连接尺寸					法兰盖厚度 C/mm
	法兰外径 D/mm	螺栓孔中心圆直径 K/mm	螺栓孔直径 L/mm	螺栓		
				数量 n/个	螺纹规格	
10	90	60	14	4	M12	16
15	95	65	14	4	M12	16
20	105	75	14	4	M12	18
25	115	85	14	4	M12	18
32	140	100	18	4	M16	18
40	150	110	18	4	M16	18

表 9（续）

公称尺寸 DN	连接尺寸					法兰盖厚度 C/mm
	法兰外径 D/mm	螺栓孔中心圆直径 K/mm	螺栓孔直径 L/mm	螺栓		
				数量 n/个	螺纹规格	
50	165	125	18	4	M16	20
65	185	145	18	8	M16	22
80	200	160	18	8	M16	24
100	235	190	22	8	M20	24
125	270	220	26	8	M24	26
150	300	250	26	8	M24	28
200	375	320	30	12	M27	36
250	450	385	33	12	M30	38
300	515	450	33	16	M30	42
350	580	510	36	16	M33	46
400	660	585	39	16	M36	50
450	685	610	39	20	M36	57
500	755	670	42	20	M39	57
600	890	795	48	20	M45	72

表 10　PN 63 钢制管法兰盖

公称尺寸 DN	连接尺寸					法兰盖厚度 C/mm
	法兰外径 D/mm	螺栓孔中心圆直径 K/mm	螺栓孔直径 L/mm	螺栓		
				数量 n/个	螺纹规格	
10	100	70	14	4	M12	20
15	105	75	14	4	M12	20
20	130	90	18	4	M16	22
25	140	100	18	4	M16	24
32	155	110	22	4	M20	24
40	170	125	22	4	M20	26
50	180	135	22	4	M20	26
65	205	160	22	8	M20	26
80	215	170	22	8	M20	28
100	250	200	26	8	M24	30

表 10（续）

公称尺寸 DN	连接尺寸					法兰盖厚度 C/mm
	法兰外径 D/mm	螺栓孔中心圆直径 K/mm	螺栓孔直径 L/mm	螺栓		
				数量 n/个	螺纹规格	
125	295	240	30	8	M27	34
150	345	280	33	8	M30	36
200	415	345	36	12	M33	42
250	470	400	36	12	M33	46
300	530	460	36	16	M33	52
350	600	525	39	16	M36	56
400	670	585	42	16	M39	60
注：公称尺寸 DN 10～DN 40 的法兰使用 PN 100 法兰的尺寸。						

表 11 PN 100 钢制管法兰盖

公称尺寸 DN	连接尺寸					法兰盖厚度 C/mm
	法兰外径 D/mm	螺栓孔中心圆直径 K/mm	螺栓孔直径 L/mm	螺栓		
				数量 n/个	螺纹规格	
10	100	70	14	4	M12	20
15	105	75	14	4	M12	20
20	130	90	18	4	M16	22
25	140	100	18	4	M16	24
32	155	110	22	4	M20	24
40	170	125	22	4	M20	26
50	195	145	26	4	M24	28
65	220	170	26	8	M24	30
80	230	180	26	8	M24	32
100	265	210	30	8	M27	36
125	315	250	33	8	M30	40
150	355	290	33	12	M30	44
200	430	360	36	12	M33	52
250	505	430	39	12	M36	60
300	585	500	42	16	M39	68
350	655	560	48	16	M45	74

表 12 PN 160 钢制管法兰盖

公称尺寸 DN	连接尺寸					法兰盖厚度 C/mm
	法兰外径 D/mm	螺栓孔中心圆直径 K/mm	螺栓孔直径 L/mm	螺栓		
				数量 n/个	螺纹规格	
10	100	70	14	4	M12	24
15	105	75	14	4	M12	26
20	130	90	18	4	M16	30
25	140	100	18	4	M16	32
32	155	110	22	4	M20	34
40	170	125	22	4	M20	36
50	195	145	26	4	M24	38
65	220	170	26	8	M24	42
80	230	180	26	8	M24	46
100	265	210	30	8	M27	52
125	315	250	33	8	M30	56
150	355	290	33	12	M30	62
200	430	360	36	12	M33	66
250	515	430	42	12	M39	76
300	585	500	42	16	M39	88

3.2 用 Class 标记的钢制管法兰盖的型式与尺寸

3.2.1 用 Class 标记的钢制管法兰盖的密封面型式及适用的公称压力和公称尺寸范围按表 13 的规定。

表 13 用 Class 标记的钢制管法兰盖的密封面型式及适用的公称压力和公称尺寸范围

密封面型式	公称压力					
	Class 150	Class 300	Class 600	Class 900	Class 1500	Class 2500
平面(FF)	NPS ½(DN 15)～NPS 24(DN 600)	—				
突面(RF)	NPS ½(DN 15)～NPS 24(DN 600)					NPS ½(DN 15)～NPS 12(DN 300)
凹凸面(MFM)	—	NPS ½(DN 15)～NPS 24(DN 600)				—
榫槽面(TG)	—	NPS ½(DN 15)～NPS 24(DN 600)				—
环连接面(RJ)	NPS 1(DN 25)～NPS 24(DN 600)	NPS ½(DN 15)～NPS 24(DN 600)				NPS ½(DN 15)～NPS 12(DN 300)

3.2.2 用 Class 标记的钢制管法兰盖的型式应符合图 7～图 11 的规定，密封面尺寸应符合表 14 和表 15 的规定，其他尺寸应符合表 16～表 21 的规定。

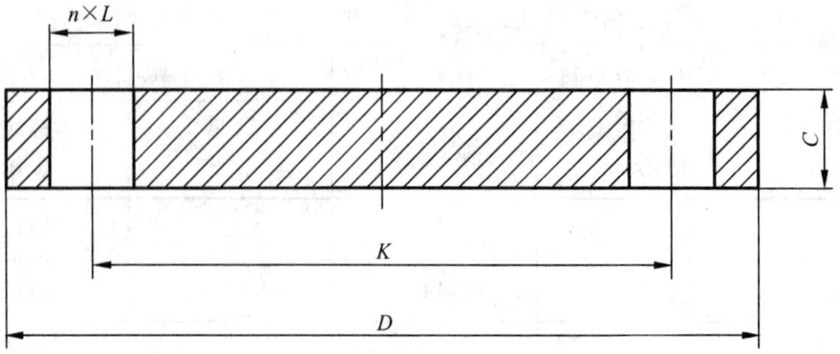

图 7　平面(FF)钢制管法兰盖

(适用于 Class 150)

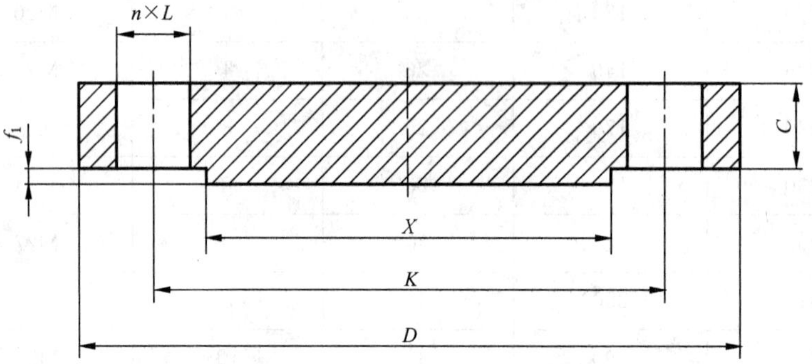

图 8　突面(RF)钢制管法兰盖

(适用于 Class 150、Class 300、Class 600、Class 900、Class 1500 和 Class 2500)

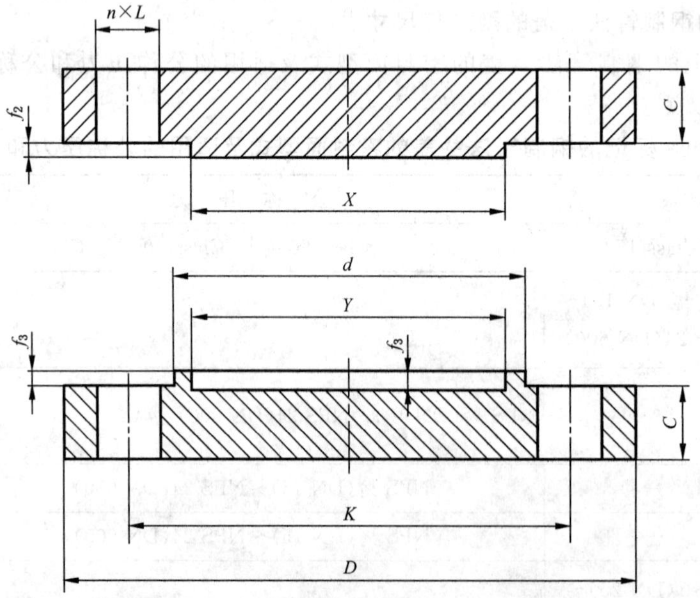

图 9　凹凸面(MF)钢制管法兰盖

(适用于 Class 300、Class 600、Class 900 和 Class 1500)

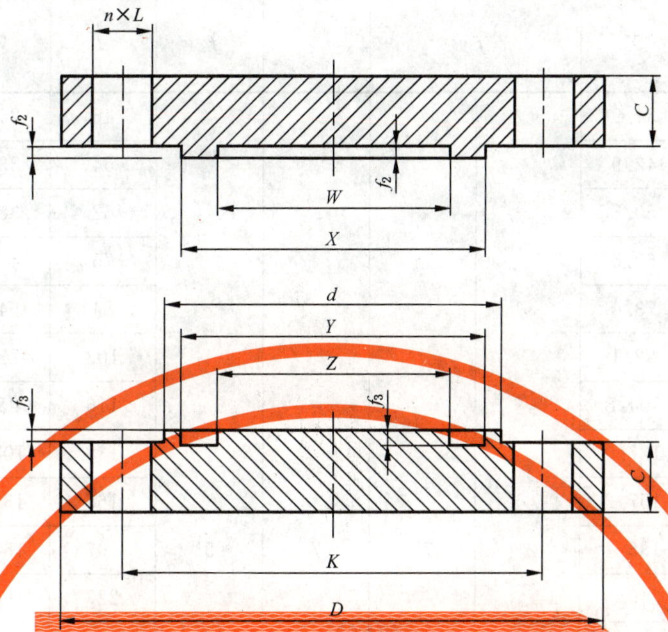

图 10 榫槽面(TG)钢制管法兰盖

(适用于 Class 300、Class 600、Class 900 和 Class 1500)

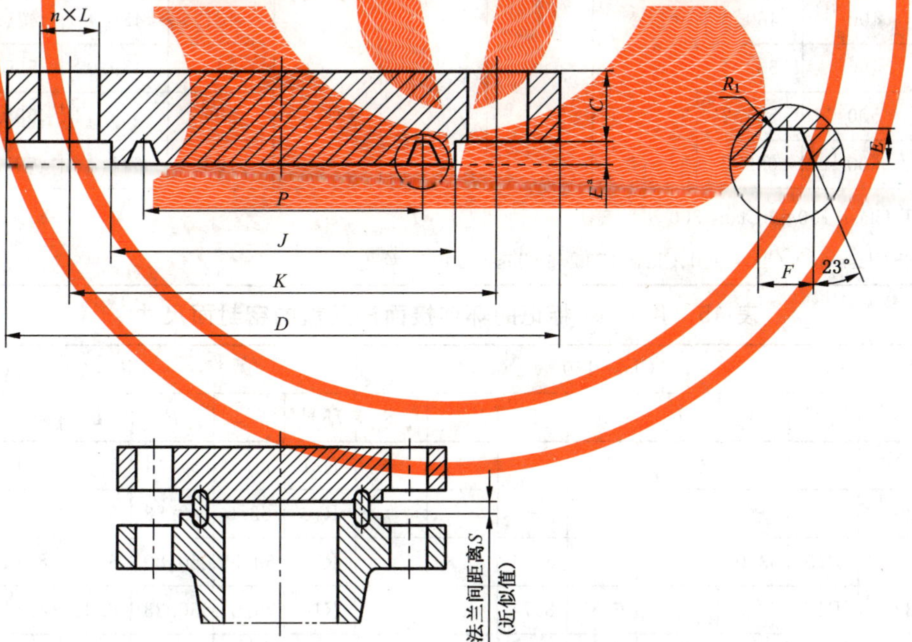

[a] 法兰凸出部分高度与梯形槽深度尺寸 E 相同,但不受梯形槽深度尺寸 E 公差的限制。

允许采用如虚线所示轮廓的全平面型式。

图 11 环连接面(RJ)钢制管法兰盖

(适用于 Class 150、Class 300、Class 600、Class 900、Class 1500 和 Class 2500)

表 14 用 Class 标记的突面、凹凸面、榫槽面的法兰盖密封面尺寸 单位为毫米

公称尺寸		X	f_1		f_2	f_3	d	W	Y	Z
NPS	DN									
½	15	34.9					46	25.4	36.5	23.8
¾	20	42.9					54	33.3	44.4	31.8
1	25	50.8					62	38.1	52.4	36.5
1¼	32	63.5					75	47.6	65.1	46.0
1½	40	73.0					84	54.0	74.6	52.4
2	50	92.1					103	73.0	93.7	71.4
2½	65	104.8					116	85.7	106.4	84.1
3	80	127.0					138	108.0	128.6	106.4
4	100	157.2					168	131.8	158.8	130.2
5	125	185.7	2[a]	7[b]	7	5	197	160.3	187.3	158.8
6	150	215.9					227	190.5	217.5	188.9
8	200	269.9					281	238.1	271.5	236.5
10	250	323.8					335	285.8	325.4	284.2
12	300	381.0					392	342.9	382.6	341.3
14	350	412.8					424	374.6	414.3	373.1
16	400	469.9					481	425.4	471.5	423.9
18	450	533.4					544	489.0	535.0	487.4
20	500	584.2					595	533.4	585.8	531.8
24	600	692.2					703	641.4	693.7	639.8

a 适用于 Class 150 和 Class 300 法兰盖。

b 适用于 Class 600、Class 900、Class 1500 和 Class 2500 法兰盖。

表 15 用 Class 标记的环连接面法兰盖的密封面尺寸 单位为毫米

公称尺寸		Class 150							Class 300						
NPS	DN	环号	J_{min}	P	E	F	R_{1max}	S	环号	J_{min}	P	E	F	R_{1max}	S
½	15	—	—	—	—	—	—	—	R11	50.5[a]	34.14	5.54	7.14	0.8	3
¾	20	—	—	—	—	—	—	—	R13	63.5	42.88	6.35	8.74	0.8	4
1	25	R15	63.0[a]	47.63	6.35	8.74	0.8	4	R16	69.5[a]	50.80	6.35	8.74	0.8	4
1¼	32	R17	72.5[a]	57.15	6.35	8.74	0.8	4	R18	79.0[a]	60.33	6.35	8.74	0.8	4
1½	40	R19	82.0[a]	65.07	6.35	8.74	0.8	4	R20	90.5	68.27	6.35	8.74	0.8	4
2	50	R22	101[a]	82.55	6.35	8.74	0.8	4	R23	108	82.55	7.92	11.91	0.8	6
2½	65	R25	120[a]	101.60	6.35	8.74	0.8	4	R26	127	101.60	7.92	11.91	0.8	6
3	80	R29	133	114.30	6.35	8.74	0.8	4	R31	146	123.83	7.92	11.91	0.8	6
4	100	R36	171	149.23	6.35	8.74	0.8	4	R37	175	149.23	7.92	11.91	0.8	6
5	125	R40	193[a]	171.45	6.35	8.74	0.8	4	R41	210	180.98	7.92	11.91	0.8	6

表 15（续）

单位为毫米

公称尺寸		Class 150							Class 300						
NPS	DN	环号	J_{min}	P	E	F	R_{1max}	S	环号	J_{min}	P	E	F	R_{1max}	S
6	150	R43	219	193.68	6.35	8.74	0.8	4	R45	241	211.12	7.92	11.91	0.8	6
8	200	R48	273	247.65	6.35	8.74	0.8	4	R49	302	269.88	7.92	11.91	0.8	6
10	250	R52	330	304.80	6.35	8.74	0.8	4	R53	356	323.85	7.92	11.91	0.8	6
12	300	R56	405[a]	381.00	6.35	8.74	0.8	4	R57	413	381.00	7.92	11.91	0.8	6
14	350	R59	425	396.88	6.35	8.74	0.8	3	R61	457	419.10	7.92	11.91	0.8	6
16	400	R64	483	454.03	6.35	8.74	0.8	3	R65	508	469.90	7.92	11.91	0.8	6
18	450	R68	546	517.53	6.35	8.74	0.8	3	R69	575	533.40	7.92	11.91	0.8	6
20	500	R72	597	558.80	6.35	8.74	0.8	3	R73	635	584.20	9.53	13.49	1.5	6
24	600	R76	711	673.10	6.35	8.74	0.8	3	R77	749	692.15	11.13	16.66	1.5	6
公称尺寸		Class 600							Class 900						
NPS	DN	环号	J_{min}	P	E	F	R_{1max}	S	环号	J_{min}	P	E	F	R_{1max}	S
½	15	R11	50.5[a]	34.14	5.54	7.14	0.8	3	R12	60.5	39.67	6.35	8.74	0.8	4
¾	20	R13	63.5	42.88	6.35	8.74	0.8	4	R14	66.5	44.45	6.35	8.74	0.8	4
1	25	R16	69.5[a]	50.80	6.35	8.74	0.8	4	R16	71.5	50.80	6.35	8.74	0.8	4
1¼	32	R18	79.0[a]	60.33	6.35	8.74	0.8	4	R18	81.0	60.33	6.35	8.74	0.8	4
1½	40	R20	90.5	68.27	6.35	8.74	0.8	4	R20	92.0	68.27	6.35	8.74	0.8	4
2	50	R23	108	82.55	7.92	11.91	0.8	5	R24	124	95.25	7.92	11.91	0.8	3
2½	65	R26	127	101.60	7.92	11.91	0.8	5	R27	137	107.95	7.92	11.91	0.8	3
3	80	R31	146	123.83	7.92	11.91	0.8	5	R31	156	123.83	7.92	11.91	0.8	4
4	100	R37	175	149.23	7.92	11.91	0.8	5	R37	181	149.23	7.92	11.91	0.8	4
5	125	R41	210	180.98	7.92	11.91	0.8	5	R41	216	180.98	7.92	11.91	0.8	4
6	150	R45	241	211.12	7.92	11.91	0.8	5	R45	241	211.12	7.92	11.91	0.8	4
8	200	R49	302	269.88	7.92	11.91	0.8	5	R49	308	269.88	7.92	11.91	0.8	4
10	250	R53	356	323.85	7.92	11.91	0.8	5	R53	362	323.85	7.92	11.91	0.8	4
12	300	R57	413	381.00	7.92	11.91	0.8	5	R57	419	381.00	7.92	11.91	0.8	4
14	350	R61	457	419.10	7.92	11.91	0.8	5	R62	467	419.10	11.13	16.66	1.5	4
16	400	R65	508	469.90	7.92	11.91	0.8	5	R66	524	469.90	11.13	16.66	1.5	4
18	450	R69	575	533.40	7.92	11.91	0.8	5	R70	594	533.40	12.70	19.84	1.5	5
20	500	R73	635	584.20	9.53	13.49	1.5	5	R74	648	584.20	12.70	19.84	1.5	5
24	600	R77	749	692.15	11.13	16.66	1.5	6	R78	772	692.15	15.88	26.97	2.4	6

表 15（续） 单位为毫米

公称尺寸		Class 1500							Class 2500						
NPS	DN	环号	J_{min}	P	E	F	R_{1max}	S	环号	J_{min}	P	E	F	R_{1max}	S
½	15	R12	60.5	39.67	6.35	8.74	0.8	4	R13	65.0	42.88	6.35	8.74	0.8	4
¾	20	R14	66.5	44.45	6.35	8.74	0.8	4	R16	73.0	50.80	6.35	8.74	0.8	4
1	25	R16	71.5	50.80	6.35	8.74	0.8	4	R18	82.5	60.33	6.35	8.74	0.8	4
1¼	32	R18	81.0	60.33	6.35	8.74	0.8	4	R21	101[a]	72.23	7.92	11.91	0.8	3
1½	40	R20	92.0	68.27	6.35	8.74	0.8	4	R23	114	82.55	7.92	11.91	0.8	3
2	50	R24	124	95.25	7.92	11.91	0.8	3	R26	133	101.60	7.92	11.91	0.8	3
2½	65	R27	137	107.95	7.92	11.91	0.8	3	R28	149	111.13	9.53	13.49	1.5	3
3	80	R35	168	136.53	7.92	11.91	0.8	3	R32	168	127.00	9.53	13.49	1.5	3
4	100	R39	194	161.93	7.92	11.91	0.8	3	R38	203	157.18	11.13	16.66	1.5	4
5	125	R44	229	193.68	7.92	11.91	0.8	3	R42	241	190.50	12.70	19.84	1.5	4
6	150	R46	248	211.14	9.53	13.49	1.5	3	R47	279	228.60	12.70	19.84	1.5	4
8	200	R50	318	269.88	11.13	16.66	1.5	4	R51	340	279.40	14.27	23.01	1.5	5
10	250	R54	371	323.85	11.13	16.66	1.5	4	R55	425	342.90	17.48	30.18	2.4	6
12	300	R58	438	381.00	14.27	23.01	1.5	5	R60	495	406.40	17.48	33.32	2.4	8
14	350	R63	489	419.10	15.88	26.97	2.4	6	—	—	—	—	—	—	—
16	400	R67	546	469.90	17.48	30.18	2.4	8	—	—	—	—	—	—	—
18	450	R71	613	533.40	17.48	30.18	2.4	8	—	—	—	—	—	—	—
20	500	R75	673	584.20	17.48	33.32	2.4	10	—	—	—	—	—	—	—
24	600	R79	794	692.15	20.62	36.53	2.4	11	—	—	—	—	—	—	—

[a] 本标准从 ASME B16.5—2009 标准的英制螺栓孔径转换成公制螺栓孔径，导致 J 尺寸与螺栓孔径有干涉，为了避免干涉，对 J 尺寸数值做了适当的调整，调整后的 J 尺寸与 ASME B16.5—2009 标准略有差异。

表 16 Class 150 钢制管法兰盖

公称尺寸		连接尺寸					法兰盖厚度 C/mm
		法兰外径 D/mm	螺栓孔中心圆直径 K/mm	螺栓孔直径 L/mm	螺栓		
NPS	DN				数量 n/个	螺纹规格	
½	15	90	60.3	16	4	M14	9.6
¾	20	100	69.9	16	4	M14	11.2
1	25	110	79.4	16	4	M14	12.7
1¼	32	115	88.9	16	4	M14	14.3
1½	40	125	98.4	16	4	M14	15.9
2	50	150	120.7	19	4	M16	17.5
2½	65	180	139.7	19	4	M16	20.7
3	80	190	152.4	19	4	M16	22.3

表 16（续）

公称尺寸		连接尺寸					法兰盖厚度 C/mm
		法兰外径 D/mm	螺栓孔中心圆直径 K/mm	螺栓孔直径 L/mm	螺栓		
NPS	DN				数量 n/个	螺纹规格	
4	100	230	190.5	19	8	M16	22.3
5	125	255	215.9	22	8	M20	22.3
6	150	280	241.3	22	8	M20	23.9
8	200	345	298.5	22	8	M20	27.0
10	250	405	362.0	26	12	M24	28.6
12	300	485	431.8	26	12	M24	30.2
14	350	535	476.3	29	12	M27	33.4
16	400	595	539.8	29	16	M27	35.0
18	450	635	577.9	32	16	M30	38.1
20	500	700	635.0	32	20	M30	41.3
24	600	815	749.3	35	20	M33	46.1

表 17 **Class 300 钢制管法兰盖**

公称尺寸		连接尺寸					法兰盖厚度 C/mm
		法兰外径 D/mm	螺栓孔中心圆直径 K/mm	螺栓孔直径 L/mm	螺栓		
NPS	DN				数量 n/个	螺纹规格	
½	15	95	66.7	16	4	M14	12.7
¾	20	115	82.6	19	4	M16	14.3
1	25	125	88.9	19	4	M16	15.9
1¼	32	135	98.4	19	4	M16	17.5
1½	40	155	114.3	22	4	M20	19.1
2	50	165	127.0	19	8	M16	20.7
2½	65	190	149.2	22	8	M20	23.9
3	80	210	168.3	22	8	M20	27.0
4	100	255	200.0	22	8	M20	30.2
5	125	280	235.0	22	8	M20	33.4
6	150	320	269.9	22	12	M20	35.0
8	200	380	330.2	26	12	M24	39.7
10	250	445	387.4	29	16	M27	46.1
12	300	520	450.8	32	16	M30	49.3
14	350	585	514.4	32	20	M30	52.4
16	400	650	571.5	35	20	M33	55.6
18	450	710	628.6	35	24	M33	58.8
20	500	775	685.8	35	24	M33	62.0
24	600	915	812.8	42	24	M39	68.3

表 18　Class 600 钢制管法兰盖

公称尺寸		连接尺寸					法兰盖厚度 C/mm
		法兰外径 D/mm	螺栓孔中心圆直径 K/mm	螺栓孔直径 L/mm	螺栓		
NPS	DN				数量 n/个	螺纹规格	
½	15	95	66.7	16	4	M14	14.3
¾	20	115	82.6	19	4	M16	15.9
1	25	125	88.9	19	4	M16	17.5
1¼	32	135	98.4	19	4	M16	20.7
1½	40	155	114.3	22	4	M20	22.3
2	50	165	127.0	19	8	M16	25.4
2½	65	190	149.2	22	8	M20	28.6
3	80	210	168.3	22	8	M20	31.8
4	100	275	215.9	26	8	M24	38.1
5	125	330	266.7	29	8	M27	44.5
6	150	355	292.1	29	12	M27	47.7
8	200	420	349.2	32	12	M30	55.6
10	250	510	431.8	35	16	M33	63.5
12	300	560	489.0	35	20	M33	66.7
14	350	605	527.0	39	20	M36	69.9
16	400	685	603.2	42	20	M39	76.2
18	450	745	654.0	45	20	M42	82.6
20	500	815	723.9	45	24	M42	88.9
24	600	940	838.2	51	24	M48	101.6

表 19　Class 900 钢制管法兰盖

公称尺寸		连接尺寸					法兰盖厚度 C/mm
		法兰外径 D/mm	螺栓孔中心圆直径 K/mm	螺栓孔直径 L/mm	螺栓		
NPS	DN				数量 n/个	螺纹规格	
½	15	120	82.6	22	4	M20	22.3
¾	20	130	88.9	22	4	M20	25.4
1	25	150	101.6	26	4	M24	28.6
1¼	32	160	111.1	26	4	M24	28.6
1½	40	180	123.8	29	4	M27	31.8
2	50	215	165.1	26	8	M24	38.1
2½	65	245	190.5	29	8	M27	41.3

表 19（续）

公称尺寸		连 接 尺 寸					法兰盖厚度 C/mm
		法兰外径	螺栓孔中心圆直径	螺栓孔直径	螺 栓		
NPS	DN	D/mm	K/mm	L/mm	数量 n/个	螺纹规格	
3	80	240	190.5	26	8	M24	38.1
4	100	290	235.0	32	8	M30	44.5
5	125	350	279.4	35	8	M33	50.8
6	150	380	317.5	32	12	M30	55.6
8	200	470	393.7	39	12	M36	63.5
10	250	545	469.9	39	16	M36	69.9
12	300	610	533.4	39	20	M36	79.4
14	350	640	558.8	42	20	M39	85.8
16	400	705	616.0	45	20	M42	88.9
18	450	785	685.8	51	20	M48	101.6
20	500	855	749.3	55	20	M52	108.0
24	600	1 040	901.7	67	20	M64	139.7
注：NPS ½(DN 15)～NPS 2½(DN 65)的法兰使用 Class 1500 法兰的尺寸。							

表 20　Class 1500 钢制管法兰盖

公称尺寸		连 接 尺 寸					法兰盖厚度 C/mm
		法兰外径	螺栓孔中心圆直径	螺栓孔直径	螺 栓		
NPS	DN	D/mm	K/mm	L/mm	数量 n/个	螺纹规格	
½	15	120	82.6	22	4	M20	22.3
¾	20	130	88.9	22	4	M20	25.4
1	25	150	101.6	26	4	M24	28.6
1¼	32	160	111.1	26	4	M24	28.6
1½	40	180	123.8	29	4	M27	31.8
2	50	215	165.1	26	8	M24	38.1
2½	65	245	190.5	29	8	M27	41.3
3	80	265	203.2	32	8	M30	47.7
4	100	310	241.3	35	8	M33	54.0
5	125	375	292.1	42	8	M39	73.1
6	150	395	317.5	39	12	M36	82.6
8	200	485	393.7	45	12	M42	92.1
10	250	585	482.6	51	12	M48	108.0

表 20（续）

公称尺寸		连接尺寸					法兰盖厚度 C/mm
		法兰外径 D/mm	螺栓孔中心圆直径 K/mm	螺栓孔直径 L/mm	螺栓		
NPS	DN				数量 n/个	螺纹规格	
12	300	675	571.5	55	16	M52	123.9
14	350	750	635.0	60	16	M56	133.4
16	400	825	704.8	67	16	M64	146.1
18	450	915	774.7	73	16	M70	162.0
20	500	985	831.8	79	16	M76	177.8
24	600	1 170	990.6	93	16	M90	203.2

表 21　Class 2500 钢制管法兰盖

公称尺寸		连接尺寸					法兰盖厚度 C/mm
		法兰外径 D/mm	螺栓孔中心圆直径 K/mm	螺栓孔直径 L/mm	螺栓		
NPS	DN				数量 n/个	螺纹规格	
½	15	135	88.9	22	4	M20	30.2
¾	20	140	95.2	22	4	M20	31.8
1	25	160	108.0	26	4	M24	35.0
1¼	32	185	130.2	29	4	M27	38.1
1½	40	205	146.0	32	4	M30	44.5
2	50	235	171.4	29	8	M27	50.9
2½	65	265	196.8	32	8	M30	57.2
3	80	305	228.6	35	8	M33	66.7
4	100	355	273.0	42	8	M39	76.2
5	125	420	323.8	48	8	M45	92.1
6	150	485	368.3	55	8	M52	108.0
8	200	550	438.2	55	12	M52	127.0
10	250	675	539.8	67	12	M64	165.1
12	300	760	619.1	73	12	M70	184.2

4　技术要求

法兰的类型与参数应符合 GB/T 9112 的规定，法兰的技术要求应符合 GB/T 9124 的规定。

5 标记及标记示例

5.1 标记

钢制管法兰盖应按下列规定进行标记：

公称尺寸	-	公称压力	法兰盖代号(BL)	密封面型式代号	材料代号	标准编号

5.2 标记示例

示例 1：公称尺寸 DN 600、公称压力 PN 25、突面(RF)钢制管法兰盖(BL)、材料为 Q235A，其标记为：

法兰 DN 600-PN 25 BL RF Q235A GB/T 9123

示例 2：公称尺寸 NPS 12(DN 300)、公称压力 Class 900、环连接面(RJ)钢制管法兰盖(BL)、材料为 06Cr19Ni10，其标记为：

法兰 NPS 12(或 DN 300)-Class 900 BL RJ 06Cr19Ni10 GB/T 9123

ICS 23.040.60
J 15

中华人民共和国国家标准

GB/T 9124—2010
代替 GB/T 9124—2000

钢制管法兰　技术条件

Specification for steel pipe flanges

2011-01-14 发布　　2011-10-01 实施

中华人民共和国国家质量监督检验检疫总局
中国国家标准化管理委员会　发布

前 言

GB/T 9112～9124—2010《钢制管法兰》系列标准修改采用 ASME B16.5—2009《管法兰和法兰管件(NPS ½～NPS 24)》及 EN 1092-1:2007《法兰及其连接 管道、阀门、管配件及附件用圆形法兰,PN 标识第 1 部分:钢制法兰》。ASME B16.5—2009 是关于 Class 标记法兰的一个完整的标准,EN 1092-1:2007 是关于 PN 标记法兰的一个完整的标准。本系列标准综合采用了上述两个标准,包括了 Class 标记法兰和 PN 标记法兰的相关技术内容。本系列标准共有 13 项标准,本标准是其中的 1 项标准。

本标准与 ASME B16.5—2009 及 EN 1092-1:2007 标准的主要区别如下:

——本标准的编写格式与 ASME B16.5—2009 和 EN 1092-1:2007 标准不同;

——ASME B16.5—2009 标准包括了法兰和法兰管件,本标准不包括法兰管件;

——ASME B16.5—2009 标准没有给出法兰的参考质量,本标准给出了法兰的参考质量;

——ASME B16.5—2009 标准及 EN 1092-1:2007 标准没有给出法兰的订货合同数据,本标准作为资料性附录给出了法兰的订货合同数据;

——ASME B16.5—2009 标准及 EN 1092-1:2007 标准没有给出管表号及钢管壁厚,本标准作为资料性附录给出了管表号及钢管壁厚;

——本标准采用我国标准的法兰材料,压力-温度额定值参考 ASME B16.5—2009 及 EN 1092-1:2007 标准,另外将 ASME B16.5—2009 标准所涉及的法兰材料及法兰的压力-温度额定值作为资料性附录供参考。

本标准代替 GB/T 9124—2000《钢制管法兰 技术条件》,与原标准相比主要变化如下:

——根据 EN 1092-1:2007 标准及我国的有关材料标准,对 PN 标记法兰的材料选用及压力-温度额定值进行了全面的修订;

——根据 ASME B16.5—2009 标准及我国的有关材料标准,对 Class 标记法兰的材料选用及压力-温度额定值进行了全面的修订;

——根据 EN 1092-1:2007 标准和 ASME B16.5—2009 标准,对法兰的尺寸公差进行了全面的修订;

——根据 EN 1092-1:2007 标准,增加了 PN 标记法兰的参考质量,根据计算,增加了 Class 标记法兰的参考质量;

——作为规范性附录,增加了 Class 标记法兰的压力-温度额定值;

——作为资料性附录,增加了美国 ASME B16.5 标准关于钢制管法兰的材料选用及压力-温度额定值;

——作为资料性附录,增加了订货合同数据;

——作为资料性附录,增加了管表号与钢管壁厚;

——作为资料性附录,增加了本标准范围以外的部分 PN 标记法兰的参考尺寸;

——根据 ASME B16.5—2009 标准,将原标准中属于美洲体系的法兰公称压力标记进行了修改;PN 20 改为 Class 150,PN 50 改为 Class 300,PN 110 改为 Class 600,PN 150 改为 Class 900,PN 260 改为 Class 1500,PN 420 改为 Class 2500。

本标准的附录 A、附录 B 为规范性附录,附录 C、附录 D、附录 E、附录 F、附录 G 为资料性附录。

本标准由中国机械工业联合会提出。

本标准由全国管路附件标准化技术委员会归口。

本标准起草单位:浙江超达阀门股份有限公司、中机生产力促进中心、保一集团有限公司、中国石油工程建设公司华东设计分公司、中国电力工程顾问集团东北电力设计院、中国石化工程建设公司、中国寰球工程公司、浙江高强度紧固件有限公司、江苏海达管件集团有限公司、河北圣天集团宝银高压法兰管件有限公司。

本标准主要起草人:邱晓来、李俊英、刘建、刘洪福、黄涛、陈永亮、马学娅、陈佑军、冯峰、葛海泉、李建、李宝银。

本标准所代替标准的历次版本发布情况为:

——GB/T 9124—1988、GB/T 9124—2000。

钢制管法兰　技术条件

1　范围

本标准规定了钢制管法兰及法兰盖的材料、压力-温度额定值、尺寸与公差、连接密封面、紧固件及垫片、焊接端型式及尺寸、加工制造、试验、检验与验收、供货要求和参考质量。

本标准适用于GB/T 9112～GB/T 9123所规定的钢制管法兰及法兰盖。

2　规范性引用文件

下列文件中的条款通过本标准的引用而成为本标准的条款。凡是注日期的引用文件，其随后所有的修改单(不包括勘误的内容)或修订版均不适用于本标准，然而，鼓励根据本标准达成协议的各方研究是否可使用这些文件的最新版本。凡是不注日期的引用文件，其最新版本适用于本标准。

GB/T 152.4　紧固件　六角头螺栓和六角螺母用沉孔

GB/T 699　优质碳素结构钢

GB/T 700　碳素结构钢

GB/T 711　优质碳素结构钢热轧厚钢板和宽钢带

GB 712　船体用结构钢

GB 713　锅炉和压力容器用钢板

GB/T 1220　不锈钢棒

GB/T 3274　碳素结构钢和低合金结构钢　热轧厚钢板和钢带

GB 3531　低温压力容器用低合金钢钢板

GB/T 4237　不锈钢热轧钢板和钢带

GB/T 7306.1　55°密封管螺纹　第1部分:圆柱内螺纹与圆锥外螺纹(GB/T 7306.1—2000,eqv ISO 7-1:1994)

GB/T 7306.2　55°密封管螺纹　第2部分:圆锥内螺纹与圆锥外螺纹(GB/T 7306.2—2000,eqv ISO 7-1:1994)

GB/T 9112　钢制管法兰　类型与参数

GB/T 9113　整体钢制管法兰

GB/T 9114　带颈螺纹钢制管法兰

GB/T 9115　对焊钢制管法兰

GB/T 9116　带颈平焊钢制管法兰

GB/T 9117　带颈承插焊钢制管法兰

GB/T 9118　对焊环带颈松套钢制管法兰

GB/T 9119　板式平焊钢制管法兰

GB/T 9120　对焊环板式松套钢制管法兰

GB/T 9121　平焊环板式松套钢制管法兰

GB/T 9122　翻边环板式松套钢制管法兰

GB/T 9123　钢制管法兰盖

GB/T 9125　管法兰连接用紧固件

GB/T 12228　通用阀门　碳素钢锻件技术条件

GB/T 12229　通用阀门　碳素钢铸件技术条件

GB/T 12230　通用阀门　不锈钢铸件技术条件

GB/T 12716　60°圆锥管螺纹

GB/T 14976　流体输送用不锈钢无缝钢管

GB/T 16253　承压钢铸件

JB 4726　压力容器用碳素钢和低合金钢锻件

JB 4727　低温压力容器用低合金钢锻件

JB 4728　压力容器用不锈钢锻件

JB 4741　压力容器用镍铜合金热轧板材

JB 4743　压力容器用镍铜合金锻件

JB/T 5263　电站阀门铸钢件技术条件

JB/T 7248　阀门用低温钢铸件技术条件

3　材料

3.1　PN 标记的钢制管法兰用材料应符合表 1 的规定；Class 标记的钢制管法兰用材料应符合表 2 的规定。法兰材料的化学成分、力学性能、使用温度和其他技术要求应符合表 1 和表 2 中有关标准的规定。

3.2　管法兰用锻件（包括锻轧件）的级别及其技术要求参照 JB 4726～4728 标准，并且应符合如下规定。

3.2.1　公称压力为 PN 2.5～PN 16 及 Class 150 的法兰用低碳钢和奥氏体不锈钢锻件，允许采用Ⅰ级锻件。

3.2.2　符合下列情况之一者，法兰用锻件应符合Ⅲ级或Ⅲ级以上锻件的要求：

a）　公称压力为大于等于 PN 100 及大于等于 Class 600 的法兰用锻件；

b）　公称压力为大于等于 PN 63 及大于等于 Class 300 的法兰用铬钼钢锻件；

c）　公称压力为大于等于 PN 63 及大于等于 Class 300 且工作温度小于等于－20 ℃的法兰用铁素体钢锻件。

3.2.3　其他法兰用锻件应符合Ⅱ级或Ⅱ级以上锻件的要求。

表 1　PN 标记的钢制管法兰用材料

材料组别	锻件		板材		铸件		钢管	
	材料牌号	标准	材料牌号	标准	材料牌号	标准	材料牌号	标准
1E0	—	—	Q235A Q235B	GB/T 700	—	—	—	—
			A 级钢	GB 712				
2E0	20	JB 4726	20	GB/T 711	WCA	GB/T 12229	—	—
			Q245R	GB 713				
	09MnNiD	JB 4727	09MnNiDR	GB 3531	LCA	JB/T 7248	—	—
3E0	A105	GB/T 12228	Q345R	GB 713	WCB	GB/T 12229	—	—
	16Mn	JB 4726						
	15MnV	JB 4726	Q370R	GB 713				
	16MnD	JB 4727	16MnDR	GB 3531	LCB	JB/T 7248	—	—
3E1	—	—	—	—	WCC	GB/T 12229	—	—
4E0	20MnMo	JB 4726	—	—	WC1	JB/T 5263	—	—
					ZG19MoG	GB/T 16253	—	—
	20MnMoD	JB 4727	—	—	—	—	—	—
5E0	15CrMo	JB 4726	15CrMoR	GB 713	ZG15Cr1MoG	GB/T 16253	—	—
					WC6	JB/T 5263	—	—
6E0	12Cr2Mo1	JB 4726	12Cr2Mo1R	GB 713	ZG12Cr2Mo1G	GB/T 16253	—	—
					WC9	JB/T 5263	—	—
6E1	1Cr5Mo	JB 4726	—	—	ZG16Cr5MoG	GB/T 16253	—	—
7E0	—	—	—	—	LCC	JB/T 7248	—	—
7E2	08MnNiCrMoVD	JB 4727	—	—	ZG24Ni2MoD	GB/T 16253	—	—
	—	—	—	—	LC2	JB/T 7248	—	—

表 1（续）

材料组别	锻件		板材		铸件		钢管	
	材料牌号	标准	材料牌号	标准	材料牌号	标准	材料牌号	标准
7E3	—	—	—	—	LC3	JB/T 7248	—	—
	—	—	—	—	LC4	JB/T 7248	—	—
	—	—	—	—	LC9	JB/T 7248	—	—
9E1	—	—	—	—	C12A	JB/T 5263	—	—
					ZG14Cr9Mo1G	GB/T 16253		
10E0	00Cr19Ni10	JB 4728	022Cr19Ni10	GB/T 4237	CF3	GB/T 12230	00Cr19Ni10	GB/T 14976
10E1	—	—	022Cr19Ni10N	GB/T 4237	—	—	00Cr18Ni10N	GB/T 14976
11E0	0Cr18Ni9	JB 4728	06Cr19Ni10	GB/T 4237	CF8	GB/T 12230	0Cr18Ni9	GB/T 14976
12E0	0Cr18Ni10Ti	JB 4728	06Cr18Ni11Ti	GB/T 4237	ZG08Cr18Ni9Ti	GB/T 12230	0Cr18Ni10Ti	GB/T 14976
	—	—	06Cr18Ni11Nb	GB/T 4237	ZG08Cr20Ni10Nb	GB/T 16253	0Cr18Ni11Nb	GB/T 14976
13E0	00Cr17Ni14Mo2	JB 4728	022Cr17Ni12Mo2	GB/T 4237	CF3M	GB/T 12230	00Cr17Ni14Mo2	GB/T 14976
					ZG03Cr19Ni11Mo2	GB/T 16253		
	—	—	022Cr19Ni13Mo3	GB/T 4237	ZG03Cr19Ni11Mo3	GB/T 16253	00Cr19Ni13Mo3	GB/T 14976
	—	—	015Cr21Ni26Mo5Cu2	GB/T 4237	—	—	—	—
13E1	—	—	022Cr17Ni12Mo2N	GB/T 4237	—	—	00Cr17Ni13Mo2N	GB/T 14976
	—	—	022Cr19Ni16Mo5N	GB/T 4237	—	—	—	—
14E0	0Cr17Ni12Mo2	JB 4728	06Cr17Ni12Mo2	GB/T 4237	CF8M	GB/T 12230	0Cr17Ni12Mo2	GB/T 14976
					ZG07Cr19Ni11Mo2	GB/T 16253		
	—	—	06Cr19Ni13Mo3	GB/T 4237	ZG07Cr19Ni11Mo3	GB/T 16253	0Cr19Ni13Mo3	GB/T 14976
15E0	0Cr18Ni12Mo2Ti	JB 4728	06Cr17Ni12Mo2Ti	GB/T 4237	ZG08Cr18Ni12Mo2Ti	GB/T 12230	0Cr18Ni12Mo2Ti	GB/T 14976
	—	—	06Cr17Ni12Mo2Nb	GB/T 4237	ZG08Cr19Ni11Mo2Nb	GB/T 12230	—	—
16E0	—	—	022Cr22Ni5Mo3N	GB/T 4237	—	—	—	—
	—	—	022Cr23Ni5Mo3N	GB/T 4237	—	—	—	—

表 2 Class 标记的钢制管法兰用材料

材料组号	材料类别	锻件		铸件		板材	
		材料牌号	标准	材料牌号	标准	材料牌号	标准
1.0	C-Si	—	—	—	—	Q235A	GB/T 3274
						Q235B	GB/T 700
		20	GB/T 699 JB 4726	WCA	GB/T 12229	20	GB/T 711
						Q245R	GB 713
1.1	C-Si	A 105	GB/T 12228	WCB	GB/T 12229	—	—
	C-Mn-Si	16Mn	JB 4726	—	—	—	—
1.2	C-Mn-Si	—	—	WCC	GB/T 12229	Q345R	GB 713
	C-Mn-Si	—	—	LCC	JB/T 7248	—	—
	2½Ni	—	—	LC2	JB/T 7248	—	—
	3½Ni	—	—	LC3	JB/T 7248	—	—
1.3	C-Si	—	—	LCB	JB/T 7248	—	—
	C-Mn-Si	16MnD	JB 4727	—	—	16MnDR	GB 3531
	C-½Mo	—	—	WC1	JB/T 5263	—	—
		—	—	LC1	JB/T 7248	—	—
1.4	Mn-Ni	09MnNiD	JB 4727	—	—	09MnNiDR	GB 3531
1.9	1¼Cr-½Mo	14Cr1Mo	JB 4726	WC6	JB/T 5263	14Cr1MoR	GB 713
1.10	2¼Cr-1Mo	12Cr2Mo1	JB 4726	WC9	JB/T 5263	12Cr2Mo1R	GB 713
				ZG12Cr2Mo1G	GB/T 16253		
1.13	5Cr-½Mo	1Cr5Mo	JB 4726	ZG16Cr5MoG	GB/T 16253	—	—
1.14	9Cr-1Mo	—	—	ZG14Cr9Mo1G	GB/T 16253	—	—
1.15	9Cr-1Mo-V	—	—	C12A	JB/T 5263	—	—
1.17	1Cr-½Mo	15CrMo	JB 4726	ZG15Cr1MoG	GB/T 16253	15CrMoR	GB 713

表 2（续）

材料组号	材料类别	锻件		铸件		板材	
		材料牌号	标准	材料牌号	标准	材料牌号	标准
2.1	18Cr-8Ni	0Cr18Ni9	JB 4728	CF8	GB/T 12230	06Cr19Ni10	GB/T 4237
		—	—	CF3	GB/T 12230	—	—
2.2	16Cr-12Ni-2Mo	0Cr17Ni12Mo2	JB 4728	CF8M	GB/T 12230	06Cr17Ni12Mo2	GB/T 4237
		—	—	CF3M	GB/T 12230	—	—
	18Cr-13Ni-3Mo	06Cr19Ni13Mo3	GB/T 1220	—	—	06Cr19Ni13Mo3	GB/T 4237
2.3	18Cr-8Ni	00Cr19Ni10	JB 4728	—	—	022Cr19Ni10	GB/T 4237
	16Cr-12Ni-2Mo	00Cr17Ni14Mo2	JB 4728	—	—	022Cr17Ni12Mo2	GB/T 4237
	18Cr-13Ni-3Mo	022Cr19Ni13Mo3	GB/T 1220	—	—	022Cr19Ni13Mo3	GB/T 4237
2.4	18Cr-10Ni-Ti	0Cr18Ni10Ti	JB 4728	ZG08Cr18Ni9Ti	GB/T 12230	06Cr18Ni11Ti	GB/T 4237
				ZG12Cr18Ni9Ti			
2.5	18Cr-10Ni-Cb	06Cr18Ni11Nb	GB/T 1220	—	—	06Cr18Ni11Nb	GB/T 4237
2.6	23Cr-12Ni	—	—	—	—	06Cr23Ni13	GB/T 4237
2.7	25Cr-20Ni	06Cr25Ni20	GB/T 1220	—	—	06Cr25Ni20	GB/T 4237
2.8	22Cr-5Ni-3Mo-N	022Cr23Ni5Mo3N	GB/T 1220	—	—	022Cr22Ni5Mo3N	GB/T 4237
	25Cr-7Ni-4Mo-N	—	—	—	—	022Cr25Ni7Mo4WCuN	GB/T 4237
	25Cr-7Ni-3.5Mo-N-Cu-W	03Cr25Ni6Mo3Cu2N	GB/T 1220	—	—	—	—
2.9	23Cr-12Ni	—	—	—	—	06Cr23Ni13	GB/T 4237
	25Cr-20Ni	—	—	—	—	06Cr25Ni20	GB/T 4237
2.11	18Cr-10Ni-Cb	—	—	CF8C	GB/T 12230	—	—
3.4	67Ni-30Cu	NCu30	JB 4743	—	—	NCu30	JB 4741

3.3 表1和表2给出了法兰的主要材料。本标准没有涉及到法兰材料的选用准则，用户应考虑材料在实际使用过程中性能变坏的可能性。用户应该注意碳化物相转变成石墨，铁素体材料的过分氧化，奥氏体材料对晶间腐蚀的敏感性等问题。

3.4 当使用条件对材料具有某些特定的要求时，如需要材料进行特定的热处理，则用户应在订货合同中说明。

3.5 材料的力学性能应从代表材料的最终热处理状态的试样中获得。

4 压力-温度额定值

4.1 PN标记的法兰压力-温度额定值应符合表3～表14的规定。

4.2 Class标记的法兰压力-温度额定值应符合表15～表35的规定。

4.3 根据压力-温度额定值确定不同材料在不同使用温度下的最大允许工作压力(MPa)，对于中间温度允许用线性内插法确定在该温度下法兰的最大允许工作压力(MPa)。对于特殊的材料，其压力-温度额定值根据设计的规定。

4.4 如果在一对法兰连接中的两个法兰的压力-温度额定值不相同，那么这一对法兰的压力-温度额定值由两个法兰中较低的一个法兰所决定。

4.5 一个法兰连接由法兰、垫片和螺栓等三个相互分离、相互独立而又相互关联的元件组装而成，法兰连接还受装配的影响。在选用这些元件时必须进行严格的控制，使法兰连接具有良好的密封性。为了使法兰连接在使用中获得良好的密封性能，需要采取一些特殊的技术，如控制螺栓的预紧力等。

4.6 对于低于－29 ℃的任何温度，其最大允许工作压力(MPa)不应大于－29 ℃时的最大允许工作压力(MPa)。

4.7 用于高温或者低温下的法兰，应该考虑连接管道和设备因温度变化而产生的力和力矩会引起法兰泄漏的危险。用于高温下的法兰，随着使用温度的升高，法兰、螺栓和垫片将会逐渐松弛，螺栓的载荷随之逐渐降低，法兰的密封性能相应的逐渐下降。用于低温下的法兰，尤其是一些含碳的钢法兰，其韧性显著降低，在这种情况下，法兰有可能无法安全地承受冲击载荷、应力和温度突变，或者会产生高的应力集中。因此，要求根据有关标准测试材料在低温下的冲击性能，以保证法兰在低温下的安全使用。

5 尺寸与公差

5.1 尺寸

5.1.1 法兰的尺寸应符合GB/T 9113～9123的规定。

5.1.2 带颈平焊法兰(SO)、带颈螺纹法兰(Th)、带颈承插焊法兰(SW)及对焊环带颈松套法兰(HL/W)的颈部可以是圆柱形的，或者是锥形的。为了便于制造可在外表面设计不超过7°的拔模斜度。

5.1.3 对于PN标记的法兰，密封面型式为突面(RF)、凹面(F)、槽面(G)及O形圈槽面(OG)，密封面凸台与法兰面之间的过渡一般采用45°倒角，也可以根据制造厂的设计采用其他角度的倒角或圆角。

5.1.4 与钢管对焊连接的法兰，法兰颈部厚度 S 应不小于钢管的厚度，用户应在订货时注明钢管的规格。本系列标准中所列的 S 值仅适用于用户未提出具体要求的场合。

表 3　**PN 2.5 法兰的压力-温度额定值**

材料组别	温度/℃																					
	−10～50	100	150	200	250	300	350	400	450	460	470	480	490	500	510	520	530	540	550	560	570	580	590	600
	最大允许工作压力/MPa																							
1E0	0.25	0.25	0.22	0.20	0.17	0.15	—	—	—	—	—	—	—	—	—	—	—	—	—	—	—	—	—	—
2E0	0.25	0.25	0.22	0.20	0.17	0.15	0.12	0.09	—	—	—	—	—	—	—	—	—	—	—	—	—	—	—	—
3E0	0.25	0.23	0.22	0.20	0.19	0.17	0.16	0.14	0.08	—	—	—	—	—	—	—	—	—	—	—	—	—	—	—
3E1	0.25	0.25	0.25	0.25	0.24	0.22	0.20	0.18	0.10	—	—	—	—	—	—	—	—	—	—	—	—	—	—	—
4E0	0.25	0.25	0.25	0.25	0.24	0.21	0.20	0.18	0.17	0.16	0.14	0.13	0.12	0.11	0.08	0.07	0.05	—	—	—	—	—	—	—
5E0	0.25	0.25	0.25	0.25	0.25	0.25	0.23	0.22	0.21	0.20	0.19	0.18	0.17	0.16	0.13	0.11	0.09	0.07	0.05	0.04	0.03	—	—	—
6E0	0.25	0.25	0.25	0.25	0.25	0.25	0.24	0.23	0.22	0.20	0.19	0.18	0.17	0.16	0.14	0.12	0.10	0.09	0.08	0.06	0.06	0.05	0.04	0.04
6E1	0.25	0.25	0.25	0.25	0.25	0.25	0.25	0.25	0.25	0.25	0.25	0.21	0.17	0.13	0.11	0.09	0.08	0.07	0.05	0.05	0.04	—	—	—
9E1	0.25	0.25	0.25	0.25	0.25	0.25	0.25	0.25	0.25	0.25	0.25	0.25	0.25	0.25	0.25	0.25	0.23	0.21	0.19	0.17	0.15	0.14	0.12	0.11
10E0	0.25	0.21	0.19	0.17	0.16	0.15	0.14	0.13	0.13	0.13	0.13	0.12	0.12	0.12	0.12	0.11	0.11	0.10	0.10	0.10	0.09	0.08	0.07	0.07
10E1	0.25	0.25	0.25	0.22	0.20	0.19	0.19	0.18	0.18	0.18	0.18	0.17	0.17	0.17	—	—	—	—	—	—	—	—	—	—
11E0	0.25	0.22	0.20	0.18	0.17	0.16	0.15	0.14	0.14	0.14	0.14	0.14	0.14	0.14	0.13	0.12	0.11	0.10	0.10	0.10	0.09	0.08	0.07	0.07
12E0	0.25	0.25	0.23	0.22	0.21	0.19	0.19	0.18	0.18	0.18	0.18	0.17	0.17	0.17	0.17	0.17	0.16	0.16	0.16	0.15	0.14	0.12	0.11	0.10
13E0	0.25	0.23	0.21	0.19	0.18	0.17	0.16	0.16	0.15	0.15	0.15	0.15	0.15	0.15	—	—	—	—	—	—	—	—	—	—
13E1	0.25	0.24	0.22	0.19	0.18	0.17	0.17	0.16	0.16	0.16	0.16	0.15	0.15	0.15	—	—	—	—	—	—	—	—	—	—
14E0	0.25	0.25	0.22	0.21	0.19	0.18	0.17	0.17	0.16	0.16	0.16	0.16	0.16	0.16	0.16	0.16	0.16	0.16	0.16	0.16	0.15	0.15	0.15	0.14
15E0	0.25	0.25	0.24	0.23	0.22	0.20	0.20	0.19	0.19	0.19	0.19	0.18	0.18	0.18	0.18	0.18	0.18	0.18	0.18	0.18	0.18	0.16	0.15	0.13
16E0	0.25	0.25	0.25	0.25	0.25	—	—	—	—	—	—	—	—	—	—	—	—	—	—	—	—	—	—	—

表 4 PN 6 法兰的压力-温度额定值

材料组别	温度/℃																						
	常温	100	150	200	250	300	350	400	450	460	470	480	490	500	510	520	530	540	550	560	570	580	590	600
	最大允许工作压力/MPa																							
1E0	0.60	0.60	0.54	0.48	0.42	0.36	—	—	—	—	—	—	—	—	—	—	—	—	—	—	—	—	—	—
2E0	0.60	0.60	0.54	0.48	0.42	0.36	0.30	0.21	—	—	—	—	—	—	—	—	—	—	—	—	—	—	—	—
3E0	0.60	0.55	0.52	0.50	0.45	0.41	0.38	0.35	0.19	—	—	—	—	—	—	—	—	—	—	—	—	—	—	—
3E1	0.60	0.60	0.60	0.60	0.58	0.52	0.48	0.44	0.24	—	—	—	—	—	—	—	—	—	—	—	—	—	—	—
4E0	0.60	0.60	0.60	0.60	0.58	0.51	0.48	0.44	0.41	0.38	0.35	0.32	0.29	0.26	0.21	0.16	0.13	—	—	—	—	—	—	—
5E0	0.60	0.60	0.60	0.60	0.60	0.60	0.57	0.54	0.50	0.48	0.45	0.43	0.40	0.39	0.33	0.26	0.22	0.17	0.14	0.11	0.09			
6E0	0.60	0.60	0.60	0.60	0.60	0.60	0.58	0.55	0.52	0.50	0.47	0.44	0.41	0.38	0.33	0.29	0.25	0.22	0.19	0.16	0.14	0.12	0.10	0.9
6E1	0.60	0.60	0.60	0.60	0.60	0.60	0.60	0.60	0.60	0.60	0.60	0.50	0.41	0.32	0.27	0.23	0.20	0.16	0.14	0.12	0.10	—	—	—
9E1	0.60	0.60	0.60	0.60	0.60	0.60	0.60	0.60	0.60	0.60	0.60	0.60	0.60	0.60	0.60	0.60	0.57	0.52	0.47	0.42	0.38	0.34	0.30	0.26
10E0	0.60	0.50	0.46	0.42	0.39	0.36	0.34	0.33	0.32	0.32	0.32	0.31	0.31	0.31	0.30	0.29	0.28	0.27	0.26	0.24	0.22	0.20	0.18	0.16
10E1	0.60	0.60	0.60	0.53	0.50	0.47	0.46	0.44	0.43	0.43	0.43	0.42	0.42	0.42	—	—	—	—	—	—	—	—	—	—
11E0	0.60	0.54	0.49	0.44	0.41	0.38	0.36	0.35	0.35	0.35	0.35	0.34	0.34	0.34	0.33	0.32	0.20	0.28	0.26	0.24	0.22	0.20	0.18	0.16
12E0	0.60	0.59	0.56	0.53	0.50	0.47	0.46	0.44	0.43	0.43	0.43	0.42	0.42	0.42	0.42	0.41	0.41	0.40	0.40	0.36	0.33	0.30	0.27	0.24
13E0	0.60	0.56	0.51	0.47	0.44	0.41	0.39	0.38	0.37	0.37	0.37	0.36	0.36	0.36	—	—	—	—	—	—	—	—	—	—
13E1	0.60	0.57	0.52	0.47	0.44	0.41	0.40	0.39	0.38	0.38	0.38	0.37	0.37	0.37	—	—	—	—	—	—	—	—	—	—
14E0	0.60	0.60	0.54	0.50	0.47	0.44	0.42	0.41	0.40	0.40	0.40	0.39	0.39	0.39	0.39	0.39	0.39	0.39	0.39	0.38	0.38	0.37	0.37	0.33
15E0	0.60	0.60	0.58	0.56	0.53	0.50	0.48	0.46	0.46	0.46	0.46	0.45	0.45	0.45	0.45	0.45	0.44	0.44	0.44	0.44	0.44	0.40	0.36	0.33
16E0	0.60	0.60	0.60	0.60	0.60	—	—	—	—	—	—	—	—	—	—	—	—	—	—	—	—	—	—	—

表 5 PN 10 法兰的压力-温度额定值

材料组别	温度/℃																							
	常温	100	150	200	250	300	350	400	450	460	470	480	490	500	510	520	530	540	550	560	570	580	590	600
	最大允许工作压力/MPa																							
1E0	1.00	1.00	0.90	0.80	0.70	0.60	—	—	—	—	—	—	—	—	—	—	—	—	—	—	—	—	—	—
2E0	1.00	1.00	0.90	0.80	0.70	0.60	0.50	0.35	—	—	—	—	—	—	—	—	—	—	—	—	—	—	—	—
3E0	1.00	0.92	0.88	0.83	0.76	0.69	0.64	0.59	0.32	—	—	—	—	—	—	—	—	—	—	—	—	—	—	—
3E1	1.00	1.00	1.00	1.00	0.97	0.88	0.80	0.73	0.40	—	—	—	—	—	—	—	—	—	—	—	—	—	—	—
4E0	1.00	1.00	1.00	1.00	0.97	0.85	0.80	0.74	0.69	0.64	0.59	0.54	0.49	0.44	0.35	0.28	0.22	—	—	—	—	—	—	—
5E0	1.00	1.00	1.00	1.00	1.00	1.00	0.95	0.90	0.84	0.80	0.76	0.72	0.68	0.65	0.55	0.44	0.37	0.29	0.23	0.19	0.15	—	—	—
6E0	1.00	1.00	1.00	1.00	1.00	1.00	0.97	0.92	0.88	0.83	0.78	0.73	0.69	0.64	0.56	0.49	0.42	0.37	0.32	0.27	0.24	0.20	0.18	0.16
6E1	1.00	1.00	1.00	1.00	1.00	1.00	1.00	1.00	1.00	1.00	1.00	0.84	0.69	0.53	0.45	0.38	0.33	0.28	0.23	0.20	0.17	—	—	—
9E1	1.00	1.00	1.00	1.00	1.00	1.00	1.00	1.00	1.00	1.00	1.00	1.00	1.00	1.00	1.00	1.00	0.95	0.87	0.79	0.71	0.63	0.57	0.50	0.44
10E0	1.00	0.86	0.77	0.70	0.65	0.60	0.57	0.55	0.53	0.52	0.52	0.51	0.51	0.51	0.49	0.47	0.45	0.44	0.43	0.40	0.37	0.34	0.30	0.28
10E1	1.00	1.00	1.00	0.89	0.83	0.79	0.76	0.74	0.72	0.72	0.71	0.71	0.70	0.70	—	—	—	—	—	—	—	—	—	—
11E0	1.00	0.90	0.81	0.74	0.69	0.64	0.61	0.59	0.58	0.58	0.58	0.57	0.57	0.57	0.54	0.51	0.48	0.46	0.43	0.40	0.37	0.34	0.30	0.28
12E0	1.00	1.00	0.93	0.88	0.84	0.79	0.76	0.74	0.72	0.72	0.71	0.71	0.70	0.70	0.69	0.69	0.68	0.68	0.67	0.61	0.56	0.50	0.45	0.40
13E0	1.00	0.94	0.86	0.79	0.74	0.69	0.66	0.64	0.62	0.62	0.61	0.61	0.60	0.60	—	—	—	—	—	—	—	—	—	—
13E1	1.00	0.96	0.87	0.78	0.73	0.69	0.67	0.64	0.63	0.63	0.62	0.62	0.61	0.61	—	—	—	—	—	—	—	—	—	—
14E0	1.00	1.00	0.90	0.84	0.79	0.74	0.71	0.68	0.67	0.67	0.67	0.66	0.66	0.66	0.66	0.66	0.65	0.65	0.65	0.64	0.63	0.62	0.61	0.56
15E0	1.00	1.00	0.98	0.93	0.88	0.83	0.80	0.78	0.76	0.76	0.76	0.75	0.75	0.75	0.75	0.75	0.74	0.74	0.74	0.74	0.73	0.67	0.60	0.55
16E0	1.00	1.00	1.00	1.00	1.00	—	—	—	—	—	—	—	—	—	—	—	—	—	—	—	—	—	—	—

表 6 PN 16 法兰的压力-温度额定值

材料组别	温度/℃																							
	常温	100	150	200	250	300	350	400	450	460	470	480	490	500	510	520	530	540	550	560	570	580	590	600
	最大允许工作压力/MPa																							
1E0	1.60	1.60	1.44	1.28	1.12	0.96	—	—	—	—	—	—	—	—	—	—	—	—	—	—	—	—	—	—
2E0	1.60	1.60	1.44	1.28	1.12	0.96	0.80	0.56	—	—	—	—	—	—	—	—	—	—	—	—	—	—	—	—
3E0	1.60	1.48	1.40	1.33	1.21	1.10	1.02	0.95	0.52	—	—	—	—	—	—	—	—	—	—	—	—	—	—	—
3E1	1.60	1.60	1.60	1.60	1.56	1.40	1.29	1.18	0.64	—	—	—	—	—	—	—	—	—	—	—	—	—	—	—
4E0	1.60	1.60	1.60	1.60	1.56	1.37	1.29	1.19	1.10	1.02	0.94	0.86	0.78	0.70	0.56	0.44	0.35	—	—	—	—	—	—	—
5E0	1.60	1.60	1.60	1.60	1.60	1.60	1.52	1.44	1.34	1.28	1.21	1.15	1.08	1.04	0.88	0.71	0.59	0.46	0.37	0.30	0.25	—	—	—
6E0	1.60	1.60	1.60	1.60	1.60	1.60	1.56	1.48	1.40	1.33	1.25	1.18	1.10	1.02	0.89	0.78	0.68	0.59	0.51	0.44	0.38	0.33	0.28	0.25
6E1	1.60	1.60	1.60	1.60	1.60	1.60	1.60	1.60	1.60	1.60	1.60	1.35	1.10	0.86	0.73	0.61	0.53	0.44	0.38	0.32	0.28	—	—	—
9E1	1.60	1.60	1.60	1.60	1.60	1.60	1.60	1.60	1.60	1.60	1.60	1.60	1.60	1.60	1.60	1.60	1.53	1.39	1.26	1.14	1.02	0.91	0.80	0.71
10E0	1.60	1.37	1.23	1.12	1.04	0.96	0.92	0.88	0.85	0.85	0.84	0.84	0.83	0.83	0.81	0.79	0.76	0.73	0.70	0.64	0.59	0.54	0.49	0.44
10E1	1.60	1.60	1.60	1.42	1.33	1.27	1.22	1.18	1.16	0.15	0.14	0.14	0.13	1.13	—	—	—	—	—	—	—	—	—	—
11E0	1.60	1.45	1.31	1.19	1.10	1.02	0.98	0.95	0.93	0.93	0.92	0.92	0.91	0.91	0.87	0.83	0.78	0.74	0.70	0.64	0.59	0.54	0.49	0.44
12E0	1.60	1.58	1.49	1.41	1.34	1.27	1.22	1.18	1.16	1.16	1.15	1.15	1.14	1.13	1.12	1.11	1.10	1.09	1.08	0.98	0.89	0.81	0.73	0.65
13E0	1.60	1.51	1.37	1.27	1.19	1.10	1.05	1.02	1.00	1.00	0.99	0.98	0.97	0.97	—	—	—	—	—	—	—	—	—	—
13E1	1.60	1.53	1.39	1.24	1.17	1.10	1.07	1.03	1.01	1.01	1.00	1.00	0.99	0.98	—	—	—	—	—	—	—	—	—	—
14E0	1.60	1.60	1.45	1.34	1.27	1.18	1.14	1.09	1.07	1.07	1.06	1.06	1.05	1.05	1.05	1.05	1.04	1.04	1.04	1.03	1.01	1.00	0.99	0.89
15E0	1.60	1.60	1.56	1.49	1.41	1.33	1.28	1.24	1.22	1.22	1.21	1.21	1.20	1.20	1.20	1.20	1.19	1.19	1.19	1.18	1.17	1.07	0.97	0.88
16E0	1.60	1.60	1.60	1.60	1.60	—	—	—	—	—	—	—	—	—	—	—	—	—	—	—	—	—	—	—

表 7 PN 25 法兰的压力-温度额定值

材料组别	温度/℃																							
	常温	100	150	200	250	300	350	400	450	460	470	480	490	500	510	520	530	540	550	560	570	580	590	600
	最大允许工作压力/MPa																							
1E0	—	—	—	—	—	—	—	—	—	—	—	—	—	—	—	—	—	—	—	—	—	—	—	—
2E0	2.50	2.50	2.25	2.00	1.75	1.50	1.25	0.88	—	—	—	—	—	—	—	—	—	—	—	—	—	—	—	—
3E0	2.50	2.32	2.20	2.08	1.90	1.72	1.60	1.48	0.82	—	—	—	—	—	—	—	—	—	—	—	—	—	—	—
3E1	2.50	2.50	2.50	2.50	2.44	2.20	2.02	1.84	1.01	—	—	—	—	—	—	—	—	—	—	—	—	—	—	—
4E0	2.50	2.50	2.50	2.50	2.44	2.14	2.02	1.86	1.72	1.60	1.47	1.35	1.23	1.10	0.88	7.0	0.55	—	—	—	—	—	—	—
5E0	2.50	2.50	2.50	2.50	2.50	2.50	2.38	2.25	2.10	2.00	1.90	1.80	1.70	1.63	1.38	1.11	0.92	0.72	0.58	0.47	0.39	—	—	—
6E0	2.50	2.50	2.50	2.50	2.50	2.50	2.44	2.32	2.20	2.08	1.96	1.84	1.72	1.60	1.40	1.22	1.07	0.92	0.80	0.69	0.60	0.52	0.45	0.40
6E1	2.50	2.50	2.50	2.50	2.50	2.50	2.50	2.50	2.50	2.50	2.50	2.12	1.73	1.34	1.14	0.96	0.83	0.70	0.59	0.51	0.44	—	—	—
9E1	2.50	2.50	2.50	2.50	2.50	2.50	2.50	2.50	2.50	2.50	2.50	2.50	2.50	2.50	2.50	2.50	2.39	2.17	1.97	1.78	1.59	1.42	1.26	1.11
10E0	2.50	2.15	1.92	1.75	1.63	1.51	1.44	1.38	1.33	1.32	1.31	1.30	1.29	1.29	1.25	1.21	1.17	1.13	1.09	1.01	0.92	0.85	0.77	0.70
10E1	2.50	2.50	2.50	2.22	2.08	1.98	1.91	1.85	1.81	1.80	1.79	1.78	1.77	1.77	—	—	—	—	—	—	—	—	—	—
11E0	2.50	2.27	2.04	1.86	1.72	1.60	1.53	1.48	1.45	1.45	1.44	1.43	1.42	1.42	1.36	1.30	1.23	1.16	1.09	1.01	0.92	0.85	0.77	0.70
12E0	2.50	2.47	2.33	2.21	2.10	1.98	1.91	1.85	1.81	1.81	1.80	1.79	1.78	1.77	1.76	1.75	1.73	1.71	1.69	1.53	1.40	1.27	1.14	1.02
13E0	2.50	2.36	2.15	1.98	1.86	1.72	1.65	1.60	1.56	1.56	1.55	1.54	1.53	1.52	—	—	—	—	—	—	—	—	—	—
14E0	2.50	2.50	2.27	2.10	1.98	1.85	1.78	1.71	1.68	1.68	1.67	1.66	1.65	1.65	1.65	1.64	1.64	1.63	1.63	1.60	1.58	1.56	1.54	1.40
15E0	2.50	2.50	2.45	2.33	2.21	2.08	2.01	1.95	1.91	1.91	1.90	1.89	1.88	1.88	1.88	1.87	1.87	1.86	1.86	1.85	1.83	1.67	1.52	1.38
16E0	2.50	2.50	2.50	2.50	2.50	—	—	—	—	—	—	—	—	—	—	—	—	—	—	—	—	—	—	—

表 8 PN 40 法兰的压力-温度额定值

材料组别	温度/℃																							
	常温	100	150	200	250	300	350	400	450	460	470	480	490	500	510	520	530	540	550	560	570	580	590	600
	最大允许工作压力/MPa																							
1E0	—	—	—	—	—	—	—	—	—	—	—	—	—	—	—	—	—	—	—	—	—	—	—	—
2E0	4.00	4.00	3.60	3.20	2.80	2.40	2.00	1.40	—	—	—	—	—	—	—	—	—	—	—	—	—	—	—	—
3E0	4.00	3.71	3.52	3.33	3.04	2.76	2.57	2.38	1.31	—	—	—	—	—	—	—	—	—	—	—	—	—	—	—
3E1	4.00	4.00	4.00	4.00	3.90	3.52	3.23	2.95	1.61	—	—	—	—	—	—	—	—	—	—	—	—	—	—	—
4E0	4.00	4.00	4.00	4.00	3.90	3.42	3.23	2.99	2.76	2.56	2.36	2.16	1.97	1.77	1.40	1.12	0.89	—	—	—	—	—	—	—
5E0	4.00	4.00	4.00	4.00	4.00	4.00	3.80	3.60	3.37	3.20	3.04	2.88	2.72	2.60	2.20	1.79	1.48	1.16	0.93	0.76	0.62	—	—	—
6E0	4.00	4.00	4.00	4.00	4.00	4.00	3.90	3.71	3.52	3.33	3.14	2.95	2.76	2.57	2.24	1.96	1.71	1.48	1.29	1.10	0.97	0.83	0.72	0.64
6E1	4.00	4.00	4.00	4.00	4.00	4.00	4.00	4.00	4.00	4.00	4.00	3.39	2.77	21.5	1.82	1.54	1.33	1.12	0.95	0.81	0.70	—	—	—
9E1	4.00	4.00	4.00	4.00	4.00	4.00	4.00	4.00	4.00	4.00	4.00	4.00	4.00	4.00	4.00	4.00	3.82	3.48	3.16	2.85	2.55	2.28	2.01	1.79
10E0	4.00	3.44	3.08	2.80	2.60	2.41	2.30	2.20	2.14	2.13	2.12	2.11	2.09	2.07	2.01	1.95	1.89	1.83	1.75	1.61	1.48	1.37	1.23	1.12
10E1	4.00	4.00	4.00	3.56	3.33	3.18	3.06	2.97	2.90	2.89	2.88	2.86	2.84	2.83	—	—	—	—	—	—	—	—	—	—
11E0	4.00	3.63	3.27	2.99	2.76	2.57	2.45	2.38	2.33	2.32	2.31	2.30	2.29	2.28	2.18	2.08	1.98	1.87	1.75	1.61	1.48	1.37	1.23	1.12
12E0	4.00	4.00	3.73	3.54	3.37	3.18	3.06	2.97	2.90	2.89	2.88	2.87	2.85	2.83	2.81	2.79	2.76	2.73	2.70	2.45	2.24	2.03	1.82	1.63
13E0	4.00	3.79	3.44	3.18	2.99	2.76	2.64	2.57	2.50	2.49	2.48	2.47	2.45	2.43	—	—	—	—	—	—	—	—	—	—
13E1	4.00	3.82	3.47	3.11	2.93	2.76	2.67	2.58	2.52	2.51	2.50	2.49	2.47	2.45	—	—	—	—	—	—	—	—	—	—
14E0	4.00	4.00	3.63	3.37	3.18	2.97	2.85	2.74	2.69	2.68	2.67	2.66	2.65	2.64	2.64	2.63	2.62	2.61	2.60	2.57	2.54	2.50	2.47	2.24
15E0	4.00	4.00	3.92	3.73	3.54	3.33	3.21	3.12	3.06	3.05	3.04	3.03	3.02	3.00	3.00	3.00	2.99	2.99	2.99	2.96	2.93	2.68	2.43	2.20
16E0	4.00	4.00	4.00	4.00	4.00	—	—	—	—	—	—	—	—	—	—	—	—	—	—	—	—	—	—	—

表 9　PN 63 法兰的压力-温度额定值

材料组别	温度/℃																					
	常温	100	150	200	250	300	350	400	450	460	470	480	490	500	510	520	530	540	550	560	570	580	590	600
	最大允许工作压力/MPa																							
1E0	—	—	—	—	—	—	—	—	—	—	—	—	—	—	—	—	—	—	—	—	—	—	—	—
2E0	6.30	5.10	4.85	4.47	4.10	3.72	3.15	2.21	—	—	—	—	—	—	—	—	—	—	—	—	—	—	—	—
3E0	6.30	5.85	5.55	5.25	4.80	4.35	4.05	3.75	2.07	—	—	—	—	—	—	—	—	—	—	—	—	—	—	—
3E1	6.30	6.30	6.30	6.30	6.15	5.55	5.10	4.65	2.55	—	—	—	—	—	—	—	—	—	—	—	—	—	—	—
4E0	6.30	6.30	6.30	6.30	6.15	5.40	5.10	4.71	4.35	4.03	3.72	3.41	3.10	2.79	2.22	1.77	1.41	—	—	—	—	—	—	—
5E0	6.30	6.30	6.30	6.30	6.30	6.30	6.00	5.67	5.31	5.05	4.79	4.54	4.28	4.11	3.48	2.82	2.34	1.83	1.47	1.20	0.99	—	—	—
6E0	6.30	6.30	6.30	6.30	6.30	6.30	6.15	5.85	5.55	5.25	4.95	4.65	4.35	4.05	3.54	3.09	2.70	2.34	2.04	1.74	1.53	1.32	1.14	1.02
6E1	6.30	6.30	6.30	6.30	6.30	6.30	6.30	6.30	6.30	6.30	6.30	5.34	4.36	3.39	2.88	2.43	2.10	1.77	1.50	1.29	1.11	—	—	—
9E1	6.30	6.30	6.30	6.30	6.30	6.30	6.30	6.30	6.30	6.30	6.30	6.30	6.30	6.30	6.30	6.30	6.03	5.49	4.98	4.50	4.02	3.60	3.18	2.82
10E0	6.30	5.43	4.86	4.41	4.11	3.81	3.63	3.48	3.37	3.35	3.33	3.31	3.39	3.27	3.17	3.07	2.97	2.87	2.76	2.55	2.34	2.16	1.95	1.77
10E1	6.30	6.30	6.30	5.61	5.25	5.01	4.83	4.68	4.57	4.55	4.53	4.51	4.49	4.47	—	—	—	—	—	—	—	—	—	—
11E0	6.30	5.73	5.16	4.71	4.35	4.05	3.87	3.75	3.67	3.66	3.65	3.64	3.62	3.60	3.44	3.28	3.12	2.95	2.76	2.55	2.34	2.16	1.95	1.77
12E0	6.30	6.30	5.88	5.58	5.31	5.01	4.83	4.68	4.57	4.55	4.53	4.51	4.49	4.47	4.42	4.38	4.34	4.30	4.26	3.87	3.54	3.21	2.88	2.58
13E0	6.30	5.97	5.43	5.01	4.71	4.35	4.17	4.05	3.94	3.92	3.90	3.88	3.86	3.84	—	—	—	—	—	—	—	—	—	—
13E1	6.30	6.02	5.46	4.90	4.62	4.34	4.20	4.06	3.98	3.96	3.94	3.92	3.89	3.86	—	—	—	—	—	—	—	—	—	—
14E0	6.30	6.30	5.73	5.31	5.01	4.68	4.50	4.32	4.24	4.23	4.22	4.20	4.19	4.17	4.16	4.15	4.14	4.13	4.11	4.05	4.00	3.95	3.90	3.54
15E0	6.30	6.30	6.18	5.88	5.58	5.25	5.07	4.92	4.83	4.82	4.80	4.78	4.76	4.74	4.74	4.73	4.72	4.71	4.71	4.66	4.62	4.23	3.84	3.48
16E0	6.30	6.30	6.30	6.30	6.30	—	—	—	—	—	—	—	—	—	—	—	—	—	—	—	—	—	—	—

表 10　**PN** 100 法兰的压力-温度额定值

材料组别	温度/℃																						
	常温	100	150	200	250	300	350	400	450	460	470	480	490	500	510	520	530	540	550	560	570	580	590	600
	最大允许工作压力/MPa																							
1E0	—	—	—	—	—	—	—	—	—	—	—	—	—	—	—	—	—	—	—	—	—	—	—	—
2E0	10.00	8.10	7.70	7.10	6.50	5.90	5.00	3.50	—	—	—	—	—	—	—	—	—	—	—	—	—	—	—	—
3E0	10.00	9.28	8.80	8.33	7.61	6.90	6.42	5.95	3.28	—	—	—	—	—	—	—	—	—	—	—	—	—	—	—
3E1	10.00	10.00	10.00	10.00	9.76	8.80	8.09	7.38	4.04	—	—	—	—	—	—	—	—	—	—	—	—	—	—	—
4E0	10.00	10.00	10.00	10.00	9.76	8.57	8.09	7.47	6.90	6.40	5.91	5.42	4.92	4.42	3.52	2.80	2.23	—	—	—	—	—	—	—
5E0	10.00	10.00	10.00	10.00	10.00	10.00	9.52	9.00	8.42	8.02	7.61	7.20	6.80	6.52	5.52	4.47	3.71	2.90	2.33	1.90	1.57	—	—	—
6E0	10.00	10.00	10.00	10.00	10.00	10.00	9.76	9.28	8.80	8.33	7.85	7.38	6.90	6.42	5.61	4.90	4.28	3.71	3.23	2.76	2.42	2.09	1.80	1.61
6E1	10.00	10.00	10.00	10.00	10.00	10.00	10.00	10.00	10.00	10.00	10.00	8.48	6.93	5.38	4.57	3.85	3.33	2.80	2.38	2.04	1.76	—	—	—
9E1	10.00	10.00	10.00	10.00	10.00	10.00	10.00	10.00	10.00	10.00	10.00	10.00	10.00	10.00	10.00	10.00	9.57	8.71	7.90	7.14	6.38	5.71	5.04	4.47
10E0	10.00	8.61	7.71	7.00	6.52	6.04	5.76	5.52	5.35	5.32	5.29	5.26	5.23	5.19	5.03	4.87	4.71	4.55	4.38	4.04	3.71	3.42	3.09	2.80
10E1	10.00	10.00	10.00	8.90	8.33	7.95	7.66	7.42	7.26	7.23	7.20	7.17	7.13	7.09	—	—	—	—	—	—	—	—	—	—
11E0	10.00	9.09	8.19	7.47	6.90	6.42	6.14	5.95	5.83	5.81	5.79	5.77	5.74	5.71	5.45	5.19	4.93	4.66	4.38	4.04	3.71	3.42	3.09	2.80
12E0	10.00	9.90	9.33	8.85	8.42	7.95	7.66	7.42	7.26	7.23	7.20	7.17	7.13	7.09	7.03	6.97	6.93	6.85	6.76	6.14	5.61	5.09	4.57	4.09
13E0	10.00	9.47	8.61	7.95	7.47	6.90	6.61	6.42	6.26	6.23	6.20	6.17	6.13	6.09	—	—	—	—	—	—	—	—	—	—
13E1	10.00	9.56	8.67	7.78	7.33	6.89	6.67	6.44	6.31	6.28	6.25	6.21	6.17	6.13	—	—	—	—	—	—	—	—	—	—
14E0	10.00	10.00	9.09	8.42	7.95	7.42	7.14	6.85	6.73	6.71	6.69	6.67	6.64	6.61	6.60	6.58	6.56	6.54	6.52	6.43	6.35	6.27	6.19	5.61
15E0	10.00	10.00	9.80	9.33	8.85	8.33	8.04	7.80	7.66	7.64	7.61	7.58	7.55	7.52	7.51	7.50	7.49	7.48	7.47	7.40	7.33	6.71	6.09	5.52
16E0	10.00	10.00	10.00	10.00	10.00	—	—	—	—	—	—	—	—	—	—	—	—	—	—	—	—	—	—	—

表 11 PN 160 法兰的压力-温度额定值

材料组别	温度/℃																						
	常温	100	150	200	250	300	350	400	450	460	470	480	490	500	510	520	530	540	550	560	570	580	590	600
	最大允许工作压力/MPa																							
1E0	—	—	—	—	—	—	—	—	—	—	—	—	—	—	—	—	—	—	—	—	—	—	—	—
2E0	16.00	13.00	12.30	11.40	10.40	9.40	8.00	5.60	—	—	—	—	—	—	—	—	—	—	—	—	—	—	—	—
3E0	16.00	14.85	14.09	13.33	12.19	11.04	10.28	9.52	5.25		—	—	—	—	—	—	—	—	—	—	—	—	—	—
3E1	16.00	16.00	16.00	16.00	15.61	14.09	12.95	11.80	6.47	—	—	—	—	—	—	—	—	—	—	—	—	—	—	—
4E0	16.00	16.00	16.00	16.00	15.61	13.71	12.95	11.96	11.04	10.25	9.46	8.67	7.88	7.08	5.63	4.49	3.58	—	—	—	—	—	—	—
5E0	16.00	16.00	16.00	16.00	16.00	16.00	15.23	14.40	13.48	12.83	12.18	11.53	10.88	10.43	8.83	7.16	5.94	4.64	3.73	3.04	2.51	—	—	—
6E0	16.00	16.00	16.00	16.00	16.00	16.00	15.61	14.85	14.09	13.33	12.57	11.80	11.04	10.28	8.99	7.84	6.85	5.94	5.18	4.41	3.88	3.35	2.89	2.59
6E1	16.00	16.00	16.00	16.00	16.00	16.00	16.00	16.00	16.00	16.00	16.00	13.57	11.09	8.60	7.31	6.17	5.33	4.49	3.80	3.27	2.81	—	—	—
9E1	16.00	16.00	16.00	16.00	16.00	16.00	16.00	16.00	16.00	16.00	16.00	16.00	16.00	16.00	16.00	16.00	15.31	13.94	12.64	11.42	10.20	9.14	8.07	7.16
10E0	16.00	13.79	12.34	11.20	10.43	9.67	9.21	8.83	8.57	8.52	8.47	8.42	8.36	8.30	8.04	7.78	7.52	7.26	7.00	6.47	5.94	5.48	4.95	4.49
10E1	16.00	16.00	16.00	14.24	13.33	12.72	12.26	11.88	11.61	11.56	11.51	11.46	11.41	11.35	—	—	—	—	—	—	—	—	—	—
11E0	16.00	14.55	13.10	11.96	11.04	10.28	9.82	9.52	9.33	9.30	9.26	9.22	9.18	9.14	8.72	8.29	7.86	7.43	7.00	6.47	5.94	5.48	4.95	4.49
12E0	16.00	15.84	14.93	14.17	13.48	12.72	12.26	11.88	11.61	11.56	11.51	11.46	11.41	11.35	11.25	11.14	11.03	10.92	10.81	9.82	8.99	8.15	7.31	6.55
13E0	16.00	15.16	13.79	12.72	11.96	11.04	10.59	10.28	10.01	9.96	9.91	9.86	9.81	9.75	—	—	—	—	—	—	—	—	—	—
14E0	16.00	16.00	14.55	13.48	12.72	11.88	11.42	10.97	10.78	10.75	10.71	10.67	10.63	10.59	10.56	10.53	10.50	10.47	10.43	10.30	10.16	10.03	9.90	8.99
15E0	16.00	16.00	15.69	14.93	14.17	13.33	12.87	12.49	12.26	12.22	12.18	12.13	12.08	12.03	12.02	12.01	12.00	11.98	11.96	11.85	11.73	10.74	9.75	8.83
16E0	16.00	16.00	16.00	16.00	16.00	—	—	—	—	—	—	—	—	—	—	—	—	—	—	—	—	—	—	—

表 12　PN 250 法兰的压力-温度额定值

材料组别	温度/℃																							
	常温	100	150	200	250	300	350	400	450	460	470	480	490	500	510	520	530	540	550	560	570	580	590	600
	最大允许工作压力/MPa																							
1E0	—	—	—	—	—	—	—	—	—	—	—	—	—	—	—	—	—	—	—	—	—	—	—	—
2E0	—	—	—	—	—	—	—	—	—	—	—	—	—	—	—	—	—	—	—	—	—	—	—	—
3E0	25.00	23.21	22.02	20.83	19.04	17.26	16.07	14.88	8.21	—	—	—	—	—	—	—	—	—	—	—	—	—	—	—
3E1	25.00	25.00	25.00	25.00	24.40	22.02	20.23	18.45	10.11	—	—	—	—	—	—	—	—	—	—	—	—	—	—	—
4E0	25.00	25.00	25.00	25.00	24.40	21.42	20.23	18.69	17.26	15.01	14.78	13.55	12.32	11.07	8.80	7.02	5.59	—	—	—	—	—	—	—
5E0	25.00	25.00	25.00	25.00	25.00	25.00	23.80	22.50	21.07	20.05	19.03	18.01	17.00	16.30	13.80	11.19	9.28	7.26	5.83	4.76	3.92	—	—	—
6E0	25.00	25.00	25.00	25.00	25.00	25.00	24.40	23.21	22.02	20.83	19.64	18.45	17.26	16.07	14.04	12.26	10.71	9.28	8.09	6.90	6.07	5.23	4.52	4.04
6E1	25.00	25.00	25.00	25.00	25.00	25.00	25.00	25.00	25.00	25.00	25.00	21.21	17.33	13.45	11.42	9.64	8.33	7.02	5.95	5.11	4.40	—	—	—
9E1	25.00	25.00	25.00	25.00	25.00	25.00	25.00	25.00	25.00	25.00	25.00	25.00	25.00	25.00	25.00	25.00	23.92	21.78	19.76	17.85	15.95	14.28	12.61	11.19
10E0	25.00	21.54	19.28	17.50	16.30	15.11	14.40	13.80	13.39	13.31	13.23	13.15	13.06	12.97	12.57	12.17	11.77	11.36	10.95	10.11	9.28	8.57	7.73	7.02
10E1	25.00	25.00	25.00	22.26	20.83	19.88	19.16	18.57	18.15	18.07	17.99	17.91	17.82	17.73	—	—	—	—	—	—	—	—	—	—
11E0	25.00	22.73	20.47	18.69	17.26	16.07	15.35	14.88	14.58	14.52	14.46	14.40	14.34	14.28	13.62	12.96	12.29	11.62	10.95	10.11	9.28	8.57	7.73	7.02
12E0	25.00	24.76	23.33	22.14	21.07	19.88	19.16	18.57	18.15	18.07	17.99	17.90	17.81	17.73	17.57	17.41	17.24	17.07	16.90	15.35	14.04	12.73	11.42	10.23
13E0	25.00	23.69	21.54	19.88	18.69	17.26	16.54	16.07	15.65	15.57	15.49	15.41	15.32	15.23	—	—	—	—	—	—	—	—	—	—
14E0	25.00	25.00	22.73	21.07	19.88	18.57	17.85	17.14	16.84	16.78	16.72	16.66	16.60	16.54	16.50	16.45	16.40	16.35	16.30	16.09	15.88	15.67	15.47	14.04
15E0	25.00	25.00	24.52	23.33	22.14	20.83	20.11	19.52	19.16	19.09	19.02	18.95	18.88	18.80	18.78	18.76	18.74	18.72	18.69	18.51	18.33	16.78	15.23	13.80
16E0	25.00	25.00	25.00	25.00	25.00	—	—	—	—	—	—	—	—	—	—	—	—	—	—	—	—	—	—	—

表 13 PN 320 法兰的压力-温度额定值

材料组别	温度/℃																							
	常温	100	150	200	250	300	350	400	450	460	470	480	490	500	510	520	530	540	550	560	570	580	590	600
	最大允许工作压力/MPa																							
1E0	—	—	—	—	—	—	—	—	—	—	—	—	—	—	—	—	—	—	—	—	—	—	—	—
2E0	—	—	—	—	—	—	—	—	—	—	—	—	—	—	—	—	—	—	—	—	—	—	—	—
3E0	32.00	29.71	28.19	26.66	24.38	22.09	20.57	19.04	10.51	—	—	—	—	—	—	—	—	—	—	—	—	—	—	—
3E1	32.00	32.00	32.00	32.00	32.23	28.19	25.90	23.61	12.95	—	—	—	—	—	—	—	—	—	—	—	—	—	—	—
4E0	32.00	32.00	32.00	32.00	31.23	27.42	25.90	23.92	22.09	20.50	18.92	17.34	15.77	14.17	11.27	8.99	7.16	—	—	—	—	—	—	—
5E0	32.00	32.00	32.00	32.00	32.00	32.00	30.47	28.80	26.97	25.66	24.36	23.06	21.76	20.87	17.67	14.32	11.88	9.29	7.46	6.09	5.02	—	—	—
6E0	32.00	32.00	32.00	32.00	32.00	32.00	31.23	29.71	28.19	26.66	25.14	23.61	22.09	20.57	17.98	15.69	13.71	11.88	10.36	8.83	7.77	6.70	5.79	5.18
6E1	32.00	32.00	32.00	32.00	32.00	32.00	32.00	32.00	32.00	32.00	32.00	27.15	22.18	17.21	14.62	12.34	10.66	8.99	7.61	6.55	5.63	—	—	—
9E1	32.00	32.00	32.00	32.00	32.00	32.00	32.00	32.00	32.00	32.00	32.00	32.00	32.00	32.00	32.00	32.00	30.62	27.88	25.29	22.85	20.41	18.28	16.15	14.32
10E0	32.00	27.58	24.68	22.40	20.87	19.35	18.43	17.67	17.14	17.04	16.93	16.82	16.71	16.60	16.09	15.57	15.05	14.53	14.01	12.95	11.88	10.97	9.90	8.99
10E1	32.00	32.00	32.00	28.49	26.66	25.44	24.53	23.77	23.23	23.13	23.03	22.92	22.81	22.70	—	—	—	—	—	—	—	—	—	—
11E0	32.00	29.10	26.20	23.92	22.09	20.57	19.65	19.04	18.66	18.59	18.52	18.44	18.36	18.28	17.43	16.58	15.73	14.87	14.01	12.95	11.88	10.97	9.90	8.99
12E0	32.00	31.69	29.86	28.34	26.97	25.44	24.53	23.77	23.23	23.13	23.03	22.92	22.81	22.70	22.49	22.28	22.07	21.85	21.63	19.65	17.98	16.30	14.62	13.10
13E0	32.00	30.32	27.58	25.44	23.92	22.09	21.18	20.57	20.03	19.93	19.83	19.72	19.61	19.50	—	—	—	—	—	—	—	—	—	—
14E0	32.00	32.00	29.10	26.97	25.44	23.77	22.85	21.94	21.56	21.49	21.42	21.34	21.26	21.18	21.12	21.06	21.00	20.94	20.87	20.60	20.33	20.06	19.80	17.98
15E0	32.00	32.00	31.39	29.86	28.34	26.66	25.75	24.99	24.53	24.44	24.35	24.26	24.17	24.07	24.04	24.01	23.98	23.95	23.92	23.70	23.46	21.48	19.50	17.67
16E0	32.00	32.00	32.00	32.00	32.00	—	—	—	—	—	—	—	—	—	—	—	—	—	—	—	—	—	—	—

表 14 PN 400 法兰的压力-温度额定值

材料组别	温度/℃																					
	常温	100	150	200	250	300	350	400	450	460	470	480	490	500	510	520	530	540	550	560	570	580	590	600
	最大允许工作压力/MPa																							
1E0	—	—	—	—	—	—	—	—	—	—	—	—	—	—	—	—	—	—	—	—	—	—	—	—
2E0	—	—	—	—	—	—	—	—	—	—	—	—	—	—	—	—	—	—	—	—	—	—	—	—
3E0	40.00	37.14	35.23	33.33	30.47	27.61	25.71	23.80	13.14	—	—	—	—	—	—	—	—	—	—	—	—	—	—	—
3E1	40.00	40.00	40.00	40.00	39.04	35.23	32.38	29.52	16.19	—	—	—	—	—	—	—	—	—	—	—	—	—	—	—
4E0	40.00	40.00	40.00	40.00	39.04	34.28	32.38	29.90	27.61	25.62	23.65	21.68	19.71	17.71	14.09	11.23	8.95	—	—	—	—	—	—	—
5E0	40.00	40.00	40.00	40.00	40.00	40.00	38.09	36.00	33.71	32.08	30.45	28.82	27.20	26.09	22.09	17.90	14.85	11.61	9.33	7.61	6.28	—	—	—
6E0	40.00	40.00	40.00	40.00	40.00	40.00	39.04	37.14	35.23	33.33	31.42	29.52	27.61	25.71	22.47	19.61	17.14	14.85	12.95	11.04	9.71	8.38	7.23	6.47
6E1	40.00	40.00	40.00	40.00	40.00	40.00	40.00	40.00	40.00	40.00	40.00	33.94	27.73	21.52	18.28	15.42	13.33	11.23	9.52	8.19	7.04	—	—	—
9E1	40.00	40.00	40.00	40.00	40.00	40.00	40.00	40.00	40.00	40.00	40.00	40.00	40.00	40.00	40.00	40.00	38.28	34.85	31.61	28.57	25.52	22.85	20.19	17.90
10E0	40.00	34.47	30.85	28.00	26.09	24.19	23.04	22.09	21.42	21.29	21.16	21.03	20.90	20.76	20.12	19.47	18.82	18.17	17.52	16.19	14.85	13.71	12.38	11.23
10E1	40.00	40.00	40.00	35.61	33.33	31.80	30.66	29.71	29.04	28.91	28.78	28.65	28.52	28.38	—	—	—	—	—	—	—	—	—	—
11E0	40.00	36.38	32.76	29.90	27.61	25.71	24.57	23.80	23.33	23.24	23.15	23.05	22.95	22.85	21.79	20.73	19.66	18.59	17.52	16.19	14.85	13.71	12.38	11.23
12E0	40.00	39.61	37.33	35.42	33.71	31.80	30.66	29.71	29.04	28.91	28.78	28.65	28.52	28.38	28.12	27.85	27.58	27.31	27.04	24.57	22.47	20.38	18.28	16.38
13E0	40.00	37.90	34.47	31.80	29.90	27.61	26.47	25.71	25.04	24.91	24.78	24.65	24.52	24.38	—	—	—	—	—	—	—	—	—	—
14E0	40.00	40.00	36.38	33.71	31.80	29.71	28.57	27.42	26.95	26.86	26.77	26.67	26.57	26.47	26.40	26.33	26.26	26.18	26.09	25.75	25.41	25.08	24.76	22.47
15E0	40.00	40.00	39.23	37.33	35.42	33.33	32.19	31.23	30.66	30.55	30.44	30.33	30.21	30.09	30.06	30.02	29.98	29.94	29.90	29.62	29.33	26.85	24.38	22.09
16E0	40.00	40.00	40.00	40.00	40.00	—	—	—	—	—	—	—	—	—	—	—	—	—	—	—	—	—	—	—

表 15 用 Class 标记的法兰 1.0 组材料的压力-温度额定值

材料类别	锻 件	铸 件	板 材
C-Si	—	—	Q235A Q235B
	20[a]	WCA[a]	20[a]
			Q245R[a]

温度/℃	公 称 压 力			
	Class 150	Class 300	Class 600	Class 900
	最大允许工作压力/MPa			
−29～38	1.58	3.95	7.90	11.85
50	1.53	3.85	7.75	11.60
100	1.42	3.56	7.12	10.68
150	1.35	3.39	6.78	10.17
200	1.27	3.18	6.36	9.54
250	1.15	2.88	5.76	8.64
300	1.02	2.57	5.14	7.71
325	0.93	2.48	4.96	7.44
350	0.84	2.39	4.78	7.17
375	0.74	2.29	4.58	6.87
400	0.65	2.19	4.38	6.57
425	0.55	2.12	4.24	6.36
450	0.46	1.96	3.92	5.87
475	0.37	1.35	2.71	4.06

[a] 当长期暴露在 425 ℃以上温度时，钢中的碳化相可能转变为石墨。允许但不推荐长期在 425 ℃以上使用。

表 16 用 Class 标记的法兰 1.1 组材料的压力-温度额定值

材料类别	锻 件	铸 件	板 材
C-Si	A 105[a]	WCB[a]	—
	16Mn	—	—

温度/℃	公 称 压 力					
	Class 150	Class 300	Class 600	Class 900	Class 1500	Class 2500
	最大允许工作压力/MPa					
−29～38	1.96	5.11	10.21	15.32	25.53	42.55
50	1.92	5.01	10.02	15.04	25.06	41.77
100	1.77	4.66	9.32	13.98	23.30	38.83
150	1.58	4.51	9.02	13.52	22.54	37.56
200	1.38	4.38	8.76	13.14	21.90	36.50
250	1.21	4.19	8.39	12.58	20.97	34.95

表 16（续）

材料类别	锻　件		铸　件			板　材
C-Si	A 105[a]		WCB[a]			—
	16Mn		—			—
温度/℃	公　称　压　力					
	Class 150	Class 300	Class 600	Class 900	Class 1500	Class 2500
	最大允许工作压力/MPa					
300	1.02	3.98	7.96	11.95	19.91	33.18
325	0.93	3.87	7.74	11.61	19.36	32.26
350	0.84	3.76	7.51	11.27	18.78	31.30
375	0.74	3.64	7.27	10.91	18.18	30.31
400	0.65	3.47	6.94	10.42	17.36	28.93
425	0.55	2.88	5.75	8.63	14.38	23.97
450	0.46	2.30	4.60	6.90	11.50	19.17
475	0.37	1.74	3.49	5.23	8.72	14.53
500	0.28	1.18	2.35	3.53	5.88	9.79
538	0.14	0.59	1.18	1.77	2.95	4.92

a 当长期暴露在 425 ℃以上温度时，钢中的碳化相可能转变为石墨。允许但不推荐长期在 425 ℃以上使用。

表 17　用 Class 标记的法兰 1.2 组材料的压力-温度额定值

材料类别	锻　件		铸　件			板　材
C-Mn-Si	—		WCC[a]			Q345R
C-Mn-Si			LCC[b]			—
2½Ni	—		LC2			—
3½Ni	—		LC3[c]			—
温度/℃	公　称　压　力					
	Class 150	Class 300	Class 600	Class 900	Class 1500	Class 2500
	最大允许工作压力/MPa					
−29～38	1.98	5.17	10.34	15.51	25.86	43.09
50	1.95	5.17	10.34	15.51	25.86	43.09
100	1.77	5.15	10.30	15.46	25.76	42.94
150	1.58	5.02	10.03	15.05	25.08	41.81
200	1.38	4.86	9.72	14.58	24.32	40.54
250	1.21	4.63	9.27	13.90	23.18	38.62
300	1.02	4.29	8.57	12.86	21.44	35.71
325	0.93	4.14	8.26	12.40	20.66	34.43
350	0.84	4.00	8.00	12.01	20.01	33.35
375	0.74	3.78	7.57	11.35	18.92	31.53

表 17（续）

材料类别	锻件		铸件		板材	
C-Mn-Si	—		WCC[a]		Q345R	
C-Mn-Si	—		LCC[b]		—	
2½Ni	—		LC2		—	
3½Ni	—		LC3[c]		—	
温度/℃	公称压力					
	Class 150	Class 300	Class 600	Class 900	Class 1500	Class 2500
	最大允许工作压力/MPa					
400	0.65	3.47	6.94	10.42	17.36	28.93
425	0.55	2.88	5.75	8.63	14.38	23.97
450	0.46	2.30	4.60	6.90	11.50	19.17
475	0.37	1.71	3.42	5.13	8.54	14.24
500	0.28	1.16	2.32	3.47	5.79	9.65
538	0.14	0.59	1.18	1.77	2.95	4.92

a 当长期暴露在 425 ℃以上温度时，钢中的碳化相可能转变为石墨。允许但不推荐长期在 425 ℃以上使用。

b 不得用于 340 ℃以上。

c 不得用于 260 ℃以上。

表 18 用 Class 标记的法兰 1.3 组材料的压力-温度额定值

材料类别	锻件		铸件		板材	
C-Si	—		LCB[a]		—	
C-Mn-Si	16MnD		—		16MnDR	
C-½Mo	—		WC1[b,c]		—	
C-½Mo	—		LC1[a]		—	
温度/℃	公称压力					
	Class 150	Class 300	Class 600	Class 900	Class 1500	Class 2500
	最大允许工作压力/MPa					
−29～38	1.84	4.80	9.60	14.41	24.01	40.01
50	1.82	4.75	9.49	14.24	23.73	39.56
100	1.74	4.53	9.07	13.60	22.67	37.78
150	1.58	4.39	8.79	13.18	21.97	36.61
200	1.38	4.25	8.51	12.76	21.27	35.44
250	1.21	4.08	8.16	12.23	20.39	33.98
300	1.02	3.87	7.74	11.61	19.34	32.24
325	0.93	3.76	7.52	11.27	18.79	31.31
350	0.84	3.64	7.28	10.92	18.20	30.33
375	0.74	3.50	6.99	10.49	17.49	29.14

表 18（续）

材料类别	锻　件		铸　件		板　材	
C-Si	—		LCB[a]		—	
C-Mn-Si	16MnD		—		16MnDR	
C-½Mo	—		WC1[b,c]		—	
	—		LC1[a]		—	
温度/℃	公　称　压　力					
	Class 150	Class 300	Class 600	Class 900	Class 1500	Class 2500
	最大允许工作压力/MPa					
400	0.65	3.26	6.52	9.79	16.31	27.19
425	0.55	2.73	5.46	8.19	13.65	22.75
450	0.46	2.16	4.32	6.48	10.79	17.99
475	0.37	1.57	3.13	4.70	7.83	13.06
500	0.28	1.11	2.21	3.32	5.54	9.23
538	0.14	0.59	1.18	1.77	2.95	4.92

a 不得用于 340 ℃以上。

b 当长期暴露在 465 ℃以上温度时，钢中的碳化相可能转变为石墨。允许但不推荐长期在 465 ℃以上使用。

c 仅使用正火加回火的材料。

表 19　用 Class 标记的法兰 1.4 组材料的压力-温度额定值

材料类别	锻　件		铸　件		板　材	
Mn-Ni	09MnNiD		—		09MnNiDR	
温度/℃	公　称　压　力					
	Class 150	Class 300	Class 600	Class 900	Class 1500	Class 2500
	最大允许工作压力/MPa					
−29～38	1.63	4.26	8.51	12.77	21.28	35.46
50	1.60	4.18	8.35	12.53	20.89	34.81
100	1.49	3.88	7.77	11.65	19.42	32.36
150	1.44	3.76	7.51	11.27	18.78	31.30
200	1.38	3.64	7.28	10.92	18.21	30.34
250	1.21	3.49	6.98	10.47	17.46	29.10
300	1.02	3.32	6.64	9.95	16.59	27.65
325	0.93	3.22	6.45	9.67	16.12	26.86
350	0.84	3.12	6.25	9.37	15.62	26.04
375	0.74	3.04	6.07	9.11	15.18	25.30
400	0.65	2.93	5.87	8.80	14.67	24.45
425	0.55	2.58	5.15	7.73	12.88	21.47

表 19（续）

材料类别	锻　件		铸　件		板　材	
Mn-Ni	09MnNiD		—		09MnNiDR	
温度/℃	公　称　压　力					
	Class 150	Class 300	Class 600	Class 900	Class 1500	Class 2500
	最大允许工作压力/MPa					
450	0.46	2.14	4.27	6.41	10.68	17.80
475	0.37	1.41	2.82	4.23	7.05	11.74
500	0.28	1.03	2.06	3.09	5.15	8.59
538	0.14	0.59	1.18	1.77	2.95	4.92

表 20　用 **Class** 标记的法兰 1.9 组材料的压力-温度额定值

材料类别	锻　件		铸　件		板　材	
1¼Cr-½Mo	14Cr1Mo		WC6[a,b]		14Cr1MoR	
温度/℃	公　称　压　力					
	Class 150	Class 300	Class 600	Class 900	Class 1500	Class 2500
	最大允许工作压力/MPa					
−29～38	1.98	5.17	10.34	15.51	25.86	43.09
50	1.95	5.17	10.34	15.51	25.86	43.09
100	1.77	5.15	10.30	15.44	25.74	42.90
150	1.58	4.97	9.95	14.92	24.87	41.45
200	1.38	4.80	9.59	14.39	23.98	39.96
250	1.21	4.63	9.27	13.90	23.18	38.62
300	1.02	4.29	8.57	12.86	21.44	35.71
325	0.93	4.14	8.26	12.40	20.66	34.43
350	0.84	4.03	8.04	12.07	20.11	33.53
375	0.74	3.89	7.76	11.65	19.41	32.32
400	0.65	3.65	7.33	10.98	18.31	30.49
425	0.55	3.52	7.00	10.51	17.51	29.16
450	0.46	3.37	6.77	10.14	16.90	28.18
475	0.37	3.17	6.34	9.51	15.82	26.39
500	0.28	2.57	5.15	7.72	12.86	21.44
538	0.14	1.49	2.98	4.47	7.45	12.41
550	—	1.27	2.54	3.81	6.35	10.59
575	—	0.88	1.76	2.64	4.40	7.34
600	—	0.61	1.22	1.83	3.05	5.09
625	—	0.43	0.85	1.28	2.13	3.55
650	—	0.28	0.57	0.85	1.42	2.36

a 仅允许用正火加回火材料。

b 不得用于 590 ℃以上。

表 21 用 Class 标记的法兰 1.10 组材料的压力-温度额定值

材料类别	锻 件	铸 件	板 材
2¼Cr-1Mo	12Cr2Mo1	WC9[a,b] ZG12Cr2Mo1G	12Cr2Mo1R

温度/℃	公称压力					
	Class 150	Class 300	Class 600	Class 900	Class 1500	Class 2500
	最大允许工作压力/MPa					
−29～38	1.98	5.17	10.34	15.51	25.86	43.09
50	1.95	5.17	10.34	15.51	25.86	43.09
100	1.77	5.15	10.30	15.46	25.76	42.94
150	1.58	5.03	10.03	15.06	25.08	41.82
200	1.38	4.86	9.72	14.58	24.34	40.54
250	1.21	4.63	9.27	13.90	23.18	38.62
300	1.02	4.29	8.57	12.86	21.44	35.71
325	0.93	4.14	8.26	12.40	20.66	34.43
350	0.84	4.03	8.04	12.07	20.11	33.53
375	0.74	3.89	7.76	11.65	19.41	32.32
400	0.65	3.65	7.33	10.98	18.31	30.49
425	0.55	3.52	7.00	10.51	17.51	29.16
450	0.46	3.37	6.77	10.14	16.90	28.18
475	0.37	3.17	6.34	9.51	15.82	26.39
500	0.28	2.82	5.65	8.47	14.09	23.50
538	0.14	1.84	3.69	5.53	9.22	15.37
550	—	1.56	3.13	4.69	7.82	13.03
575	—	1.05	2.11	3.16	5.26	8.77
600	—	0.69	1.38	2.07	3.44	5.74
625	—	0.45	0.89	1.34	2.23	3.72
650	—	0.28	0.57	0.85	1.42	2.36

a 仅允许用正火加回火材料。

b 不得用于 590 ℃以上。

表 22 用 Class 标记的法兰 1.13 组材料的压力-温度额定值

材料类别	锻 件	铸 件	板 材
5Cr-½Mo	1Cr5Mo	ZG16Cr5MoG	—

温度/℃	公称压力					
	Class 150	Class 300	Class 600	Class 900	Class 1500	Class 2500
	最大允许工作压力/MPa					
−29～38	2.00	5.17	10.34	15.51	25.86	43.09
50	1.95	5.17	10.34	15.51	25.86	43.09

表 22（续）

材料类别	锻　件		铸　件		板　材	
5Cr-½Mo	1Cr5Mo		ZG16Cr5MoG		—	
温度/℃	公　称　压　力					
	Class 150	Class 300	Class 600	Class 900	Class 1500	Class 2500
	最大允许工作压力/MPa					
100	1.77	5.15	10.30	15.46	25.76	42.94
150	1.58	5.03	10.03	15.06	25.08	41.82
200	1.38	4.86	9.72	14.58	24.34	40.54
250	1.21	4.63	9.27	13.90	23.18	38.62
300	1.02	4.29	8.57	12.86	21.44	35.71
325	0.93	4.14	8.26	12.40	20.66	34.43
350	0.84	4.03	8.04	12.07	20.11	33.53
375	0.74	3.89	7.76	11.65	19.41	32.32
400	0.65	3.65	7.33	10.98	18.31	30.49
425	0.55	3.52	7.00	10.51	17.51	29.16
450	0.46	3.37	6.77	10.14	16.90	28.18
475	0.37	2.79	5.57	8.36	13.93	23.21
500	0.28	2.14	4.28	6.41	10.69	17.82
538	0.14	1.37	2.74	4.11	6.86	11.43
550	—	1.20	2.41	3.61	6.02	10.04
575	—	0.89	1.78	2.67	4.44	7.40
600	—	0.62	1.25	1.87	3.12	5.19
625	—	0.40	0.80	1.20	2.00	3.33
650	—	0.24	0.47	0.71	1.18	1.97

表 23　用 Class 标记的法兰 1.14 组材料的压力-温度额定值

材料类别	锻　件		铸　件		板　材	
9Cr-1Mo	—		ZG14Cr9Mo1G[a]		—	
温度/℃	公　称　压　力					
	Class 150	Class 300	Class 600	Class 900	Class 1500	Class 2500
	最大允许工作压力/MPa					
−29～38	2.00	5.17	10.34	15.51	25.86	43.09
50	1.95	5.17	10.34	15.51	25.86	43.09
100	1.77	5.15	10.30	15.46	25.76	42.94
150	1.58	5.03	10.03	15.06	25.08	41.82
200	1.38	4.86	9.72	14.58	24.34	40.54

表 23（续）

材料类别	锻　件		铸　件		板　材	
9Cr-1Mo	—		ZG14Cr9Mo1G[a]		—	
温度/℃	公　称　压　力					
	Class 150	Class 300	Class 600	Class 900	Class 1500	Class 2500
	最大允许工作压力/MPa					
250	1.21	4.63	9.27	13.90	23.18	38.62
300	1.02	4.29	8.57	12.86	21.44	35.71
325	0.93	4.14	8.26	12.40	20.66	34.43
350	0.84	4.03	8.04	12.07	20.11	33.53
375	0.74	3.89	7.76	11.65	19.41	32.32
400	0.65	3.65	7.33	10.98	18.31	30.49
425	0.55	3.52	7.00	10.51	17.51	29.16
450	0.46	3.37	6.77	10.14	16.90	28.18
475	0.37	3.17	6.34	9.51	15.82	26.39
500	0.28	2.82	5.65	8.47	14.09	23.50
538	0.14	1.75	3.50	5.25	8.75	14.58
550	—	1.50	3.00	4.50	7.50	12.50
575	—	1.05	2.09	3.14	5.23	8.71
600	—	0.72	1.44	2.15	3.59	5.98
625	—	0.50	0.99	1.49	2.48	4.14
650	—	0.35	0.71	1.06	1.77	2.95

[a] 仅允许用正火加回火材料。

表 24　用 Class 标记的法兰 1.15 组材料的压力-温度额定值

材料类别	锻　件		铸　件		板　材	
9Cr-1Mo-V	—		C12A		—	
温度/℃	公　称　压　力					
	Class 150	Class 300	Class 600	Class 900	Class 1500	Class 2500
	最大允许工作压力/MPa					
−29～38	2.00	5.17	10.34	15.51	25.86	43.09
50	1.95	5.17	10.34	15.51	25.86	43.09
100	1.77	5.15	10.30	15.46	25.76	42.94
150	1.58	5.03	10.03	15.06	25.08	41.82
200	1.38	4.86	9.72	14.58	24.34	40.54
250	1.21	4.63	9.27	13.90	23.18	38.62
300	1.02	4.29	8.57	12.86	21.44	35.71
325	0.93	4.14	8.26	12.40	20.66	34.43

表 24（续）

材料类别	锻　件		铸　件		板　材	
9Cr-1Mo-V	—		C12A		—	
温度/℃	公　称　压　力					
	Class 150	Class 300	Class 600	Class 900	Class 1500	Class 2500
	最大允许工作压力/MPa					
350	0.84	4.03	8.04	12.07	20.11	33.53
375	0.74	3.89	7.76	11.65	19.41	32.32
400	0.65	3.65	7.33	10.98	18.31	30.49
425	0.55	3.52	7.00	10.51	17.51	29.16
450	0.46	3.37	6.77	10.14	16.90	28.18
475	0.37	3.17	6.34	9.51	15.82	26.39
500	0.28	2.82	5.65	8.47	14.09	23.50
538	0.14	2.52	5.00	7.52	12.55	20.89
550	—	2.50	4.98	7.48	12.49	20.80
575	—	2.40	4.79	7.18	11.97	19.95
600	—	1.95	3.90	5.85	9.75	16.25
625	—	1.46	2.92	4.38	7.30	12.17
650	—	0.99	1.99	2.98	4.96	8.27

表 25　用 Class 标记的法兰 1.17 组材料的压力-温度额定值

材料类别	锻　件		铸　件		板　材	
1Cr-½Mo	15CrMo[a,b]		ZG15Cr1MoG[a,b]		15CrMoR	
温度/℃	公　称　压　力					
	Class 150	Class 300	Class 600	Class 900	Class 1500	Class 2500
	最大允许工作压力/MPa					
−29～38	1.98	5.17	10.34	15.51	25.86	43.09
50	1.95	5.15	10.30	15.45	25.75	42.92
100	1.77	5.04	10.09	15.13	25.22	42.04
150	1.58	4.82	9.64	14.45	24.09	40.15
200	1.38	4.63	9.25	13.88	23.13	38.56
250	1.21	4.48	8.96	13.45	22.41	37.35
300	1.02	4.29	8.57	12.86	21.44	35.71
325	0.93	4.14	8.26	12.40	20.66	34.43
350	0.84	4.03	8.04	12.07	20.11	33.53
375	0.74	3.89	7.76	11.65	19.41	32.32
400	0.65	3.65	7.33	10.98	18.31	30.49
425	0.55	3.52	7.00	10.51	17.51	29.16

表 25（续）

材料类别	锻　件		铸　件		板　材	
1Cr-½Mo	15CrMo[a,b]		ZG15Cr1MoG[a,b]		15CrMoR	
温度/℃	公　称　压　力					
	Class 150	Class 300	Class 600	Class 900	Class 1500	Class 2500
	最大允许工作压力/MPa					
450	0.46	3.37	6.77	10.14	16.90	28.18
475	0.37	2.79	5.57	8.36	13.93	23.21
500	0.28	2.14	4.28	6.41	10.69	17.82
538	0.14	1.37	2.74	4.11	6.86	11.43
550	—	1.20	2.41	3.61	6.02	10.04
575	—	0.88	1.76	2.64	4.40	7.34
600	—	0.61	1.21	1.82	3.03	5.04
625	—	0.40	0.80	1.20	2.00	3.33
650	—	0.24	0.47	0.71	1.18	1.97

[a] 仅允许用正火加回火材料。

[b] 允许但不推荐长期在 590 ℃以上使用。

表 26　用 Class 标记的法兰 2.1 组材料的压力-温度额定值

材料类别	锻　件		铸　件		板　材	
18Cr-8Ni	0Cr18Ni9[a]		CF8[a]		0Cr18Ni9[a]	
	—		CF3[b]		—	
温度/℃	公　称　压　力					
	Class 150	Class 300	Class 600	Class 900	Class 1500	Class 2500
	最大允许工作压力/MPa					
−29～38	1.90	4.96	9.93	14.89	24.82	41.37
50	1.83	4.78	9.56	14.35	23.91	39.85
100	1.57	4.09	8.17	12.26	20.43	34.04
150	1.42	3.70	7.40	11.10	18.50	30.84
200	1.32	3.45	6.90	10.34	17.24	28.73
250	1.21	3.25	6.50	9.75	16.24	27.07
300	1.02	3.09	6.18	9.27	15.46	25.76
325	0.93	3.02	6.04	9.07	15.11	25.19
350	0.84	2.96	5.93	8.89	14.81	24.69
375	0.74	2.90	5.81	8.71	14.52	24.19
400	0.65	2.84	5.69	8.53	14.22	23.70
425	0.55	2.80	5.60	8.40	14.00	23.33
450	0.46	2.74	5.48	8.22	13.70	22.84

表 26（续）

材料类别	锻　件		铸　件		板　材	
18Cr-8Ni	0Cr18Ni9[a]		CF8[a]		0Cr18Ni9[a]	
	—		CF3[b]		—	
温度/℃	公　称　压　力					
	Class 150	Class 300	Class 600	Class 900	Class 1500	Class 2500
	最大允许工作压力/MPa					
475	0.37	2.69	5.39	8.08	13.47	22.45
500	0.28	2.65	5.30	7.95	13.24	22.07
538	0.14	2.44	4.89	7.33	12.21	20.36
550	—	2.36	4.71	7.07	11.78	19.63
575	—	2.08	4.17	6.25	10.42	17.37
600	—	1.69	3.38	5.06	8.44	14.07
625	—	1.38	2.76	4.14	6.89	11.49
650	—	1.13	2.25	3.38	5.63	9.38
675	—	0.93	1.87	2.80	4.67	7.79
700	—	0.80	1.61	2.41	4.01	6.69
725	—	0.68	1.35	2.03	3.38	5.63
750	—	0.58	1.16	1.73	2.89	4.81
775	—	0.46	0.90	1.37	2.28	3.80
800	—	0.35	0.70	1.05	1.74	2.92
816	—	0.28	0.59	0.86	1.41	2.38

[a] 只有当碳含量≥0.4%时，才可用于 538 ℃以上。

[b] 不得用于 425 ℃以上。

表 27　用 Class 标记的法兰 2.2 组材料的压力-温度额定值

材料类别	锻　件		铸　件		板　材	
16Cr-12Ni-2Mo	0Cr17Ni12Mo2[a]		CF8M[a]		0Cr17Ni12Mo2[a]	
	—		CF3M[b]		—	
18Cr-13Ni-3Mo	06Cr19Ni13Mo3[a]		—		06Cr19Ni13Mo3[a]	
温度/℃	公　称　压　力					
	Class 150	Class 300	Class 600	Class 900	Class 1500	Class 2500
	最大允许工作压力/MPa					
−29～38	1.90	4.96	9.93	14.89	24.82	41.37
50	1.84	4.81	9.62	14.43	24.06	40.09
100	1.62	4.22	8.44	12.66	21.10	35.16
150	1.48	3.85	7.70	11.55	19.25	32.08
200	1.37	3.57	7.13	10.70	17.83	29.72

表 27（续）

材料类别	锻件		铸件		板材	
16Cr-12Ni-2Mo	0Cr17Ni12Mo2[a]		CF8M[a]		0Cr17Ni12Mo2[a]	
	—		CF3M[b]		—	
18Cr-13Ni-3Mo	06Cr19Ni13Mo3[a]		—		06Cr19Ni13Mo3[a]	
温度/℃	公称压力					
	Class 150	Class 300	Class 600	Class 900	Class 1500	Class 2500
	最大允许工作压力/MPa					
250	1.21	3.34	6.68	10.01	16.69	27.81
300	1.02	3.16	6.32	9.49	15.81	26.35
325	0.93	3.09	6.18	9.27	15.44	25.74
350	0.84	3.03	6.07	9.10	15.16	25.27
375	0.74	2.99	5.98	8.96	14.94	24.90
400	0.65	2.94	5.89	8.83	14.72	24.53
425	0.55	2.91	5.83	8.74	14.57	24.29
450	0.46	2.88	5.77	8.65	14.42	24.04
475	0.37	2.87	5.73	8.60	14.34	23.89
500	0.28	2.82	5.65	8.47	14.09	23.50
538	0.14	2.52	5.00	7.52	12.55	20.89
550	—	2.50	4.98	7.48	12.49	20.80
575	—	2.40	4.79	7.18	11.97	19.95
600	—	1.99	3.98	5.97	9.95	16.59
625	—	1.58	3.16	4.74	7.91	13.18
650	—	1.27	2.53	3.80	6.33	10.55
675	—	1.03	2.06	3.10	5.16	8.60
700	—	0.84	1.68	2.51	4.19	6.98
725	—	0.70	1.40	2.10	3.49	5.82
750	—	0.59	1.17	1.76	2.93	4.89
775	—	0.46	0.90	1.37	2.28	3.80
800	—	0.35	0.70	1.05	1.74	2.92
816	—	0.28	0.59	0.86	1.41	2.38

a 只有当碳含量≥0.04%时，才可用于 538 ℃以上。

b 不得用于 455 ℃以上。

表 28　用 Class 标记的法兰 2.3 组材料的压力-温度额定值

材料类别	锻　件	铸　件	板　材
18Cr-8Ni	00Cr19Ni10[a]	—	022Cr19Ni10[a]
16Cr-12Ni-2Mo	00Cr17Ni14Mo2	—	022Cr17Ni12Mo

温度/℃	公　称　压　力					
	Class 150	Class 300	Class 600	Class 900	Class 1500	Class 2500
	最大允许工作压力/MPa					
−29～38	1.59	4.14	8.27	12.41	20.68	34.47
50	1.53	4.00	8.00	12.01	20.01	33.35
100	1.33	3.48	6.96	10.44	17.39	28.99
150	1.20	3.14	6.28	9.42	15.70	26.16
200	1.12	2.92	5.83	8.75	14.58	24.30
250	1.05	2.75	5.49	8.24	13.73	22.89
300	1.00	2.61	5.21	7.82	13.03	21.72
325	0.93	2.55	5.10	7.64	12.74	21.23
350	0.84	2.51	5.01	7.52	12.54	20.89
375	0.74	2.48	4.95	7.43	12.38	20.63
400	0.65	2.43	4.86	7.29	12.15	20.25
425	0.55	2.39	4.77	7.16	11.93	19.88
450	0.46	2.34	4.68	7.02	11.71	19.51

[a] 不得用于 425 ℃以上。

表 29　用 Class 标记的法兰 2.4 组材料的压力-温度额定值

材料类别	锻　件	铸　件	板　材
18Cr-10Ni-Ti	0Cr18Ni10Ti[a]	ZG08Cr18Ni9Ti[a]	06Cr18Ni11Ti[a]
		ZG12Cr18Ni9Ti[a]	

温度/℃	公　称　压　力					
	Class 150	Class 300	Class 600	Class 900	Class 1500	Class 2500
	最大允许工作压力/MPa					
−29～38	1.90	4.96	9.93	14.89	24.82	41.37
50	1.86	4.86	9.71	14.57	24.28	40.46
100	1.70	4.42	8.85	13.27	22.12	36.87
150	1.57	4.10	8.20	12.29	20.49	34.15
200	1.38	3.83	7.66	11.49	19.15	31.91
250	1.21	3.60	7.20	10.81	18.01	30.02
300	1.02	3.41	6.83	10.24	17.07	28.46
325	0.93	3.33	6.66	9.99	16.65	27.76
350	0.84	3.26	6.52	9.78	16.30	27.17

表 29（续）

材料类别	锻　件	铸　件	板　材		
18Cr-10Ni-Ti	0Cr18Ni10Ti[a]	ZG08Cr18Ni9Ti[a] ZG12Cr18Ni9Ti[a]	06Cr18Ni11Ti[a]		

温度/℃	公称压力					
	Class 150	Class 300	Class 600	Class 900	Class 1500	Class 2500
	最大允许工作压力/MPa					
375	0.74	3.20	6.41	9.61	16.02	26.69
400	0.65	3.16	6.32	9.48	15.79	26.32
425	0.55	3.11	6.23	9.34	15.57	25.95
450	0.46	3.08	6.17	9.25	15.42	25.69
475	0.37	3.05	6.11	9.16	15.27	25.44
500	0.28	2.82	5.65	8.47	14.09	23.50
538	0.14	2.52	5.00	7.52	12.55	20.89
550	—	2.50	4.98	7.48	12.49	20.80
575	—	2.40	4.79	7.18	11.97	19.95
600	—	2.03	4.05	6.08	10.13	16.89
625	—	1.58	3.16	4.74	7.91	13.18
650	—	1.26	2.53	3.79	6.32	10.54
675	—	0.99	1.98	2.96	4.94	8.23
700	—	0.79	1.58	2.37	3.95	6.59
725	—	0.63	1.27	1.90	3.17	5.28
750	—	0.50	1.00	1.50	2.50	4.17
775	—	0.40	0.80	1.19	1.99	3.32
800	—	0.31	0.63	0.94	1.56	2.61
816	—	0.26	0.52	0.78	1.30	2.17

[a] 只有当碳含量≥0.04%时，并且当材料做了最低加热温度为 1 095℃的热处理时，才可用于 538 ℃以上。

表 30　用 Class 标记的法兰 2.5 组材料的压力-温度额定值

材料类别	锻　件	铸　件	板　材
18Cr-10Ni-Cb	06Cr18Ni11Nb[a]	—	06Cr18Ni11Nb[a]

温度/℃	公称压力					
	Class 150	Class 300	Class 600	Class 900	Class 1500	Class 2500
	最大允许工作压力/MPa					
−29～38	1.90	4.96	9.93	14.89	24.82	41.37
50	1.87	4.88	9.75	14.63	24.38	40.64
100	1.74	4.53	9.06	13.59	22.65	37.74

表 30（续）

材料类别	锻　件		铸　件		板　材	
18Cr-10Ni-Cb	06Cr18Ni11Nb[a]		—		06Cr18Ni11Nb[a]	
温度/℃	公　称　压　力					
	Class 150	Class 300	Class 600	Class 900	Class 1500	Class 2500
	最大允许工作压力/MPa					
150	1.58	4.25	8.49	12.74	21.24	35.39
200	1.38	3.99	7.99	11.98	19.97	33.28
250	1.21	3.78	7.56	11.34	18.91	31.51
300	1.02	3.61	7.22	10.83	18.04	30.07
325	0.93	3.54	7.07	10.61	17.68	29.46
350	0.84	3.48	6.95	10.43	17.38	28.96
375	0.74	3.42	6.84	10.26	17.10	28.51
400	0.65	3.39	6.78	10.17	16.95	28.26
425	0.55	3.36	6.72	10.08	16.81	28.01
450	0.46	3.35	6.69	10.04	16.73	27.88
475	0.37	3.17	6.34	9.51	15.82	26.39
500	0.28	2.82	5.65	8.47	14.09	23.50
538	0.14	2.52	5.00	7.52	12.55	20.89
550	—	2.50	4.98	7.48	12.49	20.80
575	—	2.40	4.79	7.18	11.97	19.95
600	—	2.16	4.29	6.42	10.70	17.85
625	—	1.83	3.66	5.49	9.12	15.20
650	—	1.41	2.81	4.25	7.07	11.77
675	—	1.24	2.52	3.76	6.27	10.45
700	—	1.01	2.00	2.98	4.97	8.30
725	—	0.79	1.54	2.32	3.86	6.44
750	—	0.59	1.17	1.76	2.96	4.91
775	—	0.46	0.90	1.37	2.28	3.80
800	—	0.35	0.70	1.05	1.74	2.92
816	—	0.28	0.59	0.86	1.41	2.38

[a] 只有当碳含量≥0.04%时，并且当材料做了最低加热温度为 1 095 ℃的热处理时，才可用于 538 ℃以上。

表 31 用 Class 标记的法兰 2.6 组材料的压力-温度额定值

材料类别	锻 件		铸 件		板 材	
23Cr-12Ni	—		—		06Cr23Ni13	
温度/℃	公 称 压 力					
	Class 150	Class 300	Class 600	Class 900	Class 1500	Class 2500
	最大允许工作压力/MPa					
-29～38	1.90	4.96	9.93	14.89	24.82	41.37
50	1.85	4.83	9.66	14.49	24.15	40.25
100	1.65	4.31	8.62	12.93	21.55	35.92
150	1.53	4.00	8.00	12.00	20.00	33.33
200	1.38	3.78	7.55	11.33	18.88	31.47
250	1.21	3.61	7.21	10.82	18.04	30.06
300	1.02	3.48	6.96	10.44	17.39	28.99
325	0.93	3.42	6.85	10.27	17.12	28.54
350	0.84	3.38	6.76	10.14	16.90	28.17
375	0.74	3.34	6.68	10.01	16.69	27.82
400	0.65	3.31	6.61	9.92	16.54	27.56
425	0.55	3.26	6.53	9.79	16.31	27.19
450	0.46	3.22	6.44	9.65	16.09	26.82
475	0.37	3.17	6.34	9.51	15.82	26.39
500	0.28	2.82	5.65	8.47	14.09	23.50
538	0.14	2.52	5.00	7.52	12.55	20.89
550	—	2.50	4.98	7.48	12.49	20.80
575	—	2.22	4.44	6.65	11.09	18.48
600	—	1.68	3.35	5.03	8.39	13.98
625	—	1.25	2.50	3.75	6.25	10.42
650	—	0.94	1.87	2.81	4.68	7.80
675	—	0.72	1.45	2.17	3.62	6.03
700	—	0.55	1.10	1.65	2.75	4.59
725	—	0.43	0.87	1.30	2.16	3.60
750	—	0.34	0.68	1.02	1.71	2.84
775	—	0.27	0.54	0.81	1.35	2.24
800	—	0.21	0.42	0.63	1.05	1.75
816	—	0.18	0.35	0.53	0.89	1.48

表 32　用 Class 标记的法兰 2.7 组材料的压力-温度额定值

材料类别	锻　件		铸　件		板　材	
25Cr-20Ni	06Cr25Ni20[a]		—		06Cr25Ni20[a]	
温度/℃	公　称　压　力					
	Class 150	Class 300	Class 600	Class 900	Class 1500	Class 2500
	最大允许工作压力/MPa					
−29～38	1.90	4.96	9.93	14.89	24.82	41.37
50	1.85	4.84	9.67	14.51	24.18	40.31
100	1.66	4.34	8.68	13.02	21.70	36.16
150	1.53	4.00	8.00	12.00	20.00	33.33
200	1.38	3.76	7.52	11.28	18.80	31.34
250	1.21	3.58	7.15	10.73	17.88	29.81
300	1.02	3.45	6.89	10.34	17.23	28.72
325	0.93	3.39	6.77	10.16	16.93	28.22
350	0.84	3.33	6.66	9.99	16.65	27.76
375	0.74	3.29	6.57	9.86	16.43	27.38
400	0.65	3.24	6.48	9.73	16.21	27.02
425	0.55	3.21	6.42	9.64	16.06	26.77
450	0.46	3.17	6.34	9.51	15.84	26.40
475	0.37	3.12	6.25	9.37	15.62	26.03
500	0.28	2.82	5.65	8.47	14.09	23.50
538	0.14	2.52	5.00	7.52	12.55	20.89
550	—	2.50	4.98	7.48	12.49	20.80
575	—	2.22	4.44	6.65	11.09	18.48
600	—	1.68	3.35	5.03	8.39	13.98
625	—	1.25	2.50	3.75	6.25	10.42
650	—	0.94	1.87	2.81	4.68	7.80
675	—	0.72	1.45	2.17	3.62	6.03
700	—	0.55	1.10	1.65	2.75	4.59
725	—	0.43	0.87	1.30	2.16	3.60
750	—	0.34	0.68	1.02	1.71	2.84
775	—	0.27	0.53	0.80	1.33	2.21
800	—	0.21	0.41	0.62	1.03	1.72
816	—	0.18	0.35	0.53	0.89	1.48

[a] 只有当碳含量≥0.04%时，才可用于 538 ℃以上。

表 33 用 Class 标记的法兰 2.8 组材料的压力-温度额定值

材料类别	锻 件	铸 件	板 材
22Cr-5Ni-3Mo-N	022Cr23Ni5Mo3N[a]	—	022Cr22Ni5Mo3N[a]
25Cr-7Ni-4Mo-N	—	—	022Cr25Ni7Mo4WCuN[a]
25Cr-7Ni-3.5Mo-N-Cu-W	03Cr25Ni6Mo3Cu2N[a]	—	—

温度/℃	公称压力					
	Class 150	Class 300	Class 600	Class 900	Class 1500	Class 2500
	最大允许工作压力/MPa					
−29～38	2.00	5.17	10.34	15.51	25.86	43.09
50	1.95	5.17	10.34	15.51	25.86	43.09
100	1.77	5.07	10.13	15.20	25.33	42.22
150	1.58	4.59	9.19	13.78	22.96	38.27
200	1.38	4.27	8.53	12.80	21.33	35.54
250	1.21	4.05	8.09	12.14	20.23	33.72
300	1.02	3.89	7.77	11.66	19.43	32.38
325	0.93	3.82	7.63	11.45	19.08	31.80

[a] 该材料在中高温使用后可能变脆。不得用于 315 ℃以上。

表 34 用 Class 标记的法兰 2.11 组材料的压力-温度额定值

材料类别	锻件	铸件	板材
18Cr-10Ni-Cb	—	CF8C[a]	—

温度/℃	公称压力					
	Class 150	Class 300	Class 600	Class 900	Class 1500	Class 2500
	最大允许工作压力/MPa					
−29～38	1.90	4.96	9.93	14.89	24.82	41.37
50	1.87	4.88	9.75	14.63	24.38	40.64
100	1.74	4.53	9.06	13.59	22.65	37.74
150	1.58	4.25	8.49	12.74	21.24	35.39
200	1.38	3.99	7.99	11.98	19.97	33.28
250	1.21	3.78	7.56	11.34	18.91	31.51
300	1.02	3.61	7.22	10.83	18.04	30.07
325	0.93	3.54	7.07	10.61	17.68	29.46
350	0.84	3.48	6.95	10.43	17.38	28.96
375	0.74	3.42	6.84	10.26	17.10	28.51
400	0.65	3.39	6.78	10.17	16.95	28.26
425	0.55	3.36	6.72	10.08	16.81	28.01
450	0.46	3.35	6.69	10.04	16.73	27.88
475	0.37	3.17	6.34	9.51	15.82	26.39

表 34（续）

材料类别	锻件		铸件		板材	
18Cr-10Ni-Cb	—		CF8C[a]		—	
温度/℃	公称压力					
	Class 150	Class 300	Class 600	Class 900	Class 1500	Class 2500
	最大允许工作压力/MPa					
500	0.28	2.82	5.65	8.47	14.09	23.50
538	0.14	2.52	5.00	7.52	12.55	20.89
550	—	2.50	4.98	7.48	12.49	20.80
575	—	2.40	4.79	7.18	11.97	19.95
600	—	1.98	3.96	5.94	9.90	16.51
625	—	1.39	2.77	4.16	6.93	11.55
650	—	1.03	2.06	3.09	5.15	8.58
675	—	0.80	1.59	2.39	3.98	6.63
700	—	0.56	1.12	1.68	2.81	4.68
725	—	0.40	0.80	1.19	1.99	3.31
750	—	0.31	0.62	0.93	1.55	2.58
775	—	0.25	0.49	0.74	1.23	2.04
800	—	0.20	0.40	0.61	1.01	1.69
816	—	0.19	0.38	0.57	0.95	1.58

a 只有当碳含量≥0.04%时，才可用于 538 ℃以上。

表 35 用 Class 标记的法兰 3.4 组材料的压力-温度额定值

材料类别	锻件		铸件		板材	
67Ni-30Cu	NCu30[a]		—		NCu30[a]	
温度/℃	公称压力					
	Class 150	Class 300	Class 600	Class 900	Class 1500	Class 2500
	最大允许工作压力/MPa					
−29～38	1.59	4.14	8.27	12.41	20.68	34.47
50	1.54	4.02	8.05	12.07	20.12	33.53
100	1.38	3.59	7.19	10.78	17.97	29.95
150	1.29	3.37	6.75	10.12	16.87	28.11
200	1.25	3.27	6.54	9.81	16.35	27.24
250	1.21	3.26	6.52	9.78	16.30	27.17
300	1.02	3.26	6.52	9.78	16.30	27.17
325	0.93	3.26	6.52	9.78	16.30	27.17
350	0.84	3.26	6.51	9.77	16.28	27.13
375	0.74	3.24	6.48	9.72	16.19	26.99

表 35（续）

材料类别	锻件		铸件		板材	
67Ni-30Cu	NCu30[a]		—		NCu30[a]	
温度/ ℃	公　称　压　力					
	Class 150	Class 300	Class 600	Class 900	Class 1500	Class 2500
	最大允许工作压力/MPa					
400	0.65	3.21	6.42	9.62	16.04	26.74
425	0.55	3.16	6.33	9.49	15.82	26.36
450	0.46	2.69	5.38	8.07	13.45	22.42
475	0.37	2.08	4.15	6.23	10.38	17.30
[a] 只用退火材料。						

5.2 尺寸公差

5.2.1 用 PN 标记的法兰尺寸公差应符合表 36 的规定。

5.2.2 用 Class 标记的法兰尺寸公差应符合表 37 的规定。

表 36 用 PN 标记的法兰尺寸公差

项目	法兰类型	尺寸范围	尺寸公差/mm	
法兰颈部外径 *A*	对焊法兰 A 型对焊环板式松套法兰 (PL/W-A)	≤DN 125	$^{+3.0}_{0}$	
		DN 150～DN 1200	$^{+4.5}_{0}$	
		≥DN 1400	$^{+6.0}_{0}$	
	B 型对焊环板式松套法兰(PL/W-B) 翻边短节板式松套法兰(PL/P-B) 管端翻边板式松套法兰(PL/P-A)	≤DN 150	±0.75%， 最小为+0.3	
		≥DN 200	±1%， 最大为±3.0	
孔径 *B*	板式平焊法兰(PL) A 型对焊环板式松套法兰(PL/W-A) B 型对焊环板式松套法兰(PL/W-B) 带颈平焊法兰(SO) 平焊环板式松套法兰(PL/C) 管端翻边板式松套法兰(PL/P-A) 翻边短节板式松套法兰(PL/P-B)	≤DN 100	$^{+0.5}_{0}$	
		DN 125～DN 400	$^{+1.0}_{0}$	
		DN 450～DN 600	$^{+1.5}_{0}$	
		≥DN 700	$^{+3.0}_{0}$	
法兰颈部厚度 *S*	对焊法兰(WN) A 型对焊环板式松套法兰 (PL/W-A)		颈部内外均加工	颈部内外至少一面未加工
		≤DN 100	$^{+1.0}_{0}$	$^{+2.0}_{0}$
		DN 125～DN 400	$^{+1.5}_{0}$	$^{+2.5}_{0}$

表 36（续）

<table>
<tr><th>项目</th><th>法兰类型</th><th>尺寸范围</th><th colspan="2">尺寸公差/mm</th></tr>
<tr><td rowspan="5">法兰颈部厚度 S</td><td>对焊法兰(WN)
A 型对焊环板式松套法兰(PL/W-A)</td><td>≥DN 450</td><td>$^{+2.0}_{0}$</td><td>$^{+3.5}_{0}$</td></tr>
<tr><td rowspan="2">B 型对焊环板式松套法兰
(PL/W-B)</td><td>$S≤8$</td><td colspan="2">$^{+15\%}_{-10\%}$</td></tr>
<tr><td>$S>8$</td><td colspan="2">$^{+15\%}_{-\ 5\%}$</td></tr>
<tr><td rowspan="2">管端翻边板式松套法兰
(PL/P-A)
翻边短节板式松套法兰
(PL/P-B)</td><td>≤DN 600</td><td colspan="2">$^{+15\%}_{-12.5\%}$</td></tr>
<tr><td>≥DN 700</td><td colspan="2">$^{+15\%}_{-0.5}$</td></tr>
<tr><td rowspan="11">法兰外径 D</td><td rowspan="6">整体法兰(IF)</td><td>≤DN 250</td><td colspan="2">±4.0</td></tr>
<tr><td>DN 300～DN 500</td><td colspan="2">±5.0</td></tr>
<tr><td>DN 600～DN 800</td><td colspan="2">±6.0</td></tr>
<tr><td>DN 900～DN 1200</td><td colspan="2">±7.0</td></tr>
<tr><td>DN 1400～DN 1600</td><td colspan="2">±8.0</td></tr>
<tr><td>DN 1800～DN 2000</td><td colspan="2">±10.0</td></tr>
<tr><td rowspan="5">其他型式法兰</td><td>≤DN 150</td><td colspan="2">±2.0</td></tr>
<tr><td>DN 200～DN 500</td><td colspan="2">±3.0</td></tr>
<tr><td>DN 600～DN 1200</td><td colspan="2">±5.0</td></tr>
<tr><td>DN 1400～DN 1800</td><td colspan="2">±7.0</td></tr>
<tr><td>≥DN 2000</td><td colspan="2">±10.0</td></tr>
<tr><td rowspan="3">法兰高度 H</td><td rowspan="3">所有带颈法兰</td><td>≤DN 80</td><td colspan="2">±1.5</td></tr>
<tr><td>DN 100～DN 250</td><td colspan="2">±2.0</td></tr>
<tr><td>≥DN 300</td><td colspan="2">±3.0</td></tr>
<tr><td rowspan="7">法兰颈部直径 N</td><td rowspan="5">对焊法兰(WN)
A 型对焊环板式松套法兰
(PL/W-A)
整体法兰(IF)</td><td>≤DN 50</td><td colspan="2">$^{0}_{-2.0}$</td></tr>
<tr><td>DN 65～DN 150</td><td colspan="2">$^{0}_{-4.0}$</td></tr>
<tr><td>DN 200～DN 300</td><td colspan="2">$^{0}_{-6.0}$</td></tr>
<tr><td>DN 350～DN 600</td><td colspan="2">$^{0}_{-8.0}$</td></tr>
<tr><td>DN 700～DN 4000</td><td colspan="2">$^{0}_{-10.0}$</td></tr>
<tr><td rowspan="2">带颈平焊法兰(SO)
带颈螺纹法兰(Th)</td><td>≤DN 50</td><td colspan="2">$^{+1.0}_{0}$</td></tr>
<tr><td>DN 65～DN 150</td><td colspan="2">$^{+2.0}_{0}$</td></tr>
</table>

表 36（续）

项目		法兰类型	尺寸范围		尺寸公差/mm
法兰颈部直径 N		带颈平焊法兰(SO) 带颈螺纹法兰(Th)	DN 200～DN 300		$^{+4.0}_{0}$
			DN 350～DN 600		$^{+8.0}_{0}$
			DN 700～DN 1200		$^{+12.0}_{0}$
			DN 1400～DN 1800		$^{+16.0}_{0}$
			≥DN 2000		$^{+20.0}_{0}$
环厚度 F、F_1		B 型对焊环板式松套法兰 (PL/W-B)	F≤18 mm		±1.0
			F>18 mm		±1.5
		翻边短节板式松套法兰(PL/P-B)	≤18 mm		±10%
		管端翻边板式松套法兰(PL/P-A)	≤5 mm		±0.2
法兰厚度 C		两侧均机械加工的所有型式法兰	C≤18 mm		$^{+1.0}_{-1.3}$
			18 mm<C≤50 mm		±1.5
			C>50 mm		±2.0
		只加工一侧的所有法兰 两侧均未加工的松套法兰	C≤18 mm		$^{+2.0}_{-1.3}$
			18 mm<C≤50 mm		$^{+4.0}_{-1.5}$
			C>50 mm		$^{+7.0}_{-2.0}$
法兰密封面尺寸	d	所有型式法兰	≤DN 250		$^{+2.0}_{-1.0}$
			≥DN 300		$^{+3.0}_{-1.0}$
	f_1	所有型式法兰 （密封面型式为突面、凹面、槽面）	≤DN 32	f_1=2 mm	$^{0}_{-1}$
			DN 40～DN 250	f_1=3 mm	$^{0}_{-2}$
			DN 300～DN 500	f_1=4 mm	$^{0}_{-3}$
			≥DN 600	f_1=5 mm	$^{0}_{-4}$
	f_2	所有型式法兰 （密封面型式为榫面、凸面、O 形圈凸面）	所有尺寸		$^{+0.5}_{0}$

表 36（续）

<table>
<tr><th colspan="2">项目</th><th colspan="2">法兰类型</th><th colspan="2">尺寸范围</th><th>尺寸公差/mm</th></tr>
<tr><td rowspan="7">法兰密封面尺寸</td><td rowspan="2">f_3</td><td colspan="2">所有型式法兰
（槽面 、凹面）</td><td colspan="2">所有尺寸</td><td>+0.5
0</td></tr>
<tr><td colspan="2">所有型式法兰（O 形圈槽面）</td><td colspan="2">所有尺寸</td><td>+0.2
0</td></tr>
<tr><td>f_4</td><td colspan="2">所有型式法兰（O 形圈槽面）</td><td colspan="2">所有尺寸</td><td>+0.5
0</td></tr>
<tr><td>W</td><td colspan="2">所有型式法兰</td><td colspan="2">所有尺寸</td><td>+0.5
0</td></tr>
<tr><td>X</td><td colspan="2">所有型式法兰</td><td colspan="2">所有尺寸</td><td>0
−0.5</td></tr>
<tr><td>Y</td><td colspan="2">所有型式法兰</td><td colspan="2">所有尺寸</td><td>+0.5
0</td></tr>
<tr><td>Z</td><td colspan="2">所有型式法兰</td><td colspan="2">所有尺寸</td><td>0
−0.5</td></tr>
<tr><td colspan="2" rowspan="3">螺栓孔中心圆直径
K</td><td colspan="2" rowspan="3">所有型式法兰</td><td rowspan="3">螺栓尺寸</td><td>≤M24</td><td>±1.0</td></tr>
<tr><td>M27～M45</td><td>±1.5</td></tr>
<tr><td>≥M48</td><td>±2.0</td></tr>
<tr><td colspan="2" rowspan="3">相邻两螺栓孔的弦距</td><td colspan="2" rowspan="3">所有型式法兰</td><td rowspan="3">螺栓尺寸</td><td>≤M24</td><td>±1.0</td></tr>
<tr><td>M27～M45</td><td>±1.5</td></tr>
<tr><td>≥M48</td><td>±2.0</td></tr>
<tr><td colspan="2" rowspan="2">机加工面的
同轴度公差</td><td colspan="2" rowspan="2">所有型式法兰</td><td colspan="2">≤DN 65</td><td>1.0</td></tr>
<tr><td colspan="2">≥DN 80</td><td>2.0</td></tr>
<tr><td colspan="2" rowspan="2">密封面与螺栓
支承面的夹角</td><td rowspan="2">所有型式
法兰</td><td>机加工的螺栓支承面</td><td colspan="2">所有尺寸</td><td>1°</td></tr>
<tr><td>未机加工的螺栓支承面</td><td colspan="2">所有尺寸</td><td>2°</td></tr>
</table>

表 37　用 Class 标记的法兰尺寸公差

<table>
<tr><th>项目</th><th>法兰型式</th><th colspan="2">尺寸或尺寸范围</th><th>公差/mm</th></tr>
<tr><td rowspan="2">法兰厚度 C</td><td rowspan="2">所有型式</td><td>≤NPS 18</td><td>≤DN 450</td><td>+3.0
0</td></tr>
<tr><td>≥NPS 20</td><td>≥DN 500</td><td>+5.0
0</td></tr>
<tr><td rowspan="3">法兰高度 H</td><td rowspan="3">对焊法兰</td><td>≤NPS 4</td><td>≤DN 100</td><td>±1.5</td></tr>
<tr><td>5≤NPS≤10</td><td>125≤DN≤250</td><td>+1.5
−3.0</td></tr>
<tr><td>≥NPS 12</td><td>≥DN 300</td><td>+3.0
−5.0</td></tr>
</table>

表 37（续）

项目	法兰型式	尺寸或尺寸范围			公差/mm
焊接端部	对焊法兰	公称外径 *A*	≤NPS 5	≤DN 125	+2.0 −1.0
			≥6	≥DN 150	+4.0 −1.0
		公称内径 *B*	图 A.6 结构	≤DN 250	±1.0
				300≤DN≤450	±1.5
				≥DN 500	+3.0 −1.5
			图 A.7 结构	≤DN 250	0 −1.0
				≥DN 300	0 −1.5
		衬环孔径 *C*(见图 A.7)			+0.25 0
		颈部厚度			焊接端颈部的厚度应不小于法兰所连接的管子公称壁厚的 87.5%，负公差为所焊接管子壁厚的 12.5%，或者按用户提出的最小壁厚
法兰孔径 *B*	松套法兰 带颈平焊法兰 承插焊法兰	≤DN 250			+1.0 0
		≥DN 300			+1.5 0
沉孔 *Q*	螺纹法兰	≤DN 250			+1.0 0
		≥DN 300			+1.5 0
	承插焊法兰	25≤DN≤80			±0.25
法兰密封面	突面法兰	法兰的突面直径 *R*	$f_1=2$		±1.0
			$f_1=7$		±0.5
		2 mm 的突面高度尺寸 f_1			±0.5
		7 mm 的突面高度尺寸 f_1			±2.0
	环连接面法兰	环连接槽的深度 *E*			+0.4 0
		环连接槽的宽度 *E*			±0.2
		环连接槽的尺寸 *P*			±0.13

表 37（续）

<table>
<tr><th>项目</th><th>法兰型式</th><th colspan="2">尺寸或尺寸范围</th><th>公差</th></tr>
<tr><td rowspan="4">法兰密封面</td><td rowspan="3">环连接面法兰</td><td colspan="2">环连接槽的 23°角</td><td>±0.5°</td></tr>
<tr><td rowspan="2">环连接槽的底部圆角半径 R_1</td><td>$R_1 \leqslant 2$ mm 时</td><td>$^{+0.5}_{0}$</td></tr>
<tr><td>$R_1 > 2$ mm 时</td><td>±0.5</td></tr>
<tr><td>凹凸面和榫槽面法兰</td><td colspan="2">R、W、U、Z</td><td>±0.5</td></tr>
<tr><td>螺栓孔中心圆直径 K</td><td>所有型式</td><td colspan="2">所有尺寸</td><td>±1.5</td></tr>
<tr><td rowspan="2">螺栓孔中心圆同心度</td><td rowspan="2">所有形式</td><td colspan="2">≤DN 65</td><td>0.8</td></tr>
<tr><td colspan="2">≥DN 80</td><td>1.5</td></tr>
<tr><td>相邻两螺栓孔的弦距</td><td>所有型式</td><td colspan="2">所有尺寸</td><td>±0.8</td></tr>
</table>

6 连接密封面

6.1 法兰密封面的型式应符合 GB/T 9112 的规定。

6.2 法兰的连接密封面应进行机械加工，加工表面粗糙度应符合表 38 的规定。用户有特殊要求应在订货合同中注明。

6.3 环连接密封面法兰的环槽密封面的硬度应高于所配合的金属环垫的硬度。

表 38 密封面的表面粗糙度

<table>
<tr><th rowspan="2">密封面型式</th><th rowspan="2">密封面代号</th><th colspan="2">Ra/μm</th><th colspan="2">Rz/μm</th></tr>
<tr><th>min</th><th>max</th><th>min</th><th>max</th></tr>
<tr><td>全平面</td><td>FF</td><td rowspan="3">3.2</td><td rowspan="3">6.3</td><td rowspan="3">12.5</td><td rowspan="3">50</td></tr>
<tr><td>突面</td><td>RF</td></tr>
<tr><td>凹凸面</td><td>FM</td></tr>
<tr><td>榫槽面</td><td>TG</td><td rowspan="2">0.8</td><td rowspan="2">3.2</td><td rowspan="2">3.2</td><td rowspan="2">12.5</td></tr>
<tr><td>O 形圈面</td><td>OSG</td></tr>
<tr><td>环连接面</td><td>RJ</td><td>0.4</td><td>1.6</td><td>—</td><td>—</td></tr>
<tr><td colspan="6">注：对于全平面(FF)、突面(RF)和凹凸面(FM)法兰，密封面一般加工成锯齿形的同心圆或螺旋齿槽，加工刀具的圆角半径应不小于 1.5 mm，同心圆或螺旋齿槽的深度约为 0.05 mm，节距约为 0.50～0.56 mm。对于 Class 标记的凹凸面(FM)法兰，也可以加工成光面。</td></tr>
</table>

7 紧固件及垫片

7.1 紧固件

7.1.1 法兰用紧固件的选用应符合 GB/T 9125 的规定。用户应根据法兰的压力、温度、材料和所选择的垫片来选择紧固件材料，以保证法兰连接在预期操作条件下的密封性能。

7.1.2 材料的屈服强度值大于等于 640 MPa 的螺栓为高强度螺栓，高强度螺栓一般可用于任何压力级的法兰连接。屈服强度小于等于 206 MPa 的螺栓为低强度螺栓，低强度螺栓一般仅能用于公称压力不大于 PN 40 及 Class 300 的法兰连接，用低强度碳钢螺栓连接的法兰一般不用于 200 ℃以上的温度或−29 ℃以下的温度。介于高强度螺栓与低强度螺栓之间的螺栓为中强度螺栓。紧固件的选用按 GB/T 9125的规定。

7.2 垫片

7.2.1 垫片材料应符合有关标准的规定。用户应负责垫片材料的选用，所选材料应能够承受螺栓载荷而不会被压坏，并适用于操作条件。如果系统的试验压力高于本标准的规定时，要特别注意垫片材料的选择。

7.2.2 垫片应满足法兰连接在工作条件下的密封性能。

8 焊接端型式及尺寸

法兰的焊接端型式及尺寸按附录 A(规范性附录)的规定。

9 加工制造

9.1 各种类型法兰的制造方法按表 39 的规定。

9.2 法兰的螺栓支承面应进行机加工或锪孔，锪孔尺寸按 GB/T 152.4 的有关规定。加工后的法兰厚度应保证符合表 36 或表 37 尺寸公差的要求。

9.3 螺纹法兰的螺纹加工要求应符合 GB /T 7306.1 或 GB/T 12716 的有关规定。

9.4 所有螺栓孔应均等地分布在螺栓孔中心圆直径上；对于整体式法兰，其螺栓孔应与管道主轴线或铅垂线跨中布置。

表 39 各种法兰类型的制造方法

法兰类型与代号		法兰标准	制造方法				
			锻造	铸造	钢板	棒材或型钢	钢管
整体法兰(IF)		GB/T 9113	√	√	×	√	×
带颈螺纹法兰(Th)		GB/T 9114	√	×	×	√	×
对焊法兰(WN)		GB/T 9115	√	×	×	√	×
带颈平焊法兰(SO)		GB/T 9116	√	×	×	√	×
带颈承插焊法兰(SW)		GB/T 9117	√	×	×	√	×
对焊环带颈松套法兰(HL/W)	带颈松套法兰	GB/T 9118	√	×	×	√	×
	对焊环		√	×	×	×	√
板式平焊法兰(PL)		GB/T 9119	√	×	√	√	×
对焊环板式松套法兰(PL/W)	板式松套法兰	GB/T 9120	√	×	√	√	×
	对焊环		√	×	×	√	×
平焊环板式松套法兰(PL/C)	板式松套法兰	GB/T 9121	√	×	√	√	×
	平焊环		√	×	√	√	×
翻边环板式松套法兰(PL/P)	板式松套法兰	GB/T 9122	√	×	√	√	×
	翻边短节		√	×	√	√	√
法兰盖(BL)		GB/T 9123	√	×	√	√	×
注：√表示可以，×表示不可以。							

10 试验

10.1 法兰原则上不单独进行压力试验。当法兰安装到管道或设备上之后，其水压试验压力应不大于表 3～表 14 规定的常温下最大允许工作压力(MPa)的 1.5 倍或表 15～表 35 规定的 38 ℃下最大允许工作压力(MPa)的 1.5 倍。如果采用更高的压力进行试验，用户应该考虑法兰、垫片及紧固件的强度和性能,并应符合有关规范和法规的要求。

10.2 整体法兰(IF)的压力试验应符合有关产品标准的规定。

11 检验和验收

11.1 检验

11.1.1 法兰表面应光滑,不得有伤痕、裂纹等缺陷。

11.1.2 机加工表面不得有毛刺、有害的划痕和其他降低法兰强度及连接可靠性的缺陷。

11.1.3 环连接面法兰的密封面应逐件检查,环槽的密封面不得有裂纹、划痕或撞伤等缺掐。

11.1.4 法兰材料应符合有关标准的规定,并具有相应的质量证明文件。

11.1.5 法兰加工质量应符合本技术条件的各项规定。

11.1.6 法兰加工完毕后,应采取必要的防护措施以防止密封面锈蚀、划伤和撞击。

11.1.7 法兰的无损探伤检验由用户与制造厂协商确定。

11.2 验收

法兰的验收规则由用户与制造厂协商确定。

12 标志

12.1 除了整体式法兰外,每个法兰(包括法兰盖)应采用钢印、激光等永久性标志的方法,在法兰的外圆柱表面标出清晰、可见的标志。

12.2 法兰标志内容如下:

a) 制造商名称或商标;

b) 本标准编号(可不包括年代号)例如:GB/T 9115;

c) 法兰的类型代号;

d) 公称尺寸,例如 DN 150;

e) 公称压力,例如 PN 40;

f) 材料牌号或代号;

g) 合同要求的其他标志内容。

13 供货要求

13.1 法兰的包装应防止各种规格和材料法兰的混淆。

13.2 法兰的包装应防止在运输及储存过程中的损坏。

13.3 法兰交货时应提供产品质量证明文件。

附 录 A
（规范性附录）
焊接端型式及尺寸

本附录规定了钢制管法兰的焊接端型式及尺寸。

A.1 对焊连接端的型式及尺寸

A.1.1 用 PN 标记的法兰对焊连接端的型式及尺寸

A.1.1.1 用 PN 标记的对焊法兰（WN）及 A 型对焊环板式松套法兰（LPC）的对焊连接端应符合图 A.1～图 A.3的规定。当法兰颈部厚度 $S \leqslant 3$ mm 时，法兰的对焊端部为直角。当法兰颈部厚度 3 mm$<S<$22 mm 时，法兰的对焊端应符合图 A.1 的规定。当法兰颈部厚度 $S \geqslant 22$ mm 时，法兰的对焊端部应符合图 A.2 的规定。当法兰颈部厚度 S 大于管子壁厚 t 时，法兰的对焊端应符合图 A.3 的规定。

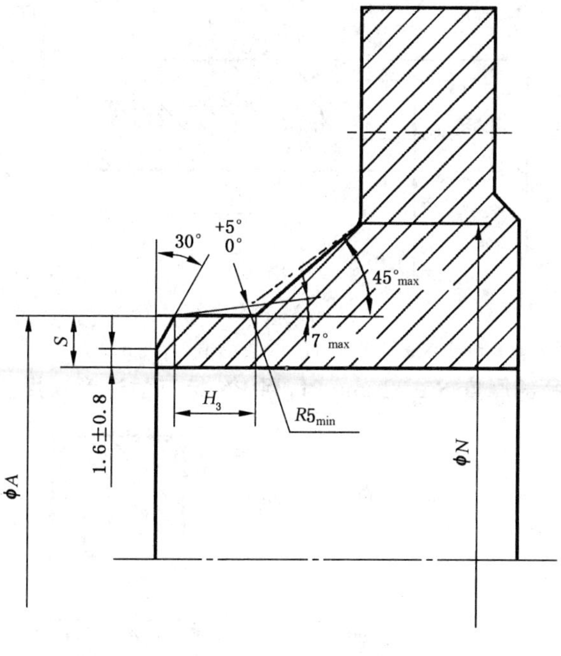

DN≤200 时，H_3 的最小值为 6 mm；DN≥250 时，H_3 的最小值为 12 mm。

图 A.1 当法兰颈部厚度 3 mm$<S<$22 mm 时，用 PN 标记的法兰对焊连接端的型式及尺寸

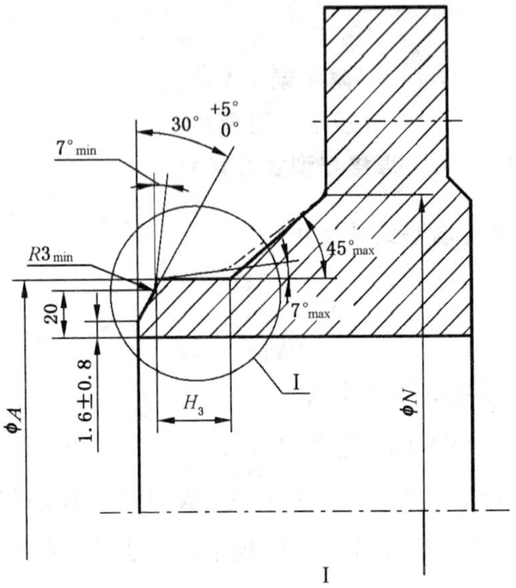

I

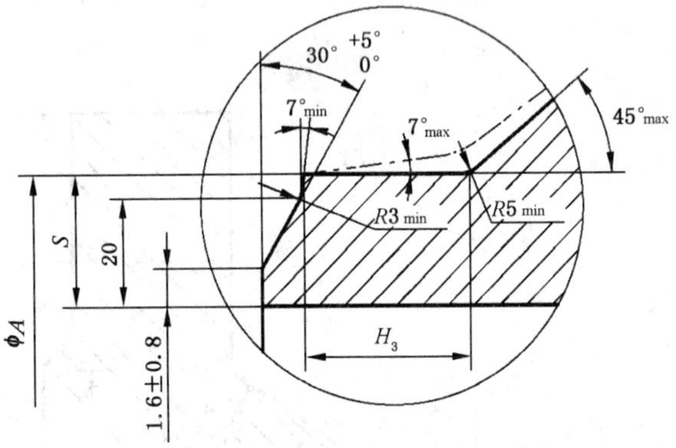

DN≤200 时，H_3 的最小值为 6 mm，DN≥250 时，H_3 的最小值为 12 mm。

图 A.2 当法兰颈部厚度 S≥22 mm 时，用 PN 标记的法兰对焊连接端的型式及尺寸

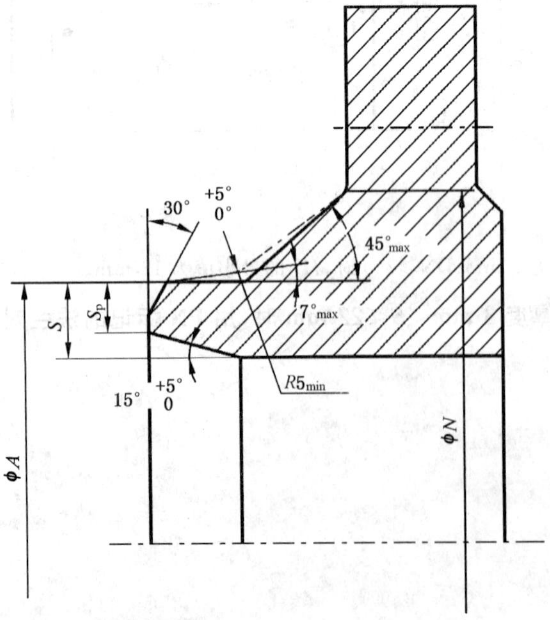

对焊端的连接部位的壁厚 S_p 应该与管子的壁厚 t 相同。

图 A.3 当法兰颈部厚度 S>管子壁厚 t 时，用 PN 标记的法兰对焊连接端的型式及尺寸

A.1.1.2 用PN标记的对焊法兰的对焊端壁厚见表A.1。

表 A.1 用 PN 标记的对焊法兰的对焊端壁厚

单位为毫米

公称尺寸 DN	焊端外径（钢管外径）A	PN 2.5		PN 6		PN 10		PN 16		PN 25		PN 40		PN 63		PN 100	
		S	S_p	S	S_p	S	S_p	S	S_p	S	S_p	S	S_p	S	S_p	S	S_p
10	17.2	2	2	2	2	2	2	2	2	2	2	2	2	2	2	2	2
15	21.3	2	2	2	2	2	2	2	2	2	2	2	2	2	2	3.2	2
20	26.9	2.3	2.3	2.3	2.3	2.3	2.3	2.3	2.3	2.3	2.3	2.3	2.3	2.3	2.3	3.2	2.3
25	33.7	2.6	2.6	2.6	2.6	2.6	2.6	2.6	2.6	2.6	2.6	2.6	2.6	2.6	2.6	3.6	2.6
32	42.4	2.6	2.6	2.6	2.6	2.6	2.6	2.6	2.6	2.6	2.6	2.6	2.6	2.6	2.6	3.6	2.9
40	48.3	2.6	2.6	2.6	2.6	2.6	2.6	2.6	2.6	2.6	2.6	2.6	2.6	2.9	2.9	3.6	3.2
50	60.3	2.9	2.9	2.9	2.9	2.9	2.9	2.9	2.9	2.9	2.9	2.9	2.9	2.9	3.2	4	3.6
65	76.1	2.9	2.9	2.9	2.9	2.9	2.9	2.9	2.9	2.9	2.9	2.9	2.9	4	3.6	4	4
80	88.9	3.2	3.2	3.2	3.2	3.2	3.2	3.2	3.2	3.2	3.2	3.2	3.2	4	4	5	5
100	114.3	3.6	3.6	3.6	3.6	3.6	3.6	3.6	3.6	3.6	3.6	3.6	3.6	4.5	4.5	5.6	5.6
125	139.7	4	4	4	4	4	4	4	4	4	4	4	4	4.5	5.6	6.3	6.3
150	168.3	4.5	4.5	4.5	4.5	4.5	4.5	4.5	4.5	4.5	4.5	4.5	4.5	5.6	6.3	8	8
200	219.1	6.3	6.3	6.3	6.3	6.3	6.3	6.3	6.3	6.3	6.3	6.3	6.3	6.3	7.1	8.8	8.8
250	273.0	6.3	6.3	6.3	6.3	6.3	6.3	6.3	6.3	7.1	7.1	7.1	7.1	7.1	8.8	10	10
300	323.9	7.1	7.1	7.1	7.1	7.1	7.1	7.1	7.1	8	8	8	8	8.8	10	12.5	12.5
350	355.6	7.1	7.1	7.1	7.1	7.1	7.1	8	8	8	8	8.8	8.8	11	10	14.2	14.2
400	406.4	7.1	7.1	7.1	7.1	7.1	7.1	8	8	8.8	8.8	11	11	12.5	11	16	16
450	457	7.1	7.1	7.1	7.1	7.1	7.1	8	8	8.8	8.8	12.5	12.5	14.2	—	—	—
500	508	7.1	7.1	7.1	7.1	7.1	7.1	8	8	10	10	14.2	14.2	—	—	—	—
600	610	7.1	7.1	7.1	7.1	8	7.1	10	8.8	11	11	16	16	—	—	—	—
700	711	7.1	7.1	8	7.1	8.8	8	10	8.8	14.2	12.5	—	—	—	—	—	—
800	813	7.1	7.1	8	7.1	8.8	8	12.5	10	16	14.2	—	—	—	—	—	—
900	914	7.1	7.1	8	7.1	12.5	10	12.5	10	17.5	16	—	—	—	—	—	—
1 000	1 016	7.1	7.1	8	7.1	12.5	10	12.5	10	20	17.5	—	—	—	—	—	—
1 200	1 219	8	7.1	8.8	8	12.5	11	14.2	12.5	—	—	—	—	—	—	—	—
1 400	1 422	8	7.1	8.8	8	14.2	12.5	16	14.2	—	—	—	—	—	—	—	—
1 600	1 626	8.8	8	10	9	16	14.2	17.5	16	—	—	—	—	—	—	—	—
1 800	1 829	10	10	11	10	17.5	16	20	17.5	—	—	—	—	—	—	—	—
2 000	2 032	11	10	12.5	11	17.5	16	22	20	—	—	—	—	—	—	—	—
2 200	2 235	11	10	14	12.5	20	18	—	—	—	—	—	—	—	—	—	—
2 400	2 438	11	10	15	14.2	22.2	20	—	—	—	—	—	—	—	—	—	—
2 600	2 620	11	10	16	14.2	25	22.2	—	—	—	—	—	—	—	—	—	—
2 800	2 820	11	10	17	16	25	22.2	—	—	—	—	—	—	—	—	—	—

表 A.1（续）

单位为毫米

公称尺寸 DN	焊端外径（钢管外径）A	PN 2.5		PN 6		PN 10		PN 16		PN 25		PN 40		PN 63		PN 100	
		S	S_p	S	S_p	S	S_p	S	S_p	S	S_p	S	S_p	S	S_p	S	S_p
3 000	3 020	11	10	20	16	32	24	—	—	—	—	—	—	—	—	—	—
3 200	3 220	11	10	20	16	—	—	—	—	—	—	—	—	—	—	—	—
3 400	3 420	11	10	22	17.5	—	—	—	—	—	—	—	—	—	—	—	—
3 600	3 620	11	10	22	17.5	—	—	—	—	—	—	—	—	—	—	—	—
3 800	3 820	11	10	—	—	—	—	—	—	—	—	—	—	—	—	—	—
4 000	4 020	11	10	—	—	—	—	—	—	—	—	—	—	—	—	—	—

A.1.1.3 用PN标记的B型对焊环板式松套法兰对焊端型式见图A.4，对焊端的壁厚见表A.2。

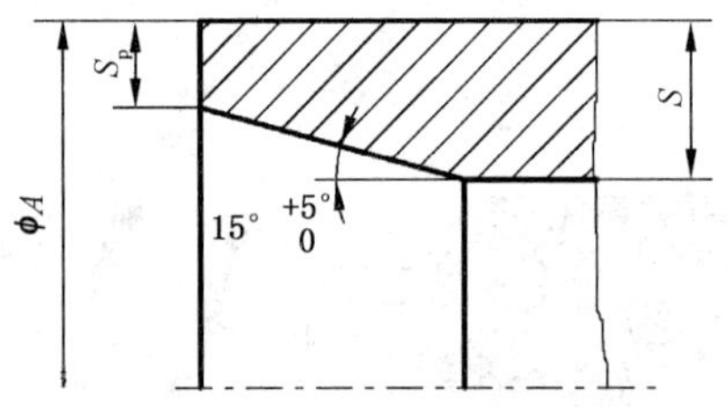

a) $S_p<4$ mm 时的对焊端

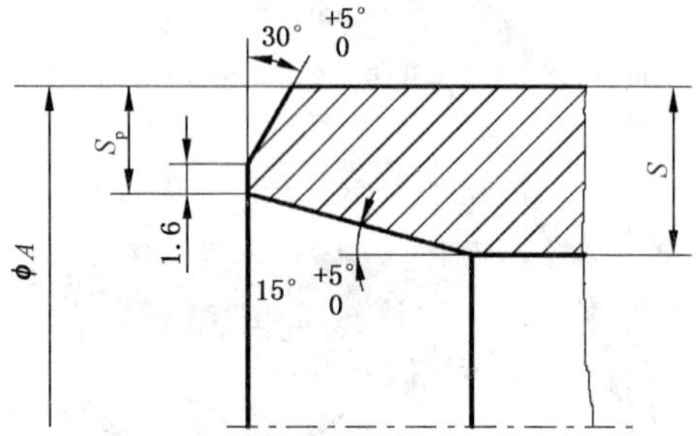

b) $S_p \geqslant 4$ mm 时的对焊端

图 A.4 用 PN 标记的 B 型对焊环板式松套法兰对焊端型式

表 A.2 用 PN 标记的 B 型对焊环板式松套法兰对焊端的壁厚

单位为毫米

公称尺寸 DN	焊端外径（钢管外径）A	PN 2.5		PN 6		PN 10		PN 16		PN 25		PN 40	
		S	S_p	S	S_p	S	S_p	S	S_p	S	S_p	S	S_p
10	17.2	3	2	3	2	3	2	3	2	3	2	3	2
15	21.3	3	2	3	2	3	2	3	2	3	2	3	2
20	26.9	3	2	3	2	3	2	3	2	3	2	3	2
25	33.7	3	2	3	2	3	2	3	2	3	2	3	2
32	42.4	3	2	3	2	3	2	3	2	3	2	3	2
40	48.3	3	2	3	2	3	2	3	2	3	2	3	2
50	60.3	3	2	3	2	3	2	3	2	4	2.6	4	2.6
65	76.1	4	2	4	2	4	2	4	2	5	2.6	5	2.6
80	88.9	4	2	4	2	4	2	4	2	6	2.6	6	2.6
100	114.3	4	2	4	2	4	2	4	2	6	3.2	6	3.2
125	139.7	5	2	5	2	5	2	5	2	6	3.2	6	3.2
150	168.3	6	2	6	2	6	2	6	2	8	3.2	8	4
200	219.1	6	2.6	6	2.6	6	2.6	6	2.6	8	3.2	10	5
250	273.0	8	3.2	8	3.2	8	3.2	8	3.2	10	5	12	6.3
300	323.9	8	3.2	8	3.2	8	3.2	10	4	10	6.3	12	8
350	355.6	8	3.2	8	3.2	8	3.2	10	4	12	6.3	14	8

表 A.2（续）

单位为毫米

公称尺寸 DN	焊端外径（钢管外径）A	PN 2.5		PN 6		PN 10		PN 16		PN 25		PN 40	
		S	S_p	S	S_p	S	S_p	S	S_p	S	S_p	S	S_p
400	406.4	8	3.2	8	3.2	8	3.2	12	5	14	8	16	10
450	457	8	3.6	8	3.6	8	3.6	12	5	15	8	—	—
500	508	8	4	8	4	8	4	12	6.3	16	10	—	—
600	610	8	5	8	5	10	5	12	8	18	10	—	—
700	711	8	5	8	5	10	6.3	14	8	20	14.2	—	—
800	813	10	6.3	10	6.3	12	6.3	16	10	20	14.2	—	—
900	914	10	6.3	10	6.3	12	8	18	10	—	—	—	—
1 000	1 016	12	8	12	8	12	8	18	10	—	—	—	—
1 200	1 219	14	10	14	10	16	10	—	—	—	—	—	—

A.1.1.4 用PN标记的管端翻边板式松套法兰和翻边短节板式松套法兰对焊端型式见图A.5，对焊端的壁厚见表A.3。

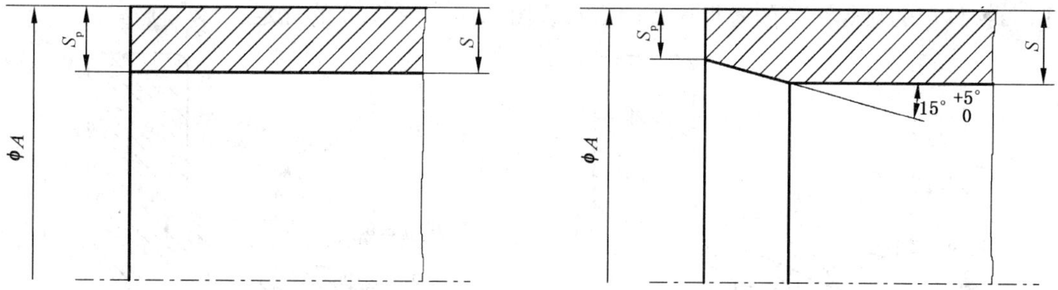

a) $S=S_p$ 时的对焊端型式　　b) $S>S_p$ 时的对焊端型式

图 A.5 用PN标记的管端翻边板式松套法兰和翻边短节板式松套法兰对焊端型式

表 A.3 用PN标记的管端翻边板式松套法兰和翻边短节板式松套法兰对焊端壁厚

单位为毫米

公称尺寸 DN	焊端外径（钢管外径）A	管端翻边板式松套法兰				翻边短节板式松套法兰			
		PN 2.5～PN 10		PN 16		PN 2.5～PN 10		PN 16	
		S	S_p	S	S_p	S	S_p	S	S_p
10	17.2	2	2	2	2	2	2	2	2
15	21.3	2	2	2	2	2	2	2	2
20	26.9	2	2	2	2	2.6	2.6	2.6	2.6
25	33.7	2	2	2	2	2.6	2.6	2.6	2.6
32	42.4	2	2	2	2	3.2	3.2	3.2	3.2
40	48.3	2	2	2	2	3.2	3.2	3.2	3.2
50	60.3	2	2	2	2	3.2	3.2	3.2	3.2
65	76.1	2	2	2	2	3.2	3.2	3.2	3.2
80	88.9	2	2	3.2	3.2	3.2	3.2	3.2	3.2
100	114.3	3.2	3.2	3.2	3.2	3.2	3.2	3.2	3.2

表 A.3（续） 单位为毫米

公称尺寸 DN	焊端外径（钢管外径）A	管端翻边板式松套法兰				翻边短节板式松套法兰			
		PN 2.5～PN 10		PN 16		PN 2.5～PN 10		PN 16	
		S	S_p	S	S_p	S	S_p	S	S_p
125	139.7	3.2	3.2	3.5	3.2	4	3.2	4	3.2
150	168.3	3.5	3.2	4.5	3.2	5	3.2	5	3.2
200	219.1	4.5	3.2	5.6	3.2	5	3.2	6	3.2
250	273.0	—	—	—	—	8	3.2	10	3.2
300	323.9	—	—	—	—	8	3.2	10	4
350	355.6	—	—	—	—	8	3.2	10	4
400	406.4	—	—	—	—	8	3.2	10	4
450	457	—	—	—	—	8	3.2	—	—
500	508	—	—	—	—	8	3.2	—	—

A.1.2 用 Class 标记的法兰对焊连接端的型式及尺寸

用 Class 标记的对焊法兰的对焊连接端应符合图 A.6～图 A.8 的规定。

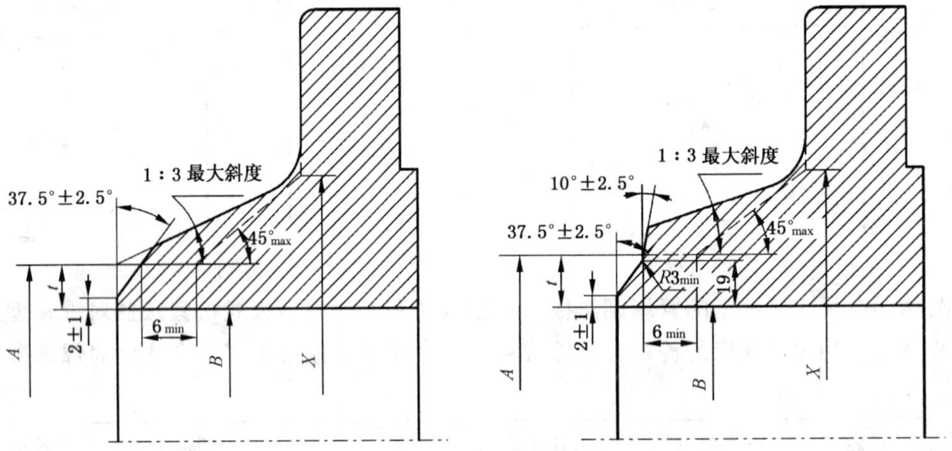

a）壁厚 $t \leqslant 22$ mm 时的坡口型式和尺寸　　b）壁厚 $t > 22$ mm 时的坡口型式和尺寸

A＝管子的公称外径；B＝管子的公称内径；t＝管子的公称壁厚。

图 A.6 无衬环的对焊法兰的焊接坡口型式及尺寸

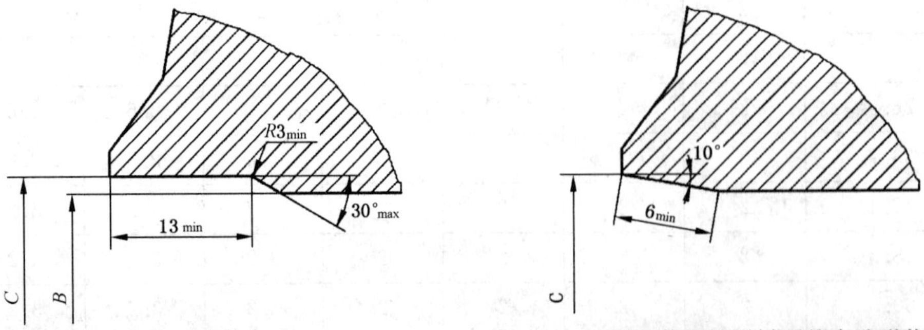

a）使用矩形衬环的内壁形状　　b）使用锥形衬环的内壁形状

A＝焊接端公称外径；B＝管子的公称内径＝$A-2t=A-0.79$ mm$-1.75t-0.25$ mm；t＝公称壁厚；

$1.75t$＝公称壁厚的 87.5%×2，折合成直径方向；0.25 mm＝直径 C 的正偏差；0.79 mm＝管子外径的负偏差。

图 A.7 有衬环的对焊法兰的焊接坡口和尺寸

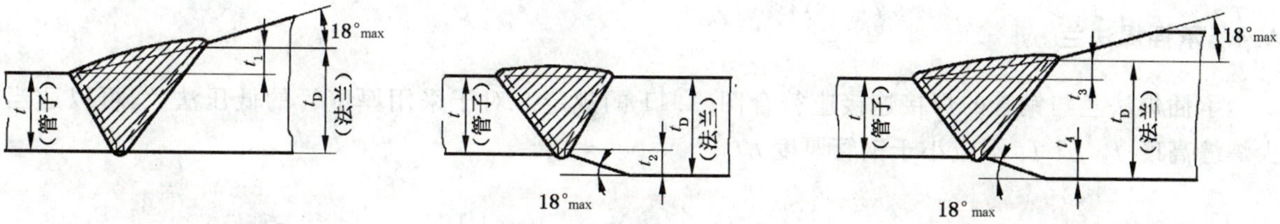

a) 外加厚坡口　　b) 内加厚坡口　　c) 内外同时加厚的坡口

注 1：t_1，t_2 或 t_3+t_4 都不应超过 0.5 t。

注 2：当相连部件的最小规定屈服强度不相等时，t_D 值至少应等于 t 乘以管子对法兰的最小规定屈服强度的比值，但不应大于 1.5 t。

注 3：焊接应符合有关标准规范的要求。

注 4：与较高强度管子焊接时，对焊法兰的焊接端部需要附加厚度。

图 A.8　法兰对焊端壁厚与管子壁厚不相同时的焊接

A.2　板式平焊法兰和平焊环板式松套法兰

板式平焊法兰和平焊环板式松套法兰与钢管的焊接连接应符合图 A.9 的规定。对于采用厚壁管的低压法兰，可以适当减少焊缝高度 f_1，但 f_1 不应小于钢管厚度 t。

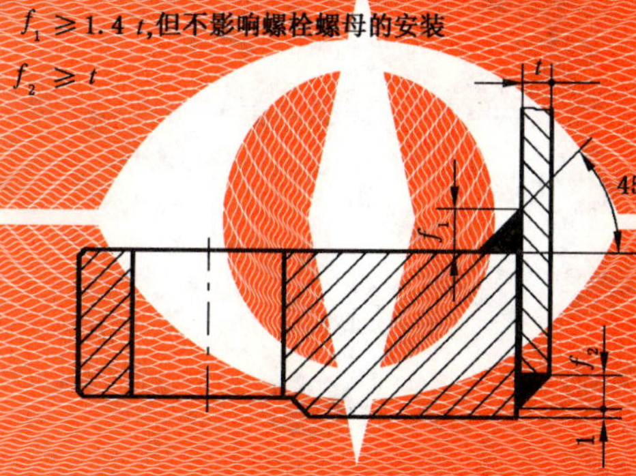

图 A.9　板式平焊法兰和平焊环板式松套法兰与钢管的焊接连接

A.3　带颈平焊法兰

带颈平焊法兰与钢管的焊接连接应符合图 A.10 的规定。对于采用厚壁管的低压法兰，可以适当减少焊缝高度 f_1，但 f_1 不应小于钢管厚度 t。

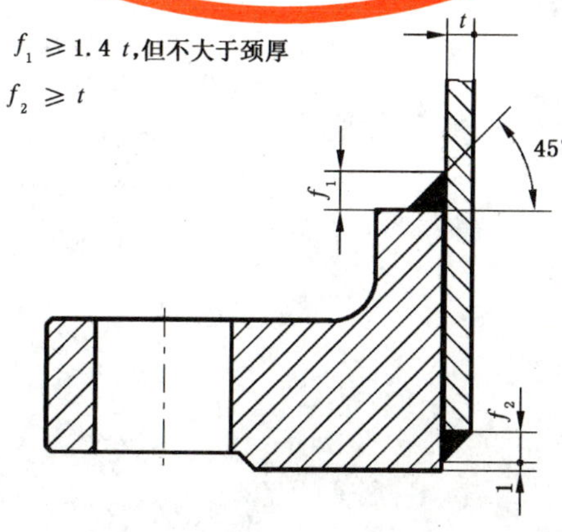

图 A.10　带颈平焊法兰与钢管的焊接连接

A.4 承插焊法兰

承插焊法兰与钢管的焊接连接应符合图 A.11 的规定。对于采用厚壁管的低压法兰,可以适当减少焊缝高度 f_1,但 f_1 不应小于钢管厚度 t。

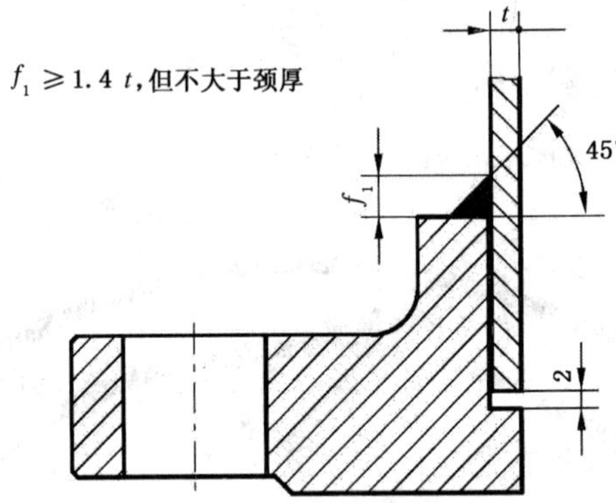

图 A.11 承插焊法兰与钢管的焊接连接

附 录 B
（规范性附录）
Class 标记法兰的压力-温度极限额定值

本标准 Class 标记法兰的压力-温度极限额定值见表 B.1，额定值不得超过本表规定的极限额定值。

表 B.1 Class 标记法兰的压力-温度极限额定值

温度/℃	公称压力					
	Class 150	Class 300	Class 600	Class 900	Class 1500	Class 2500
	极限工作压力/MPa					
−29～38	2.00	5.17	10.34	15.51	25.86	43.09
50	1.95	5.7	10.34	15.51	25.86	43.09
100	1.77	5.5	10.30	15.46	25.76	42.94
150	1.58	5.3	10.03	15.06	25.08	41.82
200	1.38	4.6	9.72	14.58	24.34	40.54
250	1.21	4.3	9.27	13.90	23.18	38.62
300	1.02	4.9	8.57	12.86	21.44	35.71
325	0.93	4.4	8.26	12.40	20.66	34.43
350	0.84	4.3	8.04	12.07	20.11	33.53
375	0.74	3.9	7.76	11.65	19.41	32.32
400	0.65	3.5	7.33	10.98	18.31	30.49
425	0.55	3.2	7.00	10.51	17.51	29.16
450	0.46	3.7	6.77	10.14	16.90	28.18
475	0.37	3.7	6.34	9.51	15.82	26.39
500	0.28	2.2	5.65	8.47	14.09	23.50
525	0.19	2.8	5.16	7.74	12.90	21.49
538	0.14	2.2	5.00	7.52	12.55	20.89
550	—	2.0	4.98	7.48	12.49	20.80
575	—	2.0	4.79	7.18	11.97	19.95
600	—	2.6	4.29	6.42	10.70	17.85
625	—	1.3	3.66	5.49	9.12	15.20
650	—	1.1	2.81	4.25	7.07	11.77
675	—	1.4	2.52	3.76	6.27	10.45
700	—	1.1	2.00	2.98	4.97	8.30
725	—	0.79	1.54	2.32	3.86	6.44
750	—	0.59	1.17	1.76	2.96	4.91
775	—	0.46	0.90	1.37	2.28	3.80
800	—	0.35	0.70	1.05	1.74	2.92
816	—	0.28	0.59	0.86	1.41	2.38

注：Class 150 法兰的压力-温度额定值限于 538 ℃以下。

附 录 C
（资料性附录）
参 考 质 量

C.1 用 PN 标记的法兰的参考质量

用 PN 标记的法兰的参考质量见表 C.1～表 C.9。

表 C.1 PN 2.5 法兰的参考质量

单位为千克

公称尺寸 DN	GB/T 9115	GB/T 9116	GB/T 9119	GB/T 9120		GB/T 9121		GB/T 9122		GB/T 9122		GB/T 9123
	对焊法兰	带颈平焊法兰	板式平焊法兰	B 型对焊环板式松套法兰		平焊环板式松套法兰		翻边环板式松套法兰		翻边短节板式松套法兰		法兰盖
				B 型对焊环	板式松套法兰	平焊环	板式松套法兰	翻边环	板式松套法兰	翻边短节	板式松套法兰	
10	0.353	0.326	0.356	0.08	0.345	0.056	0.345	0.02	0.345	0.05	0.345	0.380
15	0.408	0.373	0.402	0.09	0.388	0.069	0.388	0.03	0.388	0.06	0.388	0.438
20	0.621	0.584	0.592	0.17	0.568	0.108	0.568	0.06	0.568	0.10	0.568	0.657
25	0.762	0.729	0.719	0.26	0.688	0.149	0.688	0.08	0.688	0.15	0.688	0.821
32	1.11	1.04	1.16	0.36	1.12	0.185	1.12	0.10	1.12	0.26	1.12	1.18
40	1.26	1.20	1.35	0.45	1.29	0.244	1.29	0.13	1.29	0.31	1.29	1.39
50	1.43	1.34	1.48	0.53	1.42	0.319	1.42	0.18	1.42	0.36	1.42	1.62
65	1.77	1.83	1.86	0.70	1.76	0.451	1.76	0.24	1.76	0.47	1.76	2.14
80	2.88	2.75	2.95	1.0	2.84	0.606	2.84	0.42	2.84	0.57	2.84	3.43
100	3.41	3.01	3.26	1.3	3.10	0.709	3.10	0.49	3.10	0.73	3.10	4.22
125	4.65	4.30	4.31	1.9	4.12	1.00	4.12	0.62	4.12	1.20	4.12	6.10
150	5.50	4.63	4.76	2.4	4.53	1.01	4.53	0.71	4.53	1.40	4.53	7.51
175	—	—	5.82	—	—	—	—	—	—	—	—	—
200	8.60	6.97	6.88	3.9	6.51	1.73	6.51	1.10	6.51	2.03	6.51	12.3
225	—	—	7.42	—	—	—	—	—	—	—	—	—
250	11.7	9.13	8.92	5.8	8.32	2.32	8.32	—	—	2.65	8.32	18.5
300	15.3	12.4	11.9	6.8	11.1	2.88	11.1	—	—	3.12	11.1	25.5
350	20.3	—	16.8	9.5	15.9	4.77	15.9	—	—	4.00	15.9	31.8
400	23.1	—	19.8	11.6	18.8	5.83	18.8	—	—	4.73	18.8	38.5
450	27.0	—	24.6	15.0	23.3	7.02	23.3	—	—	5.30	23.3	51.2
500	30.8	—	26.4	15.9	24.9	8.30	24.9	—	—	6.10	24.9	60.1
600	44.0	—	34.8	23.0	33.0	9.34	33.0	—	—	—	—	103
700	53.7	—	—	30.9	—	—	—	—	—	—	—	178
800	64.4	—	—	41.5	—	—	—	—	—	—	—	252

表 C.1（续）

单位为千克

公称尺寸 DN	GB/T 9115 对焊法兰	GB/T 9116 带颈平焊法兰	GB/T 9119 板式平焊法兰	GB/T 9120 B型对焊环板式松套法兰		GB/T 9121 平焊环板式松套法兰		GB/T 9122 翻边环板式松套法兰		GB/T 9122 翻边短节板式松套法兰		GB/T 9123 法兰盖
				B型对焊环	板式松套法兰	平焊环	板式松套法兰	翻边环	板式松套法兰	翻边短节	板式松套法兰	
900	79.2	—	—	50.0	—	—		—	—	—	—	336
1 000	98.6	—	—	58.9	—	—		—	—	—	—	435
1 200	104	—	—	56.3	—	—		—	—	—	—	574
1 400	133	—	—	—	—	—		—	—	—	—	—
1 600	188	—	—	—	—	—		—	—	—	—	—
1 800	215	—	—	—	—	—		—	—	—	—	—
2 000	260	—	—	—	—	—		—	—	—	—	—
2 200	332	—	—	—	—	—		—	—	—	—	—
2 400	392	—	—	—	—	—		—	—	—	—	—
2 600	497	—	—	—	—	—		—	—	—	—	—
2 800	668	—	—	—	—	—		—	—	—	—	—
3 000	772	—	—	—	—	—		—	—	—	—	—
3 200	869	—	—	—	—	—		—	—	—	—	—
3 400	988	—	—	—	—	—		—	—	—	—	—
3 600	1 156	—	—	—	—	—		—	—	—	—	—
3 800	1 309	—	—	—	—	—		—	—	—	—	—
4 000	1 441	—	—	—	—	—		—	—	—	—	—

表 C.2　PN 6 法兰的参考质量

单位为千克

公称尺寸 DN	GB/T 9115 对焊法兰	GB/T 9116 带颈平焊法兰	GB/T 9119 板式平焊法兰	GB/T 9120 B型对焊环板式松套法兰		GB/T 9121 平焊环板式松套法兰		GB/T 9122 翻边环板式松套法兰		GB/T 9122 翻边短节板式松套法兰		GB/T 9123 法兰盖
				B型对焊环	板式松套法兰	平焊环	板式松套法兰	翻边环	板式松套法兰	翻边短节	板式松套法兰	
10	0.353	0.326	0.356	0.08	0.345	0.056	0.345	0.02	0.345	0.05	0.345	0.380
15	0.408	0.373	0.402	0.09	0.388	0.069	0.388	0.03	0.388	0.06	0.388	0.438
20	0.621	0.584	0.592	0.17	0.568	0.108	0.568	0.06	0.568	0.10	0.568	0.657
25	0.762	0.729	0.719	0.26	0.688	0.149	0.688	0.08	0.688	0.15	0.688	0.821
32	1.11	1.04	1.16	0.36	1.12	0.185	1.12	0.10	1.12	0.26	1.12	1.18
40	1.26	1.20	1.35	0.45	1.29	0.244	1.29	0.13	1.29	0.31	1.29	1.39
50	1.43	1.34	1.48	0.53	1.42	0.319	1.42	0.18	1.42	0.36	1.42	1.62
65	1.77	1.83	1.86	0.70	1.76	0.451	1.76	0.24	1.76	0.47	1.76	2.14
80	2.88	2.75	2.95	1.0	2.84	0.606	2.84	0.42	2.84	0.57	2.84	3.43

表 C.2（续）

单位为千克

公称尺寸 DN	GB/T 9115	GB/T 9116	GB/T 9119	GB/T 9120		GB/T 9121		GB/T 9122		GB/T 9122		GB/T 9123
	对焊法兰	带颈平焊法兰	板式平焊法兰	B型对焊环板式松套法兰		平焊环板式松套法兰		翻边环板式松套法兰		翻边短节板式松套法兰		法兰盖
				B型对焊环	板式松套法兰	平焊环	板式松套法兰	翻边环	板式松套法兰	翻边短节	板式松套法兰	
100	3.41	3.01	3.26	1.3	3.10	0.709	3.10	0.49	3.10	0.73	3.10	4.22
125	4.65	4.30	4.31	1.9	4.12	1.00	4.12	0.62	4.12	1.20	4.12	6.10
150	5.50	4.63	4.76	2.4	4.53	1.01	4.53	0.71	4.53	1.40	4.53	7.51
175	—	—	5.82	—	—	1.33	5.33	—	—	—	—	—
200	8.60	6.97	6.88	3.9	6.51	1.73	6.51	1.10	6.51	2.03	6.51	12.3
225	—	—	7.42	—	—	2.03	7.36	—	—	—	—	—
250	11.7	9.13	8.92	5.8	8.32	2.32	8.32	—	—	2.65	8.32	18.5
300	15.3	12.4	11.9	6.8	11.1	2.88	11.1	—	—	3.12	11.1	25.5
350	20.3	—	16.8	9.5	15.9	4.77	15.9	—	—	4.00	15.9	31.8
400	23.1	—	19.8	11.6	18.8	5.83	18.8	—	—	4.73	18.8	38.5
450	27.0	—	24.6	15.0	23.3	7.02	23.3	—	—	5.30	23.3	51.2
500	30.8	—	26.4	15.9	24.9	8.30	24.9	—	—	6.10	24.9	60.1
600	44.0	—	34.8	23.0	33.0	9.34	33.0	—	—	—	—	103
700	53.7	—	—	30.9	—	—	—	—	—	—	—	178
800	64.4	—	—	41.5	—	—	—	—	—	—	—	252
900	79.2	—	—	50.0	—	—	—	—	—	—	—	336
1 000	98.6	—	—	58.9	—	—	—	—	—	—	—	435
1 200	152	—	—	93.2	—	—	—	—	—	—	—	717
1 400	246	—	—	—	—	—	—	—	—	—	—	1 094
1 600	309	—	—	—	—	—	—	—	—	—	—	1 545
1 800	400	—	—	—	—	—	—	—	—	—	—	2 131
2 000	516	—	—	—	—	—	—	—	—	—	—	2 862
2 200	645	—	—	—	—	—	—	—	—	—	—	—
2 400	786	—	—	—	—	—	—	—	—	—	—	—
2 600	1 021	—	—	—	—	—	—	—	—	—	—	—
2 800	1 256	—	—	—	—	—	—	—	—	—	—	—
3 000	1 404	—	—	—	—	—	—	—	—	—	—	—
3 200	1 617	—	—	—	—	—	—	—	—	—	—	—
3 400	1 877	—	—	—	—	—	—	—	—	—	—	—
3 600	2 366	—	—	—	—	—	—	—	—	—	—	—

表 C.3 PN 10 法兰的参考质量

单位为千克

公称尺寸 DN	GB/T 9115	GB/T 9116	GB/T 9119	GB/T 9120		GB/T 9120		GB/T 9121		GB/T 9122		GB/T 9122		GB/T 9123
	对焊法兰	带颈平焊法兰	板式平焊法兰	A型对焊环板式松套法兰		B型对焊环板式松套法兰		平焊环板式松套法兰		翻边环板式松套法兰		翻边短节板式松套法兰		法兰盖
				A型对焊环	板式松套法兰	B型对焊环	板式松套法兰	平焊环	板式松套法兰	翻边环	板式松套法兰	翻边短节	板式松套法兰	
10	0.678	0.646	0.604	0.148	0.549	0.08	0.591	0.094	0.591	0.02	0.591	0.05	0.591	0.722
15	0.768	0.722	0.670	0.189	0.606	0.09	0.654	0.114	0.654	0.03	0.654	0.06	0.654	0.813
20	1.09	1.04	0.936	0.340	0.836	0.17	0.909	0.225	0.909	0.06	0.909	0.10	0.909	1.14
25	1.30	1.25	1.11	0.444	0.990	0.26	1.08	0.296	1.08	0.08	1.08	0.15	1.08	1.38
32	1.91	1.81	1.82	0.572	1.65	0.36	1.77	0.362	1.77	0.10	1.77	0.26	1.77	2.03
40	2.15	2.06	2.08	0.734	1.85	0.45	2.02	0.457	2.02	0.13	2.02	0.31	2.02	2.35
50	2.53	2.39	2.73	0.974	2.34	0.53	2.52	0.653	2.52	0.18	2.52	0.36	2.52	2.88
65	3.03	2.97	3.16	1.29	2.76	0.70	3.05	0.876	3.05	0.24	3.05	0.47	3.05	3.51
80	3.92	3.78	3.60	1.67	3.17	1.0	3.48	1.07	3.48	0.42	3.48	0.57	3.48	4.61
100	4.62	4.38	4.39	2.12	3.78	1.3	4.20	1.28	4.20	0.49	4.20	0.73	4.20	5.65
125	6.30	6.07	5.41	2.88	4.57	1.9	5.21	1.70	5.21	0.62	5.21	1.20	5.21	8.13
150	7.81	7.24	7.14	3.46	6.22	2.4	6.89	1.96	6.89	0.71	6.89	1.40	6.89	10.5
175	—	—	7.72	—	—	—	—	2.49	8.74	—	—	—	—	—
200	11.6	10.1	9.27	5.49	7.90	3.9	8.87	2.81	8.87	1.10	8.87	2.03	8.87	16.5
225	—	—	9.73	—	—	—	—	3.34	10.5	—	—	—	—	—
250	15.8	12.8	11.8	7.53	9.99	5.8	11.2	3.52	11.2	—	—	2.65	11.2	24.1
300	18.3	14.5	13.6	9.11	11.1	6.8	12.8	4.02	12.8	—	—	3.12	12.8	30.8
350	25.3	22.7	20.4	14.1	14.7	9.5	19.4	7.55	19.4	—	—	4.00	19.4	39.6

表 C.3（续）

单位为千克

公称尺寸 DN	GB/T 9115	GB/T 9116	GB/T 9119	GB/T 9120		GB/T 9120		GB/T 9121		GB/T 9122		GB/T 9122		GB/T 9123
	对焊法兰	带颈平焊法兰	板式平焊法兰	A 型对焊环板式松套法兰		B 型对焊环板式松套法兰		平焊环板式松套法兰		翻边环板式松套法兰		翻边短节板式松套法兰		法兰盖
				A 型对焊环	板式松套法兰	B 型对焊环	板式松套法兰	平焊环	板式松套法兰	翻边环	板式松套法兰	翻边短节	板式松套法兰	
400	30.6	28.0	27.5	17.8	20.5	11.6	26.4	9.38	26.4	—	—	4.73	26.4	49.4
450	35.1	32.3	33.6	19.6	25.5	15.0	32.2	10.3	32.2	—	—	—	—	63.0
500	40.5	38.7	40.2	23.7	30.7	15.9	38.5	12.6	38.5	—	—	—	—	75.2
600	52.9	48.9	54.5	28.9	43.0	23.0	52.2	14.3	52.2	—	—	—	—	124
700	75.8	—	—	—	—	30.9	79.4	—	—	—	—	—	—	183
800	102	—	—	—	—	41.5	112	—	—	—	—	—	—	297
900	121	—	—	—	—	50.0	135	—	—	—	—	—	—	374
1 000	161	—	—	—	—	58.9	180	—	—	—	—	—	—	492
1 200	258	—	—	—	—	93.2	278	—	—	—	—	—	—	842
1 400	371	—	—	—	—	—	—	—	—	—	—	—	—	—
1 600	547	—	—	—	—	—	—	—	—	—	—	—	—	—
1 800	691	—	—	—	—	—	—	—	—	—	—	—	—	—
2 000	830	—	—	—	—	—	—	—	—	—	—	—	—	—
2 200	1 073	—	—	—	—	—	—	—	—	—	—	—	—	—
2 400	1 329	—	—	—	—	—	—	—	—	—	—	—	—	—
2 600	1 574	—	—	—	—	—	—	—	—	—	—	—	—	—
2 800	1 987	—	—	—	—	—	—	—	—	—	—	—	—	—
3 000	2 476	—	—	—	—	—	—	—	—	—	—	—	—	—

表 C.4 PN 16 法兰的参考质量

单位为千克

公称尺寸 DN	GB/T 9115	GB/T 9116	GB/T 9119	GB/T 9120		GB/T 9120		GB/T 9121		GB/T 9122		GB/T 9122		GB/T 9123
	对焊法兰	带颈平焊法兰	板式平焊法兰	A 型对焊环板式松套法兰		B 型对焊环板式松套法兰		平焊环板式松套法兰		翻边环板式松套法兰		翻边短节板式松套法兰		法兰盖
				A 型对焊环	板式松套法兰	B 型对焊环	板式松套法兰	平焊环	板式松套法兰	翻边环	板式松套法兰	翻边短节	板式松套法兰	
10	0.678	0.646	0.604	0.148	0.549	0.08	0.591	0.094	0.591	0.02	0.591	0.05	0.591	0.722
15	0.768	0.722	0.670	0.189	0.606	0.09	0.654	0.114	0.654	0.03	0.654	0.06	0.654	0.813
20	1.09	1.04	0.936	0.340	0.836	0.17	0.909	0.225	0.909	0.06	0.909	0.10	0.909	1.14
25	1.30	1.25	1.11	0.444	0.990	0.26	1.08	0.296	1.08	0.08	1.08	0.15	1.08	1.38
32	1.91	1.81	1.82	0.572	1.65	0.36	1.77	0.362	1.77	0.10	1.77	0.26	1.77	2.03
40	2.15	2.06	2.08	0.734	1.85	0.45	2.02	0.457	2.02	0.13	2.02	0.31	2.02	2.35
50	2.53	2.39	2.73	0.974	2.34	0.53	2.52	0.653	2.52	0.18	2.52	0.36	2.52	2.88
65	3.03	2.97	3.16	1.29	2.76	0.70	3.05	0.876	3.05	0.24	3.05	0.47	3.05	3.51
80	3.92	3.78	3.60	1.67	3.17	1.0	3.48	1.07	3.48	0.42	3.48	0.57	3.48	4.61
100	4.62	4.38	4.39	2.12	3.78	1.3	4.20	1.28	4.20	0.49	4.20	0.73	4.20	5.65
125	6.30	6.07	5.41	2.88	4.57	1.9	5.21	1.70	5.21	0.62	5.21	1.20	5.21	8.13
150	7.81	7.24	7.14	3.46	6.22	2.4	6.89	1.96	6.89	0.71	6.89	1.40	6.89	10.5
175	—	—	7.72			—	—	2.49	8.01	—	—	—	—	—
200	11.5	9.80	9.73	5.55	8.37	3.9	9.31	2.81	9.31	1.10	9.31	2.03	9.31	16.2
225	—	—	10.8			—	—	3.34	11.5	—	—	—	—	—
250	16.7	13.6	14.2	7.71	12.4	5.8	13.5	3.52	13.5	—	—	—	—	25.0
300	22.1	17.2	19.0	11.4	16.3	9.5	18.0	5.27	18.0	—	—	—	—	35.1

表 C.4（续）

单位为千克

公称尺寸 DN	GB/T 9115	GB/T 9116	GB/T 9119	GB/T 9120		GB/T 9120		GB/T 9121		GB/T 9122		GB/T 9122		GB/T 9123
	对焊法兰	带颈平焊法兰	板式平焊法兰	A 型对焊环板式松套法兰		B 型对焊环板式松套法兰		平焊环板式松套法兰		翻边环板式松套法兰		翻边短节板式松套法兰		法兰盖
				A 型对焊环	板式松套法兰	B 型对焊环	板式松套法兰	平焊环	板式松套法兰	翻边环	板式松套法兰	翻边短节	板式松套法兰	
350	32.8	27.9	28.2	19.2	21.5	15.2	27.0	10.1	27.0	—	—	—	—	48.0
400	41.1	35.7	35.9	23.7	27.1	18.7	34.6	12.3	34.6	—	—	—	—	63.5
450	50.6	45.0	46.1	28.2	36.7	24.4	44.6	16.5	44.6	—	—	—	—	96.6
500	66.2	60.4	64.0	35.5	51.1	29.1	62.0	21.4	62.0	—	—	—	—	133
600	104	94.0	102	47.9	78.3	40.3	98.8	28.7	98.8	—	—	—	—	226
700	96.5	—	—	—	—	45.2	107	—	—	—	—	—	—	285
800	122	—	—	—	—	59.9	152	—	—	—	—	—	—	388
900	155	—	—	—	—	75.6	184	—	—	—	—	—	—	483
1 000	233	—	—	—	—	106	257	—	—	—	—	—	—	640
1 200	390	—	—	—	—	—	—	—	—	—	—	—	—	—
1 400	495	—	—	—	—	—	—	—	—	—	—	—	—	—
1 600	760	—	—	—	—	—	—	—	—	—	—	—	—	—
1 800	929	—	—	—	—	—	—	—	—	—	—	—	—	—
2 000	1 185	—	—	—	—	—	—	—	—	—	—	—	—	—

表 C.5　PN 25 法兰的参考质量

单位为千克

公尺尺寸 DN	GB/T 9115	GB/T 9116	GB/T 9119	GB/T 9120		GB/T 9120		GB/T 9121		GB/T 9123
	对焊法兰	带颈平焊法兰	板式平焊法兰	A 型对焊环板式松套法兰		B 型对焊环板式松套法兰		平焊环板式松套法兰		法兰盖
				A 型对焊环	板式松套法兰	B 型对焊环	板式松套法兰	平焊环	板式松套法兰	
10	0.678	0.646	0.604	0.148	0.549	0.08	0.591	0.094	0.591	0.722
15	0.768	0.722	0.670	0.189	0.606	0.09	0.654	0.114	0.654	0.813
20	1.09	1.04	0.936	0.340	0.836	0.17	0.909	0.225	0.909	1.14
25	1.30	1.25	1.11	0.444	0.990	0.26	1.08	0.296	1.08	1.38
32	1.91	1.81	1.82	0.572	1.65	0.36	1.77	0.362	1.77	2.03
40	2.15	2.06	2.08	0.734	1.85	0.45	2.02	0.457	2.02	2.35
50	2.85	2.74	2.73	1.02	2.47	0.69	2.65	0.653	2.65	3.20
65	3.68	3.65	3.48	1.36	3.04	1.1	3.36	0.876	3.36	4.29
80	4.78	4.59	4.32	1.90	3.61	1.6	4.18	1.20	4.18	5.54
100	6.46	6.10	6.07	2.77	5.18	2.4	5.87	1.58	5.87	7.60
125	8.86	8.22	8.19	3.78	6.89	3.2	7.95	2.08	7.95	10.8
150	11.7	10.6	10.3	5.25	8.69	4.6	9.97	2.73	9.97	14.6
175	15.2	—	—	7.20	10.24	—	—	—	—	—
200	17.1	14.9	14.3	9.07	11.6	6.6	13.8	4.52	—	22.5
225	22.1	—	—	11.6	15.2	—	—	—	—	
250	24.3	20.9	20.1	12.7	17.0	10.0	19.4	5.73	—	33.5
300	31.8	27.3	26.6	18.0	22.0	15.3	25.5	8.42	—	46.3
350	48.8	45.1	41.8	27.8	32.1	20.8	40.5	14.5	—	68.1
400	63.3	57.7	57.6	36.3	44.5	28.6	56.1	18.0	—	89.7
450	76.0	69.6	69.8	40.9	54.2	34.4	67.8	21.0	—	130
500	97.0	87.0	87.0	55.7	65.9	45.8	84.6	26.8	—	159
600	121	111	127	70.5	98.4	61.0	124	34.1	—	278
700	155	—	—	—	—	—	—	—	—	—
800	205	—	—	—	—	—	—	—	—	—
900	249	—	—	—	—	—	—	—	—	—
1 000	338	—	—	—		—	—	—	—	—

表 C.6 PN 40 法兰的参考质量

单位为千克

公尺尺寸 DN	GB/T 9115	GB/T 9116	GB/T 9119	GB/T 9120		GB/T 9120		GB/T 9121		GB/T 9123
	对焊法兰	带颈平焊法兰	板式平焊法兰	A 型对焊环板式松套法兰		B 型对焊环板式松套法兰		平焊环板式松套法兰		法兰盖
				A 型对焊环	板式松套法兰	B 型对焊环	板式松套法兰	平焊环	板式松套法兰	
10	0.678	0.646	0.604	0.148	0.549	0.08	0.591	0.094	0.591	0.722
15	0.768	0.722	0.670	0.189	0.606	0.09	0.654	0.114	0.654	0.813
20	1.09	1.04	0.936	0.340	0.836	0.17	0.909	0.225	0.909	1.14
25	1.30	1.25	1.11	0.444	0.990	0.26	1.08	0.296	1.08	1.38
32	1.91	1.81	1.82	0.572	1.65	0.36	1.77	0.362	1.77	2.03
40	2.15	2.06	2.08	0.734	1.85	0.45	2.02	0.457	2.02	2.35
50	2.85	2.74	2.73	1.02	2.47	0.69	2.65	0.653	2.65	3.20
65	3.68	3.65	3.48	1.36	3.04	1.1	3.36	0.876	3.36	4.29
80	4.78	4.59	4.32	1.90	3.61	1.6	4.18	1.20	4.18	5.54
100	6.46	6.10	6.07	2.77	5.18	2.4	5.87	1.58	5.87	7.60
125	8.86	8.22	8.19	3.78	6.89	3.2	7.95	2.08	7.95	10.8
150	11.7	10.6	10.3	5.25	8.69	4.6	9.97	2.73	9.97	14.6
175	19.2	—	—	6.60	10.2	—	—	—	—	—
200	21.0	18.3	17.9	10.2	14.9	8.8	17.4	5.55	17.4	28.8
225	31.1	—	—	14.4	20.9	—	—	—	—	—
250	34.2	28.3	29.3	16.4	23.8	14.4	28.4	7.87	28.4	44.4
300	47.6	40.4	45.1	25.4	36.0	20.7	43.6	12.8	43.6	64.2
350	69.3	58.8	66.7	37.8	50.4	30.7	64.9	19.3	64.9	89.5
400	98.0	82.1	97.1	56.4	75.5	45.4	95.1	30.4	95.1	127
450	105	86.2	—	56.4	—	—	—	28.4	—	154
500	130	105	—	72.9	—	—	—	35.3	—	188
600	209	172	—	106	—	—	—	53.3	—	331

表 C.7 PN 63 法兰的参考质量

单位为千克

公称尺寸 DN	GB/T 9115	GB/T 9116	GB/T 9119	GB/T 9123
	对焊法兰	带颈平焊法兰	板式平焊法兰	法兰盖
10	1.09	1.07	1.00	1.04
15	1.20	1.17	1.10	1.16
20	2.02	1.96	1.86	1.97
25	2.63	2.49	2.37	2.54
32	3.20	2.95	2.79	3.07
40	4.07	3.80	3.58	3.97
50	4.51	4.20	4.99	4.52

表 C.7(续)

单位为千克

公称尺寸 DN	GB/T 9115 对焊法兰	GB/T 9116 带颈平焊法兰	GB/T 9119 板式平焊法兰	GB/T 9123 法兰盖
65	5.58	5.30	4.73	5.69
80	6.68	6.25	5.90	6.89
100	9.27	8.81	8.05	10.0
125	14.5	13.6	11.7	15.9
150	21.4	19.5	16.9	23.3
175	32.5	—	—	—
200	34.1	—	30.5	39.2
225	44.1	—	—	—
250	48.3	—	42.1	56.7
300	67.5	—	59.1	81.2
350	97.8	—	88.7	113
400	129	—	121	152

表 C.8 PN 100 法兰的参考质量

单位为千克

公称尺寸 DN	GB/T 9115 对焊法兰	GB/T 9116 带颈平焊法兰	GB/T 9119 板式平焊法兰	GB/T 9123 法兰盖
10	1.09	1.07	1.00	1.04
15	1.20	1.17	1.10	1.16
20	2.02	1.96	1.86	1.97
25	2.63	2.49	2.37	2.54
32	3.20	2.95	2.79	3.07
40	4.07	3.80	3.58	3.97
50	5.82	5.28	4.99	5.64
65	7.57	6.84	6.33	7.44
80	8.82	7.94	7.72	8.85
100	13.1	11.5	10.3	13.3
125	21.0	17.9	17.2	21.3
150	28.3	23.8	23.6	29.4
200	50.2	—	42.9	52.7
250	81.4	—	69.0	85.4
300	118	—	104	128
350	169	—	150	175

表 C.9 PN 160、PN 250、PN 320、PN 400 法兰的参考质量

单位为千克

公称尺寸 DN	GB/T 9115 对焊法兰			
	PN 160	PN 250	PN 320	PN 400
10	1.10	—	2.14	2.55
15	1.20	2.51	2.53	3.62
25	2.64	3.58	5.18	7.45
40	4.42	6.72	8.65	14.1
50	6.38	8.22	10.7	16.7
65	8.75	12.8	19.5	31.6
80	10.3	16.5	25.2	38.4
100	15.3	27.2	42.5	67.3
125	24.4	39.0	63.6	94.5
150	34.4	59.6	91.5	145
200	60.7	110	172	270
250	97.6	190	312	—
300	140	—	—	—

C.2 用 Class 标记的法兰的参考质量

用 Class 标记的法兰的参考质量见表 C.10～表 C.15。

表 C.10 Class 150 法兰的参考质量

单位为千克

公称尺寸		GB/T 9114	GB/T 9115	GB/T 9116	GB/T 9117	GB/T 9118		GB/T 9123
NPS	DN	带颈螺纹法兰	对焊法兰	带颈平焊法兰	带颈承插焊法兰	对焊环带颈松套法兰		法兰盖
						对焊环	带颈松套法兰	
½	15	0.42	0.50	0.41	0.42	0.07	0.47	0.43
¾	20	0.61	0.74	0.59	0.60	0.10	0.66	0.64
1	25	0.84	1.06	0.82	0.83	0.14	0.89	0.90
1¼	32	1.02	1.31	0.99	1.02	0.20	1.06	1.13
1½	40	1.33	1.69	1.29	1.32	0.25	1.35	1.50
2	50	2.08	2.55	2.02	2.07	0.43	2.08	2.38
2½	65	3.54	4.26	3.42	3.52	0.66	3.56	4.09
3	80	4.05	4.98	3.89	4.02	0.88	3.96	4.96
4	100	5.70	7.13	5.46	—	1.43	5.55	7.18
5	125	6.61	8.93	6.24	—	1.91	6.38	8.83
6	150	8.14	10.8	7.60	—	2.92	7.69	11.6
8	200	13.2	18.1	12.5	—	4.76	12.6	20.1
10	250	17.7	24.1	16.4	—	8.16	16.5	28.8
12	300	28.4	37.7	26.8	—	11.9	27.1	44.1

表 C.10(续)

单位为千克

公称尺寸		GB/T 9114	GB/T 9115	GB/T 9116	GB/T 9117	GB/T 9118		GB/T 9123
NPS	DN	带颈螺纹法兰	对焊法兰	带颈平焊法兰	带颈承插焊法兰	对焊环带颈松套法兰		法兰盖
						对焊环	带颈松套法兰	
14	350	37.5	49.7[a]	35.2	—		39.7	59.0
16	400	47.6	60.6[a]	44.6	—		50.9	76.2
18	450	53.0	69.5[a]	49.2	—		56.8	94.4
20	500	67.3	86.6[a]	62.6	—		71.8	123.8
24	600	95.4	118.4[a]	88.2	—		99.8	187.7

[a] 按标准管表号计算的质量。

表 C.11 Class 300 法兰的参考质量

单位为千克

公称尺寸		GB/T 9114	GB/T 9115	GB/T 9116	GB/T 9117	GB/T 9118		GB/T 9123
NPS	DN	带颈螺纹法兰	对焊法兰	带颈平焊法兰	带颈承插焊法兰	对焊环带颈松套法兰		法兰盖
						对焊环	带颈松套法兰	
½	15	0.65	0.75	0.65	0.67	0.07	0.71	0.64
¾	20	1.09	1.24	1.08	1.11	0.10	1.12	1.06
1	25	1.41	1.64	1.39	1.43	0.14	1.47	1.42
1¼	32	1.77	2.13	1.74	1.80	0.20	1.83	1.86
1½	40	2.54	2.94	2.50	2.58	0.25	2.60	2.67
2	50	2.97	3.47	2.91	3.02	0.43	2.94	3.21
2½	65	4.48	5.28	4.37	4.57	0.66	4.33	4.88
3	80	6.06	7.11	5.91	6.20	0.88	5.88	6.90
4	100	10.0	11.6	9.80	—	1.43	9.71	11.7
5	125	12.8	15.5	12.3	—	1.91	12.2	15.8
6	150	16.7	19.9	16.1	—	2.92	15.8	21.4
8	200	24.8	30.1	24.0	—	4.76	23.5	34.3
10	250	35.7	43.6	34.3	—	8.16	36.3	53.8
12	300	51.5	62.7	49.7	—	11.9	53.8	79.0
14	350	72.5	87.7[a]	70.0	—		74.5	106.1
16	400	92.7	109.8[a]	89.5	—		96.3	139.2
18	450	111.9	133.4[a]	108.0	—		114.8	175.6
20	500	139.6	162.2[a]	134.8	—		142.5	222.6
24	600	209.4	235.4[a]	201.9	—		209.3	340.6

[a] 按标准管表号计算的质量。

表 C.12　Class600 法兰的参考质量

单位为千克

公称尺寸		GB/T 9114	GB/T 9115	GB/T 9116	GB/T 9117	GB/T 9118		GB/T 9123
NPS	DN	带颈螺纹法兰	对焊法兰	带颈平焊法兰	带颈承插焊法兰	对焊环带颈松套法兰		法兰盖
						对焊环	带颈松套法兰	
½	15	0.74	0.86[a]	0.74	0.74[a]	0.10	0.71	0.76
¾	20	1.22	1.39[a]	1.21	1.21[a]	0.16	1.17	1.23
1	25	1.58	1.83[a]	1.57	1.57[a]	0.23	1.50	1.64
1¼	32	2.14	2.52[a]	2.11	2.12[a]	0.32	1.95	2.32
1½	40	3.01	3.46[a]	2.97	2.98[a]	0.44	2.83	3.27
2	50	3.71	4.28[a]	3.65	3.65[a]	0.64	3.41	4.18
2½	65	5.39	6.30[a]	5.29	5.36[a]	1.05	4.99	6.16
3	80	5.39	8.44[a]	7.11	7.22[a]	1.53	6.68	8.58
4	100	15.0	17.3[a]	14.8	—	2.59	14.2	17.6
5	125	24.9	28.7[a]	24.4	—	3.99	23.7	29.5
6	150	29.3	33.6[a]	28.7	—	5.89	27.8	36.1
8	200	44.6	52.0[a]	43.7	—	9.36	42.4	59.4
10	250	72.9	85.6[a]	71.3	—	13.6	75.9	98.7
12	300	86.7	102.3[a]	84.9	—	20.5	90.7	125.2
14	350	102.1	121.0[a]	99.4	—		108.7	152.0
16	400	144.5	167.5[a]	141.1	—		154.2	213.4
18	450	178.8	202.8[a]	174.6	—		189.2	274.3
20	500	227.4	253.3[a]	222.1	—		242.7	352.2
24	600	321.8	354.9[a]	313.3	—		345.7	535.1

[a] 按标准管表号计算的质量。

表 C.13　Class900 法兰的参考质量

单位为千克

公称尺寸		GB/T 9114	GB/T 9115		GB/T 9116	GB/T 9117		GB/T 9118		GB/T 9123
NPS	DN	带颈螺纹法兰	对焊法兰		带颈平焊法兰	带颈承插焊法兰		对焊环带颈松套法兰		法兰盖
			标准管表号	Sch80 Sch60		标准管表号	Sch80	对焊环	带颈松套法兰	
½	15	1.74	1.85	1.88[a]	1.74	1.75	1.76	0.13	1.70	1.70
¾	20	2.35	2.54	2.58[a]	2.34	2.36	2.37	0.18	2.29	2.29
1	25	3.48	3.72	3.78[a]	3.46	3.51	3.53	0.29	3.39	3.39
1¼	32	4.01	4.34	4.42[a]	3.98	4.03	4.06	0.41	3.87	3.87
1½	40	5.57	6.05	6.17[a]	5.52	5.58	5.62	0.50	5.38	5.38
2	50	9.80	10.7	10.9[a]	9.74	9.87	9.96	0.91	9.49	9.49
2½	65	13.9	15.0	15.3[a]	13.8	14.1	14.2	1.56	13.5	13.5

表 C. 13（续）

单位为千克

公称尺寸		GB/T 9114	GB/T 9115		GB/T 9116	GB/T 9117		GB/T 9118		GB/T 9123
NPS	DN	带颈螺纹法兰	对焊法兰		带颈平焊法兰	带颈承插焊法兰		对焊环带颈松套法兰		法兰盖
			标准管表号	Sch80 Sch60		标准管表号	Sch80	对焊环	带颈松套法兰	
3	80	11.6	13.3	13.7[a]	11.5	—		1.82	11.0	11.0
4	100	19.7	21.9	22.6[a]	19.5	—		3.39	18.9	18.9
5	125	32.6	35.8	37.0[a]	32.1	—		5.07	31.4	31.4
6	150	41.7	46.3	48.3[a]	41.0	—		6.60	40.0	40.0
8	200	71.6	79.3	80.4[b]	70.6	—		9.78	72.2	72.2
10	250	101.5	116.6	120.5[b]	99.8	—		16.6	104.9	104.9
12	300	134.4	155.6	160.9[b]	132.5	—		20.5	141.1	141.1
14	350	154.7	177.3	186.9[b]	151.9	—			161.2	161.2
16	400	188.2	214.9	235.1[b]	184.5	—			199.2	199.2
18	450	260.5	288.6	319.3[b]	255.9	—			276.9	276.9
20	500	319.3	357.6	389.3[b]	313.5	—			347.1	347.1
24	600	612.4	661.0	721.3[b]	602.7	—			676.9	676.9

[a] 按 Sch80 管表号计算的质量。

[b] 按 Sch60 管表号计算的质量。

表 C. 14 Class 1500 法兰的参考质量

单位为千克

公称尺寸		GB/T 9114	GB/T 9115		GB/T 9116	GB/T 9117		GB/T 9118		GB/T 9123
NPS	DN	带颈螺纹法兰	对焊法兰		带颈平焊法兰	带颈承插焊法兰		对焊环带颈松套法兰		法兰盖
			标准管表号	Sch80		标准管表号	Sch80	对焊环	带颈松套法兰	
½	15	1.74	1.85	1.87	1.74	1.75	1.76	0.13	1.70	1.77
¾	20	2.35	2.54	2.58	2.34	2.36	2.37	0.18	2.29	2.42
1	25	3.48	3.72	3.78	3.46	3.51	3.53	0.29	3.39	3.60
1¼	32	4.01	4.34	4.42	3.98	4.03	4.06	0.41	3.87	4.21
1½	40	5.57	6.05	6.17	5.52	5.58	5.62	0.50	5.38	5.92
2	50	9.80	10.7	11.0	9.74	9.87	9.96	0.91	9.49	9.95
2½	65	13.9	15.0	15.3	13.8	14.1	14.2	1.56	13.5	14.1
3	80	—	19.4	19.9	—	—	—	2.10	19.5	18.9
4	100	—	29.4	30.2	—	—	—	3.79	30.0	29.8
5	125	—	56.3	57.8	—	—	—	5.07	57.3	58.5
6	150	—	67.0	69.5	—	—	—	8.01	68.8	72.2
8	200	—	114.9	119.6	—	—	—	11.9	115.8	122.9

表 C.14（续）

单位为千克

公称尺寸		GB/T 9114	GB/T 9115		GB/T 9116	GB/T 9117		GB/T 9118		GB/T 9123
NPS	DN	带颈螺纹法兰	对焊法兰		带颈平焊法兰	带颈承插焊法兰		对焊环带颈松套法兰		法兰盖
			标准管表号	Sch80		标准管表号	Sch80	对焊环	带颈松套法兰	
10	250	—	198.6	207.5	—	—	—	19.7	200.3	211.6
12	300	—	296.7	312.9	—	—	—	24.2	317.9	317.3
14	350	—	391.1	413.6	—	—	—		428.1	422.6
16	400	—	494.6	528.3	—	—	—		551.3	577.9
18	450	—	647.5	675.1	—	—	—		717.8	763.3
20	500	—	793.1	860.8	—	—	—		870.8	968.8
24	600	—	1 258.4	1 376.7	—	—	—		1 390.3	1 562.3

表 C.15　Class 2500 法兰的参考质量

单位为千克

公称尺寸		GB/T 9114	GB/T 9115		GB/T 9118		GB/T 9123
NPS	DN	带颈螺纹法兰	对焊法兰		对焊环带颈松套法兰		法兰盖
			标准管表号	Sch160 Sch120	对焊环	带颈松套法兰	
½	15	3.07	3.22	3.27[a]	0.15	3.02	3.09
¾	20	3.50	3.73	3.82[a]	0.20	3.44	3.54
1	25	4.94	5.28	5.44[a]	0.29	4.85	5.05
1¼	32	7.25	7.77	7.98[a]	0.53	7.10	7.42
1½	40	10.3	11.0	11.4[a]	0.75	10.1	10.6
2	50	14.9	16.1	16.8[a]	1.05	14.6	15.6
2½	65	21.3	23.2	24.2[a]	2.00	20.8	22.4
3	80	—	35.9	37.6[a]	2.66	32.2	34.9
4	100	—	54.4	56.8[b]	4.60	48.8	53.6
5	125	—	92.1	96.3[b]	7.25	82.6	91.2
6	150	—	142.4	149.5[b]	10.8	127.9	142.5
8	200	—	209.4	224.4[b]	18.3	183.5	211.6
10	250	—	406.6	436.8[b]	28.7	355.7	413.5
12	300	—	571.2	622.9[b]	42.7	498.3	589.6

a 按 Sch160 管表号计算的质量。

b 按 Sch120 管表号计算的质量。

附 录 D
（资料性附录）
订货合同数据

用户在法兰的订货合同中一般需要提供如下数据：

a） 执行的标准；

b） 法兰的类型或代号；

c） 法兰的密封面型式或代号；

d） 公称尺寸(DN)；

e） 公称压力(PN或Class)；

f） 用PN标记的法兰的钢管外径系列(系列Ⅰ或系列Ⅱ)；

g） 与钢管对焊连接的法兰，一般要求提供管子的规格(管表号或管子壁厚)；

h） 材料牌号；

i） 防锈和涂层要求；

j） 附加要求(如材料的晶间腐蚀试验、材料的抗硫要求、无损检测要求、特殊热处理要求等)；

k） 要求提供的质量文件；

l） 其他要求。

附　录　E
（资料性附录）
管表号与钢管壁厚

管表号与钢管壁厚的对应关系参见表 E.1。

表 E.1　管表号及钢管壁厚

单位为毫米

公称尺寸		钢管外径 A	管表号[a]																	
DN	NPS		Sch5	Sch10	Sch20	Sch30	Sch40	Sch60	Sch80	Sch100	Sch120	Sch140	Sch160	Sch5S	Sch10S	Sch40S	Sch80S	STD	XS	XXS
			钢管壁厚																	
10	⅜	17.1	—	1.65	—	1.85	2.31	—	3.20	—	—	—	—	—	1.65	2.31	3.20	2.31	3.20	—
15	½	21.3	1.65	2.11	—	2.41	2.77	—	3.73	—	—	—	4.78	1.65	2.11	2.77	3.73	2.77	3.73	7.47
20	¾	26.9[b]	1.65	2.11	—	2.41	2.87	—	3.91	—	—	—	5.56	1.65	2.11	2.87	3.91	2.87	3.91	7.82
25	1	33.7[c]	1.65	2.77	—	2.90	3.38	—	4.55	—	—	—	6.35	1.65	2.77	3.38	4.55	3.38	4.55	9.09
32	1¼	42.4[d]	1.65	2.77	—	2.97	3.56	—	4.85	—	—	—	6.35	1.65	2.77	3.56	4.85	3.56	4.85	9.70
40	1½	48.3	1.65	2.77	—	3.18	3.68	—	5.08	—	—	—	7.14	1.65	2.77	3.68	5.08	3.68	5.08	10.15
50	2	60.3	1.65	2.77	—	3.18	3.91	—	5.54	—	—	—	8.74	1.65	2.77	3.91	5.54	3.91	5.54	11.07
65	2½	76.1[e]	2.11	3.05	—	4.78	5.16	—	7.01	—	—	—	9.53	2.11	3.05	5.16	7.01	5.16	7.01	14.02
80	3	88.9	2.11	3.05	—	4.78	5.49	—	7.62	—	—	—	11.13	2.11	3.05	5.49	7.62	5.49	7.62	15.24
100	4	114.3	2.11	3.05	—	4.78	6.02	—	8.56	—	11.13	—	13.49	2.11	3.05	6.02	8.56	6.02	8.56	17.12
125	5	139.7[f]	2.77	3.40	—	—	6.55	—	9.53	—	12.70	—	15.88	2.77	3.40	6.55	9.53	6.55	9.53	19.05
150	6	168.3	2.77	3.40	—	—	7.11	—	10.97	—	14.27	—	18.26	2.77	3.40	7.11	10.97	7.11	10.97	21.95
200	8	219.1	2.77	3.76	6.35	7.04	8.18	10.31	12.70	15.09	18.26	20.62	23.01	2.77	3.76	8.18	12.70	8.18	12.70	22.23
250	10	273.0	3.40	4.19	6.35	7.80	9.27	12.70	15.09	18.26	21.44	25.40	28.58	3.40	4.19	9.27	12.70	9.27	12.70	25.40
300	12	323.9[g]	3.96	4.57	6.35	8.38	10.31	14.27	17.48	21.44	25.40	28.58	33.32	3.96	4.57	9.53	12.70	9.53	12.70	25.40
350	14	355.6	3.96	6.35	7.92	9.53	11.13	15.09	19.05	23.83	27.79	31.75	35.71	3.96	4.78	9.53	12.70	9.53	12.70	—

表 E.1（续）

单位为毫米

公称尺寸		钢管外径 A	管表号[a]																	
DN	NPS		Sch5	Sch10	Sch20	Sch30	Sch40	Sch60	Sch80	Sch100	Sch120	Sch140	Sch160	Sch5S	Sch10S	Sch40S	Sch80S	STD	XS	XXS
			钢管壁厚																	
400	16	406.4	4.19	6.35	7.92	9.53	12.70	16.66	21.44	26.19	30.96	36.53	40.49	4.19	4.78	9.53	12.70	9.53	12.70	—
450	18	457	4.19	6.35	7.92	11.13	14.27	19.05	23.83	29.36	34.93	39.67	45.24	4.19	4.78	9.53	12.70	9.53	12.70	—
500	20	508	4.78	6.35	9.53	12.70	15.09	20.62	26.19	32.54	38.10	44.45	50.01	4.78	5.54	9.53	12.70	9.53	12.70	—
550	22	559	4.78	6.35	9.53	12.70	—	22.23	28.58	34.93	41.28	47.63	53.98	4.78	5.54	—	—	9.53	12.70	—
600	24	610	5.54	6.35	9.53	14.27	17.48	24.61	30.96	38.89	46.02	52.37	59.54	5.54	6.35	9.53	12.70	9.53	12.70	—
650	26	660	—	7.92	12.70	—	—	—	—	—	—	—	—	—	—	—	—	9.53	12.70	—
700	28	711	—	7.92	12.70	15.88	—	—	—	—	—	—	—	—	—	—	—	9.53	12.70	—
750	30	762	6.35	7.92	12.70	15.88	—	—	—	—	—	—	—	6.35	7.92	—	—	9.53	12.70	—
800	32	813	—	7.92	12.70	15.88	17.48	—	—	—	—	—	—	—	—	—	—	9.53	12.70	—
850	34	864	—	7.92	12.70	15.88	17.48	—	—	—	—	—	—	—	—	—	—	9.53	12.70	—
900	36	914	—	7.92	12.70	15.88	19.05	—	—	—	—	—	—	—	—	—	—	9.53	12.70	—
950	38	965	—	—	—	—	—	—	—	—	—	—	—	—	—	—	—	9.53	12.70	—
1 000	40	1 016	—	—	—	—	—	—	—	—	—	—	—	—	—	—	—	9.53	12.70	—
1 050	42	1 067	—	—	—	—	—	—	—	—	—	—	—	—	—	—	—	9.53	12.70	—
1 100	44	1 118	—	—	—	—	—	—	—	—	—	—	—	—	—	—	—	9.53	12.70	—
1 150	46	1 168	—	—	—	—	—	—	—	—	—	—	—	—	—	—	—	9.53	12.70	—
1 200	48	1 219	—	—	—	—	—	—	—	—	—	—	—	—	—	—	—	9.53	12.70	—

[a] 管表号(SchNo.)后缀加 S 者，仅用于奥氏体不锈钢管。

[b] 美国 ASME 标准的钢管外径 A 是 26.7 mm。

[c] 美国 ASME 标准的钢管外径 A 是 33.4 mm。

[d] 美国 ASME 标准的钢管外径 A 是 42.2 mm。

[e] 美国 ASME 标准的钢管外径 A 是 73.0 mm。

[f] 美国 ASME 标准的钢管外径 A 是 141.3 mm。

[g] 美国 ASME 标准的钢管外径 A 是 323.8 mm。

附 录 F
（资料性附录）
本标准范围以外部分用 PN 标记的法兰的参考尺寸

本标准范围以外部分用 PN 标记的法兰，其部分连接尺寸可参考表 F.1，其余尺寸由用户确定。

表 F.1 本标准范围以外部分 PN 标记法兰的参考尺寸

公称压力 PN	公称尺寸 DN	连接尺寸					法兰焊端外径（钢管外径） A/mm
		法兰外径 D/mm	螺栓孔中心圆直径 K/mm	螺栓孔径 L/mm	螺栓		
					数量 n/个	螺纹规格	
25	1 200	1 530	1 420	56	32	M52	1 219.0
	1 400	1 755	1 640	62	36	M56	1 422.0
	1 600	1 975	1 860	62	40	M56	1 626.0
	1 800	2 195	2 070	70	44	M64	1 829.0
	2 000	2 425	2 300	70	48	M64	2 032.0
40	700	995	900	48	24	M45	由用户确定
	800	1 140	1 030	56	24	M52	
	900	1 250	1 140	56	28	M52	
	1 000	1 360	1 250	56	28	M52	
	1 200	1 575	1 460	62	32	M56	
	1 400	1 795	1 680	62	36	M56	
	1 600	2 025	1 900	70	40	M64	
63	500	800	705	48	20	M45	
	600	930	820	56	20	M52	
	700	1 045	935	56	24	M52	
	800	1 165	1 050	62	24	M56	
	900	1 285	1 170	62	28	M56	
	1 000	1 415	1 290	70	28	M64	
	1 200	1 665	1 530	78	32	M72	
100	400	715	620	48	16	M45	406.4
	500	870	760	56	20	M52	508.0

附 录 G
（资料性附录）
美国 ASME B16.5 标准关于钢制管法兰的材料选用及压力-温度额定值

G.1 参考标准

ASTM A105/A105M 管道元件用碳钢锻件
ASTM A182/A182M 高温用锻制或轧制合金钢和不锈钢法兰、锻制管件、阀门和部件
ASTM A203/A203M 压力容器用镍合金钢板
ASTM A204/A204M 压力容器用钼合金钢板
ASTM A216/A216M 高温用适合于熔焊的碳素钢铸件
ASTM A217/A217M 高温承压件用马氏体不锈钢和合金钢铸件
ASTM A240/A240M 压力容器用耐热铬及铬镍不锈钢板、薄板和钢带
ASTM A350/A350M 需切口韧性试验的管道部件用碳钢和低合金钢锻件
ASTM A351/A351M 承压件用奥氏体、奥氏体-铁素体（双向）钢铸件
ASTM A352/A352M 铁素体钢和马氏体钢低温受压件用铸件
ASTM A387/A387M 压力容器用铬钼合金钢板
ASTM A479/A479M 锅炉及压力容器用不锈钢和耐热钢棒与型材
ASTM A515/A515M 中高温用碳钢压力容器板
ASTM A516/A516A 中低温用碳钢压力容器板
ASTM A537/A537M 经过热处理的碳-锰-硅钢压力容器板
ASTM A995/A995M 压力容器部件用奥氏体-铁素体（双向）不锈钢铸件
ASTM B127 镍铜合金板、薄板和带材
ASTM B160 镍条和镍棒
ASTM B162 镍板、薄板及带材
ASTM B164 镍铜合金条材、棒材及线材
ASTM B168 镍铬铁合金及镍铬钴钼合金板、薄板及带材
ASTM B333 镍钼合金板、薄板及带材
ASTM B335 镍钼合金条材
ASTM B409 镍铁铬合金板、薄板及带材
ASTM B424 镍铁铬钼铜合金板、薄板及带材
ASTM B434 镍钼铬铁合金（UNS N10003，UNS N10242）板、薄板及带材
ASTM B435 统一编制牌号为 No6002、No6230、N12160 和 R30556 的板材、带材及牌号为 No6002、No6230 和 R30556 的带材
ASTM B443 镍铬钼钶合金（UNS No6625）及镍铬钼硅合金（UNS No6219）板、薄板及带材
ASTM B462 腐蚀高温作业用锻制或轧制的 UNS No8020、UNS No8024、UNS No8026 和 UNS No8367型合金管法兰、锻制配件、阀门及零件
ASTM B463 UNS No8020、UNS No8024 和 UNS No8026 合金板、薄板及带材
ASTM B511 镍铁铬硅合金棒材和型材
ASTM B536 镍铁铬硅合金板、薄板及带材
ASTM B564 镍合金锻件
ASTM B572 统一编制牌号为 No6002、No6230、N12160 和 R30556 的棒材

ASTM B573　镍钼铬铁合金棒
ASTM B574　低碳镍钼铬及低碳镍铬钼及低碳镍铬钼钨合金棒材
ASTM B575　低碳镍钼铬、低碳镍铬钼、低碳镍铬钼铜合金及低碳镍铬钼钽合金板材
ASTM B581　镍铬铁钼铜合金条
ASTM B582　镍铬铁钼铜合金板、薄板及带材
ASTM B599　稳定的镍铁铬钼钶合金板、薄板及带材
ASTM B620　镍铁铬钼合金板、薄板及带材
ASTM B621　镍铁铬钼合金条
ASTM B625　UNS NO8904、UNS NO8925、UNS NO8031、UNS NO8932 和 UNS NO8926 板、薄板及带材
ASTM B649　镍铁铬钼铜低碳合金和镍铁铬钼铜氮低碳合金棒材及线材
ASTM B672　稳定的镍铁铬钼钶合金棒及线材
ASTM B688　铬镍钼铁板、薄板及带材

G.2 美国 ASME B16.5 标准关于钢制管法兰的材料选用

美国 ASME B16.5 标准关于钢制管法兰的材料选用按表 G.1 的规定。

表 G.1 美国 ASME B16.5 标准钢制管法兰的材料选用

材料组号	材料类别	锻件		铸件		板材	
		材料牌号	标准	材料牌号	标准	材料牌号	标准
1.1	C-Si	A 105	ASTM A105	Gr. WCB	ASTM A216	Gr. 70	ASTM A515
	C-Mn-Si	Gr. LF2	ASTM A350	—	—	Gr. 70	ASTM A516
	C-Mn-Si	—	—	—	—	Cl. 1	ASTM A537
	C-Mn-Si-V	Gr. LF6 Cl. 1	ASTM A350	—	—	—	—
	3½ Ni	Gr. LF3	ASTM A350	—	—	—	—
1.2	C-Mn-Si	—	—	Gr. WCC	ASTM A216	—	—
	C-Mn-Si	—	—	Gr. LCC	ASTM A352	—	—
	C-Mn-Si-V	Gr. LF6 Cl. 2	ASTM A350	—	—	—	—
	2½ Ni	—	—	Gr. LC2	ASTM A352	Gr. B	ASTM A203
	3½ Ni	—	—	Gr. LC3	ASTM A352	Gr. E	ASTM A203
1.3	C-Si	—	—	Gr. LCB	ASTM A352	Gr. 65	ASTM A515
	C-Mn-Si	—	—	—	—	Gr. 65	ASTM A516
	2½ Ni	—	—	—	—	Gr. A	ASTM A203
	3½ Ni	—	—	—	—	Gr. D	ASTM A203
	C-½ Mo	—	—	Gr. WC1	ASTM A217	—	—
	C-½ Mo	—	—	Gr. LC1	ASTM A352	—	—
1.4	C-Si	—	—	—	—	Gr. 60	ASTM A515
	C-Mn-Si	Gr. LF1 Cl. 1	ASTM A350	—	—	Gr. 60	ASTM A516
1.5	C-½ Mo	Gr. F1	ASTM A182	—	—	Gr. A	ASTM A204
	C-½ Mo	—	—	—	—	Gr. B	ASTM A204

表 G.1(续)

材料组号	材料类别	锻件		铸件		板材	
		材料牌号	标准	材料牌号	标准	材料牌号	标准
1.7	½Cr-½Mo	Gr. F2	ASTM A182	—	—	—	—
	Ni-½Cr-½Mo	—	—	Gr. WC4	ASTM A217	—	—
	¾Ni-¾Cr-1Mo	—	—	Gr. WC5	ASTM A217	—	—
1.9	1¼Cr-½Mo	—	—	Gr. WC6	ASTM A217	—	—
	1¼Cr-½Mo-Si	Gr. F11 Cl. 2	ASTM A182	—	—	Gr. 11 Cl. 2	ASTM A387
1.10	2¼Cr-1Mo	Gr. F22 Cl. 3	ASTM A182	Gr. WC9	ASTM A217	Gr. 22 Cl. 2	ASTM A387
1.11	C-½Mo	—	—	—	—	Gr. C	ASTM A204
1.13	5Cr-½Mo	Gr. F5a	ASTM A182	Gr. C5	ASTM A217	—	—
1.14	9Cr-1Mo	Gr. F9	ASTM A182	Gr. C12	ASTM A217	—	—
1.15	9Cr-1Mo-V	Gr. F91	ASTM A182	Gr. C12A	ASTM A217	Gr. 91 Cl. 2	ASTM A387
1.17	1Cr-½Mo	Gr. F12 Cl. 2	ASTM A182	—	—	—	—
	5Cr-½Mo	Gr. F5	ASTM A182	—	—	—	—
1.18	9Cr-2W-V	Gr. F92	ASTM A182	—	—	—	—
2.1	18Cr-8Ni	Gr. F304	ASTM A182	Gr. CF3	ASTM A351	Gr. 304	ASTM A240
		Gr. F304H	ASTM A182	Gr. CF8	ASTM A351	Gr. 304H	ASTM A240
2.2	16Cr-12Ni-2Mo	Gr. F316	ASTM A182	Gr. CF3M	ASTM A351	Gr. 316	ASTM A240
		Gr. F316H	ASTM A182	Gr. CF8M	ASTM A351	Gr. 316H	ASTM A240
	18Cr-13Ni-3Mo	Gr. F317	ASTM A182	—	—	Gr. 317	ASTM A240
	19Cr-10Ni-3Mo	—	—	Gr. CG8M	ASTM A351	—	—
2.3	18Cr-8Ni	Gr. F304L	ASTM A182	—	—	Gr. 304L	ASTM A240
	16Cr-12Ni-2Mo	Gr. F316L	ASTM A182	—	—	Gr. 316L	ASTM A240
	18Cr-13Ni-3Mo	Gr. F317L	ASTM A182	—	—	—	—
2.4	18Cr-10Ni-Ti	Gr. F321	ASTM A182	—	—	Gr. 321	ASTM A240
		Gr. F321H	ASTM A182	—	—	Gr. 321H	ASTM A240
2.5	18Cr-10Ni-Cb	Gr. F347	ASTM A182	—	—	Gr. 347	ASTM A240
		Gr. F347H	ASTM A182	—	—	Gr. 347H	ASTM A240
		Gr. F348	ASTM A182	—	—	Gr. 348	ASTM A240
		Gr. F348H	ASTM A182	—	—	Gr. 348H	ASTM A240
2.6	23Cr-12Ni	—	—	—	—	Gr. 309H	ASTM A240
2.7	25Cr-20Ni	Gr. F310	ASTM A182	—	—	Gr. 310H	ASTM A240
2.8	20Cr-18Ni-6Mo	Gr. F44	ASTM A182	Gr. CK3MCuN	ASTM A351	Gr. S31254	ASTM A240
	22Cr-5Ni-3Mo-N	Gr. F51	ASTM A182	—	—	Gr. S31803	ASTM A240
	25Cr-7Ni-4Mo-N	Gr. F53	ASTM A182	—	—	Gr. S32750	ASTM A240
	24Cr-10Ni-4Mo-V	—	—	Gr. CE8MN	ASTM A351	—	—

表 G.1（续）

材料组号	材料类别	锻件		铸件		板材	
		材料牌号	标准	材料牌号	标准	材料牌号	标准
2.8	25Cr-5Ni-2Mo-3Cu	—	—	Gr. CD4MCu	ASTM A995	—	—
	25Cr-7Ni-3.5Mo-W-Cb	—	—	Gr. CD3MWCuN	ASTM A995	—	—
	25Cr-7.5Ni-3.5Mo-N-Cu-W	Gr. F55	ASTM A182	—	—	Gr. S32760	ASTM A240
2.9	23Cr-12Ni	—	—	—	—	Gr. 309S	ASTM A240
	25Cr-20Ni	—	—	—	—	Gr. 310S	ASTM A240
2.10	25Cr-12Ni	—	—	Gr. CH8	ASTM A351	—	—
		—	—	Gr. CH20	ASTM A351	—	—
2.11	18Cr-10Ni-Cb	—	—	Gr. CF8C	ASTM A351	—	—
2.12	25Cr-20Ni	—	—	Gr. CK20	ASTM A351	—	—
3.1	35Ni-35Fe-20Cr-Cb	Gr. N08020	ASTM B462	—	—	Gr. N08020	ASTM B463
3.2	99.0Ni	Gr. N02200	ASTM B564	—	—	Gr. N02200	ASTM B162
3.3	99.0Ni-Low C	—	—			Gr. N02201	ASTM B162
3.4	67Ni-30Cu	Gr. N04400	ASTM B564	—	—	Gr. N04400	ASTM B127
3.5	72Ni-15Cr-8Fe	Gr. N06600	ASTM B564	—	—	Gr. N06600	ASTM B168
3.6	33Ni-42Fe-21Cr	Gr. N08800	ASTM B564	—	—	Gr. N08800	ASTM B409
3.7	65Ni-28Mo-2Fe	Gr. N10665	ASTM B462	—	—	Gr. N10665	ASTM B333
	64Ni-29.5Mo-2Cr-2Fe-Mn-W	Gr. N10675	ASTM B462	—	—	Gr. N10675	ASTM B333
3.8	54Ni-16Mo-15Cr	Gr. N10276	ASTM B462	—	—	Gr. N10276	ASTM B575
	60Ni-22Cr-9Mo-3.5Cb	Gr. N06625	ASTM B564	—	—	Gr. N06625	ASTM B443
	62Ni-28Mo-5Fe	—	—	—	—	Gr. N10001	ASTM B333
	70Ni-16Mo-7Cr-5Fe	—	—	—	—	Gr. N10003	ASTM B434
	61Ni-16Mo-16Cr	—	—	—	—	Gr. N06455	ASTM B575
	42Ni-21.5Cr-3Mo-2.3Cu	Gr. N08825	ASTM B564	—	—	Gr. N08825	ASTM B424
	55Ni-21Cr-13.5Mo	Gr. N06022	ASTM B462	—	—	Gr. N06022	ASTM B575
	55Ni-23Cr-16Mo-1.6Cu	Gr. N06200	ASTM B462	—	—	Gr. N06200	ASTM B575
3.9	47Ni-22Cr-9Mo-18Fe	—	—	—	—	Gr. N06002	ASTM B435
	21Ni-30Fe-22Cr-18Co-3Mo-3W	Gr. R30556	ASTM B572	—	—	Gr. R30556	ASTM B435
3.10	25Ni-46Fe-21Cr-5Mo	—	—	—	—	Gr. N08700	ASTM B599
3.11	44Fe-25Ni-21Cr-Mo	Gr. N08904	ASTM A479	—	—	Gr. N08904	ASTM A240
3.12	26Ni-43Fe-22Cr-5Mo	—	—	—	—	Gr. N08320	ASTM B620
	47Ni-22Cr-20Fe-7Mo	—	—	—	—	Gr. N06985	ASTM B582
	46Fe-24Ni-21Cr-6Mo-Cu-N	Gr. N08367	ASTM B462	Gr. CN3MN	ASTM A351	Gr. N08367	ASTM B688
3.13	49Ni-25Cr-18Fe-6Mo	—	—	—	—	Gr. N06975	ASTM B582
	Ni-Fe-Cr-Mo-Cu-Low C	Gr. N08031	ASTM B564	—	—	Gr. N08031	ASTM B625

表 G.1（续）

材料组号	材料类别	锻件		铸件		板材	
		材料牌号	标准	材料牌号	标准	材料牌号	标准
3.14	47Ni-22Cr-19Fe-6Mo	—	—	—	—	Gr. N06007	ASTM B582
	40Ni-29Cr-15Fe-5Mo	Gr. N06030	ASTM B462	—	—	Gr. N06030	ASTM B582
	58Ni-33Cr-8Mo	Gr. N06035	ASTM B462	—	—	Gr. N06035	ASTM B575
3.15	42Ni-42Fe-21Cr	Gr. N08810	ASTM B564	—	—	Gr. N08810	ASTM B409
3.16	35Ni-19Cr-1¼Si	Gr. N08330	ASTM B511	—	—	Gr. N08330	ASTM B536
3.17	29Ni-20.5Cr-3.5Cu-2.5Mo	—	—	Gr. CN7M	ASTM A351	—	—
3.19	57Ni-22Cr-14W-2Mo-La	Gr. N06230	ASTM B564	—	—	Gr. N06230	ASTM B435

G.3 美国 ASME B16.5 标准中关于钢制管法兰的压力-温度额定值

美国 ASME B16.5 标准中关于钢制管法兰的压力-温度额客值按表 G.2～表 G.45 的规定。

表 G.2 美国 ASME B16.5 标准钢制管法兰 1.1 组材料的压力-温度额定值

材料类别	锻件	铸件	板材
C-Si	ASTM A105[a]	ASTM A216 WCB[a]	ASTM A515 Gr. 70[a]
C-Mn-Si	ASTM A350 Gr. LF2 Cl. 1[a]	—	ASTM A516 Gr. 70[a,b]
	—	—	A 537 Cl. 1[c]
C-Mn-Si-V	ASTM A350 Gr. LF6 Cl. 1[d]	—	—
3½Ni	ASTM A350 Gr. LF3	—	—

温度/℃	公称压力					
	Class 150	Class 300	Class 600	Class 900	Class 1500	Class 2500
	最大允许工作压力/MPa					
−29～38	1.96	5.11	10.21	15.32	25.53	42.55
50	1.92	5.01	10.02	15.04	25.06	41.77
100	1.77	4.66	9.32	13.98	23.30	38.83
150	1.58	4.51	9.02	13.52	22.54	37.56
200	1.38	4.38	8.76	13.14	21.90	36.50
250	1.21	4.19	8.39	12.58	20.97	34.95
300	1.02	3.98	7.96	11.95	19.91	33.18
325	0.93	3.87	7.74	11.61	19.36	32.26
350	0.84	3.76	7.51	11.27	18.78	31.30
375	0.74	3.64	7.27	10.91	18.18	30.31
400	0.65	3.47	6.94	10.42	17.36	28.93
425	0.55	2.88	5.75	8.63	14.38	23.97
450	0.46	2.30	4.60	6.90	11.50	19.17
475	0.37	1.74	3.49	5.23	8.72	14.53

表 G.2（续）

材料类别	锻 件		铸 件		板 材	
C-Si	ASTM A105[a]		ASTM A216 WCB[a]		ASTM A515 Gr. 70[a]	
C-Mn-Si	ASTM A350 Gr. LF2 Cl. 1[a]		—		ASTM A516 Gr. 70[a,b]	
	—		—		A 537 Cl. 1[c]	
C-Mn-Si-V	ASTM A350 Gr. LF6 Cl. 1[d]		—		—	
3½Ni	ASTM A350 Gr. LF3		—		—	
温度/℃	公 称 压 力					
	Class 150	Class 300	Class 600	Class 900	Class 1500	Class 2500
	最大允许工作压力/MPa					
500	0.28	1.18	2.35	3.53	5.88	9.79
538	0.14	0.59	1.18	1.77	2.95	4.92

a 当长期暴露在 425 ℃以上温度时，钢中的碳化相可能转变为石墨。允许但不推荐长期在 425 ℃以上使用。

b 不得用于 455 ℃以上。

c 不得用于 370 ℃以上。

d 不得用于 260 ℃以上。

表 G.3 美国 ASME B16.5 标准钢制管法兰 1.2 组材料的压力-温度额定值

材料类别	锻 件		铸 件		板 材	
C-Mn-Si	—		ASTM A216 WCC[a]		—	
	—		ASTM A352 LCC[b]		—	
C-Mn-Si-V	ASTM A350 Gr. LF6 Cl. 2[c]		—		—	
2½Ni	—		ASTM A352 LC2		ASTM A203 Gr. B[a]	
3½Ni	—		ASTM A352 LC3		ASTM A203 Gr. E[a]	
温度/℃	公 称 压 力					
	Class 150	Class 300	Class 600	Class 900	Class 1500	Class 2500
	最大允许工作压力/MPa					
−29～38	1.98	5.17	10.34	15.51	25.86	43.09
50	1.95	5.17	10.34	15.51	25.86	43.09
100	1.77	5.15	10.30	15.46	25.76	42.94
150	1.58	5.02	10.03	15.05	25.08	41.81
200	1.38	4.86	9.72	14.58	24.32	40.54
250	1.21	4.63	9.27	13.90	23.18	38.62
300	1.02	4.29	8.57	12.86	21.44	35.71
325	0.93	4.14	8.26	12.40	20.66	34.43
350	0.84	4.00	8.00	12.01	20.01	33.35
375	0.74	3.78	7.57	11.35	18.92	31.53
400	0.65	3.47	6.94	10.42	17.36	28.93

表 G.3（续）

材料类别	锻 件	铸 件	板 材			
C-Mn-Si	—	ASTM A216 WCC[a]	—			
	—	ASTM A352 LCC[b]	—			
C-Mn-Si-V	ASTM A350 Gr. LF6 Cl. 2[c]	—	—			
2½Ni	—	ASTM A352 LC2	ASTM A203 Gr. B[a]			
3½Ni	—	ASTM A352 LC3	ASTM A203 Gr. E[a]			
温度/℃	公称压力					
	Class 150	Class 300	Class 600	Class 900	Class 1500	Class 2500
	最大允许工作压力/MPa					
425	0.55	2.88	5.75	8.63	14.38	23.97
450	0.46	2.30	4.60	6.90	11.50	19.17
475	0.37	1.71	3.42	5.13	8.54	14.24
500	0.28	1.16	2.32	3.47	5.79	9.65
538	0.14	0.59	1.18	1.77	2.95	4.92

a 当长期暴露在 425 ℃以上温度时，钢中的碳化相可能转变为石墨。允许但不推荐长期在 425 ℃以上使用。

b 不得用于 340 ℃以上。

c 不得用于 260 ℃以上。

表 G.4 美国 ASME B16.5 标准钢制管法兰 1.3 组材料的压力-温度额定值

材料类别	锻 件	铸 件	板 材			
C-Si	—	ASTM A352 LCB[a]	ASTM A515 Gr. 65[b]			
C-Mn-Si	—	—	ASTM A516 Gr. 65[b,c]			
2½Ni	—	—	ASTM A203 Gr. A[b]			
3½Ni	—	—	ASTM A203 Gr. D[b]			
C-½Mo	—	ASTM A217 WC1[d,e,f]	—			
	—	ASTM A352 LC1[a]	—			
温度/℃	公称压力					
	Class 150	Class 300	Class 600	Class 900	Class 1500	Class 2500
	最大允许工作压力/MPa					
−29～38	1.84	4.80	9.60	14.41	24.01	40.01
50	1.82	4.75	9.49	14.24	23.73	39.56
100	1.74	4.53	9.07	13.60	22.67	37.78
150	1.58	4.39	8.79	13.18	21.97	36.61
200	1.38	4.25	8.51	12.76	21.27	35.44
250	1.21	4.08	8.16	12.23	20.39	33.98
300	1.02	3.87	7.74	11.61	19.34	32.24
325	0.93	3.76	7.52	11.27	18.79	31.31

表 G.4（续）

材料类别	锻　件		铸　件		板　材	
C-Si	—		ASTM A352 LCB[a]		ASTM A515 Gr. 65[b]	
C-Mn-Si	—		—		ASTM A516 Gr. 65[b,c]	
2½Ni	—		—		ASTM A203 Gr. A[b]	
3½Ni	—		—		ASTM A203 Gr. D[b]	
C-½Mo	—		ASTM A217 WC1[d,e,f]		—	
	—		ASTM A352 LC1[a]		—	
温度/℃	公　称　压　力					
	Class 150	Class 300	Class 600	Class 900	Class 1500	Class 2500
	最大允许工作压力/MPa					
350	0.84	3.64	7.28	10.92	18.20	30.33
375	0.74	3.50	6.99	10.49	17.49	29.14
400	0.65	3.26	6.52	9.79	16.31	27.19
425	0.55	2.73	5.46	8.19	13.65	22.75
450	0.46	2.16	4.32	6.48	10.79	17.99
475	0.37	1.57	3.13	4.70	7.83	13.06
500	0.28	1.11	2.21	3.32	5.54	9.23
538	0.14	0.59	1.18	1.77	2.95	4.92

a 不得用于 340 ℃以上。
b 当长期暴露在 425 ℃以上温度时，钢中的碳化相可能转变为石墨。允许但不推荐长期在 425 ℃以上使用。
c 不得用于 455 ℃以上。
d 当长期暴露在 465 ℃以上温度时，钢中的碳化相可能转变为石墨。允许但不推荐长期在 465 ℃以上使用。
e 仅使用正火加回火的材料。
f 禁止添加任何在 ASTM A217 标准表 1 中未列入的其他元素，但作为脱氧而添加的 Ca 和 Mg 除外。

表 G.5　美国 ASME B16.5 标准钢制管法兰 1.4 组材料的压力-温度额定值

材料类别	锻　件		铸　件		板　材	
C-Si	—		—		ASTM A515 Gr. 60[a]	
C-Mn-Si	ASTM A350 Gr. LF1 Cl. 1[a]		—		ASTM A516 Gr. 60[a,b]	
温度/℃	公　称　压　力					
	Class 150	Class 300	Class 600	Class 900	Class 1500	Class 2500
	最大允许工作压力/MPa					
−29～38	1.63	4.26	8.51	12.77	21.28	35.46
50	1.60	4.18	8.35	12.53	20.89	34.81
100	1.49	3.88	7.77	11.65	19.42	32.36
150	1.44	3.76	7.51	11.27	18.78	31.30
200	1.38	3.64	7.28	10.92	18.21	30.34
250	1.21	3.49	6.98	10.47	17.46	29.10

表 G.5（续）

材料类别	锻件		铸件		板材	
C-Si	—		—		ASTM A515 Gr. 60[a]	
C-Mn-Si	ASTM A350 Gr. LF1 Cl. 1[a]		—		ASTM A516 Gr. 60[a,b]	
温度/℃	公称压力					
	Class 150	Class 300	Class 600	Class 900	Class 1500	Class 2500
	最大允许工作压力/MPa					
300	1.02	3.32	6.64	9.95	16.59	27.65
325	0.93	3.22	6.45	9.67	16.12	26.86
350	0.84	3.12	6.25	9.37	15.62	26.04
375	0.74	3.04	6.07	9.11	15.18	25.30
400	0.65	2.93	5.87	8.80	14.67	24.45
425	0.55	2.58	5.15	7.73	12.88	21.47
450	0.46	2.14	4.27	6.41	10.68	17.80
475	0.37	1.41	2.82	4.23	7.05	11.74
500	0.28	1.03	2.06	3.09	5.15	8.59
538	0.14	0.59	1.18	1.77	2.95	4.92

[a] 当长期暴露在 425 ℃以上温度时，钢中的碳化相可能转变为石墨。允许但不推荐长期在 425 ℃以上使用。

[b] 不得用于 455 ℃以上。

表 G.6 美国 ASME B16.5 标准钢制管法兰 1.5 组材料的压力-温度额定值

材料类别	锻件		铸件		板材	
C-½Mo	ASTM A182 Gr. F1[a]		—		ASTM A204 Gr. A[a]	
	—		—		ASTM A204 Gr. B[a]	
温度/℃	公称压力					
	Class 150	Class 300	Class 600	Class 900	Class 1500	Class 2500
	最大允许工作压力/MPa					
−29～38	1.84	4.80	9.60	14.41	24.01	40.01
50	1.84	4.80	9.60	14.41	24.01	40.01
100	1.77	4.79	9.59	14.38	23.97	39.95
150	1.58	4.73	9.47	14.20	23.67	39.45
200	1.38	4.58	9.16	13.74	22.90	38.17
250	1.21	4.45	8.90	13.35	22.25	37.09
300	1.02	4.29	8.57	12.86	21.44	35.71
325	0.93	4.14	8.26	12.40	20.66	34.43
350	0.84	4.03	8.04	12.07	20.11	33.53
375	0.74	3.89	7.76	11.65	19.41	32.32
400	0.65	3.65	7.33	10.98	18.31	30.49

表 G.6（续）

材料类别	锻　件	铸　件	板　材			
C-½Mo	ASTM A182 Gr. F1[a]	—	ASTM A204 Gr. A[a]			
	—	—	ASTM A204 Gr. B[a]			
温度/℃	公　称　压　力					
	Class 150	Class 300	Class 600	Class 900	Class 1500	Class 2500
	最大允许工作压力/MPa					
425	0.55	3.52	7.00	10.51	17.51	29.16
450	0.46	3.37	6.77	10.14	16.90	28.18
475	0.37	3.17	6.34	9.51	15.82	26.39
500	0.28	2.41	4.81	7.22	12.03	20.05
538	0.14	1.13	2.27	3.40	5.67	9.46

[a] 当长期暴露在 465 ℃以上温度时，钢中的碳化相可能转变为石墨。允许但不推荐长期在 465 ℃以上使用。

表 G.7　美国 ASME B16.5 标准钢制管法兰 1.7 组材料的压力-温度额定值

材料类别	锻　件	铸　件	板　材			
½Cr-½Mo	ASTM A182 Gr. F2[a]	—	—			
Ni-½Cr-½Mo	—	ASTM A217 Gr. WC4[a,b,c]	—			
¾Ni-¾Cr-1Mo	—	ASTM A217 Gr. WC5[b,c]	—			
温度/℃	公　称　压　力					
	Class 150	Class 300	Class 600	Class 900	Class 1500	Class 2500
	最大允许工作压力/MPa					
−29～38	1.98	5.17	10.34	15.51	25.86	43.09
50	1.95	5.17	10.34	15.51	25.86	43.09
100	1.77	5.15	10.30	15.46	25.76	42.94
150	1.58	5.03	10.03	15.06	25.08	41.82
200	1.38	4.86	9.72	14.58	24.34	40.54
250	1.21	4.63	9.27	13.90	23.18	38.62
300	1.02	4.29	8.57	12.86	21.44	35.71
325	0.93	4.14	8.26	12.40	20.66	34.43
350	0.84	4.03	8.04	12.07	20.11	33.53
375	0.74	3.89	7.76	11.65	19.41	32.32
400	0.65	3.65	7.33	10.98	18.31	30.49
425	0.55	3.52	7.00	10.51	17.51	29.16
450	0.46	3.37	6.77	10.14	16.90	28.18
475	0.37	3.17	6.34	9.51	15.82	26.39
500	0.28	2.67	5.34	8.01	13.34	22.24
538	0.14	1.39	2.79	4.18	6.97	11.62

表 G.7（续）

材料类别	锻 件	铸 件	板 材
½Cr-½Mo	ASTM A182 Gr. F2[a]	—	—
Ni-½Cr-½Mo	—	ASTM A217 Gr. WC4[a,b,c]	—
¾Ni-¾Cr-1Mo	—	ASTM A217 Gr. WC5[b,c]	—

温度/℃	公称压力 Class 150	Class 300	Class 600	Class 900	Class 1500	Class 2500
	最大允许工作压力/MPa					
550	—	1.26	2.52	3.78	6.30	10.50
575	—	0.72	1.44	2.15	3.59	5.98

[a] 不得用于 538 ℃以上。

[b] 仅允许用正火加回火材料。

[c] 禁止添加任何在 ASTM A217 标准表 1 中未列入的其他元素，但作为脱氧而添加的 Ca 和 Mg 除外。

表 G.8 美国 ASME B16.5 标准钢制管法兰 1.9 组材料的压力-温度额定值

材料类别	锻 件	铸 件	板 材
1¼Cr-½Mo	—	ASTM A217 WC6[a,b,c]	—
1¼Cr-½Mo-Si	ASTM A182 Gr. F11 Cl. 2[a,d]	—	ASTM A387 Gr. 11 Cl. 2[d]

温度/℃	公称压力 Class 150	Class 300	Class 600	Class 900	Class 1500	Class 2500
	最大允许工作压力/MPa					
−29～38	1.98	5.17	10.34	15.51	25.86	43.09
50	1.95	5.17	10.34	15.51	25.86	43.09
100	1.77	5.15	10.30	15.44	25.74	42.90
150	1.58	4.97	9.95	14.92	24.87	41.45
200	1.38	4.80	9.59	14.39	23.98	39.96
250	1.21	4.63	9.27	13.90	23.18	38.62
300	1.02	4.29	8.57	12.86	21.44	35.71
325	0.93	4.14	8.26	12.40	20.66	34.43
350	0.84	4.03	8.04	12.07	20.11	33.53
375	0.74	3.89	7.76	11.65	19.41	32.32
400	0.65	3.65	7.33	10.98	18.31	30.49
425	0.55	3.52	7.00	10.51	17.51	29.16
450	0.46	3.37	6.77	10.14	16.90	28.18
475	0.37	3.17	6.34	9.51	15.82	26.39
500	0.28	2.57	5.15	7.72	12.86	21.44
538	0.14	1.49	2.98	4.47	7.45	12.41
550	—	1.27	2.54	3.81	6.35	10.59

表 G.8（续）

材料类别	锻 件		铸 件		板 材	
1¼Cr-½Mo	—		ASTM A217 WC6[a,b,c]		—	
1¼Cr-½Mo-Si	ASTM A182 Gr. F11 Cl. 2[a,d]		—		ASTM A387 Gr. 11 Cl. 2[d]	
温度/℃	公 称 压 力					
	Class 150	Class 300	Class 600	Class 900	Class 1500	Class 2500
	最大允许工作压力/MPa					
575	—	0.88	1.76	2.64	4.40	7.34
600	—	0.61	1.22	1.83	3.05	5.09
625	—	0.43	0.85	1.28	2.13	3.55
650	—	0.28	0.57	0.85	1.42	2.36

a 仅允许用正火加回火材料。

b 不得用于 590 ℃以上。

c 禁止添加任何在 ASTM A217 标准表 1 中未列入的其他元素，但作为脱氧而添加的 Ca 和 Mg 除外。

d 允许但不推荐长期在 590 ℃以上使用。

表 G.9　美国 ASME B16.5 标准钢制管法兰 1.10 组材料的压力-温度额定值

材料类别	锻 件		铸 件		板 材	
2¼Cr-1Mo	ASTM A182 Gr. F22 Cl. 3[a]		ASTM A217 WC9[b,c,d]		ASTM A387 Gr. 22 Cl. 2[a]	
温度/℃	公 称 压 力					
	Class 150	Class 300	Class 600	Class 900	Class 1500	Class 2500
	最大允许工作压力/MPa					
−29～38	1.98	5.17	10.34	15.51	25.86	43.09
50	1.95	5.17	10.34	15.51	25.86	43.09
100	1.77	5.15	10.30	15.46	25.76	42.94
150	1.58	5.03	10.03	15.06	25.08	41.82
200	1.38	4.86	9.72	14.58	24.34	40.54
250	1.21	4.63	9.27	13.90	23.18	38.62
300	1.02	4.29	8.57	12.86	21.44	35.71
325	0.93	4.14	8.26	12.40	20.66	34.43
350	0.84	4.03	8.04	12.07	20.11	33.53
375	0.74	3.89	7.76	11.65	19.41	32.32
400	0.65	3.65	7.33	10.98	18.31	30.49
425	0.55	3.52	7.00	10.51	17.51	29.16
450	0.46	3.37	6.77	10.14	16.90	28.18
475	0.37	3.17	6.34	9.51	15.82	26.39
500	0.28	2.82	5.65	8.47	14.09	23.50
538	0.14	1.84	3.69	5.53	9.22	15.37

表 G.9（续）

材料类别	锻　件		铸　件		板　材	
2¼Cr-1Mo	ASTM A182 Gr. F22 Cl. 3[a]		ASTM A217 WC9[b,c,d]		ASTM A387 Gr. 22 Cl. 2[a]	
温度/℃	公　称　压　力					
	Class 150	Class 300	Class 600	Class 900	Class 1500	Class 2500
	最大允许工作压力/MPa					
550	—	1.56	3.13	4.69	7.82	13.03
575	—	1.05	2.11	3.16	5.26	8.77
600	—	0.69	1.38	2.07	3.44	5.74
625	—	0.45	0.89	1.34	2.23	3.72
650	—	0.28	0.57	0.85	1.42	2.36

a 允许但不推荐长期在 590℃以上使用。
b 仅允许用正火加回火材料。
c 不得用于 590 ℃以上。
d 禁止添加任何在 ASTM A217 标准表 1 中未列入的其他元素，但作为脱氧而添加的 Ca 和 Mg 除外。

表 G.10　美国 ASME B16.5 标准钢制管法兰 1.11 组材料的压力-温度额定值

材料类别	锻　件		铸　件		板　材	
C-½Mo	—		—		ASTM A204 Gr. C[a]	
温度/℃	公　称　压　力					
	Class 150	Class 300	Class 600	Class 900	Class 1500	Class 2500
	最大允许工作压力/MPa					
−29～38	2.00	5.17	10.34	15.51	25.86	43.09
50	1.95	5.17	10.34	15.51	25.86	43.09
100	1.77	5.15	10.30	15.46	25.76	42.94
150	1.58	5.03	10.03	15.06	25.08	41.82
200	1.38	4.86	9.72	14.58	24.34	40.54
250	1.21	4.63	9.27	13.90	23.18	38.62
300	1.02	4.29	8.57	12.86	21.44	35.71
325	0.93	4.14	8.26	12.40	20.66	34.43
350	0.84	4.03	8.04	12.07	20.11	33.53
375	0.74	3.89	7.76	11.65	19.41	32.32
400	0.65	3.65	7.33	10.98	18.31	30.49
425	0.55	3.52	7.00	10.51	17.51	29.16
450	0.46	3.37	6.77	10.14	16.90	28.18
475	0.37	3.17	6.34	9.51	15.82	26.39
500	0.28	2.36	4.71	7.07	11.78	19.63
538	0.14	1.13	2.27	3.40	5.67	9.46

表 G.10（续）

材料类别	锻　件		铸　件		板　材	
C-½Mo	—		—		ASTM A204 Gr. C[a]	
温度/℃	公　称　压　力					
	Class 150	Class 300	Class 600	Class 900	Class 1500	Class 2500
	最大允许工作压力/MPa					
550	—	1.13	2.27	3.40	5.67	9.46
575	—	1.01	2.01	3.02	5.03	8.38
600	—	0.71	1.42	2.13	3.56	5.93
625	—	0.53	1.06	1.59	2.65	4.42
650	—	0.31	0.61	0.92	1.54	2.56

[a] 当长期暴露在 465 ℃以上温度时，钢中的碳化相可能转变为石墨。允许但不推荐长期在 465 ℃以上使用。

表 G.11　美国 ASME B16.5 标准钢制管法兰 1.13 组材料的压力-温度额定值

材料类别	锻　件		铸　件		板　材	
5Cr-½Mo	ASTM A182 Gr. F5a		ASTM A217 Gr. C5[a,b]		—	
温度/℃	公　称　压　力					
	Class 150	Class 300	Class 600	Class 900	Class 1500	Class 2500
	最大允许工作压力/MPa					
−29～38	2.00	5.17	10.34	15.51	25.86	43.09
50	1.95	5.17	10.34	15.51	25.86	43.09
100	1.77	5.15	10.30	15.46	25.76	42.94
150	1.58	5.03	10.03	15.06	25.08	41.82
200	1.38	4.86	9.72	14.58	24.34	40.54
250	1.21	4.63	9.27	13.90	23.18	38.62
300	1.02	4.29	8.57	12.86	21.44	35.71
325	0.93	4.14	8.26	12.40	20.66	34.43
350	0.84	4.03	8.04	12.07	20.11	33.53
375	0.74	3.89	7.76	11.65	19.41	32.32
400	0.65	3.65	7.33	10.98	18.31	30.49
425	0.55	3.52	7.00	10.51	17.51	29.16
450	0.46	3.37	6.77	10.14	16.90	28.18
475	0.37	2.79	5.57	8.36	13.93	23.21
500	0.28	2.14	4.28	6.41	10.69	17.82
538	0.14	1.37	2.74	4.11	6.86	11.43
550	—	1.20	2.41	3.61	6.02	10.04
575	—	0.89	1.78	2.67	4.44	7.40
600	—	0.62	1.25	1.87	3.12	5.19

表 G.11（续）

材料类别	锻 件		铸 件		板 材	
5Cr-½Mo	ASTM A182 Gr. F5a		ASTM A217 Gr. C5[a,b]		—	
温度/℃	公 称 压 力					
	Class 150	Class 300	Class 600	Class 900	Class 1500	Class 2500
	最大允许工作压力/MPa					
625	—	0.40	0.80	1.20	2.00	3.33
650	—	0.24	0.47	0.71	1.18	1.97

[a] 仅允许用正火加回火材料。

[b] 禁止添加任何在 ASTM A217 标准表 1 中未列入的其他元素，但作为脱氧而添加的 Ca 和 Mg 除外。

表 G.12 美国 ASME B16.5 标准钢制管法兰 1.14 组材料的压力-温度额定值

材料类别	锻 件		铸 件		板 材	
9Cr-1Mo	ASTM A182 Gr. F9		ASTM A217 Gr. C12[a,b]		—	
温度/℃	公 称 压 力					
	Class 150	Class 300	Class 600	Class 900	Class 1500	Class 2500
	最大允许工作压力/MPa					
−29～38	2.00	5.17	10.34	15.51	25.86	43.09
50	1.95	5.17	10.34	15.51	25.86	43.09
100	1.77	5.15	10.30	15.46	25.76	42.94
150	1.58	5.03	10.03	15.06	25.08	41.82
200	1.38	4.86	9.72	14.58	24.34	40.54
250	1.21	4.63	9.27	13.90	23.18	38.62
300	1.02	4.29	8.57	12.86	21.44	35.71
325	0.93	4.14	8.26	12.40	20.66	34.43
350	0.84	4.03	8.04	12.07	20.11	33.53
375	0.74	3.89	7.76	11.65	19.41	32.32
400	0.65	3.65	7.33	10.98	18.31	30.49
425	0.55	3.52	7.00	10.51	17.51	29.16
450	0.46	3.37	6.77	10.14	16.90	28.18
475	0.37	3.17	6.34	9.51	15.82	26.39
500	0.28	2.82	5.65	8.47	14.09	23.50
538	0.14	1.75	3.50	5.25	8.75	14.58
550	—	1.50	3.00	4.50	7.50	12.50
575	—	1.05	2.09	3.14	5.23	8.71
600	—	0.72	1.44	2.15	3.59	5.98
625	—	0.50	0.99	1.49	2.48	4.14
650	—	0.35	0.71	1.06	1.77	2.95

[a] 仅允许用正火加回火材料。

[b] 禁止添加任何在 ASTM A217 标准表 1 中未列入的其他元素，但作为脱氧而添加的 Ca 和 Mg 除外。

表 G.13 美国 ASME B16.5 标准钢制管法兰 1.15 组材料的压力-温度额定值

材料类别	锻 件		铸 件		板 材	
9Cr-1Mo-V	ASTM A182 Gr. F91		ASTM A217 C12A[a]		ASTM A387 Gr. 91 Cl. 2	
温度/℃	公称压力					
	Class 150	Class 300	Class 600	Class 900	Class 1500	Class 2500
	最大允许工作压力/MPa					
−29～38	2.00	5.17	10.34	15.51	25.86	43.09
50	1.95	5.17	10.34	15.51	25.86	43.09
100	1.77	5.15	10.30	15.46	25.76	42.94
150	1.58	5.03	10.03	15.06	25.08	41.82
200	1.38	4.86	9.72	14.58	24.34	40.54
250	1.21	4.63	9.27	13.90	23.18	38.62
300	1.02	4.29	8.57	12.86	21.44	35.71
325	0.93	4.14	8.26	12.40	20.66	34.43
350	0.84	4.03	8.04	12.07	20.11	33.53
375	0.74	3.89	7.76	11.65	19.41	32.32
400	0.65	3.65	7.33	10.98	18.31	30.49
425	0.55	3.52	7.00	10.51	17.51	29.16
450	0.46	3.37	6.77	10.14	16.90	28.18
475	0.37	3.17	6.34	9.51	15.82	26.39
500	0.28	2.82	5.65	8.47	14.09	23.50
538	0.14	2.52	5.00	7.52	12.55	20.89
550	—	2.50	4.98	7.48	12.49	20.80
575	—	2.40	4.79	7.18	11.97	19.95
600	—	1.95	3.90	5.85	9.75	16.25
625	—	1.46	2.92	4.38	7.30	12.17
650	—	0.99	1.99	2.98	4.96	8.27

[a] 禁止添加任何在 ASTM A217 标准表 1 中未列入的其他元素，但作为脱氧而添加的 Ca 和 Mg 除外。

表 G.14 美国 ASME B16.5 标准钢制管法兰 1.17 组材料的压力-温度额定值

材料类别	锻件		铸件		板材	
1Cr-½Mo	ASTM A182 Gr. F12 Cl. 2[a,b]		—		—	
5Cr-½Mo	A 182 Gr. F5		—		—	
温度/℃	公称压力					
	Class 150	Class 300	Class 600	Class 900	Class 1500	Class 2500
	最大允许工作压力/MPa					
−29～38	1.98	5.17	10.34	15.51	25.86	43.09
50	1.95	5.15	10.30	15.45	25.75	42.92
100	1.77	5.04	10.09	15.13	25.22	42.04
150	1.58	4.82	9.64	14.45	24.09	40.15
200	1.38	4.63	9.25	13.88	23.13	38.56
250	1.21	4.48	8.96	13.45	22.41	37.35
300	1.02	4.29	8.57	12.86	21.44	35.71
325	0.93	4.14	8.26	12.40	20.66	34.43
350	0.84	4.03	8.04	12.07	20.11	33.53
375	0.74	3.89	7.76	11.65	19.41	32.32
400	0.65	3.65	7.33	10.98	18.31	30.49
425	0.55	3.52	7.00	10.51	17.51	29.16
450	0.46	3.37	6.77	10.14	16.90	28.18
475	0.37	2.79	5.57	8.36	13.93	23.21
500	0.28	2.14	4.28	6.41	10.69	17.82
538	0.14	1.37	2.74	4.11	6.86	11.43
550	—	1.20	2.41	3.61	6.02	10.04
575	—	0.88	1.76	2.64	4.40	7.34
600	—	0.61	1.21	1.82	3.03	5.04
625	—	0.40	0.80	1.20	2.00	3.33
650	—	0.24	0.47	0.71	1.18	1.97

[a] 仅允许用正火加回火材料。

[b] 允许但不推荐长期在 590 ℃以上使用。

表 G.15 美国 ASME B16.5 标准钢制管法兰 1.18 组材料的压力-温度额定值

材料类别	锻件		铸件		板材	
9Cr-2W-V	ASTM A182 Gr. F92[a]		—		—	
温度/℃	公称压力					
	Class 150	Class 300	Class 600	Class 900	Class 1500	Class 2500
	最大允许工作压力/MPa					
−29～38	2.00	5.17	10.34	15.51	25.86	43.09
50	1.95	5.17	10.34	15.51	25.86	43.09
100	1.77	5.15	10.30	15.46	25.76	42.94
150	1.58	5.03	10.03	15.06	25.08	41.82
200	1.38	4.86	9.72	14.58	24.34	40.54
250	1.21	4.63	9.27	13.90	23.18	38.62
300	1.02	4.29	8.57	12.86	21.44	35.71
325	0.93	4.14	8.26	12.40	20.66	34.43
350	0.84	4.03	8.04	12.07	20.11	33.53
375	0.74	3.89	7.76	11.65	19.41	32.32
400	0.65	3.65	7.33	10.98	18.31	30.49
425	0.55	3.52	7.00	10.51	17.51	29.16
450	0.46	3.37	6.77	10.14	16.90	28.18
475	0.37	3.17	6.34	9.51	15.82	26.39
500	0.28	2.82	5.65	8.47	14.09	23.50
538	0.14	2.52	5.00	7.52	12.55	20.89
550	0.14	2.50	4.98	7.48	12.49	20.80
575	0.14	2.40	4.79	7.18	11.97	19.95
600	0.14	2.16	4.29	6.42	10.70	17.85
625	0.14	1.83	3.66	5.49	9.12	15.20
650	0.14	1.41	2.81	4.25	7.07	11.77

[a] 用于 620 ℃以上时管子的最大外径为 88.9 mm。

表 G.16　美国 ASME B16.5 标准钢制管法兰 2.1 组材料的压力-温度额定值

材料类别	锻　件	铸　件	板　材
18Cr-8Ni	ASTM A182 Gr. F304[a]	ASTM A351 CF3[b]	ASTM A240 Gr. 304[a]
	ASTM A182 Gr. F304H	ASTM A351 CF8[a]	ASTM A240 Gr. 304H

温度/℃	公　称　压　力					
	Class 150	Class 300	Class 600	Class 900	Class 1500	Class 2500
	最大允许工作压力/MPa					
−29～38	1.90	4.96	9.93	14.89	24.82	41.37
50	1.83	4.78	9.56	14.35	23.91	39.85
100	1.57	4.09	8.17	12.26	20.43	34.04
150	1.42	3.70	7.40	11.10	18.50	30.84
200	1.32	3.45	6.90	10.34	17.24	28.73
250	1.21	3.25	6.50	9.75	16.24	27.07
300	1.02	3.09	6.18	9.27	15.46	25.76
325	0.93	3.02	6.04	9.07	15.11	25.19
350	0.84	2.96	5.93	8.89	14.81	24.69
375	0.74	2.90	5.81	8.71	14.52	24.19
400	0.65	2.84	5.69	8.53	14.22	23.70
425	0.55	2.80	5.60	8.40	14.00	23.33
450	0.46	2.74	5.48	8.22	13.70	22.84
475	0.37	2.69	5.39	8.08	13.47	22.45
500	0.28	2.65	5.30	7.95	13.24	22.07
538	0.14	2.44	4.89	7.33	12.21	20.36
550	—	2.36	4.71	7.07	11.78	19.63
575	—	2.08	4.17	6.25	10.42	17.37
600	—	1.69	3.38	5.06	8.44	14.07
625	—	1.38	2.76	4.14	6.89	11.49
650	—	1.13	2.25	3.38	5.63	9.38
675	—	0.93	1.87	2.80	4.67	7.79
700	—	0.80	1.61	2.41	4.01	6.69
725	—	0.68	1.35	2.03	3.38	5.63
750	—	0.58	1.16	1.73	2.89	4.81
775	—	0.46	0.90	1.37	2.28	3.80
800	—	0.35	0.70	1.05	1.74	2.92
816	—	0.28	0.59	0.86	1.41	2.38

a 只有当碳含量≥0.4%时，才可用于 538 ℃以上。

b 不得用于 425 ℃以上。

表 G.17 美国 ASME B16.5 标准钢制管法兰 2.2 组材料的压力-温度额定值

材料类别	锻件		铸件		板材	
16Cr-12Ni-2Mo	ASTM A182 Gr. F316[a]		CF3M[b]		ASTM A240 Gr. 316[a]	
	ASTM A182 Gr. F316H		ASTM A351 CF8M[a]		ASTM A240 Gr. 316H	
18Cr-13Ni-3Mo	ASTM A182 Gr. F317[a]		—		ASTM A240 Gr. 317[a]	
19Cr-10Ni-3Mo	—		ASTM A351 Gr. CG8M[c]		—	
温度/℃	公称压力					
	Class 150	Class 300	Class 600	Class 900	Class 1500	Class 2500
	最大允许工作压力/MPa					
−29～38	1.90	4.96	9.93	14.89	24.82	41.37
50	1.84	4.81	9.62	14.43	24.06	40.09
100	1.62	4.22	8.44	12.66	21.10	35.16
150	1.48	3.85	7.70	11.55	19.25	32.08
200	1.37	3.57	7.13	10.70	17.83	29.72
250	1.21	3.34	6.68	10.01	16.69	27.81
300	1.02	3.16	6.32	9.49	15.81	26.35
325	0.93	3.09	6.18	9.27	15.44	25.74
350	0.84	3.03	6.07	9.10	15.16	25.27
375	0.74	2.99	5.98	8.96	14.94	24.90
400	0.65	2.94	5.89	8.83	14.72	24.53
425	0.55	2.91	5.83	8.74	14.57	24.29
450	0.46	2.88	5.77	8.65	14.42	24.04
475	0.37	2.87	5.73	8.60	14.34	23.89
500	0.28	2.82	5.65	8.47	14.09	23.50
538	0.14	2.52	5.00	7.52	12.55	20.89
550	—	2.50	4.98	7.48	12.49	20.80
575	—	2.40	4.79	7.18	11.97	19.95
600	—	1.99	3.98	5.97	9.95	16.59
625	—	1.58	3.16	4.74	7.91	13.18
650	—	1.27	2.53	3.80	6.33	10.55
675	—	1.03	2.06	3.10	5.16	8.60
700	—	0.84	1.68	2.51	4.19	6.98
725	—	0.70	1.40	2.10	3.49	5.82
750	—	0.59	1.17	1.76	2.93	4.89
775	—	0.46	0.90	1.37	2.28	3.80
800	—	0.35	0.70	1.05	1.74	2.92
816	—	0.28	0.59	0.86	1.41	2.38

[a] 只有当碳含量≥0.04%时，才可用于 538 ℃以上。

[b] 不得用于 455 ℃以上。

[c] 不得用于 538 ℃以上。

表 G.18 美国 ASME B16.5 标准钢制管法兰 2.3 组材料的压力-温度额定值

材料类别	锻件		铸件		板材	
16Cr-12Ni-2Mo	ASTM A182 Gr. F316L		—		ASTM A240 Gr. 316L	
18Cr-13Ni-3Mo	ASTM A182 Gr. F317L		—		—	
18Cr-8Ni	ASTM A182 Gr. F304L[a]		—		ASTM A240 Gr. 304L[a]	
温度/℃	公称压力					
	Class 150	Class 300	Class 600	Class 900	Class 1500	Class 2500
	最大允许工作压力/MPa					
−29～38	1.59	4.14	8.27	12.41	20.68	34.47
50	1.53	4.00	8.00	12.01	20.01	33.35
100	1.33	3.48	6.96	10.44	17.39	28.99
150	1.20	3.14	6.28	9.42	15.70	26.16
200	1.12	2.92	5.83	8.75	14.58	24.30
250	1.05	2.75	5.49	8.24	13.73	22.89
300	1.00	2.61	5.21	7.82	13.03	21.72
325	0.93	2.55	5.10	7.64	12.74	21.23
350	0.84	2.51	5.01	7.52	12.54	20.89
375	0.74	2.48	4.95	7.43	12.38	20.63
400	0.65	2.43	4.86	7.29	12.15	20.25
425	0.55	2.39	4.77	7.16	11.93	19.88
450	0.46	2.34	4.68	7.02	11.71	19.51

[a] 不得用于 425 ℃以上。

表 G.19 美国 ASME B16.5 标准钢制管法兰 2.4 组材料的压力-温度额定值

材料类别	锻件		铸件		板材	
18Cr-10Ni-Ti	ASTM A182 Gr. F321[a]		—		ASTM A240 Gr. 321[a]	
	ASTM A182 Gr. F321H[b]		—		ASTM A240 Gr. 321H[b]	
温度/℃	公称压力					
	Class 150	Class 300	Class 600	Class 900	Class 1500	Class 2500
	最大允许工作压力/MPa					
−29～38	1.90	4.96	9.93	14.89	24.82	41.37
50	1.86	4.86	9.71	14.57	24.28	40.46
100	1.70	4.42	8.85	13.27	22.12	36.87
150	1.57	4.10	8.20	12.29	20.49	34.15
200	1.38	3.83	7.66	11.49	19.15	31.91

表 G.19（续）

材料类别	锻 件		铸 件		板 材	
18Cr-10Ni-Ti	ASTM A182 Gr. F321[a]		—		ASTM A240 Gr. 321[a]	
	ASTM A182 Gr. F321H[b]		—		ASTM A240 Gr. 321H[b]	
温度/℃	公 称 压 力					
	Class 150	Class 300	Class 600	Class 900	Class 1500	Class 2500
	最大允许工作压力/MPa					
250	1.21	3.60	7.20	10.81	18.01	30.02
300	1.02	3.41	6.83	10.24	17.07	28.46
325	0.93	3.33	6.66	9.99	16.65	27.76
350	0.84	3.26	6.52	9.78	16.30	27.17
375	0.74	3.20	6.41	9.61	16.02	26.69
400	0.65	3.16	6.32	9.48	15.79	26.32
425	0.55	3.11	6.23	9.34	15.57	25.95
450	0.46	3.08	6.17	9.25	15.42	25.69
475	0.37	3.05	6.11	9.16	15.27	25.44
500	0.28	2.82	5.65	8.47	14.09	23.50
538	0.14	2.52	5.00	7.52	12.55	20.89
550	—	2.50	4.98	7.48	12.49	20.80
575	—	2.40	4.79	7.18	11.97	19.95
600	—	2.03	4.05	6.08	10.13	16.89
625	—	1.58	3.16	4.74	7.91	13.18
650	—	1.26	2.53	3.79	6.32	10.54
675	—	0.99	1.98	2.96	4.94	8.23
700	—	0.79	1.58	2.37	3.95	6.59
725	—	0.63	1.27	1.90	3.17	5.28
750	—	0.50	1.00	1.50	2.50	4.17
775	—	0.40	0.80	1.19	1.99	3.32
800	—	0.31	0.63	0.94	1.56	2.61
816	—	0.26	0.52	0.78	1.30	2.17

a 只有当材料做了最低加热温度为 1 095 ℃的热处理时，才可用于 538 ℃以上。

b 不得用于 538 ℃以上。

表 G.20　美国 ASME B16.5 标准钢制管法兰 2.5 组材料的压力-温度额定值

材料类别	锻　件		铸　件		板　材	
18Cr-10Ni-Cb	ASTM A182 Gr. F347[a]		—		ASTM A240 Gr. 347[a]	
	ASTM A182 Gr. F347H[b]		—		ASTM A240 Gr. 347H[b]	
	ASTM A182 Gr. F348[a]		—		ASTM A240 Gr. 348[a]	
	ASTM A182 Gr. F348H[b]		—		ASTM A240 Gr. 348H[b]	
温度/℃	公　称　压　力					
	Class 150	Class 300	Class 600	Class 900	Class 1500	Class 2500
	最大允许工作压力/MPa					
−29～38	1.90	4.96	9.93	14.89	24.82	41.37
50	1.87	4.88	9.75	14.63	24.38	40.64
100	1.74	4.53	9.06	13.59	22.65	37.74
150	1.58	4.25	8.49	12.74	21.24	35.39
200	1.38	3.99	7.99	11.98	19.97	33.28
250	1.21	3.78	7.56	11.34	18.91	31.51
300	1.02	3.61	7.22	10.83	18.04	30.07
325	0.93	3.54	7.07	10.61	17.68	29.46
350	0.84	3.48	6.95	10.43	17.38	28.96
375	0.74	3.42	6.84	10.26	17.10	28.51
400	0.65	3.39	6.78	10.17	16.95	28.26
425	0.55	3.36	6.72	10.08	16.81	28.01
450	0.46	3.35	6.69	10.04	16.73	27.88
475	0.37	3.17	6.34	9.51	15.82	26.39
500	0.28	2.82	5.65	8.47	14.09	23.50
538	0.14	2.52	5.00	7.52	12.55	20.89
550	—	2.50	4.98	7.48	12.49	20.80
575	—	2.40	4.79	7.18	11.97	19.95
600	—	2.16	4.29	6.42	10.70	17.85
625	—	1.83	3.66	5.49	9.12	15.20
650	—	1.41	2.81	4.25	7.07	11.77
675	—	1.24	2.52	3.76	6.27	10.45
700	—	1.01	2.00	2.98	4.97	8.30
725	—	0.79	1.54	2.32	3.86	6.44
750	—	0.59	1.17	1.76	2.96	4.91
775	—	0.46	0.90	1.37	2.28	3.80
800	—	0.35	0.70	1.05	1.74	2.92
816	—	0.28	0.59	0.86	1.41	2.38

a 不得用于 538 ℃以上。

b 只有当材料做了最低加热温度为 1 095 ℃的热处理时，才可用于 538 ℃以上。

表 G.21 美国 ASME B16.5 标准钢制管法兰 2.6 组材料的压力-温度额定值

材料类别	锻 件	铸 件	板 材
23Cr-12Ni	—	—	ASTM A240 Gr. 309H

温度/℃	公称压力					
	Class 150	Class 300	Class 600	Class 900	Class 1500	Class 2500
	最大允许工作压力/MPa					
−29～38	1.90	4.96	9.93	14.89	24.82	41.37
50	1.85	4.83	9.66	14.49	24.15	40.25
100	1.65	4.31	8.62	12.93	21.55	35.92
150	1.53	4.00	8.00	12.00	20.00	33.33
200	1.38	3.78	7.55	11.33	18.88	31.47
250	1.21	3.61	7.21	10.82	18.04	30.06
300	1.02	3.48	6.96	10.44	17.39	28.99
325	0.93	3.42	6.85	10.27	17.12	28.54
350	0.84	3.38	6.76	10.14	16.90	28.17
375	0.74	3.34	6.68	10.01	16.69	27.82
400	0.65	3.31	6.61	9.92	16.54	27.56
425	0.55	3.26	6.53	9.79	16.31	27.19
450	0.46	3.22	6.44	9.65	16.09	26.82
475	0.37	3.17	6.34	9.51	15.82	26.39
500	0.28	2.82	5.65	8.47	14.09	23.50
538	0.14	2.52	5.00	7.52	12.55	20.89
550	—	2.50	4.98	7.48	12.49	20.80
575	—	2.22	4.44	6.65	11.09	18.48
600	—	1.68	3.35	5.03	8.39	13.98
625	—	1.25	2.50	3.75	6.25	10.42
650	—	0.94	1.87	2.81	4.68	7.80
675	—	0.72	1.45	2.17	3.62	6.03
700	—	0.55	1.10	1.65	2.75	4.59
725	—	0.43	0.87	1.30	2.16	3.60
750	—	0.34	0.68	1.02	1.71	2.84
775	—	0.27	0.54	0.81	1.35	2.24
800	—	0.21	0.42	0.63	1.05	1.75
816	—	0.18	0.35	0.53	0.89	1.48

表 G.22 美国 ASME B16.5 标准钢制管法兰 2.7 组材料的压力-温度额定值

材料类别	锻件		铸件		板材	
25Cr-20Ni	ASTM A182 Gr. F310[a,b]		—		ASTM A240 Gr. 310H	
温度/℃	公称压力					
	Class 150	Class 300	Class 600	Class 900	Class 1500	Class 2500
	最大允许工作压力/MPa					
−29～38	1.90	4.96	9.93	14.89	24.82	41.37
50	1.85	4.84	9.67	14.51	24.18	40.31
100	1.66	4.34	8.68	13.02	21.70	36.16
150	1.53	4.00	8.00	12.00	20.00	33.33
200	1.38	3.76	7.52	11.28	18.80	31.34
250	1.21	3.58	7.15	10.73	17.88	29.81
300	1.02	3.45	6.89	10.34	17.23	28.72
325	0.93	3.39	6.77	10.16	16.93	28.22
350	0.84	3.33	6.66	9.99	16.65	27.76
375	0.74	3.29	6.57	9.86	16.43	27.38
400	0.65	3.24	6.48	9.73	16.21	27.02
425	0.55	3.21	6.42	9.64	16.06	26.77
450	0.46	3.17	6.34	9.51	15.84	26.40
475	0.37	3.12	6.25	9.37	15.62	26.03
500	0.28	2.82	5.65	8.47	14.09	23.50
538	0.14	2.52	5.00	7.52	12.55	20.89
550	—	2.50	4.98	7.48	12.49	20.80
575	—	2.22	4.44	6.65	11.09	18.48
600	—	1.68	3.35	5.03	8.39	13.98
625	—	1.25	2.50	3.75	6.25	10.42
650	—	0.94	1.87	2.81	4.68	7.80
675	—	0.72	1.45	2.17	3.62	6.03
700	—	0.55	1.10	1.65	2.75	4.59
725	—	0.43	0.87	1.30	2.16	3.60
750	—	0.34	0.68	1.02	1.71	2.84
775	—	0.27	0.53	0.80	1.33	2.21
800	—	0.21	0.41	0.62	1.03	1.72
816	—	0.18	0.35	0.53	0.89	1.48

[a] 只有当碳含量≥0.04%时，才可用于 538 ℃以上。

[b] 只有确保晶粒度不细于 ASTM 6 级，该材料才宜用于 565 ℃及以上温度。

表 G.23 美国 ASME B16.5 标准钢制管法兰 2.8 组材料的压力-温度额定值

材料类别	锻 件		铸 件		板 材	
20Cr-18Ni-6Mo	ASTM A182 Gr. F44		ASTM A351 Gr. CK3MCuN		ASTM A240 Gr. S31254	
22Cr-5Ni-3Mo-N	ASTM A182 Gr. F51[a]		—		ASTM A240 Gr. S31803[a]	
25Cr-7Ni-4Mo-N	ASTM A182 Gr. F53[a]		—		ASTM A240 Gr. S32750[a]	
24Cr-10Ni-4Mo-V	—		ASTM A351 Gr. CE8MN[a]		—	
25Cr-5Ni-2Mo-3Cu	—		ASTM A351 Gr. CD4MCu[a]		—	
25Cr-7Ni-3.5Mo-W-Cb	—		ASTM A351 Gr. CD3MWCuN[a]		—	
25Cr-7.5Ni-3.5Mo-N-Cu-W	ASTM A182 Gr. F55[a]		—		ASTM A240 Gr. S32760[a]	
温度/℃	公 称 压 力					
	Class 150	Class 300	Class 600	Class 900	Class 1500	Class 2500
	最大允许工作压力/MPa					
−29～38	2.00	5.17	10.34	15.51	25.86	43.09
50	1.95	5.17	10.34	15.51	25.86	43.09
100	1.77	5.07	10.13	15.20	25.33	42.22
150	1.58	4.59	9.19	13.78	22.96	38.27
200	1.38	4.27	8.53	12.80	21.33	35.54
250	1.21	4.05	8.09	12.14	20.23	33.72
300	1.02	3.89	7.77	11.66	19.43	32.38
325	0.93	3.82	7.63	11.45	19.08	31.80
350	0.84	3.76	7.53	11.29	18.82	31.37
375	0.74	3.74	7.47	11.21	18.68	31.13
400	0.65	3.65	7.33	10.98	18.31	30.49

[a] 该材料在中高温使用后可能变脆。不得用于 315 ℃以上。

表 G.24 美国 ASME B16.5 标准钢制管法兰 2.9 组材料的压力-温度额定值

材料类别	锻 件		铸 件		板 材	
23Cr-12Ni	—		—		ASTM A240 Gr. 309S[a,b,c]	
25Cr-20Ni	—		—		ASTM A240 Gr. 310S[a,b,c]	
温度/℃	公 称 压 力					
	Class 150	Class 300	Class 600	Class 900	Class 1500	Class 2500
	最大允许工作压力/MPa					
−29～38	1.90	4.96	9.93	14.89	24.82	41.37
50	1.85	4.83	9.66	14.49	24.15	40.25
100	1.65	4.31	8.62	12.93	21.55	35.92
150	1.53	4.00	8.00	12.00	20.00	33.33
200	1.38	3.76	7.52	11.28	18.80	31.34
250	1.21	3.58	7.15	10.73	17.88	29.81

表 G.24（续）

材料类别	锻　件	铸　件	板　材
23Cr-12Ni	—	—	ASTM A240 Gr. 309S[a,b,c]
25Cr-20Ni	—	—	ASTM A240 Gr. 310S[a,b,c]

温度/℃	公称压力					
	Class 150	Class 300	Class 600	Class 900	Class 1500	Class 2500
	最大允许工作压力/MPa					
300	1.02	3.45	6.89	10.34	17.23	28.72
325	0.93	3.39	6.77	10.16	16.93	28.22
350	0.84	3.33	6.66	9.99	16.65	27.76
375	0.74	3.29	6.57	9.86	16.43	27.38
400	0.65	3.24	6.48	9.73	16.21	27.02
425	0.55	3.21	6.42	9.64	16.06	26.77
450	0.46	3.17	6.34	9.51	15.84	26.40
475	0.37	3.12	6.25	9.37	15.62	26.03
500	0.28	2.82	5.65	8.47	14.09	23.50
538	0.14	2.34	4.68	7.02	11.70	19.50
550	—	2.05	4.10	6.15	10.25	17.08
575	—	1.51	3.02	4.53	7.55	12.58
600	—	1.10	2.21	3.31	5.51	9.19
625	—	0.81	1.63	2.44	4.07	6.79
650	—	0.58	1.16	1.74	2.91	4.85
675	—	0.37	0.74	1.11	1.84	3.07
700	—	0.22	0.43	0.65	1.08	1.80
725	—	0.14	0.27	0.41	0.68	1.14
750	—	0.10	0.21	0.31	0.52	0.86
775	—	0.08	0.16	0.25	0.41	0.68
800	—	0.06	0.12	0.18	0.30	0.50
816	—	0.05	0.09	0.14	0.24	0.39

a 只有当碳含量≥0.04%时，才可用于538 ℃以上。

b 只有当材料做了加热温度至少为1 035 ℃且做水淬或用其他方法快速冷却的热处理.才可用于538 ℃以上。

c 只有确保晶粒度不细于ASTM 6级，该材料才宜用于565 ℃及以上温度。

表 G.25　美国 ASME B16.5 标准钢制管法兰 2.10 组材料的压力-温度额定值

材料类别	锻　件	铸　件	板　材
25Cr-12Ni	—	ASTM A351 Gr. CH8[a]	—
25Cr-12Ni	—	ASTM A351 Gr. CH20[a]	—

温度/℃	公　称　压　力					
	Class 150	Class 300	Class 600	Class 900	Class 1500	Class 2500
	最大允许工作压力/MPa					
−29～38	1.78	4.63	9.27	13.90	23.17	38.61
50	1.70	4.45	8.90	13.34	22.24	37.06
100	1.44	3.75	7.51	11.26	18.77	31.28
150	1.34	3.49	6.98	10.47	17.44	29.07
200	1.29	3.35	6.71	10.06	16.77	27.95
250	1.21	3.26	6.52	9.78	16.31	27.18
300	1.02	3.17	6.34	9.52	15.86	26.43
325	0.93	3.12	6.24	9.36	15.61	26.01
350	0.84	3.06	6.12	9.17	15.29	25.48
375	0.74	2.98	5.97	8.95	14.92	24.86
400	0.65	2.91	5.82	8.73	14.55	24.24
425	0.55	2.83	5.67	8.50	14.17	23.62
450	0.46	2.76	5.52	8.28	13.80	23.00
475	0.37	2.67	5.35	8.02	13.37	22.28
500	0.28	2.58	5.17	7.75	12.92	21.53
538	0.14	2.33	4.66	7.00	11.66	19.44
550	—	2.19	4.38	6.57	10.95	18.25
575	—	1.85	3.70	5.55	9.24	15.40
600	—	1.45	2.90	4.35	7.26	12.10
625	—	1.14	2.28	3.43	5.71	9.52
650	—	0.89	1.78	2.67	4.45	7.41
675	—	0.70	1.40	2.09	3.49	5.82
700	—	0.57	1.13	1.70	2.83	4.72
725	—	0.46	0.91	1.37	2.28	3.80
750	—	0.35	0.70	1.05	1.75	2.92
775	—	0.26	0.51	0.77	1.28	2.14
800	—	0.20	0.40	0.61	1.01	1.69
816	—	0.19	0.38	0.57	0.95	1.58

[a] 只有当碳含量≥0.04%时，才可用于 538 ℃以上。

表 G.26　美国 ASME B16.5 标准钢制管法兰 2.11 组材料的压力-温度额定值

材料类别	锻　件		铸　件		板　材	
18Cr-10Ni-Cb	—		ASTM A351 CF8C[a]		—	
温度/℃	公　称　压　力					
	Class 150	Class 300	Class 600	Class 900	Class 1500	Class 2500
	最大允许工作压力/MPa					
−29～38	1.90	4.96	9.93	14.89	24.82	41.37
50	1.87	4.88	9.75	14.63	24.38	40.64
100	1.74	4.53	9.06	13.59	22.65	37.74
150	1.58	4.25	8.49	12.74	21.24	35.39
200	1.38	3.99	7.99	11.98	19.97	33.28
250	1.21	3.78	7.56	11.34	18.91	31.51
300	1.02	3.61	7.22	10.83	18.04	30.07
325	0.93	3.54	7.07	10.61	17.68	29.46
350	0.84	3.48	6.95	10.43	17.38	28.96
375	0.74	3.42	6.84	10.26	17.10	28.51
400	0.65	3.39	6.78	10.17	16.95	28.26
425	0.55	3.36	6.72	10.08	16.81	28.01
450	0.46	3.35	6.69	10.04	16.73	27.88
475	0.37	3.17	6.34	9.51	15.82	26.39
500	0.28	2.82	5.65	8.47	14.09	23.50
538	0.14	2.52	5.00	7.52	12.55	20.89
550	—	2.50	4.98	7.48	12.49	20.80
575	—	2.40	4.79	7.18	11.97	19.95
600	—	1.98	3.96	5.94	9.90	16.51
625	—	1.39	2.77	4.16	6.93	11.55
650	—	1.03	2.06	3.09	5.15	8.58
675	—	0.80	1.59	2.39	3.98	6.63
700	—	0.56	1.12	1.68	2.81	4.68
725	—	0.40	0.80	1.19	1.99	3.31
750	—	0.31	0.62	0.93	1.55	2.58
775	—	0.25	0.49	0.74	1.23	2.04
800	—	0.20	0.40	0.61	1.01	1.69
816	—	0.19	0.38	0.57	0.95	1.58

[a] 只有当碳含量≥0.04%时，才可用于 538 ℃以上。

表 G.27 美国 ASME B16.5 标准钢制管法兰 2.12 组材料的压力-温度额定值

材料类别	锻 件	铸 件		板 材	
25Cr-20Ni	—	ASTM A351 Gr. CK20[a]		—	

温度/℃	公称压力					
	Class 150	Class 300	Class 600	Class 900	Class 1500	Class 2500
	最大允许工作压力/MPa					
−29～38	1.78	4.63	9.27	13.90	23.17	38.61
50	1.70	4.45	8.90	13.34	22.24	37.06
100	1.44	3.75	7.51	11.26	18.77	31.28
150	1.34	3.49	6.98	10.47	17.44	29.07
200	1.29	3.35	6.71	10.06	16.77	27.95
250	1.21	3.26	6.52	9.78	16.31	27.18
300	1.02	3.17	6.34	9.52	15.86	26.43
325	0.93	3.12	6.24	9.36	15.61	26.01
350	0.84	3.06	6.12	9.17	15.29	25.48
375	0.74	2.98	5.97	8.95	14.92	24.86
400	0.65	2.91	5.82	8.73	14.55	24.24
425	0.55	2.83	5.67	8.50	14.17	23.62
450	0.46	2.76	5.52	8.28	13.80	23.00
475	0.37	2.67	5.35	8.02	13.37	22.28
500	0.28	2.58	5.17	7.75	12.92	21.53
538	0.14	2.33	4.66	7.00	11.66	19.44
550	—	2.29	4.59	6.88	11.47	19.12
575	—	2.17	4.33	6.50	10.83	18.04
600	—	1.94	3.88	5.82	9.71	16.18
625	—	1.68	3.37	5.05	8.41	14.02
650	—	1.41	2.81	4.22	7.04	11.73
675	—	1.15	2.30	3.46	5.76	9.60
700	—	0.88	1.75	2.63	4.38	7.30
725	—	0.63	1.27	1.90	3.17	5.29
750	—	0.45	0.89	1.34	2.23	3.72
775	—	0.31	0.63	0.94	1.57	2.62
800	—	0.23	0.46	0.69	1.14	1.91
816	—	0.19	0.38	0.57	0.95	1.58

[a] 只有当碳含量≥0.04%时，才可用于 538 ℃以上。

表 G.28 美国 ASME B16.5 标准钢制管法兰 3.1 组材料的压力-温度额定值

材料类别	锻件		铸件		板材	
35Ni-35Fe-20Cr-Cb	ASTM B462 Gr. N08020[a]		—		ASTM B463 Gr. N08020[a]	
温度/℃	公称压力					
	Class 150	Class 300	Class 600	Class 900	Class 1500	Class 2500
	最大允许工作压力/MPa					
−29～38	2.00	5.17	10.34	15.51	25.86	43.09
50	1.95	5.17	10.34	15.51	25.86	43.09
100	1.77	5.09	10.17	15.26	25.44	42.39
150	1.58	4.89	9.79	14.68	24.47	40.78
200	1.38	4.72	9.43	14.15	23.58	39.29
250	1.21	4.55	9.10	13.65	22.75	37.92
300	1.02	4.29	8.57	12.86	21.44	35.71
325	0.93	4.14	8.26	12.40	20.66	34.43
350	0.84	4.03	8.04	12.07	20.11	33.53
375	0.74	3.89	7.76	11.65	19.41	32.32
400	0.65	3.65	7.33	10.98	18.31	30.49
425	0.55	3.52	7.00	10.51	17.51	29.16

[a] 只用退火材料。

表 G.29 美国 ASME B16.5 标准钢制管法兰 3.2 组材料的压力-温度额定值

材料类别	锻件		铸件		板材	
99.0Ni	ASTM B564 Gr. N02200[a,b]		—		ASTM B162 Gr. N02200[a]	
温度/℃	公称压力					
	Class 150	Class 300	Class 600	Class 900	Class 1500	Class 2500
	最大允许工作压力/MPa					
−29～38	1.27	3.31	6.62	9.93	16.55	27.58
50	1.27	3.31	6.62	9.93	16.55	27.58
100	1.27	3.31	6.62	9.93	16.55	27.58
150	1.27	3.31	6.62	9.93	16.55	27.58
200	1.27	3.31	6.62	9.93	16.55	27.58
250	1.21	3.16	6.32	9.48	15.80	26.34
300	10.2	2.92	5.85	8.77	14.62	24.37
325	0.72	1.88	3.76	5.64	9.39	15.65

[a] 只用退火材料。

[b] 化学成分、力学性能、热处理要求和晶粒大小均应符合相应的 ASTM 规范要求，加工程序、公差、测试、证书及标记应符合 ASTM B564 的要求。

表 G.30 美国 ASME B16.5 标准钢制管法兰 3.3 组材料的压力-温度额定值

材料类别	锻 件		铸 件		板 材	
99.0Ni-Low C	—		—		ASTM B162 Gr. N02201[a]	
温度/℃	公 称 压 力					
	Class 150	Class 300	Class 600	Class 900	Class 1500	Class 2500
	最大允许工作压力/MPa					
−29～38	0.63	1.65	3.31	4.96	8.27	13.79
50	0.63	1.64	3.28	4.92	8.20	13.67
100	0.61	1.58	3.17	4.75	7.92	13.20
150	0.60	1.56	3.11	4.67	7.78	12.96
200	0.60	1.56	3.11	4.67	7.78	12.96
250	0.60	1.56	3.11	4.67	7.78	12.96
300	0.60	1.56	3.11	4.67	7.78	12.96
325	0.59	1.55	3.10	4.65	7.75	12.92
350	0.59	1.54	3.08	4.62	7.69	12.82
375	0.59	1.54	3.07	4.61	7.68	12.80
400	0.58	1.52	3.04	4.56	7.61	12.68
425	0.55	1.49	2.98	4.47	7.46	12.43
450	0.46	1.46	2.92	4.38	7.31	12.18
475	0.37	1.43	2.86	4.30	7.16	11.93
500	0.28	1.38	2.76	4.14	6.90	11.51
538	0.14	1.31	2.61	3.92	6.54	10.89
550	—	0.98	1.96	2.95	4.91	8.18
575	—	0.54	1.07	1.61	2.68	4.46
600	—	0.44	0.89	1.33	2.22	3.70
625	—	0.34	0.69	1.03	1.72	2.87
650	—	0.28	0.57	0.85	1.42	2.36

a 只用退火材料。

表 G.31 美国 ASME B16.5 标准钢制管法兰 3.4 组材料的压力-温度额定值

材料类别	锻 件		铸 件		板 材	
67Ni-30Cu	ASTM B564 Gr. N04400[a]		—		ASTM B127 Gr. N04400[a]	
温度/℃	公 称 压 力					
	Class 150	Class 300	Class 600	Class 900	Class 1500	Class 2500
	最大允许工作压力/MPa					
−29～38	1.59	4.14	8.27	12.41	20.68	34.47
50	1.54	4.02	8.05	12.07	20.12	33.53
100	1.38	3.59	7.19	10.78	17.97	29.95
150	1.29	3.37	6.75	10.12	16.87	28.11

表 G.31（续）

材料类别	锻 件		铸 件		板 材	
67Ni-30Cu	ASTM B564 Gr. N04400[a]		—		ASTM B127 Gr. N04400[a]	
温度/℃	公 称 压 力					
	Class 150	Class 300	Class 600	Class 900	Class 1500	Class 2500
	最大允许工作压力/MPa					
200	1.25	3.27	6.54	9.81	16.35	27.24
250	1.21	3.26	6.52	9.78	16.30	27.17
300	1.02	3.26	6.52	9.78	16.30	27.17
325	0.93	3.26	6.52	9.78	16.30	27.17
350	0.84	3.26	6.51	9.77	16.28	27.13
375	0.74	3.24	6.48	9.72	16.19	26.99
400	0.65	3.21	6.42	9.62	16.04	26.74
425	0.55	3.16	6.33	9.49	15.82	26.36
450	0.46	2.69	5.38	8.07	13.45	22.42
475	0.37	2.08	4.15	6.23	10.38	17.30

a 只用退火材料。

表 G.32 美国 ASME B16.5 标准钢制管法兰 3.5 组材料的压力-温度额定值

材料类别	锻 件		铸 件			板 材
72Ni-15Cr-8Fe	ASTM B564 Gr. N06600[a]		—			ASTM B168 Gr. N06600[a]
温度/℃	公 称 压 力					
	Class 150	Class 300	Class 600	Class 900	Class 1500	Class 2500
	最大允许工作压力/MPa					
−29～38	2.00	5.17	10.34	15.51	25.86	43.09
50	1.95	5.17	10.34	15.51	25.86	43.09
100	1.77	5.17	10.30	15.46	25.76	42.94
150	1.58	5.03	10.03	15.06	25.08	41.82
200	1.38	4.86	9.72	14.58	24.34	40.54
250	1.21	4.63	9.27	13.90	23.18	38.62
300	1.02	4.29	8.57	12.86	21.44	35.71
325	0.93	4.14	8.26	12.40	20.66	34.43
350	0.84	4.03	8.04	12.07	20.11	33.53
375	0.74	3.89	7.76	11.65	19.41	32.32
400	0.65	3.65	7.33	10.98	18.31	30.49
425	0.55	3.52	7.00	10.51	17.51	29.16
450	0.46	3.37	6.77	10.14	16.90	28.18
475	0.37	3.17	6.34	9.51	15.82	26.39

表 G.32（续）

材料类别	锻　件		铸　件		板　材	
72Ni-15Cr-8Fe	ASTM B564 Gr. N06600[a]		—		ASTM B168 Gr. N06600[a]	
温度/℃	公　称　压　力					
	Class 150	Class 300	Class 600	Class 900	Class 1500	Class 2500
	最大允许工作压力/MPa					
500	0.28	2.82	5.65	8.47	14.09	23.50
538	0.14	1.65	3.31	4.96	8.27	13.79
550	—	1.39	2.79	4.18	6.97	11.62
575	—	0.94	1.89	2.83	4.72	7.86
600	—	0.66	1.33	1.99	3.32	5.53
625	—	0.51	1.03	1.54	2.57	4.28
650	—	0.47	0.95	1.42	2.36	3.94

[a] 只用退火材料。

表 G.33　美国 ASME B16.5 标准钢制管法兰 3.6 组材料的压力-温度额定值

材料类别	锻　件		铸　件		板　材	
33Ni-42Fe-21Cr	ASTM B564 Gr. N08800[a]		—		ASTM B409 Gr. N08800[a]	
温度/℃	公　称　压　力					
	Class 150	Class 300	Class 600	Class 900	Class 1500	Class 2500
	最大允许工作压力/MPa					
−29～38	1.90	4.96	9.93	14.89	24.82	41.37
50	1.87	4.88	9.76	14.64	24.40	40.67
100	1.75	4.56	9.12	13.69	22.81	38.01
150	1.58	4.40	8.80	13.20	21.99	36.66
200	1.38	4.28	8.56	12.84	21.40	35.67
250	1.21	4.17	8.35	12.52	20.87	34.79
300	1.02	4.08	8.16	12.25	20.41	34.02
325	0.93	4.03	8.06	12.09	20.16	33.60
350	0.84	3.98	7.95	11.93	19.88	33.13
375	0.74	3.89	7.76	11.65	19.41	32.32
400	0.65	3.65	7.33	10.98	18.31	30.49
425	0.55	3.52	7.00	10.51	17.51	29.16
450	0.46	3.37	6.77	10.14	16.90	28.18
475	0.37	3.17	6.34	9.51	15.82	26.39
500	0.28	2.82	5.65	8.47	14.09	23.50
538	0.14	2.52	5.00	7.52	12.55	20.89
550	—	2.50	4.98	7.48	12.49	20.80

表 G.33（续）

材料类别	锻件			铸件		板材
33Ni-42Fe-21Cr	ASTM B564 Gr. N08800[a]			—		ASTM B409 Gr. N08800[a]
温度/℃	公称压力					
	Class 150	Class 300	Class 600	Class 900	Class 1500	Class 2500
	最大允许工作压力/MPa					
575	—	2.40	4.79	7.18	11.97	19.95
600	—	2.16	4.29	6.42	10.70	17.85
625	—	1.83	3.66	5.49	9.12	15.20
650	—	1.41	2.81	4.25	7.07	11.77
675	—	1.03	2.05	3.08	5.13	8.56
700	—	0.56	1.11	1.67	2.78	4.63
725	—	0.40	0.81	1.21	2.01	3.36
750	—	0.30	0.61	0.91	1.51	2.52
775	—	0.25	0.49	0.74	1.24	2.06
800	—	0.22	0.43	0.65	1.08	1.80
816	—	0.19	0.38	0.57	0.95	1.58

a 只用退火材料。

表 G.34 美国 ASME B16.5 标准钢制管法兰 3.7 组材料的压力-温度额定值

材料类别	锻件		铸件		板材	
65Ni-28Mo-2Fe	ASTM B462 Gr. N10665[a]		—		ASTM B333 Gr. N10665[a]	
64Ni-29.5Mo-2Cr-2Fe-Mn-W	ASTM B462 Gr. N10675[a]		—		ASTM B333 Gr. N10675[a]	
温度/℃	公称压力					
	Class 150	Class 300	Class 600	Class 900	Class 1500	Class 2500
	最大允许工作压力/MPa					
−29～38	2.00	5.17	10.34	15.51	25.86	43.09
50	1.95	5.17	10.34	15.51	25.86	43.09
100	1.77	5.15	10.30	15.46	25.76	42.94
150	1.58	5.03	10.03	15.06	25.08	41.82
200	1.38	4.86	9.72	14.58	24.34	40.54
250	1.21	4.63	9.27	13.90	23.18	38.62
300	1.02	4.29	8.57	12.86	21.44	35.71
325	0.93	4.14	8.26	12.40	20.66	34.43
350	0.84	4.03	8.04	12.07	20.11	33.53
375	0.74	3.89	7.76	11.65	19.41	32.32
400	0.65	3.65	7.33	10.98	18.31	30.49
425	0.55	3.52	7.00	10.51	17.51	29.16

a 只用固溶退火材料。

表 G.35 美国 ASME B16.5 标准钢制管法兰 3.8 组材料的压力-温度额定值

材料类别	锻件	铸件	板材
54Ni-16Mo-15Cr	ASTM B462 Gr. N10276[a,b]	—	ASTM B575 Gr. N10276[a,b]
60Ni-22Cr-9Mo-3.5Cb	ASTM B564 Gr. N06625[c,d,e]	—	ASTM B443 Gr. N06625[c,d,e]
62Ni-28Mo-5Fe	—	—	ASTM B333Gr. N10001[a,f]
70Ni-16Mo-7Cr-5Fe	—	—	ASTM B434 Gr. N10003[c]
61Ni-16Mo-16Cr	—	—	ASTM B575 Gr. N06455[a,f]
42Ni-21.5Cr-3Mo-2.3Cu	ASTM B564 Gr. N08825[c,g]	—	ASTM B424 Gr. N08825[c,g]
55Ni-21Cr-13.5Mo	ASTM B462 Gr. N06022[a,b,h]	—	ASTM B575 Gr. N06022[a,b,h]
55Ni-23Cr-16Mo-1.6Cu	ASTM B462 Gr. N06200[a,f]	—	ASTM B575 Gr. N06200[a,f]

温度/℃	公称压力					
	Class 150	Class 300	Class 600	Class 900	Class 1500	Class 2500
	最大允许工作压力/MPa					
−29～38	2.00	5.17	10.34	15.51	25.86	43.09
50	1.95	5.17	10.34	15.51	25.86	43.09
100	1.77	5.15	10.34	15.46	25.76	42.94
150	1.58	5.03	10.03	15.06	25.08	41.82
200	1.38	4.83	9.67	14.50	24.17	40.28
250	1.21	4.63	9.27	13.90	23.18	38.62
300	1.02	4.29	8.57	12.86	21.44	35.71
325	0.93	4.14	8.26	12.40	20.66	34.43
350	0.84	4.03	8.04	12.07	20.11	33.53
375	0.74	3.89	7.76	11.65	19.41	32.32
400	0.65	3.65	7.33	10.98	18.31	30.49
425	0.55	3.52	7.00	10.51	17.51	29.16
450	0.46	3.37	6.77	10.14	16.90	28.18
475	0.37	3.17	6.34	9.51	15.82	26.39
500	0.28	2.82	5.65	8.47	14.09	23.50
538	—	2.52	5.00	7.52	12.55	20.89
550	—	2.50	4.98	7.48	12.49	20.80
575	—	2.40	4.79	7.18	11.97	19.95
600	—	2.16	4.29	6.42	10.70	17.85
625	—	1.83	3.66	5.49	9.12	15.20
650	—	1.41	2.81	4.22	7.04	11.73

表 G.35（续）

材料类别	锻 件	铸 件	板 材		
54Ni-16Mo-15Cr	ASTM B462 Gr. N10276[a,b]	—	ASTM B575 Gr. N10276[a,b]		
60Ni-22Cr-9Mo-3.5Cb	ASTM B564 Gr. N06625[c,d,e]	—	ASTM B443 Gr. N06625[c,d,e]		
62Ni-28Mo-5Fe	—	—	ASTM B333Gr. N10001[a,f]		
70Ni-16Mo-7Cr-5Fe	—	—	ASTM B434 Gr. N10003[c]		
61Ni-16Mo-16Cr	—	—	ASTM B575 Gr. N06455[a,f]		
42Ni-21.5Cr-3Mo-2.3Cu	ASTM B564 Gr. N08825[c,g]	—	ASTM B424 Gr. N08825[c,g]		
55Ni-21Cr-13.5Mo	ASTM B462 Gr. N06022[a,b,h]	—	ASTM B575 Gr. N06022[a,b,h]		
55Ni-23Cr-16Mo-1.6Cu	ASTM B462 Gr. N06200[a,f]	—	ASTM B575 Gr. N06200[a,f]		
温度/℃	公称压力				
	Class 150	Class 300	Class 600	Class 900	Class 1500	Class 2500
	最大允许工作压力/MPa					
675	—	1.15	2.30	3.46	5.76	9.60
700	—	0.88	1.75	2.63	4.38	7.30

a 只用固溶退火材料。
b 不得用于 675 ℃以上。
c 只用退火材料。
d 不得用于 645 ℃以上。退火状态的 N06625 暴露在 538 ℃～760 ℃温度范围后，其室温下的冲击强度将显著降低。
e 等级 1。
f 不得用于 425 ℃以上。
g 不得用于 538 ℃以上。
h 固溶退火状态的合金 N06022 暴露在 538 ℃～675 ℃温度范围后，其室温下的冲击强度将显著降低。

表 G.36 美国 ASME B16.5 标准钢制管法兰 3.9 组材料的压力-温度额定值

材料类别	锻 件	铸 件	板 材			
47Ni-22Cr-9Mo-18Fe	ASTM B572 Gr. N06002[a,b]	—	ASTM B435 Gr. N06002[a]			
21Ni-30Fe-22Cr-18Co-3Mo-3W	ASTM B572 Gr. R30556[a,b]	—	ASTM B435 Gr. R30556[a]			
温度/℃	公称压力					
	Class 150	Class 300	Class 600	Class 900	Class 1500	Class 2500
	最大允许工作压力/MPa					
−29～38	2.00	5.17	10.34	15.51	25.86	43.09
50	1.95	5.17	10.34	15.51	25.86	43.09
100	1.77	5.15	10.30	15.46	25.76	42.94
150	1.58	4.76	9.52	14.28	23.79	39.65
200	1.38	4.43	8.86	13.29	22.15	36.92
250	1.21	4.16	8.31	12.47	20.79	34.64
300	1.02	3.95	7.90	11.85	19.74	32.91

表 G.36（续）

材料类别	锻件	铸件	板材
47Ni-22Cr-9Mo-18Fe	ASTM B572 Gr. N06002[a,b]	—	ASTM B435 Gr. N06002[a]
21Ni-30Fe-22Cr-18Co-3Mo-3W	ASTM B572 Gr. R30556[a,b]	—	ASTM B435 Gr. R30556[a]

温度/℃	公称压力					
	Class 150	Class 300	Class 600	Class 900	Class 1500	Class 2500
	最大允许工作压力/MPa					
325	0.93	3.86	7.72	11.58	19.30	32.17
350	0.84	3.79	7.58	11.37	18.95	31.58
375	0.74	3.73	7.47	11.20	18.66	31.11
400	0.65	3.65	7.33	10.98	18.31	30.49
425	0.55	3.52	7.00	10.51	17.51	29.16
450	0.46	3.37	6.77	10.14	16.90	28.18
475	0.37	3.17	6.34	9.51	15.82	26.39
500	0.28	2.82	5.65	8.47	14.09	23.50
538	0.14	2.52	5.00	7.52	12.55	20.89
550	—	2.50	4.98	7.48	12.49	20.80
575	—	2.40	4.79	7.18	11.97	19.95
600	—	2.16	4.29	6.42	10.70	17.85
625	—	1.83	3.66	5.49	9.12	15.20
650	—	1.41	2.81	4.25	7.07	11.77
675	—	1.24	2.52	3.76	6.27	10.45
700	—	1.01	2.00	2.98	4.97	8.30
725	—	0.79	1.54	2.32	3.86	6.44
750	—	0.59	1.17	1.76	2.96	4.91
775	—	0.46	0.90	1.37	2.28	3.80
800	—	0.35	0.70	1.05	1.74	2.92
816	—	0.28	0.59	0.86	1.41	2.38

[a] 只用固溶退火材料。

[b] 化学成分、力学性能、热处理要求和晶粒大小均应符合相应的 ASTM 规范要求，加工程序、公差、测试、证书及标记应符合 ASTM B564 的要求。

表 G.37 美国 ASME B16.5 标准钢制管法兰 3.10 组材料的压力-温度额定值

材料类别	锻件		铸件		板材	
25Ni-47Fe-21Cr-5Mo	—		—		ASTM B599 Gr. N08700[a]	
温度/℃	公称压力					
	Class 150	Class 300	Class 600	Class 900	Class 1500	Class 2500
	最大允许工作压力/MPa					
−29～38	2.00	5.17	10.34	15.51	25.86	43.09
50	1.95	5.17	10.34	15.51	25.86	43.09
100	1.77	5.15	10.30	15.46	25.76	42.94
150	1.58	4.71	9.42	14.13	23.55	39.25
200	1.38	4.43	8.85	13.28	22.13	36.89
250	1.21	4.28	8.56	12.84	21.40	35.66
300	1.02	4.13	8.27	12.40	20.67	34.45
325	0.93	4.04	8.07	12.11	20.18	33.64
350	0.84	3.89	7.78	11.67	19.45	32.42

a 只用退火材料。

表 G.38 美国 ASME B16.5 标准钢制管法兰 3.11 组材料的压力-温度额定值

材料类别	锻件		铸件		板材	
44Fe-25Ni-21Cr-Mo	ASTM A479 Gr. N08904[a,b]		—		ASTM A240 Gr. N08904[a]	
温度/℃	公称压力					
	Class 150	Class 300	Class 600	Class 900	Class 1500	Class 2500
	最大允许工作压力/MPa					
−29～38	1.97	5.13	10.26	15.39	25.65	42.75
50	1.88	4.91	9.83	14.74	24.57	40.96
100	1.57	4.11	8.21	12.32	20.53	34.21
150	1.44	3.75	7.50	11.25	18.75	31.25
200	1.33	3.47	6.93	10.40	17.34	28.89
250	1.21	3.20	6.40	9.59	15.99	26.65
300	1.02	3.00	6.00	9.00	15.01	25.01
325	0.93	2.92	5.85	8.77	14.61	24.36
350	0.84	2.87	5.73	8.60	14.34	23.89
375	0.74	2.82	5.65	8.47	14.12	23.54

a 只用退火材料。

b 化学成分、力学性能、热处理要求和晶粒大小均应符合相应的 ASTM 规范要求，加工程序、公差、测试、证书及标记应符合 ASTM B564 的要求。

表 G.39 美国 ASME B16.5 标准钢制管法兰 3.12 组材料的压力-温度额定值

材料类别	锻 件	铸 件	板 材
26Ni-43Fe-22Cr-5Mo	—	—	ASTM B620 Gr. N08320[a]
47Ni-22Cr-20Fe-7Mo	—	—	ASTM B582 Gr. N06985[a]
46Fe-24Ni-21Cr-6Mo-Cu-N	ASTM B462 Gr. N08367[a]	ASTM A351 Gr. CN3MN[a]	ASTM B688 Gr. N08367[a]

温度/℃	公称压力					
	Class 150	Class 300	Class 600	Class 900	Class 1500	Class 2500
	最大允许工作压力/MPa					
−29～38	1.78	4.63	9.27	13.90	23.17	38.61
50	1.75	4.56	9.11	13.67	22.78	37.97
100	1.63	4.25	8.51	12.76	21.27	35.45
150	1.54	4.01	8.03	12.04	20.07	33.46
200	1.38	3.73	7.46	11.20	18.66	31.10
250	1.21	3.49	6.98	10.47	17.45	29.08
300	1.02	3.31	6.62	9.93	16.55	27.59
325	0.93	3.23	6.46	9.70	16.16	26.93
350	0.84	3.16	6.32	9.48	15.81	26.34
375	0.74	3.10	6.20	9.30	15.51	25.85
400	0.65	3.04	6.08	9.13	15.21	25.35
425	0.55	2.98	5.97	8.95	14.91	24.85

[a] 只用固溶退火材料。

表 G.40 美国 ASME B16.5 标准钢制管法兰 3.13 组材料的压力-温度额定值

材料类别	锻 件	铸 件	板 材
49Ni-25Cr-18Fe-6Mo	—	—	ASTM B582 Gr. N06975[a]
Ni-Fe-Cr-Mo-Cu-Low C	ASTM B564 Gr. N08031[b]	—	ASTM B625 Gr. N08031[b]

温度/℃	公称压力					
	Class 150	Class 300	Class 600	Class 900	Class 1500	Class 2500
	最大允许工作压力/MPa					
−29～38	2.00	5.17	10.34	15.51	25.86	43.09
50	1.95	5.17	10.34	15.51	25.86	43.09
100	1.77	4.82	9.63	14.45	24.08	40.14
150	1.58	4.58	9.16	13.74	22.89	38.16
200	1.38	4.36	8.71	13.07	21.78	36.29
250	1.21	4.15	8.29	12.44	20.73	34.55
300	1.02	3.94	7.87	11.81	19.68	32.81
325	0.93	3.84	7.69	11.53	19.22	32.03
350	0.84	3.77	7.55	11.32	18.87	31.45

表 G.40（续）

材料类别	锻　件	铸　件	板　材			
49Ni-25Cr-18Fe-6Mo	—	—	ASTM B582 Gr. N06975[a]			
Ni-Fe-Cr-Mo-Cu-Low C	ASTM B564 Gr. N08031[b]	—	ASTM B625 Gr. N08031[b]			
温度/℃	公　称　压　力					
	Class 150	Class 300	Class 600	Class 900	Class 1500	Class 2500
	最大允许工作压力/MPa					
375	0.74	3.72	7.43	11.15	18.58	30.97
400	0.65	3.65	7.33	10.98	18.31	30.49
425	0.55	3.52	7.00	10.51	17.51	29.16

a 只用固溶退火材料。

b 只用退火材料。

表 G.41　美国 ASME B16.5 标准钢制管法兰 3.14 组材料的压力-温度额定值

材料类别	锻　件	铸　件	板　材			
47Ni-22Cr-19Fe-6Mo	—	—	ASTM B582 Gr. N06007[a]			
58Ni-33Cr-8Mo	ASTM B462 Gr. N06035[a,b]	—	ASTM B575 Gr. N06035[a,b]			
40Ni-29Cr-15Fe-5Mo	ASTM B462 Gr. N06030[a,b]	—	ASTM B582 Gr. N06030[a,b]			
温度/℃	公　称　压　力					
	Class 150	Class 300	Class 600	Class 900	Class 1500	Class 2500
	最大允许工作压力/MPa					
−29～38	1.90	4.96	9.93	14.89	24.82	41.37
50	1.86	4.86	9.71	14.57	24.28	40.46
100	1.70	4.43	8.86	13.28	22.14	36.90
150	1.58	4.13	8.26	12.40	20.66	34.43
200	1.38	3.91	7.82	11.73	19.54	32.57
250	1.21	3.74	7.48	11.22	18.70	31.16
300	1.02	3.61	7.22	10.83	18.06	30.09
325	0.93	3.56	7.11	10.67	17.79	29.64
350	0.84	3.52	7.03	10.55	17.58	29.31
375	0.74	3.49	6.97	10.46	17.43	29.06
400	0.65	3.46	6.92	10.37	17.29	28.81
425	0.55	3.44	6.89	10.33	17.21	28.69
450	0.46	3.37	6.77	10.14	16.90	28.18
475	0.37	3.17	6.34	9.51	15.82	26.39
500	0.28	2.82	5.65	8.47	14.09	23.50
538	0.14	2.52	5.00	7.52	12.55	20.89

a 只用固溶退火材料。

b 不得用于 425 ℃以上。

表 G.42 美国 ASME B16.5 标准钢制管法兰 3.15 组材料的压力-温度额定值

材料类别	锻 件		铸 件	板 材	
33Ni-42Fe-21Cr	ASTM B564 Gr. N08810[a]		—	ASTM B409 Gr. N08810[a]	
温度/℃	公 称 压 力				
	Class 150	Class 300	Class 600	Class 900	Class 1500	Class 2500
	最大允许工作压力/MPa					
−29～38	1.59	4.14	8.27	12.41	20.68	34.47
50	1.56	4.06	8.13	12.19	20.32	33.87
100	1.45	3.78	7.56	11.34	18.90	31.50
150	1.37	3.59	7.17	10.76	17.93	29.89
200	1.30	3.39	6.79	10.18	16.96	28.27
250	1.21	3.23	6.45	9.68	16.13	26.89
300	1.02	3.07	6.15	9.22	15.37	25.62
325	0.93	3.01	6.01	9.02	15.03	25.05
350	0.84	2.94	5.88	8.83	14.71	24.52
375	0.74	2.87	5.74	8.62	14.36	23.94
400	0.65	2.83	5.65	8.48	14.13	23.56
425	0.55	2.77	5.53	8.30	13.84	23.06
450	0.46	2.72	5.44	8.17	13.61	22.68
475	0.37	2.68	5.35	8.03	13.39	22.31
500	0.28	2.63	5.26	7.90	13.16	21.94
538	0.14	2.52	5.00	7.52	12.55	20.89
550	—	2.50	4.98	7.48	12.49	20.80
575	—	2.40	4.79	7.18	11.97	19.95
600	—	2.16	4.29	6.42	10.70	17.85
625	—	1.83	3.66	5.49	9.12	15.20
650	—	1.41	2.81	4.25	7.07	11.77
675	—	1.24	2.52	3.76	6.27	10.45
700	—	1.01	2.00	2.98	4.97	8.30
725	—	0.79	1.54	2.32	3.86	6.44
750	—	0.59	1.17	1.76	2.96	4.91
775	—	0.46	0.90	1.37	2.28	3.80
800	—	0.35	0.70	1.05	1.74	2.92
816	—	0.28	0.59	0.86	1.41	2.38

[a] 只用固溶退火材料。

表 G.43 美国 ASME B16.5 标准钢制管法兰 3.16 组材料的压力-温度额定值

材料类别	锻 件		铸 件		板 材	
35Ni-19Cr-1¼Si	—		—		ASTM B536 Gr. N08330[a]	
温度/℃	公 称 压 力 最大允许工作压力/MPa					
	Class 150	Class 300	Class 600	Class 900	Class 1500	Class 2500
−29～38	1.90	4.96	9.93	14.89	24.82	41.37
50	1.85	4.84	9.67	14.51	24.18	40.31
100	1.67	4.35	8.70	13.05	21.75	36.24
150	1.56	4.08	8.16	12.25	20.41	34.02
200	1.38	3.86	7.72	11.58	19.29	32.16
250	1.21	3.68	7.35	11.03	18.38	30.63
300	1.02	3.52	7.04	10.56	17.61	29.34
325	0.93	3.45	6.90	10.36	17.26	28.77
350	0.84	3.39	6.78	10.17	16.94	28.24
375	0.74	3.32	6.63	9.95	16.58	27.64
400	0.65	3.26	6.51	9.77	16.29	27.14
425	0.55	3.20	6.40	9.59	15.99	26.65
450	0.46	3.14	6.28	9.41	15.69	26.15
475	0.37	3.08	6.16	9.24	15.39	25.65
500	0.28	2.82	5.65	8.47	14.09	23.50
538	0.14	2.52	5.00	7.52	12.55	20.00
550	—	2.50	4.98	7.48	12.49	20.80
575	—	2.19	4.37	6.56	10.94	18.23
600	—	1.74	3.48	5.23	8.71	14.51
625	—	1.38	2.75	4.13	6.88	11.46
650	—	1.10	2.21	3.31	5.51	9.19
675	—	0.91	1.82	2.73	4.56	7.59
700	—	0.76	1.52	2.28	3.80	6.33
725	—	0.61	1.22	1.83	3.05	5.09
750	—	0.48	0.95	1.43	2.38	3.97
775	—	0.39	0.77	1.16	1.94	3.23
800	—	0.31	0.63	0.94	1.56	2.61
816	—	0.26	0.52	0.78	1.30	2.17

[a] 只用固溶退火材料。

表 G.44 美国 ASME B16.5 标准钢制管法兰 3.17 组材料的压力-温度额定值

材料类别	锻件		铸件		板材	
29Ni-20.5Cr-3.5Cu-2.5Mo	—		ASTM A351 Gr. CN7M[a]		—	
温度/℃	公称压力					
	Class 150	Class 300	Class 600	Class 900	Class 1500	Class 2500
	最大允许工作压力/MPa					
−29～38	1.59	4.14	8.27	12.41	20.68	34.47
50	1.54	4.01	8.03	12.04	20.07	33.44
100	1.35	3.53	7.06	10.59	17.65	29.42
150	1.23	3.20	6.41	9.61	16.02	26.70
200	1.13	2.94	5.87	8.81	14.68	24.47
250	1.04	2.72	5.44	8.17	13.61	22.69
300	0.97	2.54	5.08	7.61	12.69	21.15
325	0.93	2.44	4.88	7.33	12.21	20.35

a 只用固溶退火材料。

表 G.45 美国 ASME B16.5 标准钢制管法兰 3.19 组材料的压力-温度额定值

材料类别	锻件		铸件		板材	
57Ni-22Cr-14W-2Mo-La	ASTM B564 Gr. N06230		—		ASTM B435 Gr. N06230	
温度/℃	公称压力					
	Class 150	Class 300	Class 600	Class 900	Class 1500	Class 2500
	最大允许工作压力/MPa					
−29～38	2.00	5.17	10.34	15.51	25.86	43.09
50	1.95	5.17	10.34	15.51	25.86	43.09
100	1.77	5.15	10.30	15.46	25.76	42.94
150	1.58	5.03	10.03	15.06	25.08	41.82
200	1.38	4.86	9.72	14.58	24.34	40.54
250	1.21	4.63	9.27	13.90	23.18	38.62
300	1.02	4.29	8.57	12.86	21.44	35.71
325	0.93	4.14	8.26	12.40	20.66	34.43
350	0.84	4.03	8.04	12.07	20.11	33.53
375	0.74	3.89	7.76	11.65	19.41	32.32
400	0.65	3.65	7.33	10.98	18.31	30.49
425	0.55	3.52	7.00	10.51	17.51	29.16
450	0.46	3.37	6.77	10.14	16.90	28.18
475	0.37	3.17	6.34	9.51	15.82	26.39
500	0.28	2.82	5.65	8.47	14.09	23.50
538	0.14	2.52	5.00	7.52	12.55	20.89

表 G.45（续）

材料类别	锻 件		铸 件		板 材	
57Ni-22Cr-14W-2Mo-La	ASTM B564 Gr. N06230		—		ASTM B435 Gr. N06230	
温度/℃	公 称 压 力					
	Class 150	Class 300	Class 600	Class 900	Class 1500	Class 2500
	最大允许工作压力/MPa					
550	0.14	2.50	4.98	7.48	12.49	20.80
575	0.14	2.40	4.79	7.18	11.97	19.95
600	0.14	2.16	4.29	6.42	10.70	17.85
625	0.14	1.83	3.66	5.49	9.12	15.20
650	0.14	1.41	2.81	4.25	7.07	11.77
675	0.14	1.24	2.52	3.76	6.27	10.45
700	0.14	1.01	2.00	2.98	4.97	8.30
725	0.14	0.79	1.54	2.32	3.86	6.44
750	0.14	0.59	1.15	1.76	2.96	4.91
775	0.14	0.46	0.90	1.37	2.28	3.80
800	0.14	0.35	0.70	1.05	1.74	2.92
816	0.14	0.28	0.59	0.86	1.41	2.38

ICS 23.040.60
J 15

GB

中华人民共和国国家标准

GB/T 9125—2010
代替 GB/T 9125—2003

管法兰连接用紧固件

Fasteners for pipe flange joints

2011-01-10 发布 2011-10-01 实施

中华人民共和国国家质量监督检验检疫总局
中国国家标准化管理委员会 发布

前　言

本标准代替 GB/T 9125—2003《管法兰连接用紧固件》，与原标准相比主要修订内容如下：

——参照 EN 1515-1:1999《法兰及其连接件　螺栓　第 1 部分:螺栓的选用》(英文版)增加了商品紧固件的尺寸规格和专用紧固件的长度规格；

——增加了紧固件的常用材料；

——增加了专用紧固件的代号；

——将表面处理、试验方法及验收检查等均单独列为一章，并调整了某些内容；

——修改了标记、标志与包装的章条及有关内容；

——修改了附录 A 中螺栓长度计算的部分内容；

——参照 EN 1515-1:1999，修改和完善了附录 B 的内容。

本标准的附录 A 和附录 B 为资料性附录。

本标准由中国机械工业联合会提出。

本标准由全国管路附件标准化技术委员会归口。

本标准起草单位：浙江高强度紧固件有限公司、中机生产力促进中心、中国石油天然气集团华东勘察设计研究院、舟山正源标准件有限公司。

本标准主要起草人：李俊英、葛海泉、丁宝平、刘建、刘洪福、林仲岳、冯峰、葛少辉。

本标准所代替标准的历次版本发布情况为：

——GB/T 9125—2003。

管法兰连接用紧固件

1 范围

本标准规定了管法兰连接用紧固件的型式与尺寸、材料及机械性能等技术要求。

本标准适用于钢法兰、铸铁法兰、铜合金及复合法兰等不同材料的管法兰连接用紧固件。

本标准中规定的紧固件包括六角头螺栓、等长双头螺柱、全螺纹螺柱、六角螺母和大六角螺母。

2 规范性引用文件

下列文件中的条款通过本标准的引用而成为本标准的条款。凡是注日期的引用文件,其随后所有的修改单(不包括勘误的内容)或修订版均不适用于本标准,然而,鼓励根据本标准达成协议的各方研究是否可使用这些文件的最新版本。凡是不注日期的引用文件,其最新版本适用于本标准。

GB/T 2 紧固件 外螺纹零件的末端(GB/T 2—2001,idt ISO 4753:1999)

GB/T 90.1 紧固件 验收检查(GB/T 90.1—2002,idt ISO 3269:2000)

GB/T 90.2 紧固件 标志与包装

GB/T 196 普通螺纹 基本尺寸(GB/T 196—2003,ISO 724:1993,MOD)

GB/T 197 普通螺纹 公差(GB/T 197—2003,ISO 965-1:1998,MOD)

GB/T 699 优质碳素结构钢

GB/T 901 等长双头螺柱 B级

GB/T 1220 不锈钢棒

GB/T 1229 钢结构用高强度大六角螺母

GB/T 1237 紧固件标记方法(GB/T 1237—2000,eqv ISO 8991:1986)

GB/T 3077 合金结构钢

GB/T 3098.1 紧固件机械性能 螺栓、螺钉和螺柱(GB/T 3098.1—2000,idt ISO 898-1:1999)

GB/T 3098.2 紧固件机械性能 螺母 粗牙螺纹(GB/T 3098.2—2000,idt ISO 898-2:1992)

GB/T 3098.6 紧固件机械性能 不锈钢螺栓、螺钉和螺柱(GB/T 3098.6—2000,idt ISO 3506-1:1997)

GB/T 3098.15 紧固件机械性能 不锈钢螺母(GB/T 3098.15—2000,idt ISO 3506-2:1997)

GB/T 5782 六角头螺栓(GB/T 5782—2000,eqv ISO 4014:1999)

GB/T 6170 1型六角螺母(GB/T 6170—2000,eqv ISO 4032:1999)

JB/T 4730 承压设备无损检测

3 型式与尺寸、性能等级及材料牌号

3.1 六角头螺栓

3.1.1 管法兰连接用六角头螺栓的型式与尺寸应符合 GB/T 5782 的规定,螺栓末端应倒角(如图 1 所示),倒角应符合 GB/T 2 的规定。

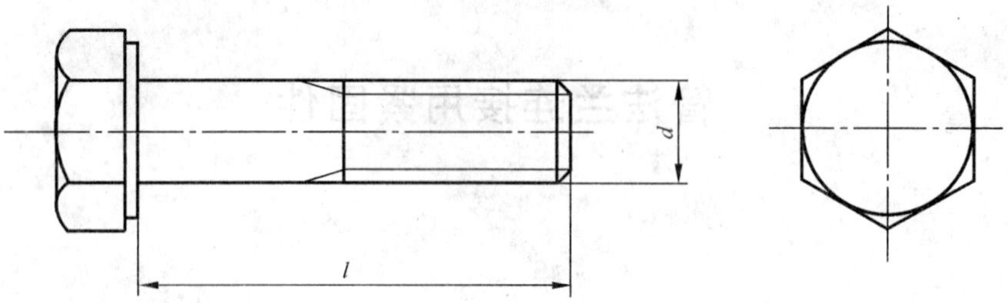

图 1　六角头螺栓

3.1.2　管法兰连接用六角头螺栓的螺纹规格及性能等级应符合表 1 的规定。

表 1　六角头螺栓的规格及性能等级

型　　式	螺 纹 规 格	性 能 等 级
六角头螺栓 （商品紧固件）	M10、M12、M14、M16、M20、M24 M27[a]、M30[a]、M33[a]、M36[a]、M39[a,b]	5.6、8.8、A2-50、A4-50、 A2-70、A4-70、A2-80、A4-80
[a] 螺纹公称直径 $d \geqslant 27$ mm、性能等级为 A2-70、A4-70、A2-80、A4-80 的螺栓，其机械性能应由供需双方协议，并可按本表给出的性能等级标志。 [b] 螺纹公称直径 $d \geqslant 39$ mm、性能等级为 A2-50、A4-50 的螺栓，其机械性能应由供需双方协议，并可按本表给出的性能等级标志。		

3.2　等长双头螺柱

3.2.1　管法兰连接用等长双头螺柱的型式与尺寸应符合 GB/T 901 的规定，螺柱两端均应倒角（如图 2 所示），倒角应符合 GB/T 2 的规定。

螺纹规格等于或大于 M36 的螺柱应采用细牙螺纹。螺纹的基本尺寸应符合 GB/T 196 的规定，其公差应符合 GB/T 197 中 6g 的规定。其余技术要求应符合 GB/T 901 的规定。

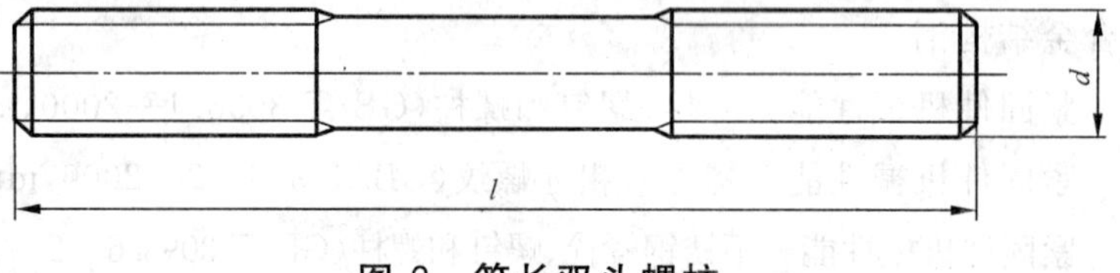

图 2　等长双头螺柱

3.2.2　管法兰连接用等长双头螺柱的规格、性能等级及常用材料牌号应符合表 2 的规定。

表 2　等长双头螺柱的规格、性能等级及材料牌号

型　　式	螺 纹 规 格	长 度 规 格	性能等级	材料牌号
等长双头螺柱　B 级 （商品紧固件）	M10、M12、M14、M16、M20、 M24、M27[a]、M30[a]、M33[a]、 M36[a]、M39[a]	按 GB/T 901 的规定	8.8、 A2-50、A4-50、 A2-70、A4-70、 A2-80、A4-80	—

表 2（续）

型　式	螺纹规格	长度规格	性能等级	材料牌号
等长双头螺柱（专用紧固件，图 2）	M10、M12、M14、M16、M20、M24、M27、M30、M33、M36×3、M39×3、M42×3、M45×3、M48×3、M52×3[b]、M56×3[b]、M64×3[b]、M72×3[b]、M76×3[b]、M80×3[b]、M90×3[b]	l≤80 mm 时，按 5 mm 递增；80 mm＜l≤200 mm 时，按 10 mm 递增；l＞200 mm 时，按 20 mm 递增	—	40Cr、35CrMoA、25Cr2MoVA、06Cr19Ni10、06Cr17Ni12Mo2、30CrMoA、42CrMoA

[a] 螺纹公称直径 d≥27 mm、性能等级为 A2-70、A4-70、A2-80、A4-80 和螺纹公称直径 d≥39 mm、性能等级为 A2-50、A4-50 的螺栓，其机械性能应由供需双方协议，并可按本表给出的性能等级标志。

[b] 根据供需双方协议，M52×3～M90×3 的等长双头螺柱也可以采用 4 mm 螺距。

3.3　全螺纹螺柱

3.3.1　管法兰连接用全螺纹螺柱的型式应符合图 3 的规定。螺纹规格等于或大于 M36 的螺柱应采用细牙螺纹。螺纹的基本尺寸应符合 GB/T 196 的规定，其公差应符合 GB/T 197 中 6 g 的规定，其余技术要求应符合 GB/T 901 的规定。倒角应符合 GB/T 2 的规定。

图 3　全螺纹螺柱

3.3.2　管法兰连接专用全螺纹螺柱的规格及常用材料牌号应符合表 3 的规定。

表 3　全螺纹螺柱的规格及材料牌号

型　式	螺纹规格	长度规格	材料牌号
全螺纹螺柱（专用紧固件，图 3）	M12、M14、M16、M20、M24、M27、M30、M33、M36×3、M39×3、M42×3、M45×3、M48×3、M52×3、M56×3、M64×3、M72×3、M76×3、M80×3、M90×3	l≤80 mm 时，按 5 mm 递增；80 mm＜l≤200 mm 时，按 10 mm 递增；l>200 mm 时，按 20 mm 递增	40Cr、30CrMoA、35CrMoA、42CrMoA、25Cr2MoVA、06Cr19Ni10、06Cr17Ni12Mo2

注：根据供需双方协议，M52 ×3～M90 ×3 的全螺纹螺柱也可以采用 4 mm 螺距。

3.4　螺母

3.4.1　与六角头螺栓配合使用的螺母型式与尺寸应符合 GB/T 6170 的规定（如图 4 所示）。

3.4.2 与等长双头螺柱、全螺纹螺柱配合使用的管法兰连接专用大六角螺母的型式与尺寸应符合图5和表4的规定，螺纹的基本尺寸应符合 GB/T 196 的规定，其公差应符合 GB/T 197 中 6H 的规定。其他技术要求应符合 GB/T 6170 的规定。

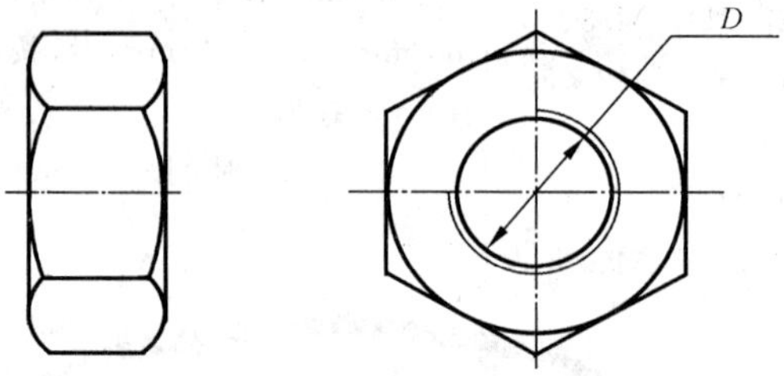

图4 六角螺母

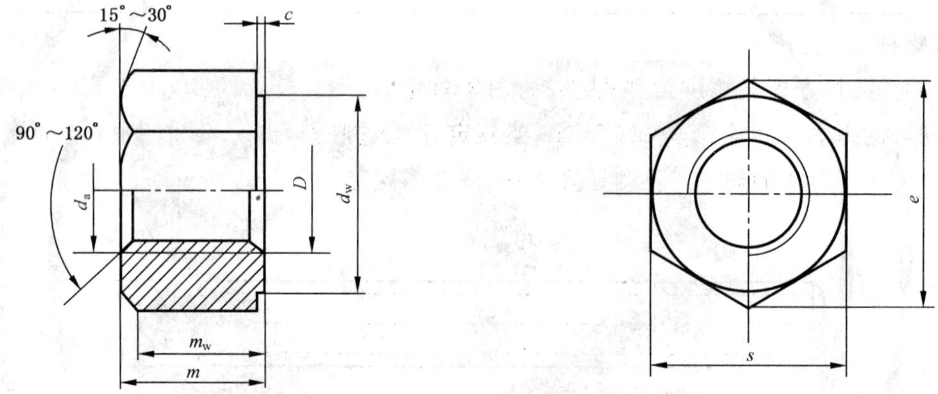

图5 大六角螺母

表4 大六角螺母尺寸

单位为毫米

D		M12	M14	M16	M20	M24	M27	M30	M33	M36×3	M39×3
d_a	max	13	15.1	17.3	21.6	25.9	29.1	32.4	35.6	38.9	42.1
	min	12	14	16	20	24	27	30	33	36	39
d_w	min	19.2	21.1	24.9	31.4	38.0	42.8	46.5	50.8	55.8	60.1
e	min	22.78	25.94	29.56	37.29	45.2	50.85	55.37	60.26	65.86	70.67
m	max	12.3	14.3	17.1	20.7	24.2	27.6	30.7	33.5	36.5	39.5
	min	11.87	13.6	16.4	19.4	22.9	26.3	29.1	31.9	34.9	37.9
m_w	min	8.3	9.5	11.5	13.6	16.0	18.4	20.4	22.3	24.4	26.5
c	max	0.8	0.8	0.8	0.8	0.8	0.8	0.8	0.8	0.8	0.8
	min	0.4	0.4	0.4	0.4	0.4	0.4	0.4	0.4	0.4	0.4
s	max	21	24	27	34	41	46	50	55	60	65
	min	20.16	23.16	26.16	33	40	45	49	53.8	58.8	63.1

表 4（续） 单位为毫米

D		M42×3	M45×3	M48×3	M52×3	M56×3	M64×3	M72×3	M76×3	M80×3	M90×3
d_a	max	45.4	48.6	51.8	56.2	60.5	69.1	77.8	82.1	86.1	97.2
	min	42	45	48	52	56	64	72	76	80	90
d_w	min	60.1	65.1	70.1	75.1	79.3	89.3	99.7	104.5	110.1	123.5
e	min	70.67	76.27	81.87	87.47	92.74	103.94	115.14	120.74	126.45	142.8
m	max	42.5	45.5	48.5	52.5	56.5	64.5	72.5	76.5	80.5	90.5
	min	40.9	43.92	46.9	50.6	54.6	62.6	70.6	74.6	78.6	88.3
m_w	min	28.6	30.7	32.8	35.4	38.2	43.8	49.2	52.2	55.0	61.8
c	max	1.0	1.0	1.0	1.0	1.0	1.0	1.5	1.5	1.5	1.5
	min	0.5	0.5	0.5	0.5	0.5	0.5	0.8	0.8	0.8	0.8
s	max	65	70	75	80	85	95	105	110	115	130
	min	63.1	68.1	73.1	78.1	82.8	92.8	102.8	107.8	113.6	127.5

注 1：除 M14 外，M12～M30 的螺母尺寸与 GB/T 1229 中规定的尺寸一致。

注 2：根据供需双方协议，M52×3～M90×3 的大六角螺母也可以采用 4 mm 螺距。

3.4.3 螺母的规格、性能等级及常用材料牌号应符合表 5 的规定。

表 5 螺母的规格、性能等级及材料牌号

型　式	螺纹规格	性能等级	材料牌号
1 型六角螺母（商品紧固件）	M10、M12、M14、M16、M20、M24、	5、8、A2-50、A2-70、A2-80、A4-50、A4-70、A4-80	—
	M27[a]、M30[a]、M33[a]、M36[a]	5、8、A2-50、A4-50	
大六角螺母（专用紧固件，图 5）	M12、M14、M16、M20、M24、M27、M30、M33、M36×3[b]、M39×3[b]、M42×3[b]、M45×3[b]、M48×3[b]、M52×3[b]、M56×3[b]、M64×3[b]、M72×3[b]、M76×3[b]、M80×3[b]、M90×3[b]	—	35、45、30CrMoA、35CrMoA、42CrMoA、06Cr19Ni10、06Cr17Ni12Mo2

[a] 螺纹公称直径 $d \geqslant 27$ mm 的螺母，其机械性能应由供需双方协议，并可按本表给出性能等级标志。

[b] 根据供需双方协议，M52×3～M90×3 的螺母也可以采用 4 mm 螺距。

4 紧固件材料及机械性能

4.1 商品紧固件

商品紧固件的材料及机械性能应符合 GB/T 3098.1、GB/T 3098.2、GB/T 3098.6 或 GB/T 3098.15 的规定。

4.2 管法兰专用紧固件

专用紧固件常用材料及化学成分、热处理制度和产品的机械性能应符合表 6 的规定。超高温高压法兰用紧固件的材料牌号及化学成分、热处理制度和产品的机械性能由供需双方协商确定。

表 6 专用紧固件的材料牌号、化学成分、热处理制度及产品的机械性能

材料牌号	化学成分(标准编号)	热处理制度	机械性能(不小于)				硬度 HB
			规格	σ_b	σ_s	δ_5	
				MPa		%	
35	GB/T 699	调质(回火≥425 ℃)	—	—	—	—	234~285
45			—	—	—	—	234~285
40Cr	GB/T 3077	调质(回火≥425 ℃)	M10~M39	835	735	13	269~321
			≥M42	805	685	13	234~285
30CrMoA	GB/T 3077	调质(回火≥550 ℃)	—	—	—	—	234~285
35CrMoA[a]	GB/T 3077	调质(回火≥550 ℃)	<M24	835	735	13	269~321
			≥M24~M76	805	685	13	234~285
			>M76	735	590	13	234~285
42CrMoA	GB/T 3077	调质(回火≥600 ℃)	≤64	860	725	16	269~321
			>M64	800	655	16	269~321
25Cr2MoVA	GB/T 3077	调质(回火≥550 ℃)	≤M48	835	735	15	269~321
			>M48	805	685	15	245~277
06Cr19Ni10	GB/T 1220	固溶	—	520	206	40	≤187
06Cr17Ni12Mo2	GB/T 1220	固溶	—	520	206	40	≤187

[a] 35CrMoA 用于−20 ℃及其以下低温时,应进行设计温度下的低温 V 形缺口冲击试验,其 3 个试样的吸收能量(KV)应不低于 27 J。

5 表面处理

碳钢和合金钢制造的紧固件应进行表面氧化处理。不锈钢紧固件应进行表面钝化处理。

6 试验方法

6.1 商品紧固件

商品紧固件机械性能的试验方法应符合 GB/T 3098.1、GB/T 3098.2、GB/T 3098.6 或 GB/T 3098.15的规定。

6.2 管法兰专用紧固件

6.2.1 专用紧固件机械性能试件应在紧固件成品上沿轴向截取,截取的位置为:

a) 毛坯直径≤40 mm 时,在中心处取样;

b) 毛坯直径>40 mm 时,以直径的 1/4 处为中心取样(偏心取样)。

6.2.2 专用紧固件机械性能的试验方法可参照 GB/T 3098.1 或 GB/T 3098.2 中相关项目的规定。

7 验收检查

7.1 商品紧固件

商品紧固件的验收检查应符合 GB/T 90.1 的规定。

7.2 管法兰专用紧固件

7.2.1 专用紧固件的验收检查应按批进行。同一材料、炉号、螺纹规格、长度(螺栓、螺柱长

度≤100 mm、长度相差≤15 mm 或螺栓、螺柱长度>100 mm、长度相差≤20 mm，均可视为同一长度)、机械加工、热处理工艺、表面处理工艺的螺栓、螺柱为同批。同一材料、炉号、螺纹规格、机械加工、热处理工艺、表面处理工艺的螺母为同批。但螺栓、螺柱的最大批量为 3 000 件，螺母的最大批量为 5 000 件。

7.2.2 公称压力等于或大于 PN 100 的管法兰连接用全螺纹螺柱应按 JB/T 4730 的规定进行 100%的磁粉探伤，并应符合Ⅱ级锻件的要求。

7.2.3 除上述规定以外，管法兰专用紧固件的验收检查应符合 GB/T 90.1 的规定。

8 标志与包装

8.1 商品紧固件

8.1.1 紧固件产品上的标志(性能等级与制造者识别标志)应符合 GB/T 3098.1 和 GB/T 3098.2 的规定。

8.1.2 紧固件制造者应以批为单位，提供产品质量检验报告证书，内容如下：

a) 紧固件产品的标准编号、名称、规格、产品表面处理和数量；

b) 性能等级；

c) 机械性能试验数据；

d) 产品质量标记；

e) 制造或出厂日期。

8.1.3 紧固件的包装与标志应符合 GB/T 90.2 的规定。

8.2 管法兰专用紧固件

8.2.1 应在专用等长双头螺柱或全螺纹螺柱的末端端面、螺母的顶面，用钢印或其他方法标志其材料牌号的标志代号，以及紧固件制造者识别标志。

材料牌号的标志代号应符合表 7 的规定。

表 7 材料牌号标志代号

材料牌号	30CrMoA	35CrMoA[a]	25Cr2MoVA	06Cr19Ni10	06Cr17Ni12Mo2
标志代号	30CM	35CM	25CMV	S30408	S31608

[a] 进行低温冲击试验的 35CrMoA，其代号后应加上“L”。

8.2.2 螺纹规格小于 M24 的紧固件如果打不下标志的，可以简化标志；或供需双方协商解决。

8.2.3 紧固件制造者应以批为单位，提供原材料生产企业的材料合格证书(或复印件)。

8.2.4 紧固件制造者应以批为单位，提供产品质量检验报告证书，内容如下：

a) 管法兰专用紧固件产品的标准编号(即本标准编号)、名称、规格、产品表面处理和数量；

b) 材料牌号、炉号、化学成分；

c) 机械性能试验数据；

d) 产品质量标记；

e) 制造或出厂日期。

8.2.5 其余包装与标志的技术要求应符合 GB/T 90.2 的规定。

9 标记

9.1 标记

紧固件的标记方法应符合 GB/T 1237 的规定。

9.2 标记示例

示例 1：螺纹规格为 M16，公称长度 l=80 mm、性能等级为 5.6 级、表面氧化处理的六角头螺栓，标记为：

六角螺栓 GB/T 5782 M16×80 5.6 级

示例 2：螺纹规格为 M16，公称长度 l=80 mm、性能等级为 8.8 级、表面氧化处理的等长双头螺柱，标记为：

双头螺柱 GB/T 901 M16×80 8.8 级

示例 3：螺纹规格为 M36×3，公称长度 l=160 mm、材料牌号为 35CrMoA、表面氧化处理的管法兰连接专用等长双头螺柱，标记为：

双头螺柱 GB/T 9125 M36×3×160 35CrMoA

示例 4：螺纹规格为 M24，公称长度 l=120 mm、材料牌号为 25Cr2MoVA、表面氧化处理的管法兰连接专用全螺纹螺柱，标记为：

全螺纹螺柱 GB/T 9125 M24×120 25Cr2MoVA

示例 5：螺纹规格为 M16、性能等级为 8 级、表面氧化处理的 1 型六角螺母，标记为：

螺母 GB/T 6170 M16 8 级

示例 6：螺纹规格为 M56×3，材料牌号为 35CrMo、表面氧化处理的管法兰连接专用大六角螺母，标记为：

大六角螺母 GB/T 9125 M56×3 35CrMo

附 录 A
（资料性附录）
管法兰连接用紧固件长度计算方法

A.1 本附录推荐了管法兰连接用紧固件的长度计算方法。

A.2 紧固件的长度(l)可参照下列公式和参数计算。

A.2.1 计算公式

A.2.1.1 用Class标记的法兰(美洲体系法兰)

a) 平面法兰和突面法兰

螺栓长度：$l=2(C+\Delta C)+m+z+\Delta l+T$

（适用于Class≤150的平面和突面法兰）

螺柱长度：$l=2(C+\Delta C)+2m+2z+\Delta l+T$

（适用于除Class≤300的突面法兰）

螺柱长度：$l=2(C+\Delta C)+2f+2m+2z+\Delta l+T$

（适用于Class≥600的突面法兰）

b) 松套法兰

螺栓长度：$l=2(C+\Delta C)+2t_2(2S_2)+m+z+\Delta l+T$

（适用于Class≤150的对焊环带颈松套法兰和翻边环松套法兰）

螺栓长度：$l=2(C+\Delta C)+2F+m+z+\Delta l+T$

（适用于Class≤150的对焊环和平焊环板式松套法兰）

螺柱长度：$l=2(C+\Delta C)+2t_2+2m+2z+\Delta l+T$

（适用于所有对焊环带颈松套法兰）

螺柱长度：$l=2(C+\Delta C)+2F+2m+2z+\Delta l+T$

（适用于所有对焊环和平焊环板式松套法兰）

c) 凹凸面和榫槽面法兰

螺柱长度：$l=2(C+\Delta C)+2f_1-f_2+2m+2z+\Delta l+T$

（适用于所有凹凸面和榫槽面法兰）

d) 环连接面法兰

螺柱长度：$l=2(C+\Delta C+E)+S+2m+2z+\Delta l$

（适用于所有环连接面法兰）

A.2.1.2 用PN标记的法兰(欧洲体系法兰)

a) 平面法兰和突面法兰

螺栓长度：$l=2(C+\Delta C)+m+z+\Delta l+T$

（适用于PN≤16的平面和突面法兰）

螺柱长度：$l=2(C+\Delta C)+2m+2z+\Delta l+T$

（适用于所有的突面法兰）

b) 松套法兰

螺栓长度：$l=2(C+\Delta C)+2t_2(2S_2)+m+z+\Delta l+T$

（适用于PN≤1.6的对焊环带颈松套法兰和翻边环松套法兰）

螺栓长度：$l=2(C+\Delta C)+2F+m+z+\Delta l+T$

（适用于PN≤16的对焊环和平焊环板式松套法兰）

螺柱长度：$l=2(C+\Delta C)+2t_2+2m+2z+\Delta l+T$

（适用于所有对焊环带颈松套法兰）

螺柱长度：$l=2(C+\Delta C)+2F+2m+2z+\Delta l+T$

（适用于所有对焊环和平焊环板式松套法兰）

c) 凹凸面和榫槽面法兰

螺柱长度：$l=2(C+\Delta C)+2f_1-f_2+2m+2z+\Delta l+T$

（适用于所有凹凸面和榫槽面法兰）

d) 环连接面法兰

螺柱长度：$l=2(C+\Delta C+E)+S+2m+2z+\Delta l$

（适用于所有环连接面法兰）

式中：

l——紧固件（六角头螺栓、双头螺柱和全螺纹螺柱）长度，单位为毫米（mm）；

C——法兰厚度，数值按相应的法兰标准确定，单位为毫米（mm）；

ΔC——法兰厚度偏差，数值按相应的法兰标准确定，单位为毫米（mm）；

f——突面法兰的突面高度，数值按相应的法兰标准确定，单位为毫米（mm）；

f_1、f_2——凹凸面、榫槽面法兰的凸面、榫面高度，数值按相应的法兰标准确定，单位为毫米（mm）；

F——对焊环和平焊环板式松套法兰的焊环厚度，数值按相应的法兰标准确定，单位为毫米（mm）；

t_2——对焊环带颈松套法兰的对焊环厚度，数值按用户订货要求确定，单位为毫米（mm）；

S_2——翻边环松套法兰的翻边环厚度，数值按相应的法兰标准确定，单位为毫米（mm）；

E——环连接面法兰的凸台高度，数值按相应的法兰标准确定，单位为毫米（mm）；

S——环连接面法兰间近似距离，数值按表 A.1 或表 A.2（或相应的法兰标准）确定，单位为毫米（mm）；

m——螺母最大厚度，数值按表 A.3 确定，与螺栓配合时用 m_1，与螺柱配合时用 m_2，单位为毫米（mm）；

z——紧固件倒角端长度，数值按表 A.3 确定，单位为毫米（mm）；

Δl——螺栓或螺柱的长度偏差，数值按表 A.4 确定，单位为毫米（mm）；

T——垫片厚度，一般取 $T=3$ mm。

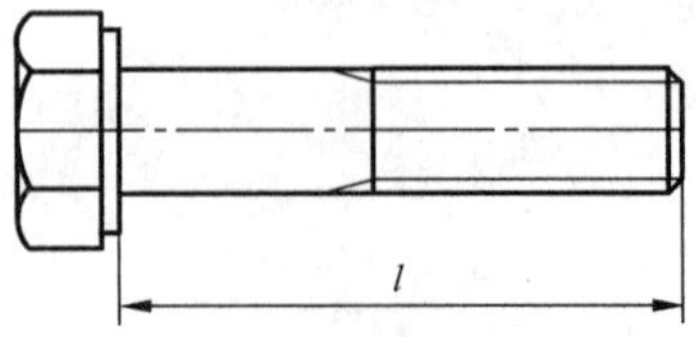

图 A.1 六角头螺栓规定长度

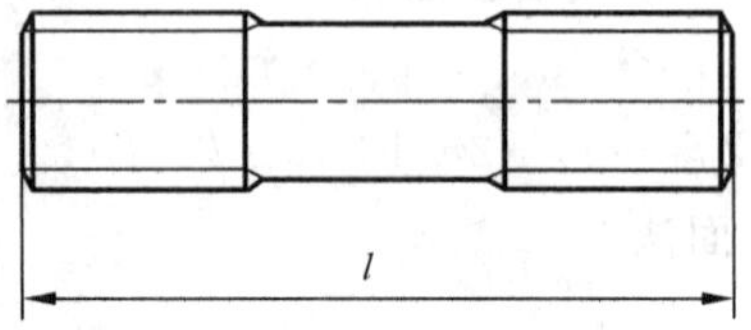

图 A.2 双头螺柱规定长度

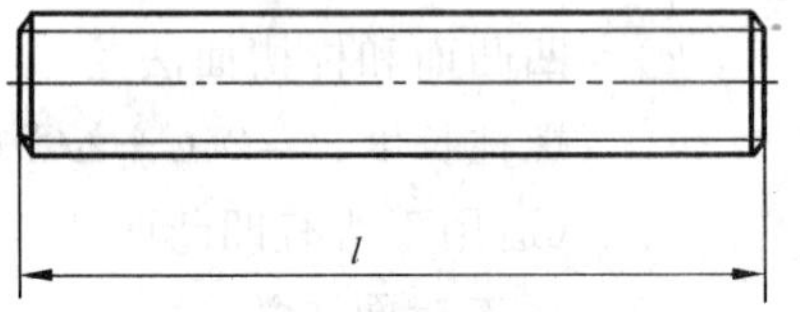

图 A.3 全螺纹螺柱规定长度

A.2.2 有关参数

a) 法兰厚度偏差应为正值，其数值按相关标准的规定。

b) 环连接面法兰间的近似距离见表 A.1 和表 A.2。

表 A.1 用 Class 标记的环连接面法兰间的近似距离

单位为毫米

公称尺寸	环连接面法兰间的近似距离 S					
	Class 150 (PN 20)	Class 300 (PN 50)	Class 600 (PN 110)	Class 900 (PN 150)	Class 1500 (PN 260)	Class 2500 (PN 420)
15		3	3	4	4	4
20		4	4	4	4	4
25	4	4	4	4	4	4
32	4	4	4	4	4	3

表 A.1（续） 单位为毫米

公称尺寸	环连接面法兰间的近似距离 S					
	Class 150 (PN 20)	Class 300 (PN 50)	Class 600 (PN 110)	Class 900 (PN 150)	Class 1500 (PN 260)	Class 2500 (PN 420)
40	4	4	4	4	4	3
50	4	6	5	3	3	3
65	4	6	5	3	3	3
80	4	6	5	4	3	3
100	4	6	5	4	3	4
125	4	6	5	4	3	4
150	4	6	5	4	3	4
200	4	6	5	4	4	5
250	4	6	5	4	4	6
300	4	6	5	4	5	8
350	3	6	5	4	6	
400	3	6	5	4	8	
450	3	6	5	5	8	
500	3	6	5	5	10	
600	3	6	6	6	11	

表 A.2 用 PN 标记的环连接面法兰间的近似距离 单位为毫米

公称尺寸	环连接面法兰间的近似距离 S					
	PN 63	PN 100	PN 160	PN 250	PN 320	PN 400
15	5	5	5	5	5	5
20	5	5	5	—	—	—
25	5	5	5	5	5	5
32	5	5	5	—	—	—
40	5	5	5	5	5	5
50	7	7	7	7	7	7
65	7	7	7	7	7	7
80	7	7	7	7	7	7
100	7	7	7	7	7	7
125	7	7	7	7	7	7
150	7	7	9	9	9	9
200	7	7	8	8	8	8
250	7	7	8	8	8	
300	7	7	9			
350	7	8				
400	7					

c) 螺母最大厚度、紧固件倒角端长度见表 A.3。

表 A.3 螺母厚度和倒角端长度

单位为毫米

螺纹规格	M10	M12	M14	M16	M20	M24	M27	M30	M33	M36×3	M39×3
m_1	8.4	10.8	12.8	14.8	18	21.5	23.8	25.6	28.7	—	—
m_2	—	—	14.3	16.4	20.4	24.4	27.4	30.4	33.5	36.5	39.5
z	1.5	2	2	2	2.5	2.5	2.5	3	3	2.5	2.5

螺纹规格	M42×3	M45×3	M48×3	M52×4	M56×4	M64×4	M70×4	M76×4	M82×4	M90×4
m_1	—	—	—	—	—	—	—	—	—	—
m_2	—	45.5	48.5	52.5	56.5	64.5	70.5	76.5	82.5	90.5
z	2.5	2.5	2.5	2.5	2.5	2.5	2.5	2.5	2,5	2.5

d) 六角头螺栓或螺柱的长度偏差见表 A.4。

表 A.4 长度偏差

单位为毫米

六角头螺栓或螺柱的长度 l	长度偏差 Δl
$30<l\leqslant 50$	1.25
$50<l\leqslant 80$	1.5
$80<l\leqslant 120$	1.75
$120<l\leqslant 180$	2.0
$180<l\leqslant 250$	2.3
$250<l\leqslant 315$	2.6
$315<l\leqslant 400$	2.85
$400<l\leqslant 500$	3.15
$500<l\leqslant 630$	3.5
$630<l\leqslant 800$	4.0

A.2.3 有关说明

上列公式的计算长度未计入垫圈厚度，算得的长度为最小长度，所选用的六角头螺栓或螺柱的长度应向上圆整至尾数为 5 或 0。

附　录　B
（资料性附录）
管法兰连接用紧固件使用指南

B.1　紧固件的使用条件

B.1.1　商品六角头螺栓的使用条件可参照下列要求：

a)　公称压力小于或等于 PN 16 或 Class 150；

b)　非剧烈循环场合；

c)　配用非金属软垫片。

B.1.2　商品等长双头螺柱及六角螺母的使用条件可参照下列要求：

a)　公称压力小于或等于 PN 40 或 Class 300；

b)　介质为非易燃、易爆及有毒害性的场合。

B.1.3　除上述条件外，应选用管法兰专用螺柱（等长双头螺柱或全螺纹螺柱）和大六角螺母。

B.1.4　高温、剧烈循环场合或公称压力大于或等于 PN 160 或 Class 900 的高压工况下，应选用管法兰专用全螺纹螺柱。

B.2　紧固件适用的压力温度

根据紧固件的型式与尺寸、性能等级或材料牌号确定其适用的公称压力和工作温度范围，见表 B.1 和表 B.2。

表 B.1　管法兰连接用商品紧固件适用的压力-温度范围

紧固件名称及标准编号	规格或直径	性能等级	公称压力 PN 或 Class	工作温度/℃
六角头螺栓 GB/T 5782	M10～M39	5.6、8.8	≤PN 16 ≤Class 150	−10～+300
	M10～M39	A4-50	≤PN 40 ≤Class 300	−196～+400
		A4-70	≤PN 100 ≤Class 600	−196～+400
		A2-50	≤PN 40 ≤Class 300	−196～+400
		A2-70	≤PN 100 ≤Class 600	−196～+400
等长双头螺柱 GB/T 901	M12～M39	8.8	≤PN 40 ≤Class 300	−10～+300
		A2-50、A4-50		−196～+400
		A2-70、A4-70	≤PN 100 ≤Class 600	−196～+400

表 B.2 管法兰专用紧固件适用的压力-温度范围

紧固件名称及标准编号	规格或直径	材料牌号	公称压力 PN 或 Class	工作温度/℃
等长双头螺柱 GB/T 9125	M36×3～M90×3	40Cr	≤PN 100 ≤Class 600	－20～＋350
		35CrMoA		－100～＋500
		25Cr2MoVA		－20～＋550
		06Cr17Ni12Mo2	≤PN 40 ≤Class 300	－196～＋550
		06Cr19Ni10		
	d≤100	30CrMo （螺母:35）	≤PN 100 ≤Class 600	－100～＋450
	d≤60	42CrMo （螺母:45）		
	d≤100	30CrMo （螺母:A2-50、A2-70）		－60～＋400
	d≤60	42CrMo （螺母:42CrMo）		－100～＋450
全螺纹螺柱 GB/T 9125	M12～M33 M36×3～M90×3	40Cr	≤PN 400 ≤Class 2500	－20～＋350
		35CrMoA		－100～＋500
		25Cr2MoVA		＞－20～＋550
		06Cr19Ni10	≤PN 40 ≤Class 300	－196～＋550
		06Cr17Ni12Mo2		－196～＋550
	d≤100	30CrMo （螺母:35）	≤PN 100 ≤Class 600	－100～＋450
	d≤60	42CrMo （螺母:45）		
	d≤100	30CrMo （螺母:A2-50、A2-70）		－60～＋400
	d≤60	42CrMo （螺母:42CrMo）		－100～＋450

B.3 紧固件的选配

螺栓、螺柱与螺母的选配可参照表 B.3 的规定。

表 B.3　螺栓、螺柱与螺母选配表

类别	规格或直径	螺栓、螺柱 名称及标准编号	螺栓、螺柱 性能等级或材料牌号	螺母 名称及标准编号	螺母 性能等级或材料牌号	公称压力 PN 或 Class	工作温度/℃
商品紧固件	M10～M36	六角头螺栓 GB/T 5782	5.6、8.8	1 型六角螺母 GB/T 6170	5、8	≤PN 40 ≤Class 300	−10～+300
			A2-50		A2-50		−196～+400
			A4-50		A4-50		−196～+400
			A2-70		A2-70	≤PN 100 ≤Class 600	−196～+400
			A4-70		A4-70		−196～+400
	M10～M36	等长双头螺柱 GB/T 901	8.8	1 型六角螺母 GB/T 6170	5、8	≤PN 40 ≤Class 300	−10～+300
			A2-50		A2-50		−196～+400
			A4-50		A4-50		−196～+400
			A2-70		A2-70	≤PN 100 ≤Class 600	−196～+400
			A4-70		A4-70		−196～+400
管法兰专用紧固件	M12～M33、M36×3～M90×3	等长双头螺柱 GB/T 9125	40Cr	大六角螺母 GB/T 9125	30CrMo	≤PN 100 ≤Class 600	−20～+350
			35CrMoA		35		−20～+400
			25Cr2MoVA				
			06Cr19Ni10		06Cr19Ni10	≤PN 40 ≤Class 300	−196～+550
			06Cr17Ni12Mo2		06Cr17Ni12Mo2		−196～+550
	≤100		30CrMo	六角头螺母 GB/T 9125	35	≤PN 100 ≤Class 600	−20～+400
	≤60		42CrMo		45		
	≤100		30CrMo		A2-50、A2-70		−60～+400
	≤60		42CrMo		42CrMo		−100～+450
	M12～M33、M36×3～M90×3	全螺纹螺柱 GB/T 9125	40Cr	六角头螺母 GB/T 9125	30CrMo	≤PN 100 ≤Class 600	−20～+350
			35CrMoA		35		−20～+400
			25Cr2MoVA				
			06Cr19Ni10		06Cr19Ni10	≤PN 40 ≤Class 300	−196～+550
			06Cr17Ni12Mo2		06Cr17Ni12Mo2		
	d≤100		30CrMo		35	≤PN 100 ≤Class 600	−20～+400
	d≤60		42CrMo		45		
	d≤100		30CrMo		A2-50、A2-70		−196～+400
	d≤60		42CrMo		42CrMo		−100～+450

ICS 75.160.20
E 31

中华人民共和国国家标准

GB/T 9169—2010
代替 GB/T 9169—1988

喷气燃料热氧化安定性的测定 JFTOT 法

Standard test method for thermal oxidation stability of aviation turbine fuels—JFTOT procedure

2011-01-10 发布

2011-05-01 实施

中华人民共和国国家质量监督检验检疫总局
中国国家标准化管理委员会
发布

前　言

本标准代替 GB/T 9169—1988《喷气燃料热氧化安定性测定法(JFTOT 法)》,与 GB/T 9169—1988 相比主要技术变化如下：

——增加了 JFTOT 230、240 和 230 Mk Ⅲ三种型号的喷气燃料热氧化试验仪的内容(见 6.1)；

——热电偶的位置修改为 39 mm,GB/T 9169—1988 中为 38.7 mm(见 8.4,1988 年版的 5.6.16)；

——增加了第 10 章检查和校准(见第 10 章)；

——增加了关于 150 min 试验没有完成时的结果报告方式、试验结束所用燃料量和报告加热器管序列号的内容(见第 13 章 d、e 和 f)；

——删除了附录 B 材料、设备和备件、附录 C 加热器管温度控制器校准、附录 D 压差数据记录和附录 E 加热器管温度分布(见 1988 年版附录 B、C、D、E)；

——增加了附录 F 破点的确定(见附录 F)；

——增加了压缩气体(氮气)、宽馏分喷气燃料和有关 3 号喷气燃料的内容(见 D.5、D.6 和 D.7)；

——增加了实验室安装要求、加热器管温度分布和流速检查的内容(见 E.1、E.4 和 E.5)。

本标准使用重新起草法修改采用美国试验与材料协会标准 ASTM D3241-08a《航空涡轮燃料热氧化安定性标准试验方法(JFTOT 法)》。

本标准与 ASTM D3241-08a 相比在结构上有较多调整,附录 A 中列出了本标准与 ASTM D3241-08a 的章条编号对照一览表。

本标准与 ASTM D3241-08a 的技术性差异及其原因如下：

——关于规范性引用文件,本标准做了具有技术性差异的调整,以适应我国的技术条件,调整的情况集中反映在第 2 章“规范性引用文件”中,具体调整如下：

- 增加引用了 GB/T 4756(见第 7 章)；
- 用等同采用国际标准的 GB/T 6062 代替了 ISO 3274(见表 2)；
- 用国家标准 GB 6537 代替了 ASTM D1655　航空涡轮燃料规格(见 D.7)；
- 用等同采用国际标准的 GB/T 10610 代替了 ISO 4288(见表 2)；
- 增加引用了 GJB 560A 高闪点喷气燃料规范标准(见 11.1.1 中警告)；
- 增加引用了 GJB 2376 宽馏分喷气燃料规范(见 D.7)；
- 删除了 ASTM D3241-08a 引用的 D4306　Practice for Aviation Fuel Sample Containers for Tests Affected by Trace Contamination(见 ASTM D3241-08a 的 11.1.1 注 4)；
- 删除了 ASTM D3241-08a 引用的 E177　Practice for Use of the Terms Precision and Bias in ASTM Test Methods(见 ASTM D3241-08a 的 14.1.1)；
- 删除了 ASTM D3241-08a 引用的 E691　Practice for Conducting an Interlaboratory Study to Determine the Precision of a Test Method(见 ASTM D3241-08a 的 14.1)；
- 删除了 ASTM D3241-08a 引用的 ASTM 附件:管沉积物评级的颜色标准(见 ASTM D3241-08a 的 2.3 和 A1.2)。

——删除了 1.2 有关国际单位的内容,以适应我国标准的编写要求；

——删除了第 5 章意义和用途,以适合我国标准的编写要求；

——增加了国产喷气燃料热氧化试验仪的内容(见 5.1),为国产仪器的使用提供依据；

——增加了取样的内容(见第 7 章),以提高可操作性；

——删除了有关 JP-7 的内容(见 11.1.1),由于我国无相应的产品规格；

——删除了第15章关键词,以适应我国标准的结构。

为了使用方便,本标准还做了如下编辑性修改:

——将标准名称修改为《喷气燃料热氧化安定性的测定 JFTOT法》;

——用"本标准"代替了ASTM D3241-08a中的"本试验方法";

——增加了资料性附录A"本标准与ASTM D3241-08a的结构差异"。

本标准由全国石油产品和润滑剂标准化技术委员会(SAC/TC 280)提出。

本标准由全国石油产品和润滑剂标准化技术委员会石油燃料和润滑剂分技术委员会(SAC/TC 280/SC 1)归口。

本标准起草单位:中国石油化工股份有限公司石油化工科学研究院。

本标准主要起草人:张翠君。

本标准所代替标准的历次版本发布情况为:

——GB/T 9169—1988。

喷气燃料热氧化安定性的测定
JFTOT 法

警告：本标准涉及到某些有危险的材料、操作及设备，但并未对所有的安全问题提出建议。因此，用户在使用本标准前应建立适当的安全防护措施，并确定相关规章限制的适用性。

1 范围

本标准规定了评定喷气燃料在发动机燃油系统中产生沉积物倾向的方法。

本标准适用于喷气燃料

2 规范性引用文件

下列文件对于本文件的应用是必不可少的。凡是注日期的引用文件，仅注日期的版本适用于本文件。凡是不注日期的引用文件，其最新版本(包括所有的修改单)适用于本文件。

GB/T 4756 石油液体手工取样法(GB/T 4756—1998,eqv ISO 3170:1988)

GB/T 6062 产品几何量技术规范(GPS) 表面结构 轮廓法 接触(触针)式仪器的标称特性(GB/T 6062—2009,ISO 3274:1996,IDT)

GB 6537 3号喷气燃料

GB/T 10610 产品几何技术规范(GPS) 表面结构 轮廓法 评定表面结构的规则和方法(GB/T 10610—2009,ISO 4288:1996,IDT)

GJB 560A 高闪点喷气燃料规范

GJB 2376 宽馏分喷气燃料规范

3 术语、定义和缩略语

下列术语、定义和缩略语适用于本标准。

3.1

沉积物 deposits

在加热器管试验面积上沉积的和/或试验过滤器上捕集的氧化产物。

注：燃料沉积物倾向于富集在加热器管的最热部分，即在 30 mm 和 50 mm 之间。

3.2

加热器管 heater tube

可控高温下的铝制样品管，燃料试样被泵过此管。

注：管耐热，并由内置热电偶来控制温度。管的有效试验面积是位于管的两肩之间，即长 60 mm 的较薄部分。燃料从 0 mm 处进入，从 60 mm 处流出。

3.3

异常 abnormal

加热器管沉积物颜色既不是孔雀蓝色，也不像标准颜色那样

3.4

孔雀蓝 peacock

多色，加热器管沉积物颜色像彩虹色。

3.5

加热器管评级　tube rating

从0至4共分10个不连续的等级。若处于从1开始的任一数的中间水平，则用小于下一个数来表示。

注：在管沉积物评级的颜色标准中评级分为五个颜色级别：0，1，2，3，4。全部评级为：0，<1，1，<2，2，<3，3，<4，4，>4。每一等级并不一定有绝对相等的尺度，但数值越大，沉积物颜色越深。

4　方法概要

本标准是用喷气燃料热氧化试验仪(JFTOT)测定喷气燃料的高温氧化安定性，其设定的试验条件可与喷气涡轮发动机燃料系统的实际工作条件相关联。燃料试样以固定体积流量，经泵送过加热器，经过一个精密的不锈钢筛网过滤器，用以捕集燃料沉积物。

JFTOT仪在2.5 h的试验期间要用450 mL试样。所得到的主要数据是加热器管壁上沉积物的数量和位于加热器管下游标称孔径为17 μm的精密过滤器的堵塞程度。

5　仪器

5.1　喷气燃料热氧化试验仪(JFTOT)：在表1中列出了六种可适用的进口型号的仪器。与其等同的国产喷气燃料热氧化试验仪的使用参考表1中相应的仪器型号。

表1　JFTOT的型号

JFTOT型号	用户手册	增压方式	泵类型	压差读数
202	202/203	氮气	齿轮	Hg压力计，无自动记录
203	202/203	氮气	齿轮	压力计＋图形记录
215	215	氮气	齿轮	压力传感器＋打印记录
230	230/240	液压	柱塞	压力传感器＋打印
240	230/240	液压	柱塞	压力传感器＋打印
230 Mk Ⅲ	230 Mk Ⅲ	液压	双活塞(HPLC型)	压力传感器＋打印

本试验中很多部分可自动操作，对详细步骤的介绍参阅所用JFTOT型号相应的用户手册。每台试验仪提供一本用户手册。

警告：在没有通晓JFTOT的所有部件和每种功能前，不要试图去操作仪器。

JFTOT所用的某些操作参数对获得稳定和正确的结果是至关重要的。这些参数列于表2中。

5.2　加热器管沉积物评定仪：目视管评器，此管评器见附录B。

表2　JFTOT的主要操作参数

项　目	定　义
试验仪器	内置试样管的热交换器，见图1
试验样品管 加热管	 特制铝管，提供可控加热的试验表面；每次试验用一根新管

表 2（续）

项目	定义	
试管的鉴定	每一根 JFTOT 试管的鉴别可通过其管身上的唯一且连续的数字，鉴别其生产商和追溯原材料的批次	
试管金属材质	6061-T6 铝，加上下列标准： a) m_{Mg}：m_{Si} 不超过 1.9：1 b) Mg_2Si 含量不超过 1.85%	
试管尺寸	尺寸	公差
试管长度/mm	161.925	±0.254
中间部位长度/mm	60.325	±0.051
外径/mm		
肩部	4.724	±0.025
中间部位	3.175	±0.051
内径/mm	1.651	±0.051
指示器总偏斜/mm 最大	0.013	
机械表面光洁度/nm（依据 GB/T 6062 和 GB/T 10610 标准，是四个 1.25 mm 评定长度测量值的平均值）	50±20	
试验过滤器	标称孔径 17 μm 不锈钢筛网过滤器，用以捕集沉积物；每次试验用一个新过滤器	
仪器参数		
样品体积	对 600 mL 试样进行充气，将充气后试样加入燃料储罐中，留出活塞空间；一次有效的试验需泵送 450 mL±45 mL 试样	
充气速率	干空气以 1.5 L/min 的速率从喷洒器中喷出	
试验期间流量	3.0 mL/min±0.3 mL/min（最小 2.7 mL/min，最大 3.3 mL/min）	
泵的机械结构	正排量的齿轮或柱塞泵	
冷却	汇流条经液体冷却，以保持试管温度分布一致	
热电偶（TC）	J 型，纤维编织或 Iconel 铠装热电偶；或 K 型，Iconel 铠装热电偶	
操作压力		
系统	3.45 MPa±0.345 MPa，用惰性气体（氮气）或液压传导力通过对控制阀出口的调节给试样增压	
试验过滤器处	试验过滤器两端压差（ΔP）的测定，以 mmHg 表示（用水银压差计或电子传感器。1 mmHg=0.133 kPa）	
操作温度		
对于试验	由燃料规格而定	
运行时的均匀性	最大偏离给定温度±2 ℃	
校验	232 ℃时纯锡（仅 230 型和 240 型高温点用 327 ℃纯铅，低温点用冰水混合物做为参考）	

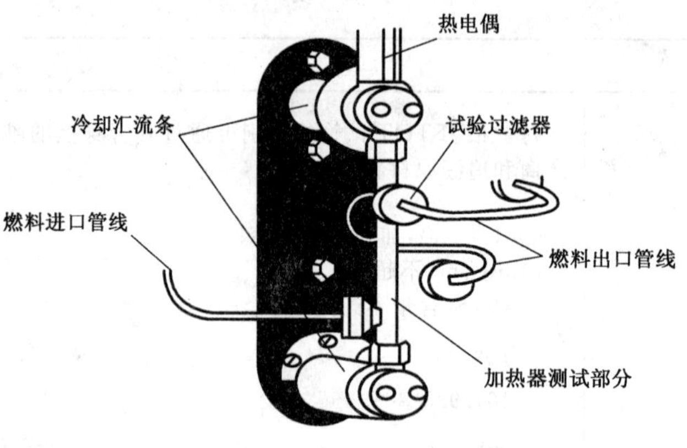

图 1　所有型号 JFTOT 必有的标准加热器部件

5.3　由于喷气燃料热氧化安定性是依据本测定方法定义的，与所用的专用仪器是不可分的，所以操作本测定方法应采用制定本方法所用的仪器或相当的仪器。

6　试剂和材料

6.1　JFTOT 230 型和 240 型的废试样池内要求用蒸馏水(最好)或去离子水。

6.2　用甲基戊烷、2,2,4-三甲基戊烷或正庚烷(化学纯，不低于 95%(摩尔分数))作为一般清洁溶剂。用溶剂有效地将仪器内金属表面在测定前清洗干净，特别是那些与新鲜试样接触的表面(在测定部位以前)。

警告：极易燃，吸入有害(参见附录 C)。

用混合溶剂(丙酮(1)、甲苯(2)和异丙醇(3)等体积混合)作为清洗测定部件内(工作)表面的专用溶剂。

警告：(1)极易燃，蒸气可引起闪火；(2)和(3)易燃。三种蒸气都有害。刺激皮肤、眼睛和黏膜。

6.3　在充气干燥器内加入无水硫酸钙(97 份)和氯化钴(3 份)颗粒混合物。这些颗粒物会逐渐由蓝变成粉红色，表明吸水

警告：不要吸入混合物粉尘或吞咽。会引起胃功能紊乱。

7　取样

按照 GB/T 4756 进行取样。取样容器为清洁、干燥的玻璃瓶、不锈钢桶或涂有环氧树脂衬里的桶。

8　标准试验条件

8.1　燃料数量：试验最少用 450 mL，再加上系统中约 50 mL。

8.2　燃料预处理：用单层普通吸水定性滤纸过滤最多 1 000 mL 样品，然后通过一个 12 mm 的粗孔硼硅玻璃扩散管以 1.5 L/min 的空气流速给样品充气 6 min。

8.3　燃料系统压力：表压 3.45 MPa±0.345 MPa。

8.4　热电偶的位置：位于 39 mm 处。

8.5　燃料系统预过滤元件：孔径为 0.45 μm 的滤纸。

8.6　加热器管的温度控制：按所用仪器的说明预先设定。

8.7 燃料流速:3.0 mL/min±0.3 mL/min。

8.8 试验期间泵送燃料的最小值:405 mL。

8.9 测试时间:150 min±2 min。

8.10 冷却液流量:约 39 L/h,或位于冷却液表指示的绿色区域中间。

8.11 功率设定:非计算机控制型号的仪器设定为 75～100;用计算机控制型号的仪器内部自定。

9 仪器准备

9.1 加热器测试部分的清洁和安装

9.1.1 用蘸满混合试剂的尼龙刷清洗加热器测试部分内表面,以除去所有沉积物。

9.1.2 按附录 B 中 B.10 的步骤对试验用加热器管的表面缺损及平直情况进行检查。检查时试管肩部也需小心,以避免划伤,由于试管肩部的平滑可确保在流动条件下测试的密封性。

9.1.3 用新元件装加热器部分:(1)目测检查加热器管,(2)试验过滤器和(3)三个 O 型圈。检查密封圈以确保无损伤。加热器管不可重复使用。试验指出在正常测试条件下,镁会转移到加热器管表面。用过的加热器管表面上的镁会减小沉积物的附着力。

9.1.4 在安装加热器管部分时,小心不要碰到试管的中间部分。如果接触到加热器管的中间部位,应放弃此管。因为管表面被污染后可能会影响沉积物的形成特性。

9.2 其他试验部件的清洗和安装

9.2.1 在进行下一次测试前,按下列步骤顺序进行。

注:假设测试前仪器是拆卸开的(细节见附录 B 或适当的用户手册中的安装/拆卸章节)。

9.2.2 检查和清洗与试样接触的部件,并更换任何损坏或怀疑有损坏的密封圈,特别是(1)活塞上的唇形密封圈和(2)燃料储罐盖、管线和预过滤器盖上的 O 型圈。

9.2.3 安装已准备好的加热器部分(见 9.1.1～9.1.4)。

9.2.4 用新元件组装预过滤器并安装。

9.2.5 检查热电偶位于正确的参考位置,然后降低至标准操作位置。

9.2.6 对于 230 型和 240 型仪器要确保水罐是空的。

10 检查和校准

对关键部件的校准频率如下(详见附录 B 或用户手册):

a) 热电偶:首次安装时热电偶要校正,而后正常情况下每 30～50 次试验后进行校正,但至少每 6 个月要校正一次(见 C.2.6);

b) 压差传感器:一年校正一次或安装新传感器时校正(见 C.2.6);

c) 充气干燥器:至少每月检查一次,如颜色显示大量吸水就需更换(见 6.3);

d) 计量泵:每次试验按第 11 章中所述的方法,检查两次流速;

e) 过滤器旁通阀:用于 202 型、203 型和 215 型,至少一年做一次泄漏检查(参见 E.6)。

11 试验步骤

11.1 燃料试样的准备

11.1.1 按标准试验条件对样品过滤和充气(见 C.2.9)。

警告：除了 GJB 560A 中的高闪点喷气燃料，其他喷气燃料都看作是易燃的。蒸气有害（参见 D.3、D.6 和 D.7）。

注 1：操作前见 5.1 中的警告。

注 2：已知本测定结果对来自样品容器的痕量污染敏感。对所推荐的容器参见 ASTM D4306。

11.1.2 充气时样品温度保持在 15 ℃～32 ℃之间。如需要，把盛有试样的燃料储罐放入热水或冷水槽中以改变其温度。

11.1.3 试样充气结束到开始加热之间不能超过 1 h。

11.2 最后安装

11.2.1 安装燃料储罐部分（见用户手册）。

11.2.2 安装燃料储罐并连接与所用 JFTOT 型号相匹配的管线（见用户手册）。

11.2.3 移去保护盖，并把燃料输送管线与加热器部分快速连接，以减少燃料的损失。

11.2.4 检查所有管线以确保连接牢固。

11.2.5 重新核对热电偶位于 39 mm 处。

11.2.6 确认油滴接受器是空的（仅指 230 型和 240 型）。

11.3 打开电源和加压

11.3.1 电源开关置于 ON 位置。

11.3.2 对有些型号的仪器用手动打开 ΔP 报警开关（202 型、203 型和 215 型）。

11.3.3 按 202 型、203 型和 215 型的用户手册的要求给系统慢慢加压到 3.45 MPa（也可见 C.2.5）。

11.3.4 对系统进行泄漏检查。若需要紧固任何泄漏部件，应先对系统泄压。

11.3.5 把控制部分设定为标准操作条件。

11.3.6 按测试燃料的规格设定加热器管温度。热电偶应用最近校验的校正值（见 C.2.8）。

注：JFTOT 的加热器管温度最高可达 350 ℃。试验温度以及结果判定的指标通常包含在燃料规格中。

11.4 开始试验

11.4.1 每种型号的仪器所用试验步骤按相应用户手册所述进行操作。

11.4.2 一些型号的 JFTOT 可以自动运行下列步骤，但需验证，即：

a) 从充气到开始加热的时间不大于 1 h；

b) 加热器管一达到测试温度，压力计旁通阀就关闭，以使燃料流过试验过滤器（见 C.2.6）；

c) 压力计设定为零（见 C.2.6）。

11.4.3 在试验前 15 min 内用流量计时法或油滴计数法对照标准操作条件检验燃料流速（参见 E.5）。

注：用油滴计数测速时，将第 1 滴油滴落作为 0 滴，并开始计时，记录至第 20 滴油滴落所用时间。

11.5 试验

11.5.1 在试验期间，最少每 30 min 记录一次过滤器压力降。

11.5.2 如果过滤器压力降开始快速上升，而试验要求运转满 150 min，这时一般所有型号的仪器的旁通阀都可打开以结束试验。旁路系统的详细操作见相应的用户手册（见 C.2.2）。

11.5.3 试验停止前的最后 15 min 内再次检测流量（见 11.4.3 和注）（参见 E.5）。

11.6 加热器管温度分布图

如想要加热器管温度分布图，按照附录 E 中 E.4 所述可以得到。

11.7 关机

11.7.1 仅对202型、203型和215型仪器：

a) 关闭加热器(HEATER)，再把泵(PUMP)置于关(OFF)的位置；

b) 关闭氮气压力阀并打开手动旁通阀；

c) 如需要的话，慢慢打开氮气放空阀，让系统压力以约0.15 MPa/s的速度减小；

d) 关机。

11.7.2 对可自动关机的230型和240型：

a) 试验完毕，将流量选择阀转向放空，以泄压；

b) 活塞推动杆会自动回落；

c) 测量油滴接收器中的排出液，然后倒空。

11.8 拆卸

11.8.1 拆卸与加热器相连的燃料输送管线，并立即盖上密封帽，防止燃料从燃料储罐中漏出。

11.8.2 拆卸加热器部分：

a) 小心从加热器部分拆下加热器管，以避免碰到管中间部位。废弃试验后的过滤器；

b) 用所推荐的清洗溶剂从上到下冲洗试管(见6.2)。如拿着试管顶部冲洗时，溶剂不要接触手套或裸露的手指。允许在干后将试管放回原容器，标上记号，待评定。

11.8.3 拆卸燃料储罐：

a) 测量试验期间泵送过的废液量，如少于405 mL此试验作废；

b) 将燃料倒入废油容器中。

12 加热器管评定

12.1 按附录B对加热器管上沉积物目视评级。

12.2 把加热器管放回原容器，记录数据，并保留相应目视记录的管。

13 报告

报告下列内容：

a) 加热器管控制温度。即燃料的试验温度；

b) 加热器管沉积物评级；

c) 试验过程中试验过滤器的最大压差或压差达到25 mmHg (3.3 kPa)所需时间。对于202型和203型JFTOT报告试验过程中发现并记录的最大压差；

d) 如果正常150 min的试验没有完成，例如，由于压差失常而导致试验停止，则报告与加热器管沉积物评级相对应的试验时间；

注：加热器管的评级或ΔP，或两者，都被用来判定一个燃料样品在规定的试验温度下通过或不通过该试验。

e) 一次正常试验结束所用燃料量。这取决于所用的JFTOT仪器的型号，可以是位于移动活塞顶部的燃料量，或水杯中置换出的总液体量；

f) 要报告加热器管的序列号。

14 精密度和偏差

14.1 本标准精密度的实验室间的协同试验在11个实验室中进行，共用了13台两种型号的JFTOT

仪器，对5种燃料共10个样品在两个试验温度下进行。每个实验室对每一种试样得到了两组结果。

14.2 精密度

由于本方法所测定的结果不能用标准统计分类法来分析，故本方法的精密度不能确定。

14.3 偏差

因为喷气燃料热氧化安定性仅是由本方法定义的，因此本方法没有偏差。

附　录　A
（资料性附录）
本标准与 ASTM D3241-08a 的结构差异

表 A.1 给出了本标准与 ASTM D3241-08a 章条编号差异对照一览表。

表 A.1　本标准与 ASTM D3241-08a 章条编号差异对照

本标准章条编号	ASTM D3241-08a 章条编号
1	1.1
—	1.2
警告	1.3
3.1～3.2	3.1.1～3.1.2
3.3～3.5	A1.3.1～A1.3.3
3.6	3.2
4	4.1、4.1.1
—	5
5.1	6.1、6.1.1～6.1.2
5.2	6.2、6.2.1
5.3	6.3
6.1	7.1
6.2	7.2、7.2.1
6.3	7.3
7	—
—	8.1
8.1～8.11	8.1.1～8.1.11
10	10.1
10 中 a)～b)	10.1.1～10.1.5
11.4.2 中 a)～c)	11.4.2.1～11.4.2.3
11.7.1 中 a)～c)	11.7.1.1～11.7.1.3
11.7.2 中 a)～c)	11.7.2.1～11.7.2.3
11.8.2 中 a)～b)	11.8.2.1～11.8.2.2
11.8.3 中 a)～b)	11.8.3.1～11.8.3.2
13	13.1
13 中 a)～f)	13.1.1～13.1.6
—	14.1.1
附录 A	—
附录 B	附录 A1

表 A.1(续)

本标准章条编号	ASTM D3241-08a 章条编号
B.1	A1.1
B.1.1～B.1.2	A1.1.1～A1.1.2
B.1.3	A1.5
B.2	A1.4
B.3～B.4	A1.6～A1.7
B.5	A1.2
B.6～B.11	A1.8～A1.13
附录 C	附录 A2
C.1	A2.1、A2.1.1
C.2.2、C.2.2.1	A2.2.2
C.2.2.2～C.2.2.3	A2.2.2.1～A2.2.2.2
C.2.2.3 中 a)～e)	A2.2.2.2 中(1)～(5)
C.2.2.4	A2.2.2.3
C.2.5	A2.2.5.1
C.2.6、C.2.6.1	A2.2.6
C.2.6.2～C.2.6.4	A2.2.6.1～A2.2.6.3
C.2.8、C.2.8.1	A2.2.8
C.2.8.2～C.2.8.3	A2.2.8.1～A2.2.8.2
附录 D	附录 A3
附录 E	附录 X1
E.4	X1.4.1
E.5.2 中 a)～c)	X1.5.2.1～X1.5.2.3
E.8	X1.8.1
附录 F	附录 X2
F.1	X2.1.1
—	X2.1.1.1
F.2	X2.2.1
注：表中以外的本标准其他章条编号与 ASTM D3241-08a 章条编号均相同且内容相对应。	

附 录 B
（规范性附录）
JFTOT 加热器管目视评级方法

B.1 概述

B.1.1 本方法适用于按本标准测定方法所得到的加热器管沉积物的目视评定。

B.1.2 本方法最终结果是设定加热器管颜色评级，再加上两个附加的是/否的判断指标，用来表示存在大量沉积物和/或异常沉积物。

B.1.3 试验后的加热器管评级，用来评估燃料降解后在加热器管上的沉积状况。此评级作为判断燃料样品热氧化安定性的一个依据。

B.2 方法概要

本方法是用一个特殊构造的光箱来目视评定加热器管。将管用一个专用管夹固定在箱中，在箱中最佳光线下判断新加热器管的均匀性。在光照下通过放大镜与颜色标准色板比较来评定加热器管的颜色，此标准色板应插在紧贴加热器管后的最佳位置上。

B.3 仪器

加热器管沉积物评定仪：评定加热器管上沉积物颜色所用的管评器和管沉积物评级颜色标准。

B.4 试验试件

小心处理加热器管试件，无论何时都不要接触其中间部位。

注：接触样品管的中间部位，很可能会污染或扰乱管表面和/或沉积物。该样品管应在原始状态下进行评定。

B.5 ASTM 附件

管沉积物评级颜色标准

B.6 标准试验条件

B.6.1 光箱内部：黑色、不透明。

B.6.2 光源：三个 30 W 的白炽灯泡，反射光型；所有灯泡应全部工作，以达到最佳的目视效果。

B.6.3 灯泡位置：一个在上，二个在下，每一个都对准加热器管夹具和颜色标准板。

B.6.4 放大倍数：2X，盖在目视孔上。

B.6.5 评级员：操作人员应是能判断颜色的人，即他们不应是色盲。

B.7 校准和标准化

B.7.1 仪器的校准

试验仪器不需校准，但因沉积物颜色标准会褪色，故要保存于暗处。

注：当连续或间断暴露在光线下时，颜色标准板的寿命尚未确定。将保存在暗处(无光)的一套颜色标准与正常使用的颜色标准定期作对比是一种不错的方法。比较时，要在管评定箱的最佳光线条件下进行。

B.7.2 评级技术的标准化

B.7.2.1 在评定加热器管时，最重要的是最黑的沉积物。对最黑且均匀的沉积物评级，而不是对沉积物面积内全部颜色平均后进行评级。

B.7.2.2 评级时只考虑最黑且连续的颜色，其面积等于或大于一半管直径的圆面积。

B.7.2.3 忽略宽度小于四分之一管直径的沉积物色带，无论这色带有多长。

B.7.2.4 忽略认为是由于管破损形成的色点、色带或划痕。使用前检查并废弃受损的加热器管，便不会发生这种情况了。

B.8 加热器管试验前的评定

B.8.1 在实验室光线下不经放大检查加热器管。如果可见缺损，则废弃此管。然后用管评器检查从下端管肩向上 5 mm～55 mm 的中间部位(较薄区域)。如见到缺损，确定缺损的尺寸。如缺损面积大于 2.5 mm^2，则废弃此管。图 B.1 提供了缺损面积等于 2.5 mm^2 的图例。

B.8.2 在一个平滑的表面上滚动加热器管，注意平面和管中间部位之间的空隙，以检查加热器管的平直度。废弃有任何弯曲的管子。

B.9 试验步骤

B.9.1 安装

B.9.1.1 将加热器管的上端夹在加热器管支架上。

B.9.1.2 将加热器管推到加热器管支架的破点。

B.9.1.3 将带有加热器管的支架沿导杆滑入管评器。

B.9.1.4 转动支架调整加热器管的位置，以便看到有最黑沉积物的一侧。

B.9.1.5 把管沉积物评级颜色标准插入管评器。

B.9.2 评定

B.9.2.1 试验结束后，将加热器管下端管肩以上 5 mm～55 mm 间的最黑沉积物颜色与管沉积物评级颜色标准相比较。只对面积大于 2.5 mm^2，宽度大于 0.8 mm 的沉积物带或点进行评定。图 B.1 中给出了面积等于 2.5 mm^2 的色点或色带的图示。

B.9.2.2 当最黑的沉积物颜色与管沉积物评级颜色标准相一致时，记录此值。

B.9.2.3 如果被评定的最黑的加热器管沉积物颜色在两个相邻颜色标准之间呈明显的过渡状态，按小于较深(即较高数值)标准级别记录评定结果。

B.9.2.4 当加热器管上有不符合正常颜色标准的沉积物时，用下列规则来评定。同时参照标准术语：

a) 如果沉积物呈孔雀蓝色，评为 P。但同时对任何显示正常沉积物颜色的沉积物评级，或者；

b) 如果沉积物含有异常颜色，评为 A，但同时对任何显示正常沉积物颜色的沉积物评级。

B.9.3 评定完毕

取下评级后的加热器管，并放回原来的容器中。

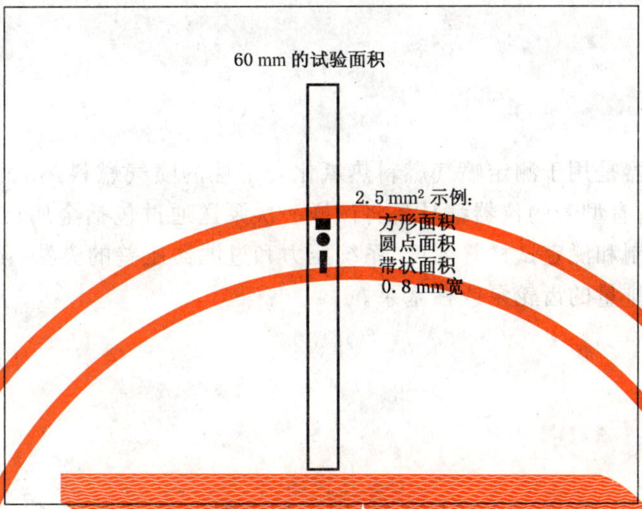

图 B.1 缺损面积

B.10 报告

B.10.1 报告加热器管评级，加上 A 和/或 P。如合适的话，加上附加的描述，即：

a) 当报告总评级时，要报告最大评级。如果存在有些颜色与颜色标准不符时，也同时报告这些颜色；

b) 如果沉积物只有 P 和/或 A，只报告这些，不要再去评定数值级别。

B.10.2 举例如下：

a) 例 1——加热器管的最大沉积物颜色，落于颜色标准级别 2 和 3 之间，且没有其他颜色存在。加热器管总评级应为小于 3；

b) 例 2——加热器管上最黑沉积物颜色符合级别 3，但同时存在孔雀蓝色。此加热器管总评级应报告为 3P；

c) 例 3——加热器管沉积物颜色与颜色标准级别 1 相符合，但同时也存在异常颜色的沉积物。此加热器管总评级应报告为 1A。

B.11 精密度和偏差

B.11.1 精密度

测定加热器管沉积物评级的方法的精密度在确定之中。

B.11.2 偏差

测定加热器管沉积物评级的方法没有偏差，因为加热器管沉积物评级只是在本方法中定义的。

附 录 C
（规范性附录）
喷气燃料热氧化试验仪

C.1 试验仪器

本附录所描述的仪器是用于测定喷气燃料热氧化安定性的喷气燃料热氧化试验器，简称 JFTOT。JFTOT 有五种型号。所有型号的仪器都具备将试样一次泵送通过包括金属试样管和试验过滤器的整个试验系统的方法。控制和测定试样管温度、系统压力和过滤器压差的方法，随每种 JFTOT 的型号而变化。泵送装置可用正排量的齿轮泵或柱塞泵。

C.2 试验细节

C.2.1 概述

本仪器使用的是经过滤的固定体积的喷气燃料，然后充气，以得到一个空气饱和试样。在试验期间，燃料以稳定流速泵送经过加热的温度保持在相当高的铝管，常用的是 260 ℃，但在某些规格下，温度要求更高。经充气而被氧气所饱和的燃料，在热铝加热器管中可能降解，并形成可看见的薄膜似的沉积物。燃料的降解产物也可能流入下游，从而被试验过滤器捕集到。试验过滤器两端压差的增加和最终加热器管评级，两者都被用来确定燃料的氧化安定性。

C.2.2 燃料系统

C.2.2.1 新鲜过滤和充气后的燃料最初被存放在一个燃料储罐内，然后一次循环通过仪器到一个废样品接受器内。样品流动的动力来自一台正排量泵，该泵要保持 3.0 mL/min 的流速，并且要克服任何因最初的过滤器堵塞而影响流速的倾向。允许流速有 10%的偏差。如果过滤器堵塞严重，位于试验过滤器前面的旁通阀可以打开，以便完成试验。然后，加热器管上的任何沉积物都可按一个完整试验给予评级。

C.2.2.2 试验系统的核心是套管换热器，或固定试验试样管并使燃料从中流过的试验部件。如图 C.1所示，加热器管在加热器部件中正确校直很重要。这个部件是得到一致结果的关键，也是所有型号的 JFTOT 中通用的部件。

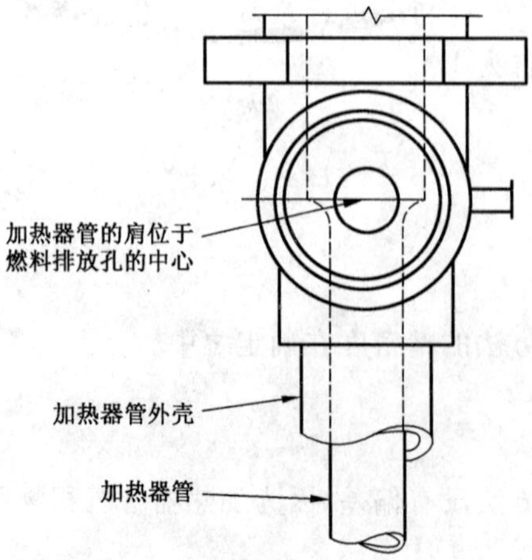

图 C.1 加热器管的校直图

C.2.2.3　有关燃料系统还有几点值得注意：

a)　在进入加热器试验部件前，来自燃料储罐的新鲜燃料立即经 0.45 μm 的膜滤片过滤；

b)　加热器管用橡胶 O 形圈密封在加热器试验部件中(见图 C.2)；

c)　不锈钢试验过滤器的标称孔径为 17 μm。如果过滤器的压差增大(通常在 125 mmHg (16.66 kPa)时)，警报器会响，以警告操作者。如果要求，旁通阀会打开；

d)　202 型、203 型和 215 型 JFTOT 用一个带浮动活塞的燃料储罐，将新鲜燃料(在底部)和废燃料(在顶部)分离开。230 型和 240 型的 JFTOT 用两个储罐，一个装新鲜燃料，一个装废燃料；

e)　所有型号的 JFTOT 燃料流量都可以通过目视油滴计数来监测。JFTOT 的 230 型和 240 型所用的计时测量体积的方法，被看作是最准确的流量测定法。

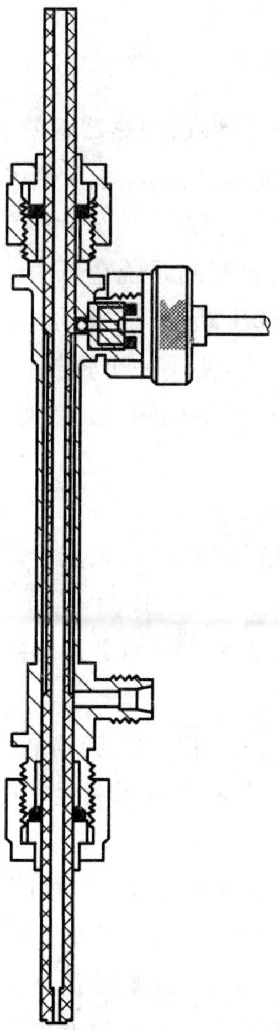

图 C.2　加热器管试验部件组装图

C.2.2.4　图 C.3 给出了燃料流过 JFTOT 三个主要部位的流程图。

C.2.3　加热/温度控制系统

C.2.3.1　加热器管是由来自变压器的低压大电流通过铝管，用电阻加热的。加热器管被夹在导电的汇流条中，相当粗的水冷的汇流条升温缓慢。

C.2.3.2　所有型号的 JFTOT 的温度控制器即是指示器又是控制器。在自动模式中，控制器在试验期间可提供一个稳定的热源，通过改变功率来保持目标温度(设定温度)。在手动模式中，控制器只提供温度指示器的作用。试验温度范围从室温到最高约 350 ℃。

C.2.3.3 温度控制的关键是热电偶和它的位置。热电偶自身应校正，以确保可接受的准确度。热电偶测量头的位置要小心放置，以使得在自动控制期间温度读数是加热器管的最高温度(最热点)。一个简单的机械定位系统可以使热电偶定位即容易又准确。

C.2.3.4 基本加热系统流程图见图 C.4。

C.2.4 冷却系统

在 JFTOT 正常操作中，冷却是必需的，以除去热的加热器管传导到汇流条上的热量。循环通过每个汇流条的冷却水可用实验室的自来水(202 型、203 型和 215 型)，或用内循环的冷却器冷却液体系统(230 型和 240 型)。这些系统唯一的预防措施是对其进行监测，以确保其工作正常，并且为防止系统最终被堵塞，应避免使用含杂质或盐类的冷却剂。

C.2.5 燃料增压系统

在正常的 JFTOT 试验温度下，喷气燃料在加热器管的温度下会沸腾。这会妨碍温度的精确控制，以及干涉沉积物的自然形成。因此，系统应在总压约 3.45 MPa 下进行操作。每种型号的仪器或用氮气(如 202 型、203 型和 215 型)或用液压柱塞泵(如 230 型和 240 型)产生所需要的高压。

一个压力计或压力传感器用来测量和监测系统总压力。特别需要注意的是气体加压系统在加压完成后就关闭了，而液压加压系统有一个减压阀，在整个试验过程中液体以恒定泄漏速率通过此阀。为了使这减压阀的控制对任何燃料操作都一致，使用一个置换池，废燃料从上部进入置换出底部的水，并通过减压阀排出。由于该阀只有水通过，从而使该阀的工作处于稳定状态。

C.2.6 压差测量系统

C.2.6.1 各型号的 JFTOT 使用二种结构的仪器，来测量试验过滤器两端由于在试验期间捕集了燃料降解产物而产生的压差(ΔP)。202 型和 203 型(1984 年前)用水银压力计及一个任选的在有刻度的图纸上划条纹的 ΔP 记录器。215 型、230 型和 240 型是用 ΔP 电子传感器。在燃料系统中如何包含这两种方法的详情可见燃料系统的图示(见图 C.3)。

C.2.6.2 适用的压力测量装置需要两个特殊功能：旁路和放气。第一种功能无论何时只要需要，允许燃料通过旁路绕过过滤器。第二种功能用来将封闭在池室中的空气或氮气放出。压力计输出读取水银柱的高度；传感器输出以数字显示。

C.2.6.3 由于燃料代替通常的空气存在水银之上，自然使压力计系统包含了一个偏差。这改变了用水银柱高度来表示的压力值，使结果比实际值高约 6%。传感器不会有这类误差。为了使压力计和传感器读数相同，传感器读数要加上 6%的偏差，以便得到与压力计相同的值。

C.2.6.4 在操作时，所用的 ΔP 测量装置应在开始试验时在实际流量条件下调零。这是由于当燃料流动时，在系统中产生了一个小的压差。所以试验开始时对传感器或压力计调零是补偿流动带来的压差。

C.2.7 压差测量的标定

ΔP 测量的准确性可以用一种技术来验证，即用已知密度液柱读取 ΔP 仪器每侧的压力。在特殊型号的 JFTOT 的任一操作手册中都包含了进行此类验证的细节。这标定验证了此 ΔP 仪器操作正常，并不表示对仪器真正的校正。基于这标定结果若建议制造商对仪器进行校正，则制造商应对仪器进行校正。

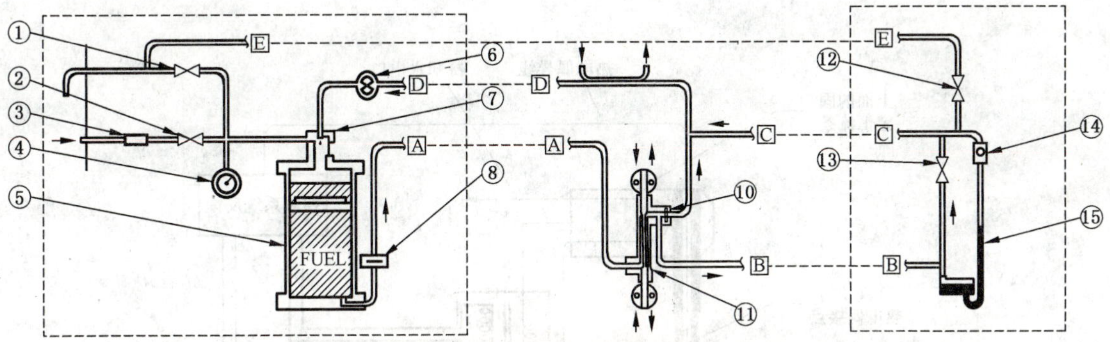

JFTOT——气体增压/齿轮泵/水银压力计/标准试验部分

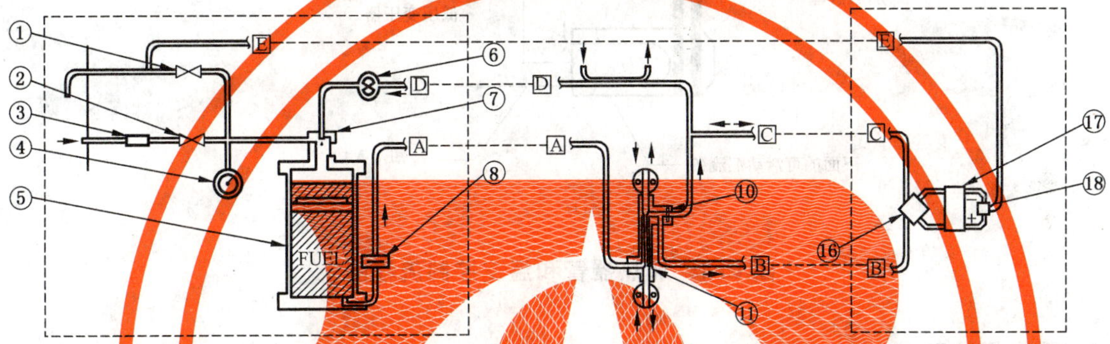

JFTOT——气体增压/齿轮泵/压差传感器/标准试验部分

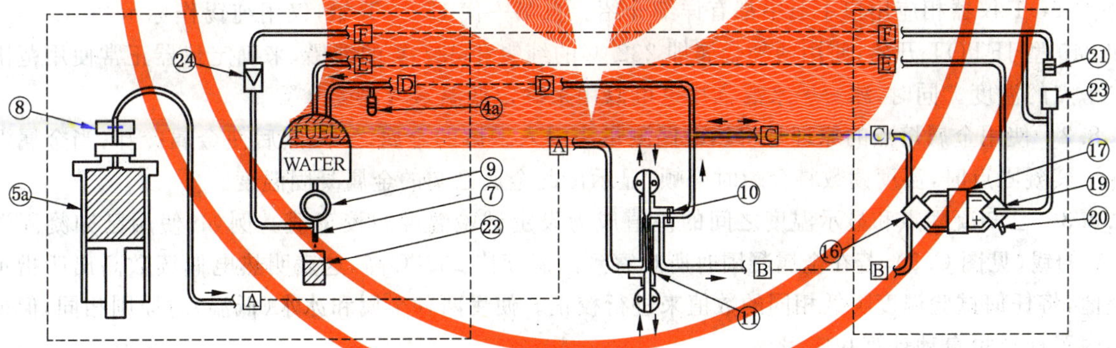

JFTOT——液压增压/柱塞泵/压差传感器/标准试验部分

1——氮气放空阀；
2——氮气增压阀；
3——压力限制器；
4——压力表；
4a——绝对压力表(传感器)；
5——燃料储罐、活塞及密封圈；
5a——液压燃料储罐；
6——恒流计量泵；
7——滴流量指示器；
8——预过滤器薄膜；
9——减压安全阀；
10——试验过滤器；
11——标准加热器管试验部分；
12——手动放空阀；
13——过滤器旁通阀；
14——浮子单向阀；
15——压力计；
16——四通传感器旁通阀；
17——充满液体的压差传感器；
18——3 通(放空)阀；
19——5 通(放空)阀；
20——加塞的出口；
21——空气捕集瓶；
22——废液；
23——收集器；
24——单向阀。

图 C.3 燃料系统流程图

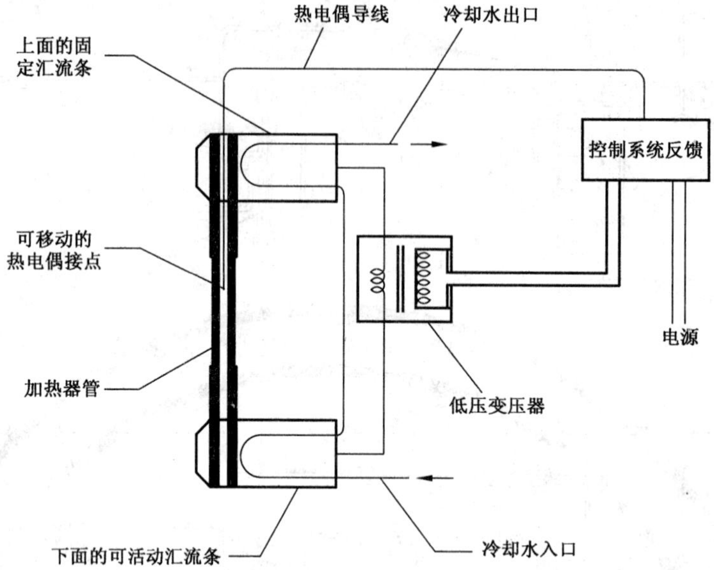

图 C.4 加热器管和温度控制流程图

C.2.8 热电偶校正

C.2.8.1 热电偶的准确是很重要的，因此用已知熔点物质进行校正的方法来校准热电偶。该方法在每台 JFTOT 仪器相应用户手册中都有详细介绍。自第一代 JFTOT 始，仅用纯锡作标示金属。从 230 型和 240 型 JFTOT 开始，使用两种金属即 232 ℃的纯锡和 327 ℃的纯铅，来确定仪器正常使用范围内的二个点的温度。同时，冰——水混合物也可以用来确定低温参考温度 0 ℃。

C.2.8.2 使用金属熔点的原理是将热电偶测量头浸入融熔的金属之中，然后使金属冷却，当金属温度下降至其凝固点时，温度读数将会瞬时停顿，显示出此金属已知的金属凝固温度。

C.2.8.3 已知凝固点和显示温度之间的差值成为设定试验温度的校正值。例如，使用已知凝固温度 232 ℃的锡(见图 C.5)，若在金属凝固时所观察到的温度比 232 ℃高，这表明热电偶读数高出所指示值的差值，将任何试验温度降低相同的数值来进行校正。使用两种金属和冰水(低温)时原则相同，但校正值由内置计算机自动计算和应用。

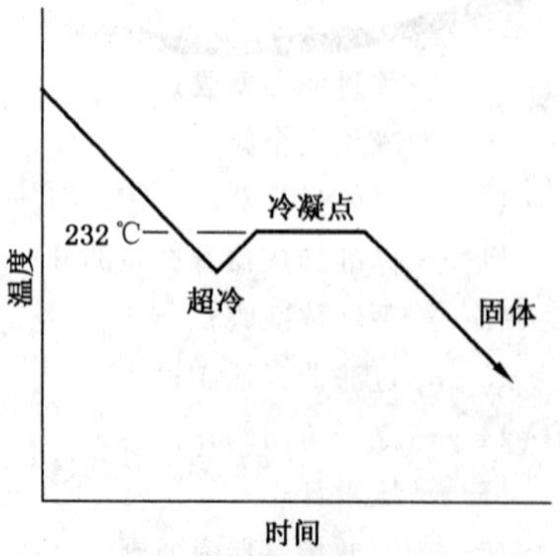

图 C.5 锡的冷凝特性

C.2.9 燃料充气系统

所有型号的JFTOT都有试验前对样品充气的装置。样品中没有氧气存在，正常的试验便无法完成。过滤后的干燥空气以1.5 L/min的流量充入燃料样品6 min。这9 L的空气能使样品的空气饱和度达到97%。

C.2.10 试验时间测量

试验计时依据JFTOT的型号有各种方法。一般主要用试验时间指示器，但在某些型号中，收集ΔP数据用不同的计时器。由于这二种计时器不完全相同，所以若试验在最后的计时数据点前停止，最后的数据点就有可能丢失。各种型号仪器的用户手册都包括防止数据点丢失的技术。

附 录 D
（资料性附录）
预 防 措 施

D.1 丙酮

D.1.1 远离热源、火花和明火。
D.1.2 保持容器密闭。使用时要有良好的通风。
D.1.3 避免蒸气聚集，消灭火源，特别是非防爆型电器和加热器。

D.2 甲苯

D.2.1 避免长期或反复吸入蒸气或喷雾。
D.2.2 使用时要有良好的通风。
D.2.3 眼睛疼痛和眩晕是过度接触的表征。
D.2.4 不要吸入体内。
D.2.5 吞入可能引起伤害、发病或死亡。
D.2.6 避免长期或反复接触皮肤。
D.2.7 不可进入眼睛。
D.2.8 与火焰、灼热表面或电弧花接触会产生有毒气体。

D.3 异丙醇(2-丙醇)

D.3.1 远离热源、火花和明火。
D.3.2 使容器远离热源、火花和明火。
D.3.3 保持容器密闭。
D.3.4 使用时要有良好的通风。
D.3.5 避免蒸气聚集，消灭火源，特别是非防爆型电器和加热器。
D.3.6 避免长期吸入蒸气或喷雾。
D.3.7 避免长期或反复接触皮肤。

D.4 正庚烷

D.4.1 远离热源、火花和明火。
D.4.2 保持容器密闭。
D.4.3 使用时要有良好的通风。
D.4.4 避免长期吸入蒸气或喷雾。
D.4.5 避免长期或反复接触皮肤。

D.5 压缩气体(氮气)

D.5.1 不用时关闭气瓶阀。

D.5.2 除非通风良好,否则不要进入贮存室。
D.5.3 始终使用减压安全阀。
D.5.4 打开气瓶前,要卸去减压阀的压力。
D.5.5 不要对气瓶灌装除它专用气体外的其他气体。
D.5.6 气体不要在气瓶中混合。
D.5.7 禁止抛落气瓶。
D.5.8 任何时间都要确保气瓶固定好。
D.5.9 当打开气瓶时,要远离气瓶出口。
D.5.10 气瓶要避光且远离热源保存。
D.5.11 气瓶要在无腐蚀的环境中保存。
D.5.12 不要使用无标签的气瓶。
D.5.13 不要使用有凹痕或损伤的气瓶。
D.5.14 仅供技术用途。
D.5.15 不要用于呼吸。

D.6 喷气燃料(宽馏分喷气燃料,见 GJB 2376 规格)

D.6.1 远离热源、火花和明火。
D.6.2 保持容器密闭。
D.6.3 使用时要有良好的通风。
D.6.4 避免吸入蒸气或喷雾。
D.6.5 避免长期或反复接触皮肤。

D.7 喷气燃料(3 号喷气燃料,见 GB 6537 规格)

D.7.1 远离热源、火花和明火。
D.7.2 保持容器密闭。
D.7.3 使用时要有良好的通风。
D.7.4 避免蒸气聚集,消灭火源,特别是非防爆型电器和加热器。
D.7.5 避免吸入蒸气或喷雾。
D.7.6 避免长期或反复接触皮肤。

D.8 水银

D.8.1 不要吸入蒸气。
D.8.2 保持容器密闭。
D.8.3 使用时要有良好的通风。
D.8.4 不要带入体内。
D.8.5 若可能用水覆盖在暴露的表面上,以减少蒸发。
D.8.6 不要加热。
D.8.7 在出售或纯化前将回收水银保存在密封严密的容器中。
D.8.8 废弃水银不要倒入水池或垃圾中。

附 录 E
（资料性附录）
安装、维护、特殊检查

E.1 实验室安装要求

E.1.1 试验仪应放在水平的实验室工作台上，并在前面留出 200 mm～300 mm 宽的台面。试验仪后面应该留有通道，以方便进行日常维护和维修。在安装或使用时，应使 JFTOT 机壳顶部或侧面的通风口畅通。应该提供充分的通风，并遵照合理的程序处理溶剂和烃类。较早型号的仪器需要一台恒压变压器。有接地引线的 115 V、60 Hz、15 A 或 220 V、50 Hz、8 A 的单相电源。

E.1.2 对气动型的 JFTOT，需要一个装有适合供给 3.45 MPa 压力的压力调节器的氮气钢瓶，钢瓶放在方便的地方，并且用直径为 3.2 mm 的管线连接在试验仪上。用一根直径为 6.4 mm 的管线把仪器上水入口接头与压力为 200 kPa～700 kPa 的水源相接；用另一根直径为 6.4 mm 的管线把试验仪排水口与一个排水设备相接，该设备的接收能力最小为 80 L/h。

E.2 自动校准器金属的更换

E.2.1 自动校准器小容器中的锡（和铅，如使用），每当数量低于最小值或受到污染时，应进行更换。

E.2.2 为了取出金属，把自动校准器反向安装在上面的固定汇流条和下面的可活动汇流条之间。

E.2.3 在小容器下放一张薄纸或一块抹布，以收集熔化后的金属。

E.2.4 如正常校正那样给自动校准器接通电源，同时轻轻拍打小容器，直到所有熔化了的金属全部倒出来为止。

E.2.5 取下自动校准器，把自动校准器安装在竖直的位置。用新金属填满小容器。一次装填所用锡的量约为 1.5 g～1.9 g，铅约 3.3 g～4.7 g。

E.3 热电偶更换和位置调整

E.3.1 用于测量和控制 JFTOT 加热器管温度的热电偶，有时由于损坏或误差，应进行更换。若不是简单的插入型热电偶，要取下热电偶，需拧松热电偶夹子、支撑夹和温度控制器后面的热电偶接头。

E.3.2 新热电偶按与取下旧热电偶相反的步骤进行安装。按要求重新放回并拧紧螺钉。热电偶的合适位置是指，当拧紧热电偶夹子的六角固定螺钉时，把热电偶位置指示器放在参考标志，这时热电偶尖端应与上面的固定汇流条顶端齐平。

E.3.3 在实际试验操作条件下，检查热电偶的适当位置。

E.4 加热器管温度分布

若要测量加热器管温度分布，应在试验的第一个小时之后，或者在取得重要的 ΔP 数据之前。按所用 JFTOT 型号的用户手册中所列程序进行。

E.5 流速检查

E.5.1 JFTOT 的齿轮泵（202 型、203 型和 215 型）

燃料流量的检查是通过观察液滴室中的液滴，测量 20 滴所用时间应为 9 s±1 s。

E.5.2 JFTOT 的柱塞泵(230 型和 240 型):

a) 滴流量法——流量检查是通过观察液滴部件中的液滴，测量 20 滴所用时间应为 19 s±1 s；
b) 体积测量法——流量检查是通过测量用量筒收集 15 mL 燃料所用时间，该时间应在 4 min 33 s～5 min 33 s 之间；
c) 对柱塞泵型的 JFTOT，体积测量法作为仲裁试验。

注：滴流量计数是从零开始(0 滴，1 滴，2 滴，……，20 滴)，为得到准确的测量时间需要计数 20 滴。

E.6 过滤器旁通阀泄漏检查(仅限 202 型、203 型、和 215 型)

E.6.1 用任意的快速干燥胶，例如：工业黏合剂，把一个用过的过滤器上游堵住，然后把该过滤器和任意一根加热器管一起安装在试验部分。

E.6.2 打开压力计旁通阀，使清洁、过滤过的燃料在 3.45 MPa 的压力下循环(不加热)。

E.6.3 在观察镜中观察流量稳定后(9.0 s±1.0 s 内流出 20 滴)，关闭旁通阀，同时启动秒表。观察 ΔP 达到 100 mm Hg(13.33 kPa)所需时间。立即打开旁通阀，使燃料恢复正常的流动。

E.6.4 如果测得 ΔP 达到 100 mm Hg(13.33 kPa)所需时间等于或小于 60 s，则该旁通阀和燃料泵满足正常的性能要求。

E.6.5 ΔP 超过 100 mm Hg(13.33 kPa)所需时间可能很短；在某些仪器中，压差增加几乎是瞬间发生的，这取决于泵的条件和系统本身。ΔP 如此快的上升是可以接受的，并被认为是在预期和正常操作范围之内。

E.6.6 如果测得 ΔP 达到 100 mm Hg(13.33 kPa)所需时间超过 60 s，那么，不是过滤器旁通阀泄漏，就是燃料计量泵不能满足要求。在这种情况下，应该检查确定燃料计量泵的性能，如必要的话，则应更换计量泵或过滤器旁通阀。

E.7 燃料计量泵检查(仅限齿轮泵)

E.7.1 在试验部分安装一个堵塞了的过滤器和一根用过的加热器管，并确定正常的燃料流量。

E.7.2 确定流量稳定后，调节旁通阀保持一个 50 mm Hg(6.66 kPa)的稳定 ΔP 值。

E.7.3 用秒表测量在观察镜中看到滴出 20 滴燃料所需时间。

E.7.4 一个性能完好的燃料泵滴出 20 滴燃料所需要的时间是 9.0 s±1.0 s。测量时间超过 10 s 的泵应该更换。

E.7.5 安装新泵后，应重复泵的检查程序。

E.7.6 如果流量始终偏低，用三种混合溶剂清洗从试验过滤器始，经计量泵到燃料储罐的所有管线和接头。如需要则更换管线。重复泵检查程序。

E.8 维修手册

维修手册提供了其他维护保养知识。例如：电路图(在 JFTOT 机壳后门的内侧也可以得到)。在每一台仪器的用户手册中包含了操作此型号 JFTOT 的全部细节。

附 录 F
（资料性附录）
破点的确定

F.1 定义

破点 Breakpoint

在本标准中，破点是燃料符合管评级和 ΔP 规格要求的最高控制温度。

F.2 破点的确定

破点是通过一系列控制温度直到找到温度 x℃，即该温度时燃料符合管评级和 ΔP 规格要求，而控制温度为($x+5$)℃时，试验失败(即管评级或 ΔP 不符合要求)而推导出来的。温度 x℃被报告为本试验方法的破点。

参 考 文 献

［1］ ASTM D4306 对易受微量污染影响测定的航空燃料样品所用容器实则

ICS 21.120.40
N 73

中华人民共和国国家标准

GB/T 9238—2010
代替 GB/T 9238—1998

平衡机及其仪器仪表用图形符号

Symbols for balancing machines and associated instrumentation

(ISO 3719:1994,Mechanical vibrations—Symbols for balancing machines and associated instrumentation,MOD)

2011-01-14 发布 2011-06-01 实施

中华人民共和国国家质量监督检验检疫总局
中国国家标准化管理委员会 发布

前　言

本标准修改采用国际标准 ISO 3719:1994《机械振动　平衡机及其仪器仪表用图形符号》(英文版)。

本标准与 ISO 3719:1994 相比,编辑性修改内容如下:

——删除了 ISO 前言,并重新编写了本标准前言;

——用“本标准”一词代替了“本国际标准”;

——第 2 章“规范性引用文件”中所引用的国际标准均已转化成了我国标准,故本标准第 2 章“规范性引用文件”中直接引用了与这些国际标准相对应的我国标准的最新版本;

——删除了第 3 章中的注释;

——删除了 ISO 3719:1994 附录 C“等效术语”(德文、意大利文和日文对应术语);

——删除了法文、俄文索引,增加了中文索引。

本标准与 ISO 3719:1994 相比,技术上的差异如下:

——删除了引用文件 IEC 617-2:1983,因为本标准未从 IEC 617-2:1983 中引用符号;

——修改了 6-19、6-20 和 7-12 的图形符号并在本标准中重新编号为 6-21、6-22 和 7-15;

——增加了“中校正平面相角”图形符号,在本标准的编号为 6-06;

——增加了“中校正平面补偿”图形符号,在本标准的编号为 6-20;

——增加了“中校正平面”图形符号,在本标准的编号为 7-03;

——增加了“中校正平面相角”图形符号,在本标准的编号为 7-06;

——增加了“中校正平面不平衡量”图形符号,在本标准的编号为 7-09;

——修正了 A-18 图形符号,因为从 IEC 417 国际标准中选取的符号与名称不符;

——删除了 A-13、A-15、A-16、A-20、A-24 及 A-25 符号中的说明;

——根据正文内容修改了英文索引,由于增加了图形符号对相关的符号编号进行了调整。

本标准是对 GB/T 9238—1998《平衡机及其仪器仪表用图形符号》的修订。

本标准代替 GB/T 9238—1998。

本标准与 GB/T 9238—1998 相比,主要修改内容如下:

——按 GB/T 1 系列标准的规定重新编写了本标准;

——删除了 ISO 前言,并修改了原国家标准前言(1998 年版的前言;本版的前言);

——第 2 章“规范性引用文件”中修改了引用文件的导语,在引用的国家标准中直接引用了我国标准的最新版本;

——修改了 4-23、6-1～6-8、6-14～6-18、7-1～7-11 和 A-23 图形符号的名称(1998 年版的第 4 章、第 6 章、第 7 章和附录 A;本版的第 4 章、第 6 章、第 7 章和附录 A);

——修改了 3 个图形符号(1998 年版的 6-19、6-20 和 7-12;本版的 6-21、6-22 和 7-15);

——增加了 5 个图形符号(本版的 6-06、6-20、7-03、7-06 和 7-09);

——根据正文内容修改了中文和英文索引。

本标准的附录 A 为规范性附录,附录 B 为资料性附录。

本标准由中国机械工业联合会提出。

本标准由全国试验机标准化技术委员会(SAC/TC 122)归口。

本标准负责起草单位:长春试验机研究所有限公司。

本标准参加起草单位:长春中联试验仪器有限公司、上海申克机械有限公司、上海申联试验机厂、上海辛克试验机有限公司。

本标准主要起草人：刘智力、邵春平、孙华刚、嵇友仁、郭强。

本标准所代替标准的历次版本发布情况为：

——GB/T 9238—1988；

——GB/T 9238—1998。

平衡机及其仪器仪表用图形符号

1 范围

本标准规定了平衡机,包括平衡仪器仪表上使用的符号。这些符号是对我国机械和电气设备用图形符号的补充。

本标准适用于对平衡机的组成部分——指示器和控制器等功能与用途的表示。

2 规范性引用文件

下列文件中的条款通过本标准的引用而成为本标准的条款。凡是注日期的引用文件,其随后所有的修改单(不包括勘误的内容)或修订版均不适用于本标准,然而,鼓励根据本标准达成协议的各方研究是否可使用这些文件的最新版本。凡是不注日期的引用文件,其最新版本适用于本标准。

GB/T 2298 机械振动与冲击 术语(GB/T 2298—1991,neq ISO 2041:1990)

GB/T 5465.2 电气设备用图形符号 第2部分:图形符号(GB/T 5465.2—2008,IEC 60417 DB:2007,IDT)

GB/T 6444 机械振动 平衡词汇(GB/T 6444—2008,ISO 1925:2001,IDT)

GB/T 16273.1 设备用图形符号 第1部分:通用符号(GB/T 16273.1—2008,ISO 7000:2004,NEQ)

3 术语和定义、符号

本标准采用 GB/T 2298 和 GB/T 6444 的术语和定义。

本标准规定的所有符号(包括计算机外围设备用符号)均以表格的形式给出,并注明了图形符号的中文、英文名称。附录 A 给出了从 GB/T 5465.2 和 GB/T 16273 中选取的补充图形符号,并在附录 B 中规定了彩色显示器上的推荐色。

图形符号应按本标准所示的图形正确表示,镜像或旋转的图形均不符合本标准。

4 基本符号

编号	图形符号	名称	说明
4-01	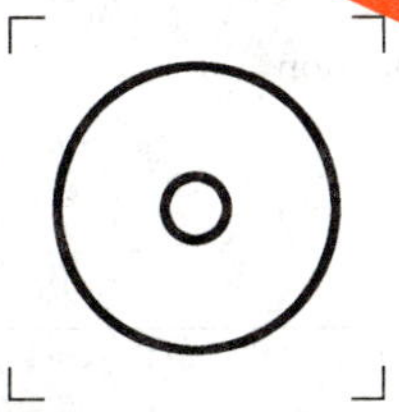	转子端视图 end view of rotor	ISO 7000-0566
4-02	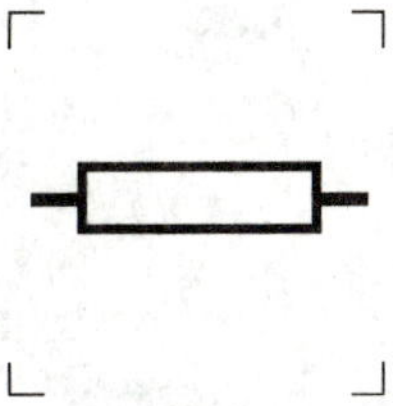	转子侧视图(轴线水平) side view of rotor(horizontal axis)	ISO 7000-1094

编号	图 形 符 号	名 称	说 明
4-03	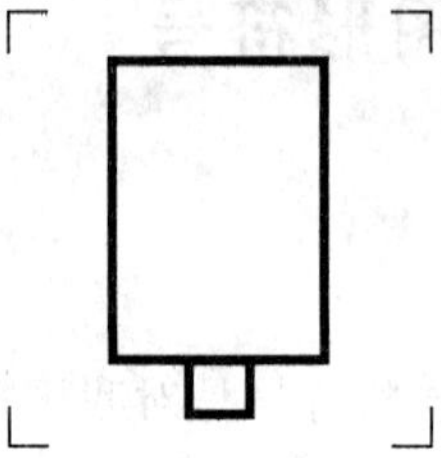	转子侧视图(轴线垂直) side view of rotor(vertical axis)	ISO 7000-1786
4-04	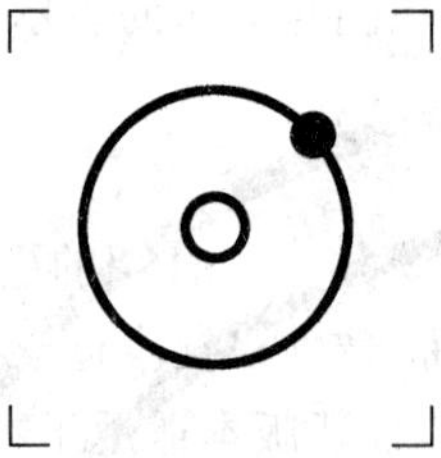	不平衡(转子端视图) unbalance(rotor end view)	ISO 7000-1789
4-05	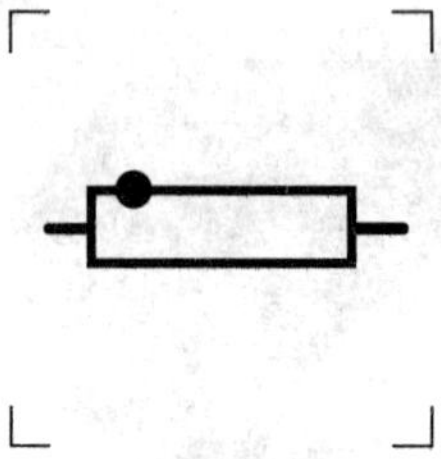	不平衡(转子侧视图) unbalance(rotor side view)	ISO 7000-1787
4-06	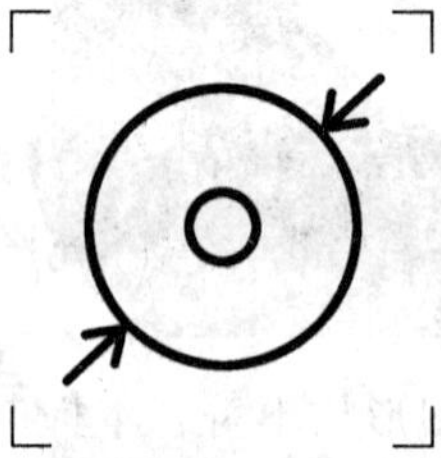	补偿(箭头内指) compensation (arrows directed inwards)	ISO 7000-1790
4-07		分量表示 component indication	ISO 7000-1791
4-08	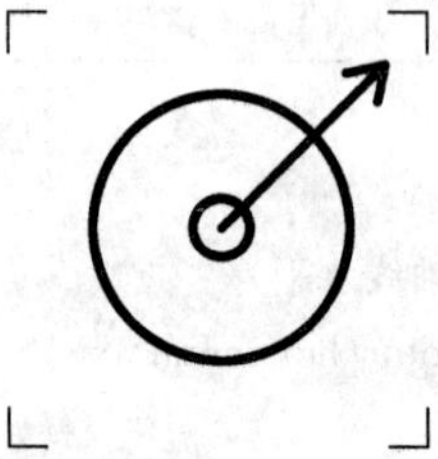	极坐标表示 polar indication	ISO 7000-1792

编号	图 形 符 号	名 称	说 明
4-09	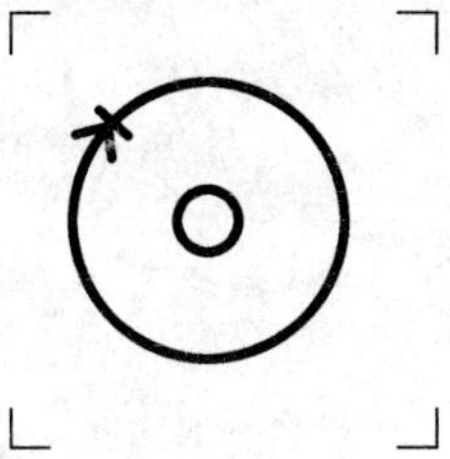	转位 indexing	ISO 7000-1793
4-10	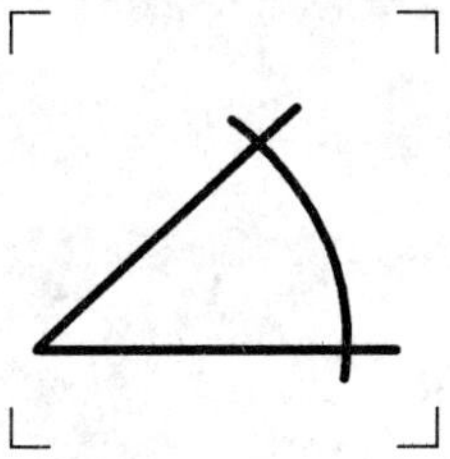	不平衡相角 angle of unbalance	ISO 7000-1794
4-11	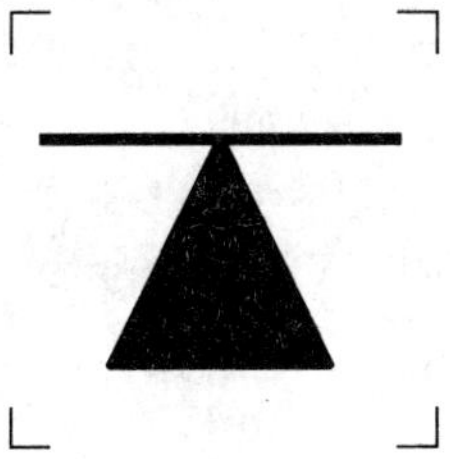	支承位置 bearing position	ISO 7000-0542
4-12	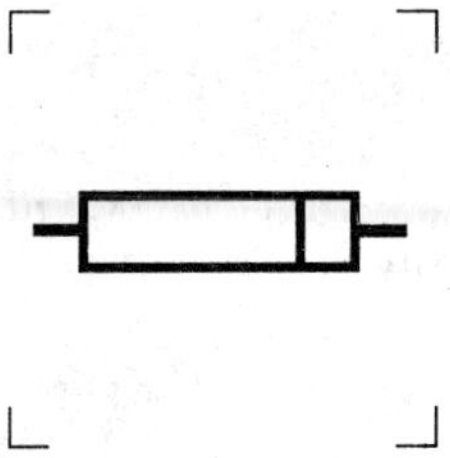	转子校正平面 correction plane in a rotor	ISO 7000-1788
4-13		倍率 multiplication	ISO 7000-0654
4-14		位置 1…2… position 1…2…	ISO 7000-1795

编号	图 形 符 号	名 称	说 明
4-15		标定 calibration	GB/T 16273.1(001) (ISO 7000-0160)
4-16	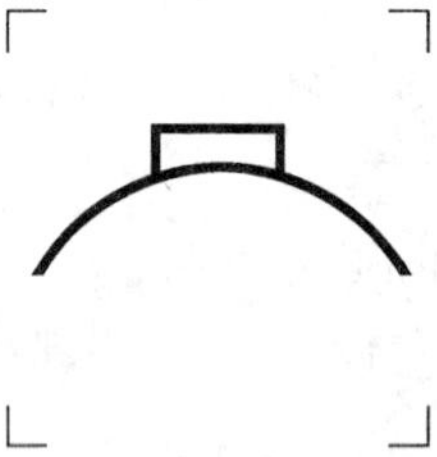	加重 add material	ISO 7000-1796
4-17	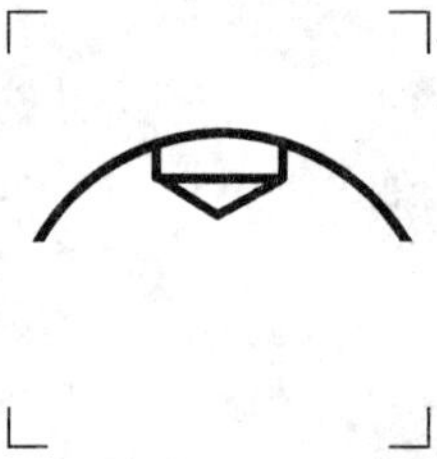	去重 remove material	ISO 7000-1797
4-18	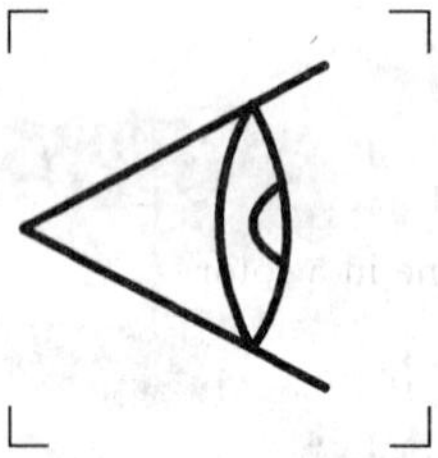	试验;检查;检验 test,check,verify	ISO 7000-0421
4-19	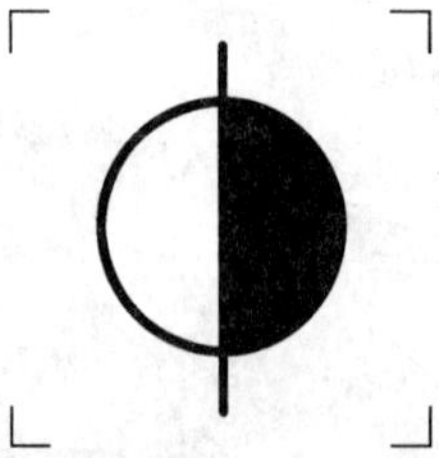	光电检测器 photoelectric scanner	ISO 7000-1347
4-20	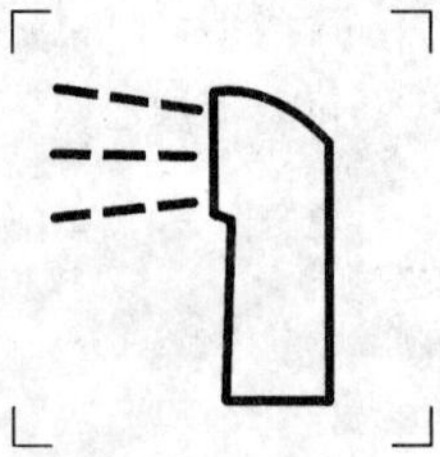	频闪灯 stroboscopic lamp	ISO 7000-1798

编号	图 形 符 号	名 称	说 明
4-21		正弦波基准信号发生器 sine wave angle reference generator	ISO 7000-1799
4-22		方波基准信号发生器 square wave angle reference generator	ISO 7000-1800
4-23	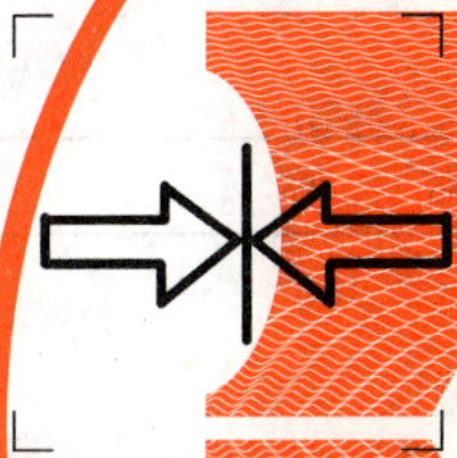	读数保持 read-out retention	ISO 7000-0018
4-24	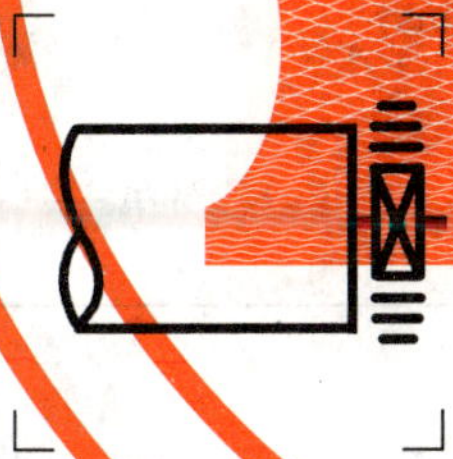	支承振动 bearing vibration	ISO 7000-1801
4-25		滤波器 filter	GB/T 5465.2(5185) (IEC 60417-5185)
4-26	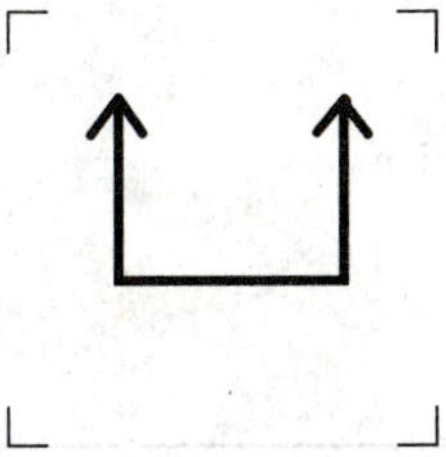	静不平衡 static unbalance	ISO 7000-1802

编号	图形符号	名称	说明
4-27	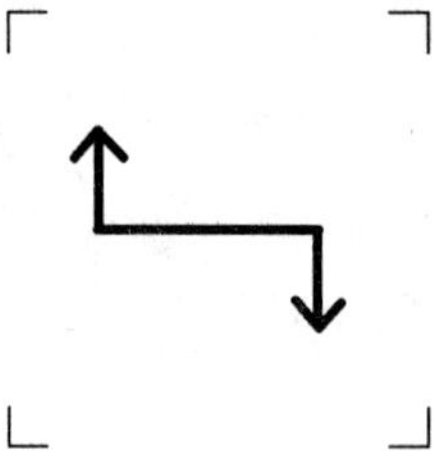	偶不平衡 couple unbalance	ISO 7000-1803
4-28	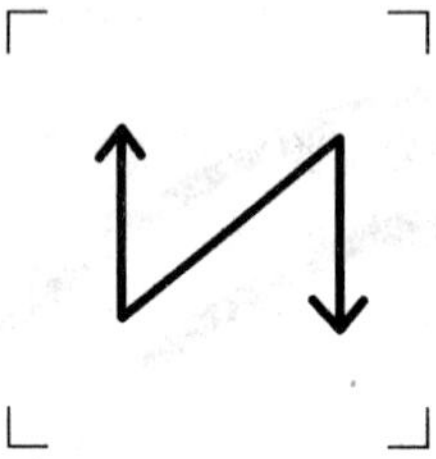	动不平衡 dynamic unbalance	ISO 7000-1804

5 推荐字符

编号	图形符号	名称	说明
5-01	r_1 r_2	校正半径 correction radius	
5-02	a b c d etc.	长度尺寸 length measurements	
5-03	F	功能选择 function selection	

6 应用于卧式平衡机的基本符号示例

编号	图 形 符 号	名 称	说 明
6-01	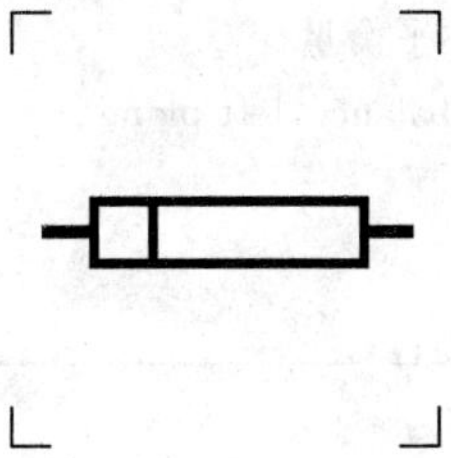	左校正平面 left plane	
6-02	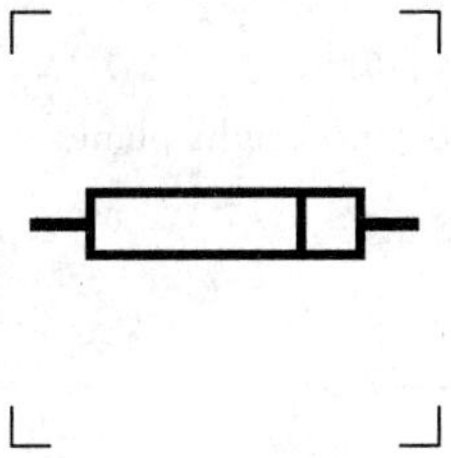	右校正平面 right plane	
6-03	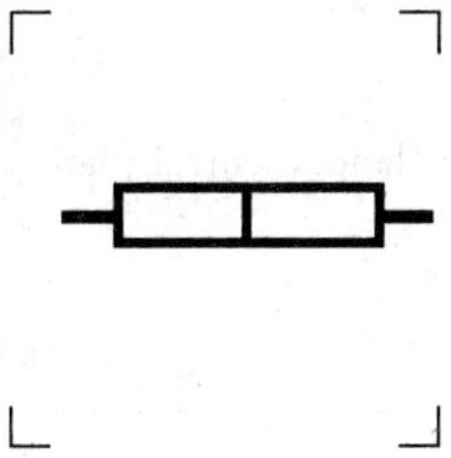	中校正平面 central plane	
6-04	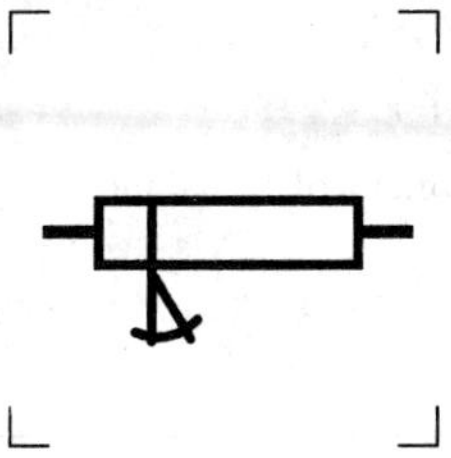	左校正平面相角 angle, left plane	
6-05	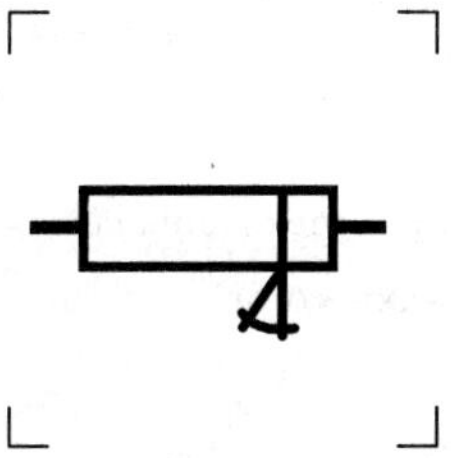	右校正平面相角 angle, right plane	
6-06	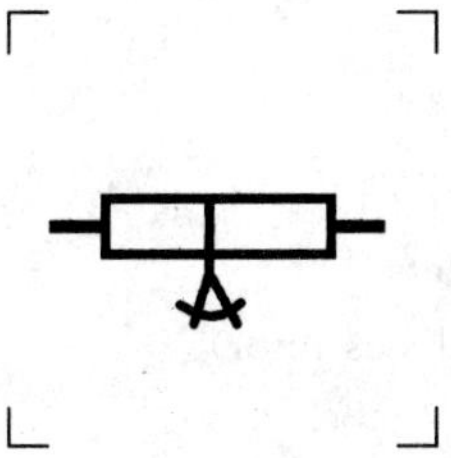	中校正平面相角 angle, central correction plane	

编号	图 形 符 号	名 称	说 明
6-07	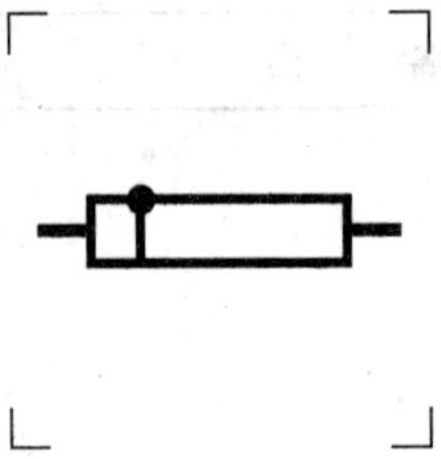	左校正平面不平衡量 amount of unbalance,left plane	
6-08	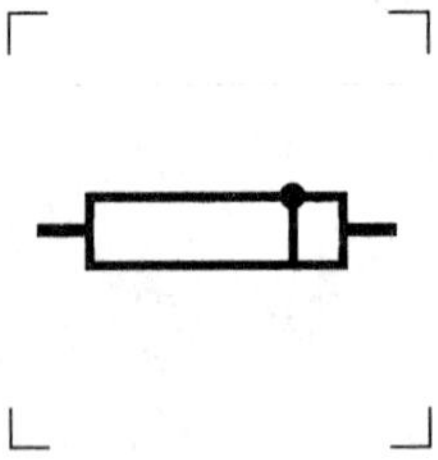	右校正平面不平衡量 amount of unbalance,right plane	
6-09	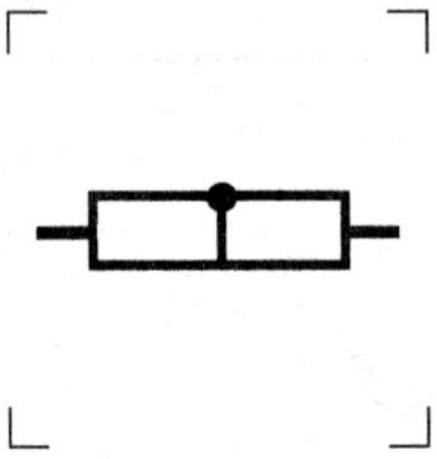	中校正平面不平衡量 amount of unbalance,central plane	
6-10	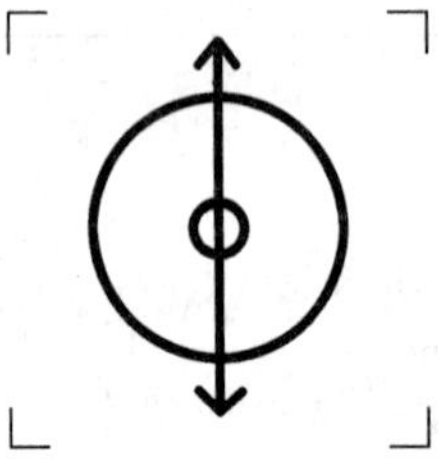	不平衡的垂直分量 (轴线水平转子) vertical component of unbalance (on horizontal-axis rotor)	
6-11	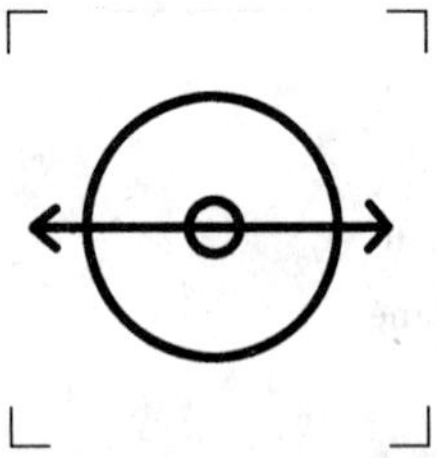	不平衡的水平分量 (轴线水平转子) horizontal component of unbalance (on horizontal-axis rotor)	
6-12	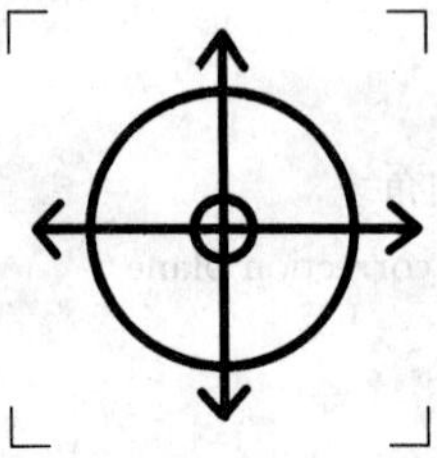	4个分量 (轴线水平转子) four components (on horizontal-axis rotor)	

编号	图形符号	名称	说明
6-13	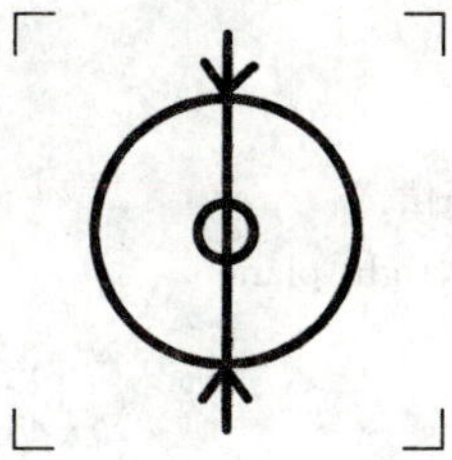	垂直分量补偿 (轴线水平转子) vertical compensation (on horizontal-axis rotor)	
6-14		水平分量补偿 (轴线水平转子) horizontal compensation (on horizontal-axis rotor)	
6-15	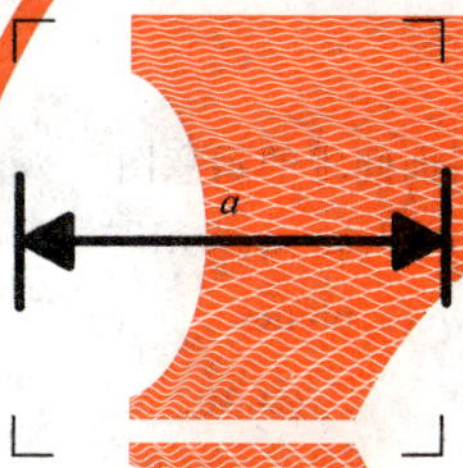	左校正平面至左支承平面的距离 distance from left plane to left bearing plane	
6-16	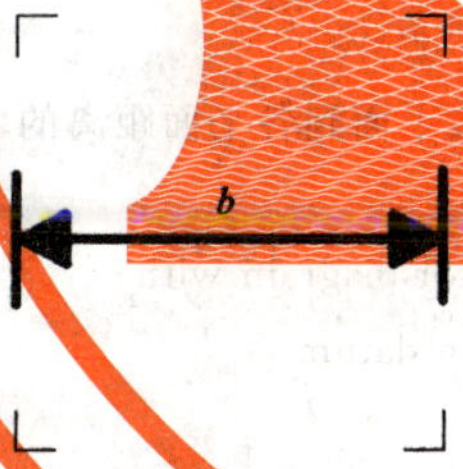	左右校正平面间的距离 distance between planes	
6-17	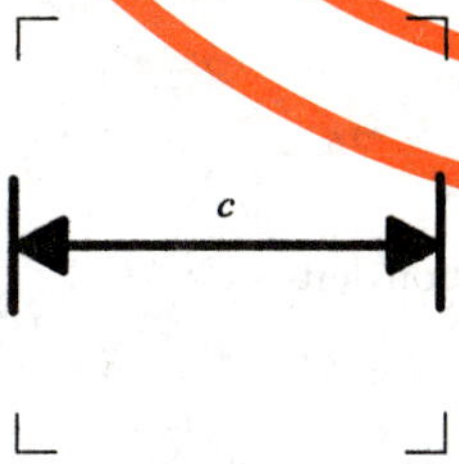	右校正平面至右支承平面的距离 distance from right plane to right bearing plane	
6-18	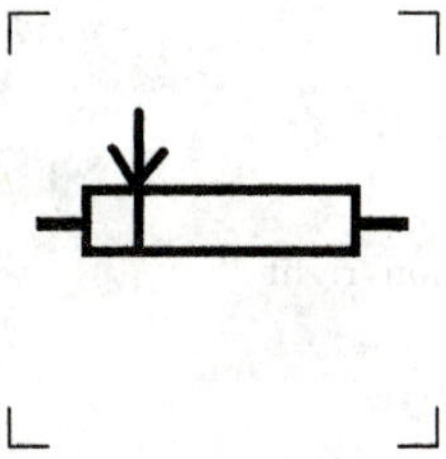	左校正平面补偿 compensation, left plane	

编号	图 形 符 号	名　　称	说　　明
6-19	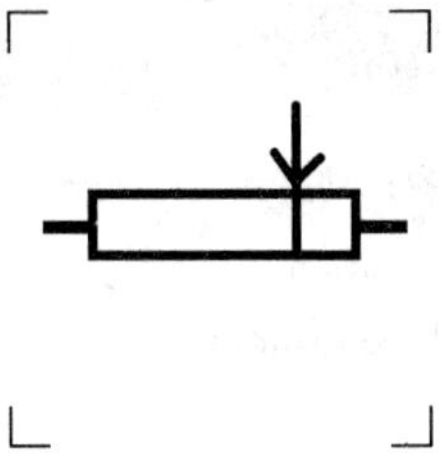	右校正平面补偿 compensation,right plane	
6-20	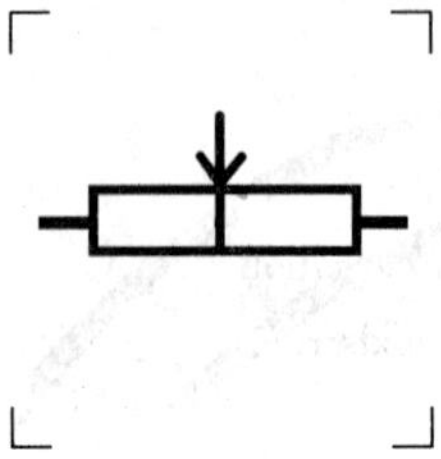	中校正平面补偿 compensation,central correction plane	
6-21	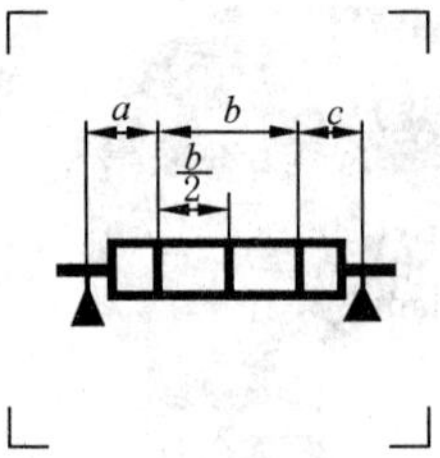	卧式转子各平面间距的示意图 horizontal rotor diagram with distances between planes	
6-22	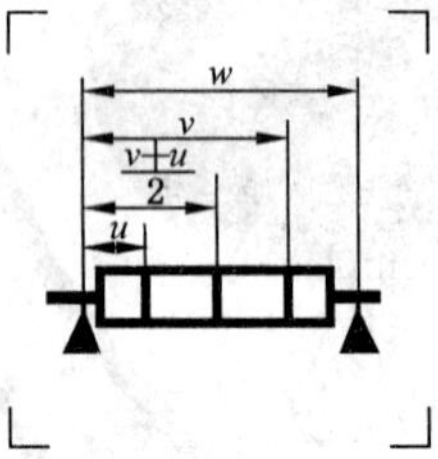	卧式转子基准平面到各平面距离的示意图 horizontal rotor diagram with distances from datum	
6-23	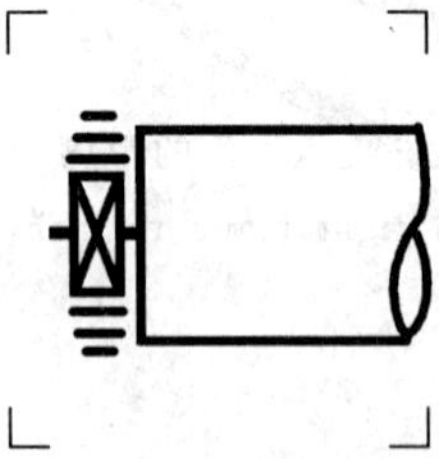	左支承振动 bearing vibration,left	
6-24	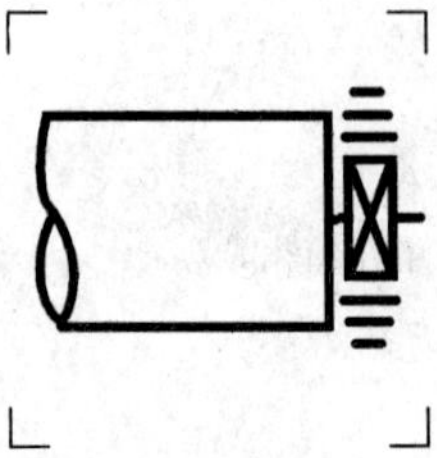	右支承振动 bearing vibration,right	

7 应用于立式平衡机的基本符号示例

编号	图形符号	名称	说明
7-01	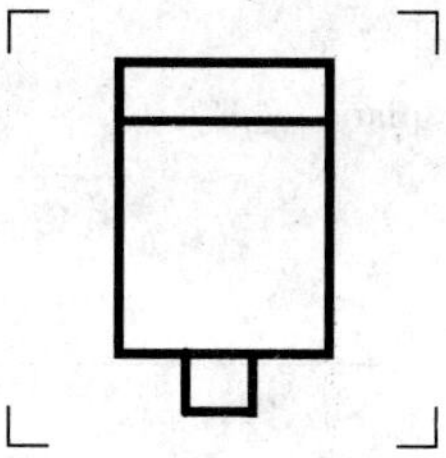	上校正平面 upper plane	
7-02	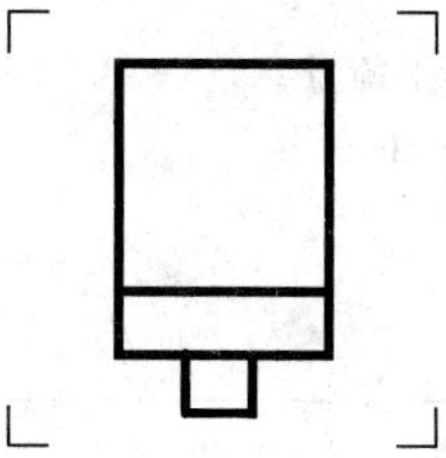	下校正平面 lower plane	
7-03	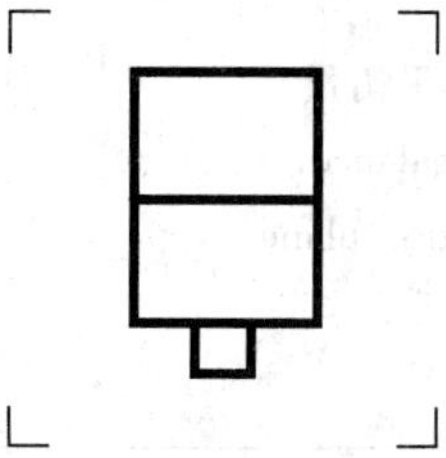	中校正平面 central correction plane	
7-04	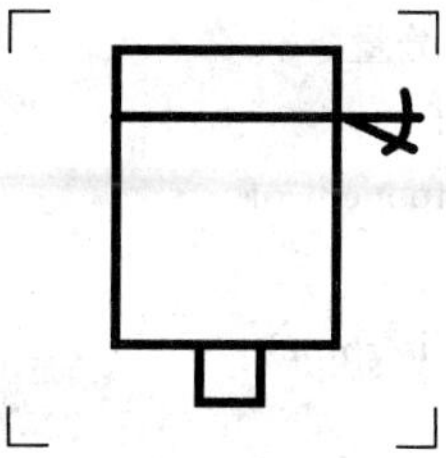	上校正平面相角 angle,upper plane	
7-05	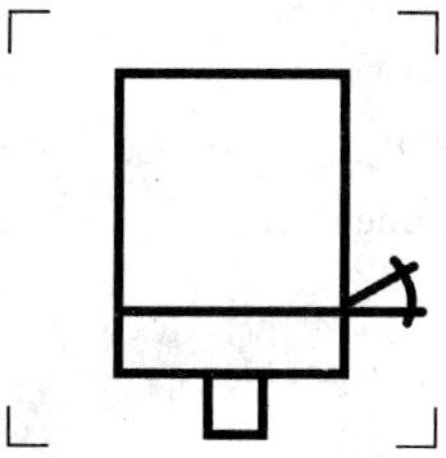	下校正平面相角 angle,lower plane	
7-06	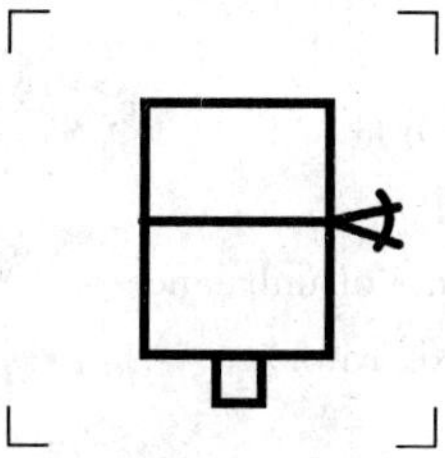	中校正平面相角 angle,central correction plane	

编号	图形符号	名称	说明
7-07	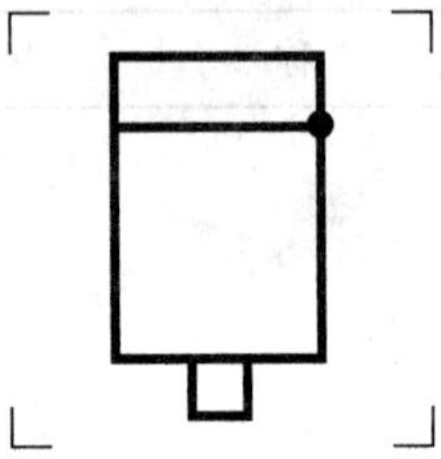	上校正平面不平衡量 amount,upper plane	
7-08	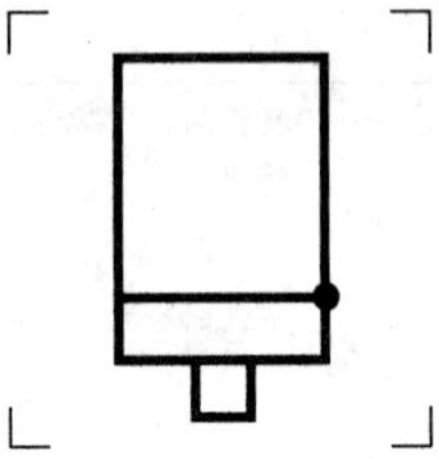	下校正平面不平衡量 amount,lower plane	
7-09	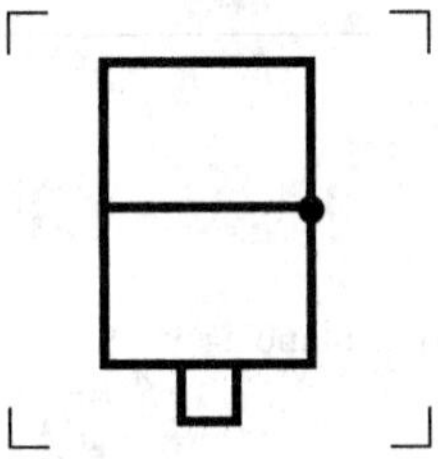	中校正平面不平衡量 amount of unbalance, central correction plane	
7-10	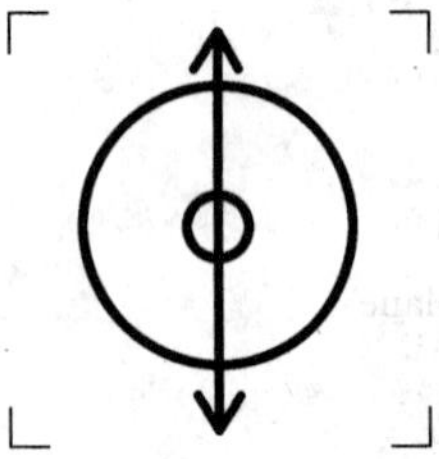	不平衡的前后分量 (轴线垂直转子) front-rear component of unbalance (on vertical-axis rotor)	
7-11	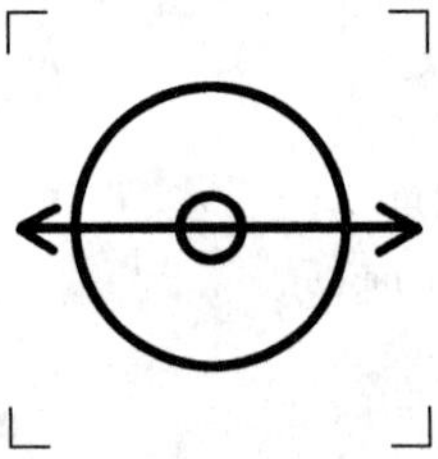	不平衡的左右分量 (轴线垂直转子) left-right component of unbalance (on vertical-axis rotor)	
7-12	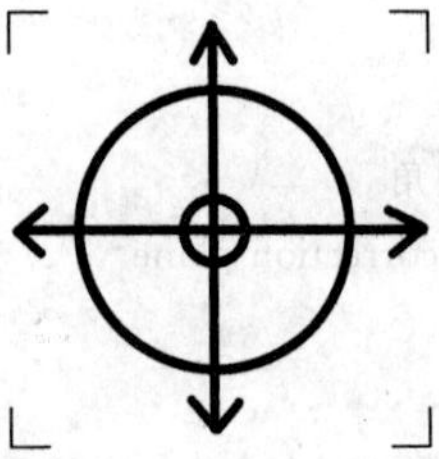	不平衡的4个分量 (轴线垂直转子) four components of unbalance (on vertical-axis rotor)	

编号	图形符号	名称	说明
7-13	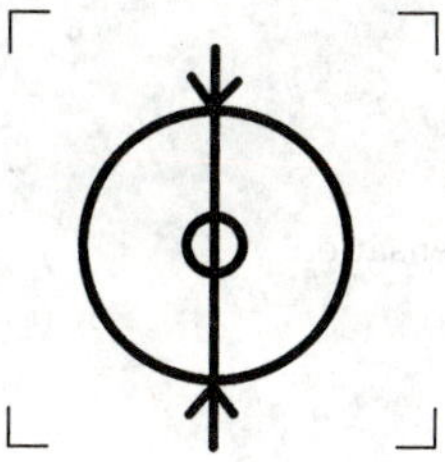	前后分量补偿 (轴线垂直转子) compensation, front-rear component (on vertical-axis rotor)	
7-14		左右分量补偿 (轴线垂直转子) compensation, left-right component (on vertical-axis rotor)	
7-15	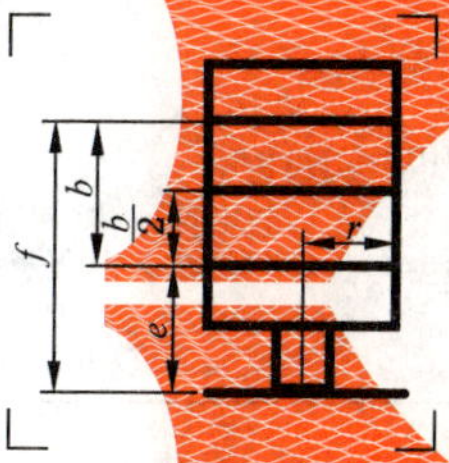	立式转子示意图 vertical rotor diagram	

8 计算机外围设备用符号

编号	图形符号	名称	说明
8-01	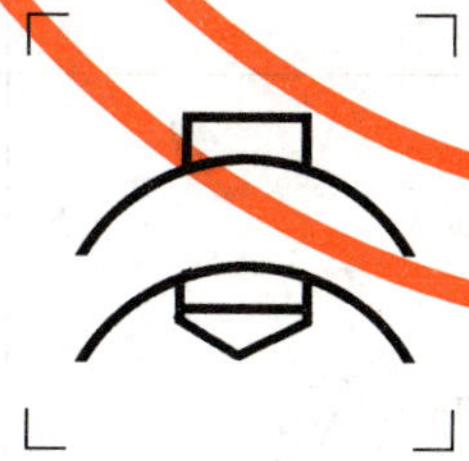	加/去重选择 add/remove selection	
8-02		转位平衡 index balancing	

编号	图 形 符 号	名 称	说 明
8-03		键槽补偿 keyway compensation	
8-04	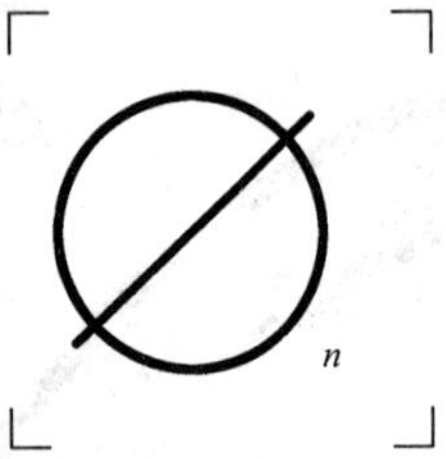	*n* 次启动的平均值 average over *n* runs	
8-05	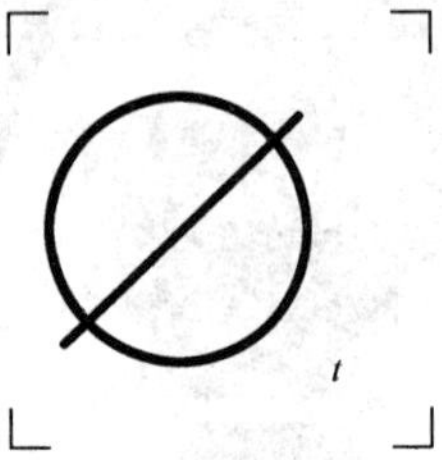	时间平均值 average over time	
8-06		手册 manual	ISO 7000-0790
8-07	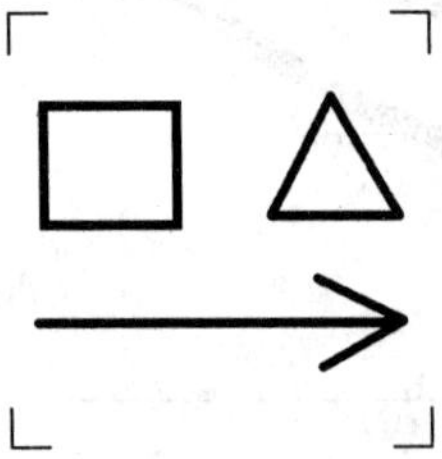	其他转子型式 other rotor type	
8-08	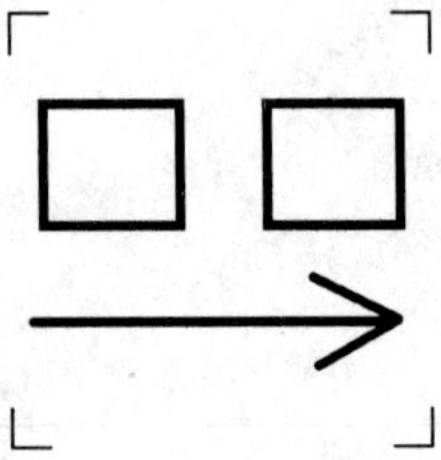	相同转子型式 same rotor type	

编号	图 形 符 号	名 称	说 明
8-09	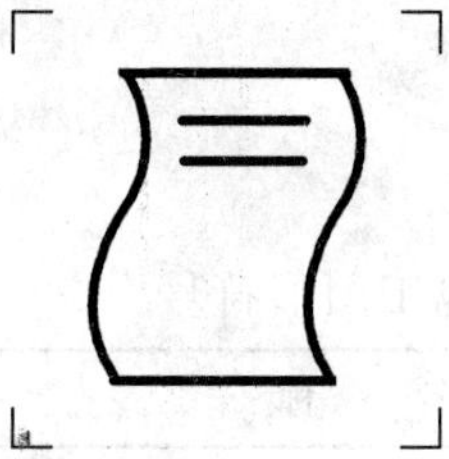	打印出 print out	GB/T 16273.1(109) (ISO 7000-0793)
8-10	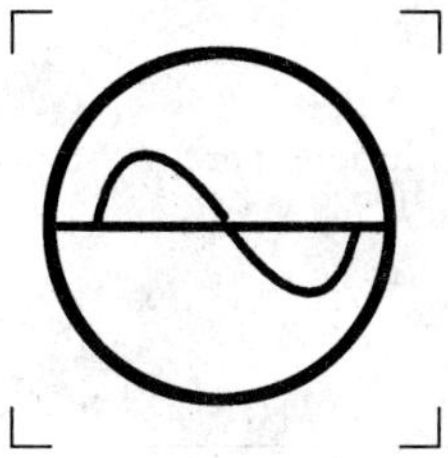	测振 measure vibration	

附　录　A
（规范性附录）
选用的机床与电工符号

从 GB/T 5465.2 和 GB/T 16273 中选取的常用的机床与电工图形符号。

编号	图　形　符　号	名　　称	说　　明
A-01		每分钟转数 number of revolutions per minute	ISO 7000-0010
A-02	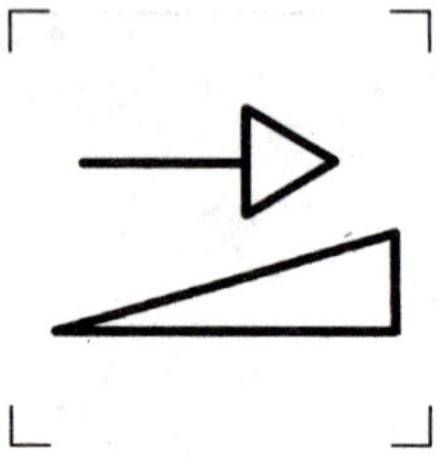	升速 increase in speed	ISO 7000-1943
A-03	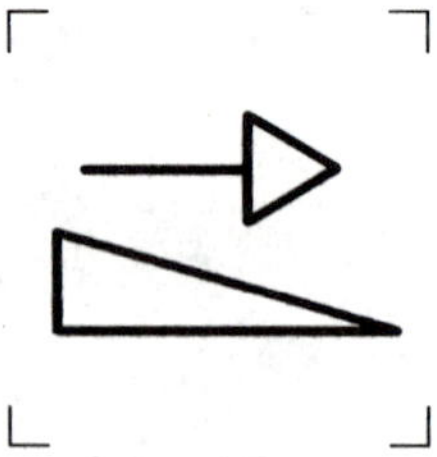	降速 decrease in speed	
A-04	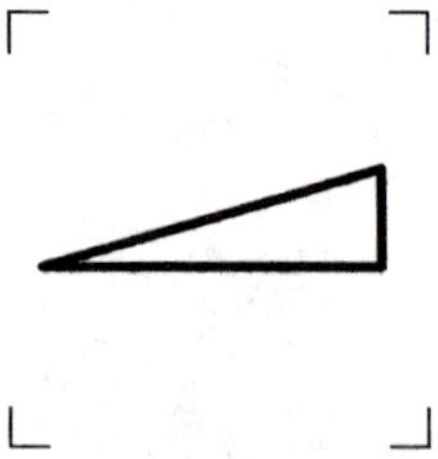	变化率 variability	GB/T 5465.2(5004) (IEC 60417-5004)
A-05		主开关 main switch	GB/T 16273.1(068) (ISO 7000-0353)

编号	图 形 符 号	名 称	说 明
A-06	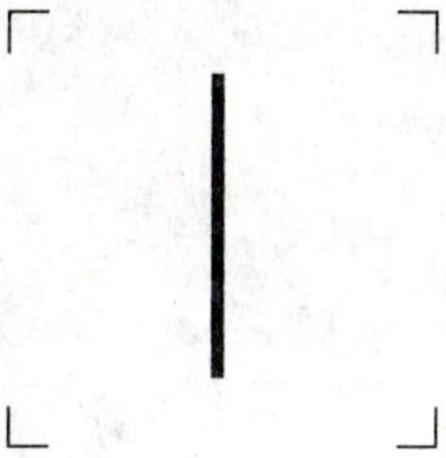	通(电源) on(power)	GB/T 5465.2(5007) (IEC 60417-5007)
A-07		断(电源) off(power)	GB/T 5465.2(5008) (IEC 60417-5008)
A-08		通/断(按—按) on/off(push-push)	GB/T 5465.2(5010) (IEC 60417-5010)
A-09	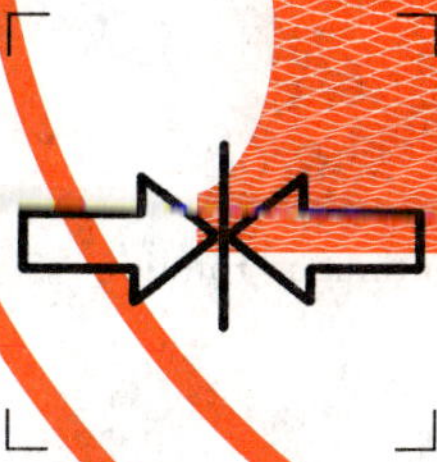	锁定或夹紧 lock or tighten	GB/T 16273.4(3-01) (ISO 7000-0018)
A-10		开锁,松开(夹具松开) unlock,unclamp(chuck open)	GB/T 16273.4(3-02) (ISO 7000-0019)
A-11	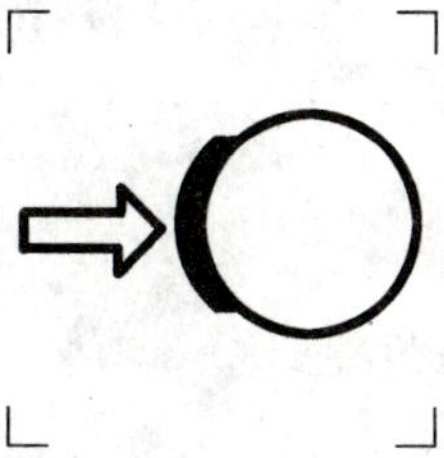	制动 brake on	GB/T 16273.1(066) (ISO 7000-0020)

编号	图形符号	名称	说明
A-12	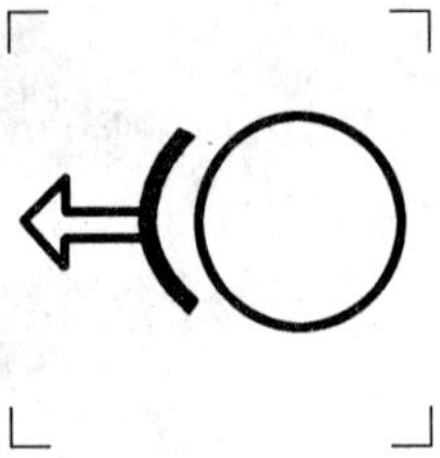	松开制动 brake off	GB/T 16273.1(067) (ISO 7000-0021)
A-13	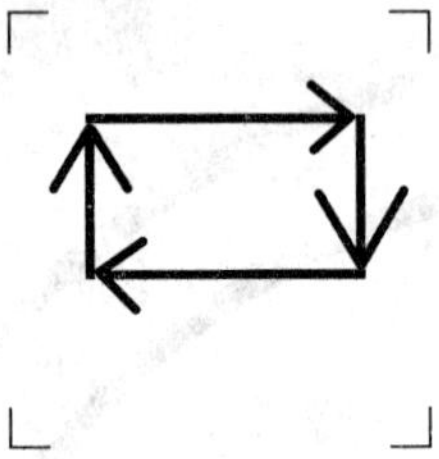	自动(或半自动)循环 automatic(or semi-automatic) cycle	
A-14	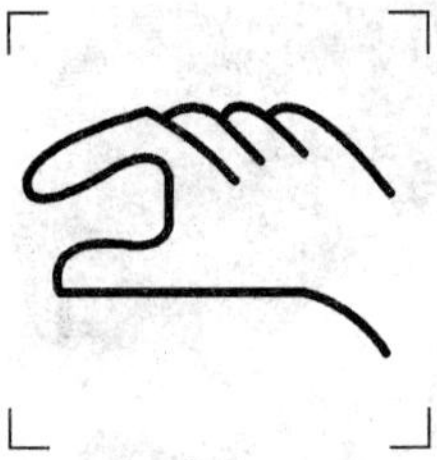	手动控制 hand control	GB/T 16273.1(103) (ISO 7000-0096)
A-15	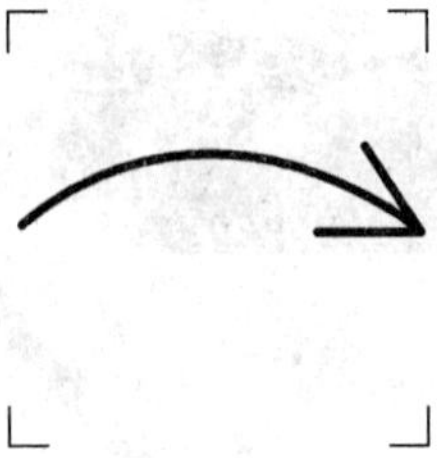	单向旋转 direction of continuous rotation	
A-16	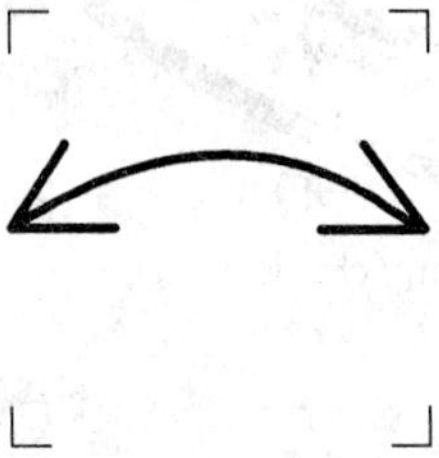	双向旋转 rotation in two directions	
A-17	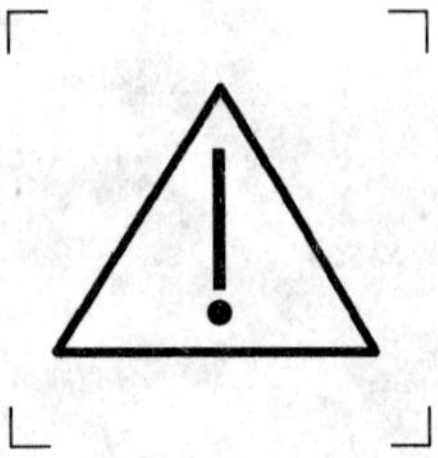	警告 caution	GB/T 16273.1(123) (ISO 7000-0434)

编号	图形符号	名称	说明
A-18		信号灯 signal lamp	GB/T 5465.2(5115) (IEC 60417-5115)
A-19	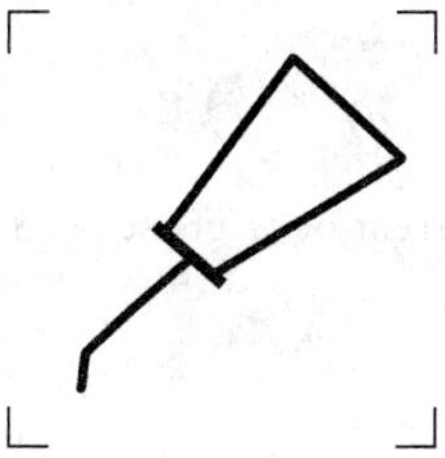	加注润滑油 oil lubricant	GB/T 16273.1(038) (ISO 7000-0391)
A-20		交流频率 *f* alternating current of frequency*f*	
A-21	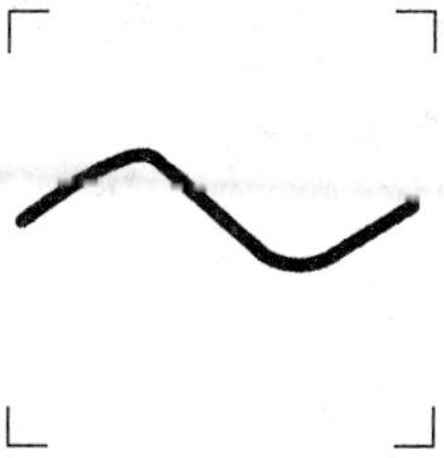	交流电 alternating current	GB/T 5465.2(5032) (IEC 60417-5032)
A-22	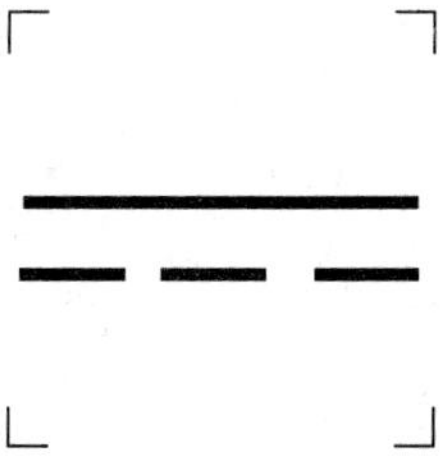	直流电 direct current	GB/T 5465.2(5031) (IEC 60417-5031)
A-23	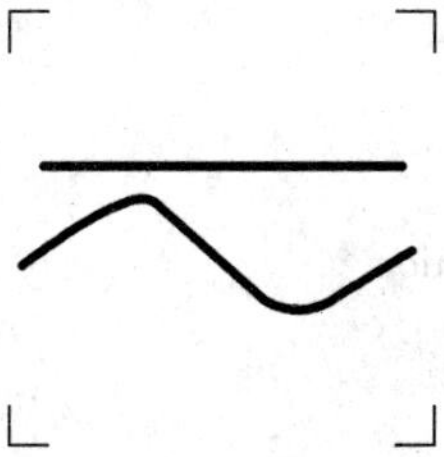	交直流两用 both direct and alternating current	GB/T 5465.2(5033) (IEC 60417-5033)

编号	图 形 符 号	名　　称	说　　明
A-24	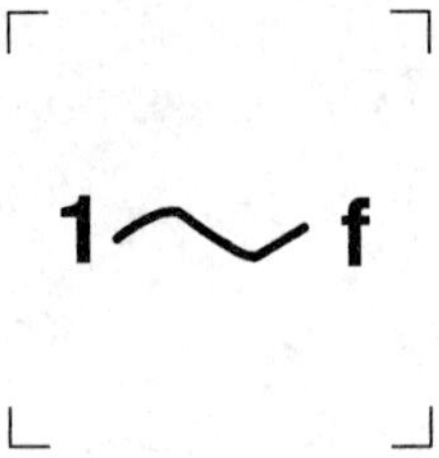	单相交流频率 f single phase alternating current of frequency f	
A-25		m 相交流频率 f alternating current of m phases and frequency f	
A-26	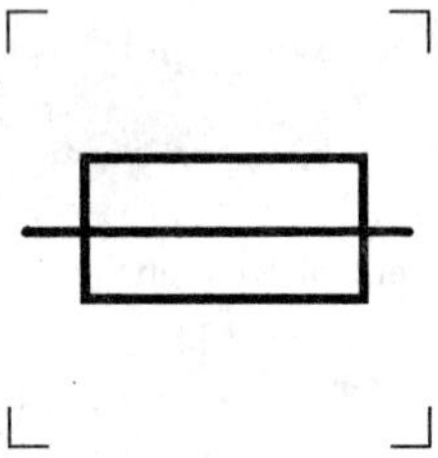	熔断器 fuse	GB/T 5465.2(5016) (IEC 60417-5016)
A-27	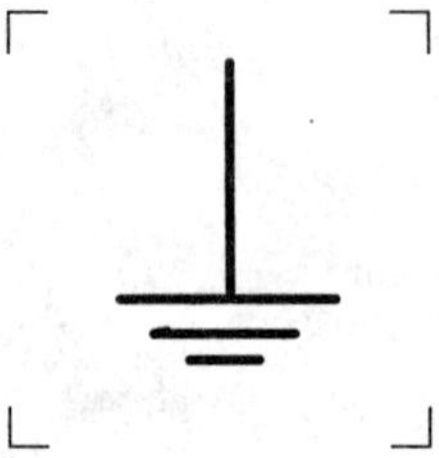	接地 earth/ground	GB/T 5465.2(5017) (IEC 60417-5017)
A-28		钻削校正 drilling correction	GB/T 16273.2(069) (ISO 7000-0370)
A-29		铣削校正 milling correction	GB/T 16273.2(070) (ISO 7000-0371)

编号	图 形 符 号	名 称	说 明
A-30	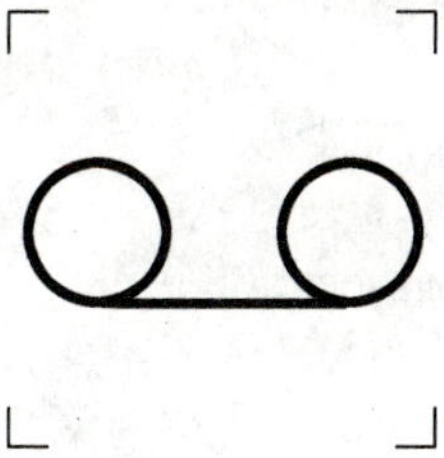	磁带记录器 tape recorder	GB/T 5465.2(5093) (IEC 60417-5093)
A-31		脚踏开关 foot switch	GB/T 5465.2(5114) (IEC 60417-5114)
A-32	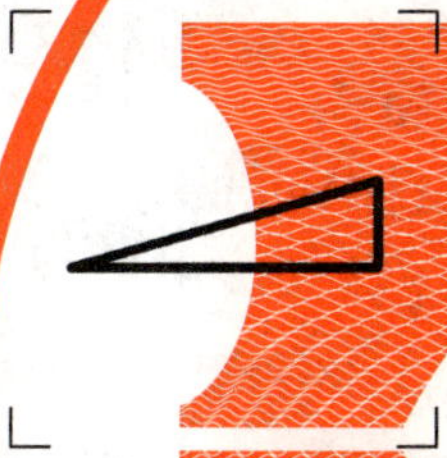	功能无级增强 function increasing without steps	GB/T 5465.2(5004) (IEC 60417-5004)
A-33		功能分级增强 function increasing by steps	GB/T 5465.2(5181) (IEC 60417-5181)

附 录 B
（资料性附录）
彩色显示器上的推荐色

B.1 题目

推荐色：蓝色。

应用示例：选择的人机对话；型号；测量次数；其他不连续变化的常用数据。

B.2 数据区

固定文本：白色。

数据：黄色。

光标当前选择的数据：红色。

B.3 操作者指令

推荐色：紫色或橙色。

应用示例："启动"；"转子转位"。

B.4 出错指示

推荐色：红色。

应用示例："禁止输入"；"错误口令"。

对于不平衡量显示：

——在允差内的转子或能够校正的转子：绿色；

——超出允差的转子：红色。

索　引

汉语拼音索引

B

倍率 …… 4-13
变化率 …… A-04
标定 …… 4-15
补偿(箭头内指) …… 4-06
不平衡(转子侧视图) …… 4-05
不平衡(转子端视图) …… 4-04
不平衡的垂直分量(轴线水平转子) …… 6-10
不平衡的前后分量(轴线垂直转子) …… 7-10
不平衡的水平分量(轴线水平转子) …… 6-11
不平衡的 4 个分量(轴线垂直转子) …… 7-12
不平衡的左右分量(轴线垂直转子) …… 7-11
不平衡相角 …… 4-10

C

测振 …… 8-10
长度尺寸 …… 5-02
垂直分量补偿(轴线水平转子) …… 6-13
磁带记录器 …… A-30
n 次启动的平均值 …… 8-04

D

打印出 …… 8-09
单相交流频率 f …… A-24
单向旋转 …… A-15
动不平衡 …… 4-28
读数保持 …… 4-23
断(电源) …… A-07

F

方波基准信号发生器 …… 4-22
分量表示 …… 4-07

G

功能分级增强 …… A-33
功能无级增强 …… A-32
功能选择 …… 5-03
光电检测器 …… 4-19

J

极坐标表示 …… 4-08
加/去重选择 …… 8-01
加重 …… 4-16
加注润滑油 …… A-19
键槽补偿 …… 8-03
降速 …… A-03
交流电 …… A-21
交流频率 f …… A-20
脚踏开关 …… A-31
校正半径 …… 5-01
交直流两用 …… A-23
接地 …… A-27
警告 …… A-17
静不平衡 …… 4-26

K

开锁、松开(夹具松开) …… A-10

L

立式转子示意图 …… 7-15
滤波器 …… 4-25

M

每分钟转数 …… A-01

O

偶不平衡 …… 4-27

P

频闪灯 …… 4-20

Q

其他转子型式 …… 8-07
前后分量补偿(轴线垂直转子) …… 7-13
去重 …… 4-17

R

熔断器 …… A-26

S

上校正平面 ………………………………… 7-01
上校正平面不平衡量 …………………… 7-07
上校正平面相角 ………………………… 7-04
升速 ……………………………………… A-02
时间平均值 ……………………………… 8-05
试验;检查;检验 ………………………… 4-18
手册 ……………………………………… 8-06
手动控制 ………………………………… A-14
双向旋转 ………………………………… A-16
水平分量补偿(轴线水平转子) ………… 6-14
4个分量(轴线水平转子) ……………… 6-12
锁定或夹紧 ……………………………… A-09
松开制动 ………………………………… A-12

T

通(电源) ………………………………… A-06
通/断(按—按) ………………………… A-08

W

位置1…2… ……………………………… 4-14
卧式转子各平面间距的示意图 ………… 6-21
卧式转子基准平面到各平面距离的示意图 ……
………………………………………… 6-22

X

铣削校正 ………………………………… A-29
下校正平面 ……………………………… 7-02
下校正平面不平衡量 …………………… 7-08
下校正平面相角 ………………………… 7-05
m相交流频率f ……………………… A-25
相同转子型式 …………………………… 8-08
信号灯 …………………………………… A-18

Y

右校正平面 ……………………………… 6-02
右校正平面补偿 ………………………… 6-19
右校正平面至右支承平面的距离 ……… 6-17
右校正平面不平衡量 …………………… 6-08
右校正平面相角 ………………………… 6-05
右支承振动 ……………………………… 6-24

Z

正弦波基准信号发生器 ………………… 4-21
支承位置 ………………………………… 4-11
支承振动 ………………………………… 4-24
制动 ……………………………………… A-11
直流电 …………………………………… A-22
中校正平面 ……………………………… 7-03
中校正平面 ……………………………… 6-03
中校正平面补偿 ………………………… 6-20
中校正平面不平衡量 …………………… 6-09
中校正平面不平衡量 …………………… 7-09
中校正平面相角 ………………………… 7-06
中校正平面相角 ………………………… 6-06
主开关 …………………………………… A-05
转位 ……………………………………… 4-09
转位平衡 ………………………………… 8-02
转子侧视图(轴线垂直) ………………… 4-03
转子侧视图(轴线水平) ………………… 4-02
转子端视图 ……………………………… 4-01
转子校正平面 …………………………… 4-12
自动(或半自动)循环 …………………… A-13
钻削校正 ………………………………… A-28
左校正平面 ……………………………… 6-01
左校正平面补偿 ………………………… 6-18
左校正平面至左支承平面的距离 ……… 6-15
左校正平面不平衡量 …………………… 6-07
左校正平面相角 ………………………… 6-04
左右校正平面间的距离 ………………… 6-16
左右分量补偿(轴线垂直转子) ………… 7-14
左支承振动 ……………………………… 6-23

英文对应词索引

A

add material …… 4-16
add/remove selection …… 8-01
alternating current …… A-21
alternating current of frequency f …… A-20
alternating current of m phases and frequency f …… A-25
amount of unbalance, central plane …… 6-09
amount of unbalance, central correction plane …… 7-09
amount of unbalance, left plane …… 6-07
amount of unbalance, right plane …… 6-08
amount, lower plane …… 7-08
amount, upper plane …… 7-07
angle, central correction plane …… 6-06
angle, central correction plane …… 7-06
angle, left plane …… 6-04
angle, lower plane …… 7-05
angle of unbalance …… 4-10
angle, right plane …… 6-05
angle, upper plane …… 7-04
automatic(or semi-automatic) cycle …… A-13
average over n runs …… 8-04
average over time …… 8-05

B

bearing position …… 4-11
bearing vibration …… 4-24
bearing vibration, left …… 6-23
bearing vibration, right …… 6-24
both direct and alternating current …… A-23
brake off …… A-12
brake on …… A-11

C

calibration …… 4-15
caution …… A-17
central plane …… 6-03
central correction plane …… 7-03
compensation(arrows directed inwards) …… 4-06
compensation, central correction plane …… 6-20
compensation, front-rear component(on vertical-axis rotor) …… 7-13
compensation, left plane …… 6-18

compensation, left-right component(on vertical-axis rotor) …… 7-14
compensation, right plane …… 6-19
component indication …… 4-07
correction plane in a rotor …… 4-12
correction radius …… 5-01
couple unbalance …… 4-27

D

decrease in speed …… A-03
direct current …… A-22
direction of continuous rotation …… A-15
distance between planes …… 6-16
distance from left plane to left bearing plane …… 6-15
distance from right plane to right bearing plane …… 6-17
drilling correction …… A-28
dynamic unbalance …… 4-28

E

earth/ground …… A-27
end view of rotor …… 4-01

F

filter …… 4-25
foot switch …… A-31
front-rear component of unbalance(on vertical-axis rotor) …… 7-10
four components of unbalance (on vertical-axis rotor) …… 7-12
four components(on horizontal-axis rotor) …… 6-12
function increasing by steps …… A-33
function increasing without steps …… A-32
function selection …… 5-03
fuse …… A-26

H

hand control …… A-14
horizontal compensation(on horizontal-axis rotor) …… 6-14
horizontal component of unbalance(on horizontal-axis rotor) …… 6-11
horizontal rotor diagram with distances between planes …… 6-21
horizontal rotor diagram with distances from datum …… 6-22

I

increase in speed …… A-02
index balancing …… 8-02
indexing …… 4-09

K

keyway compensation ······ 8-03

L

left plane ······ 6-01
left-right component of unbalance(on vertical-axis rotor) ······ 7-11
length measurements ······ 5-02
lock or tighten ······ A-09
lower plane ······ 7-02

M

main switch ······ A-05
manual ······ 8-06
measure vibration ······ 8-10
milling correction ······ A-29
multiplication ······ 4-13

N

number of revolutions per minute ······ A-01

O

off(power) ······ A-07
oil lubricant ······ A-19
on/off(push-push) ······ A-08
on(power) ······ A-06
other rotor type ······ 8-07

P

photoelectric scanner ······ 4-19
polar indication ······ 4-08
position 1···2··· ······ 4-14
print out ······ 8-09

R

read-out retention ······ 4-23
remove material ······ 4-17
right plane ······ 6-02
rotation in two directions ······ A-16

S

same rotor type ······ 8-08
side view of rotor(horizontal axis) ······ 4-02
side view of rotor(vertical axis) ······ 4-03
signal lamp ······ A-18
sine wave angle reference generator ······ 4-21
single phase alternating current of frequency f ······ A-24

square wave angle reference generator ………… 4-22
static unbalance ………… 4-26
stroboscopic lamp ………… 4-20

T

tape recorder ………… A-30
test,check,verify ………… 4-18

U

unbalance(rotor end view) ………… 4-04
unbalance(rotor side view) ………… 4-05
unlock,unclamp(chuck open) ………… A-10
upper plane ………… 7-01

V

variability ………… A-04
vertical compensation(on horizontal-axis rotor) ………… 6-13
vertical component of unbalance(on horizontal-axis rotor) ………… 6-10
vertical rotor diagram ………… 7-15

ICS 67.180.10
X 30

中华人民共和国国家标准

GB/T 9289—2010
代替 GB/T 9289—1988

制糖工业术语

Terminology in sugar industry

2010-11-10 发布　　　　2011-02-01 实施

中华人民共和国国家质量监督检验检疫总局
中国国家标准化管理委员会　发布

前　言

本标准代替 GB/T 9289—1988《制糖工业术语》。

本标准与 GB/T 9289—1988 相比主要变化如下：

——对部分术语进行修订，增添部分新定义；

——增加了“2.10　制糖工业助剂”等部分新术语；

——增加了“2.11　自控与环保”等部分新术语。

本标准由中国轻工业联合会提出。

本标准由全国制糖标准化技术委员会归口。

本标准起草单位：广州市双钱糖业有限公司、南京甘汁园糖业有限公司、广州市汇源糖业技术有限公司、广州甘蔗糖业研究所、中国糖业协会、东莞市东糖集团有限公司、华南理工大学、广西大学、洋浦南华糖业集团有限公司、中粮新疆屯河股份有限公司、南宁糖业股份有限公司、云南德宏英茂糖业有限公司、广东广垦糖业集团发展有限公司、国家糖业质量监督检验中心、全国甘蔗糖业标准化中心。

本标准主要起草人：李海乔、闫卫民、戚荣、郭剑雄、李俊贵、李锦生、冯小华、耿怀建、于淑娟、徐德昌、卢家炯、郭祀远、尚明久、章科翔、杨运生、黄向阳、陈骏佳、余构彬、蔡铁华。

本标准所代替标准的历次版本发布情况为：

——GB/T 9289—1988。

制糖工业术语

1 范围

本标准规定了甘蔗、甜菜或原糖为原料的制糖工业统一术语。

本标准适用于制糖工业编写标准、设计文件、教材、著作和研究报告、论文等。

2 术语

2.1 糖厂一般术语

2.1.1 一般术语

2.1.1.1

生产期 campaign;grinding season

糖厂制糖生产季节。甘蔗糖厂(2.1.3.1)称为榨季。

2.1.1.2

试机 running-in;running-on

正式开机生产前,机械设备的试运转,其中包括机械空运转、工艺流程的串水串汽带负荷试运转等。

2.1.1.3

生产小期 period;runs

糖厂为了进行生产核算和洗机,把生产期(2.1.1.1)分为若干个小期进行生产。

2.1.1.4

日处理量 actual daily capacity

日加工量

糖厂每昼夜(24 h)实际加工糖料的质量。用t/d表示。

2.1.1.5

额定日处理量 daily capacity

糖厂每昼夜(24 h)额定加工糖料的质量,即糖厂的设计公称能力。用t/d表示。

2.1.1.6

制炼 boiling processing

从混合汁(2.3.2.9)或渗出汁(2.3.2.10)经清净(2.4.1.1)、蒸发(2.5.1.5)、煮糖(2.6.3.3)……直到取得成品糖的整个生产过程的统称。

2.1.1.7

在制品 semi-product

半制品 stock in process

糖厂生产过程中,除糖料、成品糖、废蜜(2.7.2.4)、蔗渣(2.3.2.12)、废粕(2.3.2.15)和滤泥(2.4.3.15)外,各工序正在处理或待处理的物料(或制品)的统称。例如:各种糖汁(2.8.1.9)、糖浆(2.6.2.1)、糖膏(2.6.2.10)和糖蜜(2.7.2.1)等。

2.1.1.8

耗标煤率 standard coal consumption percent raw material

耗用标准煤对处理糖料的质量分数。

2.1.1.9

耗汽率 steam consumption percent raw material

耗用标准蒸汽对处理糖料的质量分数。

2.1.1.10

耗电量 electric consumption

处理1 t(或100 t)糖料所耗用的电量,用kW·h/t或kW·h/100 t表示。

2.1.1.11

锅炉效率 boiler efficiency;BE

锅炉热值吸收率,即燃烧热值转化为蒸汽热的比率。由于糖厂的入炉水温度和燃料热值基本恒定,可以按式(1)计算:

$$BE=\frac{W_1(h_2-h_1)+W_2(h_3-h_1)}{W_3Q} \quad \cdots\cdots(1)$$

式中:

W_1——单位时间产气量,单位为千克(kg);

h_2——蒸汽热焓,单位为千焦每千克(kJ/kg);

h_1——给水热焓,单位为千焦每千克(kJ/kg);

W_2——单位时间内排污量,单位为千克(kg);

h_3——排污水热焓,单位为千焦每千克(kJ/kg);

W_3——单位时间燃料耗量,单位为千克(kg);

Q——燃料热值,单位为千焦每千克(kJ/kg)。

2.1.2 **糖的品种**

2.1.2.1

糖 sugar

以蔗糖为主要成分的糖厂产品的统称。

2.1.2.2

砂糖 granulated sugar

砂粒状蔗糖。因颗粒大小的不同,有细粒、小粒、中粒、大粒、粗粒之分。因质量和色泽的不同,有白砂糖(2.1.2.3)和赤砂糖(2.1.2.4)等。

2.1.2.3

白砂糖 white granulated sugar

甘蔗、甜菜汁或原糖液用亚硫酸法(2.4.4.2)或碳酸法(2.4.4.4)等清净(2.4.1.1)处理后,经浓缩、结晶、分蜜(2.7.1.1)及干燥所得的洁白砂糖(2.1.2.2)。

2.1.2.4

赤砂糖 brown granulated sugar

棕红色或黄褐色的带蜜砂糖(2.1.2.2)。

2.1.2.5

绵白糖 soft white sugar

绵糖

将晶粒较细的白砂糖(2.1.2.3)与适量的转化糖浆(2.6.2.5)均匀混合而得的糖。可分精制、优级等。

2.1.2.6

精制糖 refined sugar

精糖

用原糖(2.1.2.8)(粗糖)或其他糖液,经精炼处理后制成的糖。有精制白砂糖(2.1.2.3)和精制绵白糖(2.1.2.5)等。

2.1.2.7

方糖　cube sugar

由粒度适中的白砂糖(2.1.2.3)(或精制白砂糖)加入少量水或糖浆(2.6.2.1),经压(或铸)制成小方块的糖。有方糖和半方糖两种。

2.1.2.8

原糖　raw sugar

粗糖

甘蔗汁(2.3.2.5)经石灰法(2.4.4.1)清净(2.4.1.1)处理后制成的砂糖(2.1.2.2)。带有糖蜜(2.7.2.1),呈淡黄色。

2.1.2.9

非分蜜糖　non-centrifugal sugar

含蜜糖

未经分蜜(2.7.1.1)处理制成的糖。

2.1.2.10

红糖　brown sugar

甘蔗汁(2.3.2.5)用石灰法(2.4.4.1)清净(2.4.1.1)处理后,直接煮成不经分蜜(2.7.1.1)的棕红色或黄褐色的糖。包括红糖粉、片糖(2.1.2.11)等。

2.1.2.11

片糖　brown slab sugar

由颜色深浅及晶粒大小不同组成的三层片状红糖(2.1.2.10)。

2.1.2.12

冰片糖　golden slab sugar

用冰糖蜜或砂糖(2.1.1.2)加原糖蜜为原料,经加酸部分转化,煮成的金黄色片糖。

2.1.2.13

冰糖　rock sugar

砂糖(2.1.2.2)经再溶、清净(2.4.1.1)处理和重结晶而制得的大颗粒结晶糖。有单晶体和多晶体两种,呈透明或半透明状。

2.1.2.14

单晶体冰糖　monocrystal rock sugar

单晶冰糖

单晶冰

单一晶体的大颗粒(每粒重约 1.5 g～2 g)冰糖(2.1.2.13)。

2.1.2.15

多晶体冰糖　multi-crystal rock sugar

盆冰

桶冰

由多颗晶体并聚而成的大块冰糖(2.1.2.13)。按色泽可分为白冰糖和黄冰糖两种。

2.1.2.16

速溶糖　quick sugar

Q 糖

由细晶体聚集而成,容重较低,溶解速度比白砂糖(2.1.2.3)快几倍。Q 糖可分为 AQ 糖、BQ 糖等。AQ 糖是用离子交换树脂脱色后接近无色的糖浆(2.6.2.1)制造的白色糖;BQ 糖是用煮制精糖后分出的糖蜜(2.7.2.1)制造的浅褐色糖。

2.1.2.17

微晶糖　microcrystalline sugar

不经过分蜜(2.7.1.1)的,干燥而松散的食糖,是以优质糖液为原料,采用喷雾干燥等特殊工艺,将糖液的水分蒸发(2.5.1.5)除去而形成的粉粒状产品。

2.1.3　糖厂

2.1.3.1

甘蔗糖厂　cane sugar factory;sugar mill

以甘蔗为原料,生产糖的工厂。

2.1.3.2

甜菜糖厂　beet sugar factory

以甜菜为原料,生产糖的工厂。

2.1.3.3

精炼糖厂　sugar refinery

炼糖厂

以原糖(2.1.2.8)(粗糖)为原料,生产精制糖(2.1.2.6)或白砂糖(2.1.2.3)的工厂。

2.1.3.4

原糖厂　raw sugar factory

生产原糖(2.1.2.8)(粗糖)的工厂。

2.1.3.5

红糖厂　brown sugar factory

生产红糖(2.1.2.10)的工厂。

2.1.3.6

史蒂芬法糖厂　steffen factory

采用史蒂芬法从废蜜(2.7.2.4)中回收糖分的甜菜糖厂(2.1.3.2)。

2.2　原料保藏及预处理

2.2.1　一般术语

2.2.1.1

甘蔗预处理　cane preparation

甘蔗落入输蔗机(2.2.4.4)后,在进入压榨机组(2.3.3.3)或渗出(2.3.1.4)设备之前,经切蔗机(2.2.4.6)、撕裂机(2.2.4.7)等进行甘蔗破碎处理的过程。

2.2.1.2

甜菜预处理　beet preparation

甜菜在进入切丝机前,经流送、除石(2.2.1.4)、除草(2.2.1.5)、洗涤及除铁(2.2.1.7)等组合处理的过程。

2.2.1.3

甜菜流送　beet fluming

用水在流送沟(2.2.4.16)中将甜菜输送的过程。

2.2.1.4

除石　stone removal

除去混在甜菜中的石块及比重大于甜菜的夹杂物(2.8.1.1)的过程。

2.2.1.5

除草　trash removal

除去混在甜菜中的杂草、茎叶等轻质夹杂物(2.8.1.1)的过程。

2.2.1.6

洗涤 washing

在洗菜机(2.2.4.21)内，用水将甜菜表面附着的泥、砂等杂物洗净的过程。

2.2.1.7

除铁 iron removal

用除铁器(2.2.4.8)除去混在甘蔗和甜菜中的铁制杂物的过程。

2.2.2 原料

2.2.2.1

(糖料)甘蔗 sugar cane

蔗糖含量较高，供糖厂加工制糖的甘蔗。

2.2.2.2

新鲜甘蔗 fresh cane

刚收获，生长正常，又未受细菌感染，未变质的甘蔗。

2.2.2.3

变质甘蔗 stale cane

遭受病虫害、微生物侵害或存放时间过长及冻坏等而变质的甘蔗。

2.2.2.4

(糖料)甜菜 sugar beet

蔗糖含量较高，供糖厂加工的甜菜。

2.2.2.5

新鲜甜菜 fresh beet

鲜甜菜

暖甜菜

起收后，没有变质或未受冻伤的甜菜。

2.2.2.6

冻固甜菜 frozen beet

冻甜菜

在低温经冷冻处理后已完全冻透的甜菜。

2.2.2.7

冻化甜菜 thawing beet

冻化菜

几经冻结融化而变质的甜菜。

2.2.2.8

腐烂甜菜 rotten beet

遭受微生物侵害而变质的甜菜。

2.2.2.9

失水甜菜 dehydrated beet

枯萎甜菜 wilted beet

失水变软的甜菜。

2.2.2.10

青顶 beet top;top; crown

青头

甜菜块根上部有叶痕的部分。

2.2.2.11

尾根　beet tail

甜菜块根下部较细的部分。

2.2.3　**甜菜保藏**

2.2.3.1

甜菜堆 beet pile

甜菜按保藏技术要求堆成的堆。

2.2.3.2

甜菜保藏　beet storage

制糖加工前按保藏技术要求，将甜菜贮存起来的过程。

2.2.3.3

甜菜暖藏　fresh beet storage

暖藏

甜菜按暖藏技术要求保藏的过程。

2.2.3.4

甜菜冻藏　frozen beet storage

甜菜按冻藏技术要求保藏的过程。

2.2.4　**预处理设备**

2.2.4.1

起蔗机　cane crane；crane for hoisting cane

用于起卸甘蔗的起重设备。有旋转式和桥式起蔗机(2.2.4.1)。

2.2.4.2

称蔗台　cane weighing scale

称量甘蔗的设备。

2.2.4.3

卸蔗台　feeding table

供甘蔗给输蔗机(2.2.4.4)所用的平台。有固定式、链板式和倾卸式三种类型。

2.2.4.4

输蔗机 cane carrier

将甘蔗连续地送入甘蔗破碎设备和压榨机组(2.3.3.3)的输送设备。常用的有胶带式和链板式两类。

2.2.4.5

理平机　leveler；cane leveling machine

将输蔗机(2.2.4.4)上杂乱、松散的甘蔗平整成较均匀和较紧密蔗层(2.3.2.2)的设备。

2.2.4.6

切蔗机　cane knives

蔗刀机

装有多把旋转刀，破碎甘蔗的设备。

2.2.4.7

撕裂机　shredder

将甘蔗撕裂成丝状的破碎设备。

2.2.4.8

除铁器　**tramp iron separator; tramp iron catcher**

利用磁场除去混杂在蔗层(2.3.2.2)或甜菜中的含铁物品的装置。

2.2.4.9

入料槽　**feed chute; feed plate**

喂料槽

将输蔗机(2.2.4.4)送来的蔗料(2.3.2.1),导入压碎机(2.3.3.1)或第一座压榨机(2.3.3.2)的斜槽。

2.2.4.10

高位槽　**feed hopper; donnelly chute**

借助高位物料所产生的静压力,帮助蔗料(2.3.2.1)入辊的槽。

2.2.4.11

甜菜窖　**beet silo**

供糖厂连续生产,短期贮藏甜菜用的构筑物。

2.2.4.12

甜菜装载机　**beet loader**

将地面上的甜菜铲起装车的设备。

2.2.4.13

甜菜堆垛机　**beet piler**

将运输车上的甜菜堆(2.2.3.1)成堆的设备。

2.2.4.14

卸菜机　**beet unloader**

将火车或汽车上的甜菜卸到地面或甜菜窖(2.2.4.11)内的设备。

2.2.4.15

水力冲卸器　**nozzle for silo unloading**

用具有一定压力的水,将甜菜冲卸至流送沟(2.2.4.16)内的装置。

2.2.4.16

甜菜流送沟　**beet flume**

一种U形的水沟,利用水力来运送甜菜。配备有砂石分离器(2.2.4.17)、夹杂物(2.8.1.1)分离器和泥浆分离器。经过处理后的水可以循环使用,运送用水对甜菜质量比一般为300%～500%。

2.2.4.17

砂石分离器　**stone catcher; stone separator**

安装在甜菜流送(2.2.1.3)沟旁,利用砂石与甜菜的密度差原理从甜菜中分离砂石的设备。

2.2.4.18

除草机　**trash remover; trash(grass, weed) catcher**

用封闭的链条带动的设备,链条上安装有耙子,与甜菜流送(2.2.4.16)沟中的水流逆向转动,从而达到捕抓甜菜中的夹杂物(2.8.1.1)使其与甜菜分离的目的。

2.2.4.19

甜菜泵　**beet pump**

将甜菜和流送水一起送往洗菜机(2.2.4.21)的离心泵。

2.2.4.20

甜菜扬送轮　**beet wheel**

一种带斗、回转轮式的将流送沟(2.2.4.16)内的甜菜输送到洗菜机(2.2.4.21)的设备。

2.2.4.21

洗菜机　beet washer

用来进行甜菜洗涤，并进一步清除夹杂物(2.8.1.1)的设备。

2.2.4.22

甜菜秤　beet scale

称量甜菜的设备。

2.2.4.23

尾根捕集器　tails separator

一种能从流洗水中将甜菜尾根(2.2.2.11)和碎块捕捉出来的装置。

2.3　蔗糖的提取

2.3.1　一般术语

2.3.1.1

压榨　milling

用压榨机(2.3.3.2)对甘蔗或蔗料(2.3.2.1)施加压力，提取蔗汁(2.3.2.5)的过程。

2.3.1.2

压榨法　milling process

甘蔗经预处理后，用压榨机组(2.3.3.3)与渗浸(2.3.1.14)系统相配合充分提取蔗汁(2.3.2.5)和蔗糖的方法。

2.3.1.3

压榨能力　grinding capacity

在维持一定抽出率(2.8.5.8)的条件下，压榨机组(2.3.3.3)单位时间所处理的甘蔗质量。通常用t/h或t/d表示。

2.3.1.4

渗出　diffusion

通过浸渍与渗析，将蔗丝(2.3.2.3)[或中间蔗渣(2.3.2.12)]或甜菜丝(2.3.2.4)中的蔗糖用水提出的过程。

2.3.1.5

渗出法　diffusion process

用渗出设备，将蔗丝(2.3.2.3)[或中间蔗渣(2.3.2.12)]或甜菜丝(2.3.2.4)经渗出处理提取蔗糖的方法。

2.3.1.6

提汁　extraction of the juice

用压榨法(2.3.1.2)或渗出法(2.3.1.5)从糖料中提取糖汁(2.8.1.9)的过程。

2.3.1.7

提汁率　draft;draught

从渗出器(2.3.3.22)或压榨机(2.3.3.2)中提出的蔗汁(2.3.2.5)质量与处理糖料质量的百分比。

2.3.1.8

甜菜切丝　beet slicing

甜菜经切丝机切成规定形状菜丝的过程。

2.3.1.9

V型菜丝长度　cossettes with V-shaped cross sections

人字形菜丝长度

100 g甜菜丝(2.3.2.4)中截面呈V型菜丝的长度。通常用m表示。

的设备。通常有链板式、胶带式、耙齿式和固定式(迫入式)等。

2.3.3.10

打散机　beater

打碎机

将压榨机(2.3.3.2)排出的中间蔗渣(2.3.2.12)打散的设备。

2.3.3.11

除屑机　fine bagasse separator；cush-cush screen

将蔗汁(2.3.2.5)中的蔗屑(2.3.2.13)分离的设备。通常有刮板式、展动式和旋转式等。

2.3.3.12

曲筛　curved screen；"DSM" screen

将蔗汁(2.3.2.5)中的蔗屑(2.3.2.13)分离的弧形筛。常用的有混合汁(2.3.2.9)曲筛、清汁曲筛等。

2.3.3.13

蔗汁秤　juice scale

称量混合汁(2.3.2.9)或渗出汁(2.3.2.10)的设备。常用的有手动和自动两类。

2.3.3.14

蔗渣输送机　bagasse carrier

将末座压榨机(2.3.3.2)排出的蔗渣(2.3.2.12)输送到锅炉、打包间或堆放场的设备。

2.3.3.15

油压蓄能器　hydraulic accumulator

油压蓄力器

一种与压榨顶盖油压缸相连的储能装置。通常的有重块式、胶囊式、高压汽油式及低压汽油式等。

2.3.3.16

甜菜切丝机　beet slicer

将甜菜切成规定形状菜丝的设备。常用的有离心式、平盘式和鼓式三类。

2.3.3.17

甜菜切丝刀　beet knife

将甜菜切成规定形状菜丝的专用刀片。

2.3.3.18

刀框　(the knife) block

专供固定甜菜切丝刀(2.3.3.17)用的金属框架。

3.3.19

刀高　knife"up"

甜菜切丝刀(2.3.3.17)装入刀框(2.3.3.18)后，刀脊尖端与刀框调节板间的垂直距离。通常用 n 表示。

3.20

刀退　knife"back"

退后

甜菜切丝刀的三角刃与刀框(2.3.3.18)调节板间的水平间距。通常用 mm 表示。

.21

丝皮带秤　cossettes belt weigher

在甜菜丝(2.3.2.4)输送带上，用于连续自动称量菜丝质量的衡器。

2.3.1.10

菜丝长度　length of cossettes

100 g 甜菜丝(2.3.2.4)中长度长于 1 cm 的菜丝总长度。通常用 m 表示。

2.3.1.11

菜丝碎量　chip

100 g 甜菜丝(2.3.2.4)中长度短于 1 cm 和厚度薄于 0.5 cm 的碎料的质量分数。

2.3.1.12

菜丝热烫　scalding of cossettes

渗出前甜菜丝(2.3.2.4)在热烫器(2.3.3.23)中用热烫汁(2.3.2.11)加热，使细胞变性(2.3.1.13)的过程。

2.3.1.13

细胞变性　cell denaturation

由于温度作用使甜菜细胞原生质的蛋白质凝结，从而使细胞壁的渗透性增大的过程。

2.3.1.14

渗浸　imbibition；maceration

以水或稀蔗汁(2.3.2.5)喷淋中间蔗渣(2.3.2.12)，稀释其残留糖汁(2.8.1.9)的过程。所用的水和稀蔗汁，分别称为渗浸水(2.3.2.20)和渗浸汁。

2.3.1.15

脱水(过程)　dewatering

用机械方法，将渗出器(2.3.3.22)排出蔗渣(2.3.2.12)中的水分充分压出的过程。

2.3.2　物料

2.3.2.1

蔗料　chopped or (and) shredded cane；prepared cane

甘蔗经切蔗机(2.2.4.6)[或撕裂机(2.2.4.7)]破碎后的碎料。

2.3.2.2

蔗层　cane layer；cane blanket

在输蔗机(2.2.4.4)上的蔗料(2.3.2.1)层。

2.3.2.3

蔗丝　fibrated cane

甘蔗经撕裂机(2.2.4.7)撕裂破碎后的碎丝。

2.3.2.4

甜菜丝　cossettes

菜丝

甜菜经切丝机切出的条状物。有 V 型和平片两种。

2.3.2.5

蔗汁　cane juice

甘蔗中所含的汁液。

2.3.2.6

初压汁　first expressed juice

压榨机组(2.3.3.3)的最初两个辊子榨出的蔗汁(2.3.2.5)。

2.3.2.7

末压汁　last expressed juice

末辗汁

压榨机组(2.3.3.3)的最后两个辊子榨出的蔗汁(2.3.2.5)。

2.3.2.8

末座榨出汁　last-mill juice

压榨机组(2.3.3.3)的最后一座压榨机(2.3.3.2)榨出的蔗汁(2.3.2.5)。

2.3.2.9

混合汁　mixed juice

用压榨法(2.3.1.2)或中间蔗渣(2.3.2.12)渗出法(2.3.1.5)提取,送往清净(2.4.1.1)处理的蔗汁(2.3.2.5)。

2.3.2.10

渗出汁　diffusion juice

用渗出法(2.3.1.5)从蔗丝(2.3.2.3)[或中间蔗渣(2.3.2.12)]或甜菜丝(2.3.2.4)中提取的糖汁(2.8.1.9)。

2.3.2.11

热烫汁　scalded juice

经加热用于甜菜丝(2.3.2.4)热烫(2.3.1.12)的渗出汁(2.3.2.10)。

2.3.2.12

蔗渣　bagasse

蔗料(2.3.2.1)或蔗丝(2.3.2.3)经压榨或渗出提汁后残余的物料。压榨提汁可分为中间蔗渣(2.3.2.12)(依压榨机组(2.3.3.3)顺序分为第一座蔗渣、第二座蔗渣等)和最终蔗渣(简称蔗渣)。渗出提汁分未经脱水(2.3.1.15)的湿蔗渣和脱水后的蔗渣。

2.3.2.13

蔗屑　cush-cush

蔗糠　bagacillo

甘蔗被破碎、压碎后所形成的蔗渣(2.3.2.12)碎末。

2.3.2.14

蔗髓　bagasse pith；pith

蔗渣(2.3.2.12)筛选出来的蔗末中,蔗茎组织里柔软的细胞,壁薄而软的髓物质。

2.3.2.15

废粕　pulp

甜菜丝(2.3.2.4)经渗出提取蔗糖后的废丝。

2.3.2.16

压渣水　pressed water

用机械方法,从渗出器(2.3.3.22)排出的蔗渣(2.3.2.12)中压出的汁。

2.3.2.17

压粕水　pulp press water

废粕(2.3.2.15)经废粕压榨机压出的汁。

2.3.2.18

湿粕　wet pulp

未经压干脱水(2.3.1.15)的粕。

2.3.2.19

绝对汁　absolute juice

一种用于计算的设想的蔗汁(2.3.2.5),其质量等于甘蔗质量减去甘蔗纤维(2.8.1.2)质量,即甘蔗

中可溶性固形物和水的总和。

2.3.2.20

渗浸水　macerate water

为了尽量多提取糖分而在经压榨的甘蔗细胞开始膨胀时,喷淋到蔗渣(2.3.2.12)上的水。

2.3.3　提汁设备及其附属装置

2.3.3.1

压碎机　crusher

位于压榨机组(2.3.3.3)前列,具有粗齿纹(2.3.3.5)或特种齿纹的压榨辊(2.3.3.4)的甘蔗压碎设备。通常为两辊式和三辊式。

2.3.3.2

压榨机　mill

压榨蔗料(2.3.2.1)提取蔗汁(2.3.2.5)的设备。通常为三辊式,亦有四辊式、五辊式等。

2.3.3.3

压榨机组　milling train

压榨机列　milling tandem

由压碎机(2.3.3.1)和多台压榨机(2.3.3.2)联合组成的机列。

2.3.3.4

压榨辊　roller

辊子

压榨机(2.3.3.2)[或压碎机(2.3.3.1)]用以压榨蔗料(2.3.2.1)的圆柱形辊子,其表面通常有齿(2.3.3.5)。按安装的位置不同有顶辊、前辊和后辊之分。

2.3.3.5

齿纹　groove

沟纹

压榨辊(2.3.3.4)表面加工成不同形状和尺寸的沟纹。

2.3.3.6

排汁沟　juice groove;messchaert groove

前辊和后辊的齿纹(2.3.3.5)根部,用以排泄蔗汁(2.3.2.5)所开的环形深沟。

2.3.3.7

开口　opening between rollers

出入口

压榨机(2.3.3.2)辊子之间的实际有效空间距离。顶辊与前辊之间的开口为入口,

的开口为出口。

2.3.3.8

托渣板　trash plate;turn plate

底梳　trash turner

位于多辊压榨机(2.3.3.2)的下方,使蔗料(2.3.2.1)从前辊过渡到后辊的装

2.3.3.9

中间输送机　intermediate carrier

中间带

将蔗料(2.3.2.1)或中间蔗渣(2.3.2.12)由前一座压蔗机出口输送至后

2.3.3.22

渗出器　diffuser

用渗出法(2.3.1.5)从蔗丝(2.3.2.3)[或中间蔗渣(2.3.2.12)]或甜菜丝(2.3.2.4)中提取糖汁(2.8.1.9)的设备。

2.3.3.23

热烫器　scalder

对甜菜丝(2.3.2.4)进行热烫的设备。

2.3.3.24

渗出汁除渣器　mare remover

除去渗出汁(2.3.2.10)中甜菜渣的设备。常用机械除渣器。

2.3.3.25

渗出汁计量桶　diffusion juice measuring tank

计量渗出汁(2.3.2.10)体积的容器。

2.3.3.26

甜菜丝混合器　cossette mixer

混合预热甜菜丝(2.3.2.4),破坏甜菜含糖细胞的细胞壁,以利于浸出糖分的设备。

2.3.3.27

湿粕压榨机　pulp treatment;pulp presser

对湿粕(2.3.2.18)进行脱水(2.3.1.15)处理的设备。

2.4　糖汁的清净

2.4.1　一般术语

2.4.1.1

清净　purification

除去糖汁(2.8.1.9)中非蔗糖物质的过程。

2.4.1.2

清净效率　purification efficiency

在清净(2.4.1.1)过程中,除去的非蔗糖物质对糖汁(2.8.1.9)原来所含非蔗糖物质的百分数,按式(2)计算:

$$清净效率(\%)=\frac{100(P_2-P_1)}{P_2(100-P_1)}\times 100 \qquad \cdots\cdots(2)$$

式中:

P_2——清净后糖汁的纯度,%;

P_1——清净前糖汁的纯度,%。

2.4.1.3

二氧化硫气　sulfur dioxide gas;SO_2

硫气

硫磺燃烧时所产生的气体。

2.4.1.4

二氧化硫吸收率　absorption rate of sulfur dioxide

硫熏(2.4.5.4)过程中糖汁吸收二氧化硫量对进入硫熏器(2.4.6.5)的二氧化硫总量的百分数。

2.4.1.5

硫熏强度　intensity of sulfitation

蔗汁(2.3.2.5)吸收二氧化硫的数量。以滴定10 mL硫熏汁所消耗1/64 mol/L I_2标准溶液的mL

数表示。

2.4.1.6

回流　recirculation

将带有沉淀物粒子的一碳汁(2.4.3.6)[或泥汁(2.4.3.13)]返回预灰桶(2.4.6.1)或饱充罐(2.4.6.3)与糖汁(2.8.1.9)混合的过程。

2.4.1.7

回流比　recirculation ratio

回流的一碳汁(2.4.3.6)[或泥汁(2.4.3.13)]量与混合汁(2.3.2.9)或渗出汁(2.3.2.10)量之比。

2.4.1.8

脱色率　percentage of decolorization;decolorization rate

糖汁(2.8.1.9)脱色前后色值(2.8.3.15)减少的百分数。

2.4.1.9

配焦率　fuel(coal) consumption % lime stone

煤石比

锻烧石灰石时所用焦煤(或无烟煤)对石灰石的质量分数。

2.4.1.10

窑气　kiln gas

碳酸气

二氧化碳　carbon dioxide

锻烧石灰石时所产生的气体。

2.4.1.11

窑气洗涤　gas washing

用水洗涤并冷却窑气(2.4.1.10)的过程。

2.4.1.12

消和　slaking

用水使固体氧化钙变成乳状氢氧化钙的过程。

2.4.1.13

渗出非糖分去除率　non-sugar elimination efficiency;NSE

甜菜渗出汁(2.3.2.10)的纯度与原汁的纯度(2.8.1.20)的对比值,按式(3)计算:

$$NSE = \frac{P_2 - P_1}{P_2(100 - P_1)} \times 10\,000 \qquad \cdots\cdots(3)$$

式中:

P_2——渗出汁的纯度,%;

P_1——原汁的纯度,%。

注:通常甜菜原料的 NSE 值在2%~10%,如果甜菜原料受到破坏,该值会降至0。

2.4.2　有关物理、化学术语

2.4.2.1

最佳碱度　optimum alkalinity

最有利于糖汁(2.8.1.9)中胶体凝聚和钙盐除去的碱度(2.8.3.3)。

2.4.2.2

还原糖分解　destruction (or decomposition) of reducing sugars

还原糖破坏

制糖过程糖汁(2.8.1.9)中的还原糖(2.8.2.2)在强碱性和较长高温时间的条件下产生分解,不断生成胶体物质、色素(2.8.2.7)和有机酸等的过程。

2.4.2.3

蔗糖转化　inversion of sucrose

蔗糖溶液在酸或酶的作用下，水解生成葡萄糖和果糖等分子混合物的过程。

2.4.2.4

蔗糖化钙　calcium saccharate

蔗糖和氧化钙的分子复合物。有蔗糖一钙、蔗糖二钙、蔗糖三钙等。

2.4.2.5

糖汁软化　softening of thin juice

糖汁脱钙

糖汁(2.8.1.9)经离子交换剂处理后，糖汁中的钙、镁离子被树脂中的钠离子置换的过程。

2.4.3　物料

2.4.3.1

清净汁　purified juice

稀汁

经清净(2.4.1.1)处理后送往蒸发罐(2.5.3.3)的糖汁(2.8.1.9)。

2.4.3.2

顽性蔗汁　refractory juice

清净(2.4.1.1)过程处理困难，用正常清净方法难以获得预期效果的蔗汁(2.3.2.5)。

2.4.3.3

中间汁　middle juice

从多效蒸发(2.5.2.1)罐组中间某一效引出的经不同程度浓缩的糖汁(2.8.1.9)，其浓度介于清净汁(2.4.3.1)与糖浆(2.6.2.1)之间。

2.4.3.4

预灰汁　preliming juice

经预灰(2.4.5.1)处理后的混合汁(2.3.2.9)或渗出汁(2.3.2.10)。

2.4.3.5

主灰汁　limed juice

加灰汁　defecated juice

经主灰(2.4.5.2)(加灰)处理后的糖汁(2.8.1.9)。

2.4.3.6

一碳汁　1st carbonatation juice

经第一次碳酸饱充(2.4.5.3)处理后的糖汁(2.8.1.9)。

2.4.3.7

一清汁　1st carbonatation clear juice

一碳汁(2.4.3.6)经固液分离后所得的清糖汁(2.8.1.9)。

2.4.3.8

二碳汁　2nd carbonatation juice

经第二次碳酸饱充(2.4.5.3)处理后的糖汁(2.8.1.9)。

2.4.3.9

二清汁　2nd carbonatation clear juice

二碳汁(2.4.3.8)经过滤(2.4.7.4)后所得的清糖汁(2.8.1.9)。

2.4.3.10

硫熏汁 sulfitated juice

硫漂汁

经硫熏(2.4.5.4)处理后的糖汁(2.8.1.9)。

2.4.3.11

澄清汁 clarified juice

经澄清(2.4.7.3)处理后所得的清糖汁(2.8.1.9)。

2.4.3.12

滤清汁 filtered juice

滤汁

从过滤机(2.4.7.9)滤出的清糖汁(2.8.1.9)。

2.4.3.13

泥汁 mud juice

从澄清器(2.4.7.6)[或增浓过滤(2.4.7.4)设备]排出的含浓稠悬浮物的糖汁(2.8.1.9)。

2.4.3.14

滤泥洗水 filter washings

甜水 sweet-water

洗水 filter water

水洗过滤(2.4.7.4)初滤泥(2.4.3.15)后,从机内排出含有一定量蔗糖的水。

2.4.3.15

滤泥 filter cake

滤饼 mud

过滤机(2.4.7.9)卸出的滤渣。

2.4.3.16

石灰乳 milk of lime

灰乳 lime-milk

石灰用水消和(2.4.1.12)后所得的乳状悬浮液。

2.4.3.17

硬度物质 hardness compounds

甜菜制糖工业中,糖汁(2.8.1.9)经过二碳饱充后,残留其中的 $CaCO_3$、CaC_2O_4、$MgSO_4$、$CaSO_4$ 等钙盐及镁盐。

2.4.3.18

硬汁 hard thin juice

没有经过软化处理,含有较多硬度物质(2.4.3.17)的糖汁(2.8.1.9)。

2.4.3.19

软汁 soft thin juice

经过离子交换等软化处理,硬度物质(2.4.3.17)大大减少的糖汁(2.8.1.9)。

2.4.3.20

浮渣 floater;scum

用上浮法处理糖汁(2.8.1.9)时,被气泡及絮凝剂(2.10.11)网络、挟带而随之浮升至液面的非糖分杂质。

2.4.3.21

中和汁　defeco-sulfitated juice;neutral juice

经过硫熏(2.4.5.4)及加石灰乳(2.4.3.16)后,pH 值为 7.0 左右的糖汁(2.8.1.9)。

2.4.3.22

粗糖浆　meladura;syrup

经过蒸发(2.5.1.5)浓缩后的糖液。

2.4.3.23

澄清糖浆　fine syrup

粗糖浆(2.4.3.22)经过硫漂或上浮处理后得到的糖浆(2.6.2.1)。

2.4.4　清净方法

2.4.4.1

石灰法　defecation process

利用石灰清净(2.4.1.1)糖汁(2.8.1.9)的方法。

2.4.4.2

亚硫酸法　sulfitation process

利用石灰和二氧化硫气(2.4.1.3)清净(2.4.1.1)糖汁(2.8.1.9)的方法。有酸性亚硫酸法、碱性亚硫酸法和中性亚硫酸法(2.4.4.3)等。

2.4.4.3

中性亚硫酸法　neutral sulfitation process

混合汁(2.3.2.9)在清净(2.4.1.1)过程中同时进行硫熏(2.4.5.4)和加灰处理的方法。

2.4.4.4

碳酸法　carbonatation process

利用石灰和二氧化碳的气体清净(2.4.1.1)糖汁(2.8.1.9)或糖浆(2.6.2.1)的方法。有单碳酸法和双碳酸法(2.4.4.5),通常采用双碳酸法。

2.4.4.5

双碳酸法　double carbona(ta)tion process

碳酸法

二次碳酸法

采用一次主灰(2.4.5.2)和两次碳酸饱充(2.4.5.3)清净(2.4.1.1)糖汁(2.8.1.9)的方法。

2.4.4.6

中间汁碳酸法　middle juice carbona(ta)tion process

中间汁(2.4.3.3)按双碳酸法(2.4.4.5)工艺流程进行清净(2.4.1.1)处理的方法。

2.4.5　清净工艺

2.4.5.1

预灰　preliming

预加灰　pre-defecation

在混合汁(2.3.2.9)或渗出汁(2.3.2.10)中先加入少量石灰乳(2.4.3.16)或再加回流汁的过程。有冷预灰、热预灰和渐进式预灰等方法。

2.4.5.2

主灰　main liming

加灰

将大量石灰乳(2.4.3.16)加入糖汁(2.8.1.9)的处理过程。有冷主灰、热主灰、瞬间热主灰等方法。

2.4.5.3

碳酸饱充 carbonation; carbonatation

饱充

糖汁(2.8.1.9)或糖浆(2.6.2.1)用含二氧化碳的气体处理的过程。主灰汁(2.4.3.5)(加灰汁)用含二氧化碳的气体处理的过程称为一碳饱充,一清汁(2.4.3.7)用含二氧化碳的气体处理的过程称为二碳饱充。

2.4.5.4

硫熏 sulfitation

硫漂

糖汁(2.8.1.9)或糖浆(2.6.2.1)用二氧化硫气(2.4.1.3)处理的过程。

2.4.6 清净设备及其附属装置

2.4.6.1

预灰桶 preliming tank

加入少量石灰乳(2.4.3.16)或再加回流汁处理混合汁(2.3.2.9)或渗出汁(2.3.2.10)的设备。

2.4.6.2

主灰桶 main liming tank

加灰桶 defecator

加入大量石灰乳(2.4.3.16)处理糖汁(2.8.1.9)的设备。

2.4.6.3

饱充罐 carbonator; carbonating tank

糖汁(2.8.1.9)进行碳酸饱充(2.4.5.3)所用的设备。有鼓泡式、格板式和喷淋式等。糖汁进行第一次碳酸饱充的设备称为一碳饱充罐,进行第二次碳酸饱充的设备称为二碳饱充罐。

2.4.6.4

燃硫炉 sulfur burner

硫磺炉

燃烧硫磺产生二氧化硫气体的设备,有固定式和旋转式两类。

2.4.6.5

硫熏器 sulfitator

硫漂罐

用二氧化硫气(2.4.1.3)处理糖汁(2.8.1.9)和糖浆(2.6.2.1)的设备。有淋洒、抽吸和管道式等。

2.4.6.6

抽吸式管道中和器 jet sulfitator

蔗汁(2.3.2.5)或糖浆(2.6.2.1)进行硫熏(2.4.5.4)与中和反应的管道式设备。有卧式和立式两类。

2.4.6.7

石灰窑 lime kiln

锻烧石灰石以生产石灰和窑气(2.4.1.10)所用的设备。通常用竖式。

2.4.6.8

窑气除尘器 dust collector; dust catcher

捕集窑气(2.4.1.10)中的灰尘所用的设备。

2.4.6.9

窑气洗涤器 gas washer

用水洗涤并冷却窑气(2.4.1.10)的设备。有填料式、泡罩式和隔板式等。

2.4.6.10

消和机 slaker

消和器

用水使固体氧化钙变成乳状氢氧化钙的设备。

2.4.6.11

石灰乳除沙机 lime-milk classifier(or strainer)

清除石灰乳中的沙石所用的设备。

2.4.6.12

石灰乳搅拌机 lime-milk stirrer

石灰乳搅拌桶

带有搅拌装置的贮放石灰乳的容器。

2.4.7 **固-液分离及其设备**

2.4.7.1

沉降 settling;sedimentation

使悬浮在糖汁(2.8.1.9)中的固体颗粒下沉而与糖汁分离的过程。

2.4.7.2

上浮 floating process

凝浮

气浮

在糖汁(2.8.1.9)或糖浆(2.6.2.1)中溶入一定助剂,经反应形成絮凝浮渣,通过浮渣的浮升分离去除部分非糖分物质,使糖汁或糖浆获得清净的一种工艺。

2.4.7.3

澄清 clarificaton

糖汁(2.8.1.9)中的悬浮固体颗粒下沉后,使糖汁得以澄清(2.4.7.3)的过程。

2.4.7.4

过滤 filtration

糖汁(2.8.1.9)通过过滤介质把沉淀粒子分离出来的过程。

2.4.7.5

过滤阻力系数 filtration coefficient

过滤(2.4.7.4)时单位容积溶液的过滤阻力梯度,通常用 F_K 表示。F_K 值愈小,表示过滤性能愈好。

2.4.7.6

澄清器 clarifier

沉降器 subsider

糖汁(2.8.1.9)中的悬浮固体颗粒下沉后,使糖汁澄清(2.4.7.3)的设备。专作增浓泥汁(2.4.3.13)用的澄清器称为增浓器。分间歇式和连续式两类。

2.4.7.7

磷浮法 phosphoric flotating process

在糖浆(2.6.2.1)、滤汁等中间制品中加入絮凝剂(2.10.11)、磷酸或糖化钙等澄清(2.4.7.3)剂,利用气泡将絮凝剂浮升以实现澄清除杂的一种生产糖品(2.8.1.10)的方法。

2.4.7.8

凝浮器 floating clarifier

浮升器

上浮器

蔗汁(2.3.2.5)[或糖浆(2.6.2.1)]中悬浮颗粒经絮凝上浮分离所用的设备。浮渣(2.4.3.20)由液面刮除，澄清汁(2.4.3.11)(或浆)从器底排出。

2.4.7.9

过滤机　filter

糖汁(2.8.1.9)通过过滤(2.4.7.4)介质把沉淀粒子分离所用的设备。分间歇和连续两类，其中又有加压、减压等型式。

2.4.7.10

压滤机　plate and frame filter-press；filter-press

间歇加压式的(2.6.2.10)过滤(2.4.7.4)设备。有板框、圆盘、叶片等型式。

2.4.7.11

真空吸滤机　rotary vacuum filter

吸滤机

连续减压式的糖汁过滤机(2.4.7.9)。有多隔式、无隔式和旋带式等。

2.4.7.12

袋滤机　bag filter

利用糖汁(2.8.1.9)[或糖浆(2.6.2.1)]本身的位压进行过滤(2.4.7.4)的设备。它由多个并列的滤袋组成。

2.4.7.13

快速沉降器　quick subsider

一种能在短时间内实现糖汁(2.8.1.9)固液分离的沉降(2.4.7.1)装置。

2.4.7.14

过滤增稠器　filter thickener

利用管式或片式的过滤(2.4.7.4)元件将一碳饱充汁分离为清汁和泥汁(2.4.3.13)的设备。

2.5　糖汁的蒸发

2.5.1　一般术语

2.5.1.1

(糖汁)加热　(juice)heating

将热源的热能传递给糖汁(2.8.1.9)，使其温度上升的过程。分直接和间接加热两类。

2.5.1.2

乏汽　exhaust steam

废汽

在透平机或蒸汽机工作后排出的蒸汽。

2.5.1.3

汁汽　(juice)vapor；secondary vapor

糖汁(2.8.1.9)蒸发(2.5.1.5)时产生的蒸汽。

2.5.1.4

抽汁汽　vapo(u)r bleeding

多效蒸发(2.5.2.1)系统中，从各效引出汁汽(2.5.1.3)供其他部门使用的过程。

2.5.1.5

蒸发　evaporation

糖汁(2.8.1.9)经加热沸腾，使其中部分水汽化而浓缩的过程，糖汁蒸发可分别在压力或真空下进行。

2.5.1.6

自蒸发　flashing；spontaneous evaporation

糖汁(2.8.1.9)或凝结水(2.5.1.9)因压差而自行蒸发(2.5.1.5)的现象。

2.5.1.7

冷凝　condensing

汁汽(2.5.1.3)与低温水直接接触而凝结的过程。

2.5.1.8

不凝气体　non-condensable gas

不凝气

氨气

混在蒸汽、乏汽(2.5.1.2)或汁汽(2.5.1.3)中不能凝结的气体。

2.5.1.9

凝结水　condensate

汽凝水

蒸汽或汁汽(2.5.1.3)经热交换后,凝结而成的水。

2.5.1.10

冷凝水　condensed water

从冷凝器排出的水。它由冷却水和汁汽(2.5.1.3)凝结的水混合而成。

2.5.1.11

积垢　scale

结垢

附着于加热器(2.5.3.1)和蒸发罐(2.5.3.3)加热管子内壁的沉积物。

2.5.1.12

洗罐　cleaning of evaporator

刷罐　descaling

清除加热管子内壁积垢(2.5.1.11)的作业,有化学法和机械法两类。

2.5.2　热的利用

2.5.2.1

多效蒸发　multiple effect evaporation

由数个蒸发罐(2.5.3.3)组成的蒸发(2.5.1.5)系统。被蒸发的糖汁(2.8.1.9)依次通入各效,第一效用蒸汽或乏汽(2.5.1.2)加热,后效用前一效的汁汽(2.5.1.3)加热。各效压力和温度递减,末效汁汽送往冷凝器(2.5.3.7)或作余热利用(2.5.2.3)。通常采用三效压力蒸发,四效、五效真空蒸发等。

2.5.2.2

汁汽的压缩　compression of vapor

利用高压蒸汽喷射泵或涡轮压缩机,将汁汽(2.5.1.3)进行绝热压缩,以提高其温度和压力的过程。

2.5.2.3

余热利用　utilization of waste heat

糖厂热力系统中除在蒸发(2.5.1.5)系统汁汽(2.5.1.3)利用外,还利用各种凝结水(2.5.1.9)、煮糖(2.6.3.3)汁汽、锅炉连续排污和烟道气热能等的作业。

2.5.3　蒸发设备及其附属装置

2.5.3.1

加热器　heater

将热源的热能传递给糖汁(2.8.1.9),使其温度上升的设备。有列管、卷板和平板等型式。

2.5.3.2

煮水罐　water evaporator

安装在多效蒸发(2.5.2.1)罐组之前的一个蒸发罐(2.5.3.3)。利用透平机排出的乏汽(2.5.1.2)

加热，产生的蒸汽供第一效加热，二效凝结水(2.5.1.9)进入煮水罐(2.5.3.2)，经重蒸发(2.5.1.5)提高水质供锅炉之用。

2.5.3.3

蒸发罐　evaporator

糖汁(2.8.1.9)经加热沸腾，使其中部分水汽化而浓缩的设备。

2.5.3.4

捕汁器　catch-all

雾沫分离器　entrainment separator

用以捕集汁汽(2.5.1.3)中所带的糖汁(2.8.1.9)雾沫的装置。

2.5.3.5

加热室　heating element;steam chest

汽鼓　calandria

蒸发罐(2.5.3.3)[或结晶罐(2.6.4.1)]中换热的部件。

2.5.3.6

热能压缩器　thermo-compressor

蒸汽喷射泵

提高汁汽(2.5.1.3)或乏汽(2.5.1.2)压力进行热能压缩的设备。常用蒸汽喷射泵、热泵(涡轮压缩机)等。

2.5.3.7

冷凝器　condenser

汁汽(2.5.1.3)与低温水直接接触而凝结的设备。常用抽吸式和喷淋式两类。

2.5.3.8

凝结水排除器　steam trap

排水器

排水阱

分水器

排除凝结水(2.5.1.9)的设备有连续式和间歇式两类。

2.5.3.9

凝结水自蒸发器　flash-pot

自蒸发器

排水柱

利用液柱防止加热室(2.5.3.5)蒸汽或汁汽(2.5.1.3)逸出，不断把凝结水(2.5.1.9)排除和自蒸发(2.5.1.6)的装置。

2.5.3.10

直接加热器　direct heater

加热蒸汽与被加热物料直接接触的加热器(2.5.3.1)。

2.5.3.11

等压排水　equi-pressure drainage of condensed water

用汽设备的凝结水在自重作用下流向与加热汽等压的水箱的疏水方式。包括蒸发等压排水系统、加热等压排水系统、煮糖等压排水系统。在蒸发和加热等压排水系统中常伴有自蒸发热能回收利用。

2.5.3.12

电磁场防垢装置　electro-magnetic descaling device

用于防止或减少锅炉、蒸发罐、加热器等加热面上生成积垢的电磁场处理装置。有电磁防垢器、高频电场防垢器、超声波防垢器等。

2.6 蔗糖的结晶

2.6.1 一般术语

2.6.1.1

（蔗糖）结晶　crystallization of sucrose

糖浆（2.6.2.1）或糖蜜（2.7.2.1）在浓缩或冷却过程中，维持一定过饱和系数（2.6.1.3）而析出晶体和养大晶体的过程。

2.6.1.2

溶解度系数　solubility coefficient

饱和系数

不纯糖溶液的蔗糖溶解度对同温度下纯蔗糖溶液的溶解度的比值。

2.6.1.3

过饱和系数　coefficient of supersaturation

过饱和度

过饱和糖液中每份水溶解蔗糖份数与同温度同纯度（2.8.1.20）下饱和糖液中每份水溶解蔗糖份数的比值。

2.6.1.4

晶核　nucleus

过饱和糖液中作为晶体长大的核心的微小晶粒。

2.6.1.5

叠晶　conglomerate；mounted grains

梅花晶

由两颗或两颗以上晶体，面对面不成规则的角度相叠附而成的晶体群。

2.6.1.6

聚晶　aggregate；mounted grains

多个晶体聚集而成的晶体群。

2.6.1.7

并晶　twin crystals；married grains

孪晶

孖晶

由两个晶体以一个公共面互生构成的晶体。

2.6.1.8

伪晶　false grain

蔗糖在结晶过程中，新产生的不合工艺要求的微小晶粒。

2.6.1.9

煮糖系统　pan-boiling system

煮糖制度　boiling scheme

有关煮糖（2.6.3.3）、助晶（2.6.1.10）、分蜜（2.7.1.1）过程的顺序、级数和配料方法等整个结晶工段的工艺流程。有一级、二级、三级……多级煮糖系统。

2.6.1.10

助晶　crystallization in motion；crystallization

在助晶机（2.6.4.5）内的糖膏（2.6.2.10），经不断搅动和冷却，以维持一定的过饱和系数（2.6.1.3），使糖膏原有的晶体充分吸收母液（2.6.2.11）中的蔗糖继续长大的过程。

2.6.2 物料及在制品

2.6.2.1

糖浆 syrup;thick juice

浓度较高的糖液。例如:糖汁(2.8.1.9)经浓缩后所得的蒸发(2.5.1.5)粗糖浆(2.4.3.22)、精糖浆(2.6.2.2)、回溶糖浆(2.6.2.4)等。

2.6.2.2

精糖浆 refinery liquor;refined syrup

经深度清净(2.4.1.1)、脱色处理的糖浆(2.6.2.1)。

2.6.2.3

清净糖浆 purified syrup

经清净(2.4.1.1)处理后的糖浆(2.6.2.1)。

2.6.2.4

回溶糖浆 remelt syrup

再溶糖浆

原糖(2.1.2.8)、低纯度(2.8.1.20)糖或不合格的成品糖用糖汁(2.8.1.9)或水溶成的浓糖液。

2.6.2.5

转化糖浆 invert sugar syrup

用酸或酶将蔗糖转化(2.4.2.3)制得的浓糖液。

2.6.2.6

晶种糖膏 seed strike

种子 seed massecuite

在晶种罐(2.6.4.2)中煮成的含一定数量晶粒、供养晶(2.6.3.8)用的物料。

2.6.2.7

晶种糖糊 seed magma;seed slurry

由低纯度(2.8.1.20)的砂糖(2.1.1.2)与糖蜜(2.7.2.1)混合配成的糊状物料,供煮高一级糖膏(2.6.2.10)用的底料(2.6.2.9)。

2.6.2.8

糖粉糊 slurry of ground sugar;slurry of powdered sugar

由研磨成的糖粉分散在饱和蔗糖溶液或酒精中配成的糊状物料,供晶核(2.6.1.4)起晶(2.6.3.4)之用。

2.6.2.9

底料 footing

在结晶罐(2.6.4.1)起煮时所用的物料。

2.6.2.10

糖膏 massecuite;strike

通过煮糖(2.6.3.3)而得到的晶体与母液(2.6.2.11)的混合物。按煮糖顺序可分为一号、二号、三号……或甲、乙、丙……糖膏等。

2.6.2.11

母液 mother liquor

糖浆(2.6.2.1)或糖蜜(2.7.2.1)析出晶体后残留的糖液。糖膏(2.6.2.10)中的晶间蜜亦称母液。

2.6.3 结晶过程及操作

2.6.3.1

煮种 boiling of seed strike

在晶种罐(2.6.4.2)[或结晶罐(2.6.4.1)]中煮制晶种糖膏(2.6.2.10)的过程。

2.6.3.2

煮糖配料　dosage for sugar boiling

将两种或两种以上不同纯度(2.8.1.20)的物料按一定比例配合，以煮制成所需纯度糖膏(2.6.2.10)的作业。

2.6.3.3

煮糖　pan boiling;sugar boiling

在结晶罐(2.6.4.1)中将糖浆(2.6.2.1)及糖蜜(2.7.2.1)煮成糖膏(2.6.2.10)的过程。有间歇和连续两种方式。

2.6.3.4

起晶　nucleation

晶核的形成

过饱和糖液中形成晶核(2.6.1.4)的过程。有自然起晶、刺激起晶和投粉起晶三种。

2.6.3.5

止晶　interrupting the nucleation

在自然起晶(2.6.3.4)或刺激起晶中，当形成足够数量的晶核(2.6.1.4)时，通过降低母液(2.6.2.11)过饱和系数(2.6.1.3)的方法，以停止新晶核生成的过程。

2.6.3.6

固晶　hardening the grain

止晶(2.6.3.5)后，将已形成的晶核[或投入的晶核(2.6.1.4)]，通过数次抽入热水稀释、浓缩，使晶粒长大到肉眼可见的大小和坚实的过程。

2.6.3.7

整晶　regularizing the grain

晶体整理　regulating the grain

将不符合要求的晶粒用低浓度糖液、水或提高温度的方法溶去的过程。

2.6.3.8

养晶　growing the grain;crystal-growing

晶体生长　crystal growth

在维持一定的过饱和系数(2.6.1.3)条件下，使晶体不断吸收母液(2.6.2.11)中的蔗糖长大的过程。

2.6.3.9

最后浓缩　final concentration

在煮糖(2.6.3.3)的最后阶段，继续蒸发(2.5.1.5)，使糖膏(2.6.2.10)达到所需浓度的过程。

2.6.3.10

回煮　recirculation backboiling;boil back

煮糖(2.6.3.3)过程中糖蜜(2.7.2.1)回至本级或回溶糖浆(2.6.2.4)回至高一级煮糖的过程。

2.6.4　结晶设备

2.6.4.1

结晶罐　vacuum pan;pan

煮糖罐

真空煮糖罐

在真空下将糖浆(2.6.2.1)及糖蜜(2.7.2.1)煮成糖膏(2.6.2.10)的设备。有间歇式和连续式两类。

2.6.4.2

晶种罐 seed pan

种子罐

煮制含一定数量晶粒、供养晶(2.6.3.8)用的物料的设备。

2.6.4.3

晶种箱 seed crystallizer

种子箱 seed tank

贮存晶种糖膏(2.6.2.10)或晶种糖糊(2.6.2.7),带有搅拌器的设备。有密闭式和开口式两类。

2.6.4.4

糖膏搅拌机 mixer

分蜜(2.7.1.1)前将糖膏(2.6.2.10)暂贮及搅拌混合的设备。按糖膏的顺序可分为一号、二号或甲、乙糖膏搅拌机。

2.6.4.5

助晶机 crystallizer

助晶箱

低纯度(2.8.1.20)糖膏(2.6.2.10)经不断搅动和冷却,以维持一定的过饱和系数(2.6.1.3),使糖膏原有的晶体充分吸收母液(2.6.2.11)中的蔗糖,继续长大的设备。分连续和间歇两类,其中又有立式和卧式等。

2.6.4.6

糖膏分配槽 massecuite mixer-distribution

将糖膏搅拌机(2.6.4.4)或助晶机(2.6.4.5)卸出的糖膏(2.6.2.10)送到离心机(2.7.3.1)去的长槽。配有旋转搅拌器或升温装置。

2.6.4.7

球磨机 ball grinder;ball mill

一种将砂糖(2.1.1.2)研磨成糖粉,分散在饱和蔗糖溶液或酒精中配成糊状物料,供晶核(2.6.1.4)起晶(2.6.3.4)之用的设备。

2.6.4.8

强制对流结晶(煮糖)罐 agitating pan

当糖膏(2.6.2.10)粘度较大(尤其是低级糖膏),为加强糖膏对流,促进糖膏结晶,在煮糖罐中安装搅拌装置以实现强制对流,这种配备强制对流装置的煮糖罐称为强制对流的煮糖罐。

2.6.4.9

连续结晶系统 continuous pan

能使蔗糖实现连续结晶,以利于连续、稳定生产及生产自动化的一套结晶系统。按工作原理不同可分为卧式多分室连续结晶罐(2.6.4.1)、蒸发(2.5.1.5)式连续结晶塔等。

2.7 分蜜、干燥及贮藏

2.7.1 一般术语

2.7.1.1

分蜜 centrifuging;purging

用离心机(2.7.3.1)将糖膏(2.6.2.10)[或蜜洗(2.7.1.5)糖糊(2.7.2.5)]中的母液(2.6.2.11)与晶体分离,获得结晶糖的过程。

2.7.1.2

分蜜效率 purging efficiency;PE

衡量分蜜操作中杂质除去程度的指标。按式(4)计算:

$$分蜜效率=\frac{(糖纯度-糖膏纯膏)\times(100-糖蜜纯蜜)}{(糖纯度-糖蜜纯蜜)\times(100-糖膏纯膏)}\times 100 \quad \cdots\cdots\cdots\cdots\cdots(4)$$

2.7.1.3

砂糖干燥　drying of sugar

将砂糖(2.1.1.2)表面水分(2.8.3.18)除去的过程。利用冷空气与热砂糖的温差进行自然冷却,使砂糖表面水分除去称为自然干燥;用热空气作为介质,使砂糖的微量水分干燥除去称为热空气干燥。

2.7.1.4

砂糖筛分　screening the sugar

将砂糖(2.1.1.2)用不同规格的筛网,按晶体大小筛分的过程。

2.7.1.5

蜜洗　affination

复筛

用纯度(2.8.1.20)比砂糖(2.1.1.2)表面蜜膜高的糖蜜与砂糖混和成糖糊(2.7.2.5)后,再分蜜(2.7.1.1)的过程。

2.7.2　物料

2.7.2.1

糖蜜　molasses

从糖膏(2.6.2.10)或蜜洗(2.7.1.5)糖糊(2.7.2.5)中分离出来的母液(2.6.2.11)的通称。有原蜜(2.7.2.2)、洗蜜(2.7.2.3)、蜜洗蜜(2.7.2.7)和废蜜(2.7.2.4)等。

2.7.2.2

原蜜　green molasses; run-off

分蜜(2.7.1.1)过程中从糖膏(2.6.2.10)直接分离出来的母液(2.6.2.11)。有一号、二号……或甲、乙……原蜜(2.7.2.2)等。

2.7.2.3

洗蜜　white molasses; wash

稀蜜

分蜜(2.7.1.1)过程中汽洗或水洗后所得的稀糖蜜(2.7.2.1)。有一、二或甲、乙洗蜜等。

2.7.2.4

废蜜　final molasses; blackstrap molasses

最终糖蜜

从末号糖膏(2.6.2.10)分离出来的母液(2.6.2.11)。

2.7.2.5

糖糊　magma

砂糖(2.1.1.2)与糖液充分混合所得的糊状混合物。有晶种糖糊(2.6.2.7)和蜜洗(2.7.1.5)糖糊两种。

2.7.2.6

蜜洗糖　affination sugar

复筛糖　affined sugar

低纯度(2.8.1.20)砂糖(2.1.1.2)经蜜洗(2.7.1.5)后所得的砂糖。

2.7.2.7

蜜洗蜜　affination syrup

复筛蜜

低纯度(2.8.1.20)砂糖(2.1.1.2)经蜜洗(2.7.1.5)后所得的糖蜜(2.7.2.1)。

2.7.3 分蜜、干燥及贮藏设备

2.7.3.1

离心机 centrifugal;centrifuge

分离机

利用离心力将糖膏(2.6.2.10)的母液(2.6.2.11)与晶体分离的设备。有间歇式和连续式两类。

2.7.3.2

回溶机 remelter

再溶槽

将原糖(2.1.2.8)、低纯度(2.8.1.20)糖或不合格的成品糖,用糖汁(2.8.1.9)或水溶成浓糖液的设备。

2.7.3.3

糖糊混合机 mingler

糖糊槽

将砂糖(2.1.1.2)与糖液充分混合配制糖糊(2.7.2.5)的设备。

2.7.3.4

砂糖干燥机 sugar dryer;granulator

将砂糖(2.1.1.2)表面水分(2.8.3.18)除去的设备。有转筒式、转盘式和震动式等。

2.7.3.5

糖粉收集器 cyclone dust collector

糖粉捕集器

将砂糖干燥机(2.7.3.4)排出废气中的糖粉收集的装置。通常用旋风分离器形式。

2.7.3.6

砂糖提升机 sugar elevator

链斗上升机

白糖上升机

将砂糖(2.1.1.2)自低处向高处输送的链斗式的设备。

2.7.3.7

砂糖筛分机 vibrating screen

震筛

将砂糖(2.1.1.2)用不同规格的筛网,按晶体大小筛分的设备。

2.7.3.8

糖仓 sugar storehouse;sugar warehouse;sugar silo

贮糖的仓库。可分为袋装糖仓(2.7.3.8)和散装糖仓两类。

2.7.3.9

废蜜罐 molasses tank

废蜜塔

贮存废蜜(2.7.2.4)的大型容器。

2.7.3.10

白糖包装机 white sugar packer;white sugar packer stamper

将成品糖按一定规格及份量均匀装包、封包,以便贮藏及运输的设备。

2.8 化学管理

2.8.1 一般术语

2.8.1.1

夹杂物 (field)trash

附着和混杂于甘蔗茎的固体物质，如：蔗叶、蔗梢(2.9.1.20)、根须、泥砂、枯茎等。附着和混杂于甜菜中的固体物质，如：青顶(2.2.2.10)、尾根(2.2.2.11)、茎叶、泥土、砂石、杂草等。

2.8.1.2

甘蔗纤维 (cane)fiber

甘蔗组织中不溶于水的物质。

2.8.1.3

甜菜肉 mare

甜菜组织中不溶于水的物质。

2.8.1.4

甜菜糊 brei;beet brei

用于分析甜菜(丝)中蔗糖分(2.8.3.10)和非蔗糖分，而经充分破碎的甜菜碎料。

2.8.1.5

甜菜压榨汁 pressed juice

甜菜原汁

用挤压法从甜菜糊的细胞中取得的汁液。

2.8.1.6

绝对汁 absolute juice

一种假想的蔗汁(2.3.2.5)，其质量等于甘蔗质量减去甘蔗纤维(2.8.1.2)质量，即甘蔗中可溶性固体物和水的总和。

2.8.1.7

残留汁 residual juice

残留在蔗渣(2.3.2.12)中的稀糖汁(2.8.1.9)，其质量等于蔗渣质量减去纤维质量。

2.8.1.8

混合汁中的悬浮物及泥砂 suspended solids in mixed juice

混合汁(2.3.2.9)中用倾析法或过滤法除去的悬浮或可沉淀固体物质。如：蔗屑(2.3.2.13)(蔗糠)、根须、泥砂等。

2.8.1.9

糖汁 juice

糖厂未经蒸发(2.5.1.5)的各种稀糖液的统称。如：初压汁(2.3.2.6)、渗出汁(2.3.2.10)、混合汁(2.3.2.9)、清净汁(2.4.3.1)等。

2.8.1.10

糖品 sugar products

制糖过程中含蔗糖较多的物料。通常指糖料、在制品(2.1.1.7)和制品。

2.8.1.11

规定量 normal weight

国际甘蔗糖学会(ISSCT)规定，在 20.00 ℃把一定质量的纯蔗糖配成 100.000 mL 水溶液，用 200.000 mm观测管在检糖旋光仪测得其读数为 100°Z，这一质量称为规定量(26.000 g)。

2.8.1.12

规定量溶液　normal weight solution

糖品(2.8.1.10)按规定量(2.8.1.11)(26.000 g)配制成 100.000 mL 的溶液，用 N 表示。例如：以 1 规定量(26.000 g)配成 100.000 mL 溶液称为 1 N 溶液，以 2 规定量(52.000 g)配成 100.000 mL 溶液称为 2 N 溶液，以 1/2 规定量(13.000 g)配成 100.000 mL 溶液称为 1/2N 溶液。以此类推，按规定量配成的规定量糖液，在检糖计读得的数值除以 N 即为该糖品的糖度(2.8.1.18)。

2.8.1.13

固溶物　soluble solids

溶于糖汁(2.8.1.9)中的固体物质(包括蔗糖和非蔗糖物)。

2.8.1.14

干固物　solids by drying; total solids

干物质　dry substance

糖品(2.8.1.10)经干燥后所得的残留物。

2.8.1.15

视固溶物　apparent solids

用锤度计(2.8.4.1)或糖用折射仪(2.8.4.3)测定糖液中的可溶性固体物质。它只是近似的固溶物(2.8.1.13)。

2.8.1.16

锤度　brix; Bx

在 20.00 ℃时用锤度计(2.8.4.1)测得的读数。对纯蔗糖溶液为蔗糖质量分数；对不纯蔗糖溶液则表示溶液中视固溶物(2.8.1.15)的质量分数。

2.8.1.17

折光锤度　refractometer brix; refractive dry solids

在 20.00 ℃时用糖用折射仪(2.8.4.3)测得的读数。对纯蔗糖溶液为蔗糖质量分数；对不纯蔗糖溶液则表示溶液中视固溶物(2.8.1.15)的质量分数。

注：甜菜糖厂将折光锤度简称锤度。

2.8.1.18

糖度　pol

转光度

用一次旋光法测得糖品(2.8.1.10)中蔗糖质量分数的近似值。

2.8.1.19

蔗糖平衡　sucrose (pol) balance

糖度平衡

对生产过程中蔗糖[或糖度(2.8.1.18)]的投入和产出(包括损失)所作的物料衡算。以了解蔗糖(或糖度)损失的情况，可以蔗糖或糖度作为衡算的基准。

2.8.1.20

纯度　purity

糖品(2.8.1.10)的固溶物(2.8.1.13)中蔗糖所占的质量分数。

2.8.1.21

真纯度 true purity; TP

糖品(2.8.1.10)的干固物(2.8.1.14)中蔗糖所占的质量分数，按式(5)计算：

$$真纯度(\%)=\frac{蔗糖分}{干固物}\times 100 \qquad \cdots\cdots(5)$$

2.8.1.22

重力纯度　gravity purity;GP

糖品(2.8.1.10)的视固溶物(2.8.1.15)[用锤度计(2.8.4.1)测得]中蔗糖所占的质量分数,按式(6)计算:

$$重力纯度(\%)=\frac{蔗糖分}{锤度}\times 100 \quad \cdots\cdots(6)$$

注:锤度用糖用折射仪测得,其计算结果称为折光纯度(refractometer sucrose purity)。

2.8.1.23

视纯度　apparent purity; AP

简纯度

糖品(2.8.1.10)的视固溶物(2.8.1.15)中所含糖度(2.8.1.18)的质量分数,按式(7)计算:

$$视纯度(\%)=\frac{糖度}{锤度}\times 100 \quad \cdots\cdots(7)$$

注1:甜菜糖厂锤度用糖用折射仪测得。

注2:甘蔗糖厂锤度用锤度计测得。

注3:甘蔗糖厂锤度用糖用折射仪测得,其计算结果称为折光视纯度(refractometer purity)。

2.8.1.24

堆积密度　bulk density

视密度

单位体积内随意堆积的群体晶体的质量。糖的群晶堆积密度小于糖单晶的密度,其数值主要取决于群晶的形状和粒度。

2.8.2　非蔗糖物质

2.8.2.1

非蔗糖物　non-sucrose

糖品(2.8.1.10)固溶物(2.8.1.13)中除蔗糖以外的其他物质。分有机非蔗糖物和无机非蔗糖物两类。

2.8.2.2

还原糖　reducing sugars;RS

凡因有游离的或有潜在游离的醛或酮基,从而具有很易还原在碱性溶液中的铜、银或铋等多种金属盐的性质的一些糖类。例如:单糖和双糖中的麦芽糖、乳糖等。

2.8.2.3

转化糖　invert sugar;invertose

蔗糖转化(2.4.2.3)后所得的葡萄糖和果糖等分子混合物。

2.8.2.4

葡聚糖　glucosan;dextran

多缩葡萄糖

蔗糖受某些细菌(如肠系膜状白念珠菌)的作用,分解并聚合生成的一种高粘状或凝胶状的多糖。

2.8.2.5

棉子糖　raffinose;gosseypose;mellitose;meltriose

棉实糖

由半乳糖、葡萄糖和果糖各一分子组成的三糖。不含醛基或酮基,具有右旋光性。存在于甜菜中,用史蒂芬法回收甜菜废蜜(2.7.2.4)中糖分时它成副产物产出,用蜜二糖酶可将它水解成蔗糖和半乳糖。

2.8.2.6

非糖物　non-sugars

非蔗糖物中除还原糖(2.8.2.2)以外的物质。分有机非糖物和无机非糖物两类。

2.8.2.7

色素　colorant;coloring matter;pigment

色素物质

本身具有颜色,并能使其他物料着色的物质。在糖品(2.8.1.10)中为有色物质的总称。

2.8.2.8

有害氮　harmful nitrogen

在通用清净(2.4.1.1)过程中不易除去的含氮化合物。如硝酸盐、酞胺、氨基酸和甜菜碱氮等。

2.8.3　**糖品分析术语**

2.8.3.1

纯度差　purity difference

制糖过程各工序处理前后两种物料之间的纯度差值。

2.8.3.2

酸度　acidity;titrated acidity

糖汁(2.8.1.9)中所含的游离酸量。以酚酞为指示剂,用100 mL糖汁中含相当的氧化钙克数表示。

2.8.3.3

碱度　alkalinity;titrated alkalinity

糖汁(2.8.1.9)呈碱性反应时所含的碱量。以酚酞或*a*-萘酚酞作指示剂,用100 mL糖汁中含相当的氧化钙克数表示。

2.8.3.4

自然磷酸值　phosphate in juice

蔗汁(2.3.2.5)本身含可溶性磷酸盐的量。通常用P_2O_5 mg/L(每升含五氧化二磷毫克数)表示。

2.8.3.5

自然碱度　natural alkalinity

糖汁(2.8.1.9)本身所含碱金属氢氧化物,以二碳饱充沉淀钙盐后,剩留在糖汁中碱金属碳酸盐的量,用相当的氧化钙克数表示,用酸来滴定的终点为pH=8.2。

注:有效碱度(effective alkalinity)其定义与自然碱度相同,但滴定终点pH=9.2。

2.8.3.6

钙盐含量　lime content;calcium salt content

糖品(2.8.1.10)中钙盐的质量分数。用100 g样品含氧化钙克数表示。

2.8.3.7

全钙量　total calcium

全氧化钙

100 mL主灰汁或一碳汁中所含未反应的氧化钙及已反应形成碳酸钙的氧化钙和部分碱金属相当于氧化钙的克数。

2.8.3.8

夹杂物率　trash %

含杂率

甘蔗或甜菜中含夹杂物(2.8.1.1)的质量分数。

2.8.3.9

甘蔗纤维分　fiber % cane

甘蔗组织中不溶于水的物质对甘蔗的质量分数。

2.8.3.10

蔗糖分　sucrose %

糖品(2.8.1.10)中含蔗糖的质量分数。

2.8.3.11

还原糖分　reducing sugars %

糖品(2.8.1.10)中还原性物质[以转化糖(2.8.2.3)表示]的质量分数。

2.8.3.12

总糖分　total sugar %

糖品(2.8.1.10)中蔗糖分(2.8.3.10)与还原糖分(2.8.3.11)的总量。

注：绵白糖总糖分＝100－(水分＋灰分)

2.8.3.13

还原糖与蔗糖比率　reducing sugars-sucrose ratio;RS-sucrose ratio

还原糖蔗糖比

糖品(2.8.1.10)中还原糖分(2.8.3.11)对蔗糖分(2.8.3.10)的百分数。

2.8.3.14

还原糖分解率　percentage destruction of reducing sugars

清净(2.4.1.1)过程中渗出汁(2.3.2.10)还原糖分与清净汁(2.4.3.1)还原糖分(2.8.3.11)的差值对渗出汁(2.3.2.10)还原糖分的质量分数。按式(8)计算：

$$\text{还原糖分解率}(\%)=\frac{\text{渗出汁还原糖分}-\text{清净汁还原糖分}}{\text{渗出汁还原糖分}}\times 100 \quad \cdots\cdots\cdots\cdots(8)$$

2.8.3.15

色值　colour

色度

按规定的方法测得的、表示糖品(2.8.1.10)颜色深浅的数值。以国际糖色值(2.8.3.16)表示。

2.8.3.16

国际糖色值　ICUMSA colour unit

国际上统一规定的糖品(2.8.1.10)色值(2.8.3.15)单位。在一定的 pH 值范围内，用适当的液层厚度和浓度，在规定的波长下[白砂糖(2.1.2.3)及浅色糖品用 420 nm，深色糖品用 560 nm]溶液的吸光系数乘以 1 000，即为国际糖色值(2.8.3.16)。符号为 IU_x(x 为所用的波长，当用 420 nm 时，x 可不标出)单位用 IU 表示。按式(9)计算：

$$IU_x=\frac{A}{b\times c}\times 1\,000 \quad \cdots\cdots\cdots\cdots(9)$$

式中：

A——在规定波长下的吸光度；

b——比色皿厚度，单位为厘米(cm)；

c——糖液浓度，单位为克每毫升(g/mL)。

2.8.3.17

混浊度　turbidity

浊度

糖液用 0.45 μm 微孔薄膜过滤(2.4.7.4)前后在 420 nm 波长下吸光度的差值与被测糖液混浊度

之间有确定的关系。可利用来测糖液的混浊度,单位用IU表示。按式(10)计算:

$$混浊度=过滤前色值-过滤后色值 \qquad \cdots\cdots(10)$$

式中:

过滤前色值$=\frac{A_{滤前}}{b\times c}\times 1\,000$,单位为国际单位(IU);

过滤后色值$=\frac{A_{滤后}}{b\times c}\times 1\,000$,单位为国际单位(IU)。

注:原国内混浊度习惯使用单位为“度”或“MAU”,现统一为ICUMSA使用单位“IU”。

2.8.3.18

水分 moisture

糖品(2.8.1.10)中含水的质量分数。

2.8.3.19

干燥失重 loss on drying %

用干燥法测得糖品(2.8.1.10)中水分(2.8.3.18)及其他挥发性物质含量的质量分数。

2.8.3.20

灰分 ash %;gravity ash %

灼烧灰分

糖品(2.8.1.10)灼烧后的残留物对样品的质量分数。分硫酸盐灰分和碳酸盐灰分两类。

2.8.3.21

电导灰分 conductivity ash

电导法可测定糖液中离子型溶解盐类,电导率乘以规定的转换系数即可算得样品的灰分含量,以“电导灰分”表示。电导法测灰分操作简单、快捷、无污染,所测得结果重现性比较好,已为一些糖产品反映糖质量的理化指标之一。

2.8.3.22

水不溶物 insoluble substance

不溶于水杂质

糖品(2.8.1.10)中含有的不溶于水的非糖分杂质。

2.8.3.23

二氧化硫含量 sulfur dioxide

白砂糖(2.1.2.3)、清糖浆(2.6.2.1)等糖品(2.8.1.10)中所含有的、以二氧化硫表示的含硫化合物的总量,是食糖较为关键的一个指标。

2.8.3.24

砂糖粒度 grain size

砂糖(2.1.1.2)晶体的平均尺寸和大小分布情况。通常用平均粒径(MA)和变异系数(CV)表示。

2.8.4 检糖仪器

2.8.4.1

锤度计 brix hydrometer;brix spindle

甘蔗糖厂(2.1.3.1)常用的一种比重计。其刻度表示100 g纯蔗糖溶液中蔗糖的克数,对不纯蔗糖溶液所得读数则是溶液中视固溶物(2.8.1.15)的质量分数。

2.8.4.2

波美计 baume hydrometer

刻度为波美度的一种比重计。糖厂用以测量石灰乳(2.4.3.16)的浓度。用°Bé表示。

2.8.4.3

糖用折射仪　refractometer

折光计

根据光线通过糖液的折射率，测定其中视固溶物(2.8.1.15)含量的仪器。用°Bx 表示。

2.8.4.4

检糖仪　saccharimeter

检糖计　saccharometer

专门用于测定糖液中蔗糖或糖度(2.8.1.18)含量的一种旋光仪(有手动和自动型式)。它的刻度是国际糖刻度(2.8.4.5)，用°Z 表示。

2.8.4.5

国际糖刻度　international sugar scale

根据“糖品分析统一方法国际委员会(ICUMSA)”在1986年以前的建议，是把规定量(2.8.1.11)的蔗糖(26.000 g)溶成100.000 mL，在20 ℃下用200 mm观测管，汞的同位^{198}Hg作光源(λ=546.227 1 nm)的条件下测得的旋光度定义为100°S。1986年ICUMSA第19届会议，经过更精密的试验测得的旋光度比前稍小，因此把刻度修改为100°Z，会议确定于1988年7月1日起实施将国际糖度(2.8.1.18)°S改为新的国际精度°Z，在数值上°Z比°S稍小一点，将°S的数值乘上0.999 71即为°Z的数值。

2.8.4.6

高效液相色谱　high performance liquid chromatography；HPLC

高效液相色谱是一种柱中色谱分析技术，在制糖工业中一般用于糖汁(2.8.1.9)中各种糖化物、酚类及色素(2.8.2.7)的测定。

2.8.4.7

原子吸收光谱　atomic absorption spectrophotometry；AAS

原子吸收光谱法是一种利用被测元素的基态原子对特征辐射线的吸收程度进行定量分析的方法，可以测定多种金属及部分非金属元素，对于分析糖及糖类相关产品中微量金属元素是非常适用的分析技术。

2.8.4.8

卡-费水分测定仪　Karl Fischer moisture determination apparatus

卡-费法可以快速准确地测得样品的少量水分(2.8.3.18)。此法测得的是真实的水分。它常作为水分特别是痕量水分的标准分析方法。

2.8.4.9

分光光度计　spectrophotometer

根据朗伯-比尔定律，通过测糖液吸光度来分析其色值(2.8.3.15)和混浊度(2.8.3.17)的仪器。

2.8.4.10

电导计　conductometer；conductivity meter；diagometer

通过测量蒸馏水及糖液的电导率，从而可以求导出糖品(2.8.1.10)电导灰分(2.8.3.21)的仪器。

2.8.4.11

近红外光谱仪　near infrared spectroscopy analyzer

利用波长在780 nm～2 526 nm范围内的电磁波，对甘蔗、白砂糖(2.1.2.3)以及糖厂各种中间制品进行快速分析检测的一种仪器。

2.8.5　化学管理计算方法

2.8.5.1

蔗汁榨出率　juice extraction

压榨机组(2.3.3.3)所榨出的绝对汁(2.3.2.19)对以某种质量为基准的百分数。按式(11)、式(12)

计算：

$$绝对汁榨出率(\%)=\frac{榨出绝对汁质量}{甘蔗中绝对汁质量}\times 100 \quad \cdots\cdots(11)$$

$$榨出绝对汁(\%)=\frac{榨出绝对汁质量}{甘蔗质量}\times 100 \quad \cdots\cdots(12)$$

2.8.5.2

初压比率　jave ratio

爪哇比率

甘蔗糖度(2.8.1.18)[或蔗糖分(2.8.3.10)]对初压汁(2.3.2.6)糖度(或蔗糖分)的百分数。按式(13)计算：

$$初压比率(\%)=\frac{甘蔗糖度(或庶糖分)}{初压汁糖度(或蔗糖分)}\times 100 \quad \cdots\cdots(13)$$

2.8.5.3

压榨比率　extraction ratio

未榨出的蔗糖分(2.8.3.10)[或糖度(2.8.1.18)]对甘蔗纤维分(2.8.3.9)的百分数。按式(14)计算：

$$压榨比率(\%)=\frac{100-抽出物}{甘蔗纤维分}\times 100 \quad \cdots\cdots(14)$$

2.8.5.4

压榨损失　milling loss

蔗渣(2.3.2.12)糖度(2.8.1.18)对蔗渣纤维分的百分数。按式(15)计算：

$$压榨损失(\%)=\frac{蔗渣糖度}{蔗渣纤维分}\times 100 \quad \cdots\cdots(15)$$

2.8.5.5

渗出糖分损失　diffusion sugar loss

渗出糖分损失等于废粕(2.3.2.15)糖度(2.8.1.18)乘以废粕质量对甜菜质量分数加上未测定糖分损失对甜菜质量分数。

2.8.5.6

甘蔗含糖细胞破碎度　percentage of broken cells of total cells in cane

破碎度　displaceability index;percentage disintegration

甘蔗在处理(斩切、压碎、撕裂、压榨等)过程中,由于受机械作用,甘蔗组织中含有蔗糖的细胞大部分被破裂,已破裂的细胞数对处理前未被破裂的全部细胞数的百分数。测定时以细胞所含的蔗糖分(2.8.3.10)[或糖度(2.8.1.18)]代表细胞数。按式(16)计算：

$$破碎度(\%)=\frac{处理后已破裂的细胞所含的蔗糖分(或糖度)}{处理前全部未被破裂的细胞所含的蔗糖分(或糖度)}\times 100 \quad \cdots\cdots(16)$$

2.8.5.7

稀释水　dilution water

混合汁(2.3.2.9)中所含的渗浸水 (2.3.2.20),其质量等于混合汁质量减去榨出绝对汁(2.3.2.19)质量。

2.8.5.8

抽出率　sucrose (pol) extraction

在提汁过程中从糖料提取蔗糖[或糖度(2.8.1.18)]的质量分数。按式(17)计算：

$$抽出率(\%)=\frac{提取糖汁中蔗糖(或糖度)质量}{糖料中的蔗糖(或糖度)质量}\times 100 \quad \cdots\cdots(17)$$

2.8.5.9

对比抽出率　reduced extraction

抽出率(2.8.5.8)的高低,客观上受甘蔗纤维分(2.8.3.9)高低的影响,为比较压榨工艺及技术的优劣,国际上采用对比抽出率表示,即把实际抽出率换算以标准甘蔗纤维分(12.500)为基准的抽出率。按式(18)计算:

$$E_{12.5}=100-\frac{(100-E)\times(100-F)}{7\times F} \quad \cdots\cdots(18)$$

式中:

$E_{12.5}$——对比抽出率,%;

E——实际抽出率,%;

F——甘蔗纤维分,%。

2.8.5.10

煮炼收回率　boiling house recovery

成品白砂糖(2.1.2.3)[包括赤砂糖等折的及在制品(2.1.1.7)可制得的白砂糖]的蔗糖[或糖度(2.8.1.18)]对混合汁(2.3.2.9)[或渗出汁(2.3.2.10)]中蔗糖(或糖度)的质量分数。它表示制炼(2.1.1.6)过程从混合汁(或渗出汁)中的蔗糖(或糖度)实际收回蔗糖(或糖度)的质量分数。按式(19)计算:

$$煮炼收回率(\%)=\frac{已成及未成白砂糖的蔗糖(或糖度)质量}{混合汁(或渗出汁)中的蔗糖(或糖度)质量}\times 100 \quad \cdots\cdots(19)$$

2.8.5.11

对比煮炼收回率　reduced boiling house recovery

煮炼收回率(2.8.5.10)的高低影响因素较多,客观上受糖料纯度(2.8.1.20)高低的影响。国际上采用对比煮炼收回率以进行工艺技术的比较,即把实际的混合汁(2.3.2.9)[或渗出汁(2.3.2.10)]纯度和煮炼收回率推算出理论废蜜(2.7.2.4)纯度[按式(20)计算],然后换算至混合汁(或渗出汁)纯度为85时的煮炼收回率[按式(21)计算]。它不受混合汁(或渗出汁)纯度高低的影响,可作为各厂收回率直接比较的指标。

1965年国际甘蔗糖学会(ISSCT)正式采用Deerr的计算公式:

$$M_t=\frac{J\times(100-R)}{10\,000-J\times R}\times 100 \quad \cdots\cdots(20)$$

$$R_{85}=\frac{100\times(85-M_t)}{85\times(100-M_t)}\times 100 \quad \cdots\cdots(21)$$

式中:

M_t——理论废蜜纯度,%;

J——混合汁(或渗出汁)纯度,%;

R——煮炼收回率,%;

R_{85}——对比煮炼收回率,%。

1971年ISSCT建议采用Gundu-Rao的公式代替原正式采用的Deerr公式。

Gundu-Rao计算对比煮炼收回率的公式见式(22):

$$R_{85}=R+\frac{M}{1-M}\times\frac{0.85-J}{0.85\times J} \quad \cdots\cdots(22)$$

式中:

R_{85}——对比煮炼收回率;

R——煮炼收回率;

M——废蜜纯度;

J——混合汁(或渗出汁)纯度。

2.8.5.12

总收回率 overall recovery; total recovery

蔗糖收回率

成品糖和在制品(2.1.1.7)中可制成糖的蔗糖[或糖度(2.8.1.18)]对糖料中的蔗糖(或糖度)的质量分数,按式(23)计算:

$$总收回率(\%)=\frac{成品糖及在制品中可制成糖的蔗糖(或糖度)质量}{糖料中的蔗糖(或糖度)质量}\times 100 \quad \cdots\cdots(23)$$

2.8.5.13

对比总收回率 reduced overall recovery

对比抽出率(2.8.5.9)和对比煮炼收回率(2.8.5.11)的乘积除以100。按式(24)计算:

$$对比总收回率(\%)=\frac{E_{12.5}\times R_{85}}{100} \quad \cdots\cdots(24)$$

式中:

$E_{12.5}$——对比抽出率,%;

R_{85}——对比煮炼收回率,%。

2.8.5.14

结晶率 percent crystallization in massecuite; crystal yield of massecuite

糖膏(2.6.2.10)中结晶蔗糖对糖膏固溶物(2.8.1.13)的质量分数,按式(25)计算:

$$结晶率(\%)=\frac{糖膏纯度-糖蜜纯度}{100-糖蜜纯度}\times 100 \quad \cdots\cdots(25)$$

2.8.5.15

助晶效率 efficiency of crystallization in motion

糖膏(2.6.2.10)助晶(2.6.1.10)后,结晶率(2.8.5.14)提高的百分数。按式(26)计算:

$$助晶效率(\%)=\frac{助晶后的结晶率-卸糖膏时的结晶率}{卸糖膏时的结晶率}\times 100 \quad \cdots\cdots(26)$$

2.8.5.16

等折白砂糖 equivalent granulated white sugar

将各种成品糖的质量以白砂糖(2.1.2.3)纯度(2.8.1.20)为基准折算所得的白砂糖的质量。

2.8.5.17

糖膏产糖率 sugar yield % Bx in massecuite

糖膏(2.6.2.10)分蜜(2.7.1.1)后所得的成品砂糖(2.1.1.2)对糖膏干固物(2.8.1.14)的质量分数。按式(27)计算:

$$糖膏产糖率(\%)=\frac{成品砂糖质量\times 100}{糖膏体积\times 重度\times 锤度}\times 100 \quad \cdots\cdots(27)$$

注:成品砂糖质量用吨(t)表示;糖膏体积用立方米(m^3)表示;重度用吨每立方米(t/m^3)表示;锤度用质量百分比(%)表示。

2.8.5.18

商品糖产率 commercial sugar yield

商品糖质量对糖料的质量分数。按式(28)计算:

$$商品糖产率(\%)=\frac{成品糖质量}{实处理糖料质量}\times 100 \quad \cdots\cdots(28)$$

注:甜菜糖厂糖料以甜菜丝质量计算。

2.8.5.19

产糖率 sugar yield

等折白砂糖产率

本期已成及未成白砂糖质量对糖料的质量分数。按式(29)计算:

$$产糖率(\%)=\frac{本期已成及未成白砂糖质量}{实处理糖料质量}\times 100 \qquad\cdots\cdots(29)$$

2.8.5.20

蔗糖产率　sucrose yield

成品糖[包括在制品(2.1.1.7)]中可制成糖的蔗糖[或糖度(2.8.1.18)]对糖料的质量分数。

2.8.5.21

理论煮炼收回率　basic boiling house recovery

混合汁(2.3.2.9)[或渗出汁(2.3.2.10)]在不考虑滤泥(2.4.3.15)和未测定损失(2.8.5.23)的条件下，可能制得的蔗糖[或糖度(2.8.1.18)]的质量分数。以物料中的蔗糖(或糖度)为基准时，可用SJM公式[式(30)]计算：

$$理论煮炼收回率(\%)=\frac{10\,000\times(J-M)}{J\times(100-M)} \qquad\cdots\cdots(30)$$

式中：

J——原料的纯度，%；

M——废蜜的纯度，%。

2.8.5.22

煮炼效率　boiling house efficiency

实际煮炼收回率(2.8.5.10)与理论煮炼收回率的百分数。

2.8.5.23

未测定损失　undetermined losses

未测定损失等于蔗糖(或糖度)平衡(2.8.1.19)中总蔗糖[或糖度(2.8.1.18)]损失减去已测定损失(2.8.5.24)，包括采样称重、分析上的误差、跑漏糖及化学转化和分解等的损失。甘蔗糖厂(2.1.3.1)用对甘蔗中蔗糖(或糖度)质量的百分数表示；甜菜糖厂(2.1.3.2)用对甜菜质量的百分数表示。

2.8.5.24

已测定损失　determined losses；accounted losses

糖厂用于蔗糖[或糖度(2.8.1.18)]平衡(2.8.1.19)计算的损失，包括蔗渣(2.3.2.12)、废粕(2.3.2.15)、滤泥(2.4.3.15)和废蜜(2.7.2.4)中蔗糖(或糖度)的损失。甘蔗糖厂(2.1.3.1)用对甘蔗中蔗糖(或糖度)质量的百分数表示；甜菜糖厂(2.1.3.2)用对甜菜质量的百分数表示。

2.8.5.25

总蔗糖(或糖度)损失　total loss of sugar

工艺总损失

制糖生产过程中损失的蔗糖[或糖度(2.8.1.18)]，包括已测定损失(2.8.5.24)和未测定损失(2.8.5.23)。甘蔗糖厂(2.1.3.1)用对甘蔗中蔗糖(或糖度)质量的百分数表示；甜菜糖厂(2.1.3.2)用对甜菜质量的百分数表示。

2.9　糖厂副产品

2.9.1　甘蔗糖厂副产品

2.9.1.1

蔗渣纤维板　bagasse fibre board

蔗渣硬质纤维板

蔗渣(2.3.2.12)经热磨制浆、成型、热压而制成的一种人造板。其中直接用热磨浆经成型、热压而成的单面光滑的板称为湿法纤维板；在热磨制浆后，经干燥和加入胶粘剂热压而成双面光滑的板称为干法纤维板。

2.9.1.2

蔗渣软质纤维板　bagasse insulation board

蔗渣吸音板

蔗渣绝缘纤维板

蔗渣(2.3.2.12)经热磨或碱浸冷磨制浆，再经成型、干燥制成的一种低密度软质纤维板。具有良好的吸音、隔热性能。

2.9.1.3

蔗渣碎粒板　bagasse particle board

蔗渣(2.3.2.12)经除髓、筛分制成纤维碎粒，经干燥和加入合成树脂胶粘剂后，热压而成的一种双面光滑人造板。密度有低、中、高三类。

2.9.1.4

兰姆酒　rum

以甘蔗糖蜜(2.7.2.1)或蔗汁(2.3.2.5)为原料，经发酵、蒸馏、陈酿而制成的一种含酒精饮料。带有甘蔗糖的特殊香醇味。

2.9.1.5

蔗蜡　cane wax

存在于甘蔗表皮上的一种类脂物的通称。该类脂物包含有蜡状类脂物(或称真蜡)和脂肪类脂物，从甘蔗糖厂(2.1.3.1)的滤泥(2.4.3.15)用有机溶剂提取及精制而成。有粗蔗蜡(2.9.1.6)和精制蔗蜡(2.9.1.7)两类。

2.9.1.6

粗蔗蜡　crude cane wax

甘蔗糖厂(2.1.3.1)滤泥(2.4.3.15)[亚硫酸法(2.4.4.2)]用有机溶剂抽提所得的粗制品。呈褐色或黑色。

2.9.1.7

精制蔗蜡　refined cane wax

将粗蔗蜡(2.9.1.6)经脱脂、脱色、纯净的精制品。呈浅黄色或浅棕色。

2.9.1.8

蔗脂　fatty lipids of cane

用有机溶剂从粗蔗蜡(2.9.1.6)分离所得的一种脂肪类脂物。是一种成分复杂的混合物，含有油脂类、甘油脂类、甾醇类和其他脂类、游离脂肪酸、醇类、叶绿素等。

2.9.1.9

蔗糖酯　sucrose esters

蔗糖酯是蔗糖分子中的羟基(部分或全部)与酸(无机的或有机的)进行酯化反应，生成的类酯物质的总称。有粗(混合)蔗糖酯(2.9.1.10)和纯蔗糖酯(2.9.1.11)两类。

2.9.1.10

粗蔗糖酯　crude sucrose esters

混合蔗糖酯

蔗糖和有机酸(或无机酸)在碱性催化剂存在下，起酯化反应生成的一种混合产品。

2.9.1.11

纯蔗糖酯　pure sucrose esters

从粗蔗糖酯(2.9.1.10)中除去杂质后所得的蔗糖酯(2.9.1.9)。

2.9.1.12

黄原胶　xanthan gum

黄杆菌多糖胶

以淀粉质、蔗糖、葡萄糖或糖蜜为主要原料，用甘兰黑腐病黄单胞菌为产生菌，经特定的生物发酵并经提纯、干燥、粉粹而成的黄原胶产品。

2.9.1.13

蔗糖氯代衍生物　chloro derivatives of sucrose

以蔗糖为原料，蔗糖分子的某些羟基被氯原子取代所得的多种化合物的总称。其甜度比蔗糖大20倍～2 000倍。

2.9.1.14

糠醛　furfural

又名呋喃甲醛，具有呋喃杂环结构和一个醛基，是用含多缩戊糖的蔗渣(2.3.2.12)、玉米芯为原料经加酸作触媒水解、蒸馏，精馏而成。

2.9.1.15

右旋糖苷　dextran

以蔗糖为原料用细菌肠粪状明串珠菌在合适配方的培养基总发酵所产生的右旋葡萄糖聚合体，又称葡聚糖(2.8.2.4)。再经盐酸水解为低分子右旋糖苷，主要用于医药糖充血容量和改善血管微循环作用的“代血浆”。

2.9.1.16

低聚果糖　fructooligosaccharides

蔗糖分子上结合1个～3个果糖分子的低聚糖。具低热能，活化双歧杆菌的增值因子等功能。

2.9.1.17

帕拉金糖　palatinose

学名异麦芽酮糖(isomaltulose)，是以蔗糖为原料，经α-葡萄糖基转移酶转化的作用，待蔗糖类的葡萄糖与果糖原有的α-1,2结合部分离解，转变成α-1,6结合，故是这样的同分异构体。其功能是不产生龋齿，食后血糖值上升缓慢，适于糖尿病者作甜味剂。

2.9.1.18

三氯蔗糖　sucralose;splenda

以蔗糖为原料的氯化衍生物，其化学名为4,1’,6’-三氯-4,1’6’-三脱氧半乳型蔗糖(TGS)。是一种非营养型无热量的高倍甜味剂。甜度为蔗糖的600倍～700倍。

2.9.1.19

硫糖铝　sucralfate

蔗糖与硫酸酯、铝离子合成的八硫酸蔗糖的氢氧铝盐。是抗胃溃疡药物。

2.9.1.20

蔗梢　cane top

甘蔗茎顶端分生组织生长点(俗称蔗黄)所在部位附近。因甘蔗糖分的积累，是由基部自下而上，成熟初期梢部节段蔗糖分(2.8.3.10)很低，致影响全茎蔗糖分也低，然而梢部含营养成分如氨基酸、抗氧化物等则比蔗茎高。

2.9.1.21

蔗多酚化合物　cane’s polyphenols

一类水溶性色素(2.8.2.7)，包含有C6-C3-C6的碳骨架。常见有三类：花青素、黄酮类、儿茶素。这些多酚化含物易与铁形成深墨绿色，但它与一些植物多酚化合物成分类似，具有抗氧化功能。

2.9.1.22

糖蜜酒精蒸馏废液　slop;vinasse;stillage

用糖蜜(2.7.2.1)为原料通过酵母菌发酵产生酒精的成熟发酵液，入粗馏蒸馏塔，塔顶蒸出酒精，塔底排出的为已提馏到含酒精很少的废液。

2.9.1.23

糖蜜酒精　molasses alcohol;molasses ethyl alcohol

以糖蜜(2.7.2.1)[多为废蜜(2.7.2.4)]或甘蔗汁(2.3.2.5)为原料进行发酵制成的乙醇产品，是制糖工业的主要副产品之一。

2.9.1.24

木糖醇　xylitol

以蔗渣(2.3.2.12)、玉米芯等农副产品为原料经水解、净化、加氢等工艺制成的产品。

2.9.1.25

蔗糖聚酯　sucrose polyesters;SPE

蔗糖的8个羟基有6个以上发生酯化(即酯化度=6～8)的产物。

2.9.1.26

糖药物　carbohydrate medicament

以糖蜜(2.7.2.1)、砂糖(2.1.1.2)或糖类物质为原料，通过生化技术制备而成的，具有保健功能和治疗功能的产品。

2.9.1.27

功能性糖食品　functional carbohydrate foods

除营养(一次功能)和感觉(二次功能)之外，还具有调节生理活动(三次功能)的糖类食品。主要有功能性单糖、功能性低聚糖和功能性多糖等。

2.9.2　甜菜糖厂副产品

2.9.2.1

压粕　pressed pulp

废粕(2.3.2.15)经废粕压榨机(2.3.3.2)挤压出部分水后的产物。

2.9.2.2

干粕　dry pulp

压粕(2.9.2.1)经干燥后的产品。

2.9.2.3

甜菜颗粒粕　beet pellet

干粕(2.9.2.2)经造粒机压制成紧密的、表面光滑的小圆柱状物。

2.9.2.4

甜菜碱　betaine

学名三甲基甘氨酸(trimethylglycocl)、三甲铵基乙内盐；分子式 $C_5H_{11}NO_2$，是甜菜中可溶性非糖分中含氮的有机物，是一种生物碱。甜菜中含量约0.15%～0.25%。可在废糖蜜(2.7.2.1)中提取回收。废糖蜜中含量约4%，提取率约50%。产品用作动物饲料添加剂等。

2.10　制糖工业助剂

2.10.1

制糖工业助剂　sugar industry aid

保证制糖工业过程能顺利进行的各种物质，与成品糖本身无关。如杀菌、消泡、沉降(2.4.7.1)、澄清(2.4.7.3)、过滤、除垢、脱色、助炼、防锈等。

2.10.2

消泡剂　defrother for sugar industry

抑泡剂　antifoaming agent for sugar industry

阻止泡沫形成或消除已形成的泡沫(显著降低泡沫持久性)的物质。在制糖工业过程中，用于糖液中泡沫的抑制和消除。

注：本处“泡沫”是指由薄的液膜隔开和并列的气泡堆积形成的气泡群，是一种气体在液体中以大体积比分散的分散体；“持久性”是指泡沫持久的能力。

2.10.3

杀菌剂　bacteriostatic agent

抑制细菌生长或能杀灭细菌的物质。在制糖工业过程中，用于杀灭和抑制细菌的繁殖。

2.10.4

脱色剂　decoloring agent

在控制条件下，作用于糖膏(2.6.2.10)或其他物料，通过氧化、还原的化学作用，把物料中的色素物质消除或转变为浅色物质的产品。

2.10.5

防锈剂　antirust agent

防止金属表面生成氧化物的物质。主要用于糖厂非生产期(2.1.1.1)设备表面的保护。

2.10.6

澄清剂　clarifying agent

用作去除糖汁(2.8.1.9)或糖浆(2.6.2.1)中的非糖物(2.8.2.6)质，以提高清净效率(2.4.1.2)的物质。

2.10.7

煮糖助剂　boiling agent

煮炼助剂

用于煮糖(2.6.3.3)过程的提高煮炼效能和结晶速率的煮炼助剂。如降低糖液粘度、表面张力的蔗糖酯。

2.10.8

阻垢剂　anti-scale agent

防止或减缓盐类物质在过饱和溶液中结晶沉积在设备表面的化学物。一般包含聚磷酸盐、有机磷酸、磷羧酸、聚羧酸、有机磷酸酯等。

2.10.9

除垢剂　descaling agent

用作去除加热设备内壁积垢(2.5.1.11)的物质。

2.10.10

除垢助剂　assistant descaling agent

用作提高除垢剂(2.10.9)使用效率和保护设备表面的物质。主要起分散、渗透、缓蚀作用。

2.10.11

絮凝剂　flocculant; flocculating agent; flocculateion aids

利用电中和及架桥作用吸附微粒形成较大絮团，提高糖汁(2.8.1.9)的沉降(2.4.7.1)或上浮速度和澄清(2.4.7.3)效率，为改善糖汁澄清效果，广泛使用的一种高分子助剂。

2.11　自控与环保

2.11.1　自动控制检测

2.11.1.1

核子秤　nuclear scale

置于甘蔗输送带上，以 γ 射线的衰减程度来判断甘蔗通过量的称量装置。

2.11.1.2

pH 值在线检测仪　pH value real time automatic detector

一种安装在生产线上，可以对液态物料[多为中和汁(2.4.3.21)]的 pH 值进行在线检测，对生产进行相关监测的仪器。

2.11.1.3

近红外在线(旁线)检测系统　near infrared spectroscopy on-line(at line) detect system

利用近红外线光谱,对制糖过程在制品(2.1.1.7)或产品进行快速无损在线检测的高科技产品,核心硬件是近红外发射及接受器,核心软件是模型数据库及模型建立系统。

2.11.1.4

糖分自动检测仪　sugar content automatic detector

酶法连续跟踪监测糖厂冷凝水(2.5.1.10)和废水中含糖分的仪器。

2.11.2　清洁生产与环境保护

2.11.2.1

清洁生产　cleaner production

不断采取改进设计、使用清洁的能源和原料、采用先进的工艺技术与设备、改善管理、综合利用等措施,从源头削减污染,提高资源利用效率,减少或者避免生产、服务和产品使用过程中污染物的产生和排放,以减轻或者消除对人类和环境的危害。

2.11.2.2

水重复利用率　repeated utilization of water

糖厂制糖生产中水重复利用量占总用水量的百分数。按式(31)计算:

$$水重复利用率(\%)=\frac{榨季全生产期重复用水量(m^3)}{榨季全生产期用水量(m^3)}\times 100 \qquad (31)$$

2.11.2.3

吨蔗耗新鲜水量　consumption of fresh water per ton sugarcane

甘蔗糖厂(2.1.3.1)每加工一吨甘蔗所需消耗的新鲜水量。按式(32)计算:

$$吨蔗耗新鲜水量(m^3/t)=\frac{榨季生产耗新鲜水量(m^3)}{榨季甘蔗质量(t)} \qquad (32)$$

2.11.2.4

吨蔗废水产生量　wastewater output per ton sugarcane

甘蔗糖厂(2.1.3.1)每加工一吨甘蔗所产生的废水量。按式(33)计算:

$$吨蔗废水产生量(m^3/t)=\frac{榨季全生产期产生废水量(m^3)}{全榨季榨蔗质量(t)} \qquad (33)$$

2.11.2.5

化学耗氧量　chemical oxygen demand;COD

化学需氧量

在一定的条件下,采用一定的强氧化剂处理水样时,所消耗的氧化剂量。它是表示水中还原性物质多少的一个指标。其单位用 mg/L 表示。

2.11.2.6

生化耗氧量　biochemical oxygen demand;BOD

生化需氧量

表示水中有机物等需氧污染物质含量的一个综合指示。它说明水中有机物由于微生物的生化作用进行氧化分解,使之无机化或气体化时所消耗水中溶解氧的总数量。其单位用 mg/kg 或 mg/L 表示。

2.11.2.7

悬浮物　suspended solids;SS

表示水(溶液)中不能通过过滤器的固体物,它是表示水被不溶解物污染程度的指标,单位为 mg/L。

悬浮物的测定要根据国家标准或行业标准所规定采用的滤器型号与规格,如甘蔗糖业废水监测统一采用石棉坩埚法或滤纸法测定。

2.11.2.8

吨蔗化学需氧量(COD)产生量　chemical oxygen demand(COD)output per ton sugarcane

甘蔗糖厂(2.1.3.1)每加工一吨甘蔗所产生的废水中含有的COD(2.11.2.5)。按式(34)计算:

$$\text{吨蔗化学需氧量产生量(kg/t)} = \frac{\text{榨季化学需氧量浓度平均值(mg/L)} \times \text{榨季全生产期产生废水量(m}^3\text{)}}{\text{榨季全生产期榨蔗质量(t)}} \times 10^{-3} \quad \cdots\cdots(34)$$

2.11.2.9

吨蔗悬浮物(SS)产生量　suspended solids (SS) output per ton sugarcane

甘蔗糖厂(2.1.3.1)每加工一吨甘蔗所产生的废水中含有的SS量。按式(35)计算:

$$\text{吨蔗悬浮物产生量(kg/t)} = \frac{\text{榨季悬浮物浓度平均值(mg/L)} \times \text{榨季全生产期产生废水量(m}^3\text{)}}{\text{榨季全生产期榨蔗质量(t)}} \times 10^{-3} \quad \cdots\cdots(35)$$

2.11.2.10

曝气生物滤池　biological aerated filter;BAF

一种新型生物膜法污水处理工艺。具有去除SS(2.11.2.7)、COD(2.11.2.5)、BOD(2.11.2.6),除磷、去除有害物质的作用,其特点是集生物氧化和截留悬浮固体于一体。

中 文 索 引

B

白砂糖…………………………………… 2.1.2.3
白糖包装机 ………………………………… 2.7.3.10
半制品…………………………………… 2.1.1.7
饱充罐…………………………………… 2.4.6.3
变质甘蔗………………………………… 2.2.2.3
冰片糖 ………………………………… 2.1.2.12
冰糖 …………………………………… 2.1.2.13
并晶…………………………………… 2.6.1.7
波美计…………………………………… 2.8.4.2
捕汁器…………………………………… 2.5.3.4
不凝气体………………………………… 2.5.1.8

C

菜丝长度 ……………………………… 2.3.1.10
菜丝皮带秤 …………………………… 2.3.3.21
菜丝热烫 ……………………………… 2.3.1.12
菜丝碎量 ……………………………… 2.3.1.11
残留汁…………………………………… 2.8.1.7
产糖率 ………………………………… 2.8.5.19
沉降…………………………………… 2.4.7.1
沉降器…………………………………… 2.4.7.6
称蔗台…………………………………… 2.2.4.2
澄清…………………………………… 2.4.7.3
澄清剂 ………………………………… 2.10.6
澄清器…………………………………… 2.4.7.6
澄清糖浆 ……………………………… 2.4.3.23
澄清汁 ………………………………… 2.4.3.11
齿纹…………………………………… 2.3.3.5
赤砂糖…………………………………… 2.1.2.4
抽出率…………………………………… 2.8.5.8
抽吸式管道中和器……………………… 2.4.6.6
抽汁汽…………………………………… 2.5.1.4
初压比率………………………………… 2.8.5.2
初压汁…………………………………… 2.3.2.6
除草…………………………………… 2.2.1.5
除草机 ………………………………… 2.2.4.18
除垢剂 ………………………………… 2.10.9
除垢助剂………………………………… 2.10.10
除石…………………………………… 2.2.1.4
除铁…………………………………… 2.2.1.7
除铁器…………………………………… 2.2.4.8
除屑机 ………………………………… 2.3.3.11
锤度 …………………………………… 2.8.1.16
锤度计…………………………………… 2.8.4.1
纯度 …………………………………… 2.8.1.20
纯度差…………………………………… 2.8.3.1
纯蔗糖酯 ……………………………… 2.9.1.11
粗糖浆 ………………………………… 2.4.3.22
粗蔗蜡…………………………………… 2.9.1.6
粗蔗糖酯 ……………………………… 2.9.1.10

D

打散机 ………………………………… 2.3.3.10
袋滤机 ………………………………… 2.4.7.12
单晶体冰糖 …………………………… 2.1.2.14
刀高 …………………………………… 2.3.3.19
刀框 …………………………………… 2.3.3.18
刀退 …………………………………… 2.3.3.20
等压排水 ……………………………… 2.5.3.11
等折白砂糖 …………………………… 2.8.5.16
低聚果糖 ……………………………… 2.9.1.16
底料…………………………………… 2.6.2.9
底梳…………………………………… 2.3.3.8
电磁场防垢装置 ……………………… 2.5.3.12
电导灰分 ……………………………… 2.8.3.21
电导计 ………………………………… 2.8.4.10
叠晶…………………………………… 2.6.1.5
冻固甜菜………………………………… 2.2.2.6
冻化甜菜………………………………… 2.2.2.7
堆积密度 ……………………………… 2.8.1.24
对比抽出率……………………………… 2.8.5.9
对比煮炼收回率 ……………………… 2.8.5.11
对比总收回率 ………………………… 2.8.5.13
吨蔗废水产生量 ……………………… 2.11.2.4
吨蔗耗新鲜水量 ……………………… 2.11.2.3
吨蔗化学需氧量(COD)产生量 ……… 2.11.2.8
吨蔗悬浮物(SS)产生量 ……………… 2.11.2.9
多晶体冰糖 …………………………… 2.1.2.15

多效蒸发…… 2.5.2.1

E

额定日处理量…… 2.1.1.5
二清汁…… 2.4.3.9
二碳汁…… 2.4.3.8
二氧化硫含量…… 2.8.3.23
二氧化硫气…… 2.4.1.3
二氧化硫吸收率…… 2.4.1.4
二氧化碳…… 2.4.1.10

F

乏汽…… 2.5.1.2
方糖…… 2.1.2.7
防锈剂…… 2.10.5
非分蜜糖…… 2.1.2.9
非糖物…… 2.8.2.6
非蔗糖物…… 2.8.2.1
废蜜…… 2.7.2.4
废蜜罐…… 2.7.3.9
废粕…… 2.3.2.15
分光光度计…… 2.8.4.9
分蜜…… 2.7.1.1
分蜜效率…… 2.7.1.2
浮渣…… 2.4.3.20
腐烂甜菜…… 2.2.2.8
复筛糖…… 2.7.2.6

G

钙盐含量…… 2.8.3.6
干固物…… 2.8.1.14
干粕…… 2.9.2.2
干物质…… 2.8.1.14
干燥失重…… 2.8.3.19
甘蔗含糖细胞破碎度…… 2.8.5.6
甘蔗糖厂…… 2.1.3.1
甘蔗纤维…… 2.8.1.2
甘蔗纤维分…… 2.8.3.9
甘蔗预处理…… 2.2.1.1
高位槽…… 2.2.4.10
高效液相色谱…… 2.8.4.6
功能性糖食品…… 2.9.1.27
固晶…… 2.6.3.6
固溶物…… 2.8.1.13
规定量…… 2.8.1.11
规定量溶液…… 2.8.1.12
锅炉效率…… 2.1.1.11
国际糖刻度…… 2.8.4.5
国际糖色值…… 2.8.3.16
过饱和系数…… 2.6.1.3
过滤…… 2.4.7.4
过滤机…… 2.4.7.9
过滤增稠器…… 2.4.7.14
过滤阻力系数…… 2.4.7.5

H

耗标煤率…… 2.1.1.8
耗电量…… 2.1.1.10
耗汽率…… 2.1.1.9
核子秤…… 2.11.1.1
红糖…… 2.1.2.10
红糖厂…… 2.1.3.5
化学耗氧量…… 2.11.2.5
还原糖…… 2.8.2.2
还原糖分…… 2.8.3.11
还原糖分解…… 2.4.2.2
还原糖分解率…… 2.8.3.14
还原糖与蔗糖比率…… 2.8.3.13
黄原胶…… 2.9.1.12
灰分…… 2.8.3.20
灰乳…… 2.4.3.16
回流…… 2.4.1.6
回流比…… 2.4.1.7
回溶机…… 2.7.3.2
回溶糖浆…… 2.6.2.4
回煮…… 2.6.3.10
混合汁…… 2.3.2.9
混合汁中的悬浮物及泥砂…… 2.8.1.8
混浊度…… 2.8.3.17

J

积垢…… 2.5.1.11
加灰桶…… 2.4.6.2
加灰汁…… 2.4.3.5
加热器…… 2.5.3.1
加热室…… 2.5.3.5

夹杂物…………………………………… 2.8.1.1
夹杂物率………………………………… 2.8.3.8
检糖计…………………………………… 2.8.4.4
检糖仪…………………………………… 2.8.4.4
碱度……………………………………… 2.8.3.3
结晶罐…………………………………… 2.6.4.1
结晶率 ………………………………… 2.8.5.14
近红外光谱仪 ………………………… 2.8.4.11
近红外在线(旁线)检测系统 ………… 2.11.1.3
晶核……………………………………… 2.6.1.4
晶体生长………………………………… 2.6.3.8
晶体整理………………………………… 2.6.3.7
晶种罐…………………………………… 2.6.4.2
晶种糖膏………………………………… 2.6.2.6
晶种糖糊………………………………… 2.6.2.7
晶种箱…………………………………… 2.6.4.3
精炼糖厂………………………………… 2.1.3.3
精糖浆…………………………………… 2.6.2.2
精制糖…………………………………… 2.1.2.6
精制蔗蜡………………………………… 2.9.1.7
聚晶……………………………………… 2.6.1.6
绝对汁 ………………………………… 2.3.2.19

K

卡-费水分测定仪 ……………………… 2.8.4.8
开口……………………………………… 2.3.3.7
糠醛 …………………………………… 2.9.1.14
枯萎甜菜………………………………… 2.2.2.9
快速沉降器 …………………………… 2.4.7.13

L

兰姆酒…………………………………… 2.9.1.4
冷凝……………………………………… 2.5.1.7
冷凝器…………………………………… 2.5.3.7
冷凝水 ………………………………… 2.5.1.10
离心机…………………………………… 2.7.3.1
理论煮炼收回率 ……………………… 2.8.5.21
理平机…………………………………… 2.2.4.5
连续结晶系统…………………………… 2.6.4.9
磷浮法…………………………………… 2.4.7.7
硫糖铝 ………………………………… 2.9.1.19
硫熏……………………………………… 2.4.5.4
硫熏器…………………………………… 2.4.6.5
硫熏强度………………………………… 2.4.1.5
硫熏汁 ………………………………… 2.4.3.10
滤饼 …………………………………… 2.4.3.15
滤泥 …………………………………… 2.4.3.15
滤泥洗水 ……………………………… 2.4.3.14
滤清汁 ………………………………… 2.4.3.12

M

蜜洗……………………………………… 2.7.1.5
蜜洗蜜…………………………………… 2.7.2.7
蜜洗糖…………………………………… 2.7.2.6
绵白糖…………………………………… 2.1.2.5
棉子糖…………………………………… 2.8.2.5
末压汁…………………………………… 2.3.2.7
末座榨出汁……………………………… 2.3.2.8
母液 …………………………………… 2.6.2.11
木糖醇 ………………………………… 2.9.1.24

N

泥汁 …………………………………… 2.4.3.13
凝浮器…………………………………… 2.4.7.8
凝结水…………………………………… 2.5.1.9
凝结水排除器…………………………… 2.5.3.8
凝结水自蒸发器………………………… 2.5.3.9

P

pH 值在线检测仪 ……………………… 2.11.1.2
帕拉金糖 ……………………………… 2.9.1.17
排汁沟…………………………………… 2.3.3.6
配焦率…………………………………… 2.4.1.9
片糖 …………………………………… 2.1.2.11
破碎度…………………………………… 2.8.5.6
葡聚糖…………………………………… 2.8.2.4
曝气生物滤池…………………………… 2.11.2.10

Q

起晶……………………………………… 2.6.3.4
起蔗机…………………………………… 2.2.4.1
汽鼓……………………………………… 2.5.3.5
强制对流结晶(煮糖)罐………………… 2.6.4.8
切蔗机…………………………………… 2.2.4.6
青顶 …………………………………… 2.2.2.10
清洁生产 ……………………………… 2.11.2.1

清净…………………………………… 2.4.1.1
清净糖浆……………………………… 2.6.2.3
清净效率……………………………… 2.4.1.2
清净汁………………………………… 2.4.3.1
球磨机………………………………… 2.6.4.7
曲筛 ………………………………… 2.3.3.12
全钙量………………………………… 2.8.3.7

R

燃硫炉………………………………… 2.4.6.4
热能压缩器…………………………… 2.5.3.6
热烫器 ……………………………… 2.3.3.23
热烫汁 ……………………………… 2.3.2.11
日处理量……………………………… 2.1.1.4
溶解度系数…………………………… 2.6.1.2
入料槽………………………………… 2.2.4.9
软汁 ………………………………… 2.4.3.19

S

三氯蔗糖 …………………………… 2.9.1.18
色素…………………………………… 2.8.2.7
色值 ………………………………… 2.8.3.15
杀菌剂 ……………………………… 2.10.3
砂石分离器 ………………………… 2.2.4.17
砂糖…………………………………… 2.1.2.2
砂糖干燥……………………………… 2.7.1.3
砂糖干燥机…………………………… 2.7.3.4
砂糖粒度 …………………………… 2.8.3.24
砂糖筛分……………………………… 2.7.1.4
砂糖筛分机…………………………… 2.7.3.7
砂糖提升机…………………………… 2.7.3.6
商品糖产率 ………………………… 2.8.5.18
上浮…………………………………… 2.4.7.2
渗出…………………………………… 2.3.1.4
渗出法………………………………… 2.3.1.5
渗出非糖分去除率 ………………… 2.4.1.13
渗出器 ……………………………… 2.3.3.22
渗出糖分损失………………………… 2.8.5.5
渗出汁 ……………………………… 2.3.2.10
渗出汁除渣器 ……………………… 2.3.3.24
渗出汁计量桶 ……………………… 2.3.3.25
渗浸 ………………………………… 2.3.1.14
渗浸水 ……………………………… 2.3.2.20
生产期………………………………… 2.1.1.1
生产小期……………………………… 2.1.1.3
生化耗氧量 ………………………… 2.11.2.6
失水甜菜……………………………… 2.2.2.9
湿粕 ………………………………… 2.3.2.18
湿粕压榨机 ………………………… 2.3.3.27
石灰法………………………………… 2.4.4.1
石灰乳 ……………………………… 2.4.3.16
石灰乳除沙机 ……………………… 2.4.6.11
石灰乳搅拌机 ……………………… 2.4.6.12
石灰窑………………………………… 2.4.6.7
史蒂芬法糖厂………………………… 2.1.3.6
视纯度 ……………………………… 2.8.1.23
视固溶物 …………………………… 2.8.1.15
试机…………………………………… 2.1.1.2
输蔗机………………………………… 2.2.4.4
刷罐 ………………………………… 2.5.1.12
双碳酸法……………………………… 2.4.4.5
水不溶物 …………………………… 2.8.3.22
水分 ………………………………… 2.8.3.18
水力冲卸器 ………………………… 2.2.4.15
水重复利用率 ……………………… 2.11.2.2
撕裂机………………………………… 2.2.4.7
速溶糖 ……………………………… 2.1.2.16
酸度…………………………………… 2.8.3.2

T

碳酸饱充……………………………… 2.4.5.3
碳酸法………………………………… 2.4.4.4
糖……………………………………… 2.1.2.1
糖仓…………………………………… 2.7.3.8
糖度 ………………………………… 2.8.1.18
糖分自动检测仪 …………………… 2.11.1.4
糖粉糊………………………………… 2.6.2.8
糖粉收集器…………………………… 2.7.3.5
糖膏 ………………………………… 2.6.2.10
糖膏产糖率 ………………………… 2.8.5.17
糖膏分配槽…………………………… 2.6.4.6
糖膏搅拌机…………………………… 2.6.4.4
糖糊…………………………………… 2.7.2.5
糖糊混合机…………………………… 2.7.3.3
糖浆…………………………………… 2.6.2.1
(糖料)甘蔗…………………………… 2.2.2.1

(糖料)甜菜…… 2.2.2.4
(糖汁)加热…… 2.5.1.1
糖蜜…… 2.7.2.1
糖蜜酒精 …… 2.9.1.23
糖蜜酒精蒸馏废液 …… 2.9.1.22
糖品 …… 2.8.1.10
糖药物 …… 2.9.1.26
糖用折射仪…… 2.8.4.3
糖汁…… 2.8.1.9
糖汁软化…… 2.4.2.5
提汁…… 2.3.1.6
提汁率…… 2.3.1.7
甜菜保藏…… 2.2.3.2
甜菜泵 …… 2.2.4.19
甜菜秤 …… 2.2.4.22
甜菜冻藏…… 2.2.3.4
甜菜堆…… 2.2.3.1
甜菜堆垛机 …… 2.2.4.13
甜菜糊…… 2.8.1.4
甜菜碱…… 2.9.2.4
甜菜窖 …… 2.2.4.11
甜菜颗粒粕…… 2.9.2.3
甜菜流送…… 2.2.1.3
甜菜流送沟 …… 2.2.4.16
甜菜暖藏…… 2.2.3.3
甜菜切丝…… 2.3.1.8
甜菜切丝刀 …… 2.3.3.17
甜菜切丝机 …… 2.3.3.16
甜菜肉…… 2.8.1.3
甜菜丝…… 2.3.2.4
甜菜丝混合器 …… 2.3.3.26
甜菜糖厂…… 2.1.3.2
甜菜压榨汁…… 2.8.1.5
甜菜扬送轮 …… 2.2.4.20
甜菜预处理…… 2.2.1.2
甜菜装载机 …… 2.2.4.12
甜水 …… 2.4.3.14
托渣板…… 2.3.3.8
脱色剂 …… 2.10.4
脱色率…… 2.4.1.8
脱水(过程) …… 2.3.1.15

V

V 型菜丝长度…… 2.3.1.9

W

顽性蔗汁…… 2.4.3.2
微晶糖 …… 2.1.2.17
伪晶…… 2.6.1.8
尾根 …… 2.2.2.11
尾根捕集器 …… 2.2.4.23
未测定损失 …… 2.8.5.23
雾沫分离器…… 2.5.3.4

X

稀释水…… 2.8.5.7
洗菜机 …… 2.2.4.21
洗涤…… 2.2.1.6
洗罐 …… 2.5.1.12
洗蜜…… 2.7.2.3
洗水 …… 2.4.3.14
细胞变性 …… 2.3.1.13
消和 …… 2.4.1.12
消和机 …… 2.4.6.10
消泡剂 …… 2.10.2
卸菜机 …… 2.2.4.14
卸蔗台…… 2.2.4.3
新鲜甘蔗…… 2.2.2.2
新鲜甜菜…… 2.2.2.5
絮凝剂…… 2.10.11
悬浮物 …… 2.11.2.7

Y

压滤机 …… 2.4.7.10
压粕…… 2.9.2.1
压粕水 …… 2.3.2.17
压碎机…… 2.3.3.1
压渣水 …… 2.3.2.16
压榨…… 2.3.1.1
压榨比率…… 2.8.5.3
压榨法…… 2.3.1.2
压榨辊…… 2.3.3.4
压榨机…… 2.3.3.2
压榨机列…… 2.3.3.3

压榨机组……2.3.3.3
压榨能力……2.3.1.3
压榨损失……2.8.5.4
亚硫酸法……2.4.4.2
养晶……2.6.3.8
窑气……2.4.1.10
窑气除尘器……2.4.6.8
窑气洗涤……2.4.1.11
窑气洗涤器……2.4.6.9
一清汁……2.4.3.7
一碳汁……2.4.3.6
已测定损失……2.8.5.24
抑泡剂……2.10.2
硬度物质……2.4.3.17
硬汁……2.4.3.18
油压蓄能器……2.3.3.15
有害氮……2.8.2.8
右旋糖苷……2.9.1.15
余热利用……2.5.2.3
预灰……2.4.5.1
预灰桶……2.4.6.1
预灰汁……2.4.3.4
预加灰……2.4.5.1
原蜜……2.7.2.2
原糖……2.1.2.8
原糖厂……2.1.3.4
原子吸收光谱……2.8.4.7

Z

在制品……2.1.1.7
折光锤度……2.8.1.17
蔗层……2.3.2.2
蔗多酚化合物……2.9.1.21
蔗糠……2.3.2.13
蔗蜡……2.9.1.5
蔗料……2.3.2.1
蔗梢……2.9.1.20
蔗丝……2.3.2.3
蔗髓……2.3.2.14
蔗糖产率……2.8.5.20
蔗糖分……2.8.3.10
蔗糖化钙……2.4.2.4
(蔗糖)结晶……2.6.1.1
蔗糖聚酯……2.9.1.25
蔗糖氯代衍生物……2.9.1.13
蔗糖平衡……2.8.1.19
蔗糖酯……2.9.1.9
蔗糖转化……2.4.2.3
蔗屑……2.3.2.13
蔗渣……2.3.2.12
蔗渣软质纤维板……2.9.1.2
蔗渣输送机……2.3.3.14
蔗渣碎粒板……2.9.1.3
蔗渣纤维板……2.9.1.1
蔗汁……2.3.2.5
蔗汁秤……2.3.3.13
蔗汁榨出率……2.8.5.1
蔗脂……2.9.1.8
真纯度……2.8.1.21
真空吸滤机……2.4.7.11
蒸发……2.5.1.5
蒸发罐……2.5.3.3
整晶……2.6.3.7
汁汽……2.5.1.3
汁汽的压缩……2.5.2.2
直接加热器……2.5.3.10
止晶……2.6.3.5
制炼……2.1.1.6
制糖工业助剂……2.10.1
中和汁……2.4.3.21
中间输送机……2.3.3.9
中间汁……2.4.3.3
中间汁碳酸法……2.4.4.6
中性亚硫酸法……2.4.4.3
种子……2.6.2.6
种子箱……2.6.4.3
重力纯度……2.8.1.22
主灰……2.4.5.2
主灰桶……2.4.6.2
主灰汁……2.4.3.5
煮炼收回率……2.8.5.10
煮炼效率……2.8.5.22
煮水罐……2.5.3.2
煮糖……2.6.3.3
煮糖配料……2.6.3.2
煮糖系统……2.6.1.9

煮糖制度…………………………………… 2.6.1.9
煮糖助剂 …………………………………… 2.10.7
煮种…………………………………………… 2.6.3.1
助晶 ………………………………………… 2.6.1.10
助晶机………………………………………… 2.6.4.5
助晶效率 …………………………………… 2.8.5.15
转化糖………………………………………… 2.8.2.3
转化糖浆……………………………………… 2.6.2.5
自然碱度……………………………………… 2.8.3.5
自然磷酸值…………………………………… 2.8.3.4
自蒸发………………………………………… 2.5.1.6
总收回率 …………………………………… 2.8.5.12
总糖分 ……………………………………… 2.8.3.12
总蔗糖(或糖度)损失 ……………………… 2.8.5.25
阻垢剂 ……………………………………… 2.10.8
最后浓缩……………………………………… 2.6.3.9
最佳碱度……………………………………… 2.4.2.1

英 文 索 引

1st carbonatation clear juice ········ 2.4.3.7
1st carbonatation juice ········ 2.4.3.6
2nd carbonatation clear juice ········ 2.4.3.9
2nd carbonatation juice ········ 2.4.3.8

A

AAS ········ 2.8.4.7
absolute juice ········ 2.3.2.19;2.8.1.6
absorption rate of sulfur dioxide ········ 2.4.1.4
accounted losses ········ 2.8.5.24
acidity ········ 2.8.3.2
actual daily capacity ········ 2.1.1.4
affination ········ 2.7.1.5
affination sugar ········ 2.7.2.6
affination syrup ········ 2.7.2.7
affined sugar ········ 2.7.2.6
aggregate ········ 2.6.1.6
agitating pan ········ 2.6.4.8
alkalinity ········ 2.8.3.3
antifoaming agent for sugar industry ········ 2.10.2
antirust agent ········ 2.10.5
anti-scale agent ········ 2.10.8
AP ········ 2.8.1.23
apparent purity ········ 2.8.1.23
apparent solids ········ 2.8.1.15
ash % ········ 2.8.3.20
assistant descaling agent ········ 2.10.10
atomic absorption spectrophotometry ········ 2.8.4.7

B

bacteriostatic agent ········ 2.10.3
BAF ········ 2.11.2.10
bag filter ········ 2.4.7.12
bagacillo ········ 2.3.2.13
bagasse ········ 2.3.2.12
bagasse carrier ········ 2.3.3.14
bagasse fibre board ········ 2.9.1.1
bagasse insulation board ········ 2.9.1.2
bagasse particle board ········ 2.9.1.3
bagasse pith ········ 2.3.2.14

ball grinder ………… 2.6.4.7
ball mill ………… 2.6.4.7
basic boiling house recovery ………… 2.8.5.21
baume hydrometer ………… 2.8.4.2
BE ………… 2.1.1.11
beater ………… 2.3.3.10
beet brei ………… 2.8.1.4
beet flume ………… 2.2.4.16
beet fluming ………… 2.2.1.3
beet knife ………… 2.3.3.17
beet loader ………… 2.2.4.12
beet pellet ………… 2.9.2.3
beet pile ………… 2.2.3.1
beet piler ………… 2.2.4.13
beet preparation ………… 2.2.1.2
beet pump ………… 2.2.4.19
beet scale ………… 2.2.4.22
beet silo ………… 2.2.4.11
beet slicer ………… 2.3.3.16
beet slicing ………… 2.3.1.8
beet storage ………… 2.2.3.2
beet sugar factory ………… 2.1.3.2
beet tail ………… 2.2.2.11
beet top ………… 2.2.2.10
beet unloader ………… 2.2.4.14
beet washer ………… 2.2.4.21
beet wheel ………… 2.2.4.20
betaine ………… 2.9.2.4
biochemical oxygen demand ………… 2.11.2.6
biological aerated filter ………… 2.11.2.10
blackstrap molasses ………… 2.7.2.4
boil back ………… 2.6.3.10
boiler efficiency ………… 2.1.1.11
boiling agent ………… 2.10.7
boiling house efficiency ………… 2.8.5.22
boiling house recovery ………… 2.8.5.10
boiling of seed strike ………… 2.6.3.1
boiling processing ………… 2.1.1.6
boiling scheme ………… 2.6.1.9
brei ………… 2.8.1.4
brix ………… 2.8.1.16
brix hydrometer ………… 2.8.4.1
brix spindle ………… 2.8.4.1

brown granulated sugar ···················· 2.1.2.4
brown slab sugar ···················· 2.1.2.11
brown sugar ···················· 2.1.2.10
brown sugar factory ···················· 2.1.3.5
bulk density ···················· 2.8.1.24
Bx ···················· 2.8.1.16

C

calandria ···················· 2.5.3.5
calcium saccharate ···················· 2.4.2.4
calcium salt content ···················· 2.8.3.6
campaign ···················· 2.1.1.1
cane blanket ···················· 2.3.2.2
cane carrier ···················· 2.2.4.4
cane crane ···················· 2.2.4.1
(cane)fiber ···················· 2.8.1.2
cane juice ···················· 2.3.2.5
cane knives ···················· 2.2.4.6
cane layer ···················· 2.3.2.2
cane leveling machine ···················· 2.2.4.5
cane preparation ···················· 2.2.1.1
cane sugar factory ···················· 2.1.3.1
cane top ···················· 2.9.1.20
cane wax ···················· 2.9.1.5
cane weighing scale ···················· 2.2.4.2
cane's polyphenols ···················· 2.9.1.21
carbohydrate medicament ···················· 2.9.1.26
carbon dioxide ···················· 2.4.1.10
carbonatation ···················· 2.4.5.3
carbonatation process ···················· 2.4.4.4
carbonating tank ···················· 2.4.6.3
carbonation ···················· 2.4.5.3
carbonator ···················· 2.4.6.3
catch-all ···················· 2.5.3.4
cell denaturation ···················· 2.3.1.13
centrifugal ···················· 2.7.3.1
centrifuge ···················· 2.7.3.1
centrifuging ···················· 2.7.1.1
chemical oxygen demand ···················· 2.11.2.5
chemical oxygen demand(COD)output per ton sugarcane ···················· 2.11.2.8
chip ···················· 2.3.1.11
chloro derivatives of sucrose ···················· 2.9.1.13
chopped or (and) shredded cane ···················· 2.3.2.1

clarificaton …… 2.4.7.3
clarified juice …… 2.4.3.11
clarifier …… 2.4.7.6
clarifying agent …… 2.10.6
cleaner production …… 2.11.2.1
cleaning of evaporator …… 2.5.1.12
COD …… 2.11.2.5
coefficient of supersaturation …… 2.6.1.3
colorant …… 2.8.2.7
coloring matter …… 2.8.2.7
colour …… 2.8.3.15
commercial sugar yield …… 2.8.5.18
compression of vapor …… 2.5.2.2
condensate …… 2.5.1.9
condensed water …… 2.5.1.10
condenser …… 2.5.3.7
condensing …… 2.5.1.7
conductivity ash …… 2.8.3.21
conductivity meter …… 2.8.4.10
conductometer …… 2.8.4.10
conglomerate …… 2.6.1.5
consumption of fresh water per ton sugarcane …… 2.11.2.3
continuous pan …… 2.6.4.9
cossette mixer …… 2.3.3.26
cossettes …… 2.3.2.4
cossettes belt weigher …… 2.3.3.21
cossettes with V-shaped cross sections …… 2.3.1.9
crane for hoisting cane …… 2.2.4.1
crown …… 2.2.2.10
crude cane wax …… 2.9.1.6
crude sucrose esters …… 2.9.1.10
crusher …… 2.3.3.1
crystal growth …… 2.6.3.8
crystal yield of massecuite …… 2.8.5.14
crystallization …… 2.6.1.10
crystallization in motion …… 2.6.1.10
crystallization of sucrose …… 2.6.1.1
crystallizer …… 2.6.4.5
crystal-growing …… 2.6.3.8
cube sugar …… 2.1.2.7
cush-cush …… 2.3.2.13
cush-cush screen …… 2.3.3.11
cyclone dust collector …… 2.7.3.5

D

daily capacity ········ 2.1.1.5
decoloring agent ········ 2.10.4
defecated juice ········ 2.4.3.5
defecation process ········ 2.4.4.1
defecator ········ 2.4.6.2
defeco-sulfitated juice ········ 2.4.3.21
defrother for sugar industry ········ 2.10.2
dehydrated beet ········ 2.2.2.9
descaling ········ 2.5.1.12
descaling agent ········ 2.10.9
destruction (or decomposition) of reducing sugars ········ 2.4.2.2
determined losses ········ 2.8.5.24
dewatering ········ 2.3.1.15
dextran ········ 2.8.2.4;2.9.1.15
diagometer ········ 2.8.4.10
diffuser ········ 2.3.3.22
diffusion ········ 2.3.1.4
diffusion juice ········ 2.3.2.10
diffusion juice measuring tank ········ 2.3.3.25
diffusion process ········ 2.3.1.5
diffusion sugar loss ········ 2.8.5.5
dilution water ········ 2.8.5.7
direct heater ········ 2.5.3.10
displaceability index ········ 2.8.5.6
donnelly chute ········ 2.2.4.10
dosage for sugar boiling ········ 2.6.3.2
double carbona(ta)tion process ········ 2.4.4.5
draft ········ 2.3.1.7
draught ········ 2.3.1.7
dry pulp ········ 2.9.2.2
dry substance ········ 2.8.1.14
drying of sugar ········ 2.7.1.3
"DSM" screen ········ 2.3.3.12
dust catcher ········ 2.4.6.8
dust collector ········ 2.4.6.8

E

efficiency of crystallization in motion ········ 2.8.5.15
electric consumption ········ 2.1.1.10
electro-magnetic descaling device ········ 2.5.3.12
entrainment separator ········ 2.5.3.4

equivalent granulated white sugar ········ 2. 8. 5. 16
equi-pressure drainage of condensed water ········ 2. 5. 3. 11
evaporation ········ 2. 5. 1. 5
evaporator ········ 2. 5. 3. 3
exhaust steam ········ 2. 5. 1. 2
extraction of the juice ········ 2. 3. 1. 6
extraction ratio ········ 2. 8. 5. 3

F

false grain ········ 2. 6. 1. 8
fatty lipids of cane ········ 2. 9. 1. 8
feed chute ········ 2. 2. 4. 9
feed hopper ········ 2. 2. 4. 10
feed plate ········ 2. 2. 4. 9
feeding table ········ 2. 2. 4. 3
fiber % cane ········ 2. 8. 3. 9
(field)trash ········ 2. 8. 1. 1
fibrated cane ········ 2. 3. 2. 3
filter ········ 2. 4. 7. 9
filter cake ········ 2. 4. 3. 15
filter thickener ········ 2. 4. 7. 14
filter washings ········ 2. 4. 3. 14
filter water ········ 2. 4. 3. 14
filtered juice ········ 2. 4. 3. 12
filter-press ········ 2. 4. 7. 10
filtration ········ 2. 4. 7. 4
filtration coefficient ········ 2. 4. 7. 5
final concentration ········ 2. 6. 3. 9
final molasses ········ 2. 7. 2. 4
fine bagasse separator ········ 2. 3. 3. 11
fine syrup ········ 2. 4. 3. 23
first expressed juice ········ 2. 3. 2. 6
flashing ········ 2. 5. 1. 6
flash-pot ········ 2. 5. 3. 9
floater ········ 2. 4. 3. 20
floating clarifier ········ 2. 4. 7. 8
floating process ········ 2. 4. 7. 2
flocculant ········ 2. 10. 11
flocculateion aids ········ 2. 10. 11
footing ········ 2. 6. 2. 9
fresh beet ········ 2. 2. 2. 5
fresh beet storage ········ 2. 2. 3. 3
fresh cane ········ 2. 2. 2. 2

frozen beet ······ 2.2.2.6
frozen beet storage ······ 2.2.3.4
fructooligosaccharides ······ 2.9.1.16
fuel(coal) consumption % lime stone ······ 2.4.1.9
functional carbohydrate foods ······ 2.9.1.27
furfural ······ 2.9.1.14

G

gas washer ······ 2.4.6.9
gas washing ······ 2.4.1.11
glucosan ······ 2.8.2.4
golden slab sugar ······ 2.1.2.12
gosseypose ······ 2.8.2.5
GP ······ 2.8.1.22
grain size ······ 2.8.3.24
granulated sugar ······ 2.1.2.2
granulator ······ 2.7.3.4
gravity ash % ······ 2.8.3.20
gravity purity ······ 2.8.1.22
green molasses ······ 2.7.2.2
grinding capacity ······ 2.3.1.3
grinding season ······ 2.1.1.1
groove ······ 2.3.3.5
growing the grain ······ 2.6.3.8

H

hard thin juice ······ 2.4.3.18
hardening the grain ······ 2.6.3.6
hardness compounds ······ 2.4.3.17
harmful nitrogen ······ 2.8.2.8
heater ······ 2.5.3.1
heating element ······ 2.5.3.5
high performance liquid chromatography ······ 2.8.4.6
HPLC ······ 2.8.4.6
hydraulic accumulator ······ 2.3.3.15

I

ICUMSA colour unit ······ 2.8.3.16
imbibition ······ 2.3.1.14
insoluble substance ······ 2.8.3.22
intensity of sulfitation ······ 2.4.1.5
intermediate carrier ······ 2.3.3.9
international sugar scale ······ 2.8.4.5

interrupting the nucleation 2.6.3.5
inversion of sucrose 2.4.2.3
invert sugar 2.8.2.3
invert sugar syrup 2.6.2.5
invertose 2.8.2.3
iron removal 2.2.1.7

J

jave ratio 2.8.5.2
jet sulfitator 2.4.6.6
juice 2.8.1.9
juice extraction 2.8.5.1
juice groove 2.3.3.6
(juice)heating 2.5.1.1
juice scale 2.3.3.13
(juice)vapor 2.5.1.3

K

Karl Fischer moisture determination apparatus 2.8.4.8
kiln gas 2.4.1.10
knife"back" 2.3.3.20
knife"up" 2.3.3.19

L

last expressed juice 2.3.2.7
last-mill juice 2.3.2.8
length of cossettes 2.3.1.10
leveler 2.2.4.5
lime content 2.8.3.6
lime kiln 2.4.6.7
limed juice 2.4.3.5
lime-milk 2.4.3.16
lime-milk classifier(or strainer) 2.4.6.11
lime-milk stirrer 2.4.6.12
loss on drying % 2.8.3.19

M

macerate water 2.3.2.20
maceration 2.3.1.14
magma 2.7.2.5
main liming 2.4.5.2
main liming tank 2.4.6.2
mare 2.8.1.3

mare remover ········· 2.3.3.24
married grains ········· 2.6.1.7
massecuite ········· 2.6.2.10
massecuite mixer-distribution ········· 2.6.4.6
meladura ········· 2.4.3.22
mellitose ········· 2.8.2.5
meltriose ········· 2.8.2.5
messchaert groove ········· 2.3.3.6
microcrystalline sugar ········· 2.1.2.17
middle juice ········· 2.4.3.3
middle juice carbona(ta)tion process ········· 2.4.4.6
milk of lime ········· 2.4.3.16
mill ········· 2.3.3.2
milling ········· 2.3.1.1
milling loss ········· 2.8.5.4
milling process ········· 2.3.1.2
milling tandem ········· 2.3.3.3
milling train ········· 2.3.3.3
mingler ········· 2.7.3.3
mixed juice ········· 2.3.2.9
mixer ········· 2.6.4.4
moisture ········· 2.8.3.18
molasses ········· 2.7.2.1
molasses alcohol ········· 2.9.1.23
molasses ethyl alcohol ········· 2.9.1.23
molasses tank ········· 2.7.3.9
monocrystal rock sugar ········· 2.1.2.14
mother liquor ········· 2.6.2.11
mounted grains ········· 2.6.1.5;2.6.1.6
mud ········· 2.4.3.15
mud juice ········· 2.4.3.13
multiple effect evaporation ········· 2.5.2.1
multi-crystal rock sugar ········· 2.1.2.15

N

natural alkalinity ········· 2.8.3.5
near infrared spectroscopy analyzer ········· 2.8.4.11
near infrared spectroscopy on-line(at line) detect system ········· 2.11.1.3
neutral juice ········· 2.4.3.21
neutral sulfitation process ········· 2.4.4.3
non-centrifugal sugar ········· 2.1.2.9
non-condensable gas ········· 2.5.1.8
non-sucrose ········· 2.8.2.1

non-sugar elimination efficiency ······ 2.4.1.13
non-sugars ······ 2.8.2.6
normal weight ······ 2.8.1.11
normal weight solution ······ 2.8.1.12
nozzle for silo unloading ······ 2.2.4.15
NSE ······ 2.4.1.13
nuclear scale ······ 2.11.1.1
nucleation ······ 2.6.3.4
nucleus ······ 2.6.1.4

O

opening between rollers ······ 2.3.3.7
optimum alkalinity ······ 2.4.2.1
overall recovery ······ 2.8.5.12

P

palatinose ······ 2.9.1.17
pan ······ 2.6.4.1
pan boiling ······ 2.6.3.3
pan-boiling system ······ 2.6.1.9
PE ······ 2.7.1.2
percent crystallization in massecuite ······ 2.8.5.14
percentage destruction of reducing sugars ······ 2.8.3.14
percentage disintegration ······ 2.8.5.6
percentage of broken cells of total cells in cane ······ 2.8.5.6
percentage of decolorization; decolorization rate ······ 2.4.1.8
period ······ 2.1.1.3
pH value real time automatic detector ······ 2.11.1.2
phosphate in juice ······ 2.8.3.4
phosphoric flotating process ······ 2.4.7.7
pigment ······ 2.8.2.7
pith ······ 2.3.2.14
plate and frame filter-press ······ 2.4.7.10
pol ······ 2.8.1.18
preliming ······ 2.4.5.1
preliming juice ······ 2.4.3.4
preliming tank ······ 2.4.6.1
prepared cane ······ 2.3.2.1
pressed juice ······ 2.8.1.5
pressed pulp ······ 2.9.2.1
pressed water ······ 2.3.2.16
pre-defecation ······ 2.4.5.1
pulp ······ 2.3.2.15

pulp press water …… 2.3.2.17
pulp presser …… 2.3.3.27
pulp treatment …… 2.3.3.27
pure sucrose esters …… 2.9.1.11
purging …… 2.7.1.1
purging efficiency …… 2.7.1.2
purification …… 2.4.1.1
purification efficiency …… 2.4.1.2
purified juice …… 2.4.3.1
purified syrup …… 2.6.2.3
purity …… 2.8.1.20
purity difference …… 2.8.3.1

Q

quick subsider …… 2.4.7.13
quick sugar …… 2.1.2.16

R

raffinose …… 2.8.2.5
raw sugar …… 2.1.2.8
raw sugar factory …… 2.1.3.4
recirculation …… 2.4.1.6
recirculation backboiling …… 2.6.3.10
recirculation ratio …… 2.4.1.7
reduced boiling house recovery …… 2.8.5.11
reduced extraction …… 2.8.5.9
reduced overall recovery …… 2.8.5.13
reducing sugars …… 2.8.2.2
reducing sugars % …… 2.8.3.11
reducing sugars-sucrose ratio …… 2.8.3.13
refined cane wax …… 2.9.1.7
refined sugar …… 2.1.2.6
refined syrup …… 2.6.2.2
refinery liquor …… 2.6.2.2
refractive dry solids …… 2.8.1.17
refractometer …… 2.8.4.3
refractometer brix …… 2.8.1.17
refractory juice …… 2.4.3.2
regularizing the grain …… 2.6.3.7
regulating the grain …… 2.6.3.7
remelt syrup …… 2.6.2.4
remelter …… 2.7.3.2
repeated utilization of water …… 2.11.2.2

residual juice ······ 2.8.1.7
rock sugar ······ 2.1.2.13
roller ······ 2.3.3.4
rotary vacuum filter ······ 2.4.7.11
rotten beet ······ 2.2.2.8
RS ······ 2.8.2.2
RS-sucrose ratio ······ 2.8.3.13
rum ······ 2.9.1.4
running-in ······ 2.1.1.2
running-on ······ 2.1.1.2
runs ······ 2.1.1.3
run-off ······ 2.7.2.2

S

saccharimeter ······ 2.8.4.4
saccharometer ······ 2.8.4.4
scalded juice ······ 2.3.2.11
scalder ······ 2.3.3.23
scalding of cossettes ······ 2.3.1.12
scale ······ 2.5.1.11
screening the sugar ······ 2.7.1.4
scum ······ 2.4.3.20
secondary vapor ······ 2.5.1.3
sedimentation ······ 2.4.7.1
seed crystallizer ······ 2.6.4.3
seed magma ······ 2.6.2.7
seed massecuite ······ 2.6.2.6
seed pan ······ 2.6.4.2
seed slurry ······ 2.6.2.7
seed strike ······ 2.6.2.6
seed tank ······ 2.6.4.3
semi-product ······ 2.1.1.7
settling ······ 2.4.7.1
shredder ······ 2.2.4.7
slaker ······ 2.4.6.10
slaking ······ 2.4.1.12
slop ······ 2.9.1.22
slurry of ground sugar ······ 2.6.2.8
slurry of powdered sugar ······ 2.6.2.8
soft thin juice ······ 2.4.3.19
soft white sugar ······ 2.1.2.5
softening of thin juice ······ 2.4.2.5
solids by drying ······ 2.8.1.14

solubility coefficient ······ 2.6.1.2
soluble solids ······ 2.8.1.13
SPE ······ 2.9.1.25
spectrophotometer ······ 2.8.4.9
splenda ······ 2.9.1.18
spontaneous evaporation ······ 2.5.1.6
SS ······ 2.11.2.7
stale cane ······ 2.2.2.3
standard coal consumption percent raw material ······ 2.1.1.8
steam chest ······ 2.5.3.5
steam consumption percent raw material ······ 2.1.1.9
steam trap ······ 2.5.3.8
steffen factory ······ 2.1.3.6
stillage ······ 2.9.1.22
stock in process ······ 2.1.1.7
stone catcher ······ 2.2.4.17
stone removal ······ 2.2.1.4
stone separator ······ 2.2.4.17
strike ······ 2.6.2.10
subsider ······ 2.4.7.6
sucralfate ······ 2.9.1.19
sucralose ······ 2.9.1.18
sucrose % ······ 2.8.3.10
sucrose (pol) balance ······ 2.8.1.19
sucrose (pol) extraction ······ 2.8.5.8
sucrose esters ······ 2.9.1.9
sucrose polyesters ······ 2.9.1.25
sucrose yield ······ 2.8.5.20
sugar ······ 2.1.2.1
sugar beet ······ 2.2.2.4
sugar boiling ······ 2.6.3.3
sugar cane ······ 2.2.2.1
sugar content automatic detector ······ 2.11.1.4
sugar dryer ······ 2.7.3.4
sugar elevator ······ 2.7.3.6
sugar industry aid ······ 2.10.1
sugar mill ······ 2.1.3.1
sugar products ······ 2.8.1.10
sugar refinery ······ 2.1.3.3
sugar silo ······ 2.7.3.8
sugar storehouse ······ 2.7.3.8
sugar warehouse ······ 2.7.3.8
sugar yield ······ 2.8.5.19

sugar yield % Bx in massecuite ······ 2.8.5.17
sulfitated juice ······ 2.4.3.10
sulfitation ······ 2.4.5.4
sulfitation process ······ 2.4.4.2
sulfitator ······ 2.4.6.5
sulfur burner ······ 2.4.6.4
sulfur dioxide ······ 2.8.3.23
sulfur dioxide gas ······ 2.4.1.3
suspended solids ······ 2.11.2.7
suspended solids (SS) output per ton sugarcane ······ 2.11.2.9
suspended solids in mixed juice ······ 2.8.1.8
sweet-water ······ 2.4.3.14
syrup ······ 2.4.3.22;2.6.2.1

T

tails separator ······ 2.2.4.23
thawing beet ······ 2.2.2.7
(the knife) block ······ 2.3.3.18
thermo-compressor ······ 2.5.3.6
thick juice ······ 2.6.2.1
titrated acidity ······ 2.8.3.2
titrated alkalinity ······ 2.8.3.3
top ······ 2.2.2.10
total calcium ······ 2.8.3.7
total loss of sugar ······ 2.8.5.25
total recovery ······ 2.8.5.12
total solids ······ 2.8.1.14
total sugar % ······ 2.8.3.12
TP ······ 2.8.1.21
tramp iron catcher ······ 2.2.4.8
tramp iron separator ······ 2.2.4.8
trash % ······ 2.8.3.8
trash plate ······ 2.3.3.8
trash removal ······ 2.2.1.5
trash remover ······ 2.2.4.18
trash turner ······ 2.3.3.8
trash(grass, weed) catcher ······ 2.2.4.18
true purity ······ 2.8.1.21
turbidity ······ 2.8.3.17
turn plate ······ 2.3.3.8
twin crystals ······ 2.6.1.7

U

undetermined losses ······ 2.8.5.23

utilization of waste heat …… 2.5.2.3

V

vacuum pan …… 2.6.4.1
vapo(u)r bleeding …… 2.5.1.4
vibrating screen …… 2.7.3.7
vinasse …… 2.9.1.22

W

wash …… 2.7.2.3
washing …… 2.2.1.6
wastewater output per ton sugarcane …… 2.11.2.4
water evaporator …… 2.5.3.2
wet pulp …… 2.3.2.18
white granulated sugar …… 2.1.2.3
white molasses …… 2.7.2.3
white sugar packer …… 2.7.3.10
white sugar packer stamper …… 2.7.3.10
wilted beet …… 2.2.2.9

X

xanthan gum …… 2.9.1.12
xylitol …… 2.9.1.24

ICS 71.100.01;87.060.10
G 57

GB

中华人民共和国国家标准

GB/T 9336—2010
代替 GB/T 9336—2001

直接黑 L-3BG(C.I.直接黑 19)

Direct black L-3BG (C.I. Direct black 19)

2010-12-23 发布　　2011-10-01 实施

中华人民共和国国家质量监督检验检疫总局
中国国家标准化管理委员会　发布

前　言

本标准代替 GB/T 9336—2001《直接黑 L-3BG》。

本标准与 GB/T 9336—2001 的主要差异如下：

——标准名称增加了染料索引号(本版标准的标准名称)；

——增加了 CAS RN 号(本版标准的 1)；

——增加了有害芳香胺的量和重金属元素的量指标(本版标准的 3.2)；

——增加了有害芳香胺的量和重金属元素的量的测定方法(本版标准的 5.6 和 5.7)。

本标准由中国石油和化学工业协会提出。

本标准由全国染料标准化技术委员会(SAC/TC 134)归口。

本标准起草单位：深圳泛胜塑胶助剂有限公司、天津市亚东化工有限公司、沈阳化工研究院有限公司。

本标准主要起草人：梁沛基、张超水、杨桂芳、吴九英、李新勇。

本标准于 1988 年首次发布，于 2001 年第一次修订，本次为第二次修订。

直接黑 L-3BG(C.I.直接黑 19)

1 范围

本标准规定了直接黑 L-3BG(C.I.直接黑 19,直接耐晒黑 G)产品的要求、采样、试验方法、检验规则以及标志、标签、包装、运输和贮存。

本标准适用于直接黑 L-3BG 的产品质量控制。

结构式:

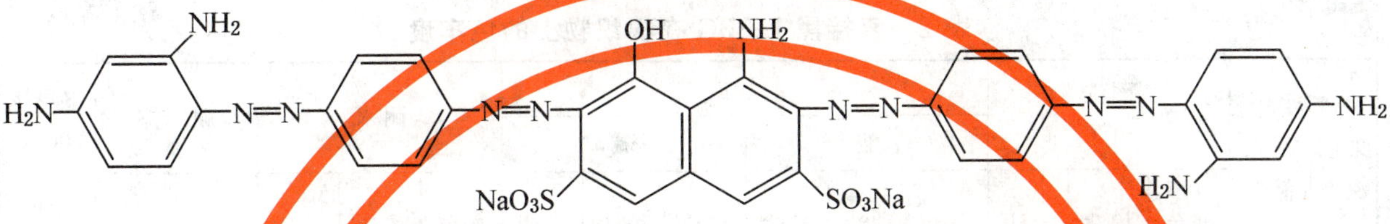

分子式:$C_{34}H_{27}N_{13}Na_2O_7S_2$

相对分子质量:839.77(按 2007 年国际相对原子质量)

CAS RN:6428-31-5

2 规范性引用文件

下列文件中的条款通过本标准的引用而成为本标准的条款。凡是注日期的引用文件,其随后所有的修改单(不包括勘误的内容)或修订版均不适用于本标准,然而,鼓励根据本标准达成协议的各方研究是否可使用这些文件的最新版本。凡是不注日期的引用文件,其最新版本适用于本标准。

GB/T 2374—2007 染料 染色测定的一般条件规定

GB/T 2375—2003 直接染料 染色色光和强度的测定

GB/T 2381—2006 染料及染料中间体 不溶物质含量的测定

GB/T 2383—2003 染料 筛分细度的测定

GB/T 2386—2006 染料及染料中间体 水分的测定

GB/T 3920—2008 纺织品 色牢度试验 耐摩擦色牢度(ISO 105-X12:2001,MOD)

GB/T 3921—2008 纺织品 色牢度试验 耐皂洗色牢度(ISO 105-C10:2006,MOD)

GB/T 3922—1995 纺织品耐汗渍色牢度试验方法(eqv ISO 105-E04:1994)

GB/T 4841.2—2006 染料染色标准深度色卡 藏青和黑色

GB/T 5713—1997 纺织品 色牢度试验 耐水色牢度(eqv ISO 105-E01:1994)

GB/T 6152—1997 纺织品 色牢度试验 耐热压色牢度(eqv ISO 105-X11:1994)

GB/T 6678—2003 化工产品采样总则

GB/T 8427—2008 纺织品 色牢度试验 耐人造光色牢度:氙弧(ISO 105-B02:1994,MOD)

GB 19601 染料产品中 23 种有害芳香胺的限量及测定

GB 20814 染料产品中 10 种重金属元素的限量及测定

3 要求

3.1 外观:黑色均匀粉末。

3.2 直接黑 L-3BG 的质量应符合表 1 的规定。

表 1 直接黑 L-3BG 的质量要求

项　　目		指　　标
(1) 强度(为标准品的)/分		100
(2) 色光(与标准品)		近似～微
(3) 水分的质量分数/%	≤	6.0
(4) 水不溶物的质量分数/%	≤	1.0
(5) 细度(通过孔径 180 μm 筛残余物的质量分数)/%	≤	5.0
(6) 有害芳香胺的质量分数/(mg/kg)		符合 GB 19601 标准要求
(7) 重金属元素的质量分数/(mg/kg)		符合 GB 20814 标准要求

3.3 直接黑 L-3BG 在棉织物上的色牢度应不低于表 2 的规定。

表 2 直接黑 L-3BG 在棉织物上的色牢度

染色深度	耐光(氙弧)	耐洗 40 ℃			耐汗渍						耐水			耐摩擦		耐热压 200 ℃
					酸			碱								
		变色	棉沾	毛沾	变色	棉沾	毛沾	变色	棉沾	毛沾	变色	棉沾	毛沾	干	湿	变色(4 h后)
浅黑	4	3-4	2-3	4-5	4	3-4	4	4-5	2-3	3-4	4-5	2-3	3-4	2-3	1-2	4-5
注：8%(owf)相当于浅黑染色标准深度。																

4 采样

以批为单位采样，生产厂以一次拼混均匀的产品为一批。每批采样桶数应符合 GB/T 6678—2003 中 7.6 的规定。所采样产品的包装必须完好，采样时勿使外界杂质落入产品中。用探管从桶上、中、下三部分采样，所采样品总量不得少于 200 g。将所采样品充分混匀后，分装于两个清洁、干燥、密封良好的容器中，其上粘贴标签。注明：产品名称、批号、生产厂名称、采样日期、地点。一个供检验，一个保存备查。

5 试验方法

5.1 外观的评定

采用目视评定。

5.2 染色色光和强度的测定

5.2.1 染色一般条件

染色时的一般条件应符合 GB/T 2374—2007 和 GB/T 2375—2003 的有关规定。

染色深度 1%(owf)，染色用 5 g 棉纱或棉布，染色浴比：1∶40。

5.2.2 染浴配制

以 5 g 棉布染色为例，于 5 个染缸中按表 3 规定配制染浴。

表 3 染浴配制

单位为毫升

染缸编号	1	2	3	4	5
1 g/L 标准品溶液的体积	47.5	50	52.5	—	—
1 g/L 样品溶液的体积	—	—	—	50	52.5
100 g/L 无水硫酸钠溶液的体积	10	10	10	10	10
50 g/L 无水碳酸钠溶液的体积	2	2	2	2	2
加蒸馏水至总体积	200	200	200	200	200

5.2.3 染色操作

染色方法采用 GB/T 2375—2003 中 6.1.4 的规定进行。

5.2.4 色光和强度的评定

按 GB/T 2374—2007 中第 7 章的有关规定进行。

5.3 水分的测定

按 GB/T 2386—2006 中 3.2 的规定进行。

5.4 水不溶物的测定

按 GB/T 2381—2006 的规定进行。

5.5 细度的测定

按 GB/T 2383—2003 的规定进行，采用孔径为 180 μm 的标准筛。

5.6 有害芳香胺的量的测定

按 GB 19601 的规定进行。

5.7 重金属元素的量的测定

按 GB 20814 的规定进行。

5.8 色牢度的测定

5.8.1 一般规定

所有色牢度的测试样按 GB/T 4841.2—2006 的规定染成浅黑染色标准深度。

5.8.2 耐摩擦色牢度的测定

耐摩擦色牢度按 GB/T 3920—2008 的规定进行。

5.8.3 耐洗色牢度的测定

耐洗色牢度按 GB/T 3921—2008 的规定进行。试验条件采用 GB/T 3921—2008 表 2 中的试验方法 A(1)。

5.8.4 耐汗渍色牢度的测定

耐汗渍色牢度按 GB/T 3922—1995 的规定进行。

5.8.5 耐水色牢度的测定

耐水色牢度按 GB/T 5713—1997 的规定进行。

5.8.6 耐热压色牢度的测定

耐热压色牢度按 GB/T 6152—1997 的规定进行，200 ℃干压(4 h 后评定)。

5.8.7 耐光色牢度的测定

耐光色牢度按 GB/T 8427—2008 的规定进行。

6 检验规则

6.1 检验分类

本标准 3.1、3.2 和 3.3 所列的检验项目均为型式检验项目。其中本标准的 3.1 和 3.2 中(1)～(5)项为出厂检验项目，应逐批进行检验。在正常连续生产情况下，每年至少进行一次型式检验。但如有下述情况需进行型式检验：

a) 新产品最初定型时；

b) 产品异地生产时；

c) 生产配方、工艺及原材料有较大改变时；

d) 停产三个月后又恢复生产时；

e) 客户提出要求时。

6.2 出厂检验

直接黑 L-3BG 应由生产厂的质量检验部门检验合格，附合格证明后方可出厂。生产厂应保证所有出厂的直接黑 L-3BG 都符合本标准的要求。

6.3 复检

如果检验结果中有一项指标不符合本标准的要求时，应重新自两倍量的包装中取样进行检验，重新检验的结果，即使只有一项指标不符合本标准要求，则整批产品为不合格。

7 标志、标签、包装、运输和贮存

7.1 标志、标签

直接黑 L-3BG 的每个包装容器上都应涂上牢固、清晰的标志，注明：产品名称、规格、等级、注册商标、净含量、生产厂名称、厂址、标准编号、批号、生产日期。也可将批号、生产日期打印在标签上，并和产品质量检验合格的证明一起放入包装容器内的塑料袋外面。

7.2 包装

直接黑 L-3BG 装于内衬塑料袋的包装容器内，并加密封，每件净含量 25 kg 或 50 kg，其他包装可与用户协商确定。

7.3 运输

运输时应防止倒置，小心轻放，避免碰撞，切勿损坏包装。

7.4 贮存

直接黑 L-3BG 应贮存于阴凉、干燥通风处，防止受潮受热。

ICS 83.080.20
G 32

中华人民共和国国家标准

GB/T 9345.5—2010/ISO 3451-5:2002
代替 GB/T 13453.3—1992

塑料 灰分的测定 第5部分：聚氯乙烯

Plastics—Determination of ash—Part 5: Poly (vinyl chloride)

(ISO 3451-5:2002,IDT)

2010-08-09 发布 2011-05-01 实施

中华人民共和国国家质量监督检验检疫总局
中国国家标准化管理委员会 发布

前　言

GB/T 9345《塑料　灰分的测定》分为五个部分：

——第 1 部分：通用方法；

——第 2 部分：聚对苯二甲酸烷撑酯；

——第 3 部分：未增塑的乙酸纤维素；

——第 4 部分：聚酰胺；

——第 5 部分：聚氯乙烯。

本部分为 GB/T 9345 的第 5 部分，对应于 ISO 3451-5:2002《塑料　灰分的测定　第 5 部分：聚氯乙烯》(英文版)。本部分等同采用 ISO 3451-5:2002。

为便于使用，本部分作了下列编辑性修改：

a) “本国际标准”一词改为“GB/T 9345”，把“ISO 3451 本部分”改成“GB/T 9345 的本部分”或“本部分”；

b) 删除了 ISO 3451-5:2002 的前言；

c) 用我国的小数点符号“.”代替国际标准中的小数点符号“,”；

d) 规范性引用文件中引用了等同采用国际标准的我国标准。

本部分代替 GB/T 13453.3—1992《聚氯乙烯灰分和硫酸化灰分的测定》。

本部分与 GB/T 13453.3—1992 主要差异为：

——增加了“前言”；

——增加了“警示语”；

——增加了“规范性引用文件”一章(本版的第 2 章)；

——增加了一种灰分的测定方法：C 法(本版的 7.4)；

——增加了“安全防护”(本版的第 6 章)；

——增加了“测定次数”(本版的第 8 章)；

——增加了“精密度和偏差”(本版的第 10 章)；

——“试验报告”一章中增加了“试验所用方法、试料质量、试验日期、混合酸比例、灼烧 3 h 质量不恒定”等内容(1992 年版的第 7 章；本版的第 11 章)；

——对“范围”进行了补充(见第 1 章)；

——修改了灼烧温度(1992 年版的 5.1；本版的 7.2.1)；

——修改了用于测试的试料质量(1992 年版的 5.1；本版的 7.1)；

——修改了坩埚规格(1992 年版的 4.1；本版的 5.1)；

——修改了平行测定的偏差要求(1992 年版的 6.2；本版的第 8 章)。

本部分由中国石油和化学工业协会提出。

本部分由全国塑料标准化技术委员会聚氯乙烯树脂分会(SAC/TC 15/SC 7)归口。

本部分起草单位：锦西化工研究院。

本部分起草人：孙丽娟、陈沛云、杜凤梅。

本部分代替标准的历次版本发布情况为：

——GB/T 13453.3—1992。

请注意本部分的某些内容有可能涉及专利，本部分的发布机构不应承担识别这些专利的责任。

塑料 灰分的测定 第5部分:聚氯乙烯

警告——GB/T 9345的本部分在使用中可能涉及到危险的化学品、材料、操作和设备。本部分并未写明与本部分的使用相关的安全问题。本部分的使用者有责任制定适当的安全与健康制度,并在使用前确定这些规章制度的适用性。

聚氯乙烯在热分解时放出氯化氢等烟气,应采取预防措施以避免吸入。

1 范围

GB/T 9345的本部分规定了三种测定聚氯乙烯灰分的方法。采用了GB/T 9345.1中的通用步骤。方法A用于测定灰分,方法B和C用于测定硫酸化灰分。三种方法都可应用于树脂、混合物和制成品。当存在含铅化合物时应采用方法B和C。

2 规范性引用文件

下列文件中的条款通过GB/T 9345的本部分的引用而成为本部分的条款。凡是注日期的引用文件,其随后所有的修改单(不包括勘误的内容)或修订版均不适用于本部分,然而,鼓励根据本部分达成协议的各方研究是否可使用这些文件的最新版本。凡是不注日期的引用文件,其最新版本适用于本部分。

GB/T 9345.1—2008 塑料 灰分的测定 第1部分:通用方法(ISO 3451-1:1997,IDT)

3 原理

3.1 方法A(直接灼烧)

试料中的有机物被燃烧掉后,残余物在950 ℃灼烧,直至质量恒定。

3.2 方法B(燃烧后用硫酸处理再灼烧)

试料中的有机物被燃烧掉后,用浓硫酸使残余物转化为硫酸盐,最后,残余物在950 ℃下灼烧,直至质量恒定。

3.3 方法C(燃烧前用硫酸处理再灼烧)

试料中的有机物在加入浓硫酸后被燃烧掉,残余物在950 ℃下灼烧,直到质量恒定。由于本方法结果的重复性优于方法B,因而两者之中推荐本法。

如果存在含铅化合物,应使用方法B或方法C。

4 试剂(仅对方法B和方法C)

4.1 硫酸,密度1.84 g/mL,分析纯。

4.2 乙酸,100%,分析纯。

警告——应小心使用硫酸和乙酸。

5 仪器

仪器按GB/T 9345.1—2008中的规定,详细如下:

5.1 具盖的石英坩埚、铂坩埚或瓷坩埚,上口直径45 mm~75 mm,高度与直径相等,容积应使试料装填不超过坩埚容积的一半。

5.2 本生灯，具有石英三角架；或其他合适的加热装置。

5.3 马弗炉或微波炉，能控制温度 950 ℃±50 ℃。

5.4 吸管，适合的体积(仅用于方法 B 和 C)。

警告——在 7.3.4 和 7.4.3 需要使用吸管加入硫酸，必须用适宜的装置将酸吸入到吸管中(如橡胶吸球)，绝对不能用口吸取。

5.5 干燥器，内盛不与灰分组分起化学反应的有效干燥剂。

注：在某种情况下，灰分的吸水性可能大于普通使用的干燥剂的吸水性。

5.6 分析天平，精确至 0.1 mg。

5.7 称量瓶。

6 安全防护

6.1 在实验室工作时应始终佩戴防护镜。

6.2 应采取在明火或高温条件下工作时所有通用的安全防护措施，当向马弗炉中送入或取出试料时，应使用绝缘手套和长坩埚钳。

6.3 加热试料应在通风橱内进行，试料灼烧应使用具有适宜排气孔的马弗炉。

6.4 仔细阅读并严格按照在正文开始部分的警告和第 4 章及 5.4 和 7.4.3 的操作要求执行。

7 步骤

7.1 试料

表 1 中给出了推荐的试料量。

表 1 试料质量

样品		试料质量/g
树脂		5
干混料或粒料，产品所含填充物	>10%	2
干混料或粒料，产品无填充物或所含填充物	≤10%	5

7.2 方法 A(非硫酸化灰分的测定)

7.2.1 将清洁的坩埚(见 5.1)及盖于马弗炉(5.3)内在 950 ℃±50 ℃下灼烧 10 min，然后在干燥器内冷却至室温，称量坩埚及盖，精确至 0.1 mg。

7.2.2 将适量的试料放入坩埚内(见表 1)(制成品试料应切成小块)。称量坩埚、盖和试料，精确至 0.1 mg，并计算试料质量(m_0)。

7.2.3 在加热装置(见 5.2)上直接加热坩埚，使试样慢慢燃烧以防止灰分损失，继续加热直至不再冒烟为止。

在剧烈燃烧的情况下，试料应该逐次加入。

7.2.4 部分盖上坩埚盖，以使挥发性物质可以逸出且不会带出灰分。将坩埚放在 950 ℃±50 ℃恒温的马弗炉入口处(入口处的温度大约为 300 ℃～400 ℃)，然后将坩埚慢慢推入炉内，在 950 ℃±50 ℃下灼烧 30 min。

建议将盖子设计为如下形式：当将其放在坩埚上时，盖子与坩埚配合良好，但又不完全封闭坩埚。

7.2.5 将坩埚和盖从炉内移出，放入干燥器内，使其冷却至室温并称量，精确至 0.1 mg(m_1)。

7.2.6 在同样条件下再次灼烧，直至质量恒定。即直至两次连续称量结果之差不大于 0.5 mg。但在炉内的加热时间累计不应超过 3 h，如果累计时间达 3 h 仍不能达到质量恒定，则 3 h 时称量的量用于测试结果的计算。

7.3 **方法 B(硫酸化灰分的测定)**

7.3.1 按 7.2.1 进行。

7.3.2 按 7.2.2 进行。

7.3.3 按 7.2.3 进行。

7.3.4 在坩埚及内容物冷却后,用吸管(5.4)滴加硫酸(4.1)至残余物完全浸湿,在适当的加热装置上小心加热至不再冒烟为止,注意防止坩埚内容物溅出。

7.3.5 如果坩埚冷却后还有明显的碳存在,加(1~5)滴硫酸并再加热至不冒白烟为止。

7.3.6 将坩埚放在 950 ℃±50 ℃恒温的马弗炉的入口处,然后按照 7.2.4、7.2.5 和 7.2.6 进行,灼烧后的残余物应是灰色或白色,但不应是黑色。

7.4 **方法 C(硫酸化灰分的测定)**

7.4.1 按 7.2.1 进行。

7.4.2 按 7.2.2 进行。

7.4.3 使用吸管,逐滴加入尽可能少量的浓硫酸(4.1)但应使试料均匀润湿,盖上坩埚盖并在加热装置上加热,重复这一操作直至完全分解和炭化。

当硫酸有浸上坩埚边缘的倾向,或尽管已采取预防措施,某些试料由于剧烈的反应仍有从坩埚损失的倾向时,可以用乙酸和硫酸的混合物代替硫酸。使用混合酸应取得有关方面的同意,并且应在试验报告中注明。

警告——在燃烧之前进行炭化是必须的,因为如果在加入硫酸后马上将坩埚放入马弗炉内,将发生剧烈的燃烧。应小心地制备和处理乙酸和硫酸的混合物。

7.4.4 按 7.2.4 进行。

7.4.5 按 7.2.5 进行。

7.4.6 按 7.2.6 进行。

8 测定次数

进行两次测定,计算结果的算术平均值,如果两个试验结果之差的绝对值大于平均值的 5%,则重复操作直至两个连续结果彼此之差的绝对值不大于平均值的 5%。

9 结果表示

非硫酸化灰分(方法 A)或硫酸化灰分含量(方法 B 和 C),以%表示,由下式给出:

$$\frac{m_1}{m_0} \times 100$$

式中:

m_0——试料质量的数值,单位为克(g);

m_1——得到的灰分质量的数值,单位为克(g)。

10 精密度和偏差

由于没有得到实验室间数据,本方法的精密度和偏差尚未能确定。由于聚氯乙烯产品配方范围较广,因此无法给出覆盖所有聚氯乙烯配方的精密度和偏差的详细规定。

11 试验报告

试验报告应包括以下部分:

a) 引用 GB/T 9345 的本部分;

b) 所有完整描述样品所必需的说明,包括型号、生产商代码号、来源、商品名等;

c） 所用方法(方法 A、B 或 C)；

d） 两次测定中每个试料质量；

e） 两次测定灰分含量的单独结果和平均值；

f） 如果累计 3 h 仍不能达到质量恒定，需要在报告中注明(见 7.2.6)；

g） 如果在方法 C 中使用乙酸和硫酸的混合物，需注明混合酸的比例(见 7.4.3)；

h） 试验日期。

ICS 77.080.10
J 31

中华人民共和国国家标准

GB/T 9439—2010
代替 GB/T 9439—1988

灰 铸 铁 件

Grey iron castings

(ISO 185:2005,Gray cast irons—Classification,MOD)

2010-09-26 发布

2011-02-01 实施

中华人民共和国国家质量监督检验检疫总局
中国国家标准化管理委员会 发布

前　言

本标准修改采用国际标准 ISO 185:2005《灰铸铁分类》。本标准和 ISO 185:2005 相比，在主要技术内容上存在如下差异：

——在结构上作了较大的编辑性修改；

——删除了 ISO 185:2005 中重复性的表注和部分技术要求，增加了铸件尺寸、外观质量要求及相应的检测方法，增加了取样批次的划分和检验规则，增加了铸件的化学分析、金相检验、无损检测、热处理等检验项目，增加了铸件标识、防锈、包装和储运要求。这些铸造生产、检验所必需而 ISO 185:2004 标准所欠缺的内容，在本标准中给予以补充，提高了标准的适用性。

——增加了 7.3～7.9 条；

——增加了 9.4～9.13 条；9.2 条中增加一种拉伸试样类型；

——增加了 10.1～10.5、10.7、10.8 条；

——增加了第 11 章的全部内容；

——增加了附录 D。

本标准亦参考了美国 ASTM A48/A48M-2003《灰铸铁件标准规范》等国外先进标准的相关条款。

本标准代替 GB/T 9439—1988《灰铸铁件》，与 GB/T 9439—1988 相比，主要技术内容修订如下：

——增加了两个牌号；

——增加了拉伸试样规格；

——增加了取样批次的规定；

——增加了灰铸铁件壁厚和硬度的对应值；

——增加了硬度和抗拉强度的关系图；

——增加了壁厚和抗拉强度的关系图；

——删除原标准的附录 D，增加新的附录 D 楔压强度。

本标准的附录 A、附录 B、附录 C 和附录 D 均为资料性附录。

本标准由中国机械工业联合会提出。

本标准由全国铸造标准化技术委员会(SAC/TC 54)归口。

本标准负责起草单位：沈阳铸造研究所。

本标准参与起草单位：安徽省机械科学研究所、合肥江淮铸造有限责任公司、日月重工股份有限公司，江西铜业集团(东乡)铸造有限公司，东风汽车有限公司工艺研究所，一汽铸造有限公司铸造研究所。

本标准起草人：张寅、洪晓先、王成刚、黄光伟、宋贤发、康仁、宋量。

本标准所代替标准的历次版本发布情况为：

——GB/T 9439—1988。

灰 铸 铁 件

1 范围

本标准规定了灰铸铁的术语和定义、灰铸铁牌号、技术要求、取样要求、试验方法、检验规则及铸件标识、包装和储运要求。

本标准适用于砂型或导热性与砂型相当的铸型中铸造的灰铸铁件，使用其他铸型铸造的灰铸铁件也可参照使用。

2 规范性引用文件

下列文件中的条款通过本标准的引用而成为本标准的条款。凡是注日期的引用文件，其随后所有的修改单(不包括勘误的内容)或修订版均不适用于本标准，然而，鼓励根据本标准达成协议的各方研究是否可使用这些文件的最新版本。凡是不注日期的引用文件，其最新版本适用于本标准。

GB/T 223.3 钢铁及合金化学分析方法 二安替比林甲烷磷钼酸重量法测定磷量

GB/T 223.4 钢铁及合金锰含量的测定 电位滴定或可视滴定法

GB/T 223.60 钢铁及合金化学分析方法 高氯酸脱水重量法测定硅含量

GB/T 228 金属材料 室温拉伸试验方法(GB/T 228—2002,eqv ISO 6892:1998)

GB/T 231.1 金属布氏硬度试验 第1部分:试验方法(GB/T 231.1—2009,ISO 6506-1:2005,MOD)

GB/T 231.2 金属布氏硬度试验 第2部分:硬度计的检验与校准(GB/T 231.2—2002,ISO 6506-2:1999,MOD)

GB/T 231.3 金属布氏硬度试验 第3部分:标准硬度块的标定(GB/T 231.3—2002,ISO 6506-3:1999,MOD)

GB/T 4336 碳素钢和中低合金钢 火花源原子发射光谱分析方法(常规法)

GB/T 5611 铸造术语

GB/T 5612 铸铁牌号表示方法(GB/T 5612—2008,ISO 15931:2004,MOD)

GB/T 5677 铸钢件射线照相检测(GB/T 5677—2007,ISO 4993:1987,IDT)

GB/T 6060.1 表面粗糙度比较样块 铸造表面(GB/T 6060.1—1997,eqv ISO 2632-3:1979)

GB/T 6414 铸件 尺寸公差与机械加工余量(GB/T 6414—1999,eqv ISO 8062:1994)

GB/T 7216 灰铸铁金相检验(GB/T 7216—2009,ISO/DIS 945-1:2008,MOD)

GB/T 7233.1 铸钢件超声检测 第1部分:一般用途铸钢件(GB/T 7233.1—2009,ISO 4992-1:2006,MOD)

GB/T 9444 铸钢件磁粉检测(GB/T 9444—2007,ISO 4986:1992,IDT)

GB/T 11351 铸件重量公差

3 术语和定义

GB/T 5611 确立的术语以及下列术语和定义适用于本标准。

铸件的主要壁厚 relevant wall thickness

铸件的主要壁厚是指用以确定铸件材料力学性能的铸件断面厚度，由供需双方商定。

4 灰铸铁牌号

本标准的材料牌号表示方法，符合 GB/T 5612 的规定。

本标准依据直径 ϕ30 mm 单铸试棒加工的标准拉伸试样所测得的最小抗拉强度值，将灰铸铁分为 HT100、HT150、HT200、HT225、HT250、HT275、HT300 和 HT350 等八个牌号，见表 1。

表 1 灰铸铁的牌号和力学性能

牌号	铸件壁厚 mm		最小抗拉强度 R_m（强制性值）(min)		铸件本体预期抗拉强度 R_m(min) MPa
	>	≤	单铸试棒 MPa	附铸试棒或试块 MPa	
HT100	5	40	100	—	—
HT150	5	10	150	—	155
	10	20		—	130
	20	40		120	110
	40	80		110	95
	80	150		100	80
	150	300		*90*	—
HT200	5	10	200	—	205
	10	20		—	180
	20	40		170	155
	40	80		150	130
	80	150		140	115
	150	300		*130*	—
HT225	*5*	*10*	225	—	230
	10	20		—	200
	20	40		190	170
	40	80		170	150
	80	150		155	135
	150	300		*145*	—
HT250	5	10	250	—	250
	10	20		—	225
	20	40		210	195
	40	80		190	170
	80	150		170	155
	150	300		*160*	—

表 1（续）

牌　号	铸件壁厚 mm		最小抗拉强度 R_m（强制性值）（min）		铸件本体预期抗拉强度 R_m（min） MPa
	>	≤	单铸试棒 MPa	附铸试棒或试块 MPa	
HT275	10	20	275	—	250
	20	40		230	220
	40	80		205	190
	80	150		190	175
	150	300		*175*	—
HT300	10	20	300	—	270
	20	40		250	240
	40	80		220	210
	80	150		210	195
	150	300		*190*	—
HT350	10	20	350	—	315
	20	40		290	280
	40	80		260	250
	80	150		230	225
	150	300		*210*	—

注 1：当铸件壁厚超过 300 mm 时，其力学性能由供需双方商定。

注 2：当某牌号的铁液浇注壁厚均匀、形状简单的铸件时，壁厚变化引起抗拉强度的变化，可从本表查出参考数据，当铸件壁厚不均匀，或有型芯时，此表只能给出不同壁厚处大致的抗拉强度值，铸件的设计应根据关键部位的实测值进行。

注 3：表中斜体字数值表示指导值，其余抗拉强度值均为强制性值，铸件本体预期抗拉强度值不作为强制性值。

5　订货要求

下列订货信息应由铸件需方提供：

a)　铸件材料牌号；

b)　任何特殊要求应由供需双方商定。

6　生产方法和化学成分

6.1　生产方法

采用砂型或导热性与砂型相当的铸型生产灰铸铁件。

灰铸铁件的生产方法由供方自行决定，如需方有特殊要求（其他铸型方式或热处理等）时，由供需双方商定。

6.2　化学成分

如需方的技术条件中包含化学成分的验收要求时，按需方规定执行。化学成分按供需双方商定的频次和数量进行检测。

当需方对化学成分没有要求时，化学成分由供方自行确定，化学成分不作为铸件验收的依据。但化学成分的选取必须保证铸件材料满足本标准所规定的力学性能和金相组织要求。

7 技术要求

7.1 力学性能

在单铸试棒上还是在铸件本体上测定力学性能，以抗拉强度还是以硬度作为性能验收指标，均必须在订货协议或需方技术要求中明确规定。铸件的力学性能验收指标应在订货协议中明确规定。

灰铸铁试棒的力学性能和物理性能见附录A。

本标准规定的力学性能指标和金相组织是铸件验收的主要指标。

7.1.1 抗拉强度

7.1.1.1 单铸试棒的抗拉强度

本标准依据直径 ϕ30 mm 单铸试棒加工的标准拉伸试样所测得的最小抗拉强度值，将灰铸铁分为八个等级，各等级的最小抗拉强度值应符合表1的规定。

7.1.1.2 附铸试棒(块)的抗拉强度

附铸试棒(块)的抗拉强度应符合表1的规定。

7.1.1.3 铸件本体的抗拉强度

表1给出了各牌号不同壁厚的灰铸铁件本体的抗拉强度参考值。

7.1.1.4 铸件本体取样位置

铸件本体取样位置、试样尺寸和抗拉强度值可由供需双方商定，若需方有明确规定时，应符合需方图样及技术要求。

若需方要求从铸件本体上取样，但未指定本体取样位置时，供方可根据铸件结构和受力状况，自行决定取样位置，本体试样的尺寸见表5。

铸件本体抗拉强度的检测频次和数量，由供需双方商定。

7.1.2 硬度等级及铸件硬度

灰铸铁的硬度等级分为六个等级，见表2。各硬度等级的硬度是指主要壁厚 $t>40$ mm 且壁厚 $t\leqslant 80$ mm 的上限硬度值。

表2 灰铸铁的硬度等级和铸件硬度

硬度等级	铸件主要壁厚/mm		铸件上的硬度范围/HBW	
	>	≤	min	max
H155	5	10	—	185
	10	20	—	170
	20	40	—	160
	40	**80**	—	**155**
H175	5	10	140	225
	10	20	125	205
	20	40	110	185
	40	**80**	**100**	**175**
H195	4	5	190	275
	5	10	170	260
	10	20	150	230
	20	40	125	210
	40	**80**	**120**	**195**

表 2（续）

硬度等级	铸件主要壁厚/mm		铸件上的硬度范围/HBW	
	>	≤	min	max
H215	5	10	200	275
	10	20	180	255
	20	40	160	235
	40	**80**	**145**	**215**
H235	10	20	200	275
	20	40	180	255
	40	**80**	**165**	**235**
H255	20	40	200	275
	40	**80**	**185**	**255**

注 1：硬度和抗拉强度的关系见附录 B，硬度和壁厚的关系见附录 C。

注 2：黑体数字表示与该硬度等级所对应的主要壁厚的最大和最小硬度值。

注 3：在供需双方商定的铸件某位置上，铸件硬度差可以控制在 40 HBW 硬度值范围内。

如果需方要求将硬度作为验收指标时，硬度的检测频次和数量由供需双方商定，并选用如下之一的验收规则：

a）铸件本体的硬度值应符合表 2 的规定。

b）在单铸试棒加工的试样上测定材料的硬度时，应符合表 3 的规定。

若需方对铸件本体的测试部位及硬度值有明确规定时，应符合需方图样及技术要求。

注 1：硬度等级分类适用于以机械加工性能和以抗磨性能为主的铸件。

注 2：对于主要壁厚 t>80 mm 的铸件，不按硬度进行分级。

7.2 金相组织

灰铸铁件金相组织的检测方法和检测项目应符合 GB/T 7216 的规定。若需方对金相组织各检测项目的数量、分布、级别及取样位置有明确规定时，应按需方图样、技术要求执行。

7.3 几何形状、尺寸

铸件几何形状和尺寸应符合需方图样或技术要求。

7.4 尺寸公差

铸件尺寸公差应符合需方图样或技术要求。如需方无特殊要求时，按 GB/T 6414 的规定执行。

7.5 加工余量

铸件加工余量应符合需方图样或技术要求。如需方无特殊要求时，按 GB/T 6414 的规定执行。

7.6 重量偏差

铸件重量偏差应符合需方图样或技术要求。如需方无特殊要求时，按 GB/T 11351 的规定执行。

7.7 表面质量

铸件的表面质量包括外表面和内表面质量。

7.7.1 铸件的铸造表面粗糙度应符合 GB/T 6060.1 的规定或需方的图样和技术要求。

7.7.2 铸件应清理干净，修整多余部分，去除浇冒口残余、芯骨、粘砂及内腔残余物等。铸件允许的浇冒口残余、披缝、飞刺残余、内腔清洁度等，应符合需方图样、技术要求或供需双方订货协定。

7.7.3 除另有规定外，铸件均以铸态交货。

7.7.4 铸件交付过程中应符合需方的防护、包装和储运规范。

7.8　铸造缺陷

7.8.1　不允许有影响铸件使用性能的缺陷存在，如裂纹、冷隔、缩孔等。

7.8.2　铸件加工面上允许存在加工余量范围内的表面缺陷。

7.8.3　铸件非加工面上及铸件内部允许存在的缺陷种类、范围、数量，应符合需方图样、技术要求或者供需双方的订货协定。

7.8.4　铸件加工面原则上不得焊接、修补，但经需方许可，在不影响机械加工的条件下，对不影响结构性能的缺陷可以焊接、修补。

7.9　特殊要求

需方对磁粉探伤、超声波检验、射线检验等有要求时，由供需双方商定。

8　取样要求

8.1　总则

如果用热处理方法改变材料的性能，则试样要和它所代表的铸件以相同的方式进行热处理。

8.2　拉伸试样

8.2.1　单铸试棒

用于确定材料性能等级的单铸试棒，应和其所代表的铸件在具有相近冷却条件或导热性的砂型中立浇（铸型见图 1）。同一铸型中必须要同时浇注三根以上的试棒，试棒间的最少吃砂量不得少于 50 mm，试棒的长度 L 根据试样和夹持装置的长度确定，如图 1 所示。

单位为毫米

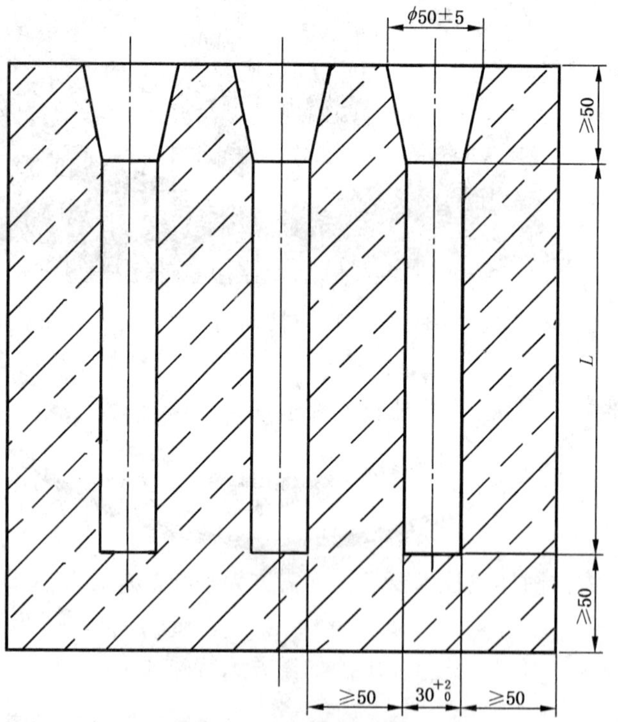

图 1　单铸试棒铸型

试棒的长度 L 取决于 A 型或 B 型试样（见 9.2）及夹持段的长度。

试棒的其他尺寸应当满足图 1 的规定。

用单铸试棒加工的试样尺寸见表 4。

如需方对单铸试棒和加工试样尺寸有特殊规定时，应按需方技术要求执行。

试棒须用浇注铸件的同一批铁液浇注，并在本批次铁液浇注后期浇注试棒。

单铸试棒的取样频次应符合10.3的规定。

试棒开箱落砂温度不得高于500 ℃,如果铸件需要热处理,则试棒应和所代表的铸件同炉处理;铸件进行消除应力的时效处理时,试棒可不予处理。

注:经供需双方协商同意,铸件在高于500 ℃时落砂,则单铸试棒也可以在高于500 ℃时开箱落砂。

8.2.2 附铸试棒(块)

当铸件壁厚超过20 mm,而重量又超过2 000 kg时,也可采用与铸件冷却条件相似的附铸试棒(见图2)或附铸试块(见图3)加工成试样来测定抗拉强度,测定结果比单铸试棒的抗拉强度更接近铸件材质的性能,测定值应符合表1的规定。

附铸试棒(块)的安排方式应使其冷却条件与所代表的铸件相近,试棒(块)的类型以及附铸的部位应由供需双方商定。如双方没有商定,则应附铸在铸件有代表性的部位。附铸试棒(块)的长度 L 均根据试样和夹持装置的长度确定。图中括号内的数字分别适用于直径 ϕ50 mm试棒和半径 R25 mm试块。

如果铸件需要热处理,附铸试棒(块)应在铸件热处理后再切下。

试棒和试块的长度 L(见图2和图3)取决于试样长度及夹持端的长度。

注:ϕ30 mm的附铸试棒和 R15 mm的附铸试块适用于壁厚小于80 mm的铸件,ϕ50 mm的附铸试棒和 R25 mm的附铸试块适用于壁厚在80 mm以上的铸件。

8.2.3 铸件本体试棒

本体试样的取样位置由供需双方商定。

铸件本体试棒的加工尺寸见表5。

单位为毫米

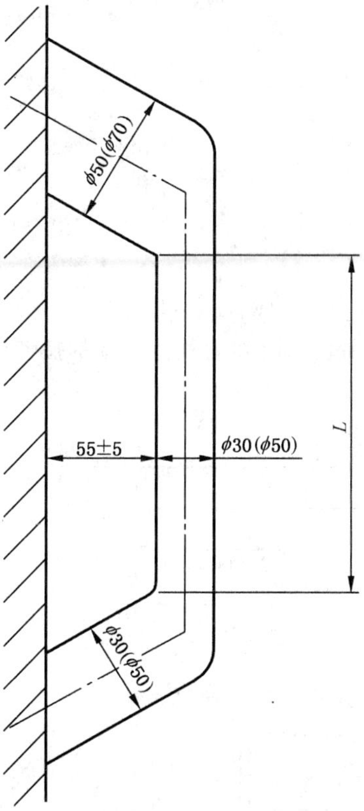

图2 附铸试棒

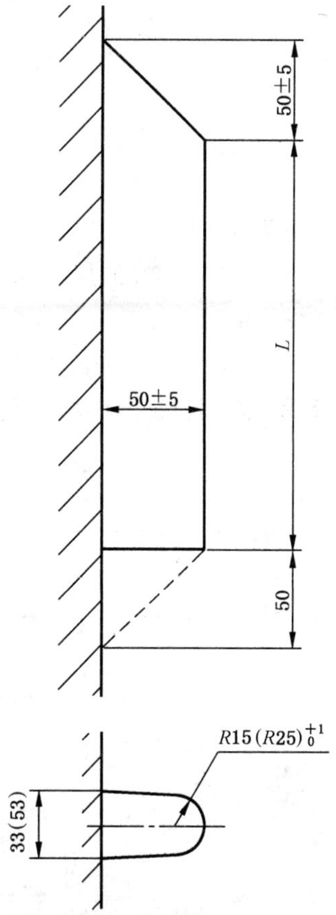

图3 附铸试块

8.3 硬度试块

若需方将硬度作为验收指标时,硬度应符合7.1.2的要求。

硬度可以在单铸试棒上测试，硬度值见表3。

表3　单铸试棒的抗拉强度和硬度值

牌　号	最小抗拉强度 R_m(min) MPa	布氏硬度 HBW	牌　号	最小抗拉强度 R_m(min) MPa	布氏硬度 HBW
HT100	100	≤170	HT250	250	180～250
HT150	150	125～205	HT275	275	190～260
HT200	200	150～230	HT300	300	200～275
HT225	225	170～240	HT350	350	220～290

硬度也可以在供需双方商定的铸件某位置上测试，或在图4所示的硬度试块上测试。该试块用于壁厚不小于20 mm的铸件，试块从铸件上切取。

如果铸件需要热处理，硬度试块应在铸件热处理后切取。

单位为毫米

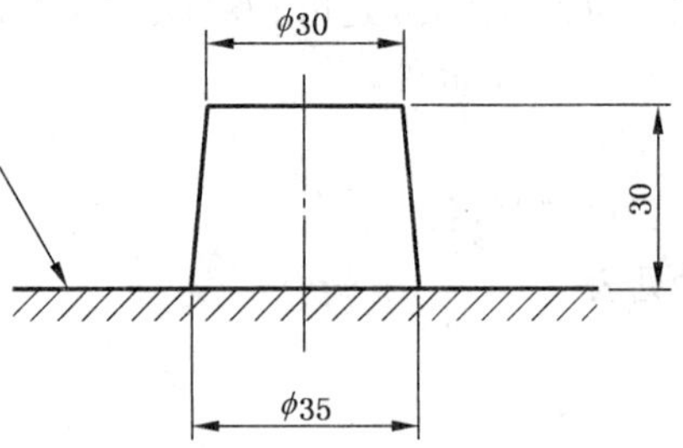

图4　布氏硬度试块

9　试验方法

9.1　拉伸试验要求

拉伸试验按GB/T 228的规定执行。

9.2　拉伸试样的测试

拉伸试样的类型有A型和B型两种，试样的两端可加工成螺纹状或圆柱状，以适应夹持装置的需要。其型式见图5和图6，其尺寸见表4。经供需双方商定，也可以采用表5所列的其他规格的拉伸试样。

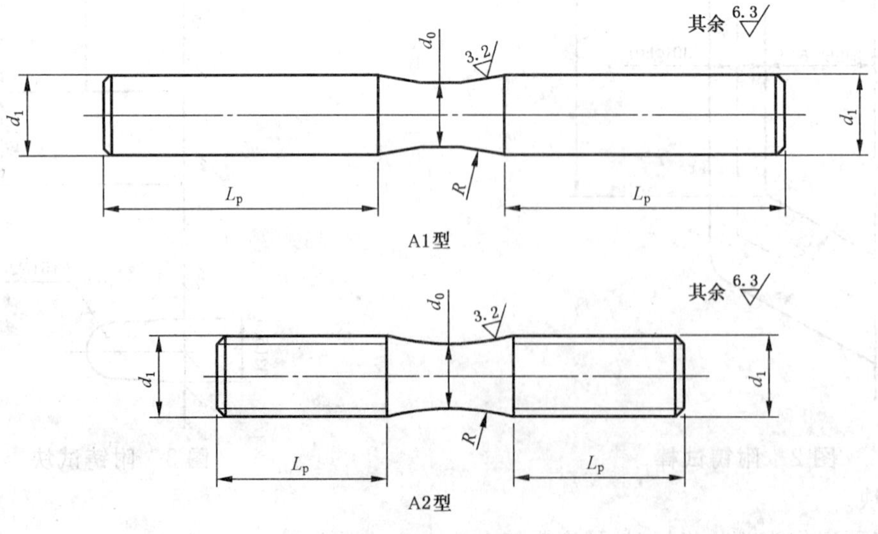

图5　A型试样

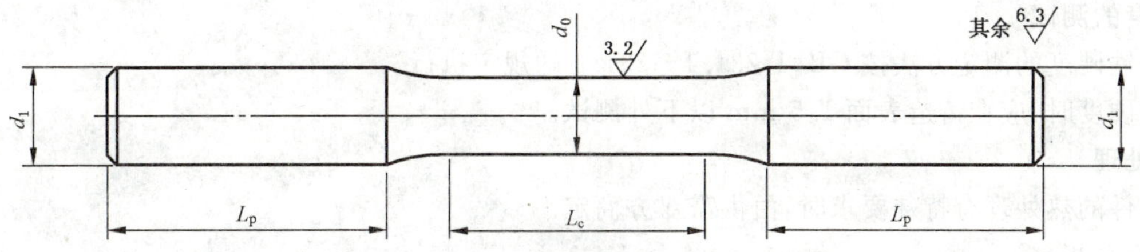

B1型

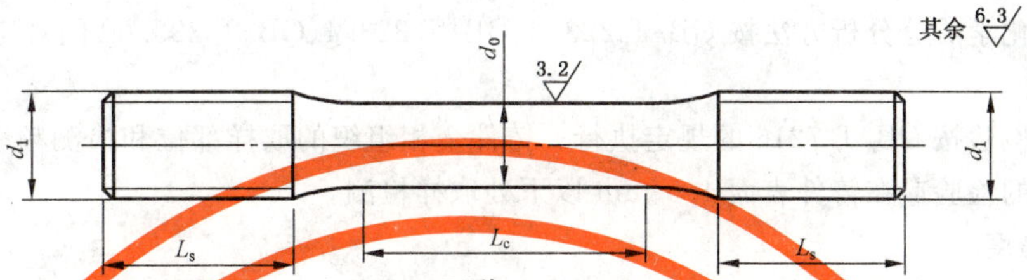

B2型

注：对同一种材料，A 型试样的试验结果可能会略高于 B 型试样的试验结果。

图 6　B 型试样

拉伸试样平行段直径的最低测量精度为 0.05 mm。

表 4　单铸试棒加工的试样尺寸

单位为毫米

名　　称			尺　　寸	加 工 公 差
最小的平行段长度 L_c			60	—
试样直径 d_0			20	±0.25
圆弧半径 R			25	$^{+5}_{0}$
夹持端	圆柱状	最小直径 d_1	25	—
		最小长度 L_p	65	—
	螺纹状	螺纹直径与螺距 d_2	M30×3.5	—
		最小长度 L_s	30	—

表 5　本体试样的尺寸

单位为毫米

试样直径 d_0	最小的平行段长度 L_c	圆弧半径 R	夹持端圆柱状		夹持端螺纹状	
			最小直径 d_1	最小长度 L_p	螺纹直径与螺距 d_2	最小长度 L_s
6±0.1	13	≥1.5d_0	10	30	M10×1.5	15
8±0.1	25	≥1.5d_0	12	30	M12×1.75	15
10±0.1	30	≥1.5d_0	16	40	M16×2.0	20
12.5±0.1	40	≥1.5d_0	18	48	M20×2.5	24
16±0.1	50	≥1.5d_0	24	55	M24×3.0	26
20±0.1	60	25	25	65	M28×3.5	30
25±0.1	75	≥1.5d_0	32	70	M36×4.0	35
32±0.1	90	≥1.5d_0	42	80	M45×4.5	50

注 1：在铸件应力最大处或铸件最重要工作部位或在能制取最大试样尺寸的部位取样。

注 2：加工试样时应尽可能选取大尺寸加工试样。

9.3 硬度的测试

灰铸铁硬度的测定方法按 GB/T 231.1～231.3 的规定执行。

检测硬度时，应在铸造表面 1.5 mm 以下处测试。

9.4 热处理

对铸件的热处理有特殊要求时，由供需双方商定。

9.5 化学分析

光谱化学分析按 GB/T 4336 的规定执行。

铸件常规化学成分分析方法按 GB/T 223.3、GB/T 223.4、GB/T 223.60 的规定执行。

9.6 金相检验

铸件金相检验按 GB/T 7216 的规定执行。铸件金相组织的取样部位和检测频率由供需双方商定。铸件金相组织的检验应在铸件表面 1.5 mm 以下处取样检测。

9.7 表面粗糙度

铸件的铸造表面粗糙度检验按 GB/T 6060.1 的规定执行。

9.8 无损检测

铸件的无损检测按 7.9 的规定执行。

9.8.1 磁粉检测按 GB/T 9444 的规定执行。

9.8.2 超声波检测按 GB/T 7233.1 的规定执行。

9.8.3 射线检测按 GB/T 5677 的规定执行。

9.9 铸件尺寸

铸件的几何形状及尺寸按 7.3 的要求进行检查。

样件、试生产铸件需提交全尺寸检测报告，检测数量由供需双方商定。量产供货的铸件应按批次提交关键尺寸（或重要尺寸）检测报告，检测频次和数量由供需双方商定。

9.10 尺寸公差

铸件尺寸公差按 7.4 的要求进行检查。

9.11 重量偏差

铸件的重量偏差按 7.6 的要求进行抽检。

9.12 表面质量

铸件表面质量按 7.7 的要求进行检查。

9.13 缺陷

a) 铸件表面缺陷，以目视方式或磁粉检测的方式进行检查，也可采用辅助性的尺寸测量手段。

b) 铸件内腔及内表面的缺陷，可用内窥镜检查。

c) 铸件内部缺陷，可用 X 射线、超声波等方式检查。

应逐件目测检查铸件的外观缺陷，但对几何形状、内腔形状复杂的铸件内在缺陷的检查，可按双方商定的检测频次、检测数量、检测方式进行抽检。

9.14 可选的测试方法

经供需双方商定，也可以选择运用等效的测定抗拉强度、布氏硬度、金相组织的其他方法，如用测定楔压强度替代测定抗拉强度，见附录 D。

10 检验规则

10.1 检验权利

10.1.1 铸件由供方质量部门检查和验收。

10.1.2 需方在必要时可以要求对铸件进行复检。

10.1.3 供方对检验结果的真实性负责，在需方要求时提交生产记录文件。

10.2 检验地点

10.2.1 除供需双方商定在需方检验外,最终检验一般在供方进行。

10.2.2 供需双方对铸件质量发生争议时,检验可在通过实验室资格认定的第三方进行。

10.3 取样批次的划分

铸件须按批次进行化学成分、力学性能、金相检验。批次按如下方法划分:

10.3.1 同一模具生产的同一炉铁液浇注的铸件构成一个取样批次。

10.3.2 由同一包铁液浇注的铸件构成一个取样批次。

10.3.3 每一取样批次的最大重量为清理后的 2 000 kg 的铸件。经供需双方商定,取样批次可以变动。

10.3.4 如果一个铸件的重量大于 2 000 kg 时,就单独成为一个取样批次。

10.3.5 在某一时间间隔内,如炉料、工艺条件、或化学成分有变化时,在此期间连续熔化的铁液浇注的所有铸件,无论时间间隔有多短,都作为一个取样批次。

10.3.6 当连续不断地熔化大量铁液时,每一个取样批次的最大重量不得超过 2 h 内所浇注的铸件重量。

除 10.3.2 规定外,如果一种牌号的铁液熔化量很大,而且采用了系统控制的熔化技术和严格监控生产过程,并能逐包(炉)进行一定形式的工艺控制,如激冷试验、化学分析、热分析等,经供需双方商定,也可以若干批量的铸件构成一个取样批次。

10.4 试验次数

每一个取样批次应至少进行一次拉伸试验。

10.5 试验结果的评定

10.5.1 检验抗拉强度时,先用一根拉伸试样进行试验,如果符合要求,则该批铸件在材质上即为合格;若试验结果达不到要求,则可从同一批的试样中另取两根进行复验。

10.5.2 复验结果都达到要求,则该批铸件的材质仍为合格,若复验结果中仍有一根达不到要求,则该批铸件初步判为材质不合格。这时,则应从该批铸件中任取一件,在供需双方商定的部位切取本体试样进行抗拉强度检测。若检测结果达到要求,则仍可判定该批铸件材质合格;若本体试样检测结果仍然达不到要求,则可最终判定该批铸件材质为不合格。

10.6 试验的有效性

由于下列原因之一造成试验结果不符合要求时,则试验无效。

a) 试样在试验机上安装不当或试验机操作不当。

b) 试样表面有铸造缺陷或试样切削加工不当(如试样尺寸、过渡圆角、粗糙度不符合要求等)。

c) 试样断在平行段外。

d) 试样拉断后断口上有铸造缺陷。

此时,应按 10.5.1 和 10.5.2 重新试验,用得到的结果取代有缺陷试样的数据。

10.7 试验数据保存

供方按本标准进行检查,并对完成的所有测试结果的准确性和真实性负责,试验和检查要使用自有的或其他可靠的设备,保存所有完整的试验和检查记录,留客户复查。

10.8 试样保存

需方没有特殊规定时,同一批次的拉伸试样和未做试验的试样应自填写试验报告之日起保存三个月以上。

11 铸件标识、包装、储运要求

11.1 铸件标识与质量报告

11.1.1 如铸件尺寸允许,应在非加工面上做出供方代码、商标、零件代码、生产日期、生产顺序号等标识。

如需方对标识的位置、尺寸(字号、字高、凸凹)和方法等没有明确要求时,由供需双方商定。

当无法在铸件上作出标识时,标识可打印在附于每批铸件的标签上。

11.1.2 出厂铸件应附检验合格证或质量报告,其中包括:

a) 供方名称;

b) 铸件名称、铸件代码(零件号);

c) 铸件图号、材质牌号、供需双方商定的检测项目的检测报告,并说明所对应的生产日期与批次;

d) 供货协议所要求提交的其他文件。

11.2 表面防护、包装、储运要求

铸件在检验以后应进行防护处理或包装。

铸件表面防护、包装、储运应符合订货协议的规定。

附　录　A
（资料性附录）
灰铸铁的力学性能和物理性能

ϕ30 mm 单铸试棒和 ϕ30 mm 附铸试棒的力学性能见表 A.1，ϕ30 mm 单铸试棒和 ϕ30 mm 附铸试棒的物理性能见 A.2。

表 A.1　ϕ30 mm 单铸试棒和 ϕ30 mm 附铸试棒的力学性能

力学性能	材料牌号[a]						
	HT150	HT200	HT225	HT250	HT275	HT300	HT350
	基体组织						
	铁素体+珠光体	珠光体					
抗拉强度 R_m/MPa	150～250	200～300	225～325	250～350	275～375	300～400	350～450
屈服强度 $R_{p0.1}$/MPa	98～165	130～195	150～210	165～228	180～245	195～260	228～285
伸长率 A/%	0.3～0.8	0.3～0.8	0.3～0.8	0.3～0.8	0.3～0.8	0.3～0.8	0.3～0.8
抗压强度 σ_{db}/MPa	600	720	780	840	900	960	1 080
抗压屈服强度 $\sigma_{d0.1}$/MPa	195	260	290	325	360	390	455
抗弯强度 σ_{dB}/MPa	250	290	315	340	365	390	490
抗剪强度 σ_{aB}/MPa	170	230	260	290	320	345	400
扭转强度[b] τ_{tB}/MPa	170	230	260	290	320	345	400
弹性模量[c] E/(k MPa)	78～103	88～113	95～115	103～118	105～28	108～137	123～143
泊松比 ν	0.26	0.26	0.26	0.26	0.26	0.26	0.26
弯曲疲劳强度[d] σ_{bW}/MPa	70	90	105	120	130	140	145
反压应力疲劳极限[e] σ_{zdW}/MPa	40	50	55	60	68	75	85
断裂韧性 K_{IC}/MPa$^{3/4}$	320	400	440	480	520	560	650

[a] 当对材料的机加工性能和抗磁性能有特殊要求时，可以选用 HT100。如果试图通过热处理的方式改变材料金相组织而获得所要求的性能时，不宜选用 HT100。

[b] 扭转疲劳强度 τ_{tw}(MPa)$\approx$0.42R_m。

[c] 取决于石墨的数量及形态，以及加载量。

[d] $\sigma_{bW}\approx(0.35\sim0.50)R_m$。

[e] $\sigma_{zdW}\approx0.53\sigma_{bW}\approx0.26R_m$。

表 A.2 ϕ30 mm 单铸试棒和 ϕ30 mm 附铸试棒的物理性能

特 性		材料牌号						
		HT150	HT200	HT225	HT250	HT275	HT300	HT350
密度 ρ/(kg/mm³)		7.10	7.15	7.15	7.20	7.20	7.25	7.30
热容 c/[J/(kg·K)]	20 ℃～200 ℃	460						
	20 ℃～600 ℃	535						
线膨胀系数 α/[μm/(m·K)]	−20 ℃～600 ℃	10.0						
	20 ℃～200 ℃	11.7						
	20 ℃～400 ℃	13.0						
热传导率 Λ/[W/(m·K)]	100 ℃	52.5	50.0	49.0	48.5	48.0	47.5	45.5
	200 ℃	51.0	49.0	48.0	47.5	47.0	46.0	44.5
	300 ℃	50.0	48.0	47.0	46.5	46.0	45.0	43.5
	400 ℃	49.0	47.0	46.0	45.0	44.5	44.0	42.0
	500 ℃	48.5	46.0	45.0	44.5	43.5	43.0	41.5
电阻率 ρ/(Ω·mm²/m)		0.80	0.77	0.75	0.73	0.72	0.70	0.67
矫磁性 H_c/(A/m)		560～720						
室温下的最大磁导率 μ/(Mh/m)		220～330						
B=1 T 时的磁滞损耗/(J/m³)		2 500～3 000						
注：当对材料的机加工性能和抗磁性能有特殊要求时，可以选用 HT100。如果试图通过热处理的方式改变材料金相组织而获得所要求的性能时，不宜选用 HT100。								

附 录 B
（资料性附录）
灰铸铁硬度和抗拉强度之间的关系

灰铸铁硬度和抗拉强度、弹性模量和刚性模量，相互之间存在联系。在多数情况下，其中一个性能值的增加会导致其他性能值的增加。本附录简要介绍灰铸铁的相对硬度 RH 以及抗拉强度和硬度比 T/H。

B.1 相对硬度

硬度（HBW）和抗拉强度（R_m）之间的经验关系式如下：

$$HBW = RH \times (A + B \times R_m)$$

式中：$A=100$

$B=0.44$

RH＝0.8～1.2，相对硬度（见图 B.1）。

RH 主要受原材料、熔化工艺和冶金方法的影响。对铸造企业而言，这些影响因素几乎可以保持常数，因此可以测定出相对硬度、硬度及与其相对应的抗拉强度。

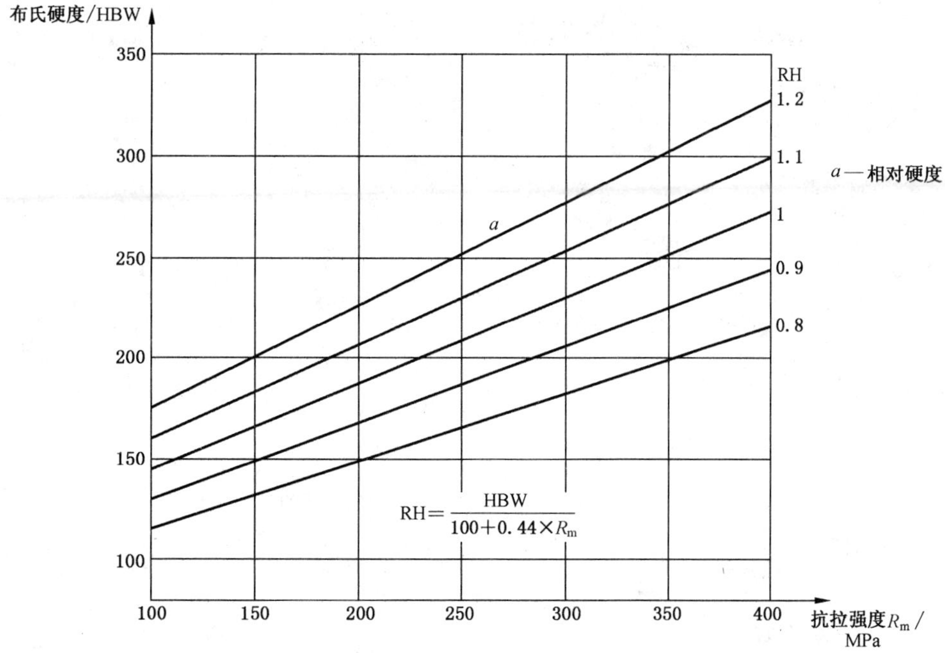

图 B.1 灰铸铁相对硬度与硬度、抗拉强度之间的关系

B.2 抗拉强度和硬度比

共晶石墨含量与抗拉强度和硬度比（T/H）的关系见图 B.2。

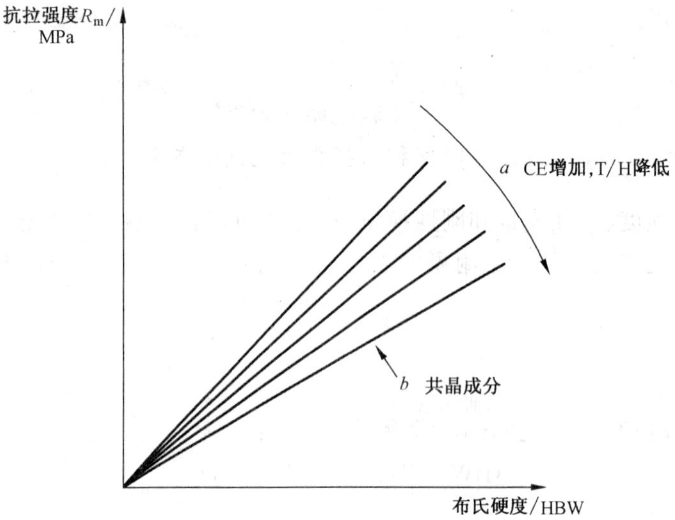

图 B.2 铸铁抗拉强度和硬度比关系(T/H 比)

灰铸铁的强度与硬度比(T/H)在 0.8～1.4 之间波动。在共晶成分以上,CE 增加,T/H 减少,但幅度很小。图 B.2 中,T/H 是常量,表示石墨对力学性能的影响。石墨形态和基体组织对灰铸铁的力学性能有显著影响。例如对铸件整体而言,抗拉强度和硬度之比接近常数。弹性模量和减震能力主要随石墨变化,也完全和常量 T/H 线的变化一致。这些线是共晶石墨和碳当量 CE 的常量线,这些最重要的铸造参数用于铸造生产控制及对力学性能的控制。

附　录　C
（资料性附录）
灰铸铁件的抗拉强度、硬度和截面厚度的关系

最小抗拉强度和主要壁厚之间的对应关系见图C.1。平均硬度和铸件主要壁厚之间的关系图见图C.2。

本图表供供需双方商定铸件本体硬度及确定硬度检测部位时参考。

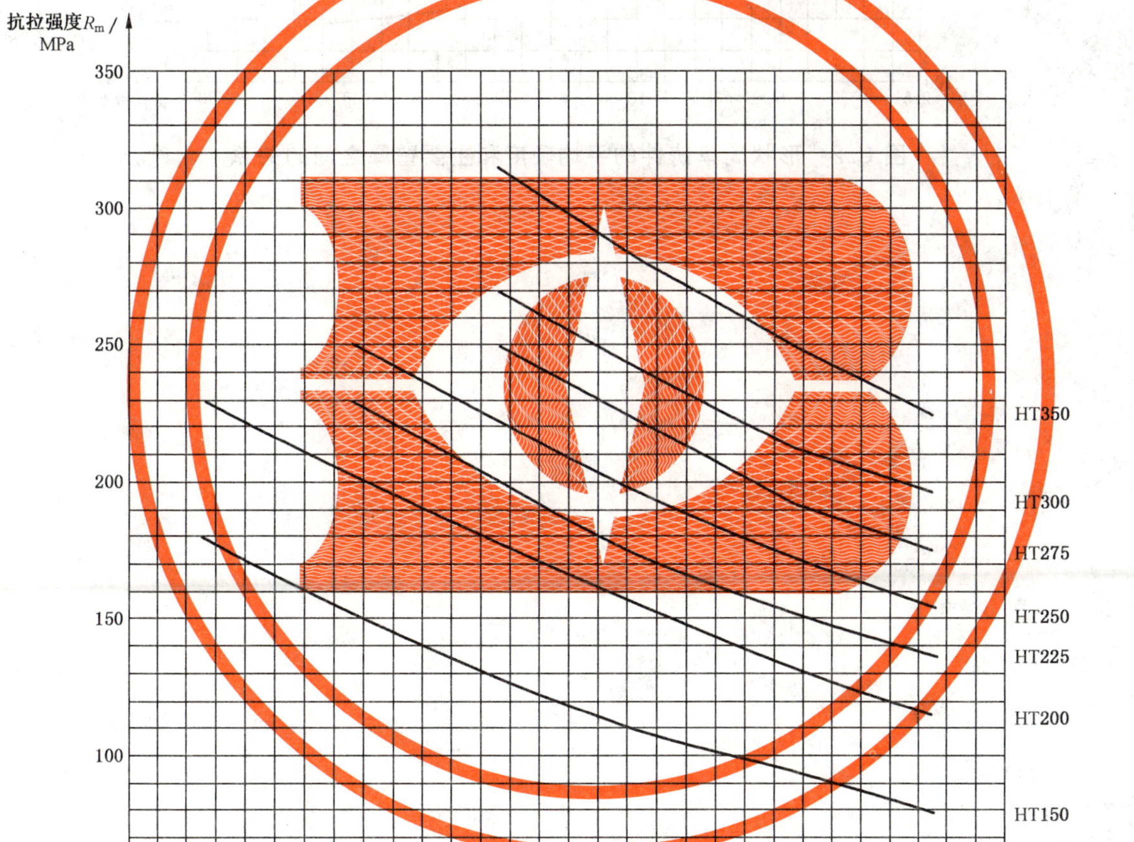

图C.1　形状简单铸件的最小抗拉强度和主要壁厚之间的关系

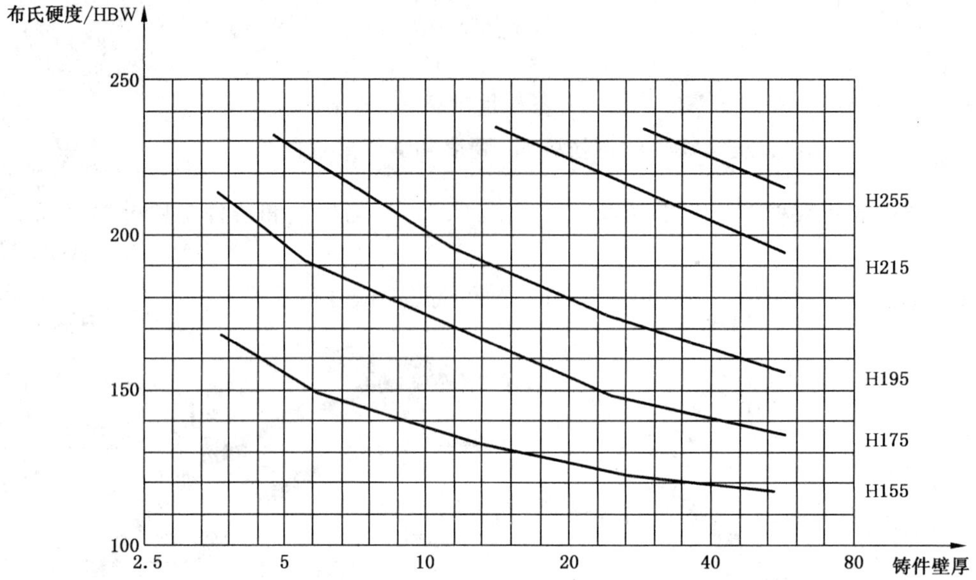

图 C.2 形状简单铸件的平均硬度和主要壁厚之间的关系

附　录　D
（资料性附录）
楔　压　强　度

楔压强度(Penetration strength)检验通常是指在取样尺寸受限制的情况下，检测灰铸铁本体强度的一种检测方法。楔压试样尺寸通常为(6×20×32)mm(最低精度 0.05 mm)，在楔压装置上通过上、下压刀加载而截断楔压试样，楔压力与截断面积的比值即为楔压强度，以此作为灰铸铁的性能判定依据。

经供需双方商定，可以用测定楔压强度来代替抗拉强度。

D.1　楔压强度的计算方法

根据楔压力 F 及截断面积 S 计算楔压强度 R_k。

$$R_k = F/S$$

D.2　楔压强度与抗拉强度的换算关系

通常可以采用如下计算公式来进行楔压强度与抗拉强度的换算。

抗拉强度 $R_m = 1.86 \times$ 楔压强度 $R_k - 64$

或：抗拉强度 $R_m = 1.80 \times$ 楔压强度 $R_k - 55$

试验过程中，加载速度应≤10 MPa/s。

ICS 77.140.80
J 31

中华人民共和国国家标准

GB/T 9440—2010
代替 GB/T 9440—1988

可锻铸铁件

Malleable iron castings

(ISO 5922:2005,MOD)

2010-12-23 发布 2011-06-01 实施

中华人民共和国国家质量监督检验检疫总局
中国国家标准化管理委员会 发布

前　言

本标准修改采用ISO 5922:2005《可锻铸铁件》。本标准和ISO 5922:2005相比，除在标准结构上做了编辑性修改外，在主要技术内容上存在如下差异：

——删除了ISO 5922:2005中重复性的标注和部分技术要求。

——删除了术语和定义。

——增加了铸件检测的内容。

本标准代替GB/T 9440—1988《可锻铸铁件》。

本标准与原GB/T 9440—1988相比，主要技术内容修订如下：

——删除了在GB/T 5611铸造术语中已描述过的术语和定义。

——增加了五个牌号。

——增加了冲击性能、金相组织、外观质量等技术要求。

本标准的附录A是资料性附录。

本标准由全国铸造标准化技术委员会(SAC/TC 54)提出并归口。

本标准主要起草单位：济南玫德铸造有限公司、河北建支铸造集团有限公司、江西赣玛实业有限公司、西峡县内燃机进排气管有限责任公司、云南云海玛钢有限公司。

本标准主要起草人：王瑞昌、臧桂铭、李国林、李志强、赵新武、陈昆、孙允月、任久红、温春平。

本标准所代替标准的历次版本发布情况为：

——GB 978—1967；

——GB 5679—1985；

——GB/T 9440—1988。

可 锻 铸 铁 件

1 范围

本标准规定了可锻铸铁件的分类和牌号、技术要求、试验方法、检验规则、铸件的标识、表面防护、包装和储运要求。

本标准适用于砂型或导热性与砂型相当的铸型中铸造的可锻铸铁件。

其他铸型铸造的可锻铸铁件也可参照使用。

2 规范性引用文件

下列文件中的条款通过本标准的引用而成为本标准的条款。凡是注日期的引用文件，其随后所有的修改单(不包括勘误的内容)或修订版均不适用于本标准，然而，鼓励根据本标准达成协议的各方研究是否可使用这些文件的最新版本。凡是不注日期的引用文件，其最新版本适用于本标准。

GB/T 223.12 钢铁及合金化学分析方法 碳酸钠分离-二苯碳酰二肼光度法测定铬量

GB/T 223.59 钢铁及合金 磷含量的测定 铋磷钼蓝分光光度法和锑磷钼蓝分光光度法

GB/T 223.60 钢铁及合金化学分析方法 高氯酸脱水重量法测定硅含量

GB/T 223.63 钢铁及合金化学分析方法 高碘酸钠(钾)光度法测定锰量(GB/T 223.63—1988，neq ASTM E350:1985)

GB/T 223.68 钢铁及合金化学分析方法 管式炉内燃烧后碘酸钾滴定法测定硫含量

GB/T 223.69 钢铁及合金 碳含量的测定 管式炉内燃烧后气体容量法

GB/T 228 金属材料 室温拉伸试验方法(GB/T 228—2002，ISO 6892:1998，EQV)

GB/T 231.1 金属材料 布氏硬度试验 第1部分：试验方法(GB/T 231.1—2009，ISO 6506-1:2005，MOD)

GB/T 1031 产品几何技术规范(GPS) 表面结构 轮廓法 表面粗糙度参数及其数值

GB/T 1958 产品几何量技术规范(GPS)形状和位置公差 检测规定

GB/T 4336 碳素钢和中低合金钢 火花源原子发射光谱分析法(常规法)

GB/T 5612 铸铁牌号表示方法(GB/T 5612—2008，ISO 15931:2004，MOD)

GB/T 6060.1 表面粗糙度比较样块 铸造表面(GB/T 6060.1—1997，eqv ISO 2632-3:1979)

GB/T 6414 铸件 尺寸公差与机械加工余量(GB/T 6414—1999，eqv ISO 8062:1994)

GB/T 11351 铸件重量公差

GB/T 25746 可锻铸铁金相检验

JB/T 5105 铸件模样 起模斜度

3 可锻铸铁的分类、牌号

3.1 分类

因化学成分、热处理工艺而导致的性能和金相组织的不同分为两类，第一类：黑心可锻铸铁和珠光体可锻铸铁；第二类：白心可锻铸铁。

3.1.1 黑心可锻铸铁和珠光体可锻铸铁

黑心可锻铸铁的金相组织：主要是铁素体基体＋团絮状石墨。

珠光体可锻铸铁的金相组织：主要是珠光体基体＋团絮状石墨。

3.1.2 白心可锻铸铁

白心可锻铸铁的金相组织取决于断面尺寸，如下所述。图1给出了金相组织随铸件壁厚的变化趋势。

a) 薄断面＝铁素体（＋珠光体＋退火石墨）；

b) 厚断面，见图1。

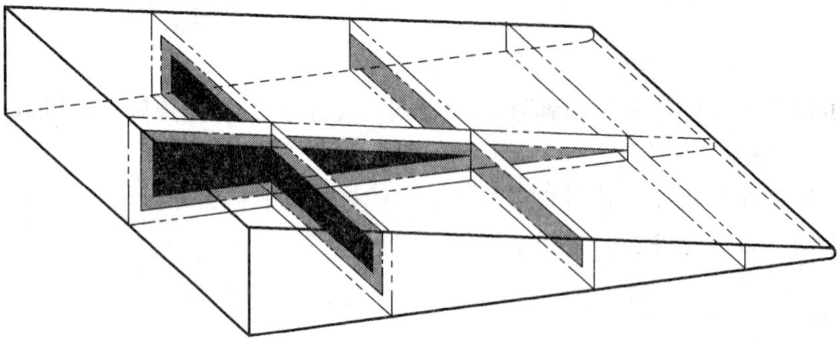

注：[白框]表面区域——铁素体；

[灰框]中间区域——珠光体＋铁素体＋退火石墨；

[黑框]心部区域——珠光体（＋铁素体）＋退火石墨。

括号内表示少量的，也可能有时不存在的组织。

图1 表面区域、中间区域和心部区域的金相组织

3.2 牌号

可锻铸铁牌号等级是依照不经机械加工的铸造拉伸试样测出的力学性能而定义的。

可锻铸铁的牌号表示方法应符合GB/T 5612的规定。

3.2.1 黑心可锻铸铁和珠光体可锻铸铁的牌号应符合表1的规定

表1 黑心可锻铸铁和珠光体可锻铸铁的力学性能

牌号	试样直径 $d^{a,b}$/mm	抗拉强度 R_m/MPa min	0.2%屈服强度 $R_{p0.2}$/MPa min	伸长率 A/% min ($L_0=3d$)	布氏硬度 HBW
KTH 275-05[c]	12或15	275	—	5	≤150
KTH 300-06[c]	12或15	300	—	6	
KTH 330-08	12或15	330	—	8	
KTH 350-10	12或15	350	200	10	
KTH 370-12	12或15	370	—	12	
KTZ 450-06	12或15	450	270	6	150～200
KTZ 500-05	12或15	500	300	5	165～215
KTZ 550-04	12或15	550	340	4	180～230
KTZ 600-03	12或15	600	390	3	195～245
KTZ 650-02[d,e]	12或15	650	430	2	210～260
KTZ 700-02	12或15	700	530	2	240～290
KTZ 800-01[d]	12或15	800	600	1	270～320

[a] 如果需方没有明确要求，供方可以任意选取两种试棒直径中的一种。

[b] 试样直径代表同样壁厚的铸件，如果铸件为薄壁件时，供需双方可以协商选取直径6 mm或者9 mm试样。

[c] KTH 275-05和KTH 300-06为专门用于保证压力密封性能，而不要求高强度或者高延展性的工作条件的。

[d] 油淬加回火。

[e] 空冷加回火。

3.2.2 白心可锻铸铁的牌号应符合表2的规定。

表2 白心可锻铸铁的力学性能

牌 号	试样直径 d/mm	抗拉强度 R_m/MPa min	0.2%屈服强度 $R_{p0.2}$/MPa min	伸长率 A/% min ($L_0=3d$)	布氏硬度 HBW max
KTB 350-04	6	270	—	10	230
	9	310	—	5	
	12	350	—	4	
	15	360	—	3	
KTB 360-12	6	280	—	16	200
	9	320	170	15	
	12	360	190	12	
	15	370	200	7	
KTB 400-05	6	300	—	12	220
	9	360	200	8	
	12	400	220	5	
	15	420	230	4	
KTB 450-07	6	330	—	12	220
	9	400	230	10	
	12	450	260	7	
	15	480	280	4	
KTB 550-04	6	—	—	—	250
	9	490	310	5	
	12	550	340	4	
	15	570	350	3	

注1：所有级别的白心可锻铸铁均可以焊接。

注2：对于小尺寸的试样，很难判断其屈服强度，屈服强度的检测方法和数值由供需双方在签订订单时商定。

注3：试样直径同表1中a、b。

4 订单信息

4.1 下列订货信息应由需方提供：

a) 铸件材料牌号；

b) 由供需双方协商特殊要求。

4.2 所有订货要求应在接受订单的同时由供需双方协商确定。

5 技术要求

5.1 生产方式

可锻铸铁的生产方式可由供方选定，但应保证达到订货协议的要求。

5.2 化学成分

可锻铸铁的化学成分由供方选定，化学成分不作为验收的依据。若需方对化学成分有要求时，则由供需双方在订货协议中规定。

5.3 力学性能

5.3.1 可锻铸铁的力学性能以拉伸试样的抗拉强度和伸长率作为验收依据。拉伸试样的力学性能应符合表1和表2的规定。

5.3.2 若需方对屈服强度和硬度有要求时，经供需双方协议应符合表1和表2的规定。

5.3.3 若需方对冲击性能有要求时，冲击试验值应由供需双方在供货协议中规定。检测方法应当按照6.5的要求进行。

5.3.4 若需方对其他性能(如抗压、弯曲、扭转、弹性模数等)有要求时，则应在订货时达成协议。

5.4 金相组织

若需方对金相组织有明确要求时，应符合需方图样和技术要求。

5.5 表面质量

5.5.1 铸件应清理干净，修整多余部分。浇冒口残余、粘砂、氧化皮及内腔残余物等去除要求应符合技术规范或供需双方订货协议。

5.5.2 铸造表面粗糙度应符合 GB/T 1031 或 GB/T 6060.1 的规定，或需方图样和产品技术标准的要求。

5.5.3 铸件交付时应符合需方的防锈要求。

5.6 几何形状、加工余量及尺寸公差

5.6.1 铸件的形状和位置公差应符合 GB/T 1958 的规定。

5.6.2 铸件的加工余量、尺寸公差应符合 GB/T 6414 的规定，有特殊要求的可按图样或有关技术要求执行。

5.7 起模斜度

铸件的起模斜度应符合 JB/T 5105 的规定，有特殊要求的可按图样或有关技术要求执行。

5.8 重量公差

铸件的重量公差应符合 GB/T 11351 的有关规定。有特殊要求的可按图样或有关技术要求执行。

5.9 焊接

可锻铸铁的焊接按供需双方协议进行。焊接后的铸件必须进行热处理。KTB 360-12 焊接后不必进行热处理。

5.10 修补

不影响铸件使用性能的缺陷，可以进行修补(焊补和其他方法)，修补的技术要求由供需双方商定。

5.11 矫正

铸件在热处理过程中产生的变形可通过矫正的方法消除。

5.12 特殊技术要求

需方对铸件有特殊要求时(如耐磨、耐压、耐腐蚀、表面热镀锌、磁粉探伤、超声波检验、射线检验等)应在订货协议中商定。

5.13 缺陷

不允许有影响铸件使用性能的铸造缺陷(如裂纹、冷隔、缩孔等)存在；铸件允许存在的缺陷种类、大小、范围、数量由供需双方在订货时商定。

6 试验方法

6.1 力学性能试验

6.1.1 拉伸试样

拉伸试样的形状及尺寸，应当符合图2及表3的规定，拉伸试样表面不经机械加工，但允许用砂轮或锉刀修磨毛刺。

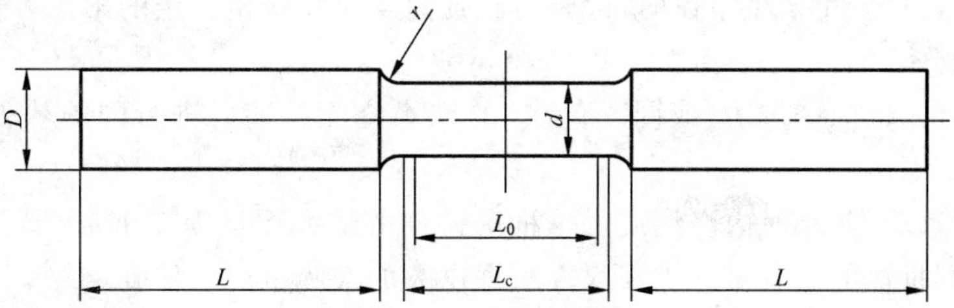

图 2 拉伸试样

表 3 拉伸试样的尺寸

单位为毫米

直径		端部尺寸		标距长度 $L_0=3d$	最小平行段长度 L_c	肩部半径 r
d	极限偏差	直径 D	长度 L			
6	±0.5	10	30	18	25	4
9		13	40	27	30	6
12	±0.7	16	50	36	40	8
15		19	60	45	50	8
注 1：直径 d 为相互垂直方向上的两个测量值的平均数。两个测量值之间的差异不得超过极限偏差。 注 2：沿着平行段，直径 d 的变化不得超过 0.35 mm。 注 3：试样的端部尺寸可根据试验机夹具的要求进行调整。						

6.1.2 **拉伸性能试验**

拉伸性能试验按 GB/T 228 的规定执行。

6.1.3 **硬度试验**

在拉伸试样或铸件所确定的位置上测定硬度时，需除去表面 1 mm～2 mm 后进行。硬度试验按 GB/T 231.1 的规定执行。

6.2 **化学成分分析**

化学成分分析按 GB/T 4336 或 GB/T 223.12、GB/T 223.59、GB/T 223.60、GB/T 223.63、GB/T 223.68、GB/T 223.69 或供需双方认可的方法测定。

6.3 **表面粗糙度检测**

可锻铸铁件的表面粗糙度检测按 GB/T 1031 或 GB/T 6060.1 的规定执行。

6.4 **金相检验**

可锻铸铁的金相检验按 GB/T 25746—2010 的规定执行。

6.5 **冲击性能检测**

冲击性能检验方法由供需双方商定，检测值参照附录 A。

6.6 **重量公差测定**

重量公差测定按 GB/T 11351 的规定执行。

7 检验规则

7.1 **检验权利**

7.1.1 铸件由供方质量部门检查和验收。

7.1.2 需方可以对铸件进行检验。

7.1.3 供方在需方要求时提交检验记录。

7.2 **检验地点**

7.2.1 除供需双方商定在需方检验外，最终检验一般在供方进行。

7.2.2 供需双方对铸件质量发生争议时，检验可在通过实验室资格认定的第三方进行。

7.3 取样批次的划分

7.3.1 非连续生产时，以同一炉次（或同一包次）的铁水浇注并随后进行同炉热处理的铸件为一取样批次。

7.3.2 连续生产时，以每两小时内浇注或每一批次铸件的最大重量为2 000 kg，并进行同炉热处理的铸件为一取样批次。批次的划分可由供需双方根据供方的实际生产条件确定。

7.4 试验次数

每一个取样批次应至少进行一次拉伸试验。

7.4.1 拉伸试样采取

每一批次的铸件浇注一组拉伸试样，拉伸试样与铸件在相同的条件下单独浇注，每组至少浇注三根合格拉伸试样。拉伸试样必须注明相应的炉次、批号、顺序号。

7.4.2 试样的热处理

试样应和所代表的铸件同炉进行热处理。

7.5 试验结果的评定

7.5.1 取样

采集每批次铸件中任一根拉伸试样进行拉伸试验，如检验结果达到本标准的要求，该批次铸件合格。测试结果不符合要求，允许加倍取样复检。

7.5.2 试验的有效性

由于下列原因之一造成试验结果不符合要求时，则试验无效。

a) 拉伸试样在试验机上安装不当或试验机操作不当；

b) 拉伸试样有铸造缺陷；

c) 拉伸试样断在标距外。

7.5.3 复验

7.5.3.1 当拉伸试样试验结果不符合标准要求，又不属于7.5.2所列的原因时，应从同批试样中提出两根拉伸试样进行复验。复验结果均符合要求，则该批铸件合格。如果有一根备用试样复验不合格，则该批铸件为不合格。

7.5.3.2 允许供方对该批不合格铸件及同批的试样一起重新热处理，再提交验收，但最多一次。

7.5.3.3 如试样有缺陷，且无试样再作试验时，经需方同意，该批次铸件可按金相组织或产品标准适用的其他试验方法验收。

7.5.3.4 复验的结果作为最终试验结果。

7.6 试验数据保存

供方对完成的所有测试结果的准确性和真实性负责，并保存所有完整的试验和检查记录。

7.7 试样保存

需方没有特殊规定时，同一批次的拉伸试样和未做试验的试样应自填写试验报告之日起保存三个月以上。

8 铸件标识和质量证明书

8.1 铸件应有供方标识。标识的位置、尺寸（字号、字高、凸凹）和方法由供需双方商定。

8.2 出厂铸件应附以检验合格证和质量证明书。

9 表面防护、包装和储运

9.1 铸件在检验以后应进行防护处理或包装。

9.2 铸件表面防护、包装、储运应符合订货协议的规定。

附　录　A
（资料性附录）
冲 击 性 能

表A.1～表A.3给出了可锻铸铁冲击性能的指导值。当需方要求冲击性能检测时，检测方法应当由供需双方协商。为了保证高冲击性能值，磷含量不得超过0.10%。这些数据为在室温状态下的三次检测的平均值。

表 A.1　黑心可锻铸铁和珠光体可锻铸铁冲击性能

（没有缺口，单铸试样尺寸(10×10×55)mm）

牌　　号	冲击功 A_K/J
KTH 350-10	90～130
KTZ 450-06	80～120[a]
KTZ 500-05	—
KTZ 550-04	70～110
KTZ 600-03	—
KTZ 650-02	60～100[a]
KTZ 700-02	50～90[a]
KTZ 800-01	30～40[a]

[a] 油淬处理后的试样。

表 A.2　可锻铸铁冲击性能

（V型缺口，机加工的试样(10×10×55)mm）

牌　　号	冲击功 A_K/J
KTB 360-12	14
KTB 450-07	10
KTH 350-10	14
KTZ 450-06	10

表 A.3　白心可锻铸铁冲击性能

（没有缺口，单铸试样尺寸(10×10×55)mm）

牌　　号	冲击功 A_K/J
KTB 350-04	30～80
KTB 360-12	130～180
KTB 400-05	40～90
KTB 450-07	80～130
KTB 550-04	30～80

ICS 91.100.15
J 31

中华人民共和国国家标准

GB/T 9442—2010
代替 GB/T 9442—1998

铸 造 用 硅 砂

Foundry silica sand

2010-09-26 发布 2011-02-01 实施

中华人民共和国国家质量监督检验检疫总局
中国国家标准化管理委员会 发布

前　言

本标准代替 GB/T 9442—1998《铸造用硅砂》。

本标准与 GB/T 9442—1998 相比，主要技术内容修订如下：

——在术语和定义中，增加了细粉含量；

——修改了分级及牌号表示方法；

——增补了硅砂杂质化学成分的要求；

——修改了硅砂的含泥量分级；

——增加了硅砂的平均细度偏差分级。

本标准的附录 A 为规范性附录；附录 B 和附录 C 为资料性附录。

本标准由全国铸造标准化技术委员会(SAC/TC 54)提出并归口。

本标准负责起草单位：通辽市大林型砂有限公司。

本标准参与起草单位：承德北雁铸造材料有限公司、济南圣泉集团股份有限公司、一拖（洛阳）铸锻有限公司。

本标准主要起草人：刘鸿勋、苏瑞芳、韩冰、祝建勋、孟令娇、赵志康。

本标准所代替标准的历次版本发布情况为：

——GB/T 9442—1998。

铸 造 用 硅 砂

1 范围

本标准规定了铸造用硅砂的术语和定义、分级及牌号、技术要求、试验方法、检验规则以及包装、标志、运输和贮存等。

本标准适用于铸造生产中造型、制芯用硅砂，包括人工硅砂和水洗砂、擦洗砂、精选砂等天然硅砂。

2 规范性引用文件

下列文件中的条款通过本标准的引用而成为本标准的条款。凡是注日期的引用文件，其随后所有的修改单(不包括勘误的内容)或修订版均不适用于本标准，然而，鼓励根据本标准达成协议的各方研究是否可使用这些文件的最新版本。凡是不注日期的引用文件，其最新版本适用于本标准。

GB/T 2684 铸造用砂及混合料试验方法

GB/T 5611 铸造术语

GB/T 7143 铸造用硅砂化学分析方法

JB/T 9156 铸造用试验筛

3 术语和定义

GB/T 5611 确立的及下列术语和定义适用于本标准。

3.1

铸造用硅砂 foundry silica sand

铸造用硅砂是以石英(SiO_2)为主要矿物成分，粒径为 0.020 mm～3.350 mm 的耐火颗粒物，按其开采和加工方法的不同，分为水洗砂、擦洗砂、精选砂等天然硅砂和人工硅砂。

3.2

角形因数 angularity of base sand

角形因数是铸造用硅砂的实际比表面积与理论比表面积的比值，用来反映铸造用硅砂颗粒的几何形状。

3.3

含泥量 clay content

铸造用硅砂中粒径小于 0.020 mm 颗粒的质量占砂样总质量的百分比。

3.4

平均细度 grain fineness number

反映某一种铸造用硅砂平均颗粒尺寸的参数。

3.5

细粉含量 fine particle content

铸造用硅砂中粒径大于等于 0.020 mm 且小于 0.075 mm 颗粒的质量占砂样总质量的百分比。

4 分级及牌号

4.1 铸造用硅砂的分级和化学成分

铸造用硅砂按二氧化硅含量分级，各级的化学成分见表 1。

表 1 铸造用硅砂按二氧化硅含量分级和各级的化学成分

分级代号	SiO_2（质量分数）/%	杂质化学成分（质量分数）/%			
		Al_2O_3	Fe_2O_3	CaO+MgO	K_2O+Na_2O
98	≥98	<1.0	<0.3	<0.2	<0.5
96	≥96	<2.5	<0.5	<0.3	<1.5
93	≥93	<4.0	<0.5	<0.5	<2.5
90	≥90	<6.0	<0.5	<0.6	<4.0
85	≥85	<8.5	<0.7	<1.0	<4.5
80	≥80	<10.0	<1.5	<2.0	<6.0

4.2 铸造用硅砂的含泥量分级

铸造用硅砂的含泥量分级见表 2。

表 2 铸造用硅砂按含泥量分级

分级代号	最大含泥量（质量分数）/%
0.2	0.2
0.3	0.3
0.5	0.5
1.0	1.0

4.3 铸造用硅砂的颗粒形状分级

铸造用硅砂的颗粒形状根据角形因数分级见表 3。

表 3 铸造用硅砂按颗粒形状、角形因数分级

形状	分级代号	角形因数
圆形	○	≤1.15
椭圆形	○-□	≤1.30
钝角形	□	≤1.45
方角形	□-△	≤1.63
尖角形	△	>1.63

4.4 铸造用硅砂的平均细度偏差分级

铸造用硅砂按平均细度偏差分级见表 4。

表 4 铸造用硅砂按平均细度偏差分级

分级代号	偏差值
A	±2
B	±3
C	±4
D	±5

4.5 牌号

铸造用硅砂的牌号表示如下：

ZGS ××-×××/××× (××× ×)

- × —— 平均细度偏差分级代号
- ××× —— 平均细度值
- /××× —— 主要粒度组成的尾筛筛号
- -××× —— 主要粒度组成的首筛筛号
- ×× —— 二氧化硅分级代号
- ZGS —— 铸造用硅砂(铸、硅、砂汉语拼音第一个字母)

示例:ZGS 90-50/100(54A)

表示该牌号硅砂的最小二氧化硅含量为90%,主要粒度组成为三筛,其首筛筛号为50,尾筛筛号为100,平均细度为54,平均细度偏差值为±2。

5 技术要求

5.1 化学成分

铸造用硅砂以二氧化硅含量作为其主要验收依据,杂质含量作为验收参考依据。应符合表1的规定。

5.2 含泥量

铸造用硅砂的含泥量应符合表2的规定,含泥量质量分数,水洗砂不大于1.0%,擦洗砂不大于0.3%,精选砂不大于0.2%。

5.3 平均细度及粒度组成

对任一牌号的硅砂,生产厂家都需提供其平均细度及粒度分布图表,铸造用硅砂的主要粒度组成部分三筛不小于75%,四筛不小于85%,五筛不小于95%,平均细度偏差值应符合表4的规定。

5.4 含水量

袋装烘干硅砂的含水量不大于0.3%。

5.5 酸耗值

使用化学粘结剂时,铸造用硅砂的酸耗值不大于5.0 mL。

5.6 角形因数

角形因数,应按表3规定标明。

5.7 细粉含量

铸造用硅砂根据粒度组成,其细粉含量应参照表5的规定,其他粒度组成的细粉含量由供需双方协议商定。

表5 铸造用硅砂粒度组成及其细粉含量

粒度	细粉含量(质量分数)/%		
	擦洗砂	水洗砂	人工硅砂
30/50	≤0.1	≤0.5	≤0.5
40/70	≤0.1	≤1.0	≤1.0
50/100	≤0.4	≤3.0	≤1.5
70/140	≤0.7	≤3.5	≤2.0
100/200	≤8.0	≤10.0	≤10.0

5.8 特殊要求

如需方对本标准未列项目,如烧结点、灼烧减量等有特殊要求,供需双方可在订货协议中规定。

6 试验方法

6.1 铸造用硅砂二氧化硅和杂质含量的测定按 GB/T 7143 的规定进行。

6.2 铸造用硅砂含泥量、含水量、粒度组成、细粉含量和酸耗值的测定按 GB/T 2684 的规定进行。其中，细粉含量与粒度组成的测定方法相同，试验筛应符合 JB/T 9156 的规定，试验筛筛号与对应的筛孔基本尺寸参见附录 C。

6.3 铸造用硅砂平均细度的计算方法见附录 A。

6.4 铸造用硅砂角形因数的测定方法见附录 B。

7 检验规则

7.1 铸造用硅砂各项试验取样方法按 GB/T 2684 的规定进行。

7.2 铸造用硅砂每批质量大小根据供货情况确定，每批不超过 70 t，特殊情况供需双方协商解决，每批硅砂供方必须提供产品质量合格证。

7.3 供方所供应的每批硅砂都应按本标准规定的技术要求检验，并将检验结果及牌号写入质量合格证内。

7.4 需方可根据本标准进行硅砂质量检验，如检验结果中任一项指标不符合标准规定时，应在同批产品中重新加倍抽样进行复验，复验结果仍不符合规定时，由供需双方协商解决或委托仲裁单位裁定，仲裁单位由双方协商选定。

8 包装、标志、运输和贮存

8.1 铸造用硅砂是否采用袋装由供需双方协商确定。

8.2 烘干砂须使用防潮塑料编织袋包装。

8.3 袋装硅砂的净质量分为 25 kg、50 kg 和集装袋三种。

8.4 袋装硅砂须防晒存放。

8.5 包装袋上应标有：

a) 铸造用水洗砂、铸造用擦洗砂和铸造用精选砂的字样；

b) 牌号；

c) 质量，kg；

d) 供方全称和商标。

8.6 不同牌号的硅砂要分别装运和存放，硅砂中不得混入煤屑、小石块、碎木片、石灰石等杂质。

附 录 A
（规范性附录）
铸造用硅砂平均细度的计算方法

A.1 铸造用硅砂平均细度的计算

首先计算出筛分后各筛上停留的砂粒质量占砂样总量的百分数，再乘以表 A.1 所列的相应的细度因数，然后将各乘积相加，用乘积总和除以各筛号停留砂粒质量百分数的总和，并将所得数值根据数值修约规则取整，其结果即为平均细度。

表 A.1 筛号与对应的细度因数

筛号	6	12	20	30	40	50	70	100	140	200	270	底盘
细度因数	3	5	10	20	30	40	50	70	100	140	200	300

$$平均细度=\frac{\sum P_n \cdot X_n}{\sum P_n} \qquad \cdots\cdots\cdots\cdots (A.1)$$

式中：

P_n——任一号筛上停留砂粒质量占总量的百分数；

X_n——细度因数；

n——筛号。

A.2 铸造用硅砂平均细度的计算示例

平均细度的计算示例见表 A.2。

表 A.2 铸造用硅砂的平均细度计算示例

砂样质量：50.0 g		泥分质量：0.56 g		砂粒质量：49.44 g
筛号	各筛上的停留量		细度因数	乘积
	g	%		
6	无	0.00	3	0
12	0.06	0.12	5	0.6
20	1.79	3.58	10	35.8
30	4.99	9.98	20	199.6
40	7.09	14.18	30	425.4
50	12.85	25.70	40	1 028.0
70	15.57	31.14	50	1 557.0
100	3.97	7.94	70	555.8
140	1.85	3.70	100	370.0
200	0.79	1.58	140	221.2
270	0.09	0.18	200	36.0
底盘	0.39	0.78	300	234.0
总和	49.44	98.88		4 663.4

$$平均细度=\frac{4\ 663.4}{98.88}=47$$

附 录 B
（资料性附录）
铸造用硅砂角形因数的测定方法

B.1 实际比表面积的测定

B.1.1 测量仪器

原砂比表面积测定仪。

B.1.2 试验方法

首先称取除泥并烘干后的砂样 50 g±0.01 g，然后将其倒入测定仪的试管中，并用小圆木棒轻轻敲打试管，直到砂子的体积不再减少为止，记录下砂子的体积 V(mL)，并测量出砂柱的高度 h(cm)，然后将试管固定在试座上并密封。接下来打开电源开关，按下“复位”按钮后，再按下“吸气”按钮，使液面升至 M_1 处，测定仪的数码管自动清零，此时按下“试验”按钮，当液面下降至 M_2 时，数码管开始计时，液面下降至 M_3 时计时停止，记录下数码管计时时间。一次测试结束。连续测试 5 次，舍去记录时间的最大值和最小值，并计算平均时间 t。

将以上测定的结果代入下式中，并计算出实际比表面积 S_W(cm^2/g)。

$$S_W=\frac{1}{D}\cdot\sqrt{\frac{\varepsilon^3}{h}}\cdot K\cdot\sqrt{t} \qquad \text{(B.1)}$$

式中：

D——砂柱体积质量，$D=50/V$，单位为克每立方厘米(g/cm^3)；

ε——砂粒孔隙率，$\varepsilon=1-D/2.64$；

h——砂柱高度，单位为厘米(cm)；

K——仪器常数；

t——测量的平均时间，单位为秒(s)。

B.2 理论比表面积的测定

首先计算出筛分后各筛号上停留的砂粒质量占砂样总量的百分数，再乘以表 B.1 所列相应的表面积系数，然后将各筛号的乘积相加，用总和除以各筛号停留砂粒质量百分数的总和，所得结果即为砂样的理论比表面积 S_T(cm^2/g)。

表 B.1 筛号与对应的比表面积系数

筛号	6	12	20	30	40	50
表面积系数	—	9.00	17.83	31.35	44.35	62.70
筛号	70	100	140	200	270	底盘
表面积系数	88.78	125.57	177.56	251.13	355.11	622.67

$$表面积系数=\frac{6}{D_i\cdot d} \qquad \text{(B.2)}$$

式中：

D_i——相邻两筛筛孔边长平均值，单位为厘米(cm)；

d——铸造用硅砂体积质量，取 2.64 g/cm^3 计算。

B.3 角形因数的计算

根据求出的实际比表面积和理论比表面积，按下式计算角形因数 S：

$$S=S_W/S_T \qquad \text{(B.3)}$$

附 录 C
（资料性附录）
铸造用试验筛筛号与筛孔的基本尺寸对照表

筛号	6	12	20	30	40	50
筛孔尺寸/mm	3.350	1.700	0.850	0.600	0.425	0.300
筛号	70	100	140	200	270	底盘
筛孔尺寸/mm	0.212	0.150	0.106	0.075	0.053	—

ICS 31-030
L 90

中华人民共和国国家标准

GB/T 9505—2010
代替 GB/T 9505—1998

蒸散型钡吸气剂

Barium flash getters

2010-12-01 发布　　2011-05-01 实施

中华人民共和国国家质量监督检验检疫总局
中国国家标准化管理委员会　发布

前　言

本标准是对 GB/T 9505—1998《蒸散型钡吸气剂》的修订。

本标准与原标准 GB/T 9505—1998 相比主要变化如下：

——在规范性引用文件中增加了 GB/T 4314《吸气剂术语》；

——在环形吸气剂中增加了近年来普遍使用的灯用、小型电子管、太阳能集热管用吸气剂；

——新增了用于扁平管的大喇叭槽环形吸气剂；

——增加了吸气剂主要产品支架形式品种；

——由于部分吸气剂已被淘汰，修订时删除了部分型号的环形吸气剂；

——修订了部分非掺气吸气剂得钡量、放气量的判定标准；

——修订了交收检验时的判定规则；

——修订了测试方法所引用的国家标准号；

——根据 GB/T 1.1—2000 的要求进行格式修订。

本标准代替 GB/T 9505—1998。

本标准的附录 A 和附录 B 是规范性附录，附录 C 是资料性附录。

本标准由全国半导体设备和材料标准化技术委员会提出并归口。

本标准起草单位：南京华东赛斯真空材料有限公司、工业和信息化部电子工业标准化研究所、中国电子科技集团公司第十二研究所。

本标准主要起草人：薛函迎、郭卫斌、张巨先、刘筠。

本标准于 1988 年首次发布，1998 年 6 月第 1 次修订，本次为第 2 次修订。

蒸散型钡吸气剂

1 范围

本标准规定了蒸散型钡吸气剂的要求、试验方法、检验规则及包装、标识、贮运。

本标准适用于显像管、显示器及其他电真空器件用掺气吸气剂和非掺气吸气剂。

2 规范性引用文件

下列文件中的条款通过本标准的引用而成为本标准的条款。凡是注日期的引用文件，其随后所有的修改单(不包括勘误的内容)或修订版均不适用于本标准，然而，鼓励根据本标准达成协议的各方研究是否可使用这些文件的最新版本。凡是不注日期的引用文件，其最新版本适用于本标准。

GB/T 2828.1　计数抽样检验程序　第1部分:按接收质量限(AQL)检索的逐批检验抽样计划

GB/T 4314　吸气剂术语

GB/T 4965—1985　吸气剂分类及型号命名方法

GB/T 25495—2010　吸气剂金属释放特性测试方法

GB/T 25496—2010　吸气剂机械性能测试方法

GB/T 25497—2010　吸气剂气体吸放性能测试方法

3 术语、型号命名及形状结构

GB/T 4314 所确定的术语和定义适用于本标准。

蒸散型钡吸气剂型号命名方法应符合 GB/T 4965—1985 的规定。

蒸散型钡吸气剂按形状和结构可分为环形、管形和环碟形、大喇叭环槽形。

4 要求

4.1 外形尺寸

4.1.1 环形吸气剂示意图及外形尺寸如图1和表1所示。

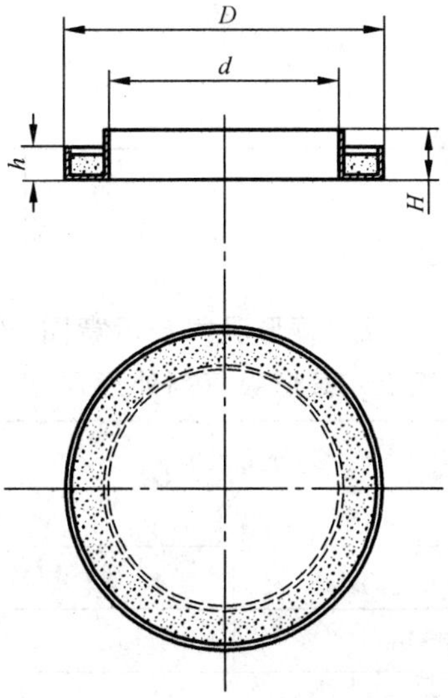

图1 环形吸气剂示意图

表 1　环形吸气剂外形尺寸

型号	外形尺寸 mm				主要用途
	D	d	H	h	
BN12L25L	12.10±0.15	8.90±0.15	1.80±0.20	<H	黑白显像管
BN13L45X	13.10±0.15	8.90±0.15	1.80±0.15	<H	
BN13L45L	13.10±0.15	8.90±0.15	1.80±0.15	<H	
BN14U10L	14.10±0.10	11.40±0.10	1.80±0.20	=H	
BN20L200T	20.00±0.20	10.40±0.15	1.80±0.15	>H	彩色显像管
BN20U100X	20.10±0.20	14.90±0.20	1.50±0.15	=H	
BN20U100T	20.10±0.20	14.90±0.20	1.50±0.15	=H	
BN20U120X	20.00±0.20	10.40±0.15	1.50±0.15	=H	
BI4U1X	3.55±0.05	2.00±0.05	0.60±0.05	=H	荧光显示器
BI5U1X	5.20±0.15	3.90±0.15	0.60±0.15	=H	
BI5U1I	5.20±0.15	3.90±0.15	0.60±0.15	=H	示波管、高压钠灯、低压钠灯等
BI9U6X	9.20±0.10	6.80±0.10	1.10±0.15	=H	
BI9U6I	9.20±0.10	6.80±0.10	1.10±0.15	=H	
BI11U10L	11.20±0.10	9.15±0.10	0.90±0.10	=H	
BI12U5X	12.00±0.15	9.80±0.15	1.00±0.15	=H	
BI13U12I	13.10±0.15	11.10±0.15	0.85±0.10	=H	
BI12L25L	12.10±0.15	8.90±0.15	1.80±0.20	<H	太阳能集热管、特种灯泡
BI14L50T	13.70±0.10	8.90±0.10	1.80±0.15	<H	
BI20U70X	20.00±0.20	1.50±0.15	1.50±0.15	=H	
BI20U70T	20.00±0.20	1.50±0.15	1.50±0.15	=H	

4.1.2　管形吸气剂示意图及外形尺寸如图 2 和表 2 所示。

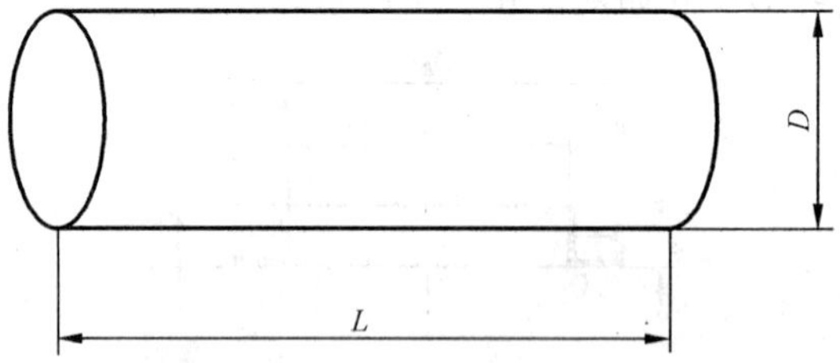

图 2　管形吸气剂示意图

表 2　管形吸气剂外形尺寸

型号	外形尺寸 mm		主要用途
	L	D	
BI2G-I	4～5	2	图像增强器
注：表中未标明公差尺寸的为自由公差。			

4.1.3　环碟形吸气剂示意图及外形尺寸如图 3 和表 3 所示。

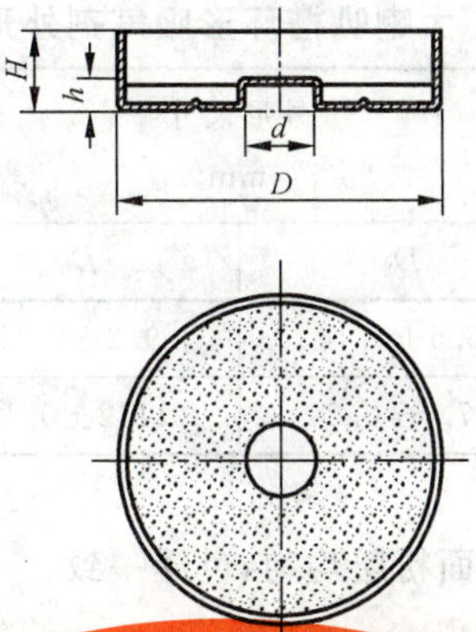

图 3 环碟形吸气剂示意图

表 3 环碟形吸气剂外形尺寸

型号	外形尺寸 mm				主要用途
	D	*d*	*H*	*h*	
BN15LC150X	15±0.15	3.7±0.4	4.2±0.3	2.5±0.2	彩色显像管
BN15LC200XHS1	15±0.15	3.7±0.4	4.2±0.3	2.5±0.2	
BN15LC200THS1	15±0.15	3.7±0.4	4.2±0.3	2.5±0.2	
BN15LC200XHS2	15±0.15	3.7±0.4	4.2±0.3	2.5±0.2	
BN15LC200THS2	15±0.15	3.7±0.4	4.2±0.3	2.5±0.2	
BN15LC200XHS3	15±0.15	3.7±0.4	4.2±0.3	2.5±0.2	
BN15LC200THS3	15±0.15	3.7±0.4	4.2±0.3	2.5±0.2	
BI15LC150X	15±0.15	3.7±0.4	4.2±0.3	2.5±0.2	
BI15LC150T	15±0.15	3.7±0.4	4.2±0.3	2.5±0.2	
BI15LC200X	15±0.15	3.7±0.4	4.2±0.3	2.5±0.2	
BI15LC200T	15±0.15	3.7±0.4	4.2±0.3	2.5±0.2	
BI20LC200T	20±0.15	7.0±0.4	4.1±0.3	2.3±0.15	
BI20LC200THS1	20±0.15	7.0±0.4	4.1±0.3	2.3±0.15	
BI20LC200THS2	20±0.15	7.0±0.4	4.1±0.3	2.3±0.15	
BI20LC200THS3	20±0.15	7.0±0.4	4.1±0.3	2.3±0.15	

4.1.4 大喇叭槽环形吸气剂示意图及外形尺寸如图 4 和表 4 所示。

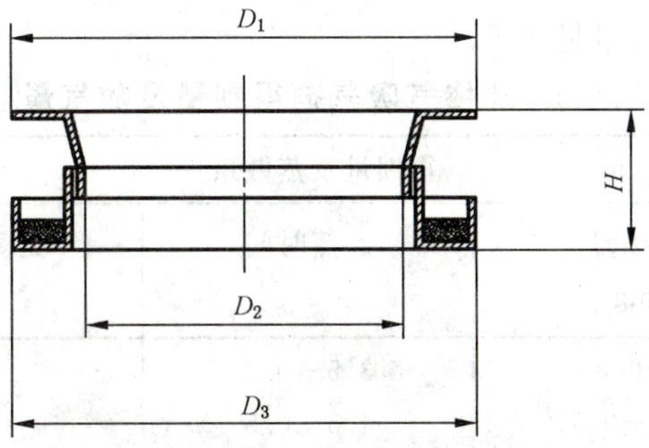

图 4 大喇叭槽环形吸气剂示意图

表 4　大喇叭槽环形吸气剂外形尺寸

型号	外形尺寸 mm				主要用途
	D_1	D_2	D_3	H	
BI9V6X	9.2±0.15	6.5±0.15	9.2±0.15	2.6±0.2	扁平管
BI13V15X	13.2±0.2	7.5±0.2	11.2±0.15	3.9±0.3	

4.2　外观

吸气剂表面应无油污和附着物，表面粉层均匀，色泽一致。

4.3　得钡量、放气量

4.3.1　掺气吸气剂得钡量及放气量

掺气吸气剂得钡量及放气量见表 5。

表 5　掺气吸气剂得钡量及放气量表

型号	得钡量及蒸散条件			预处理后放气量 $\times10^{-3}$ Pa·m^3 ≤
	标称得钡量 mg	起蒸时间 s	总蒸时间 s	
BN12L25L	25	6.3～7.3	20	23
BN13L45X	45	7～9	20	35
BN13L45L	45	7～9	20	35
BN14U10L	10	6.5±0.5	10	11
BN15LC150X	150	10～12	30	25
BN15LC200XHS1	200	11～13	40	32
BN15LC200THS1	200	11～13	40	32
BN15LC200XHS2	200	11～13	35	66
BN15LC200THS2	200	11～13	35	66
BN15LC200XHS3	200	11.5～13.5	35	133
BN15LC200THS3	200	11.5～13.5	35	133
BN20U100X	100	6.3～8.3	25	16
BN20U100T	100	6.3～8.3	25	16
BN20U120X	120	14～18	30	33
BN20U200T	200	9～11	35	120
注：掺气吸气剂的得钡量应符合附录 A 蒸散曲线所规定的范围。				

4.3.2　非掺气吸气剂得钡量及放气量

非掺气吸气剂得钡量及放气量见表 6。

表 6　非掺气吸气剂得钡量及放气量

型号	得钡量及蒸散条件			放气量 $\times10^{-3}$ Pa·m^3 ≤
	得钡量 mg	起蒸时间 s	总蒸时间 s	
BI2G-I	≥0.8	3.5±0.5	7	—
BI4U1X	1.0±0.5	4.5±0.5	8	0.93
BI5U1X	1.0±0.5	5.0±0.5	10	1.33
BI5U1I	1.0±0.5	5.0±0.5	10	1.33

表 6（续）

型号	得钡量及蒸散条件			放气量 ×10⁻³ Pa·m³ ≤
	得钡量 mg	起蒸时间 s	总蒸时间 s	
BI9U6X	6.0	5.5±0.5	10	6.65
BI9U6I	6.0	5.5±0.5	10	6.65
BI9V6X	6.0	7.5±0.5	15	4.0
BI11U10L	10.0	5.0±0.5	10	3.0
BI12L25L	25.0	6.0±0.5	20	10.0
BI12U5X	5.0±1.0	5.5±0.5	10	2.0
BI13U12I	12.0	6.0±0.5	10	3.0
BI13V15X	15.0	6.0±0.5	10	10.0
BI14L50T	50.0	6.0±0.5	20	12.0
BI15LC150X	150	9.7±0.5	30	4.00*
BI15LC150T	150	9.7±0.5	30	4.00*
BI15LC200X	200	11.3±0.5	35	7.00*
BI15LC200T	200	11.3±0.5	35	7.00*
BI20LC200X	200	9.5±0.5	30	7.00*
BI20LC200THS1	200	9.5±0.5	30	7.00*
BI20LC200THS2	200	9.5±0.5	30	7.00*
BI20LC200THS3	200	9.5±0.5	30	7.00*
BI20U70X	70±10	7.0±0.5	20	76.20
BI20U70T	70±10	7.0±0.5	20	76.20

注：非掺气吸气剂的得钡量，凡表中得钡量无公差范围的，在表中规定的起蒸时间范围内的得钡量，应符合附录B(标准的附录)蒸散曲线中相应的起蒸时间处所规定的范围内。

放气量要求中，加“*”号的表示预处理放气量要求，未加“*”号的表示总放气量要求。

4.4 支架焊接强度

吸气剂支架按 GB/T 25496—2010 第 6 章所规定的角度弯曲后不应脱落或用拉力试验器进行试验后不脱落。部分彩管用吸气剂支架的最小拉脱力见表 7。

蒸散型钡吸气剂主要产品支架形式见附录 C。

表 7 支架焊接强度的最小拉脱力

吸气剂型号	最小拉脱力 N
BN15LC200THS1	100
BN15LC200THS2	100
BN15LC200THS3	130
BI15LC150T	130
BI15LC200T	130
BI20LC200THS1	120
BI20LC200THS2	120
BI20LC200THS3	120

4.5 载料压制牢固度

吸气剂载料应压制牢固，经跌落试验后失重应小于粉重的 0.35%。

4.6 支架偏离度

有支架的彩管用吸气剂，其支架偏离度应小于±0.5 mm。

5 试验方法

5.1 外形尺寸

外形尺寸用精度为 0.01 mm 的千分尺检验。

5.2 外观

外观用目视检验。

5.3 得钡量,放气量

5.3.1 得钡量按 GB/T 25495—2010 第 4 章的规定进行检验。

5.3.2 放气量按 GB/T 25497—2010 第 4 章的规定进行检验。

5.4 支架的焊接强度

吸气剂支架的焊接强度按 GB/T 25496—2010 第 6 章的规定进行检验。

5.5 载料压制牢固度

吸气剂载料压制牢固度按 GB/T 25496—2010 第 5 章的规定进行检验。

5.6 支架偏离度

吸气剂支架偏离度用投影仪进行检验。

6 检验规则

6.1 检验分类

产品在交货时只进行交收检验。

6.2 检验批

产品应成批提交验收,每批应由同一批号粉料的产品组成。

6.3 检验项目

交收检验的项目如表 8 所示。

表 8 检验项目

检验项目	要求的章条号	试验方法的章条号
外形尺寸	4.1	5.1
外观	4.2	5.2
得钡量	4.3	5.3.1
放气量	4.3	5.3.2
支架焊接强度	4.4	5.4
载料压制牢固度	4.5	5.5
支架偏离度	4.6	5.6

6.4 抽样

产品按 GB/T 2828.1 进行抽样检查,检查方案和检查水平见表 9。

表 9 抽样方案表

<table>
<tr><th>序 号</th><th>检验项目</th><th>AQL 值</th><th>检查水平</th><th>抽样方案类型</th></tr>
<tr><td>1</td><td>外观
外形尺寸
支架偏离度
载料压制牢固度</td><td>4.0</td><td rowspan="4">S-3</td><td rowspan="4">二次抽样方案</td></tr>
<tr><td>2</td><td>放气量</td><td>2.5</td></tr>
<tr><td>3</td><td>得钡量</td><td>2.5</td></tr>
<tr><td>4</td><td>支架焊接强度</td><td>1.5</td></tr>
</table>

6.5 判定规则

若产品通过表9规定的检验，则交收检验合格。若一个检验批不合格，生产方可将该批产品进行返工，以排除缺陷或剔除不合格品，再重新提交检验。重新提交批应与新批分开，并应标明是重新提交批。若重新提交批仍然不合格，则该批产品报废。

7 标识、包装、运输、贮存

7.1 包装

产品应封装在抽真空或抽真空后充正压氮气的密封容器中，再将密封容器包装在硬纸盒的外包装内。

7.2 标识

7.2.1 产品标识

容器上应注明：

a) 制造厂名称；
b) 产品名称；
c) 型号；
d) 产品批号；
e) 产品数量；
f) 制造日期；
g) 检验合格标记；
h) 有效期限；
i) 标准编号。

7.2.2 包装标识

外包装上应注明：

a) 制造厂名称；
b) 产品型号；
c) 产品批号；
d) 产品数量；
e) 防潮、轻放的标记及字样。

7.3 运输

产品可用任何运输方式运输，在运输过程中应防止受潮和剧烈碰撞。

7.4 贮存

包装好的产品应贮存在相对湿度小于75%，温度低于40℃。无腐蚀性气氛的环境中，开封后的产品应在24 h内用完，未用完的吸气剂必须真空贮存。未开封的吸气剂，按规定的条件贮存，产品自制造日起有效期为一年。

附 录 A
（规范性附录）
掺气吸气剂蒸散曲线

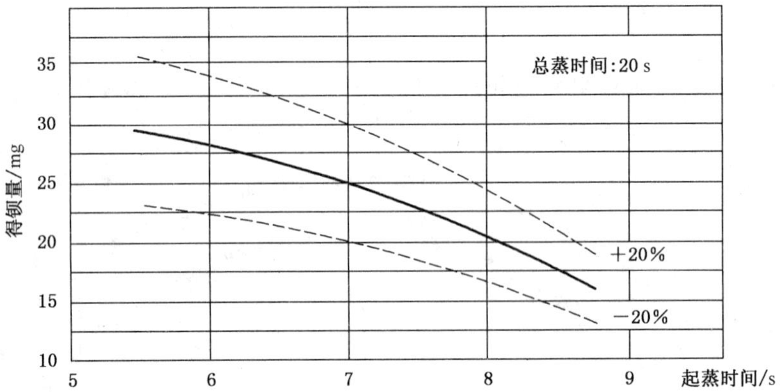

图 A.1　**BN12L25L** 型吸气剂

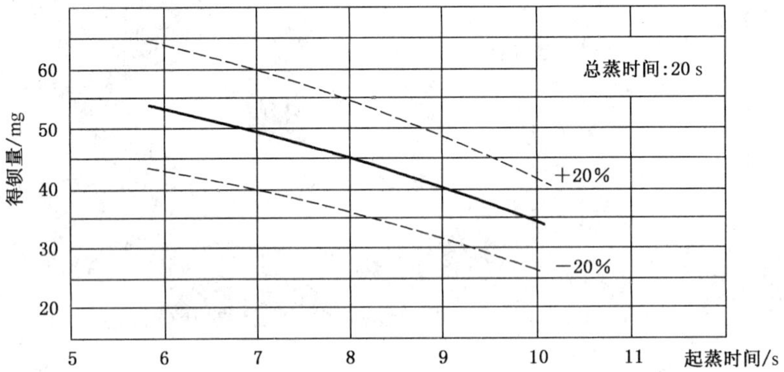

图 A.2　**BN13L45X**、**BN13L45L** 型吸气剂

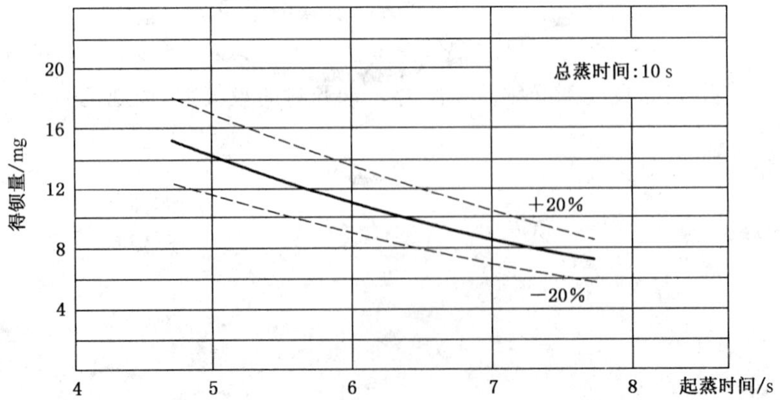

图 A.3　**BN14U10L** 型吸气剂

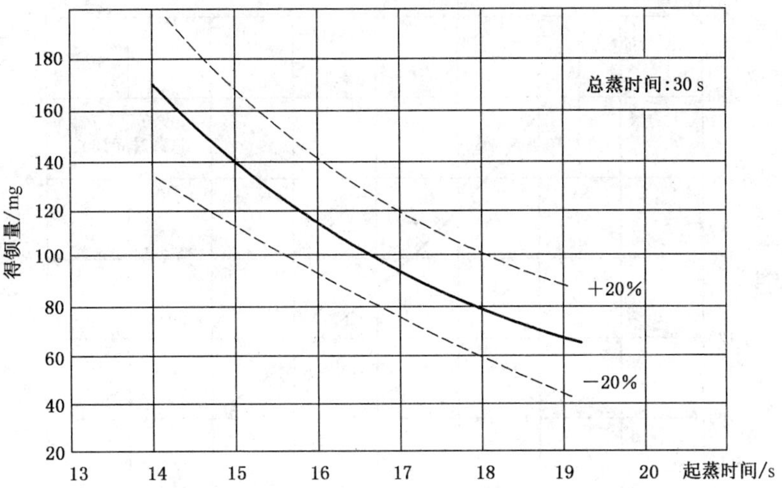

图 A.4 BN20U120X 型吸气剂

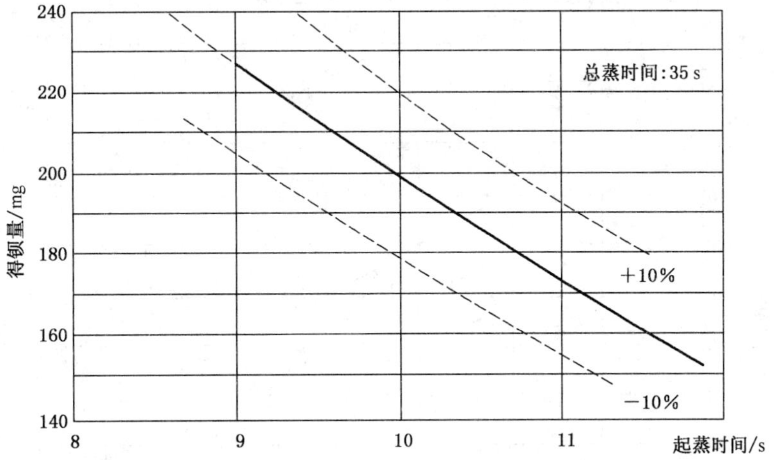

图 A.5 BN20L200T 型吸气剂

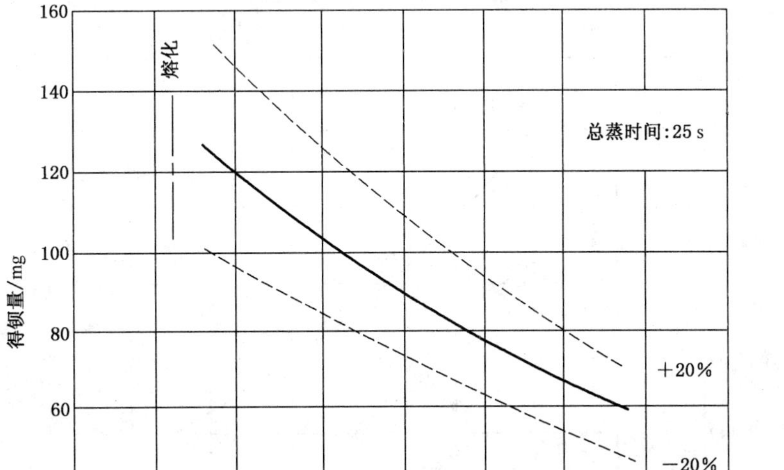

图 A.6 BN20U100X、BN20U100T 型吸气剂

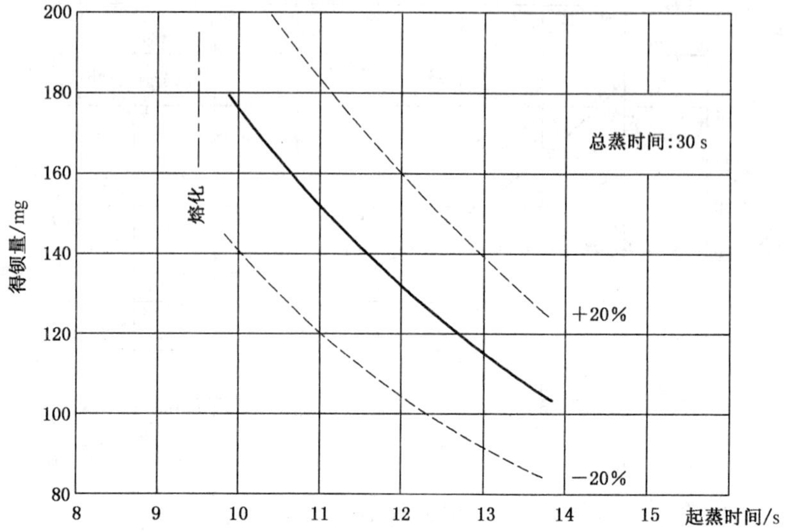

图 A.7 BN15LC150X 型吸气剂

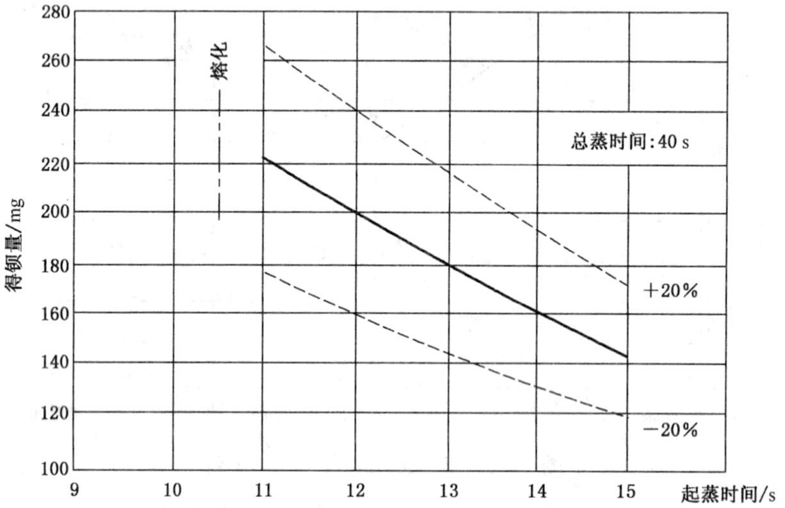

图 A.8 BN15LC200XHS1、BN15LC200THS1 型吸气剂

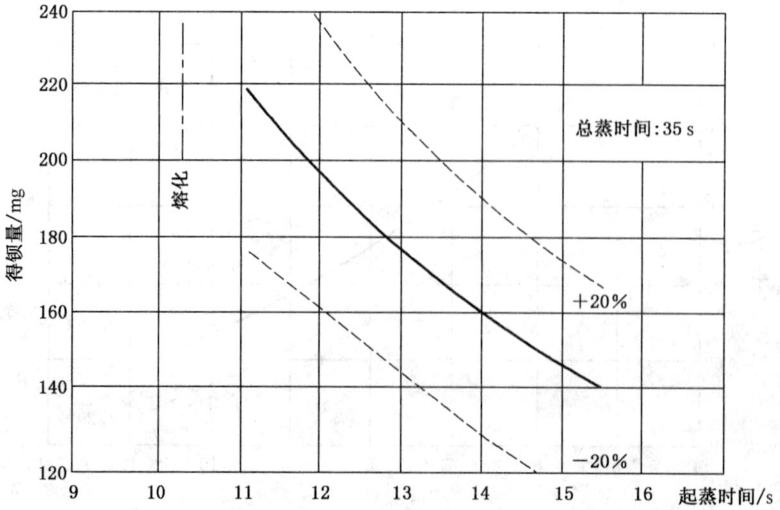

图 A.9 BN15LC200XH2、BN15LC200THS2 型吸气剂

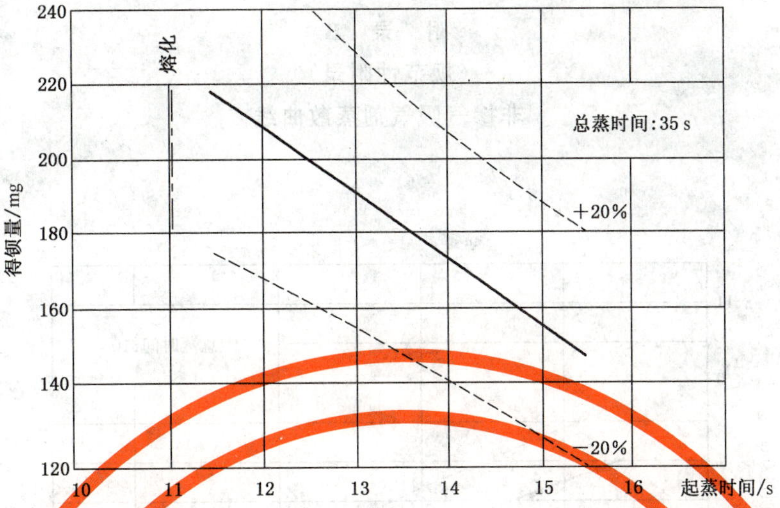

图 A.10 BN15LC200XH3、BN15LC200THS3 型吸气剂

附　录　B
（规范性附录）
非掺气吸气剂蒸散曲线

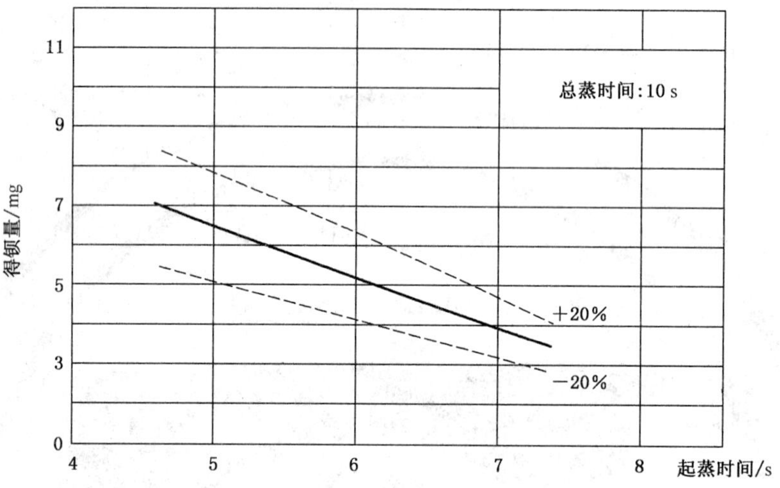

图 B.1　BI9U6X、BI9U6I 型吸气剂

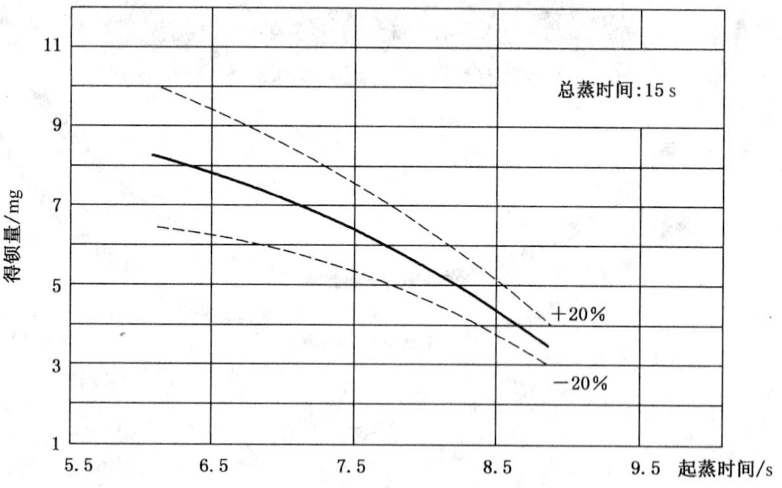

图 B.2　BI9V6X 型吸气剂

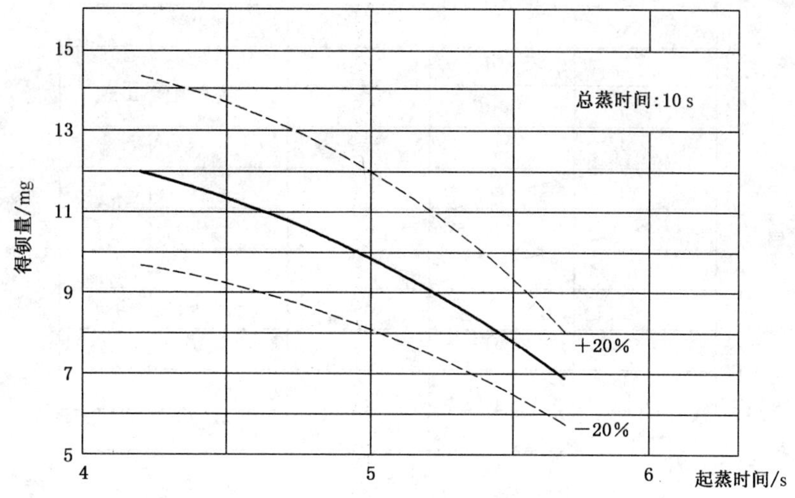

图 B.3　BI11U10L 型吸气剂

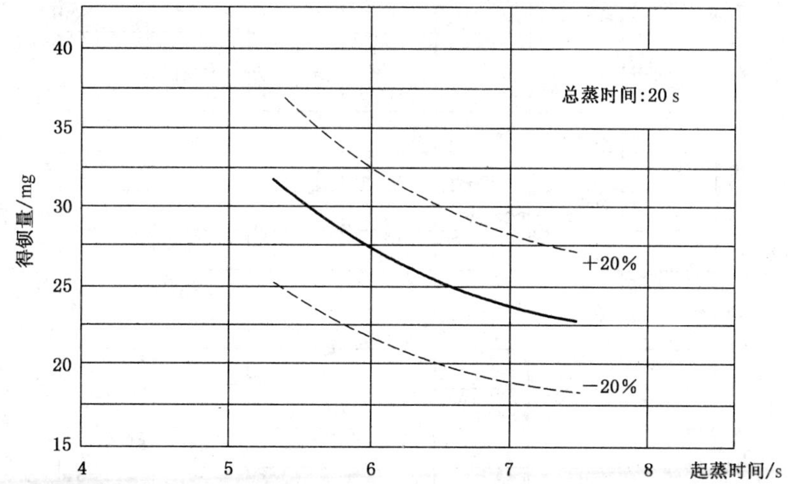

图 B.4　BI12L25L 型吸气剂

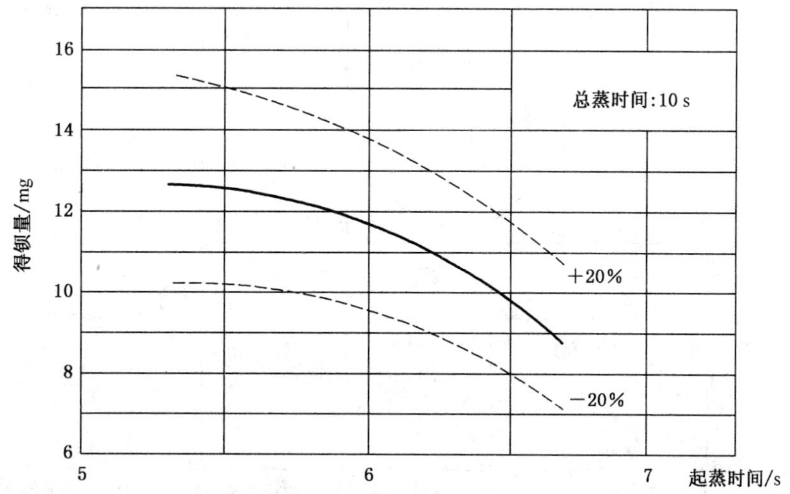

图 B.5　BI13U12I 型吸气剂

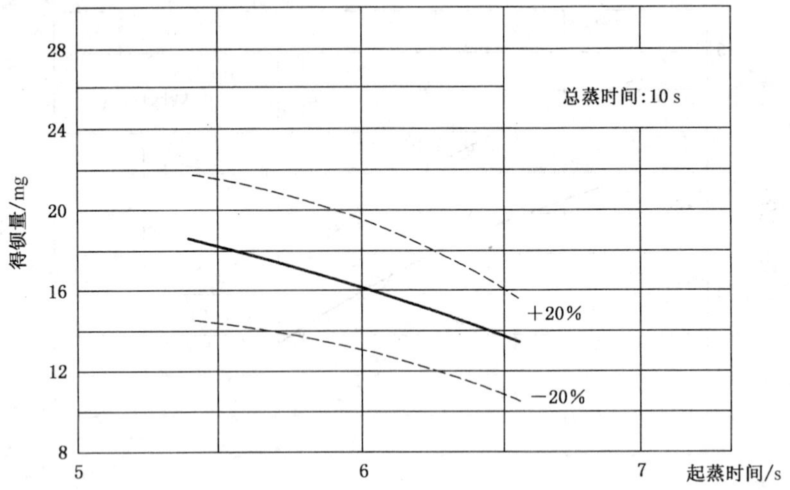

图 B.6 BI13V15X 型吸气剂

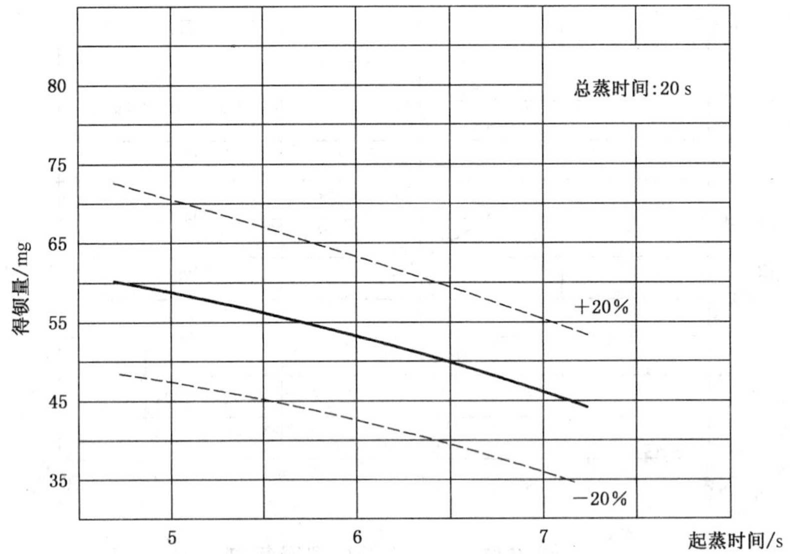

图 B.7 BI14L50T 型吸气剂

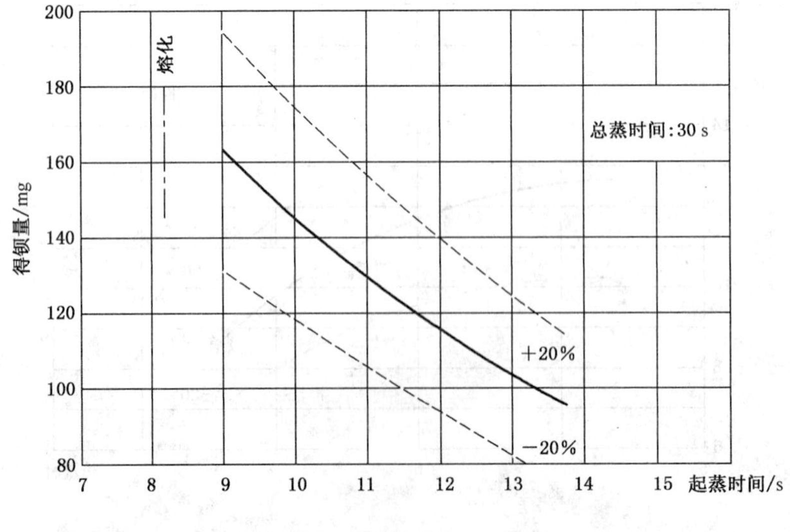

图 B.8 BI15LC150X、BI15LC150T 型吸气剂

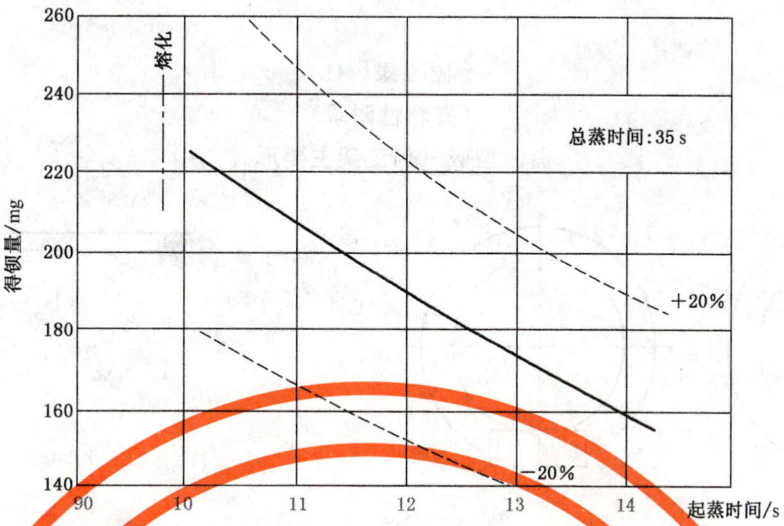

图 B.9　BI15LC200X、BI15LC200T 型吸气剂

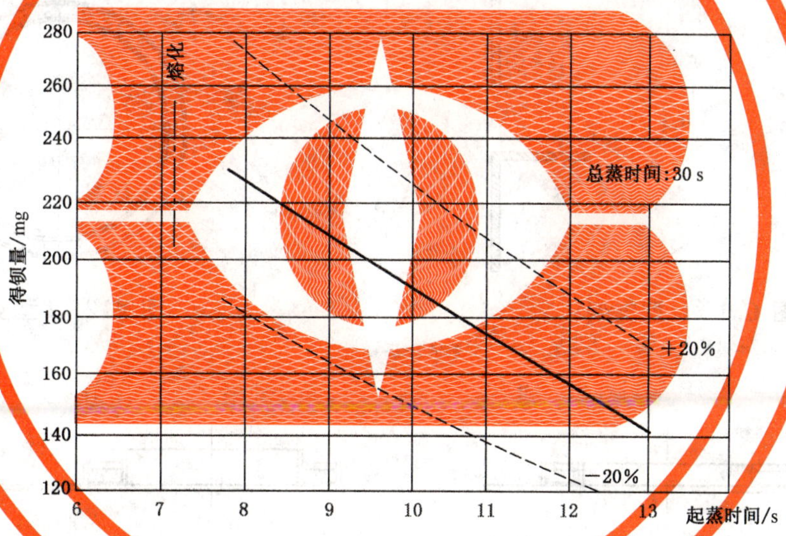

图 B.10　BI20LC200X、BI20LC200THS1、BI20LC200THS2、BI20LC200THS3 型吸气剂

附 录 C
（资料性附录）
蒸散型吸气剂支架主要形式

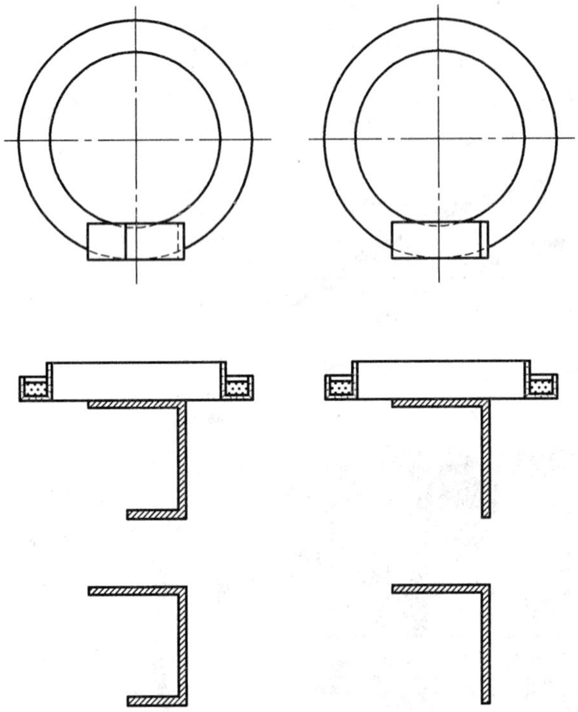

图 C.1 L 型支架

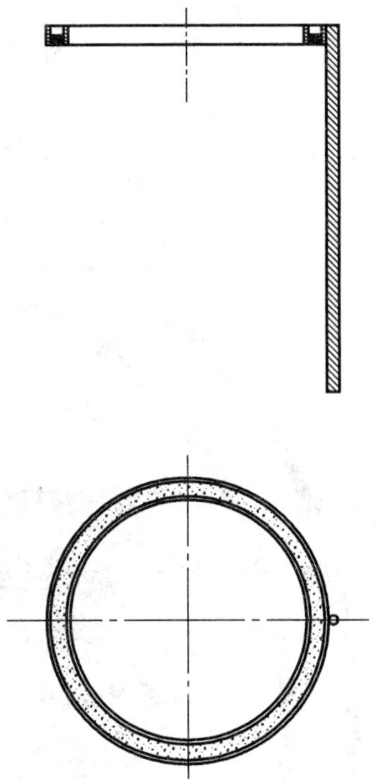

图 C.2 I 型支架

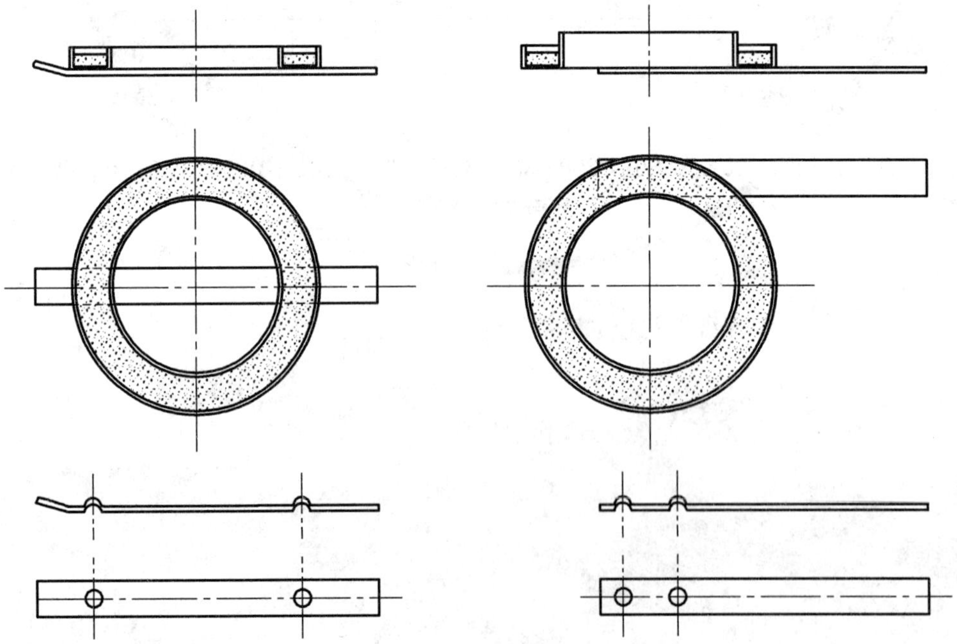

图 C.3 T 型支架(1)

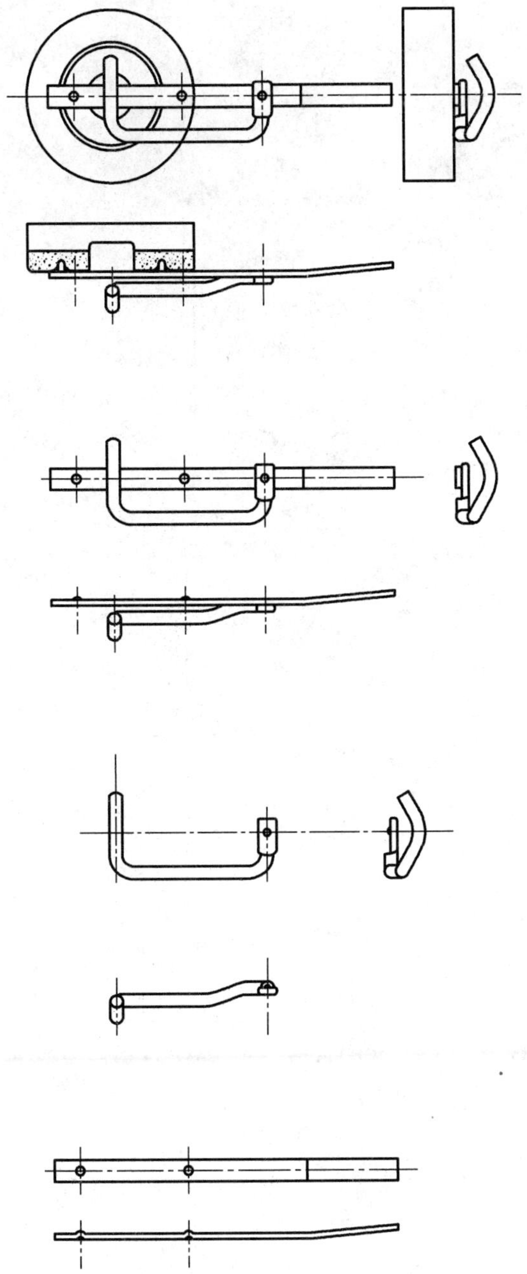

图 C.4　T 型支架(2)

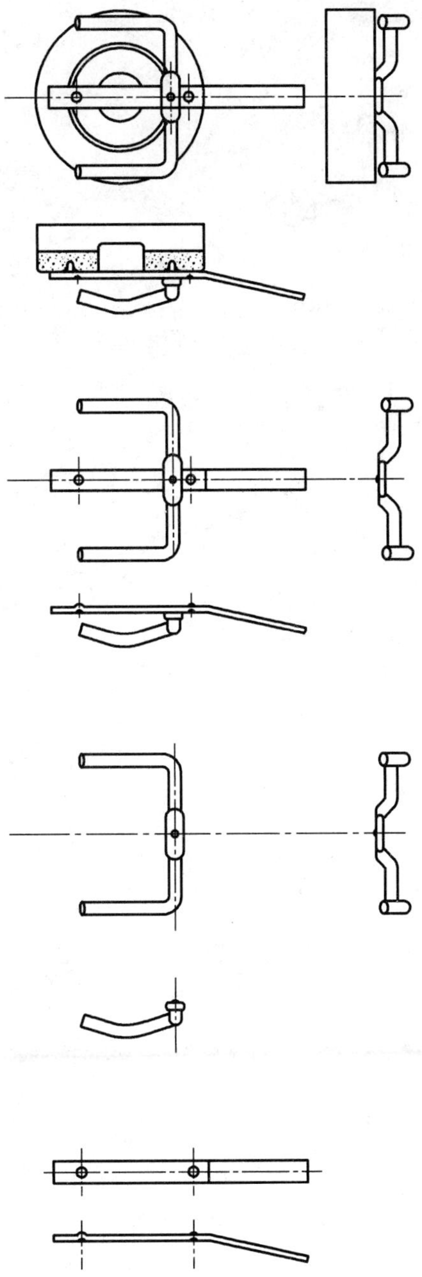

图 C.5　T 型支架(3)

ICS 71.120;83.200
G 95

中华人民共和国国家标准

GB/T 9707—2010
代替 GB/T 9707—2000

密闭式炼胶机炼塑机

Rubber internal mixers & plastics internal mixers

2010-09-26 发布　　2011-10-01 实施

中华人民共和国国家质量监督检验检疫总局
中国国家标准化管理委员会　发布

前　言

本标准代替 GB/T 9707—2000《密闭式炼胶机、炼塑机》。

本标准与 GB/T 9707—2000 相比主要变化如下：

——增加工作环境要求(见 4.2)；

——对第 4 章“要求”作了必要的修改；

——增加了适用于啮合型密炼机的范围；

——增加了多种密炼机规格(见 3.1 及附录 A)；

——取消了对合金硬度的要求(见 4.3.6、4.3.7、4.3.8)；

——取消原标准中的安全要求条款，直接引用密闭式炼胶机炼塑机安全要求标准；

——增加了判定规则(见 6.3)。

本标准的附录 A 为资料性附录。

本标准由中国石油和化学工业协会提出。

本标准由全国橡胶塑料机械标准化技术委员会(SAC/TC 71)归口。

本标准负责起草单位：大连橡胶塑料机械股份有限公司、益阳橡胶塑料机械集团有限公司。

本标准参加起草单位：绍兴精诚橡塑机械有限公司、北京橡胶工业研究设计院。

本标准主要起草人：贺平、陈汝祥、杨宥人、李香兰、彭志深、凌玉荣。

本标准参加起草人：徐银虎、劳光辉、尉方炜、夏向秀、何成。

本标准所代替标准的历次版本发布情况为：

——GB/T 9707—1988、GB/T 9707—2000。

密闭式炼胶机炼塑机

1 范围

本标准规定了密闭式炼胶机、炼塑机的规格系列、基本参数、型号、要求、试验、检验规则、标志、包装、使用说明、运输和贮存。

本标准适用于一对具有一定形状的转子,间歇进行混炼或塑炼的密闭式炼胶机、炼塑机(以下简称密炼机)。

2 规范性引用文件

下列文件中的条款通过本标准的引用而成为本标准的条款。凡是注日期的引用文件,其随后所有的修改单(不包括勘误的内容)或修订版均不适用于本标准,然而,鼓励根据本标准达成协议的各方研究是否可使用这些文件的最新版本。凡是不注日期的引用文件,其最新版本适用于本标准。

GB/T 191 包装储运图示标志(GB/T 191—2008,ISO 780:1997,MOD)

GB/T 3766—2001 液压系统通用技术条件(eqv ISO 4413:1998)

GB/T 6388 运输包装收发货标志

GB/T 7932—2003 气动系统通用技术条件(ISO 4414:1998,IDT)

GB/T 9969 工业产品使用说明书 总则

GB/T 12783—2000 橡胶塑料机械产品型号编制方法

GB/T 13306 标牌

GB/T 13384 机电产品包装通用技术条件

GB/T 14039—2002 液压传动 油液固体颗粒污染等级代号(ISO 4406:1999,MOD)

GB 25433 密闭式炼胶机炼塑机安全要求(GB 25433—2010,EN 12013:2000,MOD)

HG/T 2148 密闭式炼胶机炼塑机检测方法

HG/T 3120—1998 橡胶塑料机械外观通用技术条件

HG/T 3228—2001 橡胶塑料机械涂漆通用技术条件

3 规格系列、基本参数及型号

3.1 规格系列及基本参数

密炼机规格系列及基本参数参见附录 A。

3.2 型号

密炼机的型号应符合 GB/T 12783—2000 的规定。

4 要求

4.1 总则

密炼机应符合本标准的要求,并按照经规定程序批准的图样及技术文件制造。

4.2 工作环境要求

4.2.1 环境温度:5 ℃~40 ℃。

4.2.2 环境相对湿度:不大于 85%。

4.2.3 环境海拔高度不大于 1 000 m。

注：以上工作环境要求为常规的条件，如用户有特殊要求时，应单独注明。

4.3 技术要求

4.3.1 密炼机的压料装置和卸料装置应工作可靠，操作方便灵活，并便于拆卸清理。

4.3.2 密炼机应有显示密炼机内部物料温度的装置。

4.3.3 规格 50 L(含 50 L)以上密炼机，在电气控制系统中，应留有与辅机控制系统联动的接点。

4.3.4 规格 80 L(含 80 L)以上的密炼机，在工作过程中，不提起压砣的情况下，可向密炼室内加入液态物料。

4.3.5 规格 45 L(含 45 L)以上密炼机的主传动电动机，应采用 IP44 及以上防护等级，以便能在有粉尘的环境中正常工作。

4.3.6 生产用密炼机转子凸棱及棱侧主要表面应堆焊耐磨硬质合金，采用其他硬化处理时，应不低于堆焊耐磨硬质合金的性能。

4.3.7 生产用密炼机的密炼室内表面、卸料门和压砣与物料接触表面，应进行耐磨硬化处理。

4.3.8 实验室用密炼机的转子、密炼室、压砣和卸料门工作表面应具有耐磨、耐腐蚀性，转子凸棱与密炼室内壁表面应进行硬化处理。

4.3.9 实验室用密炼机凡与物料接触的表面应光滑，便于清理，表面粗糙度 $Ra \leqslant 3.2\ \mu m$。

4.3.10 密炼室、转子、压砣内腔必须进行水压试验，其试验压力不得低于工作压力的 1.5 倍，持续时间不得少于 30 min，并不得渗漏。

4.3.11 采用钻孔式加热或冷却的密炼室、卸料门应进行水压试验或加热试验。当进行水压试验时，压力不低于 3 MPa，持续时间不得少于 30 min，不得渗漏；当进行加热试验时，炼胶机蒸汽压力为 0.3 MPa；炼塑机蒸汽压力为 1 MPa，持续时间不得少于 30 min，不得渗漏。

4.3.12 整机运转中，卸料门应密封良好，转子端面密封处应采取可靠措施，不应有粉状物料漏出。

4.3.13 密炼机液压系统应符合 GB/T 3766—2001 的规定，液压系统工作油液污染度等级不得低于 GB/T 14039—2002 中规定的 19/16 级。

4.3.14 密炼机气动系统应符合 GB/T 7932—2003 的规定。气动系统使用的压缩空气应是经过除水、过滤的干燥洁净空气。

4.3.15 密炼机冷却(加热)、空气、润滑等各管路系统应连接可靠，管路中杂物应清理干净，管路应畅通，不得渗漏，各润滑点应润滑充分。

4.4 空运转要求

4.4.1 密炼机空运转时，空运转所消耗的功率不得超过主电动机额定功率的 15%。

4.4.2 密炼机运转时，转子轴承和减速器轴承的温度不得有骤升现象。空运转时，其温升不得超过 20℃。

4.5 负荷运转要求

负荷运转时，轴承温升应符合表 1 的规定。

表 1 轴承温升要求

单位为摄氏度

部 位	温 升	最高温度极限值
炼胶机转子轴承	≤40	80
炼塑机转子轴承	≤90	120
减速机轴承	≤40	80

4.6 噪声要求

密炼机运转时，在操作者位置的整机噪声应符合表2的规定。

表2 密炼机整机噪声要求

规格	实验室用	<160	≥160～370	>370
噪声级/dB(A)	≤80	≤85	≤90	≤95

4.7 安全要求

密炼机安全要求应符合GB 25433的规定。

4.8 外观和涂漆要求

密炼机的外观和涂漆质量应分别符合HG/T 3120—1998和HG/T 3228—2001的规定。

5 试验

5.1 空运转试验

5.1.1 空运转试验前，应按4.3.13、4.3.14及4.3.15要求进行检查。

5.1.2 空运转试验应在完成整机装配并符合5.1.1要求后进行。

5.1.3 连续空运转试验时间不少于2 h。

5.1.4 空运转试验项目按4.4进行。

5.1.5 在空运转试验前，必须用手转动转子两周，不得有异常现象。

5.2 负荷运转试验

5.2.1 负荷运转试验应在空运转试验合格后进行。

5.2.2 每台密炼机须经不少于10车料的连续负荷运转试验，试验用胶料块的大小应适宜。

5.2.3 负荷运转试验应进行下列项目的检查：

a) 参照附录A中表A.1和表A.2的规定检查基本参数；

b) 按4.5要求进行检查；

c) 按4.3.1、4.3.12、4.3.15及4.6要求进行检查。

注：负荷运转试验可在用户厂进行。

5.3 安全试验

按GB 25433检验密闭式炼胶机炼塑机安全要求。

5.4 试验方法

密炼机的试验方法按HG/T 2148进行。

6 检验规则

6.1 出厂检验

每台密炼机出厂前应按4.4、4.7及4.8进行检查，经制造厂质量检验部门检验合格并签发合格证后，方能出厂。出厂时应附有产品质量合格证。

6.2 型式检验

6.2.1 型式检验的项目内容包括本标准中的各项要求。

6.2.2 有下列情况之一时，应进行型式检验：

a) 新产品或老产品转厂时的试制定型鉴定；

b) 正式生产后，如结构、材料、工艺等有较大改变，可能影响产品性能时；

c) 正常生产时，每年最少抽试一台；

d) 产品停产二年后，恢复生产时；

e) 出厂检验结果与上次型式检验有较大差异时；

f) 国家质量监督机构提出型式检验要求时。

6.3 判定规则

经型式检验若有不合格项时，需进行复检，复检若仍有不合格项时，则判定为型式检验不合格。

7 标志、包装、使用说明、运输和贮存

7.1 标志

每台密炼机应在明显位置固定产品标牌。标牌型式、尺寸和技术要求应符合 GB/T 13306 的规定。产品标牌应有下列内容：

a) 产品名称、型号及执行标准号；

b) 产品的主要技术参数；

c) 制造厂名称和商标；

d) 制造日期和产品编号。

7.2 包装

7.2.1 产品包装应符合 GB/T 13384 的规定。包装运输应符合运输部门的有关规定，包装箱上应有下列内容：

a) 产品名称及型号；

b) 制造厂名；

c) 出厂编号；

d) 外形尺寸；

e) 毛重；

f) 生产日期。

7.2.2 在产品包装箱的明显位置注明“随机文件在此箱”内容；随机文件应统一装在防水的塑料袋内；随机文件应包括下列内容：

a) 产品合格证；

b) 使用说明书；

c) 装箱单；

d) 备件清单；

e) 安装图。

7.3 使用说明

使用说明书应符合 GB/T 9969 的规定。

7.4 运输和贮存

7.4.1 产品运输应符合 GB/T 191 和 GB/T 6388 的规定。

7.4.2 产品的运输应符合运输部门的有关规定。

7.4.3 产品应贮放在干燥通风处，避免受潮腐蚀，不能在有腐蚀性气(物)体环境中存放，露天存放应有防雨措施。

附　录　A
（资料性附录）
密炼机基本参数

表 A.1　相切型密炼机基本参数

规　格	密炼室总容积(±4%)/L		密炼室填充系数	压砣对物料的单位压力/MPa	转子转速[a]/(r/min)	每转每分种消耗功率[b]/[kW/(r/min)]
	二　棱	四　棱				
1(实验用)	1	0.93	0.55～0.80	0.40～0.60	20～150	0.10～0.75
1.5(实验用)	1.45	1.35				0.20～1.50
(1.7)[c](实验用)	1.7	—			50～250	0.08～0.45
5(实验用)	5	4.65			20～150	0.30～2.25
25(实验用)	25	24			10～ 100	1.0～ 2.0
30	30	27		0.20～0.45	40	1.8～2.5
					80	
50	50	46			40	3.3～4.0
					80	
60	60	56			30	4.4～5.0
					80	
(75)[c]	75	—	0.60～0.70	0.20～0.40	35	3.1～4.0
					40	
					70	
80	80	74	0.55～0.80	0.35～0.53	40	5.2～6.6
					60	
					80	
90	90	84			30	5.6～6.6
					40	
					60	
					80	
110	105	99			30	6.1～7.8
					40	
					60	
					80	
135	135	125			20	8.0～8.4
					30	
					40	
					60	

表 A.1（续）

规格	密炼室总容积（±4%）/L		密炼室填充系数	压砣对物料的单位压力/MPa	转子转速[a]/(r/min)	每转每分种消耗功率[b]/[kW/(r/min)]
	二棱	四棱				
160	160	147	0.55～0.80	0.35～0.63	20	11.2～13.3
					30	
					40	
					60	
190	190	174			20	14～17
					30	
					40	
					60	
(250)[c]	250	—	0.50～0.60	0.16～0.21	20	12～13
270	270	245	0.55～0.80	0.40～0.53	20	20～26
					30	
					40	
					60	
300	—	280	0.55～0.80	0.45～0.6	30	23.1～32.5
					40	
					50	
					60	
370 400	—	400	0.55～0.80	0.40～0.53	20	33.8～38.0
					30	
					40	
					50	
					60	
430	—	430			20	
					30	
					40	
					60	
650	—	672			20	55～60
					30	
					40	
					50	

a 转子转速可以是单速、多速或无级变速。表中转子转速是名义转速。当采用直流电动机时，转子转速可根据需要适当降低。但名义转速为最高转速。

b 每转每分钟消耗功率根据实际情况可适当放大。

c 括号内数据为第二优先选择规格。

表 A.2　啮合型密炼机基本参数

规　格	密炼室总容积(±4%)/L	密炼室填充系数	压砣对物料的单位压力/MPa	转子转速[a]/(r/min)	每转每分种消耗功率[b]/[kW/(r/min)]
1(实验用)	1	0.30～0.70	0.40～0.60	20～100	0.12～0.75
1.8(实验用)	1.8		0.40～0.60		0.25～0.75
5(实验用)	5		0.45～0.60		1.0～1.2
20(实验用)	20		0.45～0.60		1.61～2.21
(45)[c]	47		0.50～0.60	6～60	3.6～4.6
50	50		0.48～0.58		3.62～4.82
90	87		0.55～0.60		7.5～ 8.7
110	110		0.55～0.60		8.3～9.6
135	140		0.52～0.58		11～ 12.5
150	150		0.52～0.58		10.6～13.6
(160)[c]	160		0.52～0.58		13.7～16.2
190	195		0.54～0.58		18.3～21.0
250	250		0.51～0.58		20.0～31.2
320	320	0.30～0.65	0～0.62		10.0～37.5
420	420		0～0.58		14.0～41.7
580	580		0～ 0.58		16.0～50.0

[a] 转子速度可根据用户要求进行选择。
[b] 每转每分钟消耗功率根据实际情况可适当放大。
[c] 括号内数据为第二优先选择规格。

ICS 55.080
A 82

中华人民共和国国家标准

GB 9774—2010
代替 GB 9774—2002

水泥包装袋

Sacks for packing cement

2010-09-26 发布　　2011-07-01 实施

中华人民共和国国家质量监督检验检疫总局
中国国家标准化管理委员会　发布

前 言

本标准 5.2、5.3、5.4、5.5、5.6 为强制性条款，其余为推荐性条款。

本标准代替 GB 9774—2002《水泥包装袋》。

本标准与 GB 9774—2002 相比主要变化如下：

——将 GB 9774—2002《水泥包装袋》第 1 号修改单内容纳入标准正文中；

——复膜塑编袋、纸塑复合袋物理力学性能不再按“包装规格”不同而分别规定，并将剥离力指标取消，将拉伸负荷经向和纬向指标适当降低(GB 9774—2002 的 4.3 中表 1，本版的 5.2 中表 1)；

——增加了单位面积质量试验方法(本版的 6.2)；

——增加了拉伸负荷试验方法(本版的 6.3)；

——增加了检验报告要求(本版的 7.6)；

——增加了水泥包装袋在使用前应进行牢固度用户验收检验(本版的 9.1)要求；

——增加了牢固度用户验收检验内容(本版的附录 C 中 C.6)；

——增加了小袋制作方法(本版的附录 D 中 D.3.1)。

本标准的附录 C、附录 D 和附录 E 为规范性附录，附录 A 和附录 B 为资料性附录。

本标准由全国包装标准化技术委员会(SAC/TC 49)提出。

本标准由全国包装标准化技术委员会袋分技术委员会(SAC/TC 49/SC 2)归口。

本标准负责起草单位：中国建筑材料科学研究总院、建筑材料工业技术监督研究中心、河南红旗渠建设集团有限公司、山东丛林集团有限公司、厦门艾思欧标准砂有限公司。

本标准参加起草单位：深圳中艺星实业有限公司、内蒙古蒙西水泥股份有限公司、湖南韶峰集团附属福利厂、洛阳华天包装机械工业有限公司、广西正泰彩印包装有限责任公司、天津华今塑业有限公司、辽宁程程塑料有限公司、黄石华新包装有限公司、安徽省锦翔塑编包装实业有限公司。

本标准主要起草人：江丽珍、颜碧兰、甘向晨、霍春明、于法典、郝卫增、宋立春、刘晨、安学利、李胜泰。

本标准所代替标准的历次版本发布情况为：

——GB 9774—1988、GB 9774—1996、GB 9774—2002。

水 泥 包 装 袋

1 范围

本标准规定了水泥包装袋的分类、制袋材料、要求、试验方法、检验规则、标志、包装、运输和贮存以及使用。

本标准适用于装载质量不超过 50 kg 的各种类型的水泥包装袋。

2 规范性引用文件

下列文件中的条款通过本标准的引用而成为本标准的条款。凡是注日期的引用文件，其随后所有的修改单(不包括勘误的内容)或修订版均不适用于本标准，然而，鼓励根据本标准达成协议的各方研究是否可使用这些文件的最新版本。凡是不注日期的引用文件，其最新版本适用于本标准。

GB 175 通用硅酸盐水泥

GB/T 7968 纸袋纸

GB/T 8947 复合塑料编织袋

GB/T 17671—1999 水泥胶砂强度检验方法(ISO 法)(idt ISO 679:1989)

QB/T 1460 伸性纸袋纸

3 分类、规格和基本尺寸、代号、命名和版面印刷

3.1 分类

3.1.1 水泥包装袋按制袋材料分为纸袋、复膜塑编袋和复合袋。

3.1.2 水泥包装袋按制袋工艺分为糊底袋和缝底袋两种，其中纸袋均为糊底袋，复膜塑编袋、复合袋分为糊底袋和缝底袋两种。糊底袋按糊底工艺分为粘合和热封合。

3.1.2.1 糊底袋袋身两侧为平边，两底各粘合成平面六角形，上底一角设有阀口，其典型袋型示意图如图 1 所示。

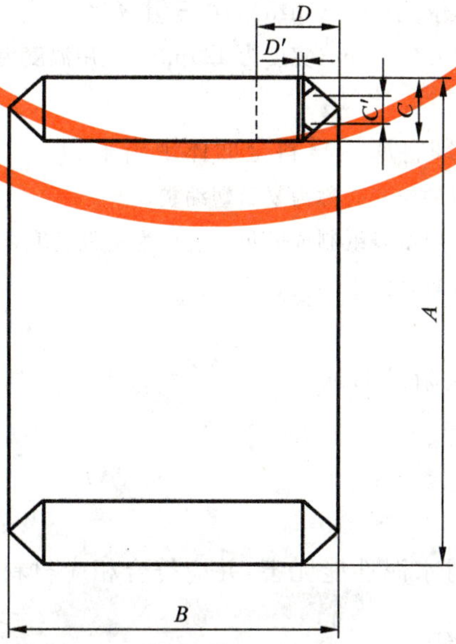

图 1 糊底袋示意图

3.1.2.2　缝底袋袋身两侧有 M 形褶边，两底由缝线缝合，上底一角设有阀口，其典型袋型示意图如图 2 所示。

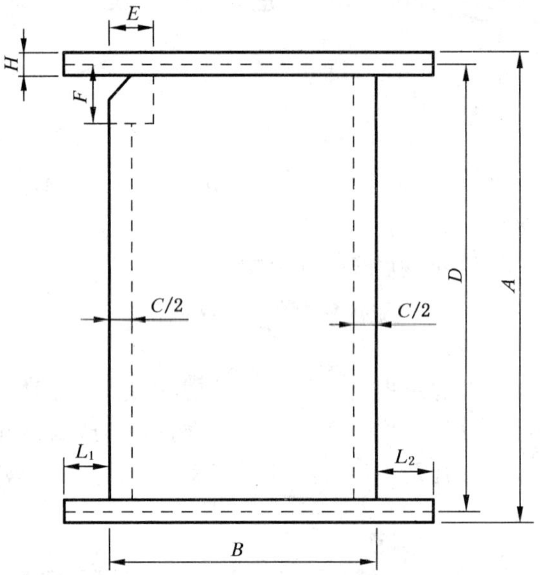

图 2　缝底袋示意图

3.2　规格和基本尺寸

水泥包装袋规格按装载水泥质量一般分为 50 kg 和 25 kg 两种，其基本尺寸参见附录 A。其他规格由供需双方协商确定。

3.3　代号

3.3.1　糊底袋

糊底袋代号为 H-×××-×××-×××。H 代表糊底袋，第一组×××代表长度，单位为毫米(mm)；第二组×××代表宽度，单位为毫米(mm)；第三组×××代表适用温度，单位为摄氏度(℃)。

示例：H-640-500-080，表示长度为 640 mm，宽度为 500 mm，适用温度为不高于 80 ℃的糊底袋。

3.3.2　缝底袋

缝底袋代号为 F-×××-×××-×××。F 代表缝底袋，第一组×××代表有效长度，单位为毫米(mm)；第二组×××代表宽度，单位为毫米(mm)；第三组×××代表适用温度，单位为摄氏度(℃)。

示例：F-780-420-100，表示有效长度为 780 mm，宽度为 420 mm，适用温度为不高于 100 ℃的缝底袋。

3.4　命名

水泥包装袋按制袋材料命名，即将所用材料全面体现出来。

示例 1：由一层复膜塑料编织布制成的包装袋称为复膜塑编袋。

示例 2：由一层复膜塑料编织布和一层纸袋纸制成的包装袋称为复膜塑编袋(内有衬纸)。

示例 3：由纸塑复合材料制成的包装袋称为纸塑复合袋。

3.5　版面印刷

水泥包装袋版面印刷内容参见附录 B。

4　制袋材料

4.1　基本要求

水泥包装袋所用制袋材料应对水泥性能无害，并应符合相应材料标准的要求。

4.2　纸袋

由纸袋纸或伸性纸袋纸制作的水泥包装袋，允许使用再生纸，但不得加在最外层或最里层。纸袋纸应符合 GB/T 7968 的要求，伸性纸袋纸应符合 QB/T 1460 的要求。

4.3 复膜塑编袋、复合袋

复膜塑编袋由复膜塑料编织布制作的水泥包装袋(包括有内衬纸的);复合袋是由复合材料等制作的水泥包装袋(包括有内衬纸的)。复膜塑编袋和复合袋所用材料应符合相应材料标准的要求,所用内衬纸应是纸袋纸。

5 要求

5.1 外观

水泥包装袋外观应平整、无裂口、无脱胶、无粘膛并且印刷清晰、完整。

5.2 复膜塑编袋和纸塑复合袋的物理力学性能

复膜塑编袋和纸塑复合袋的物理力学性能应符合表1规定。

表1 复膜塑编袋、纸塑复合袋的物理力学性能

单位面积质量/(g/m²)			拉伸负荷/(N/50 mm)				
材料	纸塑复合袋	复膜塑编袋[a]	经向	纬向	粘合向	褶边向	缝(糊)底向
全新料	≥65	≥71	≥400	≥350	≥250	≥200	≥200
再生料	≥71	≥77					
[a] 含复膜质量且复膜质量应不小于 6 g/m²。							

5.3 适用温度

包装袋在其最高适用温度下应能满足包装要求。超过最高适用温度,使用性能则不受保证:

a) 纸袋:适用温度为不高于 80 ℃;

b) 复膜塑编袋(包括有内衬纸的)、复合袋:适用温度有不高于 80 ℃、不高于 90 ℃和不高于 100 ℃三种。

5.4 牢固度

5.4.1 纸袋

任取五条样袋进行跌落试验,以跌落试验不破次数表示,五条样袋跌落不破次数均应不小于6次。

5.4.2 复膜塑编袋、复合袋

任取五条样袋,按5.3规定温度热处理后进行跌落试验,以跌落试验不破次数表示,五条样袋跌落不破次数均应不小于8次。

5.5 制袋材料对水泥强度的影响

3d 抗折强度比 R_f≥93%、3d 抗压强度比 R_c≥95%。

5.6 防潮性能

3d 抗压强度比 R_c≥85%。

6 试验方法

6.1 外观

在正常光线下目测。

6.2 单位面积质量

任取一条样袋,将袋摊平,用精度为1 mm 的直尺,在袋的上、下两个对角处取下 100 mm×100 mm 两个方块,方块外边线应与袋边线相距 50 mm~80 mm。用精度为 0.01 g 的天平称取其质量,取两个方块的算术平均值,按式(1)计算单位面积质量:

$$m = m_0 / 0.01 \quad \cdots\cdots(1)$$

式中:

m——单位面积质量,单位为克每平方米(g/m²);

m_0——两个方块质量的算术平均值，单位为克(g)；

0.01——100 mm×100 mm 方块的面积，单位为平方米(m^2)。

注：复膜塑编袋的单位面积质量(m)含复膜质量。

6.3 拉伸负荷

按 GB/T 8947 进行。

6.4 牢固度

按附录 C 进行。

6.5 制袋材料对水泥强度的影响

按附录 D 进行。

6.6 防潮性能

按附录 E 进行。

7 检验规则

7.1 组批

水泥包装袋出厂前的取样编号按工厂实际生产能力分为：

a) 年产量不小于 5 000 万条时，以 10 万条为一个批号；

b) 年产量小于 5 000 万条时，以 5 万条为一个批号；当日产量小于 5 万条时，以 1d 产量为一个批号。

7.2 取样

取样时应随机从同一批号不同部位的 15 捆中各取一条样袋供检验用。

7.3 出厂检验

出厂检验项目为 5.1、5.2、5.3、5.4。

7.4 型式检验

型式检验项目为第 5 章全部要求。有下列情况之一时，应进行型式检验：

a) 新产品或老产品转厂生产；

b) 结构、材料、工艺有较大改变，可能影响产品性能时；

c) 正常生产时，每半年进行一次检验；

d) 产品长期停产后，恢复生产时；

e) 出厂检验结果与上次型式检验有较大差异时；

f) 国家质量监督机构提出型式检验的要求时。

7.5 判定规则

7.5.1 出厂检验

7.5.1.1 外观检验按每个编号任取 15 条样袋，当有 13 条(含)以上符合 5.1 要求，即判定外观检验合格，否则为批不合格。

7.5.1.2 外观检验合格后，对 5.2、5.3、5.4 进行检验，结果均符合要求时，判为批合格，否则为批不合格。

7.5.2 型式检验

外观检验时每个编号任取 15 条样袋，当有 13 条(含)以上符合 5.1 要求，即判定外观检验合格，否则为型式检验不合格。当外观检验合格时，其他性能检验按照相应试验方法中规定的取样量进行检验，结果全部符合要求时，判为型式检验合格，其中任一项不符合要求时，扩大一倍取两组样品进行全部项目(除外观)复检，当两组样品复检均符合要求时，判为型式检验合格，否则为不合格。

7.6 检验报告

当用户需要时，生产者应在水泥包装袋发出之日寄发出厂检验报告。

7.7 仲裁

当供需双方对产品质量有争议时,供需双方应将双方认可的样袋签封,送省级或省级以上国家认可的水泥包装袋质量监督检验机构进行仲裁检验。

7.8 新开发的包装袋的定型批准

新开发的包装袋,应经国家指定的检测机构检测,并有用户试用情况报告和专家鉴定报告,同时应考虑到环境保护的要求,合格后方可投产使用。

8 标志、包装、运输和贮存

8.1 标志

水泥包装袋应标明制袋企业名称和地址、包装袋适用温度。

8.2 包装

水泥包装袋以100条、150条或200条为一捆,捆扎的绳索应不磨损袋子或在捆扎处垫上软质材料。产品应有合格证,其上印有制袋企业名称和地址、执行标准号、代号、生产日期、批号、牢固度、适用温度及防潮性能。

8.3 运输和贮存

水泥包装袋在运输和贮存过程中,不得受潮,避免高温和阳光直射,装卸时要防止硬物划破袋子。水泥包装袋贮存期自生产之日起不宜超过6个月,超过6个月时,应重新进行检验。

9 使用

9.1 水泥包装袋在使用前应进行包装工艺适应性试验和牢固度用户验收检验。

9.2 包装工艺适应性试验:包装袋在水泥厂包装且整个包装系统处于稳定状态下时,能满足正常包装要求,并且满足出包机破包率不大于0.3%的要求时,则判定该包装袋在该厂包装工艺适应性合格。该试验由供需双方共同进行。

9.3 牢固度用户验收检验:按附录C中第C.6章进行。

附 录 A
（资料性附录）
水泥包装袋的基本尺寸

A.1 导言

本附录推荐了规格为 50 kg 和 25 kg 的水泥包装袋的基本尺寸，其他规格水泥包装袋的基本尺寸由供需双方协商确定。

A.2 糊底袋的基本尺寸

糊底袋的基本尺寸参见表 A.1。

表 A.1 糊底袋的基本尺寸

<table>
<tr><th rowspan="2">规格</th><th colspan="2">袋长度 A/mm</th><th colspan="2">袋宽度 B/mm</th><th colspan="2">底宽度 C/mm</th><th colspan="2">阀口宽度 C'/mm</th><th colspan="2">阀口长度 D/mm</th><th rowspan="2">阀口伸出长度 D'/mm</th></tr>
<tr><th>基本尺寸</th><th>允许偏差</th><th>基本尺寸</th><th>允许偏差</th><th>基本尺寸</th><th>允许偏差</th><th>基本尺寸</th><th>允许偏差</th><th>基本尺寸</th><th>允许偏差</th></tr>
<tr><td>25 kg</td><td>480</td><td rowspan="2">±10</td><td>390</td><td rowspan="2">±5</td><td>90</td><td rowspan="2">±3</td><td>88</td><td rowspan="2">±3</td><td>100</td><td rowspan="2">±5</td><td>2～3</td></tr>
<tr><td>50 kg</td><td>640</td><td>500</td><td>100</td><td>98</td><td>110</td><td>2～3</td></tr>
<tr><td colspan="12">注：基本尺寸可以根据水泥密度做适当的调整。</td></tr>
</table>

A.3 缝底袋的基本尺寸

缝底袋的基本尺寸参见表 A.2。

表 A.2 缝底袋的基本尺寸

<table>
<tr><th rowspan="2">规格</th><th colspan="2">袋长度 A/mm</th><th colspan="2">袋宽度 B/mm</th><th colspan="2">袋有效长度 D/mm</th><th colspan="2">褶边宽度 C/mm</th><th rowspan="2">缝线纸宽度 H/mm</th><th colspan="2">阀口折角</th><th colspan="2">袋端留余线扣数</th></tr>
<tr><th>基本尺寸</th><th>允许偏差</th><th>基本尺寸</th><th>允许偏差</th><th>基本尺寸</th><th>允许偏差</th><th>基本尺寸</th><th>允许偏差</th><th>长度 E/mm</th><th>宽度 F/mm</th><th>活扣 L_1 扣数</th><th>死扣 L_2 扣数</th></tr>
<tr><td>25 kg</td><td>560</td><td rowspan="2">±10</td><td>350</td><td rowspan="2">±5</td><td>500</td><td rowspan="2">±5</td><td>70</td><td rowspan="2">±3</td><td rowspan="2">≥24</td><td rowspan="2">≥110</td><td rowspan="2">90±4</td><td rowspan="2">≥2</td><td rowspan="2">≥1</td></tr>
<tr><td>50 kg</td><td>780</td><td>420</td><td>730</td><td>80</td></tr>
<tr><td colspan="14">注：基本尺寸可以根据水泥密度做适当的调整。</td></tr>
</table>

附 录 B
（资料性附录）
水泥包装袋版面印刷内容和示意图

B.1 导言

本附录按水泥产品标准有关要求推荐了水泥包装袋的正面、侧面、背面和上下底面(糊底袋)印刷内容，适用于各种规格的水泥包装袋。

B.2 正面印刷内容

水泥包装袋正面宜印刷如下内容：

a) 水泥品牌、注册商标图形；
b) 水泥生产许可证标志(QS)及编号；
c) 水泥品种；
d) 水泥代号和强度等级；
e) 水泥产品执行标准；
f) 水泥净含量；
g) 水泥出厂编号；
h) 水泥包装日期；
i) 水泥储存条件：不得受潮和混入杂物；
j) 水泥生产企业名称和地址。

注1：如有认证标志，可印于正面适当位置。

注2：水泥生产许可证标志(QS)及编号、水泥出厂编号和水泥包装日期也可印于侧面或背面。

B.3 侧面印刷内容

水泥包装袋一个侧面或两个侧面宜印刷如下内容：

a) 水泥产品名称；
b) 水泥强度等级。

B.4 背面印刷内容

水泥包装袋背面宜印刷如下内容：

a) 水泥包装袋生产日期和适用温度；
b) 制袋企业名称和地址。

注：背面印刷内容也可印于侧面适当位置。

B.5 上下底面印刷内容

糊底水泥包装袋上下底面宜印刷如下内容：

a) 包装袋结构，如三层纸糊底袋其结构表示为3E，三层纸和一层塑料薄膜糊底袋则表示为3E+1PE；
b) 阀口处指示性标志。

B.6 版面和字体

B.6.1 版面印刷应清晰完整，无斑点、无重影，颜色符合水泥产品标准规定。

B.6.2 字体由供需双方协商确定。

B.7 版面印刷示意图

以普通硅酸盐水泥为例，水泥包装袋正面、背面和两侧面印刷形式宜按图 B.1 安排。

正面	背面
执行标准：GB 175—2007《通用硅酸盐水泥》 生产许可证标志(QS)及编号：××× 普通硅酸盐水泥(掺火山灰) P·042.5 净含量 50 kg 注册商标图形 品牌 出厂编号：××× 包装日期： 年 月 日 运输和贮存：不得受潮和混入杂物 水泥生产企业名称和地址	制袋企业名称和地址 制袋日期： 年 月 日 包装袋适用温度：

两侧面
42.5 普通硅酸盐水泥(掺火山灰)

图 B.1 水泥包装袋版面印刷示意图

附 录 C
（规范性附录）
水泥包装袋牢固度试验方法

C.1 导言

本附录规定了水泥包装袋的牢固度试验方法，适用于各种规格的水泥包装袋。

C.2 原理

将样袋装满规定质量的砂子，于 1 m 高度自由下落，使水泥包装袋承受一个标准的冲量，考核水泥包装袋能承受多少次冲击，以其数值衡量水泥包装袋的牢固程度。

C.3 试验设备

C.3.1 台秤：精度 0.2 kg。

C.3.2 电热干燥箱：精度 2 ℃。

C.3.3 跌落试验机或试验架应符合以下条件：

a） 支撑试验样袋的装置在释放前能使样袋处于水平状态；

b） 支撑装置使样袋置于 1 m±0.02 m 高度（距离冲击面）；

c） 试验机（架）在释放过程中能保证样袋自由跌落；

d） 冲击面为水平面，质地坚硬，试验时不移动、不变形且不框动，冲击面的大小要足以保证样袋完全跌落在冲击面内；

e） 试验机（架）在提升、转移和释放样袋时不损伤样袋。

C.4 试验步骤

C.4.1 每编号从 15 条样袋中随机抽取 5 条，纸袋直接从 C.4.2 进行试验。复膜塑编袋、复合袋试验前放入设定温度（根据 5.3）电热干燥箱中，恒温 1 h 后，取出，放入温度 20 ℃±5 ℃、湿度大于 50%的实验室内（复膜塑编袋也可在自然条件下的室内），冷却 4 h 以上。

C.4.2 在样袋中灌装符合 GB/T 17671—1999 中 5.1.3 规定的 0.5 mm～1.0 mm 中级砂（允许使用粒度不大于 1.0 mm、含水量小于 0.2%的建筑用砂）50 kg±0.2 kg 或 25 kg±0.2 kg。

C.4.3 将样袋平放于跌落试验机底板中心，样袋胶结口面朝上，并使砂分布均匀；如使用跌落试验架，则直接将样袋置于支撑板中心。

C.4.4 启动机器，提升样袋至 1 m±0.02 m 高度，开启释放装置，使样袋自由下落。

C.4.5 反复操作，纸袋如小于 6 次破包，记录破包次数；复膜塑编袋、复合袋如小于 8 次破包，记录破包次数。如纸袋 6 次未破包，可记录为 6 次，并注明未破包；如复膜塑编袋、复合袋 8 次未破包，可记录 8 次，并注明未破包。

C.5 结果判定

C.5.1 破包判定

有下列情况之一判为破包：

a） 裂口处大于 50 mm；

b） 几处裂口合计大于 80 mm；

c） 阀口外翻。

C.5.2 合格判定

以五条样袋跌落次数表示，当五条样袋跌落不破次数均不小于6次（纸袋）或不小于8次（复膜塑编袋和复合袋）时，判定牢固度合格。

C.6 牢固度用户验收检验

在水泥厂包装车间，随机抽取装满水泥后的五袋样品，按C.4.3、C.4.4和C.4.5进行试验。结果判定同第C.5章。

附　录　D
（规范性附录）
制袋材料对水泥强度的影响试验方法

D.1　导言

本附录规定了水泥包装袋制袋材料对水泥强度的影响试验方法，适用于各种材料的水泥包装袋。

D.2　试验设备

D.2.1　电热干燥箱：精度为 2 ℃。

D.2.2　符合 GB/T 17671—1999 规定的水泥强度试验用仪器。

D.3　试验步骤

D.3.1　小袋制作

D.3.1.1　复膜塑编袋、复合袋

任取两条被检验样袋，用缝纫机缝制两个有效尺寸为 250 mm×150 mm 小袋，缝纫用针直径约为 1 mm～1.5 mm，上下缝口线直径约为 1 mm，针距约为 10 mm，小袋两面的裁取应能体现原样品的整体特征。复膜塑编袋应去掉内衬纸，其他复合袋，挺度较大的，内衬纸沿小袋长度方向剪开 100 mm，挺度较小的，应去掉内衬纸。制成的小袋预留装水泥口。

D.3.1.2　纸袋

任取两条被检验样袋，糊制两个有效尺寸为 250 mm×150 mm 小袋，小袋上下口、袋身连接处糊制方法和各面的裁取应能体现原样品的整体特征。制成的小袋预留装水泥口。

D.3.2　样品制备

取不少于 2 kg 符合 GB 175 的硅酸盐水泥或普通硅酸盐水泥（强度等级 42.5 以上）混匀，称取两份约 500 g 水泥分别放入两个容积为 1 L 的烧杯中；再各取约 500 g 分别放入两个小袋中，封口。然后将两个烧杯和两个小袋分别置于两个温度为 105 ℃±2 ℃的电热干燥箱中，恒温 2 h，取出并将烧杯和小袋分别置于密闭容器内，放入符合 GB/T 17671—1999 规定的成型实验室冷却 24 h±2 h。

D.3.3　强度试验

将两个小袋中水泥混匀，然后将此水泥与烧杯中水泥分别按 GB/T 17671—1999 规定进行水泥 3d 抗折强度、3d 抗压强度试验。

D.4　结果计算

D.4.1　3d 抗折强度比

3d 抗折强度比按式（D.1）计算：

$$R_f = R_{f2}/R_{f1} \times 100 \qquad \text{(D.1)}$$

式中：

R_f——水泥 3d 抗折强度比，%；

R_{f1}——烧杯中水泥 3d 抗折强度，单位为兆帕（MPa）；

R_{f2}——小袋中水泥 3d 抗折强度，单位为兆帕（MPa）。

D.4.2　3d 抗压强度比

3d 抗压强度比按式（D.2）计算：

$$R_c = R_{c2}/R_{c1} \times 100 \qquad \text{(D.2)}$$

式中：

R_c——水泥 3d 抗压强度比，%；

R_{c1}——烧杯中水泥 3d 抗压强度，单位为兆帕(MPa)；

R_{c2}——小袋中水泥 3d 抗压强度，单位为兆帕(MPa)。

附 录 E
（规范性附录）
水泥包装袋防潮性能试验方法

E.1 导言

本附录规定了水泥包装袋防潮性能试验方法，适用于各种水泥包装袋。

E.2 原理

以小样袋盛装水泥，置于一定温度、湿度条件下，存放 7 d，测定小样袋中水泥强度，与常温、密闭容器中存放的同一品种水泥强度比较，以判定水泥包装袋的防潮能力。

E.3 试验设备

E.3.1 恒温、恒湿箱：温度精度 5 ℃，湿度精度 5%。

E.3.2 符合 GB/T 17671—1999 规定的水泥强度试验用仪器。

E.4 试验步骤

E.4.1 小袋制作

任取一条被检验样袋，缝制一个有效尺寸为 250 mm×150 mm 小袋，制作方法同附录 D 中 D.3.1。

E.4.2 样品制备

称取约 600 g 符合 GB 175 的硅酸盐水泥或普通硅酸盐水泥（强度等级 42.5 以上），放入小袋中，封口。

E.4.3 养护

将盛有水泥的小袋放入温度为 20 ℃±5 ℃，湿度为 90%±5%的恒温、恒湿箱中，放置 7 d。

E.4.4 强度试验

将小袋中水泥和对比水泥（常温、密闭容器中存放的同一品种水泥）分别按 GB/T 17671—1999 规定进行水泥 3d 抗压强度试验。

E.5 结果计算

3d 抗压强度比按式（E.1）计算：

$$R_c = R_{c2}/R_{c1} \times 100 \qquad \text{(E.1)}$$

式中：

R_c——水泥 3d 抗压强度比，%；

R_{c1}——对比水泥 3d 抗压强度，单位为兆帕（MPa）；

R_{c2}——小袋中水泥 3d 抗压强度，单位为兆帕（MPa）。

ICS 77.120.99
H 65

中华人民共和国国家标准

GB/T 9967—2010
代替 GB/T 9967—2001

金　属　钕

Neodymium metal

2011-01-14 发布　　　　2011-11-01 实施

中华人民共和国国家质量监督检验检疫总局
中国国家标准化管理委员会　发布

前　言

本标准代替 GB/T 9967—2001《金属钕》。

本标准与 GB/T 9967—2001 相比，主要有如下变动：

——范围中增加该产品主要用作钕铁硼等永磁材料的原料及稀土镁合金的添加剂；

——删除了 Nd/RE 不小于 95%的牌号(044015)；

——对非稀土杂质含量的考核进行了相应的调整。

本标准由全国稀土标准化技术委员会(SAC/TC 229)归口。

本标准由瑞科稀土冶金及功能材料国家工程研究中心有限公司、包头稀土研究院负责起草。

本标准由赣州虔东稀土集团股份有限公司、赣州有色冶金研究所、江西南方稀土高技术股份有限公司参加起草。

本标准主要起草人：张志宏、许涛、陈国华、解萍、侯复生、蔡志双、姚南红、杜雯、谢黎云。

本标准历次版本发布情况为：

——GB/T 9967—1988、GB/T 9967—2001。

金　属　钕

1　范围

本标准规定了金属钕的要求、试验方法、检验规则及标志、包装、运输和贮存。

本标准适用于以氧化钕为原料，经熔盐电解法生产的、主要用作钕铁硼等永磁材料的原料及稀土镁合金等稀土功能材料添加剂的金属钕。

2　规范性引用文件

下列文件对于本文件的应用是必不可少的。凡是注日期的引用文件，仅注日期的版本适用于本文件。凡是不注日期的引用文件，其最新版本(包括所有的修改单)适用于本文件。

GB/T 8170　数值修约规则与极限数值的表示和判定

GB/T 12690(所有部分)　稀土金属及其氧化物中非稀土杂质化学分析方法

GB/T 14635　稀土金属及其化合物化学分析方法　稀土总量的测定

GB/T 18115.4　稀土金属及其氧化物中稀土杂质化学分析方法　钕中镧、铈、镨、钐、铕、钆、铽、镝、钬、铒、铥、镱、镥和钇量的测定

3　要求

3.1　化学成分

产品化学成分应符合表1的规定。如需方对产品有特殊要求，供需双方可另行协商。

表 1

产品牌号				044030	044025	044020A	044020B
化学成分(质量分数)/%	RE，不小于			99.5	99.0	99.0	98.5
	Nd/RE，不小于			99.9	99.5	99.0	99.0
	杂质含量，不大于	稀土杂质/RE		0.1	0.5	1.0	1.0
		非稀土杂质	C	0.03	0.03	0.05	0.05
			Fe	0.2	0.3	0.5	1.0
			Si	0.03	0.05	0.05	0.05
			Mg	0.01	0.02	0.02	0.03
			Ca	0.01	0.02	0.02	0.03
			Al	0.03	0.05	0.05	0.05
			O	0.03	0.05	0.05	0.05
			Mo	0.03	0.05	0.05	0.05
			W	0.02	0.05	0.05	0.05
			Cl	0.01	0.02	0.02	0.03
			S	0.01	0.01	0.01	0.01
			P	0.01	0.03	0.05	0.05

3.2 外观

3.2.1 产品为铸态金属,新截面呈银灰色。

3.2.2 产品表面应洁净,无肉眼可见的夹杂物和氧化脱落粉末。

4 试验方法

4.1 产品中稀土总量的分析方法按 GB/T 14635 的规定进行。

4.2 产品中稀土杂质含量的分析方法按 GB/T 18115.4 的规定进行。

4.3 产品中非稀土杂质含量的分析方法按 GB/T 12690 的规定进行。

4.4 数值修约按 GB/T 8170 的规定进行。

4.5 产品外观用目视检查。

5 检验规则

5.1 检查与验收

5.1.1 产品由供方质量检验部门进行检验,保证产品质量符合本标准规定,并填写质量证明书。

5.1.2 需方应对收到的产品按本标准的规定进行检验,如检验结果与本标准规定不符时,应在收到产品之日起 2 个月内向供方提出,由供需双方协商解决。如需仲裁,可委托双方认可的单位进行,并在需方共同取样。

5.2 组批

产品应成批提交检验,每批应由同一牌号的产品组成。

5.3 检验项目

每批产品应进行化学成分和外观检验。

5.4 取样与制样

5.4.1 化学成分的仲裁取样件数按表 2 的规定进行。

表 2

每批重量/kg	≤10	>10～50	>50～100	>100～200	>200～500	>500
取样件数/块	2	3	4	5	8	10

5.4.2 化学成分的仲裁取样方法按下述规定进行:

取样时,首先将试样打磨干净。分析氧含量,从合金锭中间位置截取试样,取样量不少于 10 g;分析其他杂质含量时,用直径 5 mm～10 mm 的钻头在合金锭上下两面等距离处各钻取 3 点,弃去距锭块表面 0.5 mm～1.0 mm 的钻屑,然后钻取试样,取样量不少于 10 g,将所得试样迅速混匀缩分至所需数量,立即放入带盖的磨口瓶中密封保存。

5.5 检验结果判定

5.5.1 化学成分仲裁分析结果与本标准规定不符时,则从该批产品中取双倍样锭对不合格项目进行重复试验,如仍有一项结果不合格,则判该批产品为不合格。

5.5.2 产品外观检验与本标准规定不符时，则直接判定该批产品为不合格。

6 标志、包装、运输、贮存及质量证明书

6.1 标志、包装

6.1.1 包装桶(箱)外应有不褪色标志，注明：供方名称、产品名称、牌号、批号、净重、毛重、出厂日期及"防潮"等标志或字样。

6.1.2 产品应采取防氧化措施密封装入铁桶中，如需方对包装有特殊要求，由供需双方协商确定。

6.2 运输、贮存

产品运输及贮存时严防受潮，需存放干燥处，不得露天放置。

6.3 质量证明书

每批产品应附质量证明书，注明：

a) 供方名称；

b) 产品名称；

c) 牌号、批号、净重、毛重、件数；

d) 各项分析检验结果和供方质量检验部门印记；

e) 本标准编号；

f) 检验日期；

g) 出厂日期。

ICS 65.150
B 52

GB

中华人民共和国国家标准

GB/T 10029—2010
代替 GB/T 10029—2000

团头鲂

Bluntnose black bream

2011-01-10 发布　　2011-06-01 实施

中华人民共和国国家质量监督检验检疫总局
中国国家标准化管理委员会　发布

前　言

本标准代替 GB/T 10029—2000《团头鲂》。

本标准与 GB/T 10029—2000 相比主要变化如下：

——增加了 6.2.2 核 DNA 随机扩增多态 DNA(RAPD)(OPB2)标记电泳图谱。

本标准的附录 A 为资料性附录。

本标准由中华人民共和国农业部提出。

本标准由全国水产标准化技术委员会淡水养殖分技术委员会归口。

本标准起草单位：华中农业大学、中国水产科学院长江水产研究所。

本标准主要起草人：谢从新、熊传喜、张桂蓉。

本标准所代替标准的历次版本发布情况为：

——GB 10029—1988、GB/T 10029—2000。

团　头　鲂

1　范围

本标准给出了团头鲂(*Megalobrama amblycephala* Yih)的学名与分类、主要形态结构特征、生长与繁殖、遗传学特性、检测方法以及检验规则与结果判定。

本标准适用于团头鲂的种质检测与鉴定。

2　规范性引用文件

下列文件中的条款通过本标准的引用而成为本标准的条款。凡是注日期的引用文件,其随后所有的修改单(不包括勘误的内容)或修订版均不适用于本标准,然而,鼓励根据本标准达成协议的各方研究是否可使用这些文件的最新版本。凡是不注日期的引用文件,其最新版本适用于本标准。

GB/T 18654.1　养殖鱼类种质检验　第1部分:检验规则

GB/T 18654.2　养殖鱼类种质检验　第2部分:抽样方法

GB/T 18654.3　养殖鱼类种质检验　第3部分:性状测定

GB/T 18654.4　养殖鱼类种质检验　第4部分:年龄与生长的测定

GB/T 18654.12　养殖鱼类种质检验　第12部分:染色体组型分析

GB/T 18654.13　养殖鱼类种质检验　第13部分:同工酶电泳分析

3　学名与分类

3.1　学名

团头鲂(*Megalobrama amblycephala* Yih)。

3.2　分类位置

鲤形目(Cypriniformes)、鲤科(Cyprinidae)、鲌亚科(Cultrinae)、鲂属(*Megalobrama*)。

4　主要形态结构特征

4.1　外部形态特征

4.1.1　外形

体高而侧扁,呈菱形。头小,吻钝圆,口端位,口裂较宽,上、下颌角度小。腹部自腹鳍至肛门间有皮质棱。尾柄短。上、下颌角质薄而窄,上颌角质呈三角形。背鳍不分枝鳍条为硬刺,最后一枚不分枝鳍条粗短,其长一般短于头长。胸鳍较短,不到或仅达腹鳍基部。上眶骨略呈三角形。体侧鳞片基部浅色,两侧灰黑色,在体侧形成数行浅色纵纹。

团头鲂的外形见图1。

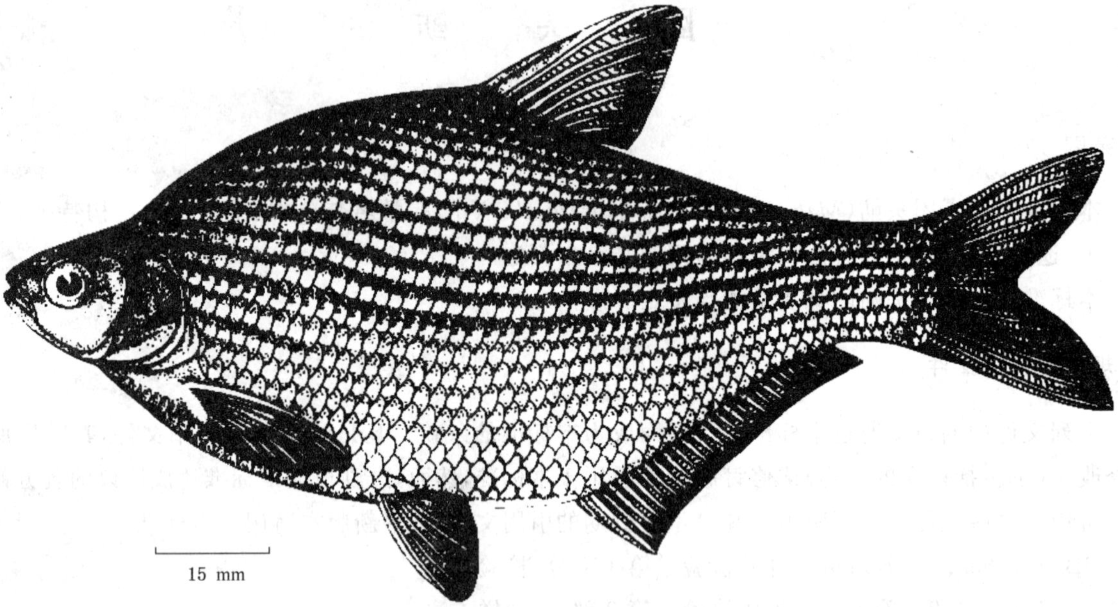

图 1　团头鲂外形图

4.1.2　**可数性状**

4.1.2.1　背鳍鳍式:D. iii-7。

4.1.2.2　臀鳍鳍式:A. iii-24～31,多数为 iii-26～29。

4.1.2.3　侧线鳞数:50～60,多数为 54～56。

4.1.2.4　第一鳃弓外侧鳃耙数:12～17,多数为 13～15;内侧鳃耙数:22～24。

4.1.3　**可量性状**

不同体长组个体的可量性状变动值见表 1。

表 1　团头鲂不同体长组可量性状

全长/mm	26.5～29.2	124.0～183.0	195.0～248.0	307.0～400.0	430.0～530.0
体长/mm	20.5～22.5	104.0～157.0	170.0～213.0	252.0～336.0	365.0～450.0
体长/体高	3.51	2.29	2.32	2.09	2.25
体长/头长	3.17	4.60	4.88	5.17	5.67
体长/尾柄长	8.16	8.86	7.81	7.70	7.91
体长/尾柄高	9.34	8.47	8.41	7.63	7.91
头长/吻长	3.94	3.90	3.71	4.01	4.33
头长/眼径	3.04	3.74	4.07	4.33	4.19
头长/眼间距	3.13	3.27	2.18	1.97	1.89

4.2　**内部结构特征**

4.2.1　**鳔**

鳔分三室。中室最大(体长 150 mm 以下个体此特征不明显),后室最小。

4.2.2　**下咽齿**

下咽齿三行。齿式为 2(1)·4·4(5)/5(4)·4·2(1)。

4.2.3　**脊椎骨**

脊椎骨总数:4+38～39。

4.2.4 腹膜

腹膜为灰黑色。

5 生长与繁殖

5.1 生长

不同年龄组的鱼体长和体重实测值见表2。

表2 团头鲂各年龄组的体长和体重实测值

年 龄/龄	1	2	3	4
体 长/mm	149～214	278～324	378～420	410～420
体 重/g	100～450	518～950	900～1 700	1 490～2 200

团头鲂的生长方程和体长与体重关系式参见附录A。

5.2 繁殖

5.2.1 成熟年龄：雌、雄鱼均为2龄。

5.2.2 性腺一年成熟一次，分批产出。

5.2.3 怀卵量：不同年龄组个体怀卵量见表3。

表3 团头鲂不同年龄组的个体怀卵量

年 龄/龄	2	3	4
体 重/g	518～950	900～1 700	1 490～2 200
绝对怀卵量/粒	37 274～102 817	108 175～314 330	273 093～443 744
相对怀卵量/(粒/g)	57～160	120～210	156～269

6 遗传学特性

6.1 细胞遗传学特性

肾细胞染色体数：$2n=48$。臂数(NF)：92。组型公式：18 m+26 sm+4 st。

肾细胞染色体组型见图2。

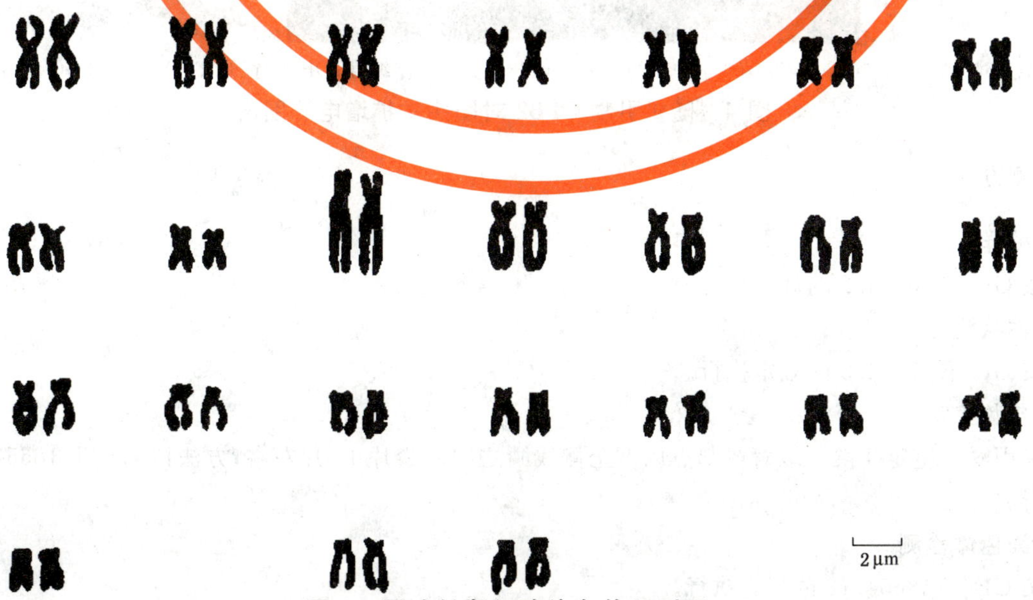

图2 团头鲂肾细胞染色体组型图

6.2 生化遗传学特性

6.2.1 血清乳酸脱氢酶(LDH)同工酶

血清乳酸脱氢酶(LDH)同工酶电泳图谱见图 3。

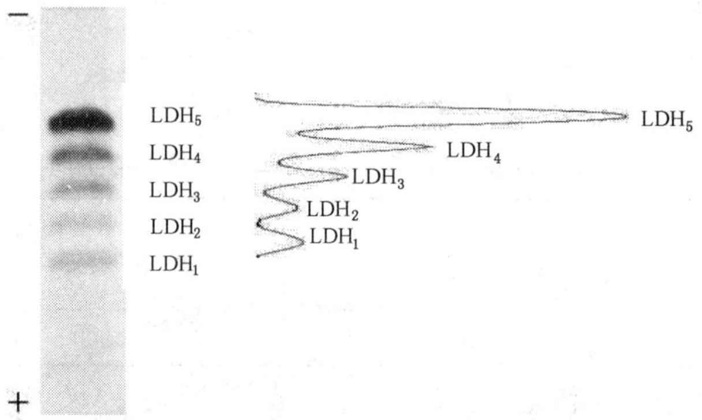

图 3 团头鲂血清 LDH 同工酶电泳图谱

6.2.2 核 DNA 随机扩增多态 DNA(RAPD)(OPB2)标记

核 DNA 随机扩增多态 DNA(RAPD)(OPB2)标记电泳图谱见图 4。

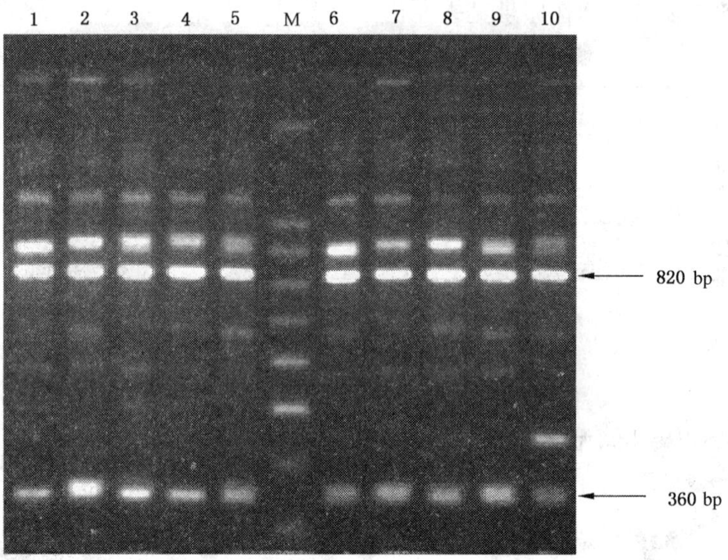

M:1 500,1 000,900,800,700,600,500,400,300 bp;1～10 为个体编号;OPB2 序列:TGATCCCTGG。

图 4 随机引物 OPB2 对团头鲂扩增电泳图谱

7 检测方法

7.1 抽样

按 GB/T 18654.2 的规定执行。

7.2 性状测定

按 GB/T 18654.3 的规定执行。

7.3 年龄鉴定

采用鳞片鉴定年龄。取背鳍起点以下至侧线鳞之间的鳞片 10 片左右,方法按 GB/T 18654.4 的规定执行。

7.4 染色体检测

按 GB/T 18654.12 的规定执行。

7.5 同工酶检测

按 GB/T 18654.13 的规定执行。

7.6 RAPD 方法和 PCR 反应条件

采用酚-氯仿法提取基因组 DNA。利用引物 OPB2 序列：5′-TGATCCCTGG 进行 RAPD 扩增，扩增产物用 1.5%琼脂糖电泳分离，在凝胶成像系统中观察、拍照。

采用 25 μL PCR 反应体系。25 μL 反应混合液中含 10×反应缓冲液 2.5 μL、0.1%Triton X-100、2.0 mmol/L 氯化镁、0.2 mmol/L dNTPs、0.2 μmol/L(约 15 ng)随机引物、1.5 U *Taq* DNA 聚合酶、适量模板 DNA，补充灭菌去离子水至 25 μL。热循环参数为：94 ℃预变性 4 min；然后 94 ℃变性1 min，36 ℃退火 1 min，72 ℃延伸 2 min，共 45 个循环；最后 72 ℃保温 10 min，降温至 4 ℃保存。本 RAPD 引物可在团头鲂基因组中扩增出一 820 bp 和一 360 bp 的特异 DNA 带。

8 检验规则与结果判定

能够扩增出大小分别为 820 bp 和 360 bp 的两个标志带。其他测定结果应进行综合特征判定，按 GB/T 18654.1 的规定执行。

附 录 A
（资料性附录）
生长方程、体长与体重关系式

A.1 体长和体重生长方程

体长和体重生长方程见式（A.1）和式（A.2）。

$$L_t = 42.03[1 - e^{-1.372\,8(t-0.865\,8)}] \quad \cdots\cdots\cdots\cdots (A.1)$$

$$W_t = 1\,535.14[1 - e^{-1.372\,8(t-0.865\,8)}]^{2.776\,5} \quad \cdots\cdots\cdots\cdots (A.2)$$

式中：

L_t——t 龄时鱼体体长，单位为厘米（cm）；

W_t——t 龄时鱼体体重，单位为克（g）；

e——自然对数；

t——鱼的年龄。

A.2 体长与体重关系式

体长与体重关系式见式（A.3）。

$$W = 0.047\,68\,L^{2.776\,5} \quad \cdots\cdots\cdots\cdots (A.3)$$

式中：

W——鱼体体重，单位为克（g）；

L——鱼体体长，单位为厘米（cm）。

ICS 53.020.30
J 80

中华人民共和国国家标准

GB/T 10051.1—2010
代替 GB/T 10051.1—1988

起重吊钩 第1部分:力学性能、起重量、应力及材料

Lifting hooks—Part 1: Mechanical properties, lifting capacities, stresses and materials

2011-01-10 发布 2011-09-01 实施

中华人民共和国国家质量监督检验检疫总局
中国国家标准化管理委员会 发布

前 言

GB/T 10051《起重吊钩》分为如下几部分：

——第1部分：力学性能、起重量、应力及材料；

——第2部分：锻造吊钩技术条件；

——第3部分：锻造吊钩使用检查；

——第4部分：直柄单钩毛坯件；

——第5部分：直柄单钩；

——第6部分：直柄双钩毛坯件；

——第7部分：直柄双钩；

——第8部分：吊钩横梁毛坯件；

——第9部分：吊钩横梁；

——第10部分：吊钩螺母；

——第11部分：吊钩螺母防松板；

——第12部分：吊钩闭锁装置；

——第13部分：叠片式吊钩技术条件；

——第14部分：叠片式吊钩使用检查；

——第15部分：叠片式单钩。

本部分为GB/T 10051的第1部分。

本部分修改采用DIN 15400:1990《起重吊钩　材料、力学性能、起重量及应力》。

本部分根据DIN 15400:1990重新起草。

考虑到我国国情，在采用DIN 15400:1990时进行了修改，这些技术性差异用垂直单线标识在它们所涉及的页边空白处，在附录A中给出了技术性差异及其原因一览表以供参考。

为了便于使用，本部分还做了以下编辑性修改：

——"本标准"一词改为"本部分"；

——用小数点"."代替作为小数点的逗号","。

本部分代替GB/T 10051.1—1988《起重吊钩　机械性能、起重量、应力及材料》。

本部分与GB/T 10051.1—1988相比主要变化如下：

——将吊钩专用材料DG20、DG20Mn、DG34CrMo、DG34CrNiMo、DG34Cr2Ni2Mo和DG30Cr2Ni2Mo改为结构钢Q345qD、Q420qD、35CrMo、34Cr2Ni2Mo和30Cr2Ni2Mo；

——增加了GB/T 10051.6和GB/T 10051.7的内容；

——力学性能名称及符号按GB/T 228—2000进行了修改；

——删除了原标准的附录A；

——本部分的附录A为资料性附录。

本部分由中国机械工业联合会提出。

本部分由全国起重机械标准化技术委员会(SAC/TC 227)归口。

本部分负责起草单位：太原重型机械集团有限公司。

本部分参加起草单位：北京起重运输机械设计研究院、徐州大长实工程机械有限公司、宝鼎重工股份有限公司、中国第二重型机械集团公司。

本部分主要起草人：刘润林、叶佩馨、张燕平、庄军、朱宝松、吴兰福、王首成、申昌宏、王晓凌。

本部分所代替标准的历次版本发布情况为：

——GB/T 10051.1—1988。

起重吊钩　第1部分：力学性能、起重量、应力及材料

1　范围

GB/T 10051 的本部分规定了起重吊钩的力学性能、起重量、应力及材料。

本部分适用于钩号为006至250的起重机械用锻造吊钩（以下简称吊钩），其他规格的吊钩可参照使用。

本部分不适用于铸造吊钩。

2　规范性引用文件

下列文件中的条款通过 GB/T 10051 的本部分的引用而成为本部分的条款。凡是注日期的引用文件，其随后所有的修改单（不包括勘误的内容）或修订版均不适用于本部分，然而，鼓励根据本部分达成协议的各方研究是否可使用这些文件的最新版本。凡是不注日期的引用文件，其最新版本适用于本部分。

GB/T 714　桥梁用结构钢

GB/T 3811　起重机设计规范

GB/T 10051.4　起重吊钩　第4部分：直柄单钩毛坯件

GB/T 10051.5　起重吊钩　第5部分：直柄单钩

GB/T 10051.6　起重吊钩　第6部分：直柄双钩毛坯件

GB/T 10051.7　起重吊钩　第7部分：直柄双钩

JB/T 6396　大型合金结构钢锻件　技术条件

3　力学性能

吊钩按其力学性能分为5个强度等级，见表1。

表 1

强度等级	结构钢					合金钢		
	上屈服强度 R_{eH} 或延伸强度 $R_{p0.2}$/MPa	冲击吸收功 A_{kv}(ISO-V)/J				上屈服强度 R_{eH} 或延伸强度 $R_{p0.2}$/MPa	冲击吸收功 A_{kv}(ISO-V)/J	
		+20 ℃		−20 ℃			+20 ℃	−20 ℃
		纵向	横向	纵向	横向		纵向	纵向
M	235					—	—	—
P	315	(55)	(31)	39	21	—	—	—
(S)	390					390	(35)	27
T	—	—				490	(35)	27
(V)	—	—				620	(30)	27
冲击功试验应在−20 ℃下进行，括号中所给的冲击吸收功值仅供参考。 注1：尽量避免采用括号内的强度等级。								

4　起重量

在不同的强度等级和机构工作级别下，各吊钩的起重量见表2。

按 GB/T 3811 的规定表中未列入小于0.1 t和大于500 t的起重量，如需要可按R10优先数系延伸。

表 2

强度等级	机构工作级别(按 GB/T 3811)										强度等级
M	—	—	—	—	M3	M4	M5	M6	M7	M8	M
P	—	—	—	M3	M4	M5	M6	M7	M8	—	P
(S)	—	—	M3	M4	M5	M6	M7	M8	—	—	(S)
T	—	M3	M4	M5	M6	M7	—	—	—	—	T
(V)	M3	M4	M5	M6	M7	—	—	—	—	—	(V)
钩号	起重量/t										钩号
006	0.32	0.25	0.2	0.16	0.125	0.1	—	—	—	—	006
010	0.5	0.4	0.32	0.25	0.2	0.16	0.125	0.1	—	—	010
012	0.63	0.5	0.4	0.32	0.25	0.2	0.16	0.125	0.1	—	012
020	1	0.8	0.63	0.5	0.4	0.32	0.25	0.2	0.16	0.125	020
025	1.25	1	0.8	0.63	0.5	0.4	0.32	0.25	0.2	0.16	025
04	2	1.6	1.25	1	0.8	0.63	0.5	0.4	0.32	0.25	04
05	2.5	2	1.6	1.25	1	0.8	0.63	0.5	0.4	0.32	05
08	4	3.2	2.5	2	1.6	1.25	1	0.8	0.63	0.5	08
1	5	4	3.2	2.5	2	1.6	1.25	1	0.8	0.63	1
1.6	8	6.3	5	4	3.2	2.5	2	1.6	1.25	1	1.6
2.5	12.5	10	8	6.3	5	4	3.2	2.5	2	1.6	2.5
4	20	16	12.5	10	8	6.3	5	4	3.2	2.5	4
5	25	20	16	12.5	10	8	6.3	5	4	3.2	5
6	32	25	20	16	12.5	10	8	6.3	5	4	6
8	40	32	25	20	16	12.5	10	8	6.3	5	8
10	50	40	32	25	20	16	12.5	10	8	6.3	10
12	63	50	40	32	25	20	16	12.5	10	8	12
16	80	63	50	40	32	25	20	16	12.5	10	16
20	100	80	63	50	40	32	25	20	16	12.5	20
25	125	100	80	63	50	40	32	25	20	16	25
32	160	125	100	80	63	50	40	32	25	20	32
40	200	160	125	100	80	63	50	40	32	25	40
50	250	200	160	125	100	80	63	50	40	32	50
63	320	250	200	160	125	100	80	63	50	40	63
80	400	320	250	200	160	125	100	80	63	50	80
100	500	400	320	250	200	160	125	100	80	63	100
125	—	500	400	320	250	200	160	125	100	80	125
160	—	—	500	400	320	250	200	160	125	100	160
200	—	—	—	500	400	320	250	200	160	125	200
250	—	—	—	—	500	400	320	250	200	160	250

注 1：机构工作级别低于 M3 的按 M3 考虑。

注 2：T、V 级强度等级的吊钩不推荐用于冶金起重机。

5 应力

5.1 吊钩结构形状

直柄单钩(以下简称单钩)如图 1 所示,直柄双钩(以下简称双钩)如图 2 所示。

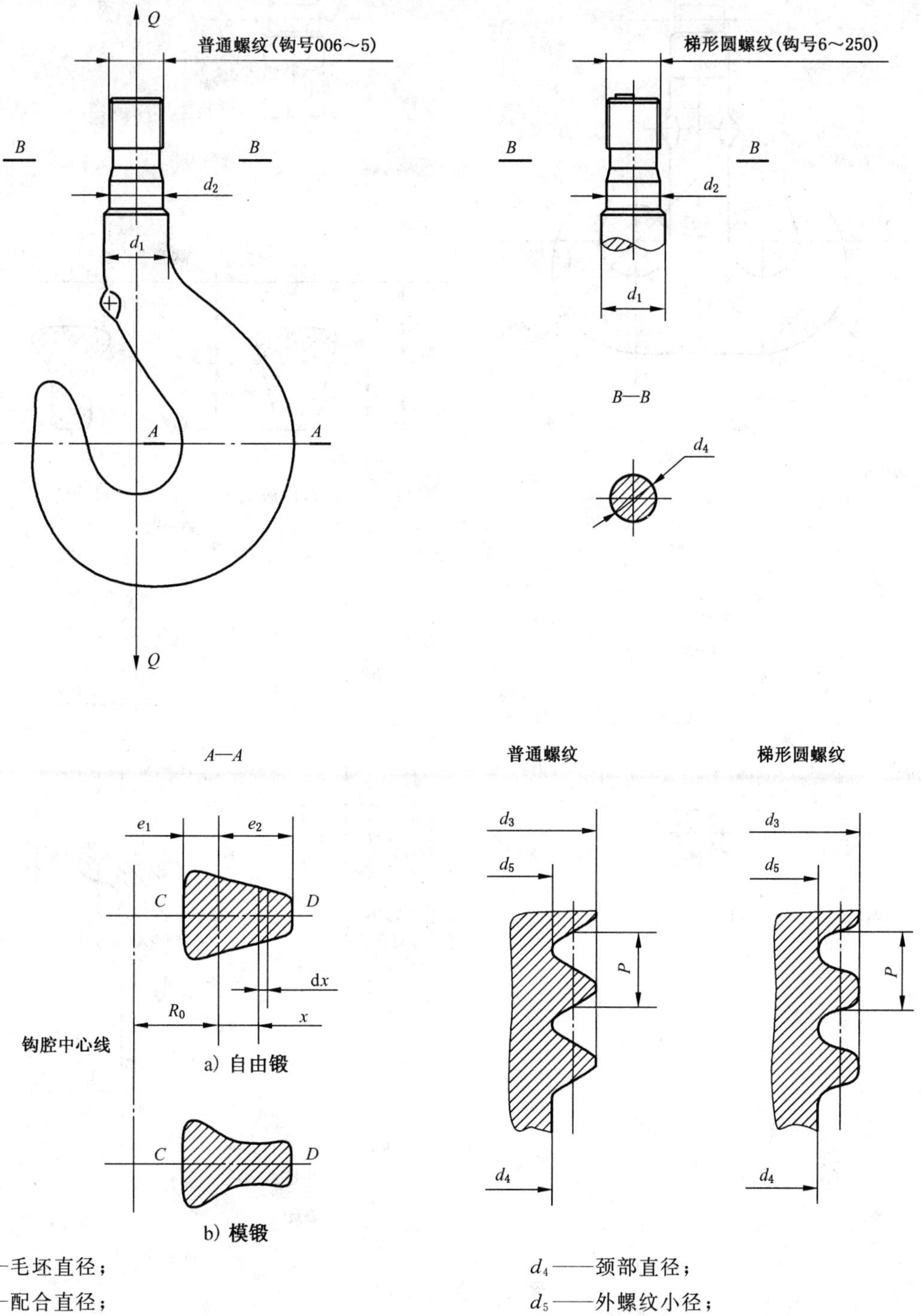

d_1——毛坯直径;

d_2——配合直径;

d_3——外螺纹大径;

d_4——颈部直径;

d_5——外螺纹小径;

P——螺距。

图 1 直柄单钩

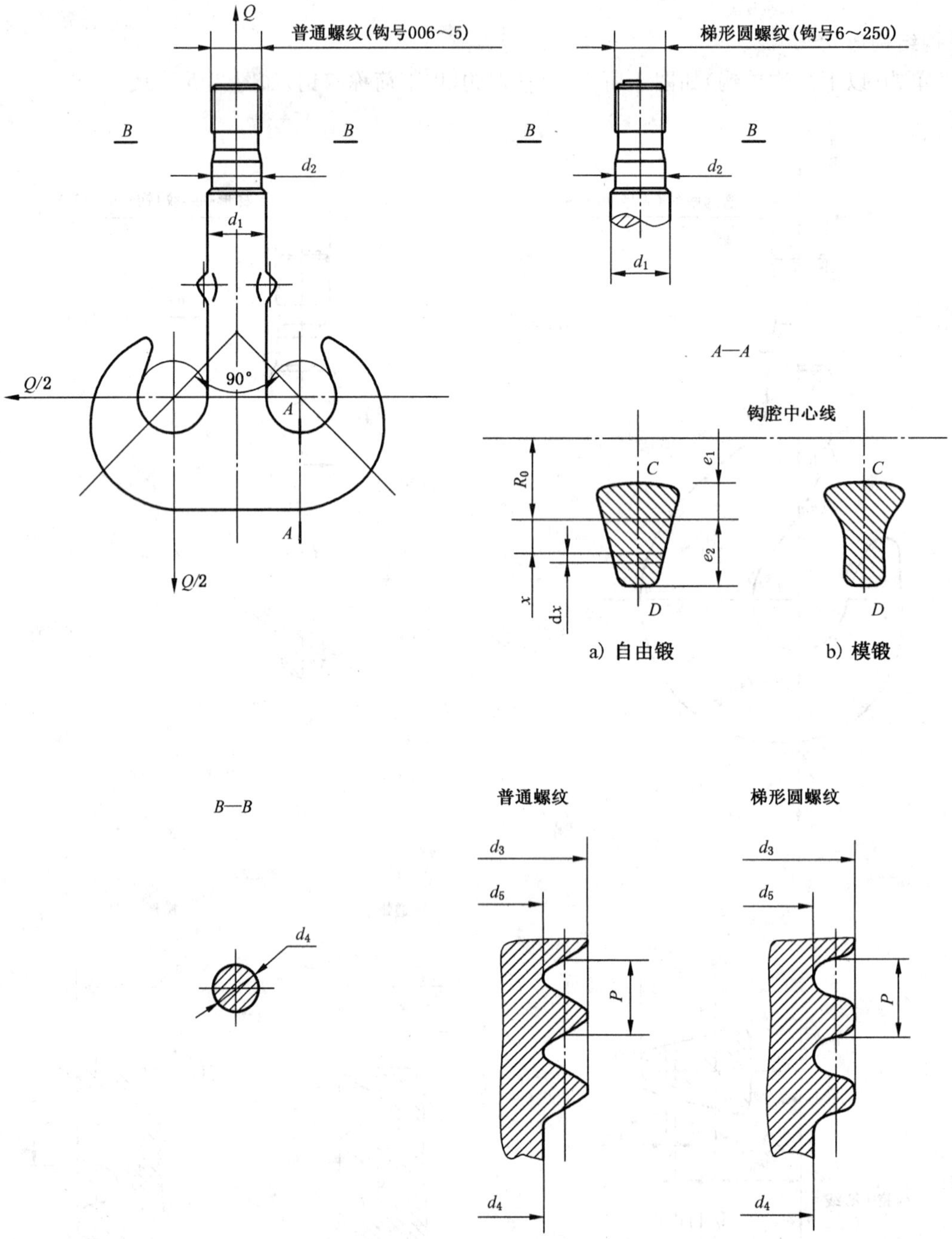

d_1——毛坯直径；

d_2——配合直径；

d_3——外螺纹大径；

d_4——颈部直径；

d_5——外螺纹小径；

P——螺距。

图 2　直柄双钩

5.2　主弯曲截面 A—A 的边界应力

计算主弯曲截面的边界应力时，假定载荷作用于一根铅垂的钢丝绳上，作用线通过吊钩截面形心连线的曲率中心，如图 1 所示；对于双钩，载荷作用于两根成 90°角的钢丝绳上，如图 2 所示。

在此前提下，按式(1)～式(4)计算边界应力：

单钩：

$$\sigma_{\mathrm{C}} = \frac{Q}{FK_{\mathrm{B}}} \cdot \frac{e_1}{R_0 - e_1} \quad \cdots\cdots (1)$$

$$\sigma_{\mathrm{D}} = \left| -\frac{Q}{FK_{\mathrm{B}}} \cdot \frac{e_2}{R_0 + e_2} \right| \quad \cdots\cdots (2)$$

双钩：

$$\sigma_{\mathrm{C}} = \frac{Q}{2FK_{\mathrm{B}}} \cdot \frac{e_1}{R_0 - e_1} \quad \cdots\cdots (3)$$

$$\sigma_{\mathrm{D}} = \left| -\frac{Q}{2FK_{\mathrm{B}}} \cdot \frac{e_2}{R_0 + e_2} \right| \quad \cdots\cdots (4)$$

式中：

σ_{C}——C 点拉应力，单位为兆帕(MPa)；

σ_{D}——D 点压应力，单位为兆帕 MPa；

Q——按表 2 的起重量换算出的起升力，单位为牛(N)；

F——截面面积，单位为平方毫米(mm^2)；

e_1——截面重心至内缘距离，单位为毫米(mm)；

e_2——截面重心至外缘距离，单位为毫米(mm)；

K_{B}——依截面形状定的曲梁系数，$K_{\mathrm{B}} = -\frac{1}{F}\int_{-e_1}^{e_2} \frac{x}{R_0 + x} \mathrm{d}F$；

x——计算 K_{B} 值的自变量；

$\mathrm{d}F$——微分面积；

R_0——截面重心轴线至钩腔中心线距离，单位为毫米(mm)。

按上述公式计算的拉应力 σ_{C} 值和压应力 σ_{D} 值如图 3 和图 4 所示。图 3 用于按 GB/T 10051.4 和 GB/T 10051.5 规定尺寸的单钩，图 4 用于按 GB/T 10051.6 和 GB/T 10051.7 规定尺寸的双钩。

机构工作级别										强度等级
—	—	—	—	M3	M4	M5	M6	M7	M8	M
—	—	—	M3	M4	M5	M6	M7	M8	—	P
—	—	M3	M4	M5	M6	M7	M8	—	—	(S)
—	M3	M4	M5	M6	M7	—	—	—	—	T
M3	M4	M5	M6	M7	—	—	—	—	—	(V)
630	500	400	315	250	200	160	125	100	80	
500	400	315	250	200	160	125	100	80	63	
400	315	250	200	160	125	100	80	63	50	
315	250	200	160	125	100	80	63	50	40	
250	200	160	125	100	80	63	50	40	31.5	
200	160	125	100	80	63	50	40	31.5	25	
160	125	100	80	63	50	40	31.5	25	20	
125	100	80	63	50	40	31.5	25	20	16	
100	80	63	50	40	31.5	25	20	16	12.5	
80	63	50	40	31.5	25	20	16	12.5	10	

σ_{D}　σ_{C}/MPa →

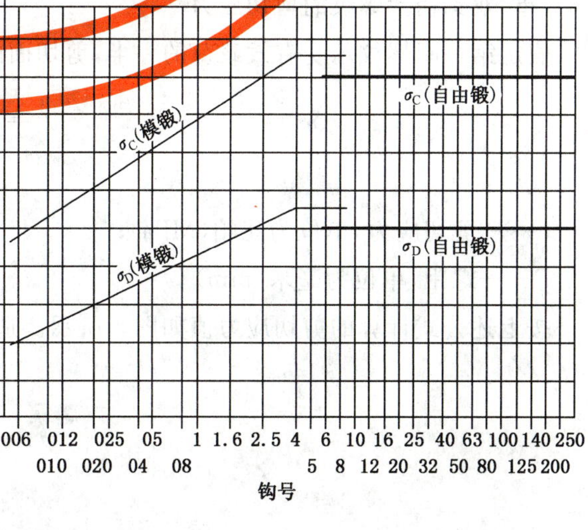

图 3　单钩应力值 $\boldsymbol{\sigma}_{\mathrm{C}}$ 和 $\boldsymbol{\sigma}_{\mathrm{D}}$

机构工作级别										强度等级
—	—	—	—	M3	M4	M5	M6	M7	M8	M
—	—	—	M3	M4	M5	M6	M7	M8	—	P
—	—	M3	M4	M5	M6	M7	M8	—	—	(S)
—	M3	M4	M5	M6	M7	—	—	—	—	T
M3	M4	M5	M6	M7	—	—	—	—	—	(V)

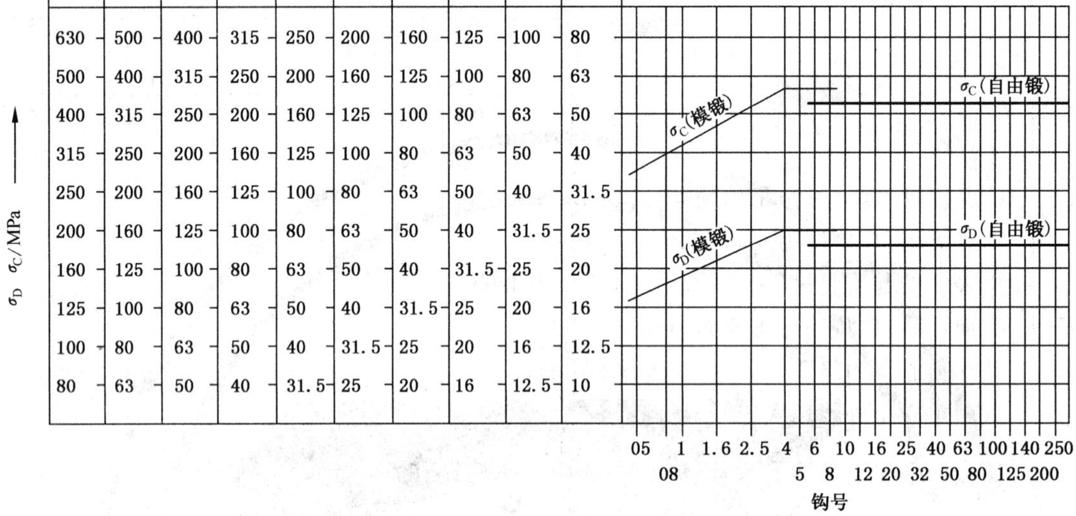

图 4 双钩应力值 σ_C 和 σ_D

5.3 单、双钩柄部的最小截面 *B—B* 的拉应力

在忽略各种缺口应力集中的前提下，按式(5)计算拉应力：

$$\sigma_E = \frac{4Q}{\pi d_4^2} \qquad \cdots\cdots(5)$$

式中：

σ_E——拉应力，单位为兆帕(MPa)。

按上述公式计算的拉应力值如图 5 所示。该图用于按 GB/T 10051.4 和 GB/T 10051.5 规定尺寸的单钩，以及按 GB/T 10051.6 和 GB/T 10051.7 规定尺寸的双钩。

5.4 单、双钩柄部螺纹的剪切应力

假定第一圈螺纹承受有效载荷的一半，剪切面的高度为螺距的一半。此时，按式(6)计算剪切应力：

$$\tau = \frac{Q}{\pi d_5 P} \qquad \cdots\cdots(6)$$

式中：

τ——剪切应力，单位为兆帕(MPa)；

P——螺距，单位为毫米(mm)。

按上述公式计算的剪切应力值如图 5 所示。适用的吊钩与 5.3 相同。

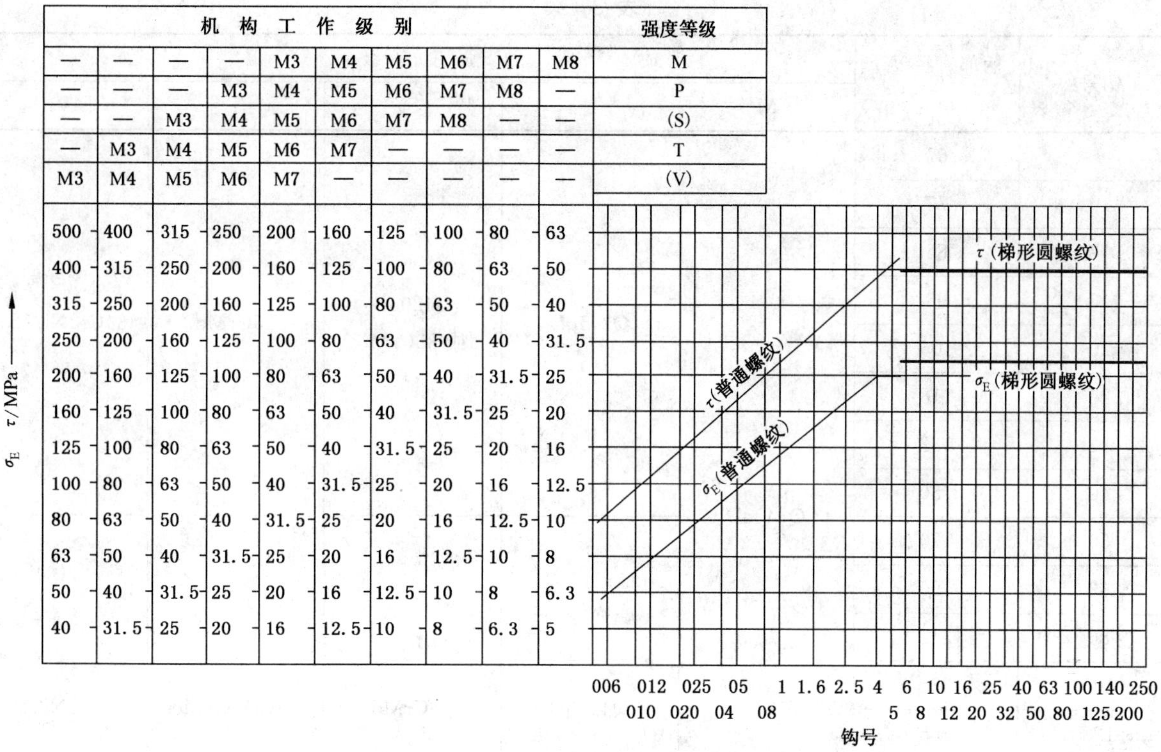

图 5 单、双钩柄部应力值 σ_E 和 τ

6 材料

6.1 吊钩材料的牌号见表 3。

6.2 吊钩材料应符合 GB/T 714 和 JB/T 6396 的规定。

表 3

钩号	柄部直径 d_1/mm	强度等级				
		M	P	(S)	T	(V)
006	14	Q345qD	Q345qD	Q420qD 或 35CrMo	35CrMo	35CrMo
010	16					
012						
020	20					
025						
04	24					
05						
08	30					
1						
1.6	36					
2.5	42					34Cr2Ni2Mo
4	48					
5	53					
6	60					

表 3（续）

钩号	柄部直径 d_1/mm	强度等级				
		M	P	(S)	T	(V)
8	67	Q345qD	Q345qD	Q420qD 或 35CrMo	35CrMo	34Cr2Ni2Mo
10	75					
12	85					
16	95					
20	106					
25	118					
32	132					
40	150					
50	170		Q420qD	35CrMo	34Cr2Ni2Mo	30Cr2Ni2Mo
63	190					
80	212					
100	236					
125	265					
160	300					
200	335					
250	375					

注：当采用 JB/T 6396 中规定的材料时，推荐材料中 ALt 的含量≥0.020%，或用其他形式证明材料中的氮被固化。

附 录 A
（资料性附录）
本部分与 DIN 15400:1990 的技术性差异及其原因

表 A.1 给出了本部分与 DIN 15400:1990 的技术性差异及其原因一览表。

表 A.1 本部分与 DIN 15400:1990 的技术性差异及其原因

本部分的章条编号	技术性差异	原 因
1	删除了适用于“叠片式吊钩”	“叠片式吊钩”为另一标准
2	引用了与标准技术内容相关的我国标准，而非德国标准	以适合我国国情
表 2	机构工作级别，DIN 15400:1990 按 DIN 15020，本部分按 GB/T 3811。本部分中工作级别 M3、M4、M5、M6、M7、M8 分别对应 DIN 标准中的 1 Bm、1 Am、2 m、3 m、4 m、5 m	以适合我国国情
6.1	DIN 15400:1990 规定材料按 DIN 17102、DIN 17103 和 DIN 17200；本部分规定材料按 GB/T 714 和 JB/T 6396	以使吊钩能按国产通用材料制造
6.2	增加了 6.2 条	以保证材料的力学性能
表 3	DIN 15400:1990 规定了 StE285、StE355、StE420、StE500、34CrMo4、34CrNiMo6 和 30CrNiMo8 等 7 种材料；并在注释中指出：鉴于经济方面的理由，允许用 StE355 代替 StE285。 本部分规定了 Q345qD、Q420qD、35CrMo、34Cr2Ni2Mo 和 30Cr2Ni2Mo 等 5 种材料	同 6.1，并鉴于经济方面的理由，将 M 级的材料合并于 Q345qD

ICS 53.020.30
J 80

中华人民共和国国家标准

GB/T 10051.2—2010
代替 GB/T 10051.2—1988

起重吊钩 第2部分:锻造吊钩技术条件

Lifting hooks—Part 2: Technical conditions for forged hooks

2011-01-10 发布 2011-09-01 实施

中华人民共和国国家质量监督检验检疫总局
中国国家标准化管理委员会 发布

前　言

GB/T 10051《起重吊钩》分为如下几部分：

——第 1 部分：力学性能、起重量、应力及材料；

——第 2 部分：锻造吊钩技术条件；

——第 3 部分：锻造吊钩使用检查；

——第 4 部分：直柄单钩毛坯件；

——第 5 部分：直柄单钩；

——第 6 部分：直柄双钩毛坯件；

——第 7 部分：直柄双钩；

——第 8 部分：吊钩横梁毛坯件；

——第 9 部分：吊钩横梁；

——第 10 部分：吊钩螺母；

——第 11 部分：吊钩螺母防松板；

——第 12 部分：吊钩闭锁装置；

——第 13 部分：叠片式吊钩技术条件；

——第 14 部分：叠片式吊钩使用检查；

——第 15 部分：叠片式单钩。

本部分为 GB/T 10051 的第 2 部分。

本部分修改采用 DIN 15404-1:1989《起重吊钩　锻造吊钩供货技术条件》。

本部分根据 DIN 15404-1:1989 重新起草。

考虑到我国国情，在采用 DIN 15404-1:1989 时进行了修改，这些技术性差异用垂直单线标识在它们所涉及的页边空白处，在附录 A 中给出了技术性差异及其原因一览表以供参考。

为了便于使用，本部分还做了以下编辑性修改：

——“本标准”一词改为“本部分”；

——用小数点“.”代替作为小数点的逗号“,”。

本部分代替 GB/T 10051.2—1988《起重吊钩　直柄吊钩技术条件》。

本部分与 GB/T 10051.2—1988 相比主要变化如下：

——增加了 GB/T 10051.6 和 GB/T 10051.7 的内容；

——增加了 4.3 冲击功试验；

——删除了原标准的附录 A；

——增加了附录 B。

本部分的附录 A 和附录 B 为资料性附录。

本部分由中国机械工业联合会提出。

本部分由全国起重机械标准化技术委员会(SAC/TC 227)归口。

本部分负责起草单位：太原重型机械集团有限公司。

本部分参加起草单位：北京起重运输机械设计研究院、宝鼎重工股份有限公司、徐州大长实工程机械有限公司、中国第二重型机械集团公司。

本部分主要起草人：刘润林、叶佩馨、王首成、朱宝松、庄军、吴兰福、张燕平、申昌宏、王晓凌。

本部分所代替标准的历次版本发布情况为：

——GB/T 10051.2—1988。

起重吊钩　第 2 部分:锻造吊钩技术条件

1　范围

GB/T 10051 的本部分规定了锻造吊钩的技术要求、试验方法、检验规则、标志、包装、运输及贮存。

本部分适用于 GB/T 10051.1 中规定的起重机械用锻造吊钩(以下简称吊钩)。

2　规范性引用文件

下列文件中的条款通过 GB/T 10051 的本部分的引用而成为本部分的条款。凡是注日期的引用文件,其随后所有的修改单(不包括勘误的内容)或修订版均不适用于本部分,然而,鼓励根据本部分达成协议的各方研究是否可使用这些文件的最新版本。凡是不注日期的引用文件,其最新版本适用于本部分。

GB/T 197　普通螺纹　公差(GB/T 197—2003,ISO 965-1:1998,MOD)

GB/T 223　钢铁及合金化学分析方法

GB/T 228　金属材料　室温拉伸试验方法(GB/T 228—2002,eqv ISO 6892:1998)

GB/T 229　金属材料　夏比摆锤冲击试验方法(GB/T 229—2007,ISO 148-1:2006,MOD)

GB/T 1804　一般公差　未注公差的线性和角度尺寸的公差(GB/T 1804—2000,eqv ISO 2768-1:1989)

GB/T 2975　钢及钢产品　力学性能试验取样位置及试样制备(GB/T 2975—1998,eqv ISO 377:1997)

GB/T 10051.1—2010　起重吊钩　第 1 部分:力学性能、起重量、应力及材料

GB/T 10051.4　起重吊钩　第 4 部分:直柄单钩毛坯件

GB/T 10051.5　起重吊钩　第 5 部分:直柄单钩

GB/T 10051.6　起重吊钩　第 6 部分:直柄双钩毛坯件

GB/T 10051.7　起重吊钩　第 7 部分:直柄双钩

GB/T 13384　机电产品包装通用技术条件

GB/T 20066　钢和铁　化学成分测定用试样的取样和制样方法(GB/T 20066—2006,ISO 14284:1996,IDT)

JB/T 5000.15—2007　重型机械通用技术条件　锻钢件无损检测

3　技术要求

3.1　材料

3.1.1　材料的冶炼应采用电炉(或转炉)加炉外精炼的方法。

3.1.2　材料应符合 GB/T 10051.1—2010 中第 6 章的规定。

3.2　锻造及热处理

3.2.1　吊钩的总锻造比应不小于 3。

3.2.2　直柄单钩毛坯件(以下简称单钩)的尺寸及公差应符合 GB/T 10051.4 的规定,直柄双钩毛坯件(以下简称双钩)的尺寸及公差应符合 GB/T 10051.6 的规定,未注公差尺寸的极限偏差只允许正偏差。

3.2.3　吊钩锻造后应进行热处理,以达到不低于 GB/T 10051.1—2010 中表 1 所规定的力学性能,且热处理的次数不应多于 3 次。吊钩的锻造温度和热处理方法参见附录 B。

3.3 机械加工

3.3.1 单钩的尺寸及公差应符合 GB/T 10051.5 的规定;双钩的尺寸及公差应符合 GB/T 10051.7 的规定,未注公差尺寸的公差等级应符合 GB/T 1804 中的中等 m,表面粗糙度见表 1。

表 1

部　　位[a]	表面粗糙度 $Ra/\mu m$
d_4、r_{10}、r_{11}	3.2
梯形圆螺纹	3.2
其余加工面	12.5
[a] 直柄单钩部位见 GB/T 10051.5,直柄双钩部位见 GB/T 10051.7。	

3.3.2 直柄吊钩采用普通螺纹时,其公差带为 GB/T 197 中的 6g。

3.3.3 吊钩采用梯形圆螺纹时允许与吊钩螺母配制,其轴向间隙应符合 GB/T 10051.5 附录 A 的要求。螺母旋合后螺纹应均匀接触,在无负载的情况下,其接触面不应小于 50%。

3.3.4 单钩钩柄中心线应与钩腔中心线相重合,其偏移量不应大于表 2 的规定。

表 2

单位为毫米

钩号	≤10	12～20	25～80	≥100
偏移量	2	3	4	6

3.4 吊钩表面质量和内部质量

3.4.1 吊钩表面应光洁,不应有裂纹、折叠等缺陷。

3.4.2 吊钩内部不应有裂纹、白点等影响使用安全的缺陷。超声波检测质量等级不应低于 JB/T 5000.15—2007 表 1 规定的Ⅱ级。

3.4.3 吊钩上的缺陷不允许焊补。

4 试验方法

4.1 材料的化学分析

4.1.1 材料的取样按 GB/T 20066 的规定。

4.1.2 材料的化学成分分析方法按 GB/T 223 的规定。

4.2 力学性能试验

拉伸试验按 GB/T 228 的规定。

4.3 冲击功试验

冲击功试验按 GB/T 229 的规定。

4.4 无损检测

4.4.1 吊钩的超声波检测应按 JB/T 5000.15—2007 第 5 章的规定。

4.4.2 吊钩表面裂纹检测方法应按 JB/T 5000.15—2007 第 6 章的规定进行;不能用磁粉检测的部位,按 JB/T 5000.15—2007 第 7 章的规定进行渗透检测。

5 检验规则

5.1 吊钩力学性能试样的抽检数量按表 3 的规定。

表 3

钩号	≤50	≥63
抽检数量	≥5%(但不少于 3 件)	100%

5.2 每批吊钩为同一冶炼炉号、同一钩号、同炉热处理时，在吊钩尾部留有试棒柄部的横截面内，距外表面三分之一半径处切取纵向样坯。试样制备的其他要求按 GB/T 2975 的规定。

5.3 钩号不小于 50 的模锻吊钩允许采用等效试样检验。

5.4 吊钩做冲击功试验时，试样的数量为 3 个，冲击试样的算术平均值不应低于规定值，允许其中一个试验值低于规定值，但不应低于规定值的 70%。

如果没有满足上述条件，应从同一抽样产品上再取 3 个试样进行试验，先后 6 个试样试验结果的算术平均值不应低于规定值，允许有 2 个试样的试验结果低于规定值，但其中低于规定值 70% 的试样只允许有一个。

5.5 当某项检验第 1 次不合格时，按下述原则处理：

a) 内部发现裂纹、白点时，应报废；

b) 力学性能不合格时，允许加倍重新进行试验。试验时每个试样都应合格，如有一个试样不合格时，则该批锻件为不合格；

c) 若发现过热断口时，允许重新进行热处理后，重新组批提交验收。

5.6 检验合格的吊钩，其加工面应涂以防锈油，非加工面应涂以防锈漆。

5.7 吊钩出厂时应带有合格证和检验证明书，合格证的内容应包括以下内容：

a) 化学成分；

b) 力学性能；

c) 无损检测结果。

6 标志、包装、运输及贮存

6.1 吊钩上应有永久、清晰的标志。

6.2 吊钩标志内容应包括：

a) 制造商名称或代号(如有时)；

b) 钩号；

c) 强度等级；

d) 按 GB/T 10051.5 和 GB/T 10051.7 中规定的部位标示出开口变形测量尺寸 y、y_1 和 y_2。

6.3 吊钩的包装应符合 GB/T 13384 的有关规定。

6.4 吊钩在运输过程中应防止碰伤。

6.5 吊钩应贮存在通风、干燥的仓库内。

附 录 A
（资料性附录）
本部分与 DIN 15404-1:1989 技术性差异及其原因

表 A.1 给出了本部分与 DIN 15404-1:1989 的技术性差异及其原因一览表。

表 A.1 本部分与 DIN 15404-1:1989 的技术性差异及其原因

本部分的章条编号	技术性差异	原 因
1	删除了“对于受强烈炽热的吊钩，例如在运送熔化物质时，起重量在 20 t 以上的，建议采用叠片式吊钩。”	不符合我国标准编写规则，也没有必要
2	引用了与标准技术内容相关的我国标准，而非德国标准	以适合我国国情
3.3.4	增加了“单钩钩柄中心线应与钩腔中心线相重合，其偏移量不应大于表 2 的规定。”	根据经验，为保证吊钩质量，使标准更具有可操作性
3.4.2	增加了“采用超声波检测，其质量等级不应低于 JB/T 5000.15 规定的Ⅱ级。	使标准更具有可操作性
4.4	无损检测	同 3.4.2
5.1	增加了“尾部留有试棒的吊钩抽检数量按表 3 的规定。”	根据《起重机械安全规程》
5.4、5.5	增加了检验评定方法	同 3.4.2

附 录 B
（资料性附录）
吊钩的锻造温度和热处理方法

表 B.1 给出了五种材料吊钩的锻造温度和热处理方法，供参照使用。

表 B.1 吊钩的锻造温度和热处理方法

材料	锻造温度	热处理
Q345qD	1 200 ℃～800 ℃	正火＋回火或调质
Q420qD		
35CrMo	1 200 ℃～850 ℃	调质
34Cr2Ni2Mo		
30Cr2Ni2Mo		

ICS 53.020.30
J 80

中华人民共和国国家标准

GB/T 10051.3—2010
代替 GB 10051.3—1988

起重吊钩
第3部分:锻造吊钩使用检查

Lifting hooks—Part 3:Inspection of forged hooks in service

2011-01-10 发布　　2011-09-01 实施

中华人民共和国国家质量监督检验检疫总局
中国国家标准化管理委员会　发布

前　言

GB/T 10051《起重吊钩》分为如下几部分：

——第 1 部分：力学性能、起重量、应力及材料；

——第 2 部分：锻造吊钩技术条件；

——第 3 部分：锻造吊钩使用检查；

——第 4 部分：直柄单钩毛坯件；

——第 5 部分：直柄单钩；

——第 6 部分：直柄双钩毛坯件；

——第 7 部分：直柄双钩；

——第 8 部分：吊钩横梁毛坯件；

——第 9 部分：吊钩横梁；

——第 10 部分：吊钩螺母；

——第 11 部分：吊钩螺母防松板；

——第 12 部分：吊钩闭锁装置；

——第 13 部分：叠片式吊钩技术条件；

——第 14 部分：叠片式吊钩使用检查；

——第 15 部分：叠片式单钩。

本部分为 GB/T 10051 的第 3 部分。

本部分修改采用 DIN 15405-1:1979《起重吊钩　锻造吊钩使用检查》。

本部分根据 DIN 15405-1:1979 重新起草。

考虑到我国国情，在采用 DIN 15405-1:1979 时进行了修改，这些技术性差异用垂直单线标识在它们所涉及的页边空白处，在附录 A 中给出了技术性差异及其原因一览表以供参考。

为了便于使用，本部分还做了以下编辑性修改：

——“本标准”一词改为“本部分”；

——用小数点“.”代替作为小数点的逗号“,”。

本部分代替 GB 10051.3—1988《起重吊钩　直柄吊钩使用检查》。

本部分与 GB 10051.3—1988 相比主要变化如下：

——增加了 GB/T 10051.6 和 GB/T 10051.7 的内容；

——增加了附录 A；

——本部分的附录 A 为资料性附录。

本部分由中国机械工业联合会提出。

本部分由全国起重机械标准化技术委员会(SAC/TC 227)归口。

本部分负责起草单位：太原重型机械集团有限公司。

本部分参加起草单位：北京起重运输机械设计研究院、徐州大长实工程机械有限公司、宝鼎重工股份有限公司、中国第二重型机械集团公司。

本部分主要起草人：刘润林、叶佩馨、张燕平、庄军、朱宝松、吴兰福、王首成、申昌宏、王晓凌。

本部分所代替标准的历次版本发布情况为：

——GB 10051.3—1988。

起重吊钩
第3部分:锻造吊钩使用检查

1 范围

GB/T 10051 的本部分规定了锻造吊钩使用时的检查内容、要求及检查周期。

本部分适用于 GB/T 10051.1 中规定的起重机械用锻造吊钩(以下简称吊钩)。

2 规范性引用文件

下列文件中的条款通过 GB/T 10051 的本部分的引用而成为本部分的条款。凡是注日期的引用文件,其随后所有的修改单(不包括勘误的内容)或修订版均不适用于本部分,然而,鼓励根据本部分达成协议的各方研究是否可使用这些文件的最新版本。凡是不注日期的引用文件,其最新版本适用于本部分。

GB/T 10051.2—2010 起重吊钩 第2部分:锻造吊钩技术条件

GB/T 10051.4—2010 起重吊钩 第4部分:直柄单钩毛坯件

GB/T 10051.5 起重吊钩 第5部分:直柄单钩

GB/T 10051.6—2010 起重吊钩 第6部分:直柄双钩毛坯件

GB/T 10051.7 起重吊钩 第7部分:直柄双钩

3 检查内容和要求

3.1 使用前检查

3.1.1 吊钩的标志应与制造商的合格证明书相一致。

3.1.2 直柄单钩(以下简称单钩)和直柄双钩(以下简称双钩)的标志应分别符合 GB/T 10051.2—2010 中 6.1 及 6.2 的规定。

3.1.3 钩号为 006~5 的吊钩应复核开口度 a_2,其余钩号的吊钩应复核测量长度 y 或 y_1 及 y_2(如图1、图2),其值单钩应符合 GB/T 10051.4 中表1及表2或 GB/T 10051.5 表1的规定,双钩应符合 GB/T 10051.6中表1或 GB/T 10051.7 表1的规定。

3.2 使用检查

3.2.1 表面裂纹

检查吊钩的表面不应有裂纹,如有裂纹,则应报废。

3.2.2 变形

3.2.2.1 钩号 006~5 的吊钩应检查开口尺寸 a_2,其余钩号的吊钩应检查测量长度 y 或 y_1 及 y_2(如图1、图2),其值超过使用前基本尺寸的10%时,吊钩应报废。

3.2.2.2 检查吊钩的扭转变形,当钩身的扭转角 α(如图1、图2)超过10°时,吊钩应报废。

3.2.2.3 吊钩的钩柄不应有塑性变形,否则应报废。

3.2.3 磨损

吊钩的磨损量 Δs(如图1、图2)不应超过基本尺寸(单钩见 GB/T 10051.4—2010 表1中 h_2,双钩见 GB/T 10051.6—2010 表1中 h)的5%,否则吊钩应报废。

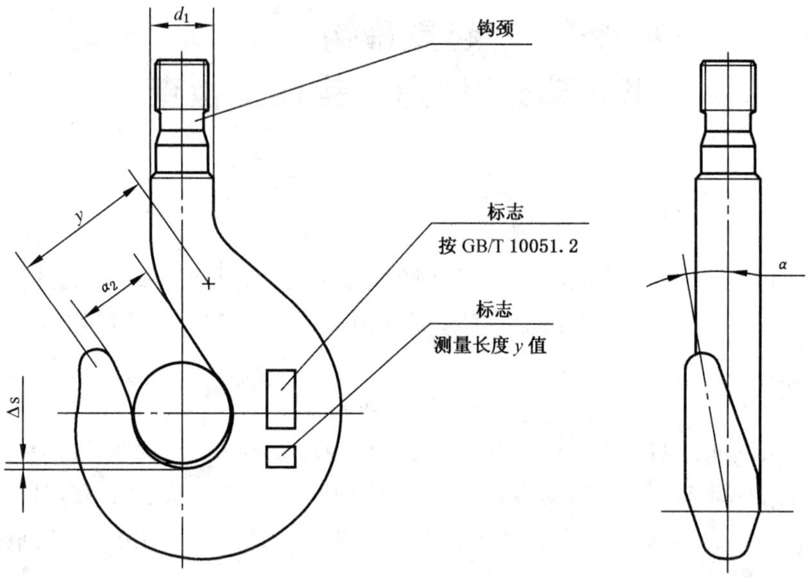

图 1

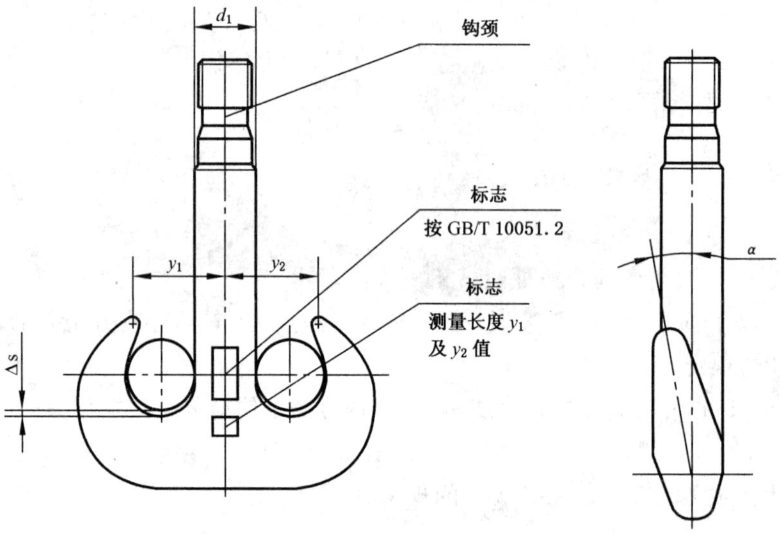

图 2

3.2.4 腐蚀

3.2.4.1 钩柄直径 d_1（如图 1、图 2）腐蚀的尺寸不应大于基本尺寸的 5%（单钩见 GB/T 10051.4，双钩见 GB/T 10051.6），否则吊钩应报废。

3.2.4.2 吊钩的螺纹不得腐蚀。

3.2.5 吊钩的缺陷不允许焊补。

4 检查周期和检查人员

经常性和定期检查周期见表 1 和表 2。经常性检查可由操作人员或委派其他人员执行，定期检查应由专职检查人员执行。

检查人员应按本部分 3.2 的规定逐项检查，定期检查应做记录并归档。

对使用情况特殊的场合，可另行规定。

表 1 经常性检查

机构工作级别	M3～M5	M6～M7	M8
检查周期/天	30	7～30	1～7
注：表中 M3～M8 是按 GB/T 3811 规定的机构工作级别。			

表 2 定期检查

机构工作级别	M3～M6	M7～M8
检查周期	一年	每三个月
注：表中 M3～M8 是按 GB/T 3811 规定的机构工作级别。		

附 录 A
（资料性附录）
本部分与 DIN 15405-1:1979 技术性差异及其原因

表 A.1 给出了本部分与 DIN 15405-1:1979 的技术性差异及其原因一览表。

表 A.1 本部分与 DIN 15405-1:1979 的技术性差异及其原因

本部分的章条编号	技术性差异	原 因
2	引用了与标准技术内容相关的我国标准，而非德国标准	以适合我国国情
3.2.2.2	增加了“检查吊钩的扭转变形，当钩身的扭转角 α 超过 10°时，吊钩应报废。”	根据 GB 6067《起重机械安全规程 第 1 部分：总则》
3.2.2.3	增加了“吊钩钩柄不应有塑性变形，否则应报废”	同 3.2.2.2
4	增加了“检查周期和检查人员”	根据 ANSI/ASME B 30.10《吊钩》

ICS 53.020.30
J 80

中华人民共和国国家标准

GB/T 10051.4—2010
代替 GB/T 10051.4—1988

起重吊钩 第4部分:直柄单钩毛坯件

Lifting hooks—Part 4:Blanks of shank hook with point

2011-01-10 发布 2011-09-01 实施

中华人民共和国国家质量监督检验检疫总局
中国国家标准化管理委员会 发布

前　言

GB/T 10051《起重吊钩》分为如下几部分：

——第1部分：力学性能、起重量、应力及材料；

——第2部分：锻造吊钩技术条件；

——第3部分：锻造吊钩使用检查；

——第4部分：直柄单钩毛坯件；

——第5部分：直柄单钩；

——第6部分：直柄双钩毛坯件；

——第7部分：直柄双钩；

——第8部分：吊钩横梁毛坯件；

——第9部分：吊钩横梁；

——第10部分：吊钩螺母；

——第11部分：吊钩螺母防松板；

——第12部分：吊钩闭锁装置；

——第13部分：叠片式吊钩技术条件；

——第14部分：叠片式吊钩使用检查；

——第15部分：叠片式单钩。

本部分为GB/T 10051的第4部分。

本部分修改采用DIN 15401-1:1982《起重吊钩　单钩毛坯件》。

本部分根据DIN 15401-1:1982重新起草。

考虑到我国国情，在采用DIN 15401-1:1982时进行了修改，这些技术性差异用垂直单线标识在它们所涉及的页边空白处，在附录A中给出了技术性差异及其原因一览表以供参考。

为了便于使用，本部分还做了以下编辑性修改：

——"本标准"一词改为"本部分"；

——用小数点"."代替作为小数点的逗号","。

本部分代替GB/T 10051.4—1988《起重吊钩　直柄单钩毛坯件》。

本部分与GB/T 10051.4—1988相比主要变化如下：

——增加了附录A。

本部分的附录A为资料性附录。

本部分由中国机械工业联合会提出。

本部分由全国起重机械标准化技术委员会(SAC/TC 227)归口。

本部分负责起草单位：太原重型机械集团有限公司。

本部分参加起草单位：北京起重运输机械设计研究院、宝鼎重工股份有限公司、徐州大长实工程机械有限公司、中国第二重型机械集团公司。

本部分主要起草人：刘润林、叶佩馨、王首成、朱宝松、庄军、吴兰福、张燕平、申昌宏、王晓凌。

本部分所代替标准的历次版本发布情况为：

——GB/T 10051.4—1988。

起重吊钩　第4部分:直柄单钩毛坯件

1　范围

GB/T 10051的本部分规定了直柄单钩毛坯件的型式与尺寸和技术要求。

本部分适用于GB/T 10051.1中规定的起重机械用模锻和自由锻直柄单钩毛坯件(以下简称单钩)。

2　规范性引用文件

下列文件中的条款通过GB/T 10051的本部分的引用而成为本部分的条款。凡是注日期的引用文件,其随后所有的修改单(不包括勘误的内容)或修订版均不适用于本部分,然而,鼓励根据本部分达成协议的各方研究是否可使用这些文件的最新版本。凡是不注日期的引用文件,其最新版本适用于本部分。

GB/T 10051.2　起重吊钩　第2部分:锻造吊钩技术条件

3　型式与尺寸

3.1　型式

按单钩毛坯件的结构和锻造方式分为四种:MM型、MMD型、MY型和MYD型。

推荐钩号006～40的吊钩采用MM型或MMD型,钩号10～250的吊钩采用MY型或MYD型。

3.2　标记

3.2.1　型号表示方法

M □ □ □-□

强度等级 M,P,S,T,V

钩号 006 ～ 250

带凸耳 D;不带凸耳不表示

模锻 M;自由锻 Y

毛坯

3.2.2　标记示例

a)　钩号为10、强度等级为M的不带凸耳模锻单钩毛坯件:

单钩毛坯件　MM10-M　GB/T 10051.4

b)　钩号为12、强度等级为P的带凸耳自由锻单钩毛坯件:

单钩毛坯件　MYD12-P　GB/T 10051.4

3.3　结构型式及尺寸

3.3.1　MM型

MM型结构型式和尺寸如图1及表1所示。

表 1

钩号	a_1	a_2	a_3	b_1	b_2	d_1	e_1	e_2	e_3	f_1	f_2	f_3	g_1	h_1	h_2	l_1	r_1	r_2	r_3	r_4	r_5	r_6	r_7	r_8	r_9	质量 ≈kg
	mm																									
006	25	20	28	13	11	14	60	60	52	14.5	—	—	6.5	17	14	100	2	3	32	53	53	27	26	—	34	0.2
010	28	22	32	16	13	16	67	68	60	16.5	—	—	7	20	17	109	2	3.5	35	60	60	31	30	—	40	0.3
012	30	24	34	19	15	16	71	73	63	18	—	—	7.5	22	19	115	2.5	4	37	63	63	34	33	—	44	0.4
020	34	27	39	21	18	20	81	82	70	20	—	—	8.5	26	22	138	2.5	4.5	40	71	71	39	37	—	52	0.6
025	36	28	41	22	19	20	85	88	74	22	—	—	9	28	24	144	3	5	43	75	75	42	40	—	56	0.8
04	40	32	45	27	22	24	96	100	83	25	—	—	10	34	29	155	3.5	5.5	46	85	85	49	45	—	68	1.1
05	43	34	49	29	24	24	102	108	89	26	—	—	10.5	37	31	167	4	6	48	90	90	53	48	—	74	1.6
08	48	38	54	35	29	30	115	120	100	29	—	—	12	44	37	186	4.5	7	52	100	100	61	56	—	88	2.3
1	50	40	57	38	32	30	120	128	105	31	—	—	12.5	48	40	197	5	8	55	106	106	65	60	—	96	3.2
1.6	56	45	64	45	38	36	135	146	118	35	—	—	14	56	48	224	6	9	60	118	118	76	68	—	112	4.5
2.5	63	50	72	53	45	42	152	167	132	40	—	—	16	67	58	253	7	10	65	132	132	90	78	—	134	6.3
4	71	56	80	63	53	48	172	190	148	45	—	—	16	80	67	285	8	12	71	150	150	103	90	—	160	8.8
5	80	63	90	71	60	53	194	215	165	51	—	—	18	90	75	318	9	14	80	170	170	114	100	—	180	12.3
6[a]	90	71	101	80	67	60	218	240	185	57	—	—	18	100	85	380	10	16	90	190	190	131	112	—	200	17.1
8	100	80	113	90	75	67	242	268	210	64	—	—	23	112	95	418	11	18	100	212	212	146	125	—	224	24
10[a]	112	90	127	100	85	75	256	286	221	—	46	26	23	125	106	452	12	20	65	165	236	163	140	12	250	34
12[a]	125	100	143	112	95	85	292	316	252	—	53	34	28	140	118	510	14	22	70	185	265	182	160	16	280	47
16[a]	140	112	160	125	106	95	325	357	280	—	58	35	33	160	132	582	16	25	80	210	300	204	180	16	320	66
20[a]	160	125	180	140	118	106	370	405	330	—	68	45	33	180	150	653	18	28	90	240	335	232	200	20	360	95
25	180	140	202	160	132	118	415	455	360	—	74	45	38	200	170	724	20	32	100	270	375	262	224	20	400	136
32[a]	200	160	225	180	150	132	465	510	400	—	80	45	38	224	190	796	22	36	115	300	425	292	250	20	448	187
40[a]	224	180	252	200	170	150	517	567	447	—	93	55	42	250	212	893	25	40	130	335	475	326	280	25	500	264

[a] 推荐用于冶金起重机。

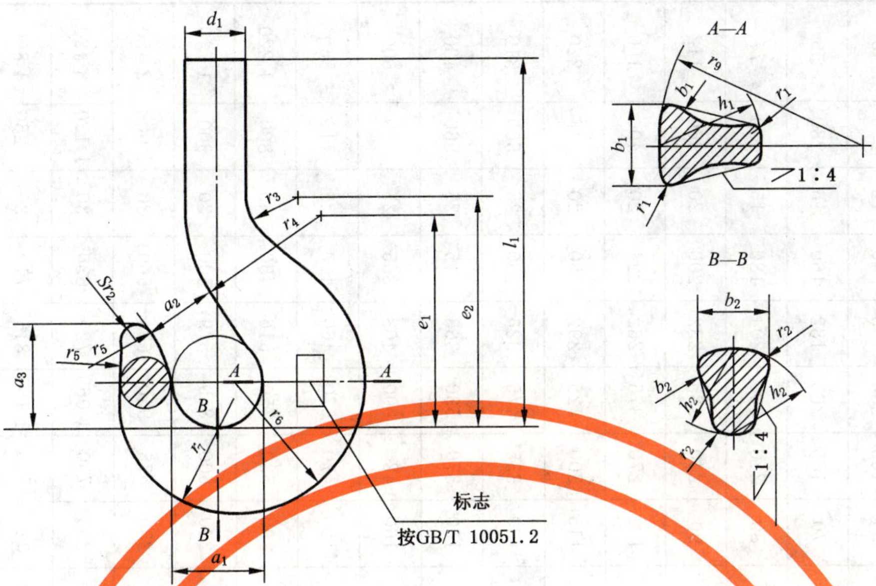

图 1　MM 型　钩号 006～40

3.3.2　**MMD 型**

MMD 型结构型式和尺寸如图 2、图 3 及表 1 所示。

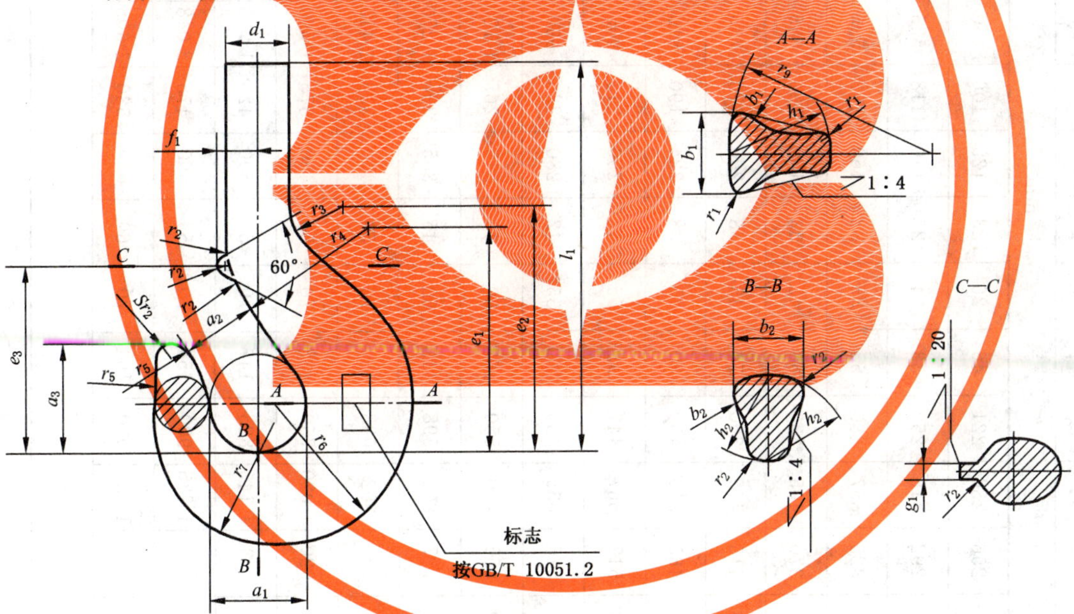

图 2　MMD 型　钩号 006～8

表 2

钩号	a_1	a_2	a_3	b_1	b_2	d_1	e_1	e_2	e_3	f_2	f_3	g_1	h_1	h_2	l_1	r_1	r_2	r_3	r_4	r_5	r_6	r_7	r_8	r_9	质量 ≈kg
	mm																								
10	112	90	127	100	85	75	256	286	221	46	26	23	125	106	460	12	20	65	165	236	163	140	12	250	40
12	125	100	143	112	95	85	292	316	252	53	34	28	140	118	525	14	22	70	185	265	182	160	16	280	55
16	140	112	160	125	106	95	325	357	280	58	35	33	160	132	595	16	25	80	210	300	204	180	16	320	77
20	160	125	180	140	118	106	370	405	330	68	45	33	180	150	665	18	28	90	240	335	232	200	20	360	112
25	180	140	202	160	132	118	415	455	360	74	45	38	200	170	735	20	32	100	270	375	262	224	20	400	160
32	200	160	225	180	150	132	465	510	400	80	45	38	224	190	810	22	36	115	300	425	292	250	20	448	220
40	224	180	252	200	170	150	517	567	447	93	55	42	250	212	905	25	40	130	335	475	326	280	25	500	310
50	250	200	285	224	190	170	575	635	485	100	55	42	280	236	990	28	45	150	370	530	363	315	25	560	430
63[a]	280	224	320	250	212	190	655	710	550	108	60	45	315	265	1 120	32	50	160	420	600	408	355	25	630	600
80[a]	315	250	358	280	236	212	727	802	598	113	60	45	355	300	1 270	36	56	180	470	670	460	400	25	710	860
100[a]	355	280	402	315	265	236	827	902	688	130	70	50	400	335	1 415	40	63	200	530	750	516	450	30	800	1 220
125[a]	400	315	450	355	300	265	920	1 020	750	138	70	50	450	375	1 590	45	71	230	600	850	579	500	30	900	1 740
160[a]	450	355	505	400	335	300	1 035	1 145	825	147	70	55	500	425	1 790	50	80	250	675	950	654	560	30	1 000	2 480
200[a]	500	400	565	450	375	335	1 195	1 275	900	154	70	55	560	475	2 048	56	90	285	750	1 060	729	630	30	1 120	3 420
250	560	450	635	500	425	375	1 280	1 430	980	164	70	60	630	530	2 305	63	100	320	840	1 180	815	710	30	1 260	4 800

[a] 推荐用于冶金起重机。

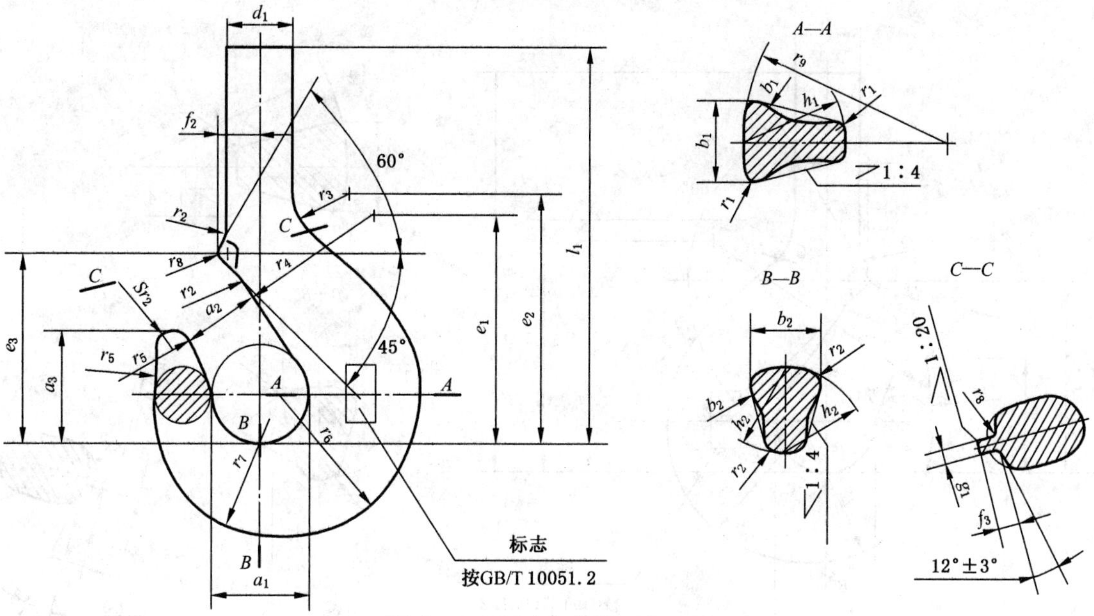

图 3　MMD 型 钩号 10～40

3.3.3　MY 型

MY 型结构型式和尺寸如图 4 及表 2 所示。

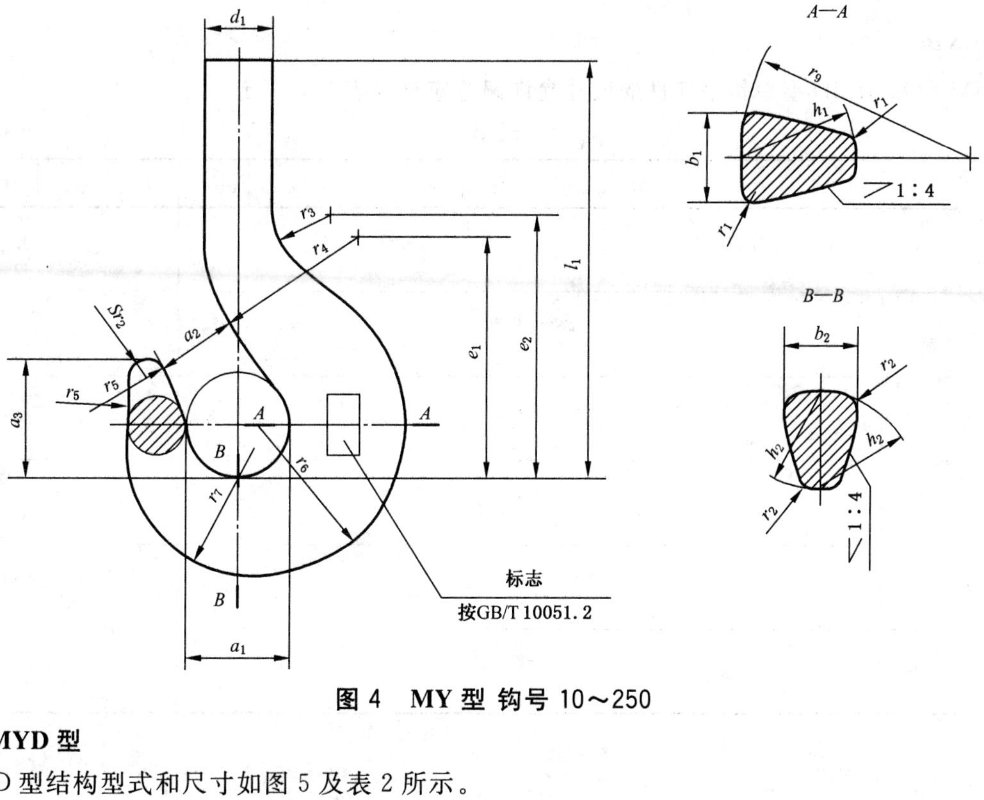

图 4　MY 型 钩号 10～250

3.3.4　MYD 型

MYD 型结构型式和尺寸如图 5 及表 2 所示。

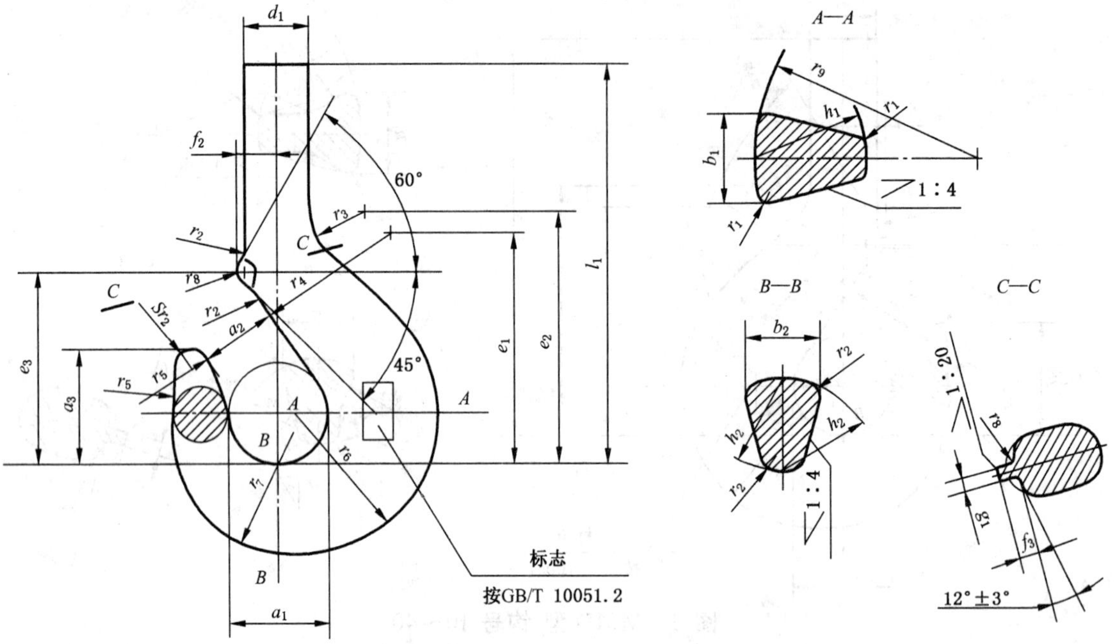

图 5　MYD 型 钩号 10～250

4　技术要求

4.1　制造公差

4.1.1　MM 型和 MMD 型单钩毛坯件的尺寸允许偏差应符合表 3 的规定。

表 3

单位为毫米

钩　号	a_1	a_2	a_3	b_1	b_2	l_1	e_3	h_1	h_2	d_1	f_1	f_2	f_3	g_1
006～04	+2 0										+1 0			
05～2.5	+3 0										+1 0			
4～5	+4 0										+2 0			
6～8	+5 0										+2 0			
10～16	+6 0										+3 0			
20～40	+8 0										+3 0			

4.1.2 MY 型和 MYD 型单钩毛坯件的尺寸允许偏差应符合表 4 的规定。

表 4

单位为毫米

钩　号	a_1	a_2	a_3	b_1	b_2	d_1	e_3	f_2	f_3	g_1	h_1	h_2	l_1
10～16	$^{+10}_{0}$		±8	$^{+12}_{0}$		$^{+10}_{0}$	±8	$^{+4}_{0}$			$^{+16}_{0}$		
20～32	$^{+12}_{0}$		±10	$^{+16}_{0}$		$^{+12}_{0}$	±10	$^{+5}_{0}$			$^{+20}_{0}$		
40～63	$^{+16}_{0}$		±12	$^{+20}_{0}$		$^{+16}_{0}$	±12	$^{+6}_{0}$			$^{+24}_{0}$		
80～125	$^{+20}_{0}$		±16	$^{+25}_{0}$		$^{+20}_{0}$	±16	$^{+8}_{0}$			$^{+32}_{0}$		
160～250	$^{+25}_{0}$		±20	$^{+32}_{0}$		$^{+25}_{0}$	±20	$^{+10}_{0}$			$^{+40}_{0}$		

4.2 其他要求

按 GB/T 10051.2 的规定。

附　录　A
（资料性附录）
本部分与 DIN 15401-1：1982 技术性差异及其原因

表 A.1 给出了本部分与 DIN 15401-1：1982 的技术性差异及其原因一览表。

表 A.1　本部分与 DIN 15401-1：1982 的技术性差异及其原因

本部分的章条编号	技术性差异	原　　因
1	删除了"对受到炽热(例如运送熔融物料)的单钩，推荐采用叠片式单钩	叠片式吊钩为另一标准
2	引用了与标准技术内容相关的我国标准，而非德国标准	以适合我国国情
3.1 3.2.1	增加了"型号"，并修改了型号表示方法和标记代号。本部分中毛坯、模锻、自由锻、带凸耳分别用符号 M、M、Y、D 表示，而 IDN 标准分别用 R、S、F、N 表示	以适合我国国情

ICS 53.020.30
J 80

中华人民共和国国家标准

GB/T 10051.5—2010
代替 GB/T 10051.5—1988

起重吊钩　第5部分:直柄单钩

Lifting hooks—Part 5:Shank hooks with point

2011-01-10 发布　　2011-09-01 实施

中华人民共和国国家质量监督检验检疫总局
中国国家标准化管理委员会　发布

前　言

GB/T 10051《起重吊钩》分为如下几部分：
——第1部分：力学性能、起重量、应力及材料；
——第2部分：锻造吊钩技术条件；
——第3部分：锻造吊钩使用检查；
——第4部分：直柄单钩毛坯件；
——第5部分：直柄单钩；
——第6部分：直柄双钩毛坯件；
——第7部分：直柄双钩；
——第8部分：吊钩横梁毛坯件；
——第9部分：吊钩横梁；
——第10部分：吊钩螺母；
——第11部分：吊钩螺母防松板；
——第12部分：吊钩闭锁装置；
——第13部分：叠片式吊钩技术条件；
——第14部分：叠片式吊钩使用检查；
——第15部分：叠片式单钩。

本部分为GB/T 10051的第5部分。

本部分修改采用DIN 15401-2:1983《起重吊钩　带螺纹柄单钩》。

本部分根据DIN 15401-2:1983重新起草。

考虑到我国国情，在采用DIN 15401-2:1983时进行了修改，这些技术性差异用垂直单线标识在它们所涉及的页边空白处，在附录B中给出了技术性差异及其原因一览表以供参考。

为了便于使用，本部分还做了以下编辑性修改：
——"本标准"一词改为"本部分"；
——用小数点"."代替作为小数点的逗号","。

本部分代替GB/T 10051.5—1988《起重吊钩　直柄单钩》。

本部分与GB/T 10051.5—1988相比主要变化如下：
——增加了附录B。

本部分的附录A为规范性附录，附录B为资料性附录。

本部分由中国机械工业联合会提出。

本部分由全国起重机械标准化技术委员会(SAC/TC 227)归口。

本部分负责起草单位：太原重型机械集团有限公司。

本部分参加起草单位：北京起重运输机械设计研究院、徐州大长实工程机械有限公司、宝鼎重工股份有限公司、中国第二重型机械集团公司。

本部分主要起草人：刘润林、叶佩馨、张燕平、庄军、朱宝松、吴兰福、王首成、申昌宏、王晓凌。

本部分所代替标准的历次版本发布情况为：
——GB/T 10051.5—1988。

起重吊钩　第 5 部分:直柄单钩

1　范围

GB/T 10051 的本部分规定了直柄单钩的型式与尺寸和技术要求。

本部分适用于 GB/T 10051.1 中规定的起重机械用模锻和自由锻直柄单钩(以下简称单钩)。

2　规范性引用文件

下列文件中的条款通过 GB/T 10051 的本部分的引用而成为本部分的条款。凡是注日期的引用文件,其随后所有的修改单(不包括勘误的内容)或修订版均不适用于本部分,然而,鼓励根据本部分达成协议的各方研究是否可使用这些文件的最新版本。凡是不注日期的引用文件,其最新版本适用于本部分。

GB/T 196　普通螺纹　基本尺寸(GB/T 196—2003,ISO 724:1993,MOD)

GB/T 10051.2　起重吊钩　第 2 部分:锻造吊钩技术条件

GB/T 10051.4—2010　起重吊钩　第 4 部分:直柄单钩毛坯件

3　型式与尺寸

3.1　型式

单钩的结构型式和锻造方式分为四种:LM 型、LMD 型、LY 型及 LYD 型。

3.2　标记

3.2.1　型号表示方法

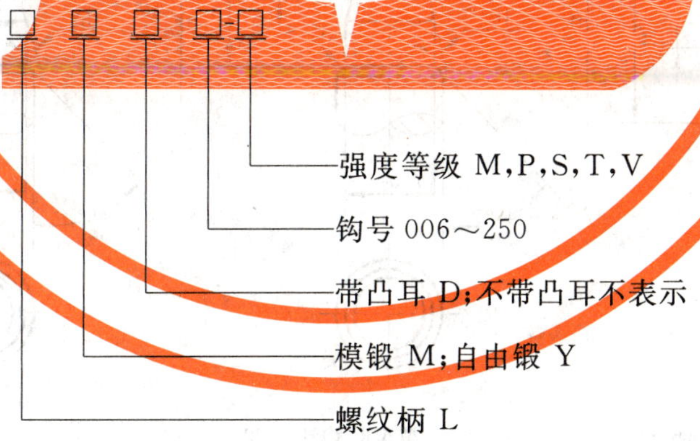

3.2.2　标记示例

a)　钩号 006、强度等级为 M 的不带凸耳模锻单钩:

单钩　LM006-M　GB/T 10051.5

b)　钩号 250、强度等级为 T 的带凸耳自由锻单钩:

单钩　LYD250-T　GB/T 10051.5

3.3　结构型式及尺寸

3.3.1　LM 型和 LY 型

不带凸耳单钩结构型式及尺寸如图 1 和表 1 所示。

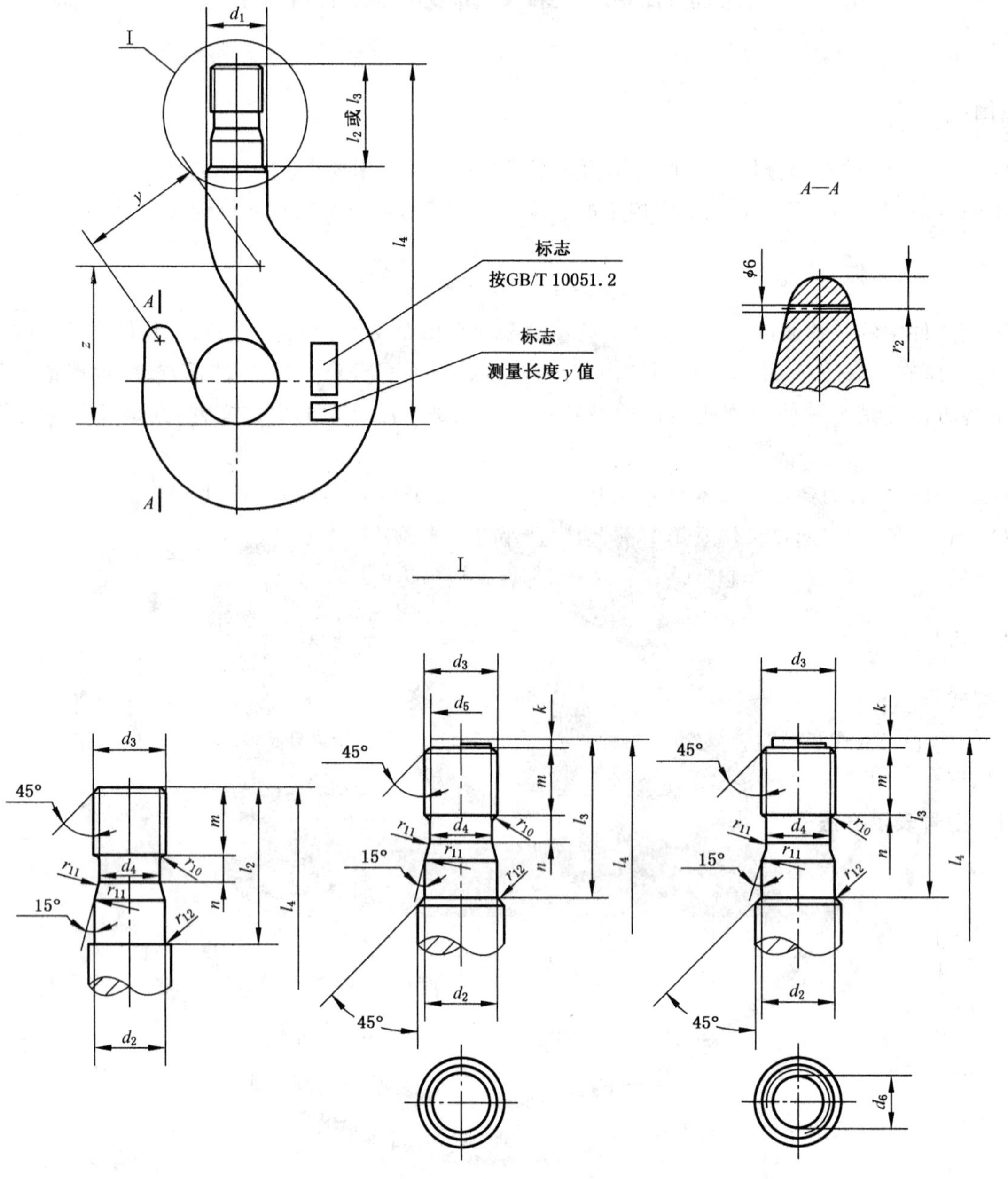

型式Ⅰ 钩号006～5　　型式Ⅱ 钩号6～32　　型式Ⅲ 钩号40～250

A—A 剖面中钩号 6～250 的单钩，应压入 $\phi 6$ 不锈钢圆柱销，r_2 的尺寸见 GB/T 10051.4—2010 中的表 1 和表 2。

注：轻小型起重设备用的 006～5 号单钩，柄端为型式Ⅰ；起重机械和轻小型起重设备用的 6～32 号为型式Ⅱ；起重机械用的 40～250 号为型式Ⅲ。

图 1　LM 型和 LY 型

3.3.2　LMD 和 LYD 型

带凸耳单钩结构型式及尺寸如图 2 和表 1 所示。

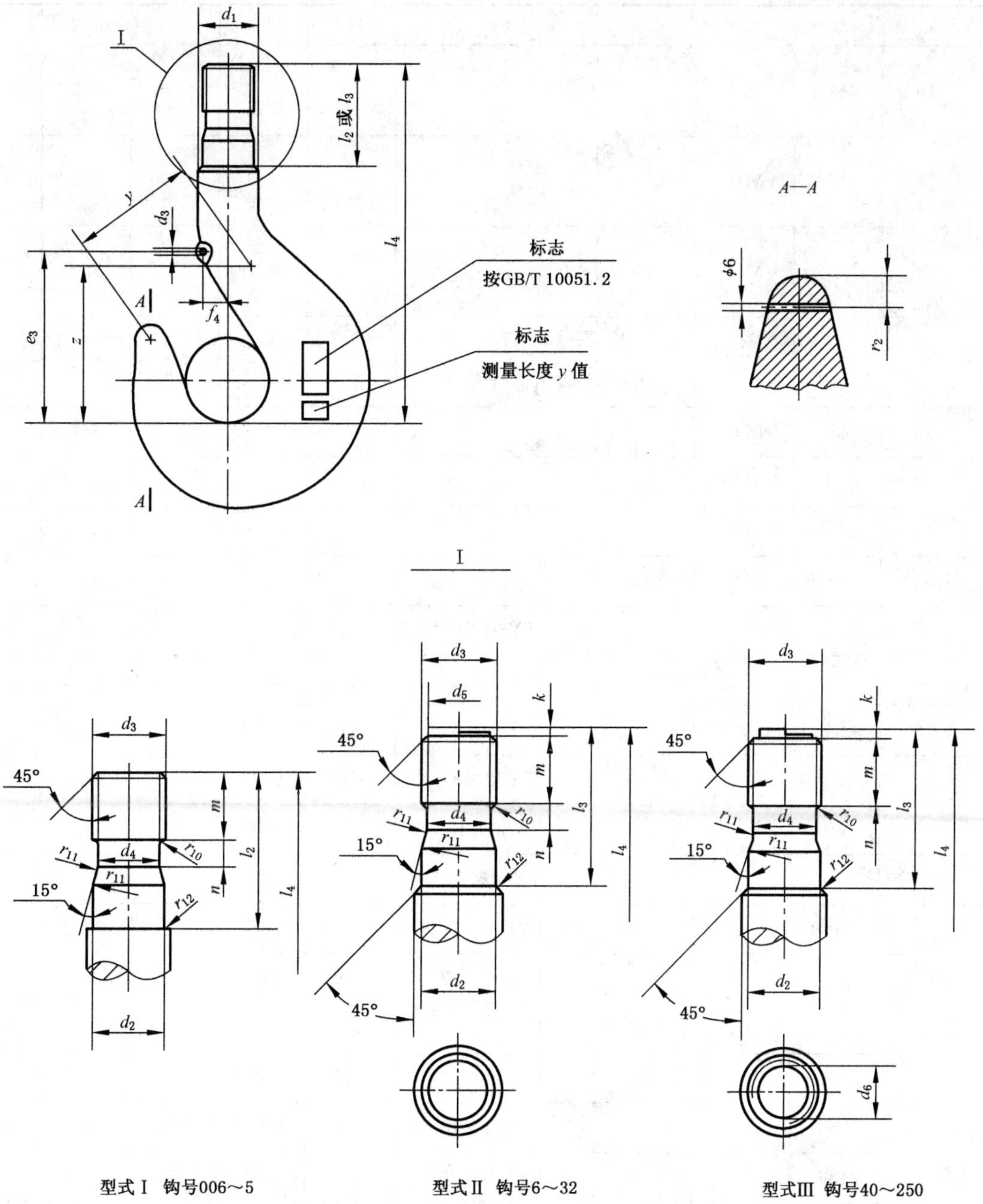

A—A 剖面中钩号 6～250 的单钩，应压入 $\phi 6$ 不锈钢圆柱销，r_2 的尺寸见 GB/T 10051.4—2010 中的表 1 和表 2。

注：轻小型起重设备用的 006～5 号单钩，柄端为型式Ⅰ；起重机械和轻小型起重设备用的 6～32 号为型式Ⅱ；起重机械用的 40～250 号为型式Ⅲ。

图 2　LMD 型和 LYD 型

表 1

单位为毫米

钩号	d_1	D_2	普通螺纹 GB/T 196		梯形圆螺纹[a]			d_6	d_7	e_3
			d_3	d_4	d_3	d_4	d_5			
006	14	10	M10	7.5	—	—	—	—	3.2	52
010	16	12	M12	9	—	—	—	—	3.2	60
012					—	—	—	—		63
020	20	16	M16	12.5	—	—	—	—	4.2	70
025					—	—	—	—		74
04	24	20	M20	16	—	—	—	—	5.2	83
05					—	—	—	—		89
08	30	24	M24	19.5	—	—	—	—	6.2	100
1					—	—	—	—		105
1.6	36	30	M30	24.5	—	—	—	—	6.2	118
2.5	42	36	M36	30	—	—	—	—	10.2	132
4	48	42	M42	35.5	—	—	—	—	10.2	148
5	53	45	M45	38.5	—	—	—	—	10.2	165
6	60	50	—	—	TY50×6	42	43.4	—	10.2	185
8	67	56	—	—	TY56×6	48	49.4	—	12.2	210
10	75	64	—	—	TY64×8	54	55.2	—	12.2	221
12	85	72	—	—	TY72×8	62	63.2	—	16.2	252
16	95	80	—	—	TY80×10	68	69	—	16.2	280
20	106	90	—	—	TY90×10	78	79	—	20.2	330
25	118	100	—	—	TY100×12	85	86.8	—	20.2	360
32	132	110	—	—	TY110×12	95	96.8	—	20.2	400
40	150	125	—	—	TY125×14	108	109.6	80	25.3	447
50	170	140	—	—	TY140×16	120	122.4	90	25.3	485
63	190	160	—	—	TY160×18	138	140.2	100	25.3	550
80	212	180	—	—	TY180×20	156	158	120	25.3	598
100	236	200	—	—	TY200×22	173	175.8	140	30.3	688
125	265	225	—	—	TY225×24	196	198.6	160	30.3	750
160	300	250	—	—	TY250×28	217	219.2	180	30.3	825
200	335	280	—	—	TY280×32	242	244.8	200	30.3	900
250	375	320	—	—	TY320×36	278	280.4	240	30.3	980

表 1（续）

单位为毫米

钩号	f_4	l_2	l_3	l_4	m	n	k	r_{10}	r_{11}	r_{12}	y	z
006	11.5	30.5	—	97.5	9	4.5	—	1	2.5	2	—	—
010	13	32.5	—	106	11	5	—	1.2	3	2	—	—
012	14	32.5	—	112	11	5	—	1.2	3	2	—	—
020	16	41.5	—	135.5	15	6	—	1.2	3	2	—	—
025	17	41.5	—	141.5	15	6	—	1.2	3	2	—	—
04	19	46	—	152.5	18	7.5	—	1.6	4	2	—	—
05	20	46	—	164	18	7.5	—	1.6	4	2	—	—
08	22	55	—	183	22	9	—	2	5	3	—	—
1	23	55	—	194	22	9	—	2	8	3	—	—
1.6	26	68	—	221	27	10	—	2	10	3	—	—
2.5	30	83	—	250	32	10	—	2	10	3	—	—
4	33	93	—	281.5	36	15	—	3	10	3	—	—
5	37	103	—	314.5	40	15	—	3	10	3	—	—
6	41	—	112	375	45	20	10	4	14	3	130	160
8	46	—	122	413	50	20	10	4	16	3	145	180
10	34	—	135	446	56	25	10	4	18	3	160	200
12	37	—	157	504.5	63	25	12	4	20	3	180	220
16	42	—	170	576	71	30	12	6	22	3	200	250
20	48	—	187	645	80	30	12	6	25	3	225	280
25	54	—	207	716	90	40	12	6	28	3	255	315
32	60	—	232	788	100	40	12	6	32	3	290	350
40	68	—	257	885	112	45	12	8	36	3	320	395
50	75	—	280	969	125	50	12	10	40	5	355	445
63	83	—	322	1 100	140	55	12	10	45	5	400	495
80	88	—	357	1 245	160	60	12	12	50	5	450	565
100	100	—	402	1 388	180	70	12	12	56	5	505	635
125	108	—	465	1 565	200	80	15	12	63	5	570	710
160	117	—	510	1 761	225	90	15	15	70	5	640	800
200	124	—	613	2 012	250	100	15	18	80	5	720	900
250	134	—	690	2 272	280	110	15	20	90	5	810	1 015

[a] 梯形圆螺纹见附录 A(规范性附录)，TY 为梯形圆螺纹代号。

4 技术要求

按 GB/T 10051.2 的规定。

附 录 A
（规范性附录）
直柄吊钩用梯形圆螺纹

A.1 螺纹牙型

梯形圆螺纹的牙型如图 A.1 所示。

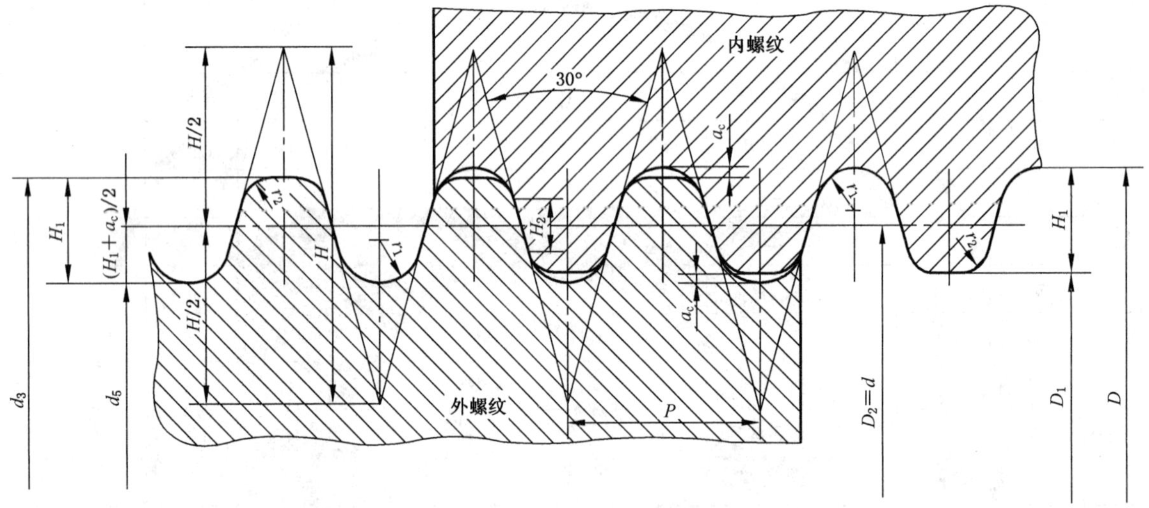

$P\approx d_3/9$——螺距；
d_5——外螺纹外径；
$d(D_2)$——螺纹中径；
H——原始三角形高度；
H_1——基本牙型高度；
H_2——接触高度；
D——内螺纹大径；
D_1——内螺纹小径；
a_c——允许最大径向间隙；
d_3——外螺纹大径；
W——螺纹心部截面积。

$H=1.866P$；　　$a_c=0.05P$；

$H_1=0.55P$；　　$r_1=0.221\ 04P$；

$H_2=0.272\ 34P$；　　$r_2=0.153\ 59P$。

图 A.1

A.2 标记示例

公称直径 80 mm，螺距 10 mm 的梯形圆螺纹：

TY 80×10

A.3 梯形圆螺纹尺寸及轴向间隙

见表 A.1。

表 A.1

单位为毫米

钩柄				钩柄与螺母					螺母		轴向间隙
d_3 c11	P	d_5 c11	W/mm^2	$d(D_2)$	H_1	H_2	r_1	r_2	D C11	D_1 C11	
50	6	43.4	1 479	47	3.3	1.634	1.326	0.922	50.6	44	≤0.1
56		49.4	1 917	53					56.6	50	
64	8	55.2	2 393	60	4.4	2.179	1.768	1.229	64.8	56	
72		63.2	3 137	68					72.8	64	
80	10	69	3 739	75	5.5	2.723	2.210	1.536	81	70	≤0.2
90		79	4 902	85					91	80	
100	12	86.8	5 917	94	6.6	3.268	2.652	1.843	101.2	88	
110		96.8	7 359	104					111.2	98	
125	14	109.6	9 434	118	7.7	3.813	3.095	2.150	126.4	111	≤0.3
140	16	122.4	11 767	132	8.8	4.357	3.537	2.457	141.6	124	
160	18	140.2	15 438	151	9.9	4.902	3.979	2.765	161.8	142	
180	20	158	19 607	170	11	5.447	4.421	3.072	182	160	
200	22	175.8	24 273	189	12.1	5.991	4.863	3.379	202.2	178	
225	24	198.6	30 977	213	13.2	6.536	5.305	3.686	227.4	201	
250	28	219.2	37 737	236	15.4	7.626	6.189	4.301	252.8	222	
280	32	244.8	47 067	264	17.6	8.715	7.073	4.915	283.2	248	
320	36	280.4	61 751	302	19.8	9.804	7.957	5.529	323.6	284	

附　录　B
（资料性附录）
本部分与 DIN 15401-2：1983 技术性差异及其原因

表 B.1 给出了本部分与 DIN 15401-2：1983 的技术性差异及其原因一览表。

表 B.1　本部分与 DIN 15401-2：1983 的技术性差异及其原因

本部分的章条编号	技术性差异	原　因
1	删除了“对受到炽热(例如，运送熔融物料)的单钩，推荐采用叠片式单钩。”	叠片式吊钩为另一标准
2	引用了与标准技术内容相关的我国标准，而非德国标准	以适合我国国情
3.1 3.2.1	增加了“型式”，修改了型号表示方法和标记代号。本部分中螺纹柄、模锻、自由锻、带凸耳分别用符号 L、M、Y、D 表示，而 IDN 标准分别用 G,S,F,N 表示	以适合我国国情
3.3	删除了 DIN 15401T2;1983 中的“2.2　带螺纹柄单钩和螺母”	属于制造工艺的内容
附录 A	增加了“直柄吊钩用梯形圆螺纹”	按 DIN 15403 编入，便于使用

ICS 53.020.30
J 80

中华人民共和国国家标准

GB/T 10051.6—2010

起重吊钩 第6部分:直柄双钩毛坯件

Lifting hooks—Part 6: Blanks of ramshorn shank hooks

2011-01-10 发布 2011-09-01 实施

中华人民共和国国家质量监督检验检疫总局
中国国家标准化管理委员会 发布

前　言

GB/T 10051《起重吊钩》分为如下几部分：

——第 1 部分：力学性能、起重量、应力及材料；

——第 2 部分：锻造吊钩技术条件；

——第 3 部分：锻造吊钩使用检查；

——第 4 部分：直柄单钩毛坯件；

——第 5 部分：直柄单钩；

——第 6 部分：直柄双钩毛坯件；

——第 7 部分：直柄双钩；

——第 8 部分：吊钩横梁毛坯件；

——第 9 部分：吊钩横梁；

——第 10 部分：吊钩螺母；

——第 11 部分：吊钩螺母防松板；

——第 12 部分：吊钩闭锁装置；

——第 13 部分：叠片式吊钩技术条件；

——第 14 部分：叠片式吊钩使用检查；

——第 15 部分：叠片式单钩。

本部分为 GB/T 10051 的第 6 部分。

本部分修改采用 DIN 15402-1:1982《起重吊钩　双钩毛坯件》。

本部分根据 DIN 15402-1:1982 重新起草。

考虑到我国国情，在采用 DIN 15402-1:1982 时进行了修改，这些技术性差异用垂直单线标识在它们所涉及的页边空白处，在附录 A 中给出了技术性差异及其原因一览表以供参考。

为了便于使用，本部分还做了以下编辑性修改：

——“本标准”一词改为“本部分”；

——用小数点“.”代替作为小数点的逗号“,”。

本部分的附录 A 为资料性附录。

本部分由中国机械工业联合会提出。

本部分由全国起重机械标准化技术委员会(SAC/TC 227)归口。

本部分负责起草单位：太原重型机械集团有限公司。

本部分参加起草单位：北京起重运输机械设计研究院、宝鼎重工股份有限公司、徐州大长实工程机械有限公司、中国第二重型机械集团公司。

本部分主要起草人：刘润林、叶佩馨、王首成、朱宝松、庄军、吴兰福、张燕平、申昌宏、王晓凌。

起重吊钩　第6部分:直柄双钩毛坯件

1　范围

GB/T 10051 的本部分规定了直柄双钩毛坯件的型式与尺寸和技术要求。

本部分适用于 GB/T 10051 规定的起重机械用模锻和自由锻直柄双钩毛坯件(以下简称双钩)。

2　规范性引用文件

下列文件中的条款通过 GB/T 10051 的本部分的引用而成为本部分的条款。凡是注日期的引用文件,其随后所有的修改单(不包括勘误的内容)或修订版均不适用于本部分,然而,鼓励根据本部分达成协议的各方研究是否可使用这些文件的最新版本。凡是不注日期的引用文件,其最新版本适用于本部分。

GB/T 10051.2　起重吊钩　第2部分:锻造吊钩技术条件

3　型式与尺寸

3.1　型式

按双钩毛坯件的结构和锻造方式分为四种:MM 型、MMD 型、MY 型和 MYD 型。

推荐钩号 05～40 的吊钩采用 MM 型或 MD 型,钩号 40～250 的吊钩采用 MY 或 MYD。

3.2　标记

3.2.1　型号表示方法

M □ □ □-□

- □(第4格)——强度等级 M,P,S,T,V
- □(第3格)——钩号 05～250
- □(第2格)——带凸耳 D;不带凸耳不表示
- □(第1格)——模锻 M;自由锻 Y
- M——毛坯

3.2.2　标记示例

a)　钩号为 10、强度等级为 M 的不带凸耳模锻双钩毛坯件:

双钩毛坯件　MM10-M　GB/T 10051.6

b)　钩号为 12、强度等级为 P 的带凸耳自由锻双钩毛坯件:

双钩毛坯件　MYD12-P　GB/T 10051.6

3.3　结构型式及尺寸

3.3.1　MM 型

MM 型结构型式和尺寸见图 1 及表 1。

3.3.2　MMD 型

MMD 型结构型式和尺寸见图 2 及表 1。

3.3.3　MY 型

MY 型结构型式和尺寸见图 3 及表 1。

3.3.4 **MYD 型**

MYD 型结构型式和尺寸见图 4 及表 1。

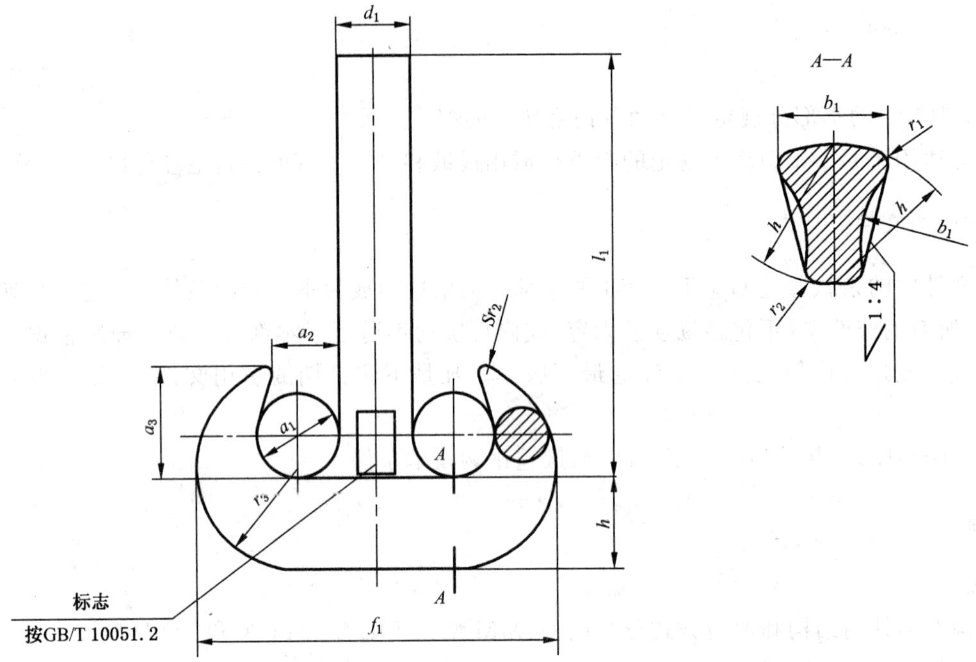

图 1 MM 型

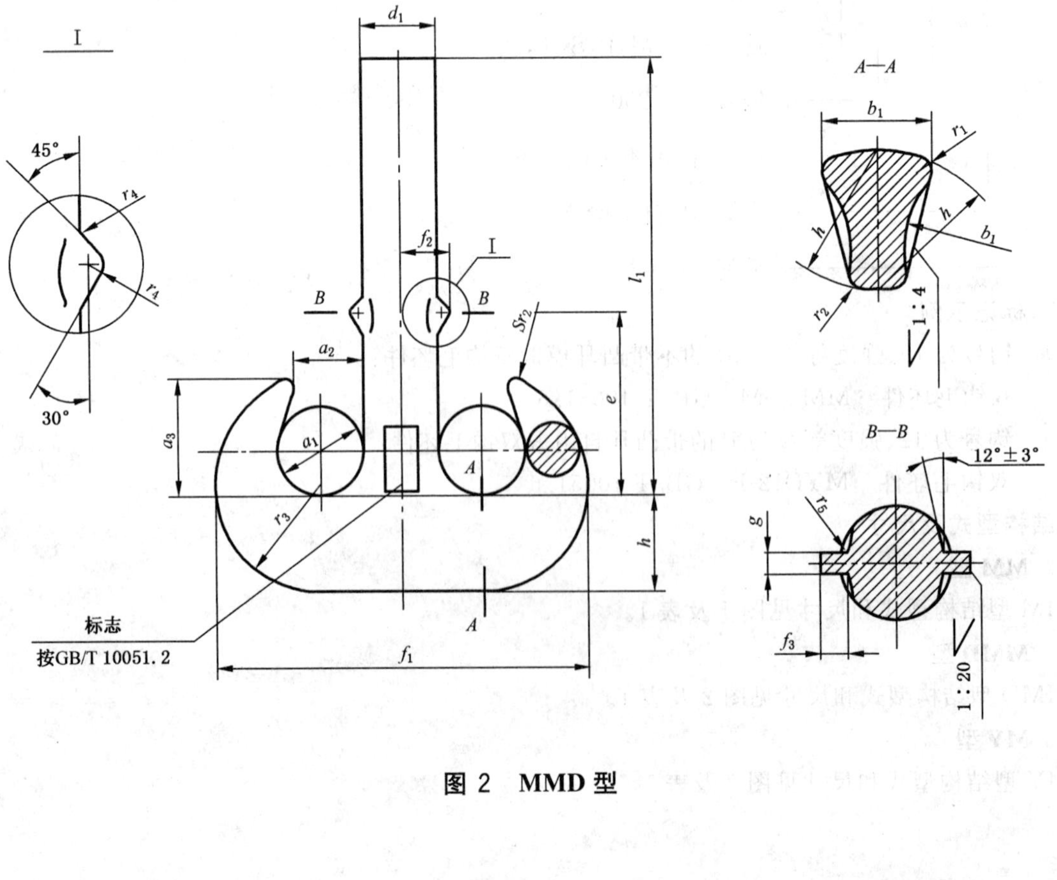

图 2 MMD 型

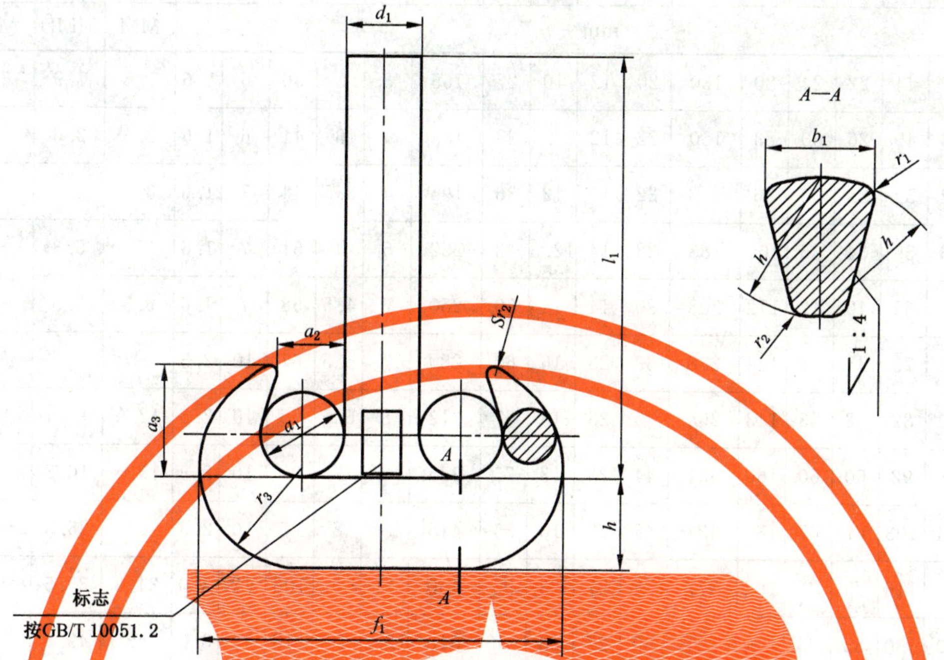

图 3　MY 型

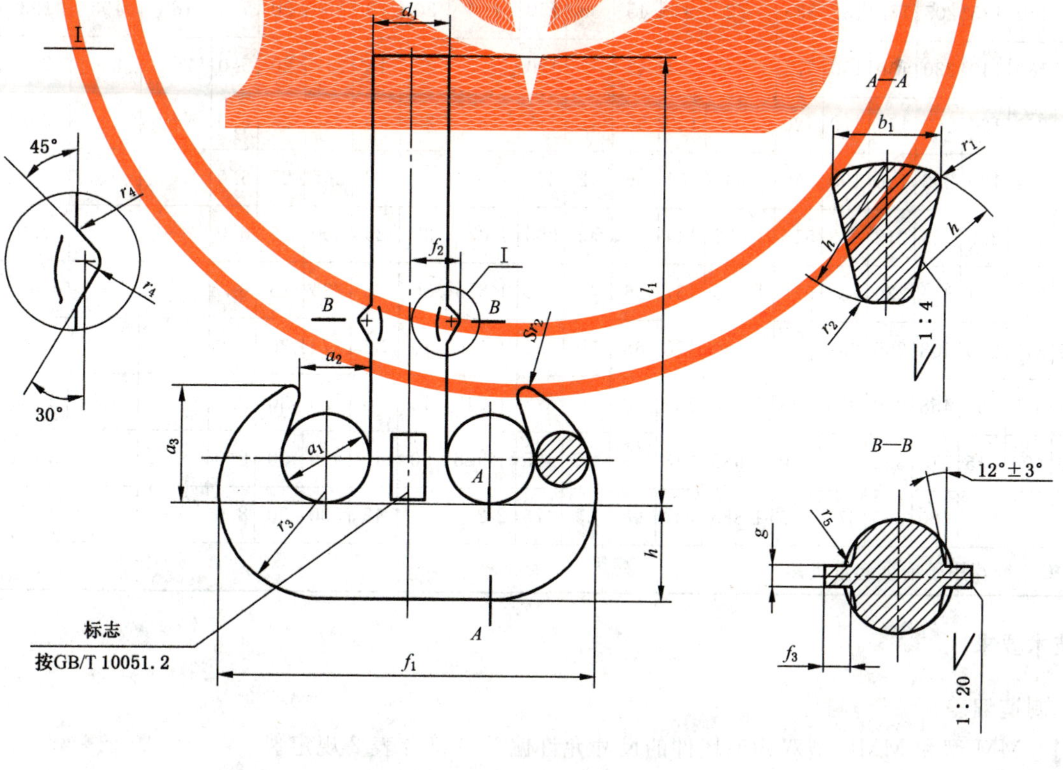

图 4　MYD 型

表 1

钩号	a_1	a_2	a_3	b_1	d_1	e	f_1	f_2	f_3	g	h	l_1	r_1	r_2	r_3	r_4	r_5	质量≈ kg			
	mm																	MM	MMD	MY	MYD
05	34	27	44	22	24	80	130	20	12	10	27	165	3	3	36	6	1.6	1.8	1.9	—	—
08	38	30	49	26	30	83	150	22	12	10.5	33	183	4	3	41	6	1.6	2.5	2.6	—	—
1	40	32	52	28	30	96	158	22	14	12	36	195	4	3.5	44	7	1.6	3.5	3.8	—	—
1.6	45	36	59	34	36	100	183	28	14	12.5	43	222	5	4	51	7	1.6	5	5.3	—	—
2.5	50	40	65	40	42	112	208	30	14	14	50	250	6	4.5	58	7	1.6	6.5	6.9	—	—
4	56	45	73	48	48	124	238	33	23	16	60	280	7	5.5	67	10	2.5	9	9.7	—	—
5	63	50	82	53	53	143	266	40	23	16	67	312	8	6.5	75	10	2.5	12.5	13.4	—	—
※6	71	56	92	60	60	160	301	44	23	18	75	375	9	7	85	10	2.5	15.5	16.8	—	—
8	80	63	103	67	67	182	337	48	23	18	85	415	10	8	95	10	2.5	24	25.3	—	—
※10	90	71	116	75	75	192	377	54	27	23	95	450	11	9	106	12	3.0	34.3	35.5	35	36.3
※12	100	80	130	85	85	210	421	60	27	23	106	510	12.5	10	118	12	3.0	48	49.5	49	50.5
※16	112	90	146	95	95	237	471	69	36	28	118	580	14	11	132	16	4.0	67.6	69.7	69	71.1
※20	125	100	163	106	106	265	531	75	36	33	132	650	16	12.5	150	16	4.0	95	97.5	97	99.5
25	140	112	182	118	118	315	598	86	45	33	150	715	18	14	170	20	5.0	132	135	135	138
※32	160	125	205	132	132	335	672	94	45	38	170	790	20	16	190	20	5.0	189	193	193	197
※40	180	140	230	150	150	375	754	104	45	38	190	885	22	18	212	20	5.0	274	280	280	286
50	200	160	260	170	170	420	842	120	56	42	212	965	25	20	236	25	6.0	—	—	388	394
※63	224	180	292	190	190	460	944	131	56	42	236	1 090	28	22	265	25	6.0	—	—	539	547
※80	250	200	325	212	212	515	1 062	144	56	45	265	1 235	32	25	300	25	6.0	—	—	750	759
※100	280	224	364	236	236	575	1 186	157	56	45	300	1 375	36	28	335	25	6.0	—	—	1 050	1 060
※125	315	250	408	265	265	645	1 330	178	68	50	335	1 550	40	32	375	30	8.0	—	—	1 480	1 491
※160	355	280	458	300	300	725	1 505	198	68	50	375	1 745	45	36	425	30	8.0	—	—	2 100	2 115
※200	400	315	515	335	335	800	1 685	218	68	55	425	1 998	50	40	475	30	8.0	—	—	3 000	3 015
250	450	355	580	375	375	875	1 885	240	68	55	475	2 250	56	45	530	30	8.0	—	—	4 250	4 268
※ 推荐用于冶金起重机。																					

4 技术要求

4.1 制造偏差

4.1.1 MM 型和 MMD 型双钩毛坯件的尺寸允许偏差应符合表 2 规定。

表 2

单位为毫米

钩 号	a_1	a_2	a_3	b_1	d_1	e	f_1	f_2	h	l_1	g	f_3
05～2.5	$^{+3}_{0}$										$^{+1}_{0}$	
4～5	$^{+4}_{0}$										$^{+2}_{0}$	
6～8	$^{+5}_{0}$										$^{+2}_{0}$	
10～16	$^{+6}_{0}$										$^{+4}_{0}$	
20～40	$^{+8}_{0}$										$^{+5}_{0}$	

4.1.2 MY 型和 MYD 型双钩毛坯件的尺寸允许偏差应符合表 3 规定。

表 3

单位为毫米

钩 号	a_1	a_2	a_3	b_1	d_1	f_2	e	g	f_3	h	l_1
10～16	$^{+10}_{0}$		±8	$^{+12}_{0}$	$^{+10}_{0}$		$^{+4}_{0}$			$^{+16}_{0}$	
20～32	$^{+12}_{0}$		±10	$^{+16}_{0}$	$^{+12}_{0}$		$^{+5}_{0}$			$^{+20}_{0}$	
40～63	$^{+16}_{0}$		±12	$^{+20}_{0}$	$^{+16}_{0}$		$^{+6}_{0}$			$^{+24}_{0}$	
80～125	$^{+20}_{0}$		±16	$^{+25}_{0}$	$^{+20}_{0}$		$^{+8}_{0}$			$^{+32}_{0}$	
160～250	$^{+25}_{0}$		±20	$^{+32}_{0}$	$^{+25}_{0}$		$^{+10}_{0}$			$^{+40}_{0}$	

4.2 其他要求

按 GB/T 10051.2 的规定。

附　录　A
（资料性附录）
本部分与 DIN 15402-1:1982 技术性差异及其原因

表 A.1 给出了本部分与 DIN 15402-1:1982 的技术性差异及其原因一览表。

表 A.1　本部分与 DIN 15402-1:1982 的技术性差异及其原因

本部分的章条编号	技术性差异	原　因
1	删除了“对受到炽热(例如,运送熔融物料)的单钩,推荐采用叠片式单钩。”	叠片式吊钩为另一标准
2	引用了与标准技术内容相关的我国标准,而非德国标准	以适合我国国情
3.1 3.2.1	增加了“型式”,修改了型号表示方法和标记代号。本部分中毛坯、模锻、自由锻、带凸耳分别用符号 M、M、Y、D 表示,而 DIN 标准分别用 R、S、F、N 表示	以适合我国国情

ICS 53.020.30
J 80

中华人民共和国国家标准

GB/T 10051.7—2010

起重吊钩
第7部分:直柄双钩

Lifting hooks—Part 7: Ramshorn shank hooks

2011-01-10 发布

2011-09-01 实施

中华人民共和国国家质量监督检验检疫总局
中国国家标准化管理委员会 发布

前　言

GB/T 10051《起重吊钩》分为如下几部分：

——第1部分：力学性能、起重量、应力及材料；

——第2部分：锻造吊钩技术条件；

——第3部分：锻造吊钩使用检查；

——第4部分：直柄单钩毛坯件；

——第5部分：直柄单钩；

——第6部分：直柄双钩毛坯件；

——第7部分：直柄双钩；

——第8部分：吊钩横梁毛坯件；

——第9部分：吊钩横梁；

——第10部分：吊钩螺母；

——第11部分：吊钩螺母防松板；

——第12部分：吊钩闭锁装置；

——第13部分：叠片式吊钩技术条件；

——第14部分：叠片式吊钩使用检查；

——第15部分：叠片式单钩。

本部分为 GB/T 10051 的第7部分。

本部分修改采用 DIN 15402-2:1983《起重吊钩　带螺纹柄双钩》。

本部分根据 DIN 15402-2:1983 重新起草。

考虑到我国国情，在采用 DIN 15402-2:1983 时进行了修改，这些技术性差异用垂直单线标识在它们所涉及的页边空白处，在附录A中给出了技术性差异及其原因一览表以供参考。

为了便于使用，本部分还做了以下编辑性修改：

——“本标准”一词改为“本部分”；

——用小数点“.”代替作为小数点的逗号“,”。

本部分的附录A为资料性附录。

本部分由中国机械工业联合会提出。

本部分由全国起重机械标准化技术委员会(SAC/TC 227)归口。

本部分负责起草单位：太原重型机械集团有限公司。

本部分参加起草单位：北京起重运输机械设计研究院、徐州大长实工程机械有限公司、宝鼎重工股份有限公司、中国第二重型机械集团公司。

本部分主要起草人：刘润林、叶佩馨、张燕平、庄军、朱宝松、吴兰福、王首成、申昌宏、王晓凌。

起重吊钩
第7部分:直柄双钩

1 范围

GB/T 10051的本部分规定了直柄双钩的型式与尺寸和技术要求。

本部分适用于GB/T 10051.1中规定的起重机械用模锻和自由锻直柄双钩(以下简称双钩)。

2 规范性引用文件

下列文件中的条款通过GB/T 10051的本部分的引用而成为本部分的条款。凡是注日期的引用文件,其随后所有的修改单(不包括勘误的内容)或修订版均不适用于本部分,然而,鼓励根据本部分达成协议的各方研究是否可使用这些文件的最新版本。凡是不注日期的引用文件,其最新版本适用于本部分。

GB/T 196 普通螺纹 基本尺寸(GB/T 196—2003,ISO 724:1993,MOD)

GB/T 10051.2 起重吊钩 第2部分:锻造吊钩技术条件

GB/T 10051.4—2010 起重吊钩 第4部分:直柄单钩毛坯件

3 型式与尺寸

3.1 型式

按双钩的结构和锻造方式分为四种:LM型、LMD型、LY型和LYD型。

3.2 标记

3.2.1 型号表示方法

□ □ □ □-□

- 强度等级 M,P,S,T,V
- 钩号 05 ~ 250
- 带凸耳 D;不带凸耳不表示
- 模锻 M;自由锻 Y
- 螺纹柄 L

3.2.2 标记示例

a) 钩号为10、强度等级为M的不带凸耳模锻双钩:

双钩 LM10-M GB/T 10051.7

b) 钩号为12、强度等级为P的带凸耳自由锻直柄双钩:

双钩 LYD12-P GB/T 10051.7

3.3 结构型式及尺寸

3.3.1 LM型和LY型

LM型和LY型不带凸耳双钩的结构型式和尺寸见图1及表1。

3.3.2 LMD型和LYD型

LMD型和LYD型带凸耳双钩的结构型式和尺寸见图2及表1。

4 技术要求

按 GB/T 10051.2 的规定。

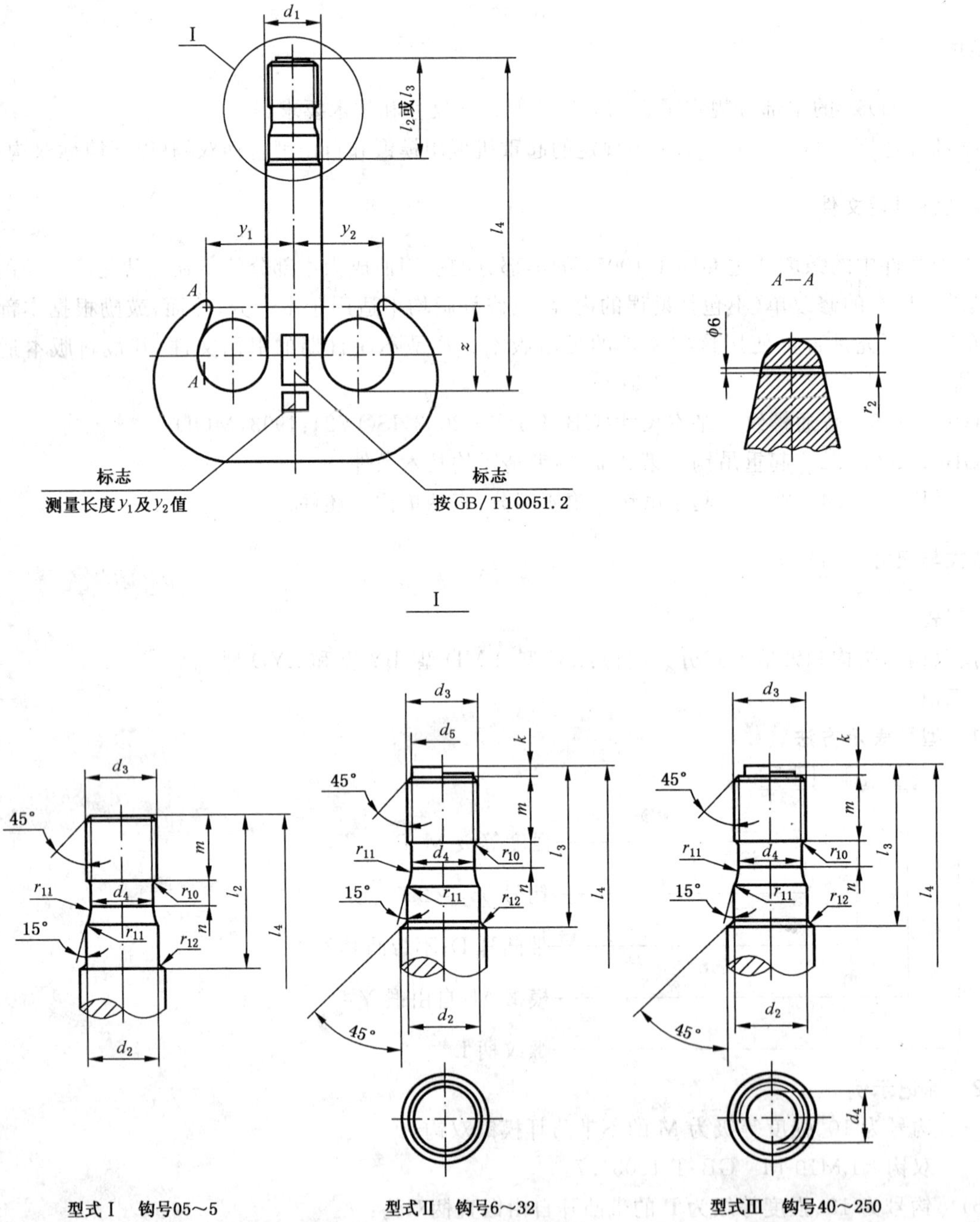

A—A 剖面中钩号 6~250 的双钩，应压入 $\phi 6$ 不锈钢圆柱销，r_2 的尺寸见 GB/T 10051.4—2010 中表 1 和表 2。

注：轻小型起重设备用的 05~5 号双钩，柄端为型式Ⅰ；起重机械和轻小型起重设备用的 6~32 号为型式Ⅱ；起重机械用的 40~250 号为型式Ⅲ。

图 1 LM 型和 LY 型

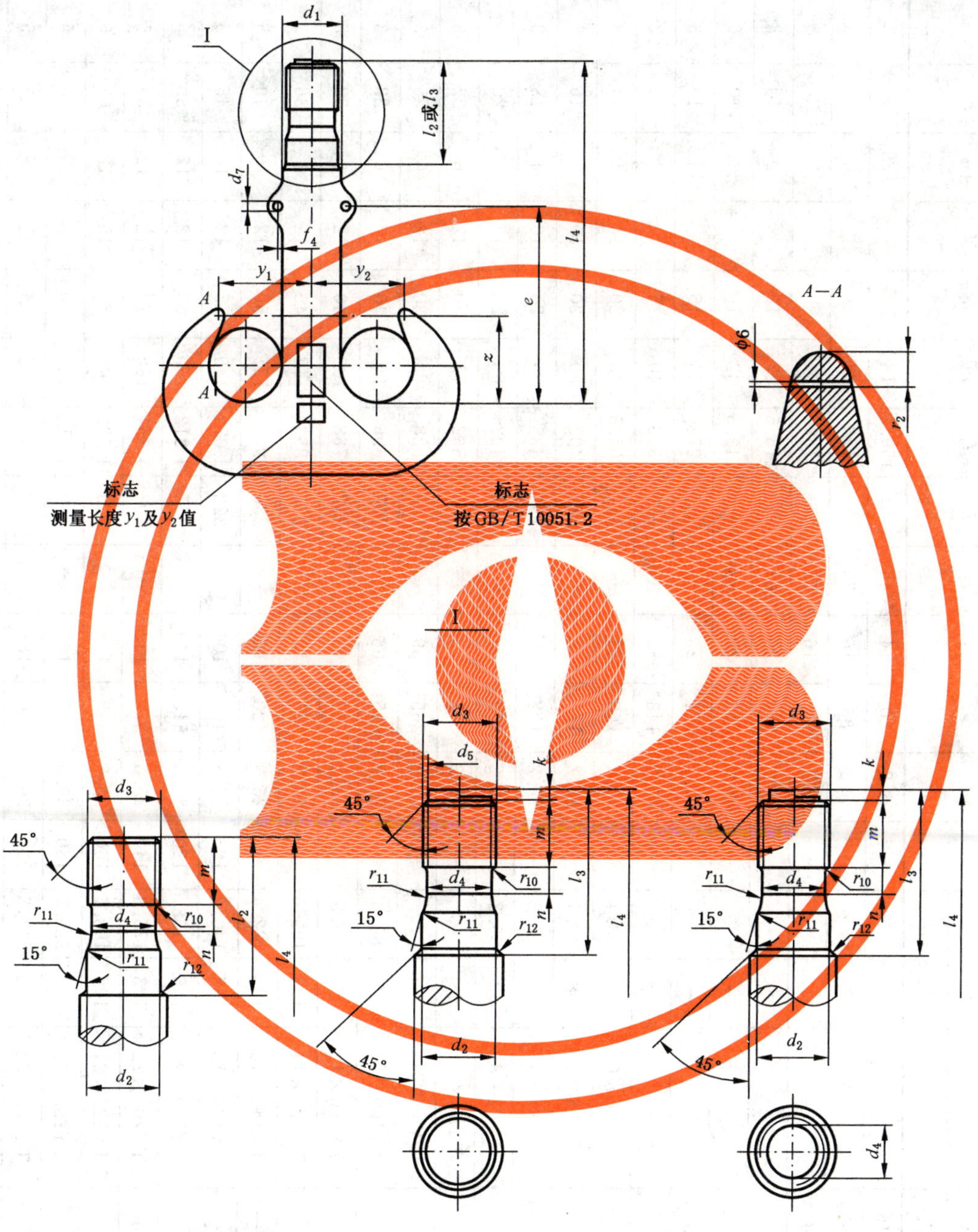

A—A 剖面中钩号6～250的双钩，应压入$\phi 6$不锈钢圆柱销，r_2的尺寸见GB/T 10051.4—2010中表1和表2。

注：轻小型起重设备用的05～5号双钩，柄端为型式Ⅰ；起重机械和轻小型起重设备用的6～32号为型式Ⅱ；起重机械用的40～250号为型式Ⅲ。

图2 LMD型和LYD型

表 1

单位为毫米

钩号	d_1	d_2	普通螺纹 GB/T 196		梯形圆螺纹			d_6	d_7	e	f_4	l_2	l_3	l_4	m	n	k	r_{10}	r_{11}	r_{12}	$y_1=y_2$	z
			d_3	d_4	d_3	d_4	d_5															
05	24	20	M20	16	—	—	—	—	5.2	80	14	46	—	159.5	18	7.5		1.6	4	2	—	—
08	30	24	M24	19.5	—	—	—	—	5.2	83	16	55	—	178	22	9		2	5	3	—	—
1	30	24	M24	19.5	—	—	—	—	6.2	96	16	55	—	189	22	9		2	8	3	—	—
1.6	36	30	M30	24.5	—	—	—	—	6.2	100	20	68	—	215.5	27	10		2	10	3	—	—
2.5	42	36	M36	30	—	—	—	—	6.2	112	22	83	—	243.5	32	10		2	10	3	—	—
4	48	42	M42	35.5	—	—	—	—	10.2	124	25	93	—	274	36	15		3	10	3	—	—
5	53	45	M45	38.5	—	—	—	—	10.2	143	30	103	—	306	40	15		3	10	3	—	—
6	60	50	—	—	TY50×6	42	43.4	—	10.2	160	34	—	112	365.5	45	20	10	4	14	3	93	85
8	67	56	—	—	TY56×6	48	49.4	—	10.2	182	38	—	122	403	50	20	10	4	16	3	104.5	95
10	75	64	—	—	TY64×8	54	55.2	—	12.2	192	42	—	135	435	56	25	10	4	18	3	117.5	107
12	85	72	—	—	TY72×8	62	63.2	—	12.2	210	48	—	157	492	63	25	12	4	20	3	132.5	120
16	95	80	—	—	TY80×10	68	69	—	16.2	237	53	—	170	562	71	30	12	6	22	3	148.5	135
20	106	90	—	—	TY90×10	78	79	—	16.2	265	59	—	187	628	80	30	12	6	25	3	165.5	150.5
25	118	100	—	—	TY100×12	85	86.8	—	20.2	315	66	—	207	696	90	40	12	6	28	3	185	168
32	132	110	—	—	TY110×12	95	96.8	—	20.2	335	74	—	232	768	100	40	12	6	32	3	207	189
40	150	125	—	—	TY125×14	108	109.6	80	20.2	375	84	—	257	863	112	45	12	8	36	3	233	212
50	170	140	—	—	TY140×16	120	122.4	90	25.3	420	95	—	280	944	125	50	12	10	40	5	265	240
63	190	160	—	—	TY160×18	138	140.2	100	25.3	460	106	—	322	1 072	140	55	12	10	45	5	297	270
80	212	180	—	—	TY180×20	156	158	120	25.3	515	119	—	357	1 212	160	60	12	12	50	5	331	300
100	236	200	—	—	TY200×22	173	175.8	140	25.3	575	132	—	402	1 351	180	70	12	12	56	5	370	336
125	265	225	—	—	TY225×24	196	198.6	160	30.3	645	148	—	465	1 522	200	80	15	12	63	5	414.5	376
160	300	250	—	—	TY250×28	217	219.2	180	30.3	725	168	—	510	1 714	225	90	15	15	70	5	466	422
200	335	280	—	—	TY280×32	242	244.8	200	30.3	800	188	—	613	1 962	250	100	15	18	80	5	522.5	475
250	375	320	—	—	TY320×36	278	280.4	240	30.3	875	210	—	690	2 217	280	110	15	20	90	5	587.5	535

注：梯形圆螺纹见 GB/T 10051.5 附录 A。

附 录 A
（资料性附录）
本部分与 DIN 15402-2：1983 技术性差异及其原因

表 A.1 给出了本部分与 DIN 15402-2：1983 的技术性差异及其原因一览表。

表 A.1 本部分与 DIN 15402-2：1983 的技术性差异及其原因

本部分的章条编号	技术性差异	原 因
1	删除了“对受到炽热(例如，运送熔融物料)的单钩，推荐采用叠片式单钩。”	叠片式吊钩为另一标准
2	引用了与标准技术内容相关的我国标准，而非德国标准	以适合我国国情
3.1 3.2.1	增加了“型号”，修改了型号表示方法和标记代号，本部分中螺纹柄、模锻、自由锻、带凸耳分别用符号 L、M、Y、D 表示，而 DIN 标准分别用 G、S、F、N 表示	以适合我国国情
3.3	删除了 DIN 15402-2：1983 中的“2.2 带螺纹柄双钩和螺母”	属于制造工艺的内容

ICS 53.020.30
J 80

中华人民共和国国家标准

GB/T 10051.8—2010

起重吊钩
第8部分：吊钩横梁毛坯件

Lifting hooks—Part 8: Blanks of cross pieces for hooks

2011-01-10 发布 2011-09-01 实施

中华人民共和国国家质量监督检验检疫总局
中国国家标准化管理委员会 发布

前　言

GB/T 10051《起重吊钩》分为如下几部分：

——第1部分：力学性能、起重量、应力及材料；

——第2部分：锻造吊钩技术条件；

——第3部分：锻造吊钩使用检查；

——第4部分：直柄单钩毛坯件；

——第5部分：直柄单钩；

——第6部分：直柄双钩毛坯件；

——第7部分：直柄双钩；

——第8部分：吊钩横梁毛坯件；

——第9部分：吊钩横梁；

——第10部分：吊钩螺母；

——第11部分：吊钩螺母防松板；

——第12部分：吊钩闭锁装置；

——第13部分：叠片式吊钩技术条件；

——第14部分：叠片式吊钩使用检查；

——第15部分：叠片式单钩。

本部分为GB/T 10051的第8部分。

本部分修改采用DIN 15412-1:1983《起升装置滑轮组　横梁毛坯件》。

本部分根据DIN 15412-1:1983重新起草。

考虑到我国国情，在采用DIN 15412-1:1983时进行了修改，这些技术性差异用垂直单线标识在它们所涉及的页边空白处，在附录A中给出了技术性差异及其原因一览表以供参考。

为了便于使用，本部分还做了以下编辑性修改：

——“本标准”一词改为“本部分”；

——用小数点“.”代替作为小数点的逗号“,”。

本部分的附录A为资料性附录。

本部分由中国机械工业联合会提出。

本部分由全国起重机械标准化技术委员会(SAC/TC 227)归口。

本部分负责起草单位：太原重型机械集团有限公司。

本部分参加起草单位：北京起重运输机械设计研究院。

本部分主要起草人：刘润林、叶佩馨、张燕平、王首成、申昌宏、王晓凌。

起重吊钩
第8部分:吊钩横梁毛坯件

1 范围

GB/T 10051的本部分规定了吊钩横梁毛坯件的型式与尺寸、技术要求、试验方法、检验规则及标志、包装。

本部分适用于模锻、自由锻和轧制的直柄吊钩横梁毛坯件(以下简称横梁毛坯件)。

2 规范性引用文件

下列文件中的条款通过GB/T 10051的本部分的引用而成为本部分的条款。凡是注日期的引用文件,其随后所有的修改单(不包括勘误的内容)或修订版均不适用于本部分,然而,鼓励根据本部分达成协议的各方研究是否可使用这些文件的最新版本。凡是不注日期的引用文件,其最新版本适用于本部分。

GB/T 223 钢铁及合金化学分析方法

GB/T 228 金属材料 室温拉伸试验法(GB/T 228—2002,eqv ISO 6892:1998)

GB/T 229 金属材料 夏比摆锤冲击试验方法(GB/T 229—2007,ISO 148-1:2006,MOD)

GB/T 10051.1—2010 起重吊钩 第1部分:力学性能、起重量、应力及材料

GB/T 10051.9—2010 起重吊钩 第9部分:吊钩横梁

GB/T 12362 钢质模锻件 公差及机械加工余量

GB/T 13384 机电产品包装通用技术条件

GB/T 20066 钢和铁 化学成分测定用试样的取样和制样方法(GB/T 20066—2006,ISO 14284:1996,IDT)

JB/T 5000.15—2007 重型机械通用技术条件 锻钢件无损检测

3 横梁毛坯件的强度等级

横梁按力学性能分为5个强度等级,与其相匹配的起重吊钩的强度等级高一级,见GB/T 10051.1—2010第3章中表1。

4 型式与尺寸

4.1 型式

横梁毛坯件按不同的成型方式分为如下三种:

a) 模锻横梁毛坯件:一般用于制造GB/T 10051.9—2010中5.1.1的A型:钩号006~1、B型:钩号1.6~16和C型:钩号2.5~40的横梁;

b) 自由锻和轧制横梁毛坯件:一般用于制造GB/T 10051.9—2010中5.1.1的C型:钩号2.5~250和具有吊钩螺母防松板的吊钩装置中的横梁。

4.2 标记

4.2.1 型号表示方法

HM □ □-□

- □（第三格）——强度等级：M、P、S、T、V
- □（第二格）——钩号：006 ～ 250
- □（第一格）——锻造方法：模锻 M、自由锻 Y、轧制 Z
- HM——横梁毛坯件

4.2.2 标记示例

a) 钩号 006，强度等级为 M 的模锻吊钩横梁毛坯件：

横梁毛坯件 HMM006-M GB/T 10051.8

b) 钩号 40，强度等级为 P 的模锻吊钩横梁毛坯件：

横梁毛坯件 HMM40-P GB/T 10051.8

c) 钩号 100，强度等级为 M 的自由锻吊钩横梁毛坯件：

横梁毛坯件 HMY100-M GB/T 10051.8

d) 钩号 2.5，强度等级为 V 的轧制吊钩横梁毛坯件：

横梁毛坯件 HMZ2.5-V GB/T 10051.8

4.3 结构型式和尺寸

4.3.1 模锻横梁毛坯件的结构型式和尺寸见图 1 和表 1。

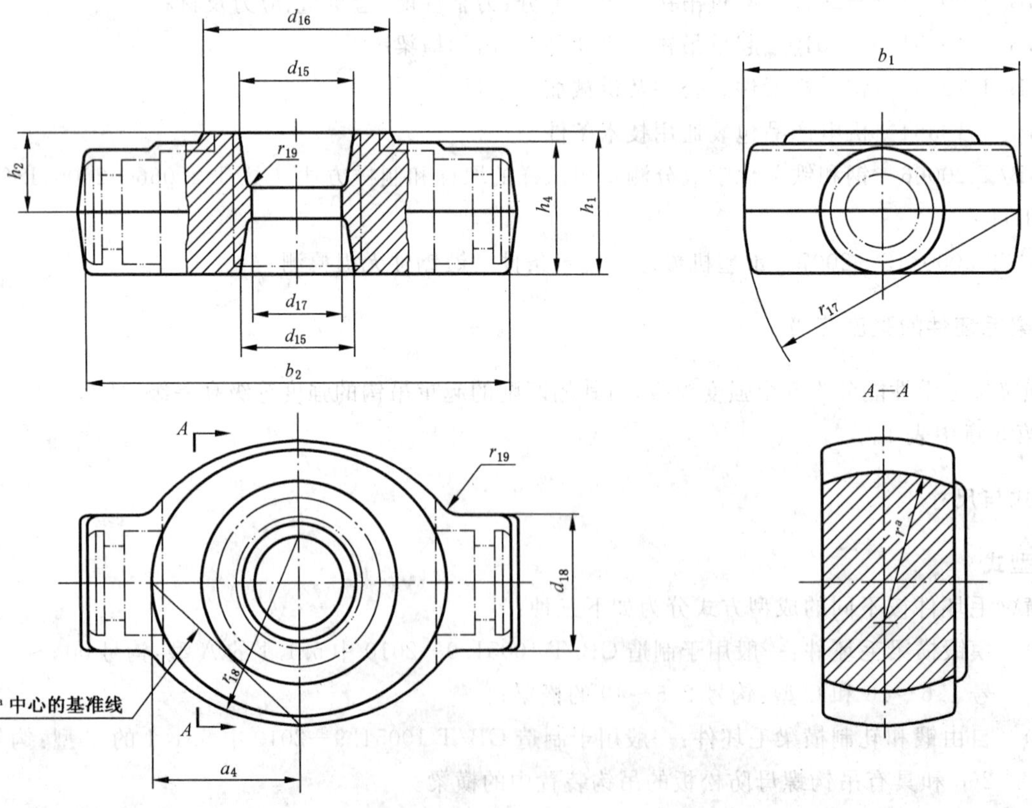

注：未注斜度为 6°。

[a] r 的中心应在图上所示的基准线上，其值应使从横梁轴颈到横梁中心的外廓线平滑过渡。

图 1

表 1

单位为毫米

钩号	a_4	b_1	b_2	d_{15}	d_{16}	d_{17}	d_{18}	h_1	h_2	h_4	r_{17}	r_{18}	r_{19}	r_{20}	质量≈ kg
006	16	30	45	9	—	7	17	19	9.5	—	30	30	4	1.6	0.1
010 和 012	18	35	50	11	—	9	17	19	9.5	—	35	30	4	1.6	0.2
020 和 025	20	38	58	14	—	13	22	24	12	—	38	36	5	1.6	0.3
04 和 05	23	45	70	18	—	14	22	25	12.5	—	45	36	5	1.6	0.4
08 和 1	26	50	85	22	—	18	28	30	15	—	50	42	5	2	0.6
1.6	32	65	100	27	—	22	28	30	16	—	65	42	5	2	0.9
2.5	38	80	125	32	—	27	33	40	21.5	—	80	50	6	2	1.6
4	44	90	140	38	—	33	38	45	24	—	90	58	6	2	2.4
5	52	100	155	40	66	34	45	50	27.5	47	100	66	6	3	3.5
6	62	125	185	45	76	38	50	55	30	52	125	76	6	3	5.5
8	73	140	210	52	86	44	55	60	32.5	57	140	86	8	3	8.0
10	83	160	230	60	96	52	60	65	35	62	160	96	8	3	11
12	90	180	265	68	106	58	66	78	42	75	180	106	8	4	15
16	95	190	275	75	116	64	76	88	47	85	190	116	10	4	19
20	102	200	295	85	128	72	88	95	51	92	200	126	10	4	24
25	112	220	318	95	138	80	96	105	56	102	220	138	12	4	32
32	130	260	378	105	170	90	108	115	62	110	260	157	16	6	48
40	145	285	415	118	190	102	120	130	70	125	285	175	20	6	65

注：r_{20} 为未注圆角。

4.3.2 钩号为 2.5～250 自由锻及轧制的横梁毛坯件的结构型式和尺寸按 GB/T 10051.9—2010 中 5.1.1 的 C 型吊钩横梁相应的规格尺寸确定。

5 技术要求

5.1 材料

5.1.1 横梁毛坯件选用的材料应与吊钩的材料相匹配。

5.1.2 横梁毛坯件材料的力学性能和化学成分应符合 GB/T 10051.1—2010 中第 6 章的规定。

5.2 锻造及热处理

5.2.1 横梁毛坯件的锻造应符合如下要求：

a) 横梁毛坯件的总锻造比不应小于 3；

b) 模锻横梁毛坯件的尺寸公差、形位公差按 GB/T 12362 规定的有关内容确定。

5.2.2 横梁毛坯件热处理的次数不应多于三次。

5.3 表面和内部质量

5.3.1 表面应光洁，不应有裂纹、折叠等缺陷。

5.3.2 内部不应有裂纹、白点和影响其使用安全的其他缺陷。超声波检测质量等级应不低于 JB/T 5000.15—2007 表 1 中规定的Ⅱ级。

6 试验方法

6.1 材料的化学分析

6.1.1 材料的取样按 GB/T 20066 的规定。

6.1.2 材料的化学成分分析方法按 GB/T 223 的规定。

6.2 力学性能试验

拉伸试验按 GB/T 228 的规定。

6.3 冲击功试验

吊钩冲击功试验按 GB/T 229 的规定。

6.4 无损检测

6.4.1 横梁毛坯件的超声波检测按 JB/T 5000.15—2007 第 5 章的规定。

6.4.2 横梁毛坯件表面裂纹检测方法应按 JB/T 5000.15—2007 第 6 章的规定进行；不能用磁粉检测的部位，按 JB/T 5000.15—2007 第 7 章的规定进行渗透检测。

7 检验规则

7.1 横梁毛坯件的检验规则按 GB/T 10051.2—2010 中 5.2、5.4 及 5.5 的规定。

7.2 横梁毛坯件力学性能试样的抽检数量按表 2 的规定。

表 2

力学性能	外形尺寸	表面质量	内部质量
每批抽检 1 件或用试样检验	模锻件：抽检 10%，但不少于 3 件 自由锻件：100%	100%	当横梁最大截面处高度大于或等于 150 mm 时，均应进行超声波检测
注：每批系指由同一钩号，同一熔炼炉号，同一热处理炉次和同一生产批次的锻件组成。			

7.3 横梁毛坯件出厂时应带有合格证和检验证明书，合格证的内容应包括以下内容：

a) 化学成分；

b) 力学性能；

c) 无损检测结果。

8 标志、包装

8.1 在横梁毛坯件的适当部位应有清晰标志。对于小型件，允许附加标签或涂以鉴别标记。其标志内容应包括：

a) 制造商名称或代号(如有时)；

b) 钩号；

c) 强度等级。

8.2 横梁毛坯件的包装应符合 GB/T 13384 的有关规定。

附　录　A
（资料性附录）
本部分与 DIN 15412-1:1983 技术性差异及其原因

表 A.1 给出了本部分与 DIN 15412-1:1983 的技术性差异及其原因一览表。

表 A.1　本部分与 DIN 15412-1:1983 的技术性差异及其原因

本部分的章条编号	技术性差异	原　因
2	引用了与标准技术内容相关的我国标准，而非德国标准	以适合我国国情
4.1.2	增加了“型式”，修改了型号表示方法和标记代号，本部分中横梁毛坯件、模锻、自由锻、轧制分别用符号 HM、M、Y、Z 表示，而 DIN 标准分别用 R、S、F、F 表示	以适合我国国情
5.2	增加了“锻造及热处理”	以便于操作
5.3	增加了“表面和内部质量”	以便于操作
6、7	增加了“试验方法和检验规则”	以便于操作
8	增加了“标志、包装”	以便于操作

ICS 53.020.30
J 80

中华人民共和国国家标准

GB/T 10051.9—2010

起重吊钩　第9部分：吊钩横梁

Lifting hooks—Part 9: Cross pieces

2011-01-10 发布　　2011-09-01 实施

中华人民共和国国家质量监督检验检疫总局
中国国家标准化管理委员会　发布

前 言

GB/T 10051《起重吊钩》分为如下几部分：

——第1部分：力学性能、起重量、应力及材料；

——第2部分：锻造吊钩技术条件；

——第3部分：锻造吊钩使用检查；

——第4部分：直柄单钩毛坯件；

——第5部分：直柄单钩；

——第6部分：直柄双钩毛坯件；

——第7部分：直柄双钩；

——第8部分：吊钩横梁毛坯件；

——第9部分：吊钩横梁；

——第10部分：吊钩螺母；

——第11部分：吊钩螺母防松板；

——第12部分：吊钩闭锁装置；

——第13部分：叠片式吊钩技术条件；

——第14部分：叠片式吊钩使用检查；

——第15部分：叠片式单钩。

本部分为 GB/T 10051 的第9部分。

本部分修改采用 DIN 15412-2:1983《起升装置滑轮组　横梁》。

本部分根据 DIN 15412-2:1983 重新起草。

考虑到我国国情，在采用 DIN 15412-2:1983 时进行了修改，这些技术性差异用垂直单线标识在它们所涉及的页边空白处，在附录A中给出了技术性差异及其原因一览表以供参考。

为了便于使用，本部分还做了以下编辑性修改：

——"本标准"一词改为"本部分"；

——用小数点"."代替作为小数点的逗号","。

本部分的附录A为资料性附录。

本部分由中国机械工业联合会提出。

本部分由全国起重机械标准化技术委员会(SAC/TC 227)归口。

本部分负责起草单位：太原重型机械集团有限公司。

本部分参加起草单位：北京起重运输机械设计研究院。

本部分主要起草人：刘润林、叶佩馨、张燕平、王首成、申昌宏、王晓凌。

起重吊钩　第9部分：吊钩横梁

1　范围

GB/T 10051 的本部分规定了吊钩横梁的型式与尺寸、技术要求、试验方法及检验规则等。

本部分适用于模锻、自由锻和轧制的吊钩横梁(以下简称横梁)。

2　规范性引用文件

下列文件中的条款通过 GB/T 10051 的本部分的引用而成为本部分的条款。凡是注日期的引用文件，其随后所有的修改单(不包括勘误的内容)或修订版均不适用于本部分，然而，鼓励根据本部分达成协议的各方研究是否可使用这些文件的最新版本。凡是不注日期的引用文件，其最新版本适用于本部分。

GB/T 1184　形状和位置公差　未注公差(GB/T 1184—1996，eqv ISO 2768-2:1989)

GB/T 1804　一般公差　未注公差的线性和角度尺寸的公差(GB/T 1804—2000，eqv ISO 2768-1:1989)

GB/T 10051.1—2010　起重吊钩　第1部分：力学性能、起重量、应力及材料

GB/T 13384　机电产品包装通用技术条件

JB/T 5000.15—2007　重型机械通用技术条件　锻钢件无损检测

3　横梁的强度等级

横梁力学性能分为5个强度等级，与其相匹配的起重吊钩的强度等级高一级，见 GB/T 10051.1—2010 第3章中表1。

4　横梁的额定载荷

在不同的强度等级和机构工作级别下，各横梁承受的额定载荷(起重量)应与吊钩相匹配，其值与 GB/T 10051.1—2010 第4章中表2所列钩号的吊钩起重量相同。

5　型式与尺寸

5.1　型式

横梁的型式按吊钩装置中配用轴承型式的不同，分为如下三种：

a)　A型：一般用于钩号006～1，带半球形滚道面(横梁上的支承面)，滚动件可自由转动的吊钩装置中；

b)　B型：一般用于钩号1.6～16，配成套轴承，可相对转动的吊钩装置中；

c)　C型：一般用于钩号2.5～250，配成套轴承，带轴端挡板槽，可相对转动的吊钩装置中。

5.2　标记

5.2.1　型号表示方法

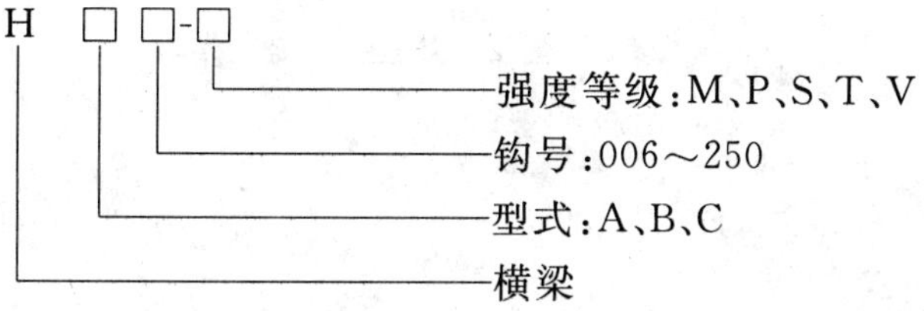

5.2.2 标记示例

a) 钩号 006,强度等级为 M,型式为 A 的吊钩横梁:
横梁 HA006-M GB/T 10051.9

b) 钩号 16,强度等级为 P,型式为 B 的吊钩横梁:
横梁 HB16-P GB/T 10051.9

c) 钩号 160,强度等级为 T,型式为 C 的吊钩横梁:
横梁 HC160-T GB/T 10051.9

5.3 结构型式和尺寸

5.3.1 横梁的结构型式:A 型见图 1,B 型见图 2,C 型见图 3。

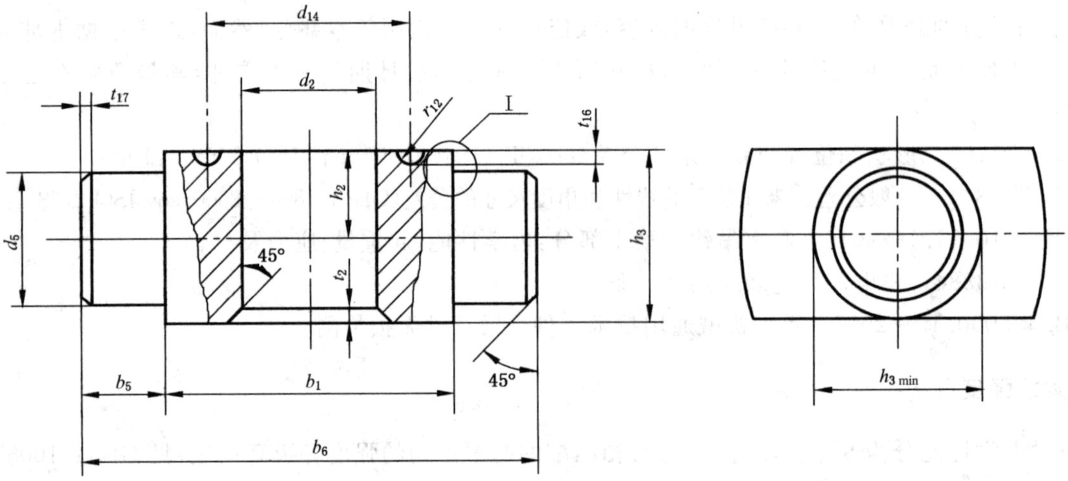

图 1 A 型

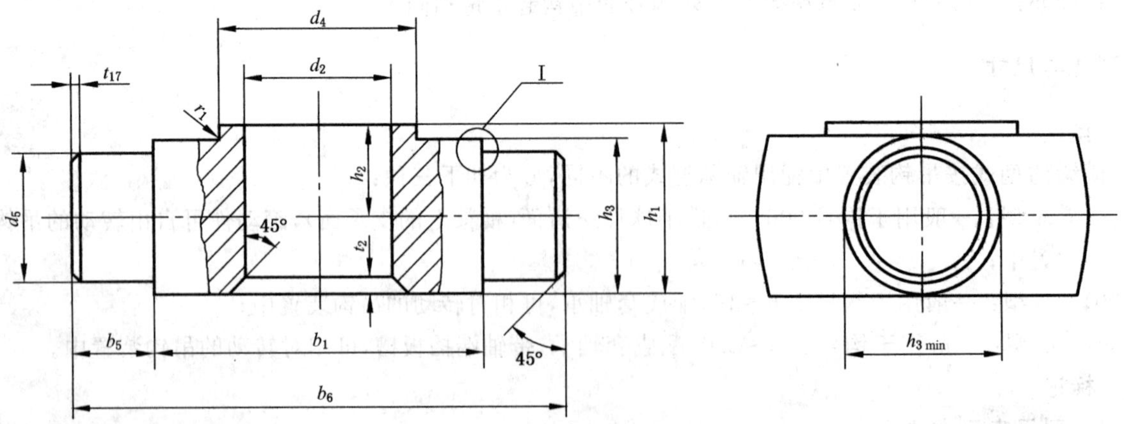

图 2 B 型

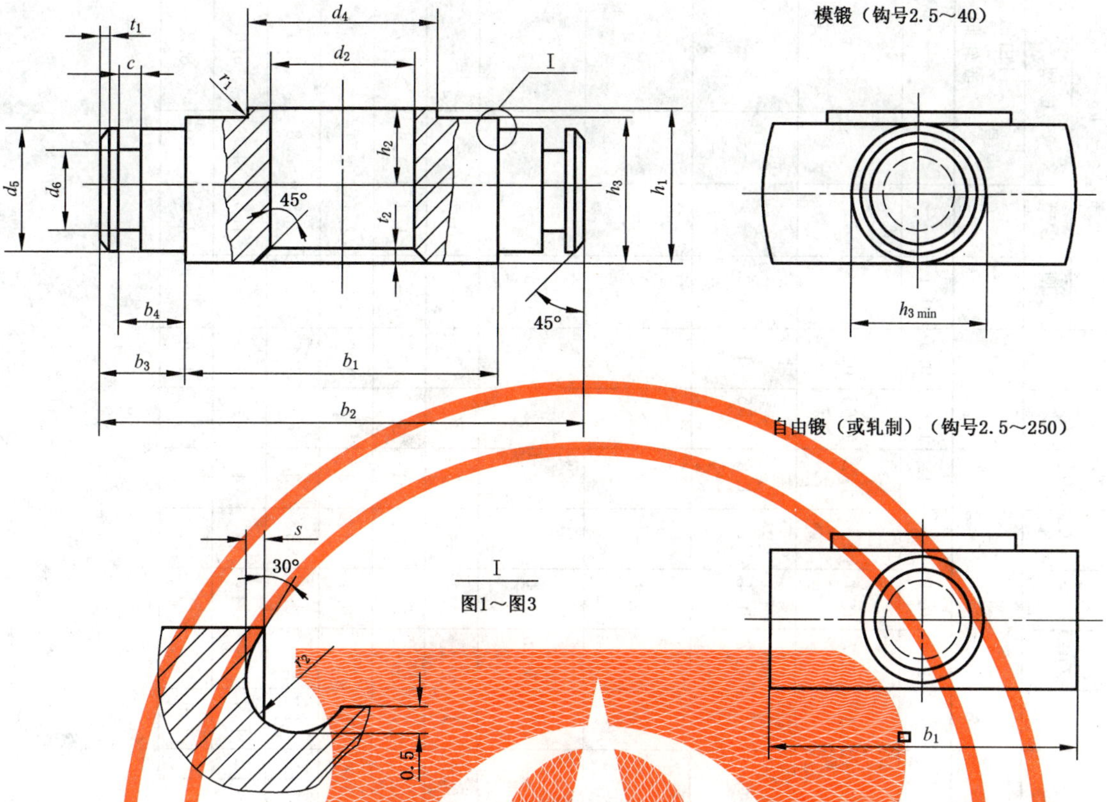

图 3　C 型

5.3.2　横梁的尺寸见表 1。

6　技术要求

6.1　横梁中未注公差的尺寸极限偏差应按照 GB/T 1804 中公差等级 f 的规定，形状和位置公差的未注公差值应按照 GB/T 1184 中公差等级 H 的规定。

6.2　横梁表面粗糙度的最大允许值应符合表 2 规定。

6.3　对 A 型横梁的半球形滚道面(见图 1)应进行表面渗碳处理，其硬度为 50 HRC～55 HRC，渗碳层深度为 0.8 mm～1.2 mm。

6.4　横梁的表面应光洁，不应有裂纹、凹坑等缺陷。

6.5　横梁内部不应有裂纹、白点和影响其使用安全的其他缺陷。超声波检测质量等级应不低于 GB/T 5000.15—2007表 1 中规定的Ⅱ级。

7　试验方法和检验规则

7.1　横梁加工后，对截面过渡区、孔及其他有可能产生裂纹的部位应按 JB/T 5000.15—2007 第 6 章的规定进行磁粉检测，不能用磁粉检测的部位，按 JB/T 5000.15—2007 第 7 章的规定进行渗透法检测。

7.2　横梁最大截面处高度大于或等于 150 mm 时应按 JB/T 5000.15—2007 第 5 章的规定进行超声波检测。

7.3　横梁出厂时应带有合格证和检验证明书，合格证的内容应包括以下内容：

a)　化学成分；

b)　力学性能；

c)　无损检测结果。

表 1

钩号	b_1	b_2	b_3	b_4	b_5	b_6	c	d_2	d_4 js6	d_5 d9	d_6	d_{14}	h_1	h_2	h_3 h11	r_1	r_2	r_{12}	s	t_1	t_2	t_{16}	t_{17}	质量≈ kg A 型	质量≈ kg B 型	质量≈ kg C 型 模锻	质量≈ kg C 型 自由锻或轧制
	mm																										
006	30	—	—	—	7.5	45	—	11	—	15	—	19	—	9.5	19	—	1	2.7	0.4	—	1	1.65	0.5	0.1	—	—	—
010 012	35	—	—	—	7.5	50	—	13	—	15	—	22	—	9.5	19	—	1	2.7	0.4	—	1.2	1.65	0.5	0.2	—	—	—
020 025	38	—	—	—	10	58	—	17	—	20	—	25.5	—	12	24	—	1	2.7	0.4	—	1.6	1.65	1	0.2	—	—	—
04 05	45	—	—	—	12.5	70	—	21	—	20	—	31	—	12.5	25	—	1	3.25	0.4	—	2	2	1	0.3	—	—	—
08 1	50	—	—	—	17.5	85	—	25	—	25	—	36	—	15	30	—	1	3.25	0.4	—	2	2	1	0.5	—	—	—
1.6	65	—	—	—	17.5	100	—	31	35	25	—	—	30	16	28	0.6	1	—	0.4	—	3	—	1	—	0.7	—	—
2.5	80	125	22.5	17	20	120	8	37	40	30	19	—	40	21.5	37	0.6	1	—	0.4	2	3	—	1	—	1.4	1.4	1.7
4	90	140	25	19	22.5	135	8	43	50	35	23	—	45	24	42	0.6	1	—	0.4	3	3	—	1.5	—	2.1	2.1	2.5
5	100	155	27.5	22	25	150	8	46	60	40	27	—	50	27.5	45	1	1	—	0.4	3	3	—	1.5	—	2.8	2.8	3.4
6	125	185	30	24	27.5	180	10	51	70	45	32	—	55	30	50	1	1.5	—	1	4	4	—	1.5	—	4.6	4.6	6.0
8	140	210	35	29	30	200	10	58	80	50	36	—	60	32.5	55	1	1.5	—	1	4	4	—	1.5	—	7.0	7.0	8.3

表 1（续）

钩号	b_1	b_2	b_3	b_4	b_5	b_6	c	d_2	d_4 js6	d_5 d9	d_6	d_{14}	h_1	h_2	h_3 h11	r_1	r_2	r_{12}	s	t_1	t_2	t_{16}	t_{17}	质量≈ kg A 型	质量≈ kg B 型	质量≈ kg C 型 模锻	质量≈ kg C 型 自由锻或轧制
	mm																										
10	160	230	35	29	30	220	10	66	90	55	40	—	65	35	60	1.3	1.5	—	1	4	5	—	1.5	—	9.0	9.0	12
12	180	265	42.5	34	35	250	10	74	100	60	42	—	78	42	72	1.3	1.5	—	1	5	7	—	2	—	13	13	18
16	190	275	42.5	36	35	260	12	82	110	70	50	—	88	47	82	1.3	1.5	—	1	5	8	—	2	—	17	17	22
20	200	295	47.5	41	—	—	12	93	120	80	56	—	95	51	88	1.3	1.5	—	1	5	8	—	—	—	—	20	26
25	220	318	49	41	—	—	12	103	130	90	64	—	105	56	98	1.6	1.5	—	1	5	9	—	—	—	—	28	35
32	260	378	59	51	—	—	12	113	160	100	72	—	115	62	106	1.6	1.5	—	1	5	10	—	—	—	—	43	55
40	285	415	65	58	—	—	14	128	180	110	80	—	130	70	120	1.6	2	—	1.2	5	12	—	—	—	—	58	74
50	335	465	65	58	—	—	14	143	220	125	92	—	145	77.5	135	2	2	—	1.2	5	13	—	—	—	—	—	115
63	380	522	71	63	—	—	14	163	240	140	104	—	160	85	150	2.5	2	—	1.2	5	14	—	—	—	—	—	163
80	420	565	72.5	63	—	—	14	183	280	160	120	—	180	95	170	2.5	2	—	1.2	6	16.5	—	—	—	—	—	224
100	470	645	87.5	77	—	—	18	203	300	180	136	—	200	106	188	2.5	2	—	1.2	6	18.5	—	—	—	—	—	314
125	510	685	87.5	77	—	—	18	229	340	200	150	—	240	126	228	2.5	4	—	2.5	6	21	—	—	—	—	—	423
160	550	750	100	87	—	—	18	254	360	220	164	—	270	142	256	3	4	—	2.5	6	27	—	—	—	—	—	567
200	610	810	100	87	—	—	18	284	360	240	184	—	305	160	290	4	4	—	2.5	6	29	—	—	—	—	—	773
250	700	920	110	97	—	—	18	325	420	260	200	—	350	185	330	5	5	—	3.4	6	29	—	—	—	—	—	1 149

注：对自由锻吊钩横梁，其长度方向尺寸（如 b_2、b_6）及高度方向尺寸（如 h_1、h_3）在保证强度和结构要求的条件下，允许适当调整。钩号 200 及尺寸 250 系列为参考值。

表 2

部　　位	表面粗糙度 $Ra/\mu m$
A 型的半球形滚道面	1.6
B 型和 C 型的 d_4、d_5、h_3 轴承接触支承面	3.2
Ⅰ部放大(沟槽)	6.3
C 槽的两侧面、自由锻 b_1 的周边	12.5
其他加工面	25
注：如为模锻横梁，h_1 的上、下平面和 b_1 的周边可不加工，但应光滑平整。	

8 标志、包装

8.1 在吊钩横梁的适当部位应有清晰标志。对于小型件，允许附加标签或涂以鉴别标记。其标志内容应包括：

a) 制造商名称或代号(如有时)；

b) 钩号；

c) 强度等级。

8.2 吊钩横梁的包装应符合 GB/T 13384 的有关规定。

附 录 A
（资料性附录）
本部分与 DIN 15412-2:1983 技术性差异及其原因

表 A.1 给出了本部分与 DIN 15412-2:1983 的技术性差异及其原因一览表。

表 A.1 本部分与 DIN 15412-2:1983 的技术性差异及其原因

本部分的章条编号	技术性差异	原 因
2	引用了与标准技术内容相关的我国标准，而非德国标准	以适合我国国情
5.1、5.2	增加了“型式”和“标记”	以适合我国国情
6.2	修改了“粗糙度等级”为“表面粗糙度值”，并进行了调整如下：本部分中 A 型的半球形滚道面、B 型和 C 型的 d_4、d_5、h_3 轴承接触支承面、Ⅰ部放大（沟槽）、C 槽两侧面、自由锻 b_1 的周边、其他加工面的粗糙度分别为 1.6、3.2、6.3、12.5、25，DIN 标准中分别为 N7、N7 和 N8、N7、N8、N9	以适合我国国情
7	增加了“试验方法和检验规则”	以便于操作
8	增加了“标志、包装”	以便于操作

ICS 53.020.30
J 80

中华人民共和国国家标准

GB/T 10051.10—2010

起重吊钩 第10部分：吊钩螺母

Lifting hooks—Part 10: Hook nuts

2011-01-10 发布

2011-09-01 实施

中华人民共和国国家质量监督检验检疫总局
中国国家标准化管理委员会 发布

前　言

GB/T 10051《起重吊钩》分为如下几部分：

——第1部分：力学性能、起重量、应力及材料；

——第2部分：锻造吊钩技术条件；

——第3部分：锻造吊钩使用检查；

——第4部分：直柄单钩毛坯件；

——第5部分：直柄单钩；

——第6部分：直柄双钩毛坯件；

——第7部分：直柄双钩；

——第8部分：吊钩横梁毛坯件；

——第9部分：吊钩横梁；

——第10部分：吊钩螺母；

——第11部分：吊钩螺母防松板；

——第12部分：吊钩闭锁装置；

——第13部分：叠片式吊钩技术条件；

——第14部分：叠片式吊钩使用检查；

——第15部分：叠片式单钩。

本部分为GB/T 10051的第10部分。

本部分修改采用DIN 15413:1983《起升装置滑轮组　吊钩螺母》。

本部分根据DIN 15413:1983重新起草。

考虑到我国国情，在采用DIN 15413:1983时进行了修改，这些技术性差异用垂直单线标识在它们所涉及的页边空白处，在附录A中给出了技术性差异及其原因一览表以供参考。

为了便于使用，本部分还做了以下编辑性修改：

——“本标准”一词改为“本部分”；

——用小数点“.”代替作为小数点的逗号“,”。

本部分的附录A为资料性附录。

本部分由中国机械工业联合会提出。

本部分由全国起重机械标准化技术委员会(SAC/TC 227)归口。

本部分负责起草单位：太原重型机械集团有限公司。

本部分参加起草单位：北京起重运输机械设计研究院。

本部分主要起草人：刘润林、叶佩馨、张燕平、王首成、申昌宏、王晓凌。

起重吊钩
第10部分:吊钩螺母

1 范围

GB/T 10051的本部分规定了吊钩螺母的型式与尺寸、技术要求、试验方法、检验规则及标志、包装。

本部分适用于吊钩螺母(以下简称螺母)。

2 规范性引用文件

下列文件中的条款通过GB/T 10051的本部分的引用而成为本部分的条款。凡是注日期的引用文件,其随后所有的修改单(不包括勘误的内容)或修订版均不适用于本部分,然而,鼓励根据本部分达成协议的各方研究是否可使用这些文件的最新版本。凡是不注日期的引用文件,其最新版本适用于本部分。

GB/T 196 普通螺纹 基本尺寸(GB/T 196—2003,ISO 724:1993,MOD)

GB/T 197 普通螺纹 公差(GB/T 197—2003,ISO 965-1:1998,MOD)

GB/T 223 钢铁及合金化学分析方法

GB/T 228 金属材料 室温拉伸试验法(GB/T 228—2002,eqv ISO 6892:1998)

GB/T 229 金属材料 夏比摆锤冲击试验方法(GB/T 229—2007,ISO 148-1:2006,MOD)

GB/T 1184 形状和位置公差 未注公差值(GB/T 1184—1996,eqv ISO 2768-2:1989

GB/T 1804 一般公差 未注公差的线性和角度尺寸的公差(GB/T 1804—2000,eqv ISO 2768-1:1989)

GB/T 10051.1—2010 起重吊钩 第1部分:力学性能、起重量、应力及材料

GB/T 10051.2—2010 起重吊钩 第2部分:锻造吊钩技术条件

GB/T 10051.5 起重吊钩 第5部分:直柄单钩

GB/T 10051.11 起重吊钩 第11部分:吊钩螺母防松板

GB/T 13384 机电产品包装通用技术条件

GB/T 20066 钢和铁 化学成分测定用试样的取样和制样方法(GB/T 20066—2006,ISO 14284:1996,IDT)

JB/T 5000.15—2007 重型机械通用技术条件 锻钢件无损检测

3 螺母强度等级

螺母按力学性能分为5个强度等级,与起重吊钩的强度等级相匹配,见GB/T 10051.1—2010第3章中表1。

4 螺母的额定载荷

在不同的强度等级和机构工作级别下,各螺母承受的额定载荷(起重量)应与吊钩相匹配,其值与GB/T 10051.1—2010第4章中表2所列钩号的吊钩起重量相同。

5 型式与尺寸

5.1 型式

螺母的型式按吊钩装置中配用轴承型式的不同，分为如下三种：

a) A型：一般用于钩号006～1，带半球形滚道面(在螺母下支承面)，滚动件可自由转动的吊钩装置中；

b) B型：一般用于钩号1.6～5，配成套轴承，可相对转动的吊钩装置中；

c) C型：一般用于钩号6～250，配成套轴承，带轴端挡板槽，可相对转动的吊钩装置中。

5.2 标记

5.2.1 型号表示方法

L □ □-□

- □ — 强度等级：M、P、S、T、V
- □ — 钩号：006 ～ 250
- □ — 型式：A、B、C
- L — 螺母

5.2.2 标记示例

a) 钩号006，强度等级为M，型式为A的吊钩螺母：

螺母 LA006-M GB/T 10051.10

b) 钩号50，强度等级为P，型式为B的吊钩螺母：

螺母 LB50-P GB/T 10051.10

c) 钩号160，强度等级为T，型式为C的吊钩螺母：

螺母 LC160-T GB/T 10051.10

5.3 结构型式和尺寸

5.3.1 螺母的结构型式：A型见图1，B型见图2，C型见图3。

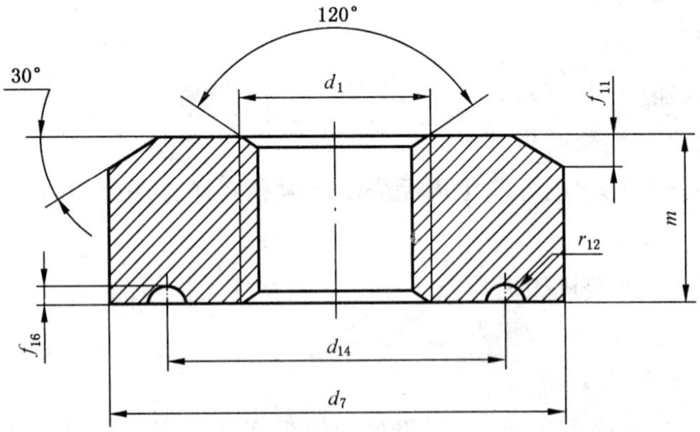

图1 A型

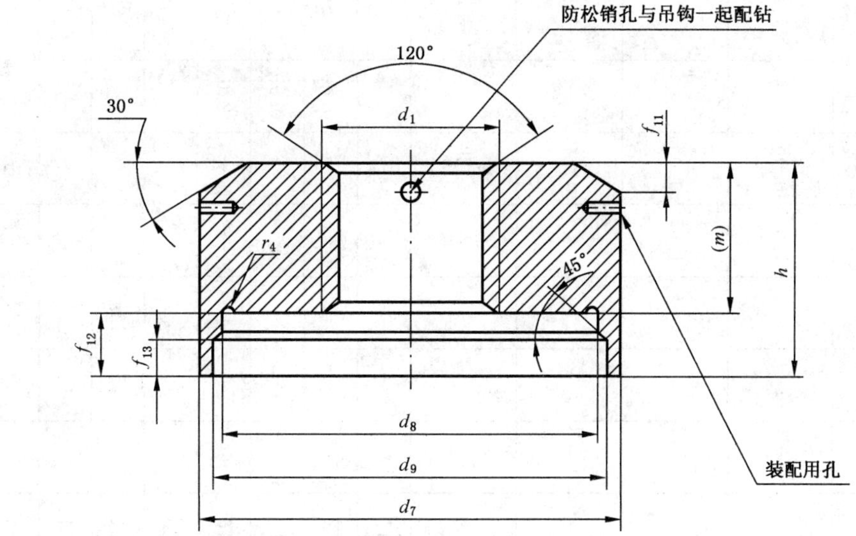

图 2　B 型

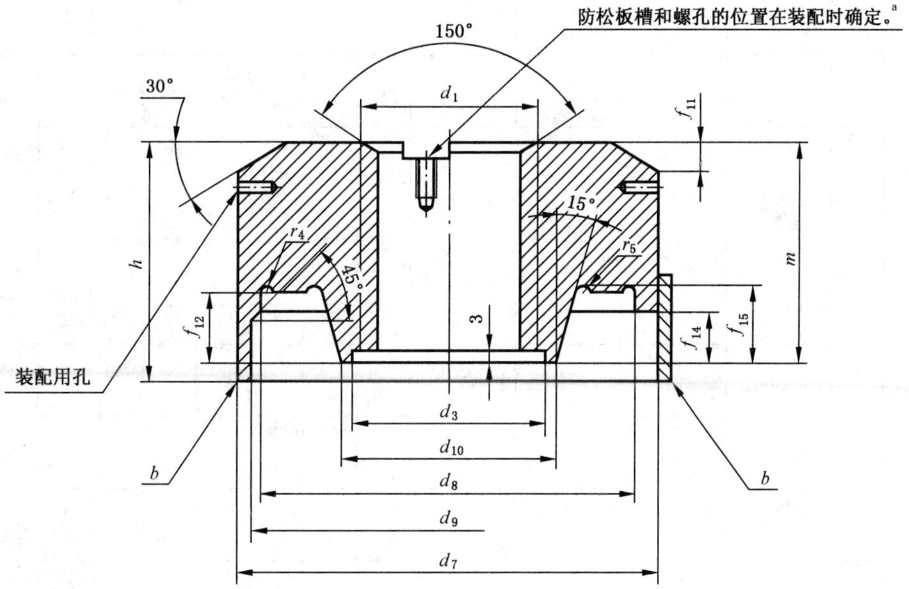

[a] 防松板槽和螺孔的尺寸按 GB/T 10051.11 确定。

[b] 轴承防护罩可与螺母为一体(如图左部);也可在螺母下端采用可拆式防护罩(如图右部)。

图 3　C 型

5.3.2　螺母的基本尺寸见表 1。

6　技术要求

6.1　材料

6.1.1　螺母选用的材料应与吊钩的材料相匹配。

6.1.2　材料的力学性能和化学成分应符合 GB/T 10051.1—2010 中第 6 章的规定。

6.2　锻造及热处理

6.2.1　螺母的总锻造比不应小于 3。

6.2.2　螺母的热处理次数不应多于 3 次。

表 1

钩号	d_1 普通螺纹 GB 196	梯形圆螺纹	d_3 C11	d_7	d_8 E9	d_9	d_{10}	d_{14}	h	m	r_4	r_5	r_{12}	t_{11}	t_{12}	t_{13}	t_{14}	t_{15}	t_{16}	质量≈ kg		
			mm																	A 型	B 型	C 型
006	M10	—	—	28	—	—	—	19	—	9	—	—	2.7	1.6	—	—	—	—	1.65	0.03	—	—
010	M12	—	—	32	—	—	—	22	—	11	—	—	2.7	2	—	—	—	—	1.65	0.06	—	—
012																						
020	M16	—	—	35	—	—	—	25.5	—	15	—	—	2.7	2.5	—	—	—	—	1.65	0.09	—	—
025																						
04	M20	—	—	42	—	—	—	31	—	18	—	—	3.25	3	—	—	—	—	2	0.14	—	—
05																						
08	M24	—	—	48	—	—	—	36	—	22	—	—	3.25	3	—	—	—	—	2	0.22	—	—
1																						
1.6	M30	—	—	63	52	55	—	—	38	27	0.6	—	—	3	11	3	—	—	—	—	0.55	—
2.5	M36	—	—	71	60	63	—	—	44	32	0.6	—	—	3	12	4	—	—	—	—	0.85	—
4	M42	—	—	81	70	73	—	—	49	36	0.6	—	—	3	13	4	—	—	—	—	0.99	—
5	M45	—	—	96	85	88	—	—	56	40	0.6	—	—	3	16	6	—	—	—	—	2.0	—
6	—	TY50×6	50.6	118	105	108	68	—	60	56	1.6	4	—	8	20	—	15	22	—	—	—	2.9
8	—	TY56×6	56.6	128	115	118	78	—	67	62	1.6	4	—	8	21	—	15	22.5	—	—	—	3.8
10	—	TY64×8	64.8	148	135	138	88	—	75	67	2.5	5	—	8	24	—	18	26	—	—	—	6.1
12	—	TY72×8	72.8	165	150	155	98	—	85	76	2.5	5	—	8	25	—	20	27	—	—	—	8
16	—	TY80×10	81	175	160	165	108	—	89	84	2.5	6	—	10	29	—	24	32	—	—	—	10.1
20	—	TY90×10	91	185	170	175	118	—	100	93	2.5	6	—	10	28	—	22	31	—	—	—	12.6

表 1（续）

钩号	d_1 普通螺纹 GB 196	梯形圆螺纹	d_3 C11	d_7	d_8 E9	d_9	d_{10}	d_{14}	h	m	r_4	r_5	r_{12}	t_{11}	t_{12}	t_{13}	t_{14}	t_{15}	t_{16}	质量≈ kg		
			mm																	A型	B型	C型
25	—	TY100×12	101.2	210	190	195	128	—	110	103	2.5	6	—	10	33	—	25	36	—	—	—	16.5
32	—	TY110×12	111.2	245	225	230	144	—	128	113	2.5	8	—	10	33	—	25	36	—	—	—	27.5
40	—	TY125×14	126.4	270	250	255	164	—	140	125	2.5	8	—	10	35	—	27	39	—	—	—	40
50	—	TY140×16	141.6	320	300	305	187	—	152	138	2.5	10	—	10	47	—	37	52	—	—	—	56
63	—	TY160×18	161.8	360	340	345	207	—	175	153	2.5	12	—	10	48	—	38	53	—	—	—	83
80	—	TY180×20	182	400	380	385	235	—	192	173	2.5	16	—	10	52.5	—	42	57.5	—	—	—	115
100	—	TY200×22	202.2	445	420	430	258	—	220	193	2.5	16	—	10	58.5	—	48	63.5	—	—	—	163
125	—	TY225×24	227.4	490	460	470	290	—	246	215	3	18	—	12	63	—	51	69	—	—	—	210
160	—	TY250×28	252.8	530	500	510	320	—	274	241	3	18	—	12	75	—	60	82	—	—	—	270
200	—	TY280×32	283.2	590	560	570	360	—	343	266	3	20	—	12	81	—	63	89	—	—	—	370
250	—	TY320×36	323.6	680	650	660	420	—	383	296	3	20	—	12	91	—	69	100	—	—	—	520

TY 为梯形圆螺纹代号。梯形圆螺纹按 GB/T 10051.5 附录 A 的规定。

注 1：钩号 200 及 250 的尺寸系列为参考值。

6.2.3 对A型螺母的半球形滚道面(见图1)应进行表面渗碳处理,其硬度为50 HRC~55 HRC,渗碳层深度为0.8 mm~1.2 mm。

6.3 机械加工

6.3.1 螺母未注公差的尺寸极限偏差应按照GB/T 1804中公差等级f的规定,形状和位置公差的未注公差值应按照GB/T 1184中公差等级H的规定。

6.3.2 螺母表面粗糙度的最大允许值应符合表2规定。

6.3.3 螺母采用普通螺纹时,其公差带应为GB/T 197中规定的6H。

6.3.4 螺母采用梯形圆螺纹时,其公差按GB/T 10051.5的规定。螺纹应与吊钩配作,并应有配作标记。

6.3.5 螺母与吊钩旋合后应均匀接触,在无负荷的情况下,梯形圆螺纹的接触面积应不小于50%。

6.3.6 B型中的防松销孔、C型中的螺母防松板槽在装配时应与吊钩一起加工。

6.4 表面和内部质量

6.4.1 表面应光洁,不应有裂纹、折叠等缺陷。

6.4.2 内部不应有裂纹、白点和影响其使用安全的其他缺陷,超声波检测质量等级应不低于JB/T 5000.15—2007表1中规定的Ⅱ级。

表 2

部　位	表面粗糙度 Ra/μm
A型的半球形滚道面	1.6
B型和C型的 d_8、梯形圆螺纹	3.2
B型和C型的 t_{12} 轴承上圈接触面	6.3
C型的防松板槽	12.5
其他加工面	25
注:如为模锻螺母,h 或 m 的上、下平面和 d_7 可不加工,但应光滑平整。	

7 试验方法

7.1 材料的化学分析

7.1.1 材料的取样按GB/T 20066的规定。

7.1.2 材料的化学成分分析方法按GB/T 223的规定。

7.2 力学性能试验

拉伸试验按GB/T 228的规定。

7.3 冲击功试验

冲击功试验按GB/T 229的规定。

7.4 无损检测

7.4.1 磁粉检测按JB/T 5000.15—2007中第6章的规定进行。

7.4.2 超声波检测按JB/T 5000.15—2007中第5章的规定,在螺母的高度和直径两个方向上进行。

8 检验规则

8.1 螺母的检验规则按GB/T 10051.2—2010中5.2、5.4及5.5的规定。

8.2 螺母检验项目和数量按表3的规定。

表 3

力学性能	外形尺寸	表面质量	内部质量
每批抽检 1 件或用试样检验	抽检 10%，但不少于 3 件	磁粉检测 100%	螺母的最大外径大于或等于 150 mm 时，应进行超声波检测
注：每批系指由同一钩号，同一熔炼炉号，同一热处理炉次和同一生产批次的锻件组成。			

8.3 螺母出厂时应带有合格证和检验证明书，合格证的内容应包括以下内容：

a) 化学成分；

b) 力学性能；

c) 无损检测结果。

9 标志、包装

9.1 应在螺母的适当部位打出固定、清晰的标志（一般应打在螺母的端面上），其标志内容为：

a) 制造商名称或代号（如有时）；

b) 钩号；

c) 强度等级。

9.2 螺母的包装应按 GB/T 13384 的有关规定。

附　录　A
（资料性附录）
本部分与 DIN 15413:1983 技术性差异及其原因

表 A.1 给出了本部分与 DIN 15413:1983 的技术性差异及其原因一览表。

表 A.1　本部分与 DIN 15413:1983 的技术性差异及其原因

本部分的章条编号	技术性差异	原　　因
2	引用了与标准技术内容相关的我国标准，而非德国标准	以适合我国国情
5.1.2	增加了“型式和标记”	以适合我国国情
6.2	增加了“锻造和热处理”	以适合我国国情
6.3.2	修改了“粗糙度等级”为“表面粗糙度值”，并进行了调整如下：本部分中 A 型的半球形滚道面、B 型和 C 型的 d_8、t_{12} 轴承上圈接触面、C 型的防松板槽、其他加工面粗糙度分别为 1.6、3.2、6.3、12.5、25，DIN 标准中分别为 N7、N7、N7、无要求、(N8、N9)	以适合我国国情
8	增加了“试验方法和检验规则”	以便于操作
9	增加了“标志、包装”	以便于操作

ICS 53.020.30
J 80

中华人民共和国国家标准

GB/T 10051.11—2010

起重吊钩
第 11 部分：吊钩螺母防松板

Lifting hooks—Part 11: Securing plates for hook nuts

2011-01-10 发布　　2011-09-01 实施

中华人民共和国国家质量监督检验检疫总局
中国国家标准化管理委员会　发布

前　言

GB/T 10051《起重吊钩》分为如下几部分：

——第1部分：力学性能、起重量、应力及材料；

——第2部分：锻造吊钩技术条件；

——第3部分：锻造吊钩使用检查；

——第4部分：直柄单钩毛坯件；

——第5部分：直柄单钩；

——第6部分：直柄双钩毛坯件；

——第7部分：直柄双钩；

——第8部分：吊钩横梁毛坯件；

——第9部分：吊钩横梁；

——第10部分：吊钩螺母；

——第11部分：吊钩螺母防松板；

——第12部分：吊钩闭锁装置；

——第13部分：叠片式吊钩技术条件；

——第14部分：叠片式吊钩使用检查；

——第15部分：叠片式单钩。

本部分为GB/T 10051的第11部分。

本部分修改采用DIN 15414:1983《起升装置滑轮组　安全板》。

本部分根据DIN 15414:1983重新起草。

考虑到我国国情，在采用DIN 15414:1983时进行了修改，这些技术性差异用垂直单线标识在它们所涉及的页边空白处，在附录A中给出了技术性差异及其原因一览表以供参考。

为了便于使用，本部分还做了以下编辑性修改：

——“本标准”一词改为“本部分”；

——用小数点“.”代替作为小数点的逗号“,”。

本部分的附录A为资料性附录。

本部分由中国机械工业联合会提出。

本部分由全国起重机械标准化技术委员会(SAC/TC 227)归口。

本部分负责起草单位：太原重型机械集团有限公司。

本部分参加起草单位：北京起重运输机械设计研究院。

本部分主要起草人：刘润林、叶佩馨、张燕平、王首成、申昌宏、王晓凌。

起重吊钩
第11部分:吊钩螺母防松板

1 范围

GB/T 15001 的本部分规定了直柄吊钩螺母防松板的型式与尺寸、技术要求和检验规则。

本部分适用于吊钩装置中防止螺母转动的吊钩螺母防松板(以下简称防松板)。

2 规范性引用文件

下列文件中的条款通过 GB/T 10051 的本部分的引用而成为本部分的条款。凡是注日期的引用文件,其随后所有的修改单(不包括勘误的内容)或修订版均不适用于本部分,然而,鼓励根据本部分达成协议的各方研究是否可使用这些文件的最新版本。凡是不注日期的引用文件,其最新版本适用于本部分。

GB/T 700 碳素结构钢(GB/T 700—2006,ISO 630:1995,NEQ)

GB/T 1804 一般公差 未注公差的线性和角度尺寸的公差(GB/T 1804—2000,eqv ISO 2768-1:1989)

3 型式与尺寸

3.1 防松板的结构、尺寸见图1和表1。

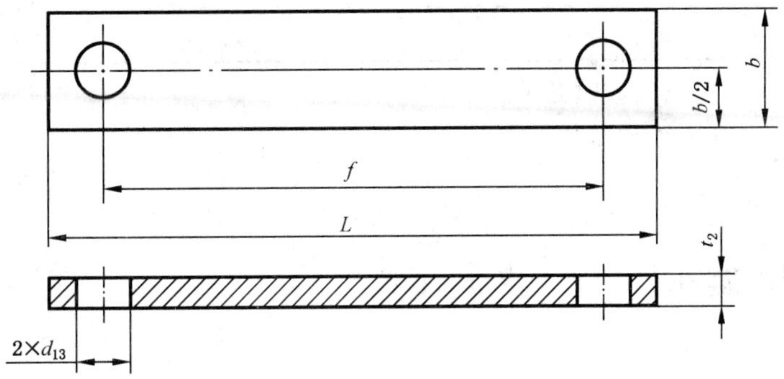

图 1

表 1

钩 号	f	b h 11	t_2	L	d_{13}	质量≈ kg
	mm					
6	75	25	6	100	12	0.12
8	85	25	6	110	14.5	0.13
10	100	25	6	125	14.5	0.15
12	100	32	8	125	14.5	0.25
16 和 20	130	32	8	160	14.5	0.32

表 1（续）

钩　号	f	b h 11	t_2	L	d_{13}	质量≈ kg
	mm					
25	150	32	8	180	14.5	0.36
32 和 40	190	32	8	220	14.5	0.44
50	240	32	8	270	14.5	0.54
63,80 和 100	300	40	8	340	14.5	0.85
125,160 和 200	430	50	10	480	20	1.90
250	480	50	10	540	20	2.10

3.2　标记示例

钩号 6，孔距 f 为 75 mm，宽度 b 为 25 mm 的防松板：

防松板　75×25　GB/T 10051.11

4　技术要求

4.1　防松板材料的力学性能不应低于 GB/T 700 中的 Q235A。

4.2　未注公差的尺寸极限偏差应按照 GB/T 1804 中公差等级 f 的规定。

4.3　防松板表面粗糙度的最大允许值应符合表 2 规定。

表 2

部　位	表面粗糙度 Ra/μm
b 两侧面	12.5
其他	25

4.4　防松板两侧配合面不应倒圆或倒角。

4.5　防松板应光洁，不应有裂纹和锈渍。

5　检验规则

防松板应逐件按第 3 章和第 4 章的要求进行检验。

附 录 A
（资料性附录）
本部分与 DIN 15414:1983 技术性差异及其原因

表 A.1 给出了本部分与 DIN 15414:1983 的技术性差异及其原因一览表。

表 A.1 本部分与 DIN 15414:1983 的技术性差异及其原因

本部分的章条编号	技术性差异	原 因
2	引用了与标准技术内容相关的我国标准，而非德国标准	以适合我国国情
4.3	修改了“粗糙度等级”为“表面粗糙度值”，并进行了调整如下：本部分中 *b* 两侧面以及其他面的粗糙度分别为 12.5、25，而 DIN 标准中分别为 N8、N9	以适合我国国情
5	增加了“检验规则”	以便于操作

ICS 53.020.30
J 80

中华人民共和国国家标准

GB/T 10051.12—2010

起重吊钩
第12部分：吊钩闭锁装置

Lifting hooks—Part 12: Safety latch for lifting hook

2011-01-10 发布

2011-09-01 实施

中华人民共和国国家质量监督检验检疫总局
中国国家标准化管理委员会 发布

前　言

GB/T 10051《起重吊钩》分为如下几部分：
——第1部分：力学性能、起重量、应力及材料；
——第2部分：锻造吊钩技术条件；
——第3部分：锻造吊钩使用检查；
——第4部分：直柄单钩毛坯件；
——第5部分：直柄单钩；
——第6部分：直柄双钩毛坯件；
——第7部分：直柄双钩；
——第8部分：吊钩横梁毛坯件；
——第9部分：吊钩横梁；
——第10部分：吊钩螺母；
——第11部分：吊钩螺母防松板；
——第12部分：吊钩闭锁装置；
——第13部分：叠片式吊钩技术条件；
——第14部分：叠片式吊钩使用检查；
——第15部分：叠片式单钩。

本部分为GB/T 10051的第12部分。

本部分修改采用DIN 15106:1982《起重吊钩　单钩钩口闭锁装置》。

本部分根据DIN 15106:1982重新起草。

考虑到我国国情，在采用DIN 15106:1982时进行了修改，这些技术性差异用垂直单线标识在它们所涉及的页边空白处，在附录A中给出了技术性差异及其原因一览表以供参考。

为了便于使用，本部分还做了以下编辑性修改：
——"本标准"一词改为"本部分"；
——用小数点"."代替作为小数点的逗号","。

本部分的附录A为资料性附录。

本部分由中国机械工业联合会提出。

本部分由全国起重机械标准化技术委员会(SAC/TC 227)归口。

本部分负责起草单位：太原重型机械集团有限公司。

本部分参加起草单位：北京起重运输机械设计研究院。

本部分主要起草人：刘润林、叶佩馨、张燕平、王首成、申昌宏、王晓凌。

起重吊钩
第12部分:吊钩闭锁装置

1 范围

GB/T 10051的本部分规定了起重吊钩闭锁装置的型式与尺寸、技术要求等。

本部分适用于钩号为006～40带凸耳的吊钩钩口闭锁装置(以下简称闭锁装置)。

2 规范性引用文件

下列文件中的条款通过GB/T 10051的本部分的引用而成为本部分的条款。凡是注日期的引用文件,其随后所有的修改单(不包括勘误的内容)或修订版均不适用于本部分,然而,鼓励根据本部分达成协议的各方研究是否可使用这些文件的最新版本。凡是不注日期的引用文件,其最新版本适用于本部分。

GB/T 700 碳素结构钢(GB/T 700—2006,ISO 630:1995,NEQ)

GB/T 1804 一般公差 未注公差的线性和角度尺寸的公差(GB/T 1804—2000,eqv ISO 2768-1:1989)

GB/T 4357 碳素弹簧钢丝

3 型式与尺寸

3.1 型式

闭锁装置按其结构型式分为如下两种:

a) A型:一般用于钩号006～8;

b) B型:一般用于钩号10～40。

3.2 标记

3.2.1 型号表示方法

S □ □

- 第二个□——钩号:006 ～ 40
- 第一个□——型式:A、B
- S——闭锁装置

3.2.2 标记示例

a) 钩号006,型式为A的闭锁装置:

闭锁装置 SA006 GB/T 10051.12

b) 钩号16,型式为B的闭锁装置:

闭锁装置 SB16 GB/T 10051.12

3.3 结构型式和尺寸

3.3.1 闭锁装置的结构型式见图1和表1。

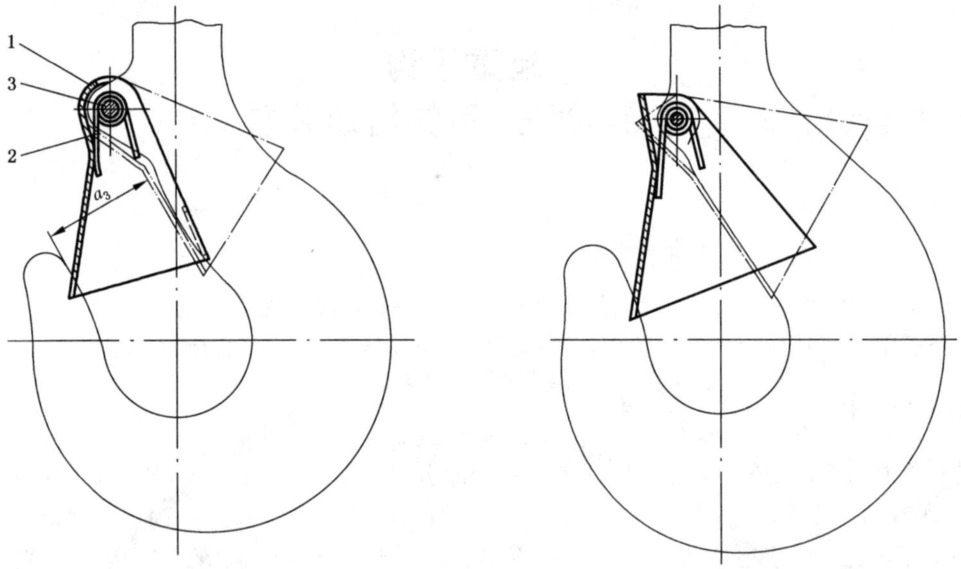

A 型（用于钩号 006～8）　　　　B 型（用于钩号 10～40）

1——安全卡；

2——双扭弹簧；

3——铆钉。

图 1

表 1

钩号	006	010	012	020	025	04	05	08	1	1.6	2.5
a_3/mm	18	20	22	25	26	30	32	36	38	42	47
钩号	4	5	6	8	10	12	16	20	25	32	40
a_3/mm	53	60	68	77	87	96	108	122	135	155	175

3.3.2　A 型安全卡的结构型式和尺寸见图 2 和表 2。

3.3.3　B 型安全卡的结构型式和尺寸见图 3 和表 2。

3.3.4　双扭弹簧的结构型式和尺寸见图 4 和表 3。

3.3.5　铆钉的选用由制造商确定。

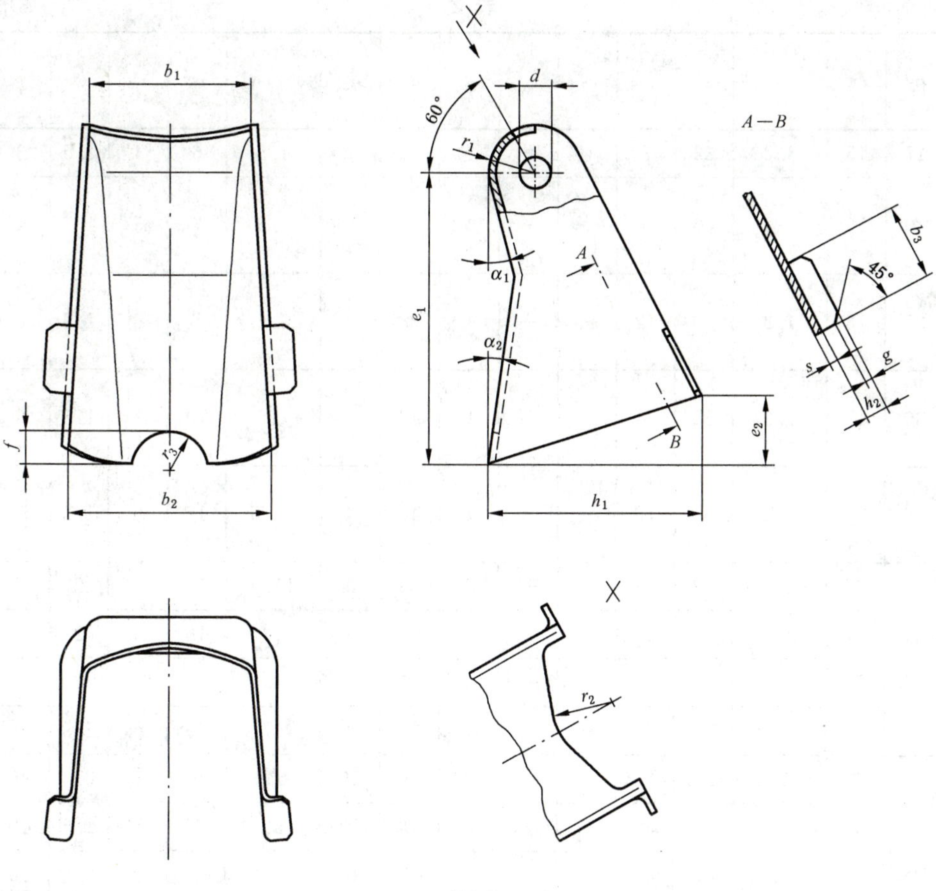
X
b1
d
60°
r1
A—B
α1
A
b3
45°
e1
α2
s
g
h2
e2
B
f
r3
b2
h1
X
r2

图 2

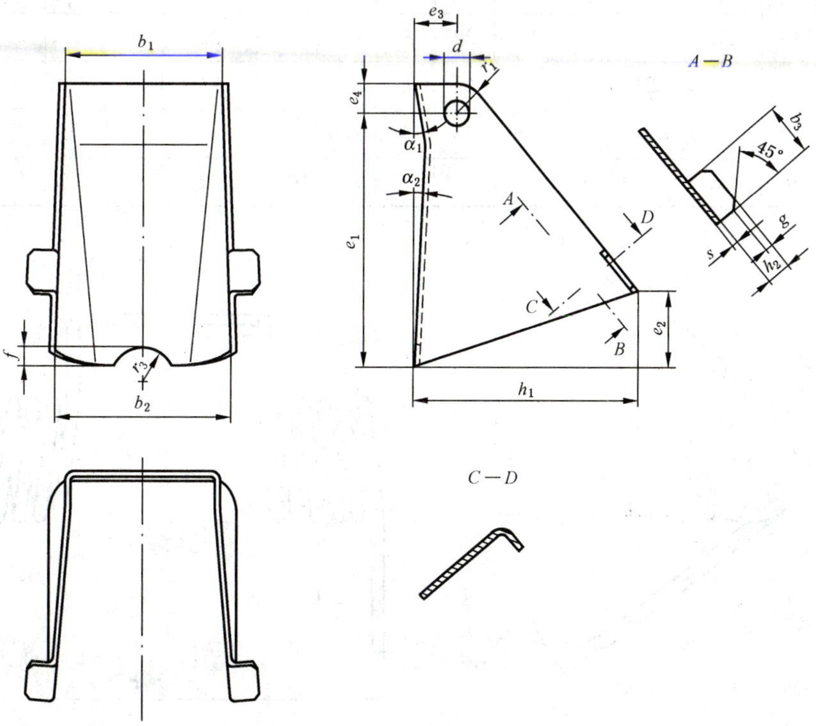
e3
b1
d
r1
A—B
e4
α1
b3
45°
α2
A
D
e1
g
s
h2
C
e2
f
B
r3
b2
h1
C—D

图 3

表 2

单位为毫米

钩号	b_1	b_2	b_3	d	e_1	e_2	e_3	e_4	g	h_1	h_2	r_1	r_2	r_3	s	t	α_1/(°)	α_2/(°)
006	15	17	15	3.2	32	8	—	—	1	28	3	4.5	6	4	1.5	3	15	10
010 012	17	20	15	3.2	40	10	—	—	1	33	3	5.5	7	5	1.5	4	15	10
020 025	21	25	15	4.2	46	12	—	—	1	38	3	6.5	8	6	1.5	5	15	10
04 05	25	30	15	5.2	55	14	—	—	1	42	3	7.5	10	7	1.5	6	15	9
08 1	32	40	20	6.2	65	16	—	—	1	48	4	10.5	12	8	1.5	7	15	9
1.6	38	48	25	6.2	73	18	—	—	2	55	5	11.5	14	9	2	7	15	8
2.5	45	55	25	10.2	82	20	—	—	2	62	6	13	16	10	2	8	15	8
4	52	65	25	10.2	92	22	—	—	2	70	7	15	20	12	2	8	15	8
5	60	73	30	10.2	102	25	—	—	3	80	8	17	25	14	2.5	9	15	8
6	68	82	30	10.2	116	30	—	—	3	90	10	19	30	17	2.5	9	15	8
8	76	92	30	12.2	125	35	—	—	3	100	12	22	36	20	2.5	10	15	7
10	85	100	40	12.2	130	45	24	15	5	120	14	15	—	20	2.5	10	10	5
12	100	120	40	16.2	148	50	26	18	5	135	16	18	—	20	3	11	10	4
16	110	130	40	16.2	165	55	28	20	5	150	18	20	—	25	3	12	10	3
20	125	150	40	20.2	200	60	33	22	5	180	20	22	—	25	3	14	10	2
25	150	170	40	20.2	215	70	35	25	5	200	22	25	—	28	4	17	10	3
32	170	190	40	20.2	240	80	38	28	5	225	25	28	—	32	4	20	10	4
40	190	212	40	25.3	270	92	45	32	5	250	28	32	—	36	4	24	10	3

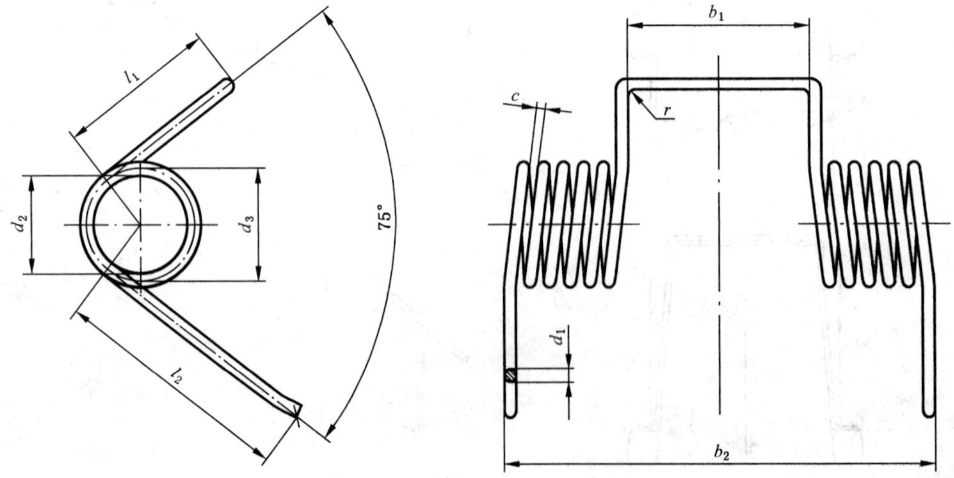

图 4

表 3

单位为毫米

钩号	b_1	b_2	c	d_1	d_2	d_3	l_1	l_2	r	n
006	7	15	0.3	0.7	3.5	4.2	8	10	0.8	3.3
010 012	8	17	0.3	0.8	3.5	4.3	10	12	0.8	3.3
020 025	10	21.5	0.4	0.9	5	5.9	12	14	1	3.3
04 05	11	26.5	0.4	1.1	6	7.1	14	18	1	4.3
08 1	13	31	0.5	1.25	7	8.25	18	22	1.2	4.3
1.6	16	38	0.4	1.4	7	8.4	25	30	1.6	5.3
2.5	18	44	0.5	1.6	12	13.6	25	30	1.6	5.3
4	20	53	0.5	1.8	12	13.8	30	35	2	6.3
5	22	62	0.4	2	12	14	35	40	2	7.3
6	24	69	0.5	2.25	12	14.25	40	45	2.5	7.3
8	27	77	0.5	2.5	14	16.5	45	50	2.5	7.3
10	36	82	0.7	2.5	14	16.5	30	45	2.5	6.3
12	39	100	1.6	2.8	18	20.8	32	50	3.2	6.3
16	43	110	1.6	3.2	18	21.2	35	55	3.2	6.3
20	45	125	0.9	4.0	24	28.0	40	60	4	7.3
25	48	150	1.1	4.5	24	28.5	46	66	5	8.3
32	50	170	0.9	5	24	29	52	72	5	9.3
40	54	190	1.2	5.5	30	35.5	58	78	6	9.3
注：n——每边的钢丝缠绕圈数。										

3.4 技术要求

3.4.1 零件材料

3.4.1.1 安全卡应采用力学性能不低于 GB/T 700 中规定的 Q235A 的材料制造。

3.4.1.2 双扭弹簧应采用力学性能不低于 GB/T 4357 中规定的 C 级弹簧钢丝制造。

3.4.2 未注公差的尺寸极限偏差应按照 GB/T 1804 中公差等级 c 的规定。

3.4.3 外观和质量

3.4.3.1 安全卡和双扭弹簧的表面应作防锈处理。

3.4.3.2 闭锁装置与吊钩组装后，应保证安全卡灵活复位。

附　录　A
（资料性附录）
本部分与 DIN 15106:1982 技术性差异及其原因

表 A.1 给出了本部分与 DIN 15106:1982 的技术性差异及其原因一览表。

表 A.1　本部分与 DIN 15106:1982 的技术性差异及其原因

本部分的章条编号	技术性差异	原　　因
2	引用了与标准技术内容相关的我国标准，而非德国标准	以适合我国国情
3.2	增加了“标记”	以适合我国国情
4	修改了材料牌号，对应如下：本部分中安全卡和双扭弹簧的材料分别为 Q235A 和冷拉弹簧钢丝 C 级，DIN 标准中分别为 St1303、冷拔弹簧钢丝 C 类	以适合我国国情

ICS 53.020.30
J 80

中华人民共和国国家标准

GB/T 10051.13—2010

起重吊钩 第13部分：叠片式吊钩技术条件

Lifting hooks—Part 13: Technical conditions for laminated hooks

2011-01-10 发布　　2011-09-01 实施

中华人民共和国国家质量监督检验检疫总局
中国国家标准化管理委员会　发布

前　言

GB/T 10051《起重吊钩》分为如下几部分：
——第1部分：力学性能、起重量、应力及材料；
——第2部分：锻造吊钩技术条件；
——第3部分：锻造吊钩使用检查；
——第4部分：直柄单钩毛坯件；
——第5部分：直柄单钩；
——第6部分：直柄双钩毛坯件；
——第7部分：直柄双钩；
——第8部分：吊钩横梁毛坯件；
——第9部分：吊钩横梁；
——第10部分：吊钩螺母；
——第11部分：吊钩螺母防松板；
——第12部分：吊钩闭锁装置；
——第13部分：叠片式吊钩技术条件；
——第14部分：叠片式吊钩使用检查；
——第15部分：叠片式单钩。

本部分为GB/T 10051的第13部分。

本部分与DIN 15404-2:1988《起重吊钩　叠片式吊钩供货技术条件》一致性程度为非等效。

本部分由中国机械工业联合会提出。

本部分由全国起重机械标准化技术委员会(SAC/TC 227)归口。

本部分负责起草单位：太原重型机械集团有限公司。

本部分参加起草单位：北京起重运输机械设计研究院。

本部分主要起草人：刘润林、叶佩馨、张燕平、王首成、申昌宏、王晓凌。

起重吊钩
第13部分:叠片式吊钩技术条件

1 范围

GB/T 10051的本部分规定了叠片式吊钩的技术要求、检验规则、标志、包装、运输及贮存。

本部分适用于起重机械吊运熔融金属(盛钢桶)的叠片式吊钩(以下简称吊钩)。

2 规范性引用文件

下列文件中的条款通过GB/T 10051的本部分的引用而成为本部分的条款。凡是注日期的引用文件,其随后所有的修改单(不包括勘误的内容)或修订版均不适用于本部分,然而,鼓励根据本部分达成协议的各方研究是否可使用这些文件的最新版本。凡是不注日期的引用文件,其最新版本适用于本部分。

GB/T 223 钢铁及合金化学分析方法

GB/T 228 金属材料 室温拉伸试验方法(GB/T 228—2002,eqv ISO 6892:1998)

GB/T 229 金属材料 夏比摆锤冲击试验方法(GB/T 229—2007,ISO 148-1:2006,MOD)

GB/T 709 热轧钢板和钢带的尺寸、外形、重量及允许偏差(GB/T 709—2006,ISO 7452:2002,ISO 16160:2000,NEQ)

GB/T 1591 低合金高强度结构钢

GB/T 2970—2004 厚钢板超声波检验方法

GB/T 2975 钢及钢产品 力学性能试验取样位置及试样制备(GB/T 2975—1998,eqv ISO 377:1997)

GB/T 13384 机电产品包装通用技术条件

GB/T 20066 钢和铁 化学成分测定用试样的取样和制样方法(GB/T 20066—2006,ISO 14284:1996 IDT)

JB/T 5000.2—2007 重型机械通用技术条件 火焰切割件

3 技术要求

3.1 材料

3.1.1 吊钩钩片钢板应采用力学性能不低于GB/T 1591规定的Q345B的材料制造。

3.1.2 钩片连接用铆钉或柱销的材料应与钩片材料相匹配。

3.1.3 用于制造钩片的钢板应在轧制后进行正火处理。

3.2 尺寸偏差

对于吊钩钩腔直径D的允许偏差为−3%,对于吊钩外形尺寸的允许偏差为+3%;对于钩片厚度的允许偏差按GB/T 709的规定。

3.3 钩片切割

3.3.1 切割钩片时,应保证钩片的长度方向与钢板的轧制纤维方向(即钢板的长度方向)相一致。

3.3.2 钩片应保证平整,切割面不应有缺口和挂渣。

3.3.3 切割表面应符合JB/T 5000.2—2007第7章表11中规定的Ⅰ级。

3.4 表面和内部质量

3.4.1 钩片表面不应有锈蚀和氧化皮，不应有表面裂纹。

3.4.2 钩片下料前应对钢板进行超声波检验，且应达到GB/T 2970—2004第8章表4中规定的Ⅰ级。

3.5 加工

3.5.1 加工轴套孔和钩口护罩支承面时，必须将钩片组装在一起加工，并除去边缘毛刺。

3.5.2 吊钩的内腔(指加焊上下、左右夹板及钩口防碰护板处)必须进行切削加工(加工余量至少3 mm)，直到消除在最大应力断面上的热影响区。

3.5.3 钩片叠装时必须贴紧，各钩片间的缝隙不得大于0.5 mm。

3.6 其他

当吊钩装在吊运融熔金属的盛钢桶吊钩横梁上时，在盛钢桶一侧应设置防热辐射护板。

4 试验方法

4.1 材料的化学分析

4.1.1 材料的取样按GB/T 20066的规定。

4.1.2 材料的化学成分分析方法按GB/T 223的规定。

4.2 力学性能试验

拉伸试验按GB/T 228的规定。

4.3 冲击功试验

冲击功试验按GB/T 229的规定。

4.4 无损检测

钩片的超声波检测按GB/T 2970的规定。

5 检验规则

5.1 钩片下料前，应对每批钢板在钢板轧制方向上取样，验证其力学性能是否符合标准规定。试样制备的其他要求按GB/T 2975的规定。

5.2 对每批材料都应按第4章规定的内容进行检验。

5.3 检验合格的吊钩，其加工面应涂以防锈油，非加工面应涂以防锈漆。

5.4 吊钩出厂时应带有合格证和检验证明书，合格证的内容应包括以下内容：

a) 化学成分；

b) 力学性能；

c) 无损检测结果。

6 标志、包装、运输及贮存

6.1 吊钩应有永久、清晰的标志。

6.2 吊钩标志内容应包括：

a) 制造商名称或代号(如有时)；

b) 钩号；

c) 强度等级。

6.3 吊钩的包装应符合GB/T 13384的有关规定。

6.4 吊钩在运输过程中应防止碰伤。

6.5 吊钩应贮存在通风、干燥的仓库内。

ICS 53.020.30
J 80

中华人民共和国国家标准

GB/T 10051.14—2010

起重吊钩 第14部分:叠片式吊钩使用检查

Lifting hooks—Part 14:Inspection of laminated hooks in service

2011-01-10 发布

2011-09-01 实施

中华人民共和国国家质量监督检验检疫总局
中国国家标准化管理委员会 发布

前　言

GB/T 10051《起重吊钩》分为如下几部分：
——第 1 部分：力学性能、起重量、应力及材料；
——第 2 部分：锻造吊钩技术条件；
——第 3 部分：锻造吊钩使用检查；
——第 4 部分：直柄单钩毛坯件；
——第 5 部分：直柄单钩；
——第 6 部分：直柄双钩毛坯件；
——第 7 部分：直柄双钩；
——第 8 部分：吊钩横梁毛坯件；
——第 9 部分：吊钩横梁；
——第 10 部分：吊钩螺母；
——第 11 部分：吊钩螺母防松板；
——第 12 部分：吊钩闭锁装置；
——第 13 部分：叠片式吊钩技术条件；
——第 14 部分：叠片式吊钩使用检查；
——第 15 部分：叠片式单钩。

本部分为 GB/T 10051 的第 14 部分。

本部分与 DIN 15405-2:1988《起重吊钩　叠片式吊钩使用检查》一致性程度为非等效。

本部分由中国机械工业联合会提出。

本部分由全国起重机械标准化技术委员会(SAC/TC 227)归口。

本部分负责起草单位：太原重型机械集团有限公司。

本部分参加起草单位：北京起重运输机械设计研究院。

本部分主要起草人：刘润林、叶佩馨、张燕平、王首成、申昌宏、王晓凌。

起重吊钩
第 14 部分：叠片式吊钩使用检查

1 范围

GB/T 10051 的本部分规定了叠片式吊钩使用时的检查内容、要求及检查周期。

本部分适用于起重机械吊运熔融金属(盛钢桶)的叠片式吊钩(以下简称吊钩)。

2 规范性引用文件

下列文件中的条款通过 GB/T 10051 的本部分的引用而成为本部分的条款。凡是注日期的引用文件，其随后所有的修改单(不包括勘误的内容)或修订版均不适用于本部分，然而，鼓励根据本部分达成协议的各方研究是否可使用这些文件的最新版本。凡是不注日期的引用文件，其最新版本适用于本部分。

GB/T 10051.13—2010　起重吊钩　第 13 部分：叠片式吊钩技术条件

GB/T 10051.15　起重吊钩　第 15 部分：叠片式单钩

3 检查内容和要求

3.1 使用前检查

3.1.1　应按 GB/T 10051.13—2010 中 6.2 的规定检查吊钩的标志。

3.1.2　吊钩的标志应与制造商的合格证明书相一致。

3.2 使用检查

3.2.1 表面裂纹

吊钩的表面不应有裂纹，特别要检查吊钩的吊孔部位，如有裂纹，则应更换。

3.2.2 变形

如果观察到吊钩的危险断面及钩颈处有变形，或当侧向变形的弯曲半径小于板厚的 10 倍时，则应更换该吊钩。

3.2.3 磨损

检查吊钩轴套和钩口护板、防碰护板的磨损量不允许超过 GB/T 10051.15 规定的基本尺寸的 5%。

3.2.4 焊补

吊钩的缺陷不允许焊补。

4 检查周期和检查人员

经常性和定期检查周期见表 1 和表 2。经常性检查可由操作人员或委派其他人员执行，定期检查应由专职检查人员执行。

检查人员应按本部分 3.2 的规定逐项检查，定期检查应做记录并归档。

对特殊的使用场合，可另行规定。

表 1　经常性检查

机构工作级别	M3～M5	M6～M7	M8
检查周期/d	30	7～30	7
注：表中 M3～M8 是按 GB/T 3811 规定的机构工作级别。			

表 2　定期检查

机构工作级别	M3～M6	M7～M8
检查周期	三年	每年
注：表中 M3～M8 是按 GB/T 3811 规定的机构工作级别。		

ICS 53.020.30
J 80

中华人民共和国国家标准

GB/T 10051.15—2010

起重吊钩　第15部分：叠片式单钩

Lifting hooks—Part 15: Laminated hooks with point

2011-01-10 发布　　2011-09-01 实施

中华人民共和国国家质量监督检验检疫总局
中国国家标准化管理委员会　发布

前　言

GB/T 10051《起重吊钩》分为如下几部分：

——第1部分：力学性能、起重量、应力及材料；
——第2部分：锻造吊钩技术条件；
——第3部分：锻造吊钩使用检查；
——第4部分：直柄单钩毛坯件；
——第5部分：直柄单钩；
——第6部分：直柄双钩毛坯件；
——第7部分：直柄双钩；
——第8部分：吊钩横梁毛坯件；
——第9部分：吊钩横梁；
——第10部分：吊钩螺母；
——第11部分：吊钩螺母防松板；
——第12部分：吊钩闭锁装置；
——第13部分：叠片式吊钩技术条件；
——第14部分：叠片式吊钩使用检查；
——第15部分：叠片式单钩。

本部分为GB/T 10051的第15部分。

本部分由中国机械工业联合会提出。

本部分由全国起重机械标准化技术委员会(SAC/TC 227)归口。

本部分负责起草单位：太原重型机械集团有限公司。

本部分参加起草单位：北京起重运输机械设计研究院。

本部分主要起草人：刘润林、叶佩馨、张燕平、王首成、申昌宏、王晓凌。

起重吊钩　第15部分:叠片式单钩

1　范围

GB/T 10051的本部分规定了叠片式单钩的起重量与主要尺寸、技术要求和检验规则。

本部分适用于起重机械吊运熔融金属(盛钢桶)的叠片式单钩(以下简称单钩)。

2　规范性引用文件

下列文件中的条款通过GB/T 10051的本部分的引用而成为本部分的条款。凡是注日期的引用文件,其随后所有的修改单(不包括勘误的内容)或修订版均不适用于本部分,然而,鼓励根据本部分达成协议的各方研究是否可使用这些文件的最新版本。凡是不注日期的引用文件,其最新版本适用于本部分。

GB/T 699　优质碳素结构钢

GB/T 700　碳素结构钢(GB/T 700—2006,ISO 630:1995,NEQ)

GB/T 985.1　气焊、焊条电弧焊、气体保护焊和高能束焊的推荐坡口(GB/T 985.1—2008,ISO 9692:2003,MOD)

GB/T 1591　低合金高强度结构钢

GB/T 10051.13—2010　起重吊钩　第13部分:叠片式吊钩技术条件

GB/T 10051.14　起重吊钩　第14部分:叠片式吊钩使用检查

3　起重量与主要尺寸

3.1　单钩的起重量和主要尺寸见图1和表1。

3.2　标记示例

起重量为63 t,钩腔直径 D=320 mm的单钩:

单钩　63×320　GB/T 10051.15

4　技术要求

4.1　有关技术要求按GB/T 10051.13—2010中第3章的规定。

4.2　单钩零件材料的力学性能不应低于表2的规定。

4.3　夹板焊接在钩口护板上及夹板焊接在防碰护板上,焊缝坡口应符合GB/T 985.1的规定。

5　检验规则

按GB/T 10051.14的规定。

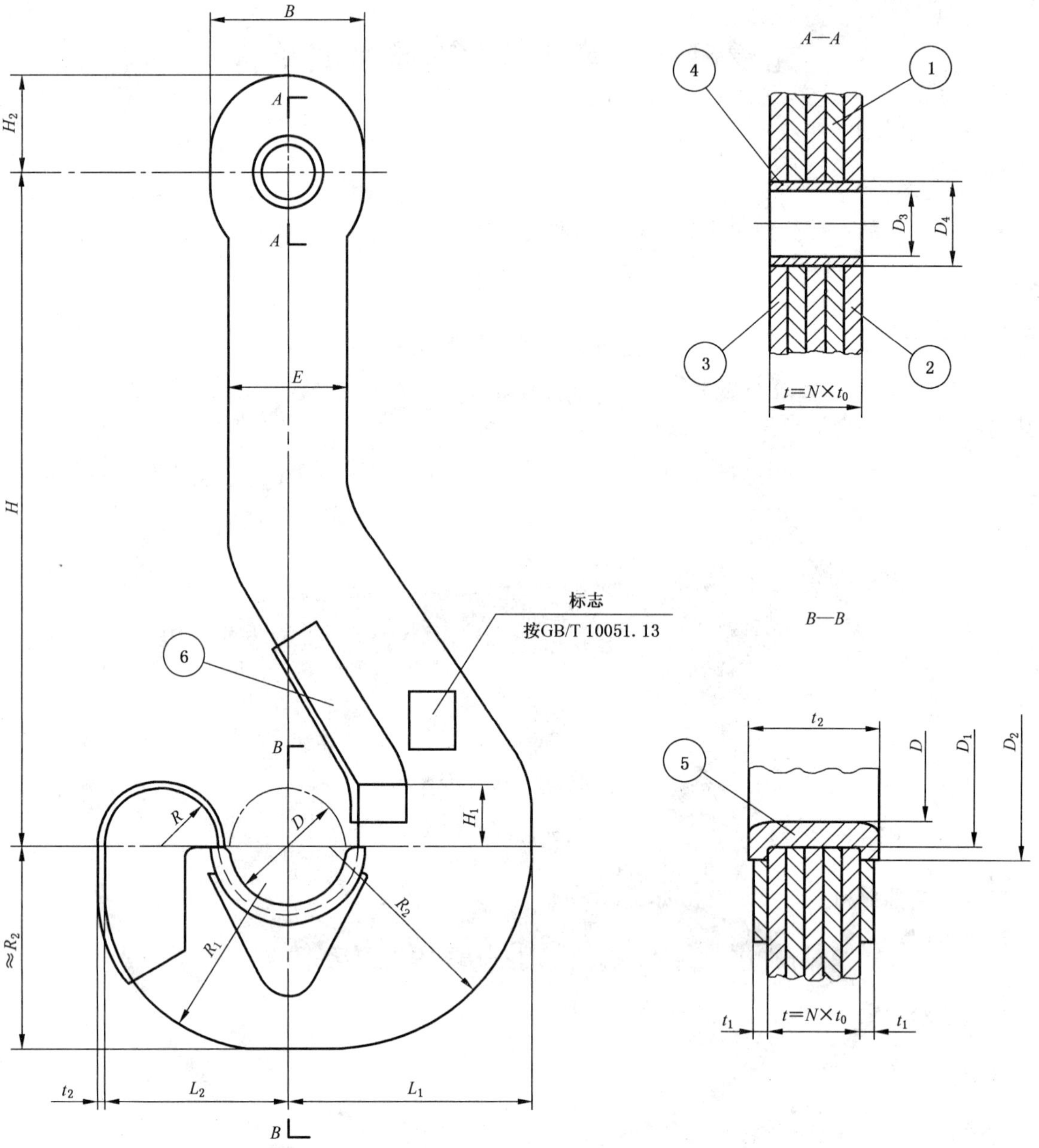

N——钩片数量。

图 1

表 1

起重量 t	D	D_1	D_2	D_3	D_4	B	E	$N\times t_0$	t	t_1	t_2	R	R_1	R_2	H	H_1	H_2	L_1	L_2	质量 ≈kg
	mm																			
20	190	240	280	100	130	280	200	5×16	80	12	110	100	320	400	1 400	120	170	450	320	469
25	210	260	300	105	135	300	220	5×16	80	12	110	110	330	410	1 500	125	180	475	350	525
32	240	290	320	110	140	320	240	6×16	96	14	130	120	340	420	1 600	130	195	505	385	697
40	260	310	340	120	150	360	260	6×16	96	14	130	140	380	500	1 700	150	220	615	435	857
50	310	360	390	140	170	400	300	7×16	112	14	150	160	430	560	1 800	160	245	700	500	1 227
63	320	380	420	160	200	460	320	5×26	130	14	170	170	480	600	2 000	170	280	750	530	1 657

表 1（续）

起重量	D	D_1	D_2	D_3	D_4	B	E	$N\times t_0$	t	t_1	t_2	R	R_1	R_2	H	H_1	H_2	L_1	L_2	质量
t	mm																			≈kg
80	350	410	450	180	220	500	340	6×26	156	14	190	180	520	650	2 100	180	305	805	565	2 235
100	410	470	510	200	240	540	380	7×26	182	14	220	190	560	710	2 200	190	330	875	615	3 033
125	440	500	540	220	260	620	400	8×26	208	14	250	200	600	730	2 400	200	375	930	650	3 930
140	460	530	580	230	280	640	460	9×26	234	16	280	230	640	760	2 600	230	390	965	725	5 175
160	480	550	600	240	290	680	500	8×30	240	16	280	240	660	820	2 700	240	415	1 025	755	5 914
180	520	590	640	250	300	720	520	9×30	270	16	310	250	700	880	2 800	250	435	1 095	795	7 322
200	580	650	700	260	310	760	540	9×30	270	16	310	260	750	950	3 000	260	460	1 175	845	8 244
225	640	710	760	280	330	800	560	9×30	270	16	310	270	800	1 050	3 200	270	485	1 305	895	9 384
250	700	770	820	290	340	850	580	9×30	270	16	310	280	850	1 150	3 400	280	500	1 350	945	10 374

表 2

序号	名　　称	材　　料
1	内钩片	Q345B 按 GB/T 1591
2	右外钩片	
3	左外钩片	
4	轴套	45 钢按 GB/T 699
5	钩口护板	Q345B 按 GB/T 1591
	左夹板	Q235A 按 GB/T 700
	右夹板	
6	防碰护板	Q345B 按 GB/T 1591
	上夹板	Q235A 按 GB/T 700
	下夹板	